变指数函数空间及其应用

（第二版）

付永强　张　夏　郭立丰　张彬林　著

U0365431

科学出版社

北　京

内 容 简 介

本书介绍了变指数函数空间在偏微分方程应用中的一些最新进展，主要内容包括：$p(x)$-Laplace 方程的 Dirichlet 边值问题、变指数增长椭圆方程解的可去奇性、变指数增长的椭圆方程组的边值问题、变指数增长的抛物方程的初边值问题、变指数增长的变分不等式问题、Young 测度在变指数问题中的应用、变指数微分形式空间及其应用、变指数 Clifford 值函数空间及其应用和随机变指数空间及其应用.

本书可供从事泛函分析和偏微分方程及其相关领域研究工作的科研人员参考，也可作为高等院校相关专业研究生和高年级本科生教学的参考资料.

图书在版编目（CIP）数据

变指数函数空间及其应用／付永强等著．—2 版．—北京：科学出版社，2019.5

ISBN 978-7-03-061075-1

Ⅰ. ①变… Ⅱ. ①付… Ⅲ. ①偏微分方程-研究 Ⅳ. ①O175.2

中国版本图书馆 CIP 数据核字（2019）第 075020 号

责任编辑：张中兴 梁 清／责任校对：杨聪敏

责任印制：张 伟／封面设计：迷底书装

科学出版社 出版

北京东黄城根北街 16 号

邮政编码：100717

http://www.sciencep.com

北京中科印刷有限公司 印刷

科学出版社发行 各地新华书店经销

*

2011 年 1 月第 一 版 开本：B5 (720 × 1000)

2019 年 5 月第 二 版 印张：23 3/4

2021 年 6 月第四次印刷 字数：479 000

定价：79.00 元

（如有印装质量问题，我社负责调换）

第二版前言

本书的第一版于 2011 年 1 月出版, 介绍了截至 2010 年作者及其合作者关于变指数函数空间在偏微分方程上应用的一些研究成果. 近年来关于变指数函数空间及其应用的研究发展迅速. 8 年多过去了, 回头看, 感觉第一版的内容非常单薄, 所以有强烈的欲望再版. 第二版则是在第一版的基础上, 增加了作者近些年的研究成果编写而成的. 大致说来, 有以下变动:

(1) 将第一版中的 6 章调整为 5 章, 并对这 5 章的内容进行了补充及完善. 具体来讲, 将原第 2 和 3 章合并为第 2 章; 将原第 6 章调整为第 5 章, 并增加了 5.3 节——具有变指数增长的 Kirchhoff 型抛物方程; 将原第 4 章调整为第 6 章, 并增加了 6.3 节——具有变指数增长的抛物型发展变分不等式.

(2) 增加了作者近几年来的一些新的研究成果. 具体来讲, 在第一版的基础上, 又增加了 5 章, 内容总量增加了 1 倍有余. 主要包括第 3 章变指数增长椭圆方程解的可去奇性, 第 7 章 Young 测度在变指数问题中的应用, 第 8 章变指数微分形式空间及其应用, 第 9 章变指数 Clifford 值函数空间及其应用和第 10 章随机变指数空间及其应用.

第二版的主要内容基本取材于付永强、张夏、潘宁、于美、郭立丰、张彬林、向明启、徐博驰、杨苗苗和单莹莹的研究论文. 因此本书的目的仍然是介绍作者及其合作者关于变指数函数空间及其应用的研究成果.

此版的第 1 章由付永强撰写, 第 2, 4, 5 和 6 章由张夏撰写, 第 3, 8 和 10 章由郭立丰撰写, 第 7, 9 章由张彬林撰写. 全书最后由付永强和张夏统稿.

由于作者水平有限, 书中疏漏和不妥之处在所难免, 再次恳请各位专家和读者批评指正.

作　者

2018 年 8 月 1 日

于黑龙江

第一版前言

变指数 Lebesgue 空间最早由 W. Orlicz 于 1931 年提出，但变指数函数空间理论及其应用的突破性的进展应归功于 O. Kováčik 和 J. Rákosník 于 1991 年发表的关于变指数 Lebesgue 空间及变指数 Sobolev 空间的研究论文. 以后变指数函数空间及其应用的研究便蓬勃发展起来.

变指数函数空间主要应用于变指数增长问题的研究，这些问题来源于非线性弹性力学、电流变学以及图像处理. 由这些实际问题提出的数学模型一般是具变指数增长的偏微分方程，而对这类偏微分方程解的存在性与多重性、正则性等的研究需要在变指数函数空间的框架下进行.

目前国际上已有摩洛哥、美国、葡萄牙、德国、土耳其、芬兰、沙特阿拉伯、印度、希腊、以色列、墨西哥、挪威、罗马尼亚、捷克、俄罗斯、西班牙、波兰和日本等国家的许多数学工作者从事变指数函数空间及其应用方面的研究工作. 国内以兰州大学范先令等为代表的研究人员也在这方面做出了许多杰出的工作. 受到国内外同行的启发与鼓舞，我们在这方面也做了一些研究工作.

本书的目的是介绍近几年来作者及其合作者关于变指数函数空间在偏微分方程上应用的一些研究成果，因此本书并未介绍变指数函数空间理论及其各方面应用的全貌. 对想全面而系统地了解这方面国内外研究现状的读者，建议参看本书的参考文献及其作者的最新研究工作.

本书共 6 章. 第 1 章，预备知识；第 2 章讨论具次临界增长的 $p(x)$-Laplace 方程弱解的存在及多重性；第 3 章讨论集中紧致性原理与具临界增长的 $p(x)$-Laplace 方程弱解的存在性；第 4 章讨论 $p(x)$-Laplace 半变分不等式问题解的存在性和具 $p(x)$-增长的障碍问题解的存在唯一性；第 5 章讨论变指数增长的椭圆方程组解的存在性与多重性；第 6 章讨论变指数增长的抛物方程的初边值问题弱解的存在性. 本书可供从事泛函分析和偏微分方程及其相关领域研究工作的科研人员参考，也可作为高等院校相关专业研究生和高年级本科生教学的参考资料，当然读者应具备数学分析、实变函数、泛函分析和偏微分方程等方面的基础知识.

由于作者水平有限，书中疏漏和不妥之处在所难免，恳请各位专家和读者批评指正.

作　者

2010 年 10 月 1 日

于黑龙江

目　录

第 1 章　预备知识

在本章中，我们首先简要地介绍变指数函数空间的发展，并对随之产生的一类变指数增长非线性问题的研究现状进行了分析，然后介绍变指数函数空间的基本理论，并给出其具有的一些性质的简要证明.

1.1　变指数函数空间的发展及其应用

Sobolev 空间是在 20 世纪初逐步形成的具有重要应用价值的数学模型，它是由 Sobolev 在文献[1,2]中引进的. 这类空间在对偏微分方程的研究中起着非常重要的作用，例如，对一类具有常指数增长性条件的非线性问题的研究，见文献[3-8].

随着自然科学和工程技术中许多非线性问题的不断出现，以前研究的 Sobolev 空间表现出了其应用范围的局限性，例如，对一类具有变指数增长性条件的非线性问题的研究. 具有变指数增长性条件的非线性问题是一个新兴的研究课题，它反映了一类具有“逐点异性”的物理现象. 在对这类非线性问题进行研究时，变指数函数空间则给予了其理论支持.

1.1.1　变指数函数空间的发展

变指数 Lebesgue 空间最早由波兰数学家 Orlicz 于 1931 年在文献[9]中提出. 他在这篇文章中考虑了如下问题：$\{p_i\}$，$\{x_i\}$ 为两个实数列，其中 $p_i>1$. 若级数 $\sum x_i^{p_i}$ 收敛，那么级数 $\sum x_i y_i$ 收敛的充要条件是什么?对此问题的回答是：存在 $\lambda>0$，使得级数 $\sum(\lambda y_i)^{p_i'}$ 收敛，其中 $p_i'=\dfrac{p_i}{p_i-1}$. 可以看出，这恰好是空间 l^{p_i} 上的 Hölder 不等式. 同时，作者也考虑了直线上的变指数函数空间 $L^{p(x)}$，并给出了此空间上的 Hölder 不等式. 但在发表了这篇文章后，Orlicz 便开始专注于对 Orlicz 空间的研究，放弃了对变指数函数空间的研究.

20 世纪 70 年代至 80 年代，苏联的一些研究人员对直线上的变指数 Lebesgue 空间独立地进行了研究，其中杰出的代表人物是 Sharapudinov. 他们的研究源自于 Tsenov 在 1961 年发表的文献[10]. 在这篇文章中，Tsenov 提出了如下的问题：求

$$\int_a^b |u(t)-v(t)|^{p(t)}\,\mathrm{d}t$$

的最小值, 其中 v 是一个固定的函数, u 属于 $L^{p(t)}([a,b])$ 的某个有限维子空间. Sharapudinov 在他的文献[11]中成功地解决了这个问题. 在这篇文章中, 作者还介绍了直线上的 Lebesgue 空间 $L^{p(t)}([0,1])$ 的 Luxemburg 范数, 并且证明: 若指数 $p(t)$ 满足 $1<p_-\leqslant p(t)\leqslant p_+<\infty$, 空间 $L^{p(t)}([0,1])$ 是自反的.

20 世纪 90 年代, 捷克数学家 Kováčik 和 Rákosník 在变指数 Lebesgue 空间及变指数 Sobolev 空间方面的研究取得了突破性的进展, 见文献[12]. 在这篇文章中, 作者讨论了 $\mathbb{R}^N$ 上的变指数 Lebesgue 空间及变指数 Sobolev 空间的基本性质. 从此之后, 关于这类函数空间的研究得到了较快的发展.

2000 年, 德国数学家 Růžička 在专著[13]中论述了变指数 Sobolev 空间在电流变学中的应用之后, 变指数问题得到了较大范围的关注. 至此, 关于变指数函数空间研究的广度与深度也在不断增加并被广泛地应用于各种实际问题中, 例如, 非线性弹性力学、电流变学以及图像恢复等, 具体可参考文献[14-16].

近几年来, 国内外有越来越多的研究者开始关注此类变指数函数空间, 并逐渐将其应用到对偏微分方程的研究中, 解决了一类具变指数增长性条件的非线性问题, 具体可参考文献[17-24].

1.1.2　变指数非线性问题的研究现状及分析

20 世纪 80 年代中期, 苏联数学家 Zhikov 以非线性弹性力学中的问题为背景, 研究了具有变指数增长性条件的变分问题的 Lavrentiev 现象(文献[25]), 他给出了在变指数增长情形下能够发生 Lavrentiev 现象的例子, 其研究结果推动了对变指数增长问题的研究.

下面, 我们简单介绍一下 Lavrentiev 现象. 取 Ω 为 $\mathbb{R}^N$ 的开子集, 函数 f: $\Omega\times\mathbb{R}^N\to\mathbb{R}$ 满足 Carathéodry 条件. 取常数 $p\in[1,\infty]$, 记

$$J(p)=\inf\left\{\int_\Omega f(x,\nabla u)\mathrm{d}x : u\in W_0^{1,p}(\Omega)\right\}.$$

若 $J(p)$ 与 $p\in[1,\infty]$ 无关, 则称 f 是正则的; 否则称 f 是非正则的, 或者称 f 可以发生 Lavrentiev 现象. 可知, 若 f 满足 p-增长性条件, 也即存在 $p\geqslant 1$, 使得对任意的 $(x,\xi)\in\Omega\times\mathbb{R}^N$, 都有

$$c_1|\xi|^p-c_0\leqslant f(x,\xi)\leqslant c_2|\xi|^p+c_0,$$

此时 f 是正则的, 也即不会发生 Lavrentiev 现象. 但 Zhikov 的反例表明, 对某些函数 $p(x)$, 虽然 f 满足如下的 $p(x)$-增长性条件: 对任意的 $(x,\xi)\in\Omega\times\mathbb{R}^N$, 有

$$c_4 |\xi|^{p(x)} - c_3 \leqslant f(x,\xi) \leqslant c_5 |\xi|^p + c_3, \tag{1.1}$$

但是 f 不是正则的, 这反映了具 $p(x)$- 增长性条件的问题的复杂性.

Zhikov 在对一些非正则性的反例进行分析的基础上, 于 1982 年在莫斯科大学的偏微分方程研讨班上首次提出了著名的 Zhikov 猜想. 按照该猜想, 若 $p(x)$ 是 Ω 上的一个有鞍点的光滑函数, 则满足条件(1.1)的函数 f 是非正则的. 这一猜想后来在多篇论文中被公开提出, Zhikov 等数学家围绕这一猜想进行了十余年的研究, 但仍未能获得解决.

1993 年, 兰州大学的范先令教授对 Zhikov 猜想给出了否定的回答, 并得到了下面的结果.

定理 1.1.1　若 $p(x)$ 是 Ω 上的 Hölder 连续函数, 则满足条件(1.1)的 f 是正则的.

上述结果见文献[26]. 后来, 这一结果被 Zhikov 改进后, 称为范先令-Zhikov 定理. 在文献[27, 28]中, 作者对上述结果又做了进一步的推广.

在对变指数问题的研究中, 其中一个重点是正则性问题. 由于传统的理论工具与论证方法常常不再适用, 对这类正则性问题的研究则较为困难. 在这方面, Alkhutov 在文献[29]中利用局部有界弱上解得到了 Harnack 不等式. 在文献[30]中, 作者研究了如下形式方程的解, 并将解的正则性推广到无界弱上解的情况:

$$-\mathrm{div}(p(x)|\nabla u|^{p(x)-2}\nabla u) = 0, \quad x \in \Omega, \tag{1.2}$$

其中 Ω 是 $\mathbb{R}^N$ 的开集, $1 < p_- \leqslant p(x) \leqslant p_+ < \infty$. 值得指出的是, 在这两篇文章的讨论中, 作者均采用了 Moser 迭代的技巧, 而在使用 Moser 迭代的过程中最为关键的就是 Caccioppoli 估计. 下面我们给出方程(1.2)解的两种不同形式的 Caccioppoli 估计和 Harnack 不等式.

定理 1.1.2 (文献[30], Caccioppoli 估计)　设 u 为方程(1.2)在球 $B_{4R} \subset \Omega$ 上的非负弱上解, 可测集 $E \subset B_{4R}$, $\eta \in C_0^\infty(B_{4R})$ 且 $0 \leqslant \eta \leqslant 1$, 则对任意的 $\gamma_0 < 0$, 均存在正常数 $C = C(p,\gamma_0)$, 使得对任意的 $\gamma < \gamma_0$, $\alpha \in \mathbb{R}$ 有

$$\int_E V_\alpha^{\gamma-1} |\nabla u|^{\overline{p_-}} \eta^{\overline{\overline{p_+}}} \mathrm{d}x \leqslant C \int_{B_{4R}} \eta^{\overline{\overline{p_+}}} V_\alpha^{\gamma-1} + V_\alpha^{\gamma+p(x)-1} |\nabla \eta|^{p(x)} \mathrm{d}x,$$

其中 $V_\alpha = u + R^\alpha$, $\overline{\overline{p_+}} = \sup\limits_{x \in B_{4R}} p(x)$, $\overline{\overline{p_-}} = \inf\limits_{x \in B_{4R}} p(x)$, $\overline{p_-} = \inf\limits_{x \in E} p(x)$.

定理 1.1.3 (文献[31], Caccioppoli 估计)　设 $\eta \in C_0^\infty(\Omega)$ 且 $0 \leqslant \eta \leqslant 1$. 若 u 为方程(1.2)在 Ω 上的弱解, 则有

$$\int_\Omega |\nabla u|^{p(x)} \eta^{p_+} \mathrm{d}x \leqslant (2p_+)^{2p_+} \int_\Omega |u|^{p(x)} |\nabla \eta|^{p(x)} \mathrm{d}x.$$

定理 1.1.4 (文献[30], 弱 Harnack 不等式) 设 u 为方程(1.2)在球 $B_{4R}\subset\Omega$ 上的非负弱上解, p 在 Ω 上 log-Hölder 连续, $1<q<\dfrac{N}{N-1}$, $s>\overline{\overline{p_+}}-\overline{\overline{p_-}}$. 则存在 $q_0=q_0\left(n,p,\|u\|_{L^s(B_{4R})}\right)>0$ 及正常数 $C=C\left(n,p,q,\|u\|_{L^{q's}(B_{4R})}\right)$, 有

$$\left(\frac{1}{|2B|}\int_{2B}u^{q_0}\mathrm{d}x\right)^{\frac{1}{q_0}}\leqslant C\left(\inf_{B_R}u(x)+R\right).$$

定理 1.1.5 (文献[30], Harnack 不等式) 设 u 为方程(1.2)在球 $B_{4R}\subset\Omega$ 上的非负弱上解, p 在 Ω 上 log-Hölder 连续, $1<q<\dfrac{N}{N-1}$, $s>\overline{\overline{p_+}}-\overline{\overline{p_-}}$. 则存在正常数 $C=C\left(n,p,\|u\|_{L^{q's}(B_{4R})}\right)$, 有

$$\sup_{B_R}u(x)\leqslant C\left(\inf_{B_R}u(x)+R\right).$$

如文献[29]中讨论, 由定理 1.1.5 中的 Harnack 不等式可得方程(1.2)弱解的局部 Hölder 连续性.

目前, 关于具 $p(x)$- 增长性条件的散度型椭圆方程或积分泛函极小问题解的有界性、Hölder 连续性以及梯度的高阶可积性的研究, 范先令等也得到了一些较好的结果, 具体可参考文献[32-34]. 在此研究基础上, 范先令于 2007 年研究了如下一类散度型椭圆方程弱解的正则性:

$$-\mathrm{div}(A(x,u,\nabla u(x)))+B(x,u,\nabla u(x))=0,\quad x\in\Omega, \tag{1.3}$$

其中 Ω 是 $\mathbb{R}^N$ 中的有界开集, $p(x)$ 为 $\overline{\Omega}$ 上的 Hölder 连续函数且满足 $1<p_-\leqslant p(x)\leqslant p_+<\infty$. 他将弱解的正则性提高至 $C^{1,\alpha}$, 得到了如下结果(详见文献[35]).

定理 1.1.6 若 $u\in W^{1,p(x)}(\Omega)$ 是方程(1.3)的有界弱解, 则 $u\in C_{loc}^{1,\alpha}(\Omega)$.

定理 1.1.7 若 $u\in W^{1,p(x)}(\Omega)$ 是方程(1.3)的 Dirichlet 边值问题的有界弱解, 且边界值 $g\in C^{1,\gamma}(\partial\Omega)$, 其中 $\gamma\in(0,1)$, 则 $u\in C^{1,\alpha}(\overline{\Omega})$.

关于非线性问题正则性的讨论还可参考文献[36-39].

在对具有变指数增长性条件的非线性问题研究时, 原有的 Sobolev 空间的理论框架已不再适用. 在变指数 Sobolev 空间的理论得以进一步完善之后, 对这类非线性问题的研究有了较大的发展.

1996 年, 范先令等开始将变指数函数空间应用于对一类具有 $p(x)$-Laplace 算子的偏微分方程的研究. 下面, 我们就范先令及其学生们的研究成果做简单的介绍.

在文献[40]中, 作者讨论了如下 $p(x)$-Laplace 算子 $\Delta_{p(x)}$ 的特征值问题:

$$\begin{cases}-\operatorname{div}(|\nabla u|^{p(x)-2}\nabla u)=\lambda|u|^{p(x)-2}u, & x\in\Omega,\\ u(x)=0, & x\in\partial\Omega,\end{cases}\tag{1.4}$$

其中Ω是$\mathbb{R}^N$的有界区域，$p(x)$为$\overline{\Omega}$上的连续函数且有$p(x)>1$. 记

$$\Lambda=\Lambda_{p(x)}=\{\lambda\in\mathbb{R}: \lambda\text{是问题(1.4)的特征值}\}.$$

由文献[41]可知，若$p(x)$为常值函数，则有$\sup\Lambda=+\infty$，$\inf\Lambda=\lambda_1=\lambda_{1,p}>0$，其中

$$\lambda_1=\lambda_{1,p}=\inf_{u\in W_0^{1,p}(\Omega)\setminus\{0\}}\frac{\int_\Omega|\nabla u|^p\,\mathrm{d}x}{\int_\Omega|u|^p\,\mathrm{d}x}$$

是p-Laplace算子Δ_p的第一特征值. 研究中我们发现，在讨论一类带p-Laplace算子的非线性问题时，$\lambda_{1,p}>0$这一事实起到了很重要的作用. 但在$p(x)$不为常值函数时，在一般的情况下有$\inf\Lambda=0$，只有在特殊的情况下$\inf\Lambda>0$才成立. 这与p-Laplace算子的性质有着本质的差异，同时这一差异也为以后对$p(x)$-Laplace算子方程的研究带来了一个极大的困难.

在文献[42]中，作者考虑了$p(x)$-Laplace算子方程齐次 Neumann 边值的特征值问题，也得到了与文献[40]中类似的结论.

在文献[43]中，作者考虑了一类具有如下形式的$p(x)$-Laplace方程的强极值原理:

$$-\operatorname{div}(|\nabla u|^{p(x)-2}\nabla u)+d(x)|u|^{q(x)-2}u=0,\quad x\in\Omega,\tag{1.5}$$

其中Ω是$\mathbb{R}^N$中的开集，$p\in C^1(\overline{\Omega}),q\in C(\overline{\Omega}),1<p(x)\leqslant q(x)<p^*(x)$，非负函数$d\in L^\infty(\Omega)$. 得到了如下两个结论.

定理 1.1.8 若$u\in W^{1,p(x)}(\Omega)$是方程(1.5)的非负非平凡弱上解，则对任意的非空紧子集$K\subset\Omega$，均存在正常数C，使得$u\leqslant C$在K上几乎处处成立.

定理 1.1.9 取$x_1\in\partial\Omega$，方程(1.5)的非负非平凡弱上解$u\in C^1(\Omega\cup\{x_1\})$且满足$u(x_1)=0$. 若$\Omega$在$x_1$点处满足内球条件，则$\frac{\partial u(x_1)}{\partial\vec{n}}>0$，这里$\vec{n}$是边界$\partial\Omega$在$x_1$点处的单位内法向量.

这样一个强极值原理的建立，给出了一类判定$p(x)$-Laplace算子方程解为正解的有效工具.

在文献[44]中，张启虎把定理 1.1.8 和定理 1.1.9 推广到下述一类方程:

$$-\operatorname{div}(\varphi(x,|\nabla u|)\nabla u)+d(x)f(x,u)=0,\quad x\in\Omega,\tag{1.6}$$

其中Ω是$\mathbb{R}^N$中的开集，$p\in C^1(\overline{\Omega})$，$1<p_-\leqslant p(x)\leqslant p_+<N$，非负函数$d\in L^\infty(\Omega)$，且方程(1.6)满足文献[44]中所述的结构条件.

2000 年，范先令等对变指数 Sobolev 空间进行了更为深入的研究，得到了经

典的 Sobolev 嵌入定理与 Lions 的对称紧嵌入定理在空间$W^{k,p(x)}$中的自然推广形式，可见文献[45-47]. 2007 年，范先令在文献[48]中研究了变指数 Sobolev 空间的边界迹嵌入. 实践证明，这一类嵌入定理的建立为变指数函数空间在偏微分方程中的应用提供了重要的理论依据，具体可参考文献[49-59].

以上主要介绍了范先令等在变指数 Sobolev 空间及其在偏微分方程应用方面的研究成果.

近几年来，付永强在对一类 $p(x)$-Laplace 方程及方程组的研究方面也得到了一些较好的结果，可参考文献[60-75]. 在文献[60]中，作者在有界区域Ω上讨论了如下一类 $p(x)$-Laplace 方程：

$$\begin{cases}-\mathrm{div}(a(x)|\nabla u|^{p(x)-2}\nabla u)+b(x)|u|^{p(x)-2}u=f(x,u), & x\in\Omega,\\ u=0, & x\in\partial\Omega,\end{cases} \tag{1.7}$$

其中$1<p_-\leqslant p(x)\leqslant p_+<N$. 在这篇文章中，作者采用了将区域$\Omega$分割为一列开子集的思想，并结合变分的方法对与方程相关的能量泛函做了比较细致的估计，从而放宽了对方程右端项函数$f(x,t)$的限制，进而在较大的范围内讨论了问题(1.7)非平凡弱解的存在性，具体还可参考文献[61]. 这为我们以后的研究提供了一个很好的思路.

2004 年，付永强在文献[63]中引进了加权的变指数 Lebesgue 空间$L^{p(x)}(\Omega,\omega)$及变指数 Sobolev 空间$W^{k,p(x)}(\Omega,\omega)$，并对其性质进行了讨论. 目前，关于这方面的研究成果还比较少. 2009 年，作者建立了变指数 Sobolev 空间上的一类集中紧致性原理，并以此为基础讨论了一类带临界指数的$p(x)$-Laplace 方程弱解的存在及多重性问题，见文献[64-66]. 2010 年，作者在文献[67, 68]中研究了空间$W^{1,x}L^{p(x)}(Q)$的性质，并以此为背景讨论了一类具变指数增长性条件的非线性抛物方程初边值问题弱解的存在性及正则性.

2007 年，在文献[76]中，罗马尼亚的 Mihăilescu, Pucci 及 Rădulescu 介绍了各向异性的变指数 Sobolev 空间$W_0^{1,\overrightarrow{p(x)}}(\Omega)$，并以此为背景讨论了如下一类各向异性的拟线性椭圆方程的特征值问题：

$$\begin{cases}-\sum\limits_{i=1}^{N}\partial_{x_i}(|\partial_{x_i}u|^{p_i(x)-2}\partial_{x_i}u)=\lambda|u|^{q(x)-2}u, & x\in\Omega,\\ u(x)=0, & x\in\partial\Omega,\end{cases}$$

其中Ω是$\mathbb{R}^N(N\geqslant 3)$中具光滑边界的有界区域，$\lambda$是正常数，$p_i(x)$，$q(x)$分别为$\overline{\Omega}$上的连续函数且有$2\leqslant p_i(x)<N$，$q(x)>1$，$i=1,\cdots,N$. 这是一个比较新的研究课题，同时还可参考 Mihăilescu 等的文献[77]. 2008 年，在文献[78]中，Mihăilescu 研究了如下一类方程的 Dirichlet 边值问题：

$$\Delta_{p_1(x)}u+\Delta_{p_2(x)}u=s(-\lambda|u|^{m(x)-2}u+|u|^{q(x)-2}u), \tag{1.8}$$

其中 $p_1, p_2 \in C(\overline{\Omega})$, $m=\max\{p_1, p_2\}$, $\lambda, s\in\mathbb{R}$. 得到了 $s=-1$ 时方程(1.8)在 $W_0^{1,m(x)}(\Omega)$ 中非平凡解的存在性以及 $s=1$ 时解的多重性这样两个结论.

这里, 我们只是简单地介绍了变指数函数空间在偏微分方程的应用中一些有代表性的文章及结论. 在国内, 兰州大学较早开始了对这类非线性问题的研究, 并取得了一些较好的研究成果. 受到他们的启发与鼓舞, 目前, 国内也有越来越多的研究者开始从事这方面的研究, 我们不再一一介绍他们的工作.

1.2　变指数函数空间的基本理论

在这节中, 我们介绍关于变指数 Lebesgue 空间及 Sobolev 空间的一些基本理论, 对于变指数函数空间的进一步研究, 具体可参考文献[79-84].

1.2.1　变指数 Lebesgue 空间

取 $P(\Omega)$ 为所有 Lebesgue 可测函数 $p:\Omega\to[1,\infty]$ 的集合, 其中 Ω 为 $\mathbb{R}^N(N\geqslant 2)$ 的非空开子集. 任取可测函数 u, 记

$$\rho_{p(x)}(u)=\int_{\Omega\setminus\Omega_\infty}|u|^{p(x)}\,\mathrm{d}x+\sup_{x\in\Omega_\infty}|u(x)|,$$

其中 $\Omega_\infty=\{x\in\Omega: p(x)=\infty\}$.

变指数 Lebesgue 空间 $L^{p(x)}(\Omega)$ 由满足如下性质的函数 u 组成: 存在 $t_0>0$, 使得 $\rho_{p(x)}(t_0u)<\infty$. 任取 $u\in L^{p(x)}(\Omega)$, 定义

$$\|u\|_{p(x)}=\inf\left\{t>0:\ \rho_{p(x)}\left(\frac{u}{t}\right)\leqslant 1\right\},$$

可知 $L^{p(x)}(\Omega)$ 按此范数构成一个 Banach 空间.

任取 $p\in P(\Omega)$, 定义其共轭指数为

$$p'(x)=\begin{cases}\infty, & x\in\Omega_1=\{x\in\Omega: p(x)=1\},\\ 1, & x\in\Omega_\infty,\\ \dfrac{p(x)}{p(x)-1}, & \text{其他}.\end{cases}$$

函数 $a:\Omega\to\mathbb{R}$ 为局部 log-Hölder 连续, 是指对任意的 $x,y\in\Omega$, 存在常数 $C_1>0$, 使得 $|a(x)-a(y)|\leqslant\dfrac{C_1}{\log(e+1/|x-y|)}$; 称函数 $a:\Omega\to\mathbb{R}$ 为 log-Hölder 退化连续, 是指对任意的 $x\in\Omega$, 存在常数 $C_2>0$ 及 $a_\infty\in\mathbb{R}^n$, 使得

$$|a(x)-a_\infty|\leqslant\frac{C_2}{\log(e+|x|)};$$

称函数 $a:\Omega\to\mathbb{R}$ 为 Ω 中全局 log-Hölder 连续，是指 $a:\Omega\to\mathbb{R}$，既是局部 log-Hölder 连续又是 log-Hölder 退化连续.

定义集合 $P^{\log}(\Omega)$ 为满足如下性质的函数 $p(x)\in P(\Omega)$ 组成：$\dfrac{1}{p}$ 为 Ω 中全局 log-Hölder 连续函数.

定理 1.2.1 取 $p\in P(\Omega)$. 则对任意的 $u\in L^{p(x)}(\Omega)$ 及 $v\in L^{p'(x)}(\Omega)$，均有如下的不等式成立:

$$\int_\Omega|u(x)v(x)|\,\mathrm{d}x\leqslant 2\,\|u\|_{p(x)}\|v\|_{p'(x)}.$$

任取 $p\in P(\Omega)$，记

$$p_+=\sup_{x\in\bar\Omega}p(x),\quad p_-=\inf_{x\in\bar\Omega}p(x).$$

在下面的讨论中, 若无特别说明, 均假设

$$1\leqslant p_-\leqslant p(x)\leqslant p_+<\infty. \tag{1.9}$$

定理 1.2.2 取 $u\in L^{p(x)}(\Omega)\setminus\{0\}$，则 $\|u\|_{p(x)}=t_0$ 当且仅当 $\rho_{p(x)}\left(\dfrac{u}{t_0}\right)=1$.

定理 1.2.3 对任意的 $u\in L^{p(x)}(\Omega)$，有

i) 若 $\|u\|_{p(x)}\geqslant 1$，$\|u\|_{p(x)}^{p_-}\leqslant\rho_{p(x)}(u)\leqslant\|u\|_{p(x)}^{p_+}$；

ii) 若 $\|u\|_{p(x)}<1$，$\|u\|_{p(x)}^{p_+}\leqslant\rho_{p(x)}(u)\leqslant\|u\|_{p(x)}^{p_-}$.

注 根据定理 1.2.3 显然有如下结论：对于空间 $L^{p(x)}(\Omega)$ 中的任意序列 $\{u_n\}$，$\|u_n-u\|_{p(x)}\to 0$ 当且仅当 $\rho_{p(x)}(u_n-u)\to 0$；$\|u_n-u\|_{p(x)}\to\infty$ 当且仅当 $\rho_{p(x)}(u_n-u)\to\infty$.

定理 1.2.4 i) $C_0^\infty(\Omega)$ 在空间 $(L^{p(x)}(\Omega),\|\cdot\|_{p(x)})$ 中稠密，且 $L^{p(x)}(\Omega)$ 是可分的.

ii) 若进一步要求 $p_->1$，则空间 $L^{p(x)}(\Omega)$ 是一致凸的, 从而是自反的. 此时, 空间 $L^{p(x)}(\Omega)$ 的对偶空间是 $L^{p'(x)}(\Omega)$.

定理 1.2.5 取 E 为 Ω 的可测子集, χ_E 为 E 的特征函数. 对任意的 $u\in L^{p(x)}(\Omega)$, 有

$$\lim_{\operatorname{meas}E\to 0}\|u\chi_E\|_{p(x)}=0.$$

证明 由于 $C_0^\infty(\Omega)$ 在 $L^{p(x)}(\Omega)$ 中稠密，任取 $u\in L^{p(x)}(\Omega)$，对任意的 $\varepsilon>0$，则存在 $w\in C_0^\infty(\Omega)$ 满足 $\|u-w\|_{p(x)}<\dfrac{\varepsilon}{2}$ 且 $w_0=\sup_{x\in\Omega}|w(x)|<\infty$.

容易验证，当 $\operatorname{meas} E<1$ 时，有 $\|\chi_E\|_{p(x)}\leqslant(\operatorname{meas} E)^{\frac{1}{p_+}}$．所以当 $\operatorname{meas} E\to 0$ 时，$\|\chi_E\|_{p(x)}\to 0$．对上述的 ε，则存在 $\delta>0$，当 $\operatorname{meas} E<\delta$ 时，有 $\|\chi_E\|_{p(x)}<\dfrac{\varepsilon}{2w_0}$．进而有

$$\|u\chi_E\|_{p(x)}\leqslant\|(u-w)\chi_E\|_{p(x)}+\|w\chi_E\|_{p(x)}\leqslant\|u-w\|_{p(x)}+w_0\|\chi_E\|_{p(x)}<\varepsilon,$$

从而可得 $\lim\limits_{\operatorname{meas} E\to 0}\|u\chi_E\|_{p(x)}=0$．证毕.

定理 1.2.6 设 Ω 为 $\mathbb{R}^N$ 中的可测开子集. 取 $L^{p(x)}(\Omega)$ 中的有界序列 $\{u_n\}$，若 $u_n(x)\to u(x)$ a.e.于 Ω，则 $u_n\to u$ 弱收敛于 $L^{p(x)}(\Omega)$ 中.

证明 由于序列 $\{u_n\}$ 在空间 $L^{p(x)}(\Omega)$ 中有界，不妨设 $\|u_n\|_{p(x)}\leqslant C$．由 Fatou 引理，可得

$$\int_\Omega\left|\frac{u}{C}\right|^{p(x)}\mathrm{d}x=\int_\Omega\lim_{n\to\infty}\left|\frac{u_n}{C}\right|^{p(x)}\mathrm{d}x\leqslant\varliminf_{n\to\infty}\int_\Omega\left|\frac{u_n}{C}\right|^{p(x)}\mathrm{d}x\leqslant 1,$$

所以有 $\|u\|_{p(x)}\leqslant C$．

取 $g\in L^{p'(x)}(\Omega)$，由定理 1.2.5 可知 $\lim\limits_{\operatorname{meas} E\to 0}\|g\chi_E\|_{p'(x)}=0$．所以对任意的 $\varepsilon>0$，存在 $\delta>0$，当 $\operatorname{meas} E<\delta$ 时，有 $\|g\chi_E\|_{p'(x)}<\dfrac{\varepsilon}{4C}$．

若 $\operatorname{meas}\Omega<\infty$．由 Egorov 定理可知，对上述 δ，存在子集 $B\subset\Omega$，使得 $\{u_n\}$ 在 B 上一致收敛，且 $\operatorname{meas}(\Omega\setminus B)<\delta$．所以存在 $n_0\in\mathbb{N}$，当 $n\geqslant n_0$ 时，有

$$\sup_{x\in B}|u_n(x)-u(x)|\cdot\|g\|_{p'(x)}\cdot\|\chi_\Omega\|_{p(x)}<\frac{\varepsilon}{2},$$

从而有

$$\begin{aligned}&\left|\int_\Omega(ug-u_ng)\mathrm{d}x\right|\\&\leqslant\int_B|u_n-u|\cdot|g|\,\mathrm{d}x+\int_{\Omega\setminus B}|u_n-u|\cdot|g|\,\mathrm{d}x\\&\leqslant 2\sup_{x\in B}|u_n(x)-u(x)|\cdot\|g\|_{p'(x)}\cdot\|\chi_\Omega\|_{p(x)}+2\|u_n-u\|_{p(x)}\|g\chi_{\Omega\setminus B}\|_{p'(x)}<2\varepsilon,\end{aligned}$$

进而有 $u_n\to u$ 弱收敛于 $L^{p(x)}(\Omega)$ 中.

若 $\operatorname{meas}\Omega=\infty$．记 $\Omega_R=\{x\in\Omega:|x|\leqslant R\}$，则有

$$\int_\Omega|g(x)|^{p'(x)}\mathrm{d}x=\lim_{R\to\infty}\int_{\Omega_R}|g(x)|^{p'(x)}\mathrm{d}x.$$

由上面的讨论可知，当 $n\to\infty$ 时，有 $\int_{\Omega_R}u_n(x)g(x)\mathrm{d}x\to\int_{\Omega_R}u(x)g(x)\mathrm{d}x$．又由于

$$\left|\int_{\Omega\setminus\Omega_R} u_n(x)g(x)\mathrm{d}x\right| \leqslant \int_{\Omega\setminus\Omega_R} |u_n(x)|\cdot|g(x)|\,\mathrm{d}x \leqslant 2C\,\|g\|_{p'(x),\Omega\setminus\Omega_R},$$

所以当 $R\to\infty$ 时，有

$$\int_{\Omega\setminus\Omega_R} u_n(x)g(x)\mathrm{d}x \to 0.$$

则有 $\int_{\Omega} u_n(x)g(x)\mathrm{d}x \to \int_{\Omega} u(x)g(x)\mathrm{d}x$，进而有 $u_n\to u$ 弱收敛于 $L^{p(x)}(\Omega)$ 中. 证毕.

定理 1.2.7 设 Ω 为 $\mathbb{R}^N$ 的开子集. 取 $L^{p(x)}(\Omega)$ 中的有界序列 $\{u_n\}$ 且 $u_n\to u$ a.e. 于 Ω，则有

$$\lim_{n\to\infty}\int_{\Omega}(|u_n|^{p(x)}-|u_n-u|^{p(x)})\mathrm{d}x=\int_{\Omega}|u|^{p(x)}\,\mathrm{d}x.$$

证明 对任意的 $x\in\Omega$，存在介于 $u_n(x)$ 与 $u_n(x)-u(x)$ 之间的可测函数 $\xi(x)$ 满足

$$|u_n(x)|^{p(x)}=|u_n(x)-u(x)|^{p(x)}+p(x)|\xi(x)|^{p(x)-2}\,\xi(x)u(x).$$

从而有

$$\begin{aligned}||u_n|^{p(x)}-|u_n-u|^{p(x)}| &\leqslant p(x)|\xi|^{p(x)-1}|u|\\ &\leqslant p_+(|u_n|+|u_n-u|)^{p(x)-1}|u|\\ &\leqslant p_+(|u|+2|u_n-u|)^{p(x)-1}|u|\\ &\leqslant 4^{p_+-1}p_+(|u|^{p(x)-1}+|u_n-u|^{p(x)-1})|u|.\end{aligned}$$

对任意的 $\varepsilon\in(0,1)$，由 Young 不等式，有

$$\begin{aligned}|u_n-u|^{p(x)-1}\cdot|u| &\leqslant \frac{(p(x)-1)\varepsilon}{p(x)}|u_n-u|^{p(x)}+\frac{\varepsilon^{1-p(x)}}{p(x)}|u|^{p(x)}\\ &\leqslant \varepsilon|u_n-u|^{p(x)}+\varepsilon^{1-p_+}|u|^{p(x)},\end{aligned}$$

则有

$$||u_n|^{p(x)}-|u_n-u|^{p(x)}|\leqslant 4^{p_+-1}\varepsilon p_+|u_n-u|^{p(x)}+4^{p_+-1}p_+(\varepsilon^{1-p_+}+1)|u|^{p(x)}.$$

取 $\varepsilon'=4^{p_+-1}\varepsilon p_+$，可得

$$||u_n|^{p(x)}-|u_n-u|^{p(x)}|\leqslant \varepsilon'|u_n-u|^{p(x)}+C(\varepsilon')|u|^{p(x)}.$$

记 $W_{\varepsilon',n}(x)=\max\{||u_n|^{p(x)}-|u_n-u|^{p(x)}-|u|^{p(x)}|-\varepsilon'|u_n-u|^{p(x)},0\}$. 当 $n\to\infty$ 时，则有 $W_{\varepsilon',n}\to 0$ a.e.于 Ω. 由于

$$\begin{aligned}||u_n|^{p(x)}-|u_n-u|^{p(x)}-|u|^{p(x)}| &\leqslant ||u_n|^{p(x)}-|u_n-u|^{p(x)}|+|u|^{p(x)}\\ &\leqslant \varepsilon'|u_n-u|^{p(x)}+C(\varepsilon')|u|^{p(x)},\end{aligned}$$

则有 $W_{\varepsilon',n}(x)\leqslant C(\varepsilon')|u|^{p(x)}\in L^1(\Omega)$. 由 Lebesgue 控制收敛定理可知，当 $n\to\infty$ 时，

有 $\int_{\Omega} W_{\varepsilon',n}(x)\mathrm{d}x \to 0$. 由于

$$\int_{\Omega} ||u_n|^{p(x)} - |u_n - u|^{p(x)} - |u|^{p(x)}|\,\mathrm{d}x \leqslant \int_{\Omega} (W_{\varepsilon',n}(x) + \varepsilon' |u_n - u|^{p(x)})\mathrm{d}x,$$

所以有

$$\overline{\lim_{n\to\infty}} \int_{\Omega} ||u_n|^{p(x)} - |u_n - u|^{p(x)} - |u|^{p(x)}|\,\mathrm{d}x \leqslant C\varepsilon'.$$

令 $\varepsilon' \to 0$, 即可得结论. 证毕.

可以看出, 定理 1.2.7 是文献[85]中 Brezis-Lieb 引理在变指数函数空间中的推广, 具体证明可参见文献[64].

在下面的讨论中, 取 p_1, $p_2 \in P(\Omega)$ 且满足条件(1.9).

定理 1.2.8 设 Ω 为 $\mathbb{R}^N$ 的有界开子集, 则 $L^{p_2(x)}(\Omega) \subset L^{p_1(x)}(\Omega)$ 当且仅当 $p_1(x) \leqslant p_2(x)$ a.e.于 Ω, 并且存在连续嵌入 $L^{p_2(x)}(\Omega) \to L^{p_1(x)}(\Omega)$.

定理 1.2.9 取 Carathéodory 函数 $f: \Omega \times \mathbb{R} \to \mathbb{R}$. 对任意的 $(x,t) \in \Omega \times \mathbb{R}$, 若有

$$f(x,t) \leqslant a(x) + b|t|^{\frac{p_1(x)}{p_2(x)}},$$

其中非负函数 $a \in L^{p_2(x)}(\Omega)$, 常数 $b \geqslant 0$, 则 Nemytsky 算子

$$N_f : L^{p_1(x)}(\Omega) \to L^{p_2(x)}(\Omega) : u \mapsto f(x,u)$$

是连续且有界的.

1.2.2 变指数 Sobolev 空间

接下来, 给出变指数 Sobolev 空间的定义及其具有的一些性质.

给定复指标 $\alpha = (\alpha_1, \cdots, \alpha_N) \in \mathbb{N}^N$. 记 $|\alpha| = \alpha_1 + \cdots + \alpha_N$ 及 $D^\alpha = D_1^{\alpha_1} \cdots D_N^{\alpha_N}$, 其中 $D_i = \dfrac{\partial}{\partial x_i}$ 为广义导算子.

变指数 Sobolev 空间 $W^{k,p(x)}(\Omega)$ 由满足如下性质的函数 $u \in L^{p(x)}(\Omega)$ 组成: 对任意的复指标 $|\alpha| \leqslant k$, 均有 $D^\alpha u \in L^{p(x)}(\Omega)$, 其中 k 为给定的自然数. 任取 $u \in W^{k,p(x)}(\Omega)$, 可知

$$\|u\|_{k,p(x)} = \sum_{|\alpha| \leqslant k} \|D^\alpha u\|_{p(x)}$$

是空间 $W^{k,p(x)}(\Omega)$ 上的一个范数, 且 $W^{k,p(x)}(\Omega)$ 依此范数构成 Banach 空间. 记 $W_0^{k,p(x)}(\Omega)$ 为 $C_0^\infty(\Omega)$ 关于此范数在空间 $W^{k,p(x)}(\Omega)$ 中的闭包.

取 $k=1$, 有如下的结论成立.

定理 1.2.10　若Ω为有界区域, 任取$u\in W_0^{1,p(x)}(\Omega)$, 则

$$\|u\|_{p(x)}\leqslant C\|\nabla u\|_{p(x)},$$

其中正常数C只依赖于区域Ω.

注　由定理 1.2.10 可知, 若Ω为有界区域, 则$\|\nabla u\|_{p(x)}$定义了空间$W_0^{1,p(x)}(\Omega)$上的一个等价范数.

任取$u\in W^{1,p(x)}(\Omega)$, 若定义

$$|||u|||=\inf\left\{t>0:\int_\Omega\frac{|\nabla u|^{p(x)}+|u|^{p(x)}}{t^{p(x)}}\mathrm{d}x\leqslant 1\right\},$$

可知$|||\cdot|||$是$W^{1,p(x)}(\Omega)$上的一个等价范数. 事实上, 我们有

$$\frac{\|u\|_{1,p(x)}}{2}\leqslant|||u|||\leqslant 2\|u\|_{1,p(x)}.$$

类似于定理 1.2.3, 有如下结论.

定理 1.2.11　对任意的$u\in W^{1,p(x)}(\Omega)$, 有

i) 若$|||u|||\geqslant 1$, 则$|||u|||^{p_-}\leqslant\int_\Omega(|\nabla u|^{p(x)}+|u|^{p(x)})\mathrm{d}x\leqslant|||u|||^{p_+}$;

ii) 若$|||u|||<1$, 则$|||u|||^{p_+}\leqslant\int_\Omega(|\nabla u|^{p(x)}+|u|^{p(x)})\mathrm{d}x\leqslant|||u|||^{p_-}$.

定理 1.2.12　空间$W^{k,p(x)}(\Omega)$及$W_0^{k,p(x)}(\Omega)$可分; 进一步, 若要求$p_->1$, 空间$W^{k,p(x)}(\Omega)$及$W_0^{k,p(x)}(\Omega)$均自反.

定理 1.2.13　设Ω为$\mathbb{R}^N$的有界开子集. 取$p_1, p_2\in P(\Omega)$且满足条件(1.9), 若$p_1(x)\leqslant p_2(x)$ a.e.于Ω, 则存在连续嵌入$W^{k,p_2(x)}(\Omega)\to W^{k,p_1(x)}(\Omega)$.

记$W^{-k,p'(x)}(\Omega)$为空间$W_0^{k,p(x)}(\Omega)$的对偶空间, 则有

定理 1.2.14　任取$G\in W^{-k,p'(x)}(\Omega)$, 存在$g_\alpha\in\{g_\alpha\in L^{p'(x)}(\Omega):|\alpha|\leqslant k\}$, 使得对任意的$u\in W_0^{k,p(x)}(\Omega)$, 有

$$G(u)=\sum_{|\alpha|\leqslant k}\int_\Omega D^\alpha u(x)\cdot g_\alpha(x)\mathrm{d}x.$$

定义空间$W^{-k,p'(x)}(\Omega)$上的范数

$$\|G\|_{-k,p'(x)}=\sup\left\{\frac{G(u)}{\|u\|_{k,p(x)}}:u\in W_0^{k,p(x)}(\Omega)\setminus\{0\}\right\}.$$

下面, 将给出变指数 Sobolev 空间上的一类嵌入定理.

取p_1, $p_2\in P(\Omega)$. 若$\inf\limits_{x\in\Omega}(p_1(x)-p_2(x))>0$, 记为$p_1(x)\ll p_2(x)$. 在以下的讨论中, 取$p\in P(\Omega)$, 并假设$1<p_-\leqslant p(x)\leqslant p_+<\infty$.

定理 1.2.15　若 Ω 是 $\mathbb{R}^N$ 中具有锥性质的区域，$p(x)$ 是 $\overline{\Omega}$ 上的 Lipschitz 连续函数且 $kp_+ < N$，$q(x)$ 是 $\overline{\Omega}$ 上的可测函数且

$$p(x) \leqslant q(x) \leqslant p^*(x) = \frac{Np(x)}{N - kp(x)}$$

a.e.于 $\overline{\Omega}$，则存在连续嵌入 $W^{k,p(x)}(\Omega) \to L^{q(x)}(\Omega)$.

定理 1.2.16　若 Ω 为 $\mathbb{R}^N$ 中具有锥性质的区域，$p(x)$ 是 $\overline{\Omega}$ 上的一致连续函数且 $kp_+ < N$，$q(x)$ 是 $\overline{\Omega}$ 上的可测函数，$q(x) \ll p^*(x)$ 且 $p(x) \leqslant q(x)$ a.e.于 $\overline{\Omega}$，则存在连续嵌入 $W^{k,p(x)}(\Omega) \to L^{q(x)}(\Omega)$.

定理 1.2.17　若 Ω 为 $\mathbb{R}^N$ 中具有锥性质的有界区域，$p(x)$ 是 $\overline{\Omega}$ 上的连续函数且 $kp_+ < N$，$q(x)$ 是 $\overline{\Omega}$ 上的可测函数，$q(x) \ll p^*(x)$ 且 $p(x) \leqslant q(x)$ a.e.于 $\overline{\Omega}$，则存在连续的紧嵌入 $W^{k,p(x)}(\Omega) \to L^{q(x)}(\Omega)$.

定理 1.2.18　若 $p(x)$ 是 $\mathbb{R}^N$ 上的一致连续函数且 $p_+ < N$，$q(x)$ 是 $\mathbb{R}^N$ 上的可测函数，$q(x) \ll p^*(x)$ 且 $p(x) \leqslant q(x)$ a.e.于 $\mathbb{R}^N$，则存在连续嵌入

$$W^{1,p(x)}(\mathbb{R}^N) \to L^{q(x)}(\mathbb{R}^N).$$

我们知道，当 $p(x) \equiv p$ 时，定理 1.2.15 至定理 1.2.18 就是我们所熟知的 Sobolev 空间上的嵌入定理，具体可参考文献[86].

注　对于空间 $W_0^{k,p(x)}(\Omega)$，同样也有定理 1.2.15—定理 1.2.17 中的嵌入存在，此时对 Ω 的边界并无限制.

第 2 章　$p(x)$-Laplace 方程的 Dirichlet 边值问题

众所周知, Sobolev 空间的引入为求解一类具常指数增长性条件的偏微分方程的边值问题提供了新的途径, 因此可以在更为广泛的函数类中寻求偏微分方程的解, 参见文献[87-93]. 但在对一类具有变指数增长性条件的非线性问题的研究过程中, 我们发现 Sobolev 空间不再适用. 这就促使我们转向更为广泛的函数类空间——变指数 Sobolev 空间去研究这类非线性问题.

在本章中, 我们讨论了如下一类 $p(x)$-Laplace 方程:

$$\begin{cases}-\mathrm{div}(|\nabla u|^{p(x)-2}\nabla u)+|u|^{p(x)-2}u=f(x,u), & x\in\Omega,\\ u(x)=0, & x\in\partial\Omega,\end{cases}\tag{2.1}$$

其中 $\Omega\subset\mathbb{R}^N$, $p(x)$ 是 $\overline{\Omega}$ 上的 Lipschitz 连续函数且满足 $1<p_-\leqslant p(x)\leqslant p_+<N$. 我们以

$$f(x,t)=\begin{cases}g(x)t^{\alpha(x)-1}, & p(x)<\alpha(x)<p^*(x),\\ h(x)t^{\beta(x)-1}, & 1\leqslant\beta(x)<p(x),\\ g(x)t^{\alpha(x)-1}+h(x)t^{\beta(x)-1}, & 1\leqslant\beta(x)<p(x)<\alpha(x)<p^*(x)\end{cases}$$

为原型, 分别在 Ω 为 $\mathbb{R}^N$ 的有界区域及无界区域的情况下讨论了问题(2.1)的弱解.

2.1　有界区域上具次临界增长方程弱解的存在性

首先, 我们给出问题(2.1)弱解的定义.

定义 2.1.1　称 $u_0\in W_0^{1,p(x)}(\Omega)$ 为问题(2.1)的弱解, 是指: 任取 $u\in W_0^{1,p(x)}(\Omega)$, 均有

$$\int_\Omega(|\nabla u_0|^{p(x)-2}\nabla u_0\nabla u+|u_0|^{p(x)-2}u_0u-f(x,u_0)u)\mathrm{d}x=0.$$

定义空间 $W_0^{1,p(x)}(\Omega)$ 上的泛函:

$$J(u)=\int_\Omega\frac{|\nabla u|^{p(x)}+|u|^{p(x)}}{p(x)}\mathrm{d}x,$$

$$K(u)=\int_\Omega F(x,u)\mathrm{d}x,$$

其中 $F(x,t)=\int_0^t f(x,s)\mathrm{d}s$.

在本节的讨论中, 取 Ω 为有界区域. 接下来, 给出函数 $f(x,t)$ 需满足的条件:

(A1) $f\in C(\overline{\Omega}\times\mathbb{R})$ 且满足 $f(x,0)\equiv 0$ 及

$$|f(x,t)|\leqslant a_0+a_1|t|^{\alpha(x)-1},$$

其中 a_0, a_1 为正常数, $\alpha\in C(\overline{\Omega})$ 且有 $p(x)\ll\alpha(x)\ll p^*(x)$, 并且存在非空开集 $\Omega_0\subset\Omega$, 使得对任意的 $(x,t)\in\Omega_0\times\mathbb{R}$, 有 $F(x,t)>0$.

(A2) $f\in C(\overline{\Omega}\times\mathbb{R})$ 且满足 $f(x,0)\equiv 0$ 及

$$|f(x,t)|\leqslant a_2+a_3|t|^{\beta(x)-1},$$

其中 a_2, a_3 为正常数, $\beta\in P(\Omega)$ 且有 $1\leqslant\beta_-\leqslant\beta(x)\ll p(x)$.

若函数 $f(x,t)$ 满足条件(A1), 称问题(2.1)的"非线性部分"为"$p(x)$-超线性"的; 若函数 $f(x,t)$ 满足条件(A2), 称问题(2.1)的"非线性部分"为"$p(x)$-次线性"的.

下面将以 "$p(x)$-超线性" 的情况为例, 对函数 $f(x,t)$ 具有的增长阶进行简单的分析. 若要求 $p_+<\alpha_-$, 显然有 $p(x)\ll\alpha(x)$, 但同时也有 $p_+<p_-^*$. 这就意味着 $p_+<\dfrac{Np_-}{N-p_-}$, 从而有 $N<\dfrac{p_+p_-}{p_+-p_-}$. 若我们仅限制 $p(x)\ll\alpha(x)$, 就可避免上述对 N 的限制, 从而扩大了对问题(2.1)的讨论范围.

接下来, 将讨论泛函 K 具有的一些性质. 在以下的证明过程中, 如无特别说明, 均记 C 为正常数.

定理 2.1.1 在条件(A1)或(A2)之下, 泛函 K 在空间 $W_0^{1,p(x)}(\Omega)$ 上弱连续.

证明 这里只讨论函数 f 满足条件(A2)的情况, 若 f 满足条件(A1)可类似证明.

取 $u_n\to u$ 弱收敛于 $W_0^{1,p(x)}(\Omega)$ 中. 由紧嵌入定理可知 $u_n\to u$ 于 $L^{p(x)}(\Omega)$ 中, 进而有 $u_n\to u$ 于 $L^{\beta(x)}(\Omega)$ 中, 从而有 $\int_\Omega|u_n-u|^{\beta(x)}\mathrm{d}x\to 0$. 类似也有

$$\int_\Omega|u_n-u|\mathrm{d}x\to 0.$$

进一步, 不妨设 $u_n\to u$ a.e.于 Ω. 由条件(A2)可知, 对任意的 $(x,t)\in\overline{\Omega}\times\mathbb{R}$, 有

$$|F(x,t)|\leqslant a_2|t|+\frac{a_3}{\beta(x)}|t|^{\beta(x)}.$$

容易验证 $\{|F(x,u_n)-F(x,u)|\}$ 为 $L^1(\Omega)$ 中的一致可积集且当 $n\to\infty$ 时, $|F(x,u_n)-F(x,u)|\to 0$ a.e.于 Ω. 从而由 Vitali 定理(文献[94])可知, 当 $n\to\infty$ 时, 有

$$\int_\Omega|F(x,u_n)-F(x,u)|\mathrm{d}x\to 0,$$

即泛函K是弱连续的. 证毕.

定理 2.1.2 在条件(A1)或(A2)之下, 泛函K在空间$W_0^{1,p(x)}(\Omega)$上 Fréchet 可微, 且对任意的$u,v\in W_0^{1,p(x)}(\Omega)$, 有

$$\langle K'(u),v\rangle=\int_\Omega f(x,u)v\mathrm{d}x .$$

证明 这里仍只讨论函数f满足条件(A2)的情况.

由 Fréchet 可微的定义可知, 若要得到泛函K在$u\in W_0^{1,p(x)}(\Omega)$处的可微性, 只需验证: 任取$\varepsilon>0$, 存在$\delta>0$, 使得对任意的$v\in W_0^{1,p(x)}(\Omega)$且$\|v\|_{1,p(x)}<\delta$, 均有

$$\left|K(u+v)-K(u)-\int_\Omega f(x,u)v\mathrm{d}x\right|<\varepsilon\|v\|_{1,p(x)} .$$

记$\Omega_1=\{x\in\Omega:|u(x)|\geqslant h\}$, $\Omega_2=\{x\in\Omega:|v(x)|\geqslant r\}$, $\Omega_3=\Omega\setminus(\Omega_1\cup\Omega_2)$, 其中$h$, r为待定的正常数. 可知

$$\begin{aligned}&\left|K(u+v)-K(u)-\int_\Omega f(x,u)v\mathrm{d}x\right|\\&=\left|\int_\Omega (F(x,u+v)-F(x,u)-f(x,u)v)\mathrm{d}x\right|\\&\leqslant\sum_{i=1}^{3}\int_{\Omega_i}|F(x,u+v)-F(x,u)-f(x,u)v|\,\mathrm{d}x\\&\triangleq I_1+I_2+I_3.\end{aligned}$$

首先, 考察I_1部分. 任取$x\in\Omega$, 均存在$\theta\in(0,1)$, 有

$$F(x,u+v)-F(x,u)=f(x,u+\theta v)v ,$$

所以有

$$\begin{aligned}I_1&=\int_{\Omega_1}|f(x,u+\theta v)v-f(x,u)v|\,\mathrm{d}x\\&\leqslant\int_{\Omega_1}((a_2+a_3|u+\theta v|^{\beta(x)-1})|v|+(a_2+a_3|u|^{\beta(x)-1})|v|)\mathrm{d}x\\&\leqslant C\int_{\Omega_1}(|v|+|v|^{\beta(x)}+|u|^{\beta(x)-1}|v|)\mathrm{d}x\\&\leqslant C\left(\|\chi_{\Omega_1}\|_{(p^*(x))'}\|v\|_{p^*(x)}+\int_{\Omega_1}|u|^{\beta(x)-1}|v|\,\mathrm{d}x+\int_{\Omega_1}|v|^{\beta(x)}\,\mathrm{d}x\right).\end{aligned}$$

由于$u\in W_0^{1,p(x)}(\Omega)$, 则有

$$\min\{h^{p_-},h^{p_+}\}\cdot\mathrm{meas}\,\Omega_1\leqslant\int_{\Omega_1}h^{p(x)}\mathrm{d}x\leqslant\int_{\Omega_1}|u|^{p(x)}\,\mathrm{d}x<\infty .$$

由上式可知, 对任意的$\varepsilon>0$, 存在$h_0>0$, 当$h>h_0$时, 有

$$\|\chi_{\Omega_1}\|_{(p^*(x))'}\|v\|_{p^*(x)}\leqslant C(\text{meas}\,\Omega_1)^{\frac{Np_- - N + p_-}{Np_-}}\|v\|_{1,p(x)}<\frac{\varepsilon}{9}\|v\|_{1,p(x)}.$$

可知

$$\int_{\Omega_1}|u|^{\beta(x)-1}|v|\,\mathrm{d}x\leqslant 2\||u|^{\beta(x)-1}\|_{(p^*(x))',\Omega_1}\|v\|_{p^*(x),\Omega_1}\leqslant C\||u|^{\beta(x)-1}\|_{(p^*(x))',\Omega_1}\|v\|_{1,p(x)}.$$

由于$(\beta(x)-1)(p^*(x))'<\beta(x)$，则有

$$\int_{\Omega_1}|u|^{(\beta(x)-1)(p^*(x))'}\mathrm{d}x\leqslant 2\||u|^{(\beta(x)-1)(p^*(x))'}\|_{\frac{\beta(x)}{(\beta(x)-1)(p^*(x))'},\Omega_1}\|\chi_{\Omega_1}\|_{\left(\frac{\beta(x)}{(\beta(x)-1)(p^*(x))'}\right)'}.$$

又由于

$$\int_{\Omega_1}|\chi_{\Omega_1}|^{\left(\frac{\beta(x)}{(\beta(x)-1)(p^*(x))'}\right)'}\mathrm{d}x=\text{meas}\,\Omega_1\leqslant\text{meas}\,\Omega<+\infty,$$

则有$\|\chi_{\Omega_1}\|_{\left(\frac{\beta(x)}{(\beta(x)-1)(p^*(x))'}\right)'}<+\infty$.

容易验证，当$h\to\infty$时，有

$$\int_{\Omega_1}|u|^{(\beta(x)-1)(p^*(x))'\frac{\beta(x)}{(\beta(x)-1)(p^*(x))'}}\mathrm{d}x=\int_{\Omega_1}|u|^{\beta(x)}\,\mathrm{d}x\to 0,$$

所以$\||u|^{(\beta(x)-1)(p^*(x))'}\|_{\frac{\beta(x)}{(\beta(x)-1)(p^*(x))'},\Omega_1}\to 0$. 进而可知，当$h\to\infty$时，有

$$\int_{\Omega_1}|u|^{(\beta(x)-1)(p^*(x))'}\mathrm{d}x\to 0.$$

结合定理 1.2.3 可知，对上述的$\varepsilon>0$，存在$h_1>h_0$，当$h\geqslant h_1$时，有

$$\int_{\Omega_1}|u|^{\beta(x)-1}|v|\,\mathrm{d}x<\frac{\varepsilon}{9}\|v\|_{1,p(x)}.$$

同理可知，存在$h_2>h_1$，当$h\geqslant h_2$时，$\int_{\Omega_1}|v|^{\beta(x)}\,\mathrm{d}x\leqslant\frac{\varepsilon}{9}\|v\|_{1,p(x)}$，所以有

$$I_1\leqslant\frac{\varepsilon}{3}\|v\|_{1,p(x)}.$$

其次，考察I_3部分. 由于$f\in C(\Omega\times\mathbb{R})$，任取$\varepsilon'$，$h>0$，存在$r>0$，使得对任意的$x\in\overline{\Omega}$，$|\xi|\leqslant h$及$|\eta|<r$，有

$$|F(x,\xi+\eta)-F(x,\xi)-f(x,\xi)\eta|\leqslant\varepsilon'|\eta|,$$

则

$$I_3\leqslant\int_{\Omega_3}\varepsilon'|v|\,\mathrm{d}x\leqslant 2\varepsilon'\|v\|_{p(x)}\|\chi_{\Omega_3}\|_{p'(x)}.$$

取ε'足够小, 使得$2\varepsilon'\|\chi_{\Omega_3}\|_{p'(x)}<\dfrac{\varepsilon}{3}$, 则有

$$I_3\leqslant\frac{\varepsilon}{3}\|v\|_{p(x)}\leqslant\frac{\varepsilon}{3}\|v\|_{1,p(x)}.$$

最后, 考察I_2部分. 类似于对I_1的估计可得

$$\begin{aligned}I_2&\leqslant C\int_{\Omega_2}(|v|+|u|^{\beta(x)-1}|v|+|v|^{\beta(x)})\mathrm{d}x\\&\leqslant C\left(\|\chi_{\Omega_2}\|_{\beta'(x)}+\||u|^{\beta(x)-1}\|_{\frac{\beta(x)}{\beta(x)-1},\Omega_2}+\||v|^{\beta(x)-1}\|_{\frac{\beta(x)}{\beta(x)-1},\Omega_2}\right)\|v\|_{\beta(x),\Omega_2}.\end{aligned}$$

任取$\varepsilon''\in(0,1)$, 则

$$\int_{\Omega_2}\left|\frac{v}{\varepsilon''\|v\|_{p^*(x)}}\right|^{\beta(x)}\mathrm{d}x\leqslant\int_{\Omega_2}\left|\frac{v}{\|v\|_{p^*(x)}}\right|^{p^*(x)}\cdot\left(\frac{\|v\|_{p^*(x)}}{r}\right)^{p^*(x)-\beta(x)}\cdot\left(\frac{1}{\varepsilon''}\right)^{\beta(x)}\mathrm{d}x.$$

由于$\beta(x)\ll p^*(x)$, 所以存在$\delta>0$, 当$\|v\|_{1,p(x)}\leqslant\delta$时, 有

$$\int_{\Omega_2}\left|\frac{v}{\varepsilon''\|v\|_{p^*(x)}}\right|^{\beta(x)}\mathrm{d}x\leqslant\int_{\Omega_2}\left|\frac{v}{\|v\|_{p^*(x)}}\right|^{p^*(x)}\cdot\left(\frac{C\|v\|_{1,p(x)}}{r}\right)^{p^*(x)-\beta(x)}\cdot\left(\frac{1}{\varepsilon''}\right)^{\beta(x)}\mathrm{d}x\leqslant1,$$

则有

$$\|v\|_{\beta(x),\Omega_2}\leqslant\varepsilon''\|v\|_{p^*(x)}\leqslant C\varepsilon''\|v\|_{1,p(x)}.$$

由于$u\in W_0^{1,p(x)}(\Omega)$, 可知$\||u|^{\beta(x)-1}\|_{\frac{\beta(x)}{\beta(x)-1},\Omega_2}<\infty$. 当$\|v\|_{1,p(x)}\leqslant\delta$时, 则$\||v|^{\beta(x)-1}\|_{\frac{\beta(x)}{\beta(x)-1},\Omega_2}<\infty$. 所以当$\varepsilon''$足够小时, 有

$$I_2\leqslant\frac{\varepsilon}{3}\|v\|_{1,p(x)}.$$

综合以上对I_1, I_2, I_3的讨论可知, 泛函K在空间$W_0^{1,p(x)}(\Omega)$上是 Fréchet 可微的, 且有

$$\langle K'(u),v\rangle=\int_{\Omega}f(x,u)v\mathrm{d}x.$$

证毕.

定理 2.1.3　在条件(A1)或(A2)之下, 泛函K在空间$W_0^{1,p(x)}(\Omega)$上的 Fréchet 导算子

$$K':W_0^{1,p(x)}(\Omega)\to W^{-1,p'(x)}(\Omega)$$

为连续且紧的.

证明　任取 u，v，$w\in W_0^{1,p(x)}(\Omega)$，则

$$\begin{aligned}\left|\langle K'(w),v\rangle-\langle K'(u),v\rangle\right|&=\left|\int_\Omega (f(x,w)-f(x,u))v\mathrm{d}x\right|\\&\leqslant 2\|f(x,w)-f(x,u)\|_{\beta'(x)}\|v\|_{\beta(x)}\\&\leqslant C\|f(x,w)-f(x,u)\|_{\beta'(x)}\|v\|_{1,p(x)},\end{aligned}$$

所以有

$$\|K'(w)-K'(u)\|_{W^{-1,p'(x)}(\Omega)}\leqslant C\|f(x,w)-f(x,u)\|_{\beta'(x)}.$$

结合定理 1.2.9 则可得 K' 的连续性.

接下来，验证映射 K' 为紧的. 这里仍只考虑函数 f 满足条件(A2)的情况.

取有界序列 $\{u_n\}\subset W_0^{1,p(x)}(\Omega)$，由于 $W_0^{1,p(x)}(\Omega)$ 为自反空间，所以有子列，仍记为 $\{u_n\}$，满足 $u_n\to u$ 弱收敛于 $W_0^{1,p(x)}(\Omega)$ 中，从而有 $u_n\to u$ 在 $L^{\beta(x)}(\Omega)$ 中. 由定理 1.2.9 可知，当 $n\to\infty$ 时，有 $\|f(x,u_n)-f(x,u)\|_{\beta'(x)}\to 0$. 所以，有

$$\|K'(u_n)-K'(u)\|_{W^{-1,p'(x)}(\Omega)}\to 0,$$

即 K' 为紧映射. 证毕.

定义 $W_0^{1,p(x)}(\Omega)$ 上的能量泛函

$$\varphi(u)=J(u)-K(u).$$

容易验证 $\varphi\in C^1(W_0^{1,p(x)}(\Omega),\mathbb{R})$ 且对任意的 u，$v\in W_0^{1,p(x)}(\Omega)$，有

$$\langle\varphi'(u),v\rangle=\int_\Omega(|\nabla u|^{p(x)-2}\nabla u\nabla v+|u|^{p(x)-2}uv-f(x,u)v)\mathrm{d}x.$$

由上式可以看出 $u_0\in W_0^{1,p(x)}(\Omega)$ 为问题(2.1)的弱解当且仅当 u_0 为泛函 φ 的临界点. 所以，可将对问题(2.1)弱解的讨论转化为对泛函 φ 的临界点的研究.

下面，将利用山路定理[95]，在方程(2.1)的"非线性部分"为"$p(x)$-超线性"的情形下讨论问题的弱解. 在这部分的讨论中，函数 f 仍需满足如下条件:

(A3)　当 $t\to 0$ 时，$f(x,t)=o(|t|^{p(x)-1})$ 关于 $x\in\Omega$ 一致成立，并且存在 $M>0$ 及 $\mu\gg p(x)$，使得对任意的 $x\in\Omega$，$|t|\geqslant M$，均有

$$\mu F(x,t)\leqslant tf(x,t).$$

引理 2.1.1　在条件(A1), (A3)之下，泛函 φ 满足(PS)条件，也即若序列 $\{u_n\}\subset W_0^{1,p(x)}(\Omega)$ 满足 $|\varphi(u_n)|\leqslant c$ 且当 $n\to\infty$ 时，$\varphi'(u_n)\to 0$，则 $\{u_n\}$ 有强收敛子列.

证明　取序列 $\{u_n\}\subset W_0^{1,p(x)}(\Omega)$ 满足 $|\varphi(u_n)|\leqslant c$ 且 $\varphi'(u_n)\to 0$. 由条件(A3)可知，

$$
\begin{aligned}
&\varphi(u_n)-\left\langle \varphi'(u_n),\frac{u_n}{\mu}\right\rangle\\
&=\int_\Omega\left(\left(\frac{1}{p(x)}-\frac{1}{\mu}\right)(|\nabla u_n|^{p(x)}+|u_n|^{p(x)})+\frac{1}{\mu}f(x,u_n)u_n-F(x,u_n)\right)\mathrm{d}x\\
&\geqslant\int_\Omega\left(\frac{1}{p_+}-\frac{1}{\mu}\right)(|\nabla u_n|^{p(x)}+|u_n|^{p(x)})\mathrm{d}x+\int_{\{x\in\Omega:|u_n(x)|\leqslant M\}}\left(\frac{1}{\mu}f(x,u_n)u_n-F(x,u_n)\right)\mathrm{d}x\\
&\geqslant\int_\Omega\frac{\mu-p_+}{\mu p_+}(|\nabla u_n|^{p(x)}+|u_n|^{p(x)})\mathrm{d}x-C,
\end{aligned}
$$

所以当n充分大时, 有

$$C+\frac{1}{\mu}|||u_n|||\geqslant\int_\Omega\frac{\mu-p_+}{\mu p_+}(|\nabla u_n|^{p(x)}+|u_n|^{p(x)})\mathrm{d}x.$$

由 Young 不等式, 得到

$$C+\frac{\mu-p_+}{2\mu p_+}|||u_n|||^{p_-}\geqslant\int_\Omega\frac{\mu-p_+}{\mu p_+}(|\nabla u_n|^{p(x)}+|u_n|^{p(x)})\mathrm{d}x.$$

若$|||u_n|||>1$, 由定理 1.2.13 可知,

$$C+\frac{\mu-p_+}{2\mu p_+}|||u_n|||^{p_-}\geqslant\frac{\mu-p_+}{\mu p_+}|||u_n|||^{p_-}.$$

所以, 序列$\{u_n\}$在$W_0^{1,p(x)}(\Omega)$中有界.

由于$W_0^{1,p(x)}(\Omega)$自反, 所以有子列, 仍记为$\{u_n\}$满足$u_n\to u$弱收敛于$W_0^{1,p(x)}(\Omega)$中. 由定理 2.1.3 可知, $K'(u_n)\to K'(u)$在$W^{-1,p'(x)}(\Omega)$中. 注意到

$$
\begin{aligned}
&\langle J'(u_n)-J'(u),u_n-u\rangle\\
&=\langle\varphi'(u_n)-\varphi'(u),u_n-u\rangle+\langle K'(u_n)-K'(u),u_n-u\rangle.
\end{aligned}
$$

所以, 当$n\to\infty$时, 有

$$
\begin{aligned}
&\left|\langle J'(u_n)-J'(u),u_n-u\rangle\right|\\
&\leqslant|\langle\varphi'(u_n)-\varphi'(u),u_n-u\rangle|+|\langle K'(u_n)-K'(u),u_n-u\rangle|\\
&\leqslant\|\varphi'(u_n)\|\cdot|||u_n-u|||+|\langle\varphi'(u),u_n-u\rangle|+\|K'(u_n)-K'(u)\|\cdot|||u_n-u|||\to 0.
\end{aligned}
$$

由于

$$\int_\Omega(|\nabla u_n|^{p(x)-2}\nabla u_n-|\nabla u|^{p(x)-2}\nabla u)(\nabla u_n-\nabla u)\mathrm{d}x\leqslant\langle J'(u_n)-J'(u),u_n-u\rangle,$$

从而有

$$\int_\Omega(|\nabla u_n|^{p(x)-2}\nabla u_n-|\nabla u|^{p(x)-2}\nabla u)(\nabla u_n-\nabla u)\mathrm{d}x\to 0.$$

记$\Omega_1=\{x\in\Omega:p(x)<2\}$, $\Omega_2=\{x\in\Omega:p(x)\geqslant 2\}$. 在$\Omega_1$上, 则

$$\begin{aligned}&\int_{\Omega_1}|\nabla u_n-\nabla u|^{p(x)}\mathrm{d}x\\ &\leqslant C\int_{\Omega_1}((|\nabla u_n|^{p(x)-2}\nabla u_n-|\nabla u|^{p(x)-2}\nabla u)(\nabla u_n-\nabla u))^{\frac{p(x)}{2}}\cdot(|\nabla u_n|^{p(x)}+|\nabla u|^{p(x)})^{\frac{2-p(x)}{2}}\mathrm{d}x\\ &\leqslant C\left\|((|\nabla u_n|^{p(x)-2}\nabla u_n-|\nabla u|^{p(x)-2}\nabla u)(\nabla u_n-\nabla u))^{\frac{p(x)}{2}}\right\|_{\frac{2}{p(x)},\Omega_1}\\ &\quad\times\left\|(|\nabla u_n|^{p(x)}+|\nabla u|^{p(x)})^{\frac{2-p(x)}{2}}\right\|_{\frac{2}{2-p(x)},\Omega_1}\to 0.\end{aligned}$$

所以当 $n\to\infty$ 时，$\int_{\Omega_1}|\nabla u_n-\nabla u|^{p(x)}\mathrm{d}x\to 0$；在 Ω_2 上，则有

$$\begin{aligned}&\int_{\Omega_2}|\nabla u_n-\nabla u|^{p(x)}\mathrm{d}x\\ &\leqslant C\int_{\Omega_2}(|\nabla u_n|^{p(x)-2}\nabla u_n-|\nabla u|^{p(x)-2}\nabla u)(\nabla u_n-\nabla u)\mathrm{d}x\to 0.\end{aligned}$$

综合以上讨论可知，当 $n\to\infty$ 时，有

$$\int_{\Omega}|\nabla u_n-\nabla u|^{p(x)}\mathrm{d}x\to 0,$$

则 $u_n\to u$ 在 $W_0^{1,p(x)}(\Omega)$ 中. 证毕.

定理 2.1.4　在条件(A1)和(A3)之下，问题(2.1)有非平凡的弱解 $u_0\in W_0^{1,p(x)}(\Omega)$.

证明　i) 存在 $r_0>0$，使得

$$\inf\{\varphi(u):\|u\|=r_0,u\in W_0^{1,p(x)}(\Omega)\}>0=\varphi(0).$$

事实上，由条件(A1)及(A3)可知，任取 $\varepsilon\in(0,1)$，存在 $\delta_0>0$，使得对任意的 $x\in\Omega$ 及 $|t|<\delta_0$，有 $|F(x,t)|\leqslant\varepsilon|t|^{p(x)}$，并且存在常数 $c_0>0$，使得对任意的 $x\in\Omega$ 及 $|t|\geqslant\delta_0$，有 $|F(x,t)|\leqslant c_0|t|^{\alpha(x)}$. 所以有

$$|F(x,t)|\leqslant\varepsilon|t|^{p(x)}+c_0|t|^{\alpha(x)}.$$

任取 $u\in W_0^{1,p(x)}(\Omega)$，则有

$$\varphi(u)\geqslant\int_{\Omega}\left(\frac{|\nabla u|^{p(x)}+|u|^{p(x)}}{p(x)}-\varepsilon|u|^{p(x)}-c_0|u|^{\alpha(x)}\right)\mathrm{d}x.$$

取 $\varepsilon<\frac{1}{2p_+}$，则有 $\varphi(u)\geqslant\int_{\Omega}\left(\frac{|\nabla u|^{p(x)}+|u|^{p(x)}}{2p_+}-c_0|u|^{\alpha(x)}\right)\mathrm{d}x$.

由于 α，$p\in C(\overline{\Omega})$，所以对任意的 $\varepsilon\in(0,1)$，存在 $\delta_1>0$，当 $|x-y|<\delta_1$ 时，有

$$|\alpha(x)-\alpha(y)|<\varepsilon$$

以及

$$|p(x)-p(y)|<\varepsilon .$$

取 $x\in\overline{\Omega}$，对任意的 $y\in B_\delta(x)\cap\overline{\Omega}$，则有

$$p(y)<p(x)+\varepsilon ,$$

并且

$$\alpha(y)>\alpha(x)-\varepsilon .$$

由于 $p(x)\ll\alpha(x)$，记 $c_1=\frac{1}{2}\inf\limits_{x\in\overline{\Omega}}(\alpha(x)-p(x))$，并取 $\varepsilon=\frac{c_1}{2}$，则有

$$\alpha(x)-\varepsilon-(p(x)+\varepsilon)\geqslant\frac{1}{2}\inf_{x\in\overline{\Omega}}(\alpha(x)-p(x))>0 .$$

所以有

$$p(y)<p(x)+\varepsilon<\alpha(x)-\varepsilon<\alpha(y),$$

进而有

$$p_x\triangleq\sup_{y\in\overline{B_\delta(x)}}p(y)<\alpha_x\triangleq\inf_{y\in\overline{B_\delta(x)}}\alpha(y).$$

可知 $\{B_\delta(x):x\in\overline{\Omega}\}$ 为 $\overline{\Omega}$ 的一个开覆盖. 由于 $\overline{\Omega}$ 是紧集，从而存在有限子覆盖并将其记为 $\{B_\delta(x_i)\}_{i=1}^k$. 接下来，用平行于坐标平面的超平面将 $\bigcup\limits_{i=1}^k B_\delta(x_i)$ 分割为有限多个互不相交且边长为 $\frac{\delta}{2}$ 的开超方体 $\{\Omega_i\}_{i=1}^m$，显然有 $\overline{\Omega}=\bigcup\limits_{i=1}^m\overline{\Omega}_i$，并且对于 $i=1,\cdots,m$，有

$$p_{i+}\triangleq\sup_{x\in\overline{\Omega}_i}p(x)<\alpha_{i-}\triangleq\inf_{x\in\overline{\Omega}_i}\alpha(x)$$

以及 $\alpha_{i-}-p_{i+}>c_1$.

由定理 1.2.16 可得，存在常数 $c_2>1$，有 $\|u\|_{\alpha(x),\Omega_i}\leqslant c_2|||u|||_{\Omega_i}$，其中 $i=1,\cdots,m$. 取 $|||u|||\leqslant c_2^{-1}$，则有 $|||u|||_{\Omega_i}\leqslant c_2^{-1}$，其中 $i=1,\cdots,m$. 所以有

$$\begin{aligned}&\int_\Omega\left(\frac{|\nabla u|^{p(x)}+|u|^{p(x)}}{2p_+}-c_0|u|^{\alpha(x)}\right)\mathrm{d}x\\=&\sum_{i=1}^m\int_{\Omega_i}\left(\frac{|\nabla u|^{p(x)}+|u|^{p(x)}}{2p_+}-c_0|u|^{\alpha(x)}\right)\mathrm{d}x\\\geqslant&\sum_{i=1}^m\left(\frac{|||u|||_{\Omega_i}^{p_{i+}}}{2p_+}-c_0|||u|||_{\Omega_i}^{\alpha_{i-}}\right).\end{aligned}$$

由于 $p_{i+}<\alpha_{i-}$，所以存在 $0<t_i<1$，使得多项式 $\dfrac{t^{p_{i+}}}{2p_+}-c_0t^{\alpha_{i-}}$ 在 $(0,t_i]$ 上恒正且递增. 取

$$r_0=\min\left\{\left(\frac{m^2c_0^{-1}p_+^{-1}}{2}\right)^{\frac{1}{c_1}},\ t_i, i=1,\cdots,m\right\}.$$

当 $|||u|||=r_0$ 时，由于 $|||u|||\leqslant m\sum\limits_{i=1}^{m}|||u|||_{\Omega_i}$，所以存在 i_0，有 $\dfrac{r_0}{m^2}\leqslant|||u|||_{\Omega_{i_0}}<r_0<t_{i_0}$. 则有

$$\begin{aligned}\varphi(u)&\geqslant\int_\Omega\left(\frac{|\nabla u|^{p(x)}+|u|^{p(x)}}{2p_+}-c_0|u|^{\alpha(x)}\right)\mathrm{d}x\\&\geqslant\frac{|||u|||_{\Omega_{i_0}}^{p_{i_0+}}}{2p_+}-c_0|||u|||_{\Omega_{i_0}}^{\alpha_{i_0-}}\\&\geqslant\left(\frac{r_0}{m^2}\right)^{p_{i_0+}}\cdot\frac{1}{2p_+}-c_0\left(\frac{r_0}{m^2}\right)^{\alpha_{i_0-}}\\&\geqslant\left(\frac{r_0}{m^2}\right)^{p_+}\left(\frac{1}{2p_+}-c_0\left(\frac{r_0}{m^2}\right)^{c_1}\right)>0.\end{aligned}$$

ii) 存在 $e\in W_0^{1,p(x)}(\Omega)$，使得 $|||e|||>r_0$ 且有 $\varphi(e)<0$. 由条件(A1)及(A3)可知，存在 c_3，$c_4>0$，使得对任意的 $(x,t)\in\Omega_0\times\mathbb{R}$，有

$$F(x,t)\geqslant c_3|t|^\mu-c_4.$$

取 $x_0\in\Omega_0$ 及 $0<R<1$ 且满足 $B_{2R}(x_0)\subset\Omega_0$. 取 $\phi\in C_0^\infty(B_{2R}(x_0))$ 满足 $0\leqslant\phi\leqslant1$，$|\nabla\phi|\leqslant\dfrac{2}{R}$，且在 $B_R(x_0)$ 上，$\phi(x)\equiv1$.

当 $s>1$ 时，有

$$\begin{aligned}\varphi(s\phi)&=\int_{B_{2R}(x_0)}\left(\frac{|s\nabla\phi|^{p(x)}+|s\phi|^{p(x)}}{p(x)}-F(x,s\phi)\right)\mathrm{d}x\\&\leqslant\int_{B_{2R}(x_0)}(c_5s^{p_+}-c_3|s\phi|^\mu+c_4)\mathrm{d}x\\&=s^\mu\int_{B_{2R}(x_0)}(c_5s^{p_+-\mu}-c_3\phi^\mu+c_4s^{-\mu})\mathrm{d}x.\end{aligned}$$

由于在 $B_R(x_0)$ 上，$\phi(x)\equiv1$，则有 $\int_{B_{2R}(x_0)}\phi^\mu\mathrm{d}x>0$. 又由于 $\mu>p_+$，所以当 s 充分大时，有 $\varphi(s\phi)<0$ 且 $|||s\phi|||>r_0$.

定义

$$c = \inf_{\gamma \in p} \max_{t \in [0,1]} \varphi(\gamma(t)).$$

综合 i),ii)的讨论可知，存在序列$\{u_n\} \subset W_0^{1,p(x)}(\Omega)$满足：当$n \to \infty$时，有$\varphi(u_n) \to c$且$\varphi'(u_n) \to 0$，其中$\Gamma = \{\gamma \in C([0,1], W_0^{1,p(x)}(\Omega)) : \gamma(0) = 0, \gamma(1) = e\}$.

由引理 2.1.1 可知，有子列满足$u_{n_j} \to u_0$在$W_0^{1,p(x)}(\Omega)$中，所以，当$n \to \infty$时，有

$$\varphi(u_{n_j}) \to \varphi(u_0) = c$$

以及

$$\varphi'(u_{n_j}) \to \varphi'(u_0) = 0.$$

由于$c \geqslant \inf\{\varphi(u) : |||u||| = r_0, u \in W_0^{1,p(x)}(\Omega)\} > 0$，可知$u_0$为$\varphi$的非平凡临界点，从而为问题(2.1)的非平凡弱解. 证毕.

接下来，在方程(2.1)的“非线性部分”为“$p(x)$-次线性”的情形下，通过寻找泛函φ在空间$W_0^{1,p(x)}(\Omega)$上的全局极小值点讨论问题的弱解. 在这部分的讨论中，函数f仍需满足如下条件:

(A4) 存在$a_4 > 0$，$0 < \delta < 1$及开集$\Omega_0 \subset \Omega$，使得对任意的$(x,t) \in \Omega_0 \times (0,\delta)$，有

$$f(x,t) \geqslant a_4 |t|^{\beta_0 - 1},$$

其中$1 \leqslant \beta_0 \leqslant \beta(x)$，$\beta(x)$来自于条件(A2).

定理 2.1.5 在条件(A2)及(A4)之下，问题(2.1)有非平凡的弱解$u_0 \in W_0^{1,p(x)}(\Omega)$.

证明 i) 泛函φ在空间$W_0^{1,p(x)}(\Omega)$上是弱序列下半连续的. 由定理 2.1.1 知，K是弱序列连续的，所以只需验证泛函J是弱序列下半连续的即可.

容易验证$J \in C^1(W_0^{1,p(x)}(\Omega), \mathbb{R})$且为凸泛函. 取$u_n \to u$弱收敛于$W_0^{1,p(x)}(\Omega)$中，由凸泛函次微分的定义可知

$$J(u_n) \geqslant J(u) + \langle J'(u), u_n - u \rangle,$$

所以有$\varliminf_{n \to \infty} J(u_n) \geqslant J(u)$.

ii) 泛函φ是强制的，即当$|||u_1||| \to \infty$时，有$\varphi(u) \to \infty$. 取$u \in W_0^{1,p(x)}(\Omega)$，由条件(A2)并结合 Young 不等式可知，对任意的$\varepsilon \in (0,1)$，存在常数$C(\varepsilon) > 0$，有

$$\begin{aligned}\varphi(u) &\geqslant \int_\Omega \left(\frac{1}{p(x)} (|\nabla u|^{p(x)} + |u|^{p(x)}) - a_2 |u| - \frac{a_3}{\beta(x)} |u|^{\beta(x)} \right) \mathrm{d}x \\ &\geqslant \int_\Omega \left(\frac{1}{p(x)} (|\nabla u|^{p(x)} + |u|^{p(x)}) - \varepsilon |u|^{p(x)} - C(\varepsilon) \right) \mathrm{d}x,\end{aligned}$$

取$\varepsilon < \dfrac{1}{2p_+}$，则有

$$\varphi(u) \geqslant \int_{\Omega} \frac{1}{2p_+}(|\nabla u|^{p(x)} + |u|^{p(x)})\mathrm{d}x - C .$$

当$|||u||| \to \infty$时, 显然有$\varphi(u) \geqslant \frac{1}{2p_+}|||u|||^{p_-} - C \to \infty$.

综合 i), ii)的讨论可知, 存在$u_0 \in W_0^{1,p(x)}(\Omega)$满足

$$\varphi(u_0) = \inf\{\varphi(u) : u \in W_0^{1,p(x)}(\Omega)\},$$

所以有$\varphi'(u_0) = 0$.

以下验证u_0非平凡. 取$x_0 \in \Omega_0$, $0 < R < 1$使得$B_{2R}(x_0) \subset \Omega$. 取$\phi \in C_0^\infty(B_{2R}(x_0))$满足$0 \leqslant \phi \leqslant 1$, $|\nabla \phi| \leqslant \frac{2}{R}$, 且在$B_R(x_0)$上, 有$\phi(x) \equiv 1$. 当$s < \delta$时, 可知$s\phi \in (0,\delta)$, 所以有

$$\varphi(s\phi) \leqslant \int_{B_{2R}(x_0)} \left(\frac{|s\nabla \phi|^{p(x)} + |s\phi|^{p(x)}}{p(x)} - \frac{a_4}{\beta_0}|s\phi|^{\beta_0} \right)\mathrm{d}x.$$

由于$\beta_0 \leqslant \beta(x) \ll p(x)$, 类似于定理 2.1.4 的讨论可知, 当$s$充分小时, $\varphi(s\phi) < 0$. 从而有$\varphi(u_0) \leqslant \varphi(s\phi) < 0$, 所以$u_0$非平凡. 证毕.

2.2 无界区域上具次临界增长方程弱解的存在性及多重性

在本节中, 将在Ω为$\mathbb{R}^N$的无界区域的情况下讨论方程(2.1)的弱解. 如若无特别说明, 将沿用上节的部分记号.

下面, 给出函数$f(x,t)$在本节中需要分别满足的条件:

(B1) $f \in C(\overline{\Omega} \times \mathbb{R})$且满足

$$|f(x,t)| \leqslant g(x)|t|^{\alpha(x)-1},$$

其中$\alpha(x)$为$\overline{\Omega}$上的一致连续函数且$p(x) \ll \alpha(x) \ll p^*(x)$, 非负有界函数$g \in L^{q_1(x)}(\Omega)$, $q_1(x) = \frac{p^*(x)}{p^*(x) - \alpha(x)}$且存在有界区域$\Omega_0 \subset \Omega$, 使得对任意的$(x,t) \in \Omega_0 \times \mathbb{R}$, 有$F(x,t) > 0$, 其中$F(x,t) = \int_0^t f(x,s)\mathrm{d}s$.

(B2) $f \in C(\overline{\Omega} \times \mathbb{R})$且满足

$$|f(x,t)| \leqslant h(x)|t|^{\beta(x)-1},$$

其中$\beta \in C(\overline{\Omega})$且有$1 < \beta_- \leqslant \beta(x) \ll p(x)$, 非负有界函数$h \in L^{q_2(x)}(\Omega)$, $q_2(x) = \frac{p^*(x)}{p^*(x) - \beta(x)}$.

可以看出本节的条件(B1), (B2)与上节的条件(A1), (A2)是有相似之处的, 并且更强于上节的条件, 这是由于本节的讨论是在Ω为无界区域的情况下进行的. 在本节中, 仍将沿用上节的思路, 通过讨论泛函φ的非平凡临界点, 进而得到问题(2.1)非平凡弱解的存在性. 另外, 在本节的结束部分, 给出了问题(2.1)的"非线性部分"为混合项的情况下, 弱解多重性的证明.

下面, 仍先讨论泛函K具有的一些性质.

定理 2.2.1　在条件(B1)或(B2)之下, 泛函K在空间$W_0^{1,p(x)}(\Omega)$上弱连续.

证明　这里将只讨论f满足条件(B1)的情况, 若f满足条件(B2)可类似证明. 取$u_n \to u$弱收敛于$W_0^{1,p(x)}(\Omega)$中. 任取$k \in \mathbb{N}$, 记$\Omega_k = \{x \in \Omega : |x| \leqslant k\}$. 由于

$$
\begin{aligned}
&|K(u_n) - K(u)| \\
&\leqslant \int_{\Omega} |F(x,u_n) - F(x,u)| \mathrm{d}x \\
&= \int_{\Omega \setminus \Omega_k} |F(x,u_n) - F(x,u)| \mathrm{d}x + \int_{\Omega_k} |F(x,u_n) - F(x,u)| \mathrm{d}x \\
&\triangleq I_1 + I_2,
\end{aligned}
$$

所以只需验证: 当$n \to \infty$时, I_1, $I_2 \to 0$即可.

由条件(B1)可得

$$
\begin{aligned}
I_1 &\leqslant \int_{\Omega \setminus \Omega_k} Cg(x)(|u_n|^{\alpha(x)} + |u|^{\alpha(x)}) \mathrm{d}x \\
&\leqslant C \|g\|_{q_1(x), \Omega \setminus \Omega_k} \left(\| |u_n|^{\alpha(x)} \|_{\frac{p^*(x)}{\alpha(x)}} + \| |u|^{\alpha(x)} \|_{\frac{p^*(x)}{\alpha(x)}} \right).
\end{aligned}
$$

由于$g \in L^{q_1(x)}(\Omega)$, 所以由积分的绝对连续性可知, 对任意的$\varepsilon \in (0,1)$, 存在$k_0 \in \mathbb{N}$, 当$k \geqslant k_0$时, 有

$$
\int_{\Omega \setminus \Omega_k} |g(x)|^{q_1(x)} \mathrm{d}x < \varepsilon^{q_{1+}}.
$$

由定理 1.2.3 可知, $\|g\|_{q_1(x), \Omega \setminus \Omega_k} < \varepsilon$.

由于$\{u_n\}$在$W_0^{1,p(x)}(\Omega)$中有界, 由定理 1.2.15 可知, $\{u_n\}$在$L^{p^*(x)}(\Omega)$中也有界, 所以$\left\{ \| |u_n|^{\alpha(x)} \|_{\frac{p^*(x)}{\alpha(x)}} \right\}$也有界. 取$k = k_0$, 则有

$$
I_1 \leqslant C\varepsilon.
$$

对上述的k_0, 有$u_n \to u$弱收敛于$W^{1,p(x)}(\Omega_{k_0})$中. 由于$p(x) \ll \alpha(x) \ll p^*(x)$, 结合定理 1.2.17 可知, $u_n \to u$于$L^{\alpha(x)}(\Omega_{k_0})$中. 进一步, 不妨设$u_n \to u$ a.e.于Ω_{k_0}. 由条件(B1), 则有

$$|F(x,t)| \leqslant \frac{g(x)}{\alpha(x)}|t|^{\alpha(x)}.$$

从而由 Vitali 定理可知，当 $n\to\infty$ 时，有

$$\int_{\Omega_{k_0}} |F(x,u_n)-F(x,u)|\,\mathrm{d}x \to 0,$$

所以对上述 ε，存在 $N(k_0)\in\mathbb{N}$，当 $n\geqslant N(k_0)$ 时，有

$$I_2 \leqslant \varepsilon .$$

证毕.

定理 2.2.2　在条件(B1)或(B2)之下，泛函 $K\in C^1(W_0^{1,p(x)}(\Omega),\mathbb{R})$ 且对任意的 u，$v\in W_0^{1,p(x)}(\Omega)$，有

$$\langle K'(u),v\rangle = \int_\Omega f(x,u)v\,\mathrm{d}x .$$

由泛函 Fréchet 可微的定义可知，若依定义直接验证 K 是 Fréchet 可微的，则较为复杂. 但若能验证其 Gâteaux 导算子的存在及连续性，就可得泛函 K 是 Fréchet 连续可微的. 下面将采用这种办法给出定理 2.2.2 的证明.

证明　这里仍只讨论 f 满足条件(B1)的情况.

i) 泛函 K 的 Gâteaux 导算子的存在性. 取 u，$v\in W_0^{1,p(x)}(\Omega)$，由积分中值定理可知，对任意的 $x\in\Omega$ 及 $0<|t|<1$，存在 $\theta\in(0,1)$，有

$$\begin{aligned}\frac{1}{t}(F(x,u+tv)-F(x,u)) &= \frac{1}{t}\int_0^{u+tv} f(x,s)\mathrm{d}s - \frac{1}{t}\int_0^u f(x,s)\mathrm{d}s\\ &= \frac{1}{t}\int_u^{u+tv} f(x,s)\mathrm{d}s\\ &= \frac{1}{t} f(x,u+\theta tv)tv\\ &= f(x,u+\theta tv)v.\end{aligned}$$

由条件(B1)并结合 Young 不等式，得到

$$\begin{aligned}&|f(x,u+\theta tv)v|\\ &\leqslant g(x)|u+\theta tv|^{\alpha(x)-1}|v|\\ &\leqslant Cg(x)(|u|^{\alpha(x)-1}|v|+|v|^{\alpha(x)})\\ &\leqslant C\left(|g(x)|^{q_1(x)}+|v|^{\alpha(x)\cdot\frac{p^*(x)}{\alpha(x)}}+(|u|^{\alpha(x)-1}|v|)^{\frac{p^*(x)}{\alpha(x)}}\right)\\ &\leqslant C\left(|g(x)|^{q_1(x)}+|v|^{p^*(x)}+|u|^{\frac{(\alpha(x)-1)p^*(x)}{\alpha(x)}\cdot\alpha'(x)}+|v|^{\frac{p^*(x)}{\alpha(x)}\cdot\alpha(x)}\right)\\ &\leqslant C(|g(x)|^{q_1(x)}+|v|^{p^*(x)}+|u|^{p^*(x)}).\end{aligned}$$

由于

$$|g(x)|^{q_1(x)}+|v|^{p^*(x)}+|u|^{p^*(x)}\in L^1(\Omega),$$

所以由 Lebesgue 控制收敛定理可知

$$\begin{aligned}\lim_{t\to 0}\frac{1}{t}(K(u+tv)-K(u))&=\lim_{t\to 0}\int_\Omega f(x,u+\theta tv)v\mathrm{d}x\\&=\int_\Omega\lim_{t\to 0}f(x,u+\theta tv)v\mathrm{d}x\\&=\int_\Omega f(x,u)v\mathrm{d}x\\&=\langle K'(u),v\rangle.\end{aligned}$$

ii) Gâteaux 导算子 K' 的连续性. 取 $u_n\to u$ 于 $W_0^{1,p(x)}(\Omega)$ 中, 所以 $u_n\to u$ 在 $L^{p^*(x)}(\Omega)$ 中. 由条件(B1)并结合 Young 不等式, 得到

$$\begin{aligned}|f(x,t)|&\leqslant g(x)|t|^{\alpha(x)-1}\\&\leqslant\frac{p^*(x)-\alpha(x)}{p^*(x)-1}|g|^{\frac{p^*(x)-1}{p^*(x)-\alpha(x)}}+\frac{\alpha(x)-1}{p^*(x)-1}|t|^{p^*(x)-1}\\&\leqslant|g|^{\frac{p^*(x)-1}{p^*(x)-\alpha(x)}}+|t|^{\frac{p^*(x)}{(p^*(x))'}}.\end{aligned}$$

由定理 1.2.9 可知, $f(x,u_n)\to f(x,u)$ 在 $L^{(p^*(x))'}(\Omega)$ 中. 所以, 当 $n\to\infty$ 时, 有

$$\begin{aligned}\|K'(u_n)-K'(u)\|&=\sup_{\substack{v\in W_0^{1,p(x)}(\Omega)\\ \|v\|_{1,p(x)}=1}}\left|\int_\Omega(f(x,u_n)-f(x,u))v\mathrm{d}x\right|\\&\leqslant\sup_{\substack{v\in W_0^{1,p(x)}(\Omega)\\ \|v\|_{1,p(x)}=1}}2\|f(x,u_n)-f(x,u)\|_{(p^*(x))'}\|v\|_{p^*(x)}\\&\leqslant C\|f(x,u_n)-f(x,u)\|_{(p^*(x))'}\to 0.\end{aligned}$$

综上可知, 泛函 K 在空间 $W_0^{1,p(x)}(\Omega)$ 上一阶 Fréchet 可导且其导算子连续. 证毕.

下面, 将在条件(B1)下讨论问题(2.1)的弱解. 在这部分的讨论中, 函数 f 仍需满足如下条件:

(B3) 存在 $\mu\gg p(x)$, 使得对任意的 $(x,t)\in\Omega\times\mathbb{R}$, 有 $\mu F(x,t)\leqslant f(x,t)t$.

引理 2.2.1 在条件(B1)及(B3)之下, 泛函 φ 满足(PS)条件.

证明 取序列 $\{u_n\}\subset W_0^{1,p(x)}(\Omega)$ 满足 $|\varphi(u_n)|\leqslant c$ 且当 $n\to\infty$ 时, $\varphi'(u_n)\to 0$. 由条件(B3)可知,

$$\varphi(u_n)-\left\langle\varphi'(u_n),\frac{u_n}{\mu}\right\rangle$$

$$
=\int_{\Omega}\left(\left(\frac{1}{p(x)}-\frac{1}{\mu}\right)(|\nabla u_n|^{p(x)}+|u_n|^{p(x)})+\frac{1}{\mu}f(x,u_n)u_n-F(x,u_n)\right)\mathrm{d}x
$$

$$
\geqslant\int_{\Omega}\frac{\mu-p_+}{\mu p_+}(|\nabla u_n|^{p(x)}+|u_n|^{p(x)})\mathrm{d}x.
$$

类似于引理 2.1.1 的证明可知, $\{u_n\}$ 在 $W_0^{1,p(x)}(\Omega)$ 中有界. 不妨设 $u_n\to u$ 弱收敛于 $W_0^{1,p(x)}(\Omega)$ 中. 由于

$$
\begin{aligned}
&\langle J'(u_n)-J'(u),u_n-u\rangle\\
&=\langle\varphi'(u_n)-\varphi'(u),u_n-u\rangle+\langle K'(u_n)-K'(u),\ u_n-u\rangle.
\end{aligned}
$$

显然有 $\langle\varphi'(u_n)-\varphi'(u),u_n-u\rangle\to 0$. 所以只需验证: 当 $n\to\infty$ 时,

$$
\langle K'(u_n)-K'(u),u_n-u\rangle\to 0.
$$

任取 $k\in\mathbb{N}$, 记 $\Omega_k=\{x\in\Omega:|x|\leqslant k\}$, 则有

$$
\begin{aligned}
&|\langle K'(u_n)-K'(u),u_n-u\rangle|\\
&=\left|\int_{\Omega}(f(x,u_n)-f(x,u))(u_n-u)\mathrm{d}x\right|\\
&\leqslant\int_{\Omega\backslash\Omega_k}|f(x,u_n)-f(x,u)|\cdot|u_n-u|\,\mathrm{d}x+\int_{\Omega_k}|f(x,u_n)-f(x,u)|\cdot|u_n-u|\,\mathrm{d}x\\
&\triangleq I_1+I_2.
\end{aligned}
$$

可知

$$
I_1\leqslant 2\|f(x,u_n)-f(x,u)\|_{(p^*(x))',\Omega\backslash\Omega_k}\|u_n-u\|_{p^*(x)}.
$$

由条件(B1)有

$$
\begin{aligned}
&\int_{\Omega\backslash\Omega_k}|f(x,u_n)-f(x,u)|^{(p^*(x))'}\,\mathrm{d}x\\
&\leqslant\int_{\Omega\backslash\Omega_k}(g(x)|u_n|^{\alpha(x)-1}+g(x)|u|^{\alpha(x)-1})^{(p^*(x))'}\mathrm{d}x\\
&\leqslant 2\|g(x)^{(p^*(x))'}\|_{\frac{q_1(x)}{(p^*(x))'},\Omega\backslash\Omega_k}\|(|u_n|^{\alpha(x)-1}+|u|^{\alpha(x)-1})^{(p^*(x))'}\|_{\left(\frac{q_1(x)}{(p^*(x))'}\right)'}.
\end{aligned}
$$

由于 $g\in L^{q_1(x)}(\Omega)$, 则由积分的绝对连续性可知, 对任意的 $\varepsilon\in(0,1)$, 存在 $k_1\in\mathbb{N}$, 当 $k\geqslant k_1$ 时, 有

$$
\int_{\Omega\backslash\Omega_k}(g^{(p^*(x))'})^{\frac{q_1(x)}{(p^*(x))'}}\mathrm{d}x=\int_{\Omega\backslash\Omega_k}g^{q_1(x)}\mathrm{d}x<\varepsilon.
$$

由于 $\{u_n\}$ 在 $W_0^{1,p(x)}(\Omega)$ 中有界, 所以 $\{u_n\}$ 在 $L^{p^*(x)}(\Omega)$ 中也有界, 进而可知 $\left\{\|(|u_n|^{\alpha(x)-1}+|u|^{\alpha(x)-1})^{(p^*(x))'}\|_{\left(\frac{q_1(x)}{(p^*(x))'}\right)'}\right\}$ 也有界. 对上述 k_1, 则有

$$I_1 \leqslant C\varepsilon .$$

对于I_2部分，有

$$I_2 \leqslant 2\| f(x,u_n)-f(x,u)\|_{\alpha'(x)}\| u_n-u\|_{\alpha(x),\Omega_{k_1}} .$$

记$G=\sup\limits_{x\in\Omega} g(x)$. 可知

$$\begin{aligned}
&\int_\Omega | f(x,u_n)-f(x,u)|^{\alpha'(x)}\,\mathrm{d}x \\
\leqslant &\int_\Omega (g(x)|u_n|^{\alpha(x)-1}+g(x)|u|^{\alpha(x)-1})^{\alpha'(x)}\mathrm{d}x \\
\leqslant & C\int_\Omega g(x)^{\alpha'(x)}(|u_n|^{\alpha(x)}+|u|^{\alpha(x)})\mathrm{d}x \\
\leqslant & C\int_\Omega G^{\frac{1}{\alpha(x)-1}} g(x)(|u_n|^{\alpha(x)}+|u|^{\alpha(x)})\mathrm{d}x \\
\leqslant & C\int_\Omega (g(x)^{q_1(x)}+|u_n|^{p^*(x)}+|u|^{p^*(x)})\mathrm{d}x \\
\leqslant & C,
\end{aligned}$$

所以$\{\| f(x,u_n)-f(x,u)\|_{\alpha'(x)}\}$有界. 由于$u_n \to u$在$L^{\alpha(x)}(\Omega_{k_1})$中，对上述的$\varepsilon>0$，则存在$N(k_1)\in\mathbb{N}$，当$n \geqslant N(k_1)$时，有$\| u_n-u\|_{\alpha(x),\Omega_{k_1}}<\varepsilon$，从而有

$$I_2 \leqslant C\varepsilon .$$

综上讨论可知，当$n \geqslant N(k_1)$时，有

$$\left|\langle K'(u_n)-K'(u),u_n-u\rangle\right| \leqslant C\varepsilon,$$

即当$n\to\infty$时，$\left|\langle K'(u_n)-K'(u),u_n-u\rangle\right| \to 0$. 所以有

$$\langle J'(u_n)-J'(u),u_n-u\rangle \to 0 .$$

类似于引理 2.1.1 的讨论可知，当$n\to\infty$时，有

$$\int_\Omega |\nabla u_n-\nabla u|^{p(x)}\,\mathrm{d}x \to 0$$

以及

$$\int_\Omega |u_n-u|^{p(x)}\,\mathrm{d}x \to 0 .$$

结合定理 1.2.11 则有

$$|||u_n-u||| \to 0,$$

即$u_n \to u$在$W_0^{1,p(x)}(\Omega)$中. 证毕.

定理 2.2.3　在条件(B1)及(B3)之下，问题(2.1)有非平凡的弱解$u_0\in W_0^{1,p(x)}(\Omega)$.

证明　由条件(B1)可知，任取 $u\in W_0^{1,p(x)}(\Omega)$，有

$$\varphi(u)\geqslant\int_\Omega\left(\frac{|\nabla u|^{p(x)}+|u|^{p(x)}}{p(x)}-\frac{g(x)}{\alpha(x)}|u|^{\alpha(x)}\right)\mathrm{d}x$$
$$\geqslant\int_\Omega\left(\frac{|\nabla u|^{p(x)}+|u|^{p(x)}}{p_+}-\frac{G}{\alpha_-}|u|^{\alpha(x)}\right)\mathrm{d}x.$$

存在 $r_1>0$，使得

$$\inf\{\varphi(u):|||u|||=r_1,\ u\in W_0^{1,p(x)}(\Omega)\}>0=\varphi(0).$$

由于 α，p 分别在 $\overline{\Omega}$ 上一致连续且满足 $p(x)\ll\alpha(x)$，类似于定理 2.1.4 中 i) 的讨论可知，存在可数个互不相交且边长为 $\dfrac{\delta}{2}$ 的开超立方体 $\{Q_j\}_{j=1}^{+\infty}$ 满足 $\overline{\Omega}=\bigcup\limits_{j=1}^{+\infty}\overline{\Omega}_j$，并且

$$p_{j+}\triangleq\sup_{x\in\overline{\Omega}_j}p(x)<\alpha_{j-}\triangleq\inf_{x\in\overline{\Omega}_j}\alpha(x)$$

以及 $\alpha_{j-}-p_{j+}>c_1$，$j=1,2,\cdots$.

由嵌入定理可知，存在常数 $c_6>1$，有 $\|u\|_{\alpha(x),\Omega_i}\leqslant c_6|||u|||_{\Omega_i}$. 当 $|||u|||\leqslant c_6^{-1}$ 时，任取 $j\in\mathbb{N}$，有 $|||u|||_{\Omega_j}\leqslant|||u|||\leqslant c_6^{-1}$，进而有 $\|u\|_{\alpha(x),\Omega_j}\leqslant1$. 则有

$$\varphi(u)\geqslant\int_\Omega\left(\frac{|\nabla u|^{p(x)}+|u|^{p(x)}}{2p_+}-\frac{G}{\alpha_-}|u|^{\alpha(x)}\right)\mathrm{d}x+\int_\Omega\frac{|\nabla u|^{p(x)}+|u|^{p(x)}}{2p_+}\mathrm{d}x$$
$$=\sum_{j=1}^{+\infty}\int_{\Omega_j}\left(\frac{|\nabla u|^{p(x)}+|u|^{p(x)}}{2p_+}-\frac{G}{\alpha_-}|u|^{\alpha(x)}\right)\mathrm{d}x+\int_\Omega\frac{|\nabla u|^{p(x)}+|u|^{p(x)}}{2p_+}\mathrm{d}x$$
$$\geqslant\sum_{j=1}^{+\infty}\left(\frac{1}{2p_+}|||u|||_{\Omega_j}^{p_{j+}}-\frac{G}{\alpha_-}\|u\|_{\alpha(x),\Omega_j}^{\alpha_{j-}}\right)+\int_\Omega\frac{|\nabla u|^{p(x)}+|u|^{p(x)}}{2p_+}\mathrm{d}x$$
$$\geqslant\sum_{j=1}^{+\infty}\left(\frac{1}{2p_+}|||u|||_{\Omega_j}^{p_{j+}}-\frac{G}{\alpha_-}c_6^{\alpha_{j-}}|||u|||_{\Omega_j}^{\alpha_{j-}}\right)+\int_\Omega\frac{|\nabla u|^{p(x)}+|u|^{p(x)}}{2p_+}\mathrm{d}x$$
$$\geqslant\sum_{j=1}^{+\infty}\frac{1}{2p_+}|||u|||_{\Omega_j}^{p_{j+}}\left(1-\frac{2p_+G}{\alpha_-}c_6^{\alpha_+}|||u|||_{\Omega_j}^{a}\right)+\int_\Omega\frac{|\nabla u|^{p(x)}+|u|^{p(x)}}{2p_+}\mathrm{d}x.$$

所以当 $|||u|||=\min\{c_6^{-1},(2\alpha_-^{-1}p_+Gc_6^{\alpha_+})^{-c_1^{-1}}\}\triangleq r_1$ 时，有

$$\varphi(u)\geqslant\int_\Omega\frac{|\nabla u|^{p(x)}+|u|^{p(x)}}{2p_+}\mathrm{d}x\geqslant\frac{|||u|||^{p_+}}{2p_+}=\frac{r_1^{p_+}}{2p_+}>0.$$

由条件(B1)及(B3)可知，存在 c_7，$c_8>0$，当 $(x,t)\in\Omega_0\times\mathbb{R}$ 时，有

$$F(x,t)\geqslant c_7|t|^\mu-c_8.$$

类似于定理 2.1.4 的讨论可知，存在 $e\in W_0^{1,p(x)}(\Omega)$，满足 $\varphi(e)<0$ 且 $|||e|||>r_1$.

综上讨论，可知存在 φ 的非平凡的临界点，具体过程与定理 2.1.4 后半部分的证明类似，这里不再赘述. 证毕.

接下来，将在条件(B2)下讨论问题(2.1)的弱解. 在这部分的讨论中，函数 f 仍需满足如下条件:

(B4) 存在 $\delta\in(0,1)$ 及有界开集 $\Omega_0\subset\Omega$，使得对任意的 $(x,t)\in\Omega_0\times(0,\delta)$，有

$$f(x,t)\geqslant a_5|t|^{\beta(x)-1},$$

其中 a_5 为正常数，$\beta(x)$ 来自于条件(B2).

定理 2.2.4　在条件(B2)及(B4)之下，问题(2.1)有非平凡的弱解 $u_0\in W_0^{1,p(x)}(\Omega)$.

证明　泛函 φ 是强制的. 记 $L=\max\left\{1,\left(\dfrac{2Hp_+}{\beta_-}\right)^{\frac{1}{c_9}}\right\}$，$\Omega_1=\{x\in\Omega:|u(x)|\geqslant L\}$，$\Omega_2=\Omega\setminus\Omega_1$，其中 $H=\sup\limits_{x\in\Omega}h(x)$，$c_9=\inf\limits_{x\in\Omega}(p(x)-\beta(x))$.

取 $u\in W_0^{1,p(x)}(\Omega)$，有

$$\begin{aligned}\varphi(u)&=\int_\Omega\frac{|\nabla u|^{p(x)}+|u|^{p(x)}}{2p(x)}\mathrm{d}x+\int_\Omega\left(\frac{|\nabla u|^{p(x)}+|u|^{p(x)}}{2p(x)}-F(x,u)\right)\mathrm{d}x\\&=\int_\Omega\frac{|\nabla u|^{p(x)}+|u|^{p(x)}}{2p(x)}\mathrm{d}x+\int_{\Omega_1}\left(\frac{|\nabla u|^{p(x)}+|u|^{p(x)}}{2p(x)}-F(x,u)\right)\mathrm{d}x\\&\quad+\int_{\Omega_2}\left(\frac{|\nabla u|^{p(x)}+|u|^{p(x)}}{2p(x)}-F(x,u)\right)\mathrm{d}x.\end{aligned}$$

由条件(B2)得到

$$\int_{\Omega_1}\left(\frac{|u|^{p(x)}}{2p(x)}-F(x,u)\right)\mathrm{d}x\geqslant\int_{\Omega_1}\left(\frac{|u|^{p(x)}}{2p_+}-\frac{H}{\beta_-}|u|^{\beta(x)}\right)\mathrm{d}x\geqslant 0.$$

任取 $\varepsilon\in(0,1)$，由 Young 不等式，有

$$h(x)|u|^{\beta(x)}\leqslant\left(\frac{h(x)}{\varepsilon}\right)^{q_2(x)}\frac{1}{q_2(x)}+(\varepsilon|u|^{\beta(x)})^{\frac{p^*(x)}{\beta(x)}}\frac{\beta(x)}{p^*(x)},$$

则有

$$\begin{aligned}&\int_{\Omega_2}\left(\frac{|u|^{p(x)}}{2p(x)}-F(x,u)\right)\mathrm{d}x\\&\geqslant\int_{\Omega_2}\left(\frac{|u|^{p(x)}}{2p(x)}-\frac{h(x)}{\beta(x)}|u|^{\beta(x)}\right)\mathrm{d}x\end{aligned}$$

$$\geqslant \int_{\Omega_2}\left(\frac{|u|^{p^*(x)}}{2p_+}L^{p(x)-p^*(x)}-|h(x)|^{q_2(x)}\varepsilon^{-q_2(x)}-|u|^{p^*(x)}\varepsilon^{\frac{p^*(x)}{\beta(x)}}\right)\mathrm{d}x$$

$$\geqslant \int_{\Omega_2}\left(\frac{|u|^{p^*(x)}}{2p_+}L^{p_--p_+^*}-|h(x)|^{q_2(x)}\varepsilon^{-q_{2+}}-|u|^{p^*(x)}\varepsilon^{\frac{p_-^*}{\beta_+}}\right)\mathrm{d}x.$$

取 $\varepsilon<\min\left\{1,\left(\frac{L^{p_--p_+^*}p_-^*}{2p_+}\right)^{\frac{\beta_+}{p_-^*}}\right\}$, 则有

$$\int_{\Omega_2}\left(\frac{|u|^{p(x)}}{2p(x)}-F(x,u)\right)\mathrm{d}x\geqslant\int_{\Omega_2}-|h(x)|^{q_2(x)}\varepsilon^{-q_{2+}}\mathrm{d}x=-c_{10}.$$

所以有

$$\varphi(u)\geqslant\int_{\Omega}\frac{|\nabla u|^{p(x)}+|u|^{p(x)}}{2p^+}\mathrm{d}x-c_{10}.$$

由上式可知泛函 φ 是强制的.

容易验证 φ 是弱序列下半连续的, 所以存在 $u_0\in W_0^{1,p(x)}(\Omega)$ 满足

$$\varphi(u_0)=\inf\{\varphi(u):\ u\in W_0^{1,p(x)}(\Omega)\}.$$

以下验证 $u_0\neq 0$. 由于 $\beta(x)\ll p(x)$, 取 $x_0\in\Omega_0$, $0<R<1$ 使得 $B_{2R}(x_0)\subset\Omega_0$ 且

$$\beta_{x_0}\triangleq\sup_{x\in\overline{B_{2R}(x_0)}}\beta(x)<\inf_{x\in B_{2R}(x_0)}p(x)\triangleq p_{x_0}.$$

取 $\phi\in C_0^\infty(B_{2R}(x_0))$ 满足 $0\leqslant\phi\leqslant 1$, $|\nabla\phi|\leqslant\frac{2}{R}$, 且在 $B_R(x_0)$ 上, $\phi(x)\equiv 1$. 当 $s<\delta$ 时, 则有

$$\varphi(s\phi)\leqslant\int_{B_{2R}(x_0)}\left(\frac{|s\nabla\phi|^{p(x)}+|s\phi|^{p(x)}}{p(x)}-\frac{a_5}{\beta(x)}|s\phi|^{\beta(x)}\right)\mathrm{d}x$$

$$\leqslant\int_{B_{2R}(x_0)}\left(s^{p_{x_0}}\frac{|\nabla\phi|^{p(x)}+|\phi|^{p(x)}}{p(x)}-s^{\beta_{x_0}}\frac{a_5}{\beta(x)}\phi^{\beta(x)}\right)\mathrm{d}x.$$

由于 $\beta_{x_0}<p_{x_0}$, 类似于定理 2.1.4 的讨论可知, 当 s 充分小时, 有 $\varphi(s\phi)<0$. 则有 $\varphi(u_0)\leqslant\varphi(s\phi)<0$. 从而可知 u_0 为 φ 的非平凡临界点. 证毕.

在接下来的讨论中, 取函数 $f(x,t)=f_1(x,t)+f_2(x,t)$, 其中 f_1 满足条件(B1)及(B3), f_2 满足条件(B2). 此时, 称方程(2.1)的"非线性部分"为混合项情形.

为了讨论方便起见, 定义 $W_0^{1,p(x)}(\Omega)$ 上的泛函

$$K_i(u)=\int_\Omega F_i(x,u)\mathrm{d}x,$$

其中 $F_i(x,t)=\int_0^t f_i(x,s)\mathrm{d}s$, $i=1,2$. 类似于定理 2.2.1 及定理 2.2.2 的证明, 有如下结论.

定理 2.2.5 泛函 K_1, K_2 均在 $W_0^{1,p(x)}(\Omega)$ 上弱连续.

定理 2.2.6 泛函 K_1, $K_2\in C^1(W_0^{1,p(x)}(\Omega),\mathbb{R})$. 且对任意的 u, $v\in W_0^{1,p(x)}(\Omega)$, 有

$$\langle K_i'(u),v\rangle=\int_\Omega f_i(x,u)v\mathrm{d}x,$$

其中 $i=1,2$.

此时, 泛函 $\varphi(u)=J(u)-K_1(u)-K_2(u)$, 且有

引理 2.2.2 泛函 $\varphi\in C^1(W_0^{1,p(x)}(\Omega),\mathbb{R})$. 任取 u, $v\in W_0^{1,p(x)}(\Omega)$, 有

$$\langle\varphi'(u),v\rangle=\int_\Omega(|\nabla u|^{p(x)-2}\nabla u\nabla v+|u|^{p(x)-2}uv-f_1(x,u)v-f_2(x,u)v)\mathrm{d}x.$$

引理 2.2.3 泛函 φ 满足(PS)条件.

证明 取 $\{u_n\}\subset W_0^{1,p(x)}(\Omega)$ 满足 $|\varphi(u_n)|\leqslant c$ 且当 $n\to\infty$ 时, $\varphi'(u_n)\to 0$. 可知

$$\begin{aligned}
\varphi(u_n)=&\int_\Omega\left(\frac{|\nabla u_n|^{p(x)}+|u_n|^{p(x)}}{p(x)}-F_1(x,u_n)-F_2(x,u_n)\right)\mathrm{d}x\\
=&\int_\Omega\left(\left(\frac{1}{p(x)}-\frac{1}{\mu}\right)(|\nabla u_n|^{p(x)}+|u_n|^{p(x)})-F_1(x,u_n)-F_2(x,u_n)\right.\\
&+\frac{1}{\mu}f_1(x,u_n)u_n+\frac{1}{\mu}f_2(x,u_n)u_n+\frac{1}{\mu}(|\nabla u_n|^{p(x)}+|u_n|^{p(x)})\\
&\left.-\frac{1}{\mu}f_1(x,u_n)u_n-\frac{1}{\mu}f_2(x,u_n)u_n\right)\mathrm{d}x\\
\geqslant&\int_\Omega\left(\frac{\mu-p_+}{\mu p_+}(|\nabla u_n|^{p(x)}+|u_n|^{p(x)})-\left(\frac{h(x)}{\mu}+\frac{h(x)}{\beta(x)}\right)|u_n|^{\beta(x)}\right)\mathrm{d}x+\left\langle\varphi'(u_n),\frac{u_n}{\mu}\right\rangle\\
\geqslant&\int_\Omega\frac{\mu-p_+}{2\mu p_+}(|\nabla u_n|^{p(x)}+|u_n|^{p(x)})\mathrm{d}x+\left\langle\varphi'(u_n),\frac{u_n}{\mu}\right\rangle\\
&+\int_\Omega\left(\frac{\mu-p_+}{2\mu p_+}(|\nabla u_n|^{p(x)}+|u_n|^{p(x)})-\left(\frac{h(x)}{\mu}+\frac{h(x)}{\beta(x)}\right)|u_n|^{\beta(x)}\right)\mathrm{d}x.
\end{aligned}$$

类似于定理 2.2.4 的证明可知, 存在正常数 C, 使得

$$\int_\Omega\left(\frac{\mu-p_+}{2\mu p_+}(|\nabla u_n|^{p(x)}+|u_n|^{p(x)})-\left(\frac{h(x)}{\mu}+\frac{h(x)}{\beta(x)}\right)|u_n|^{\beta(x)}\right)\mathrm{d}x\geqslant -C.$$

从而有

$$\varphi(u_n)-\left\langle \varphi'(u_n),\frac{u_n}{\mu}\right\rangle \geqslant \int_\Omega \frac{\mu-p_+}{2\mu p_+}(|\nabla u_n|^{p(x)}+|u_n|^{p(x)})\mathrm{d}x-C.$$

由上式容易得到序列 $\{u_n\}$ 在 $W_0^{1,p(x)}(\Omega)$ 中有界，并且有子列 $\{u_{n_j}\}$ 满足 $u_{n_j}\to u$ 在 $W_0^{1,p(x)}(\Omega)$ 中. 具体的证明细节类似于引理 2.1.1，这里不再赘述. 证毕.

由于 $W_0^{1,p(x)}(\Omega)$ 为自反且可分的 Banach 空间，所以存在 $\{e_n\}_{n=1}^{+\infty}\subset W_0^{1,p(x)}(\Omega)$ 及 $\{f_m\}_{m=1}^{+\infty}\subset W^{-1,p'(x)}(\Omega)$，有

$$f_m(e_n)=\begin{cases}1, & n=m,\\ 0, & n\neq m,\end{cases}$$

而且

$$W_0^{1,p(x)}(\Omega)=\overline{\operatorname{span}\{e_i:\ i=1,\cdots,n,\cdots\}},$$
$$W^{-1,p'(x)}(\Omega)=\overline{\operatorname{span}\{f_j: j=1,\cdots,m,\cdots\}}.$$

记 $V_k^+=\overline{\operatorname{span}\{e_i: i=k,\cdots\}}$，其中 $k=1,2,\cdots$. 则有

引理 2.2.4　存在 $\tau_k>0$，$\rho_k>0$，当 k 充分大时，对任意的 $u\in V_k^+$，若 $|||u|||=\rho_k$，则有 $\varphi(u)\geqslant\tau_k$.

证明　取 $u\in V_k^+$ 且 $|||u|||\geqslant 1$. 由条件(B1)及(B2)，则有

$$\begin{aligned}\varphi(u)&\geqslant\int_\Omega\left(\frac{|\nabla u|^{p(x)}+|u|^{p(x)}}{p_+}-\frac{g(x)}{\alpha(x)}|u|^{\alpha(x)}-\frac{h(x)}{\beta(x)}|u|^{\beta(x)}\right)\mathrm{d}x\\ &=\int_\Omega\left(\frac{|\nabla u|^{p(x)}+|u|^{p(x)}}{2p_+}-\frac{g(x)}{\alpha(x)}|u|^{\alpha(x)}\right)\mathrm{d}x\\ &\quad+\int_\Omega\left(\frac{|\nabla u|^{p(x)}+|u|^{p(x)}}{2p_+}-\frac{h(x)}{\beta(x)}|u|^{\beta(x)}\right)\mathrm{d}x.\end{aligned}$$

类似于定理 2.2.4 的讨论，可知存在常数 $c_{11}>0$，使得

$$\int_\Omega\left(\frac{|\nabla u|^{p(x)}+|u|^{p(x)}}{2p_+}-\frac{h(x)}{\beta(x)}|u|^{\beta(x)}\right)\mathrm{d}x\geqslant -c_{11}.$$

记

$$\theta_k=\sup_{v\in V_k^+,\,|||u|||=1}\int_\Omega\frac{g(x)}{\alpha(x)}|u|^{\alpha(x)}\,\mathrm{d}x,$$

则有

$$\varphi(u)\geqslant\frac{|||u|||^{p_-}}{2p_+}-\theta_k|||u|||^{\alpha_+}-c_{11}.$$

取 $\rho_k=\max\left\{1,\left(\dfrac{p_-}{2p_+\alpha_+\theta_k}\right)^{\frac{1}{\alpha_+-p_-}},\left(\dfrac{3c_{11}p_+\alpha_+}{\alpha_+-p_-}\right)^{\frac{1}{p_-}}\right\}$. 由文献[51]中引理 3.3 可知, 当 $k\to\infty$ 时, $\theta_k\to 0$. 所以当 k 充分大及 $|||u|||=\rho_k$ 时, 有

$$\begin{aligned}\varphi(u)&\geqslant \rho_k^{p_-}\left(\frac{1}{2p_+}-\theta_k\rho_k^{\alpha_+-p_-}\right)-c_{11}\\&=\rho_k^{p_-}\frac{\alpha_+-p_-}{2p_+\alpha_+}-c_{11}\\&\triangleq \tau_k>0.\end{aligned}$$

容易验证, 当 $k\to\infty$ 时, $\tau_k\to\infty$. 证毕.

取 $\psi_i\in C_0^\infty(\Omega_0)$, $i=1,\cdots,k$ 且满足 $\operatorname{supp}\psi_i\cap\operatorname{supp}\psi_j=\varnothing$, 其中 $i\neq j$. 任取 $k\in\mathbb{N}$, 记

$$V_k^-=\operatorname{span}\{\psi_i:i=1,\cdots,k\},$$

则有 $\operatorname{codim}V_k^++1=\dim V_k^-$.

引理 2.2.5 任取 $k\in\mathbb{N}$, 均存在 $R_k>0$, 使得对任意的 $u\in V_k^-$, 若 $|||u|||\geqslant R_k$, 则有 $\varphi(u)\leqslant 0$.

证明 由条件(B1)及(B3)可知, 对任意的 $(x,t)\in\Omega_0\times\mathbb{R}$, 有

$$F_1(x,t)\geqslant c_7|t|^\mu-c_8.$$

对 $u\in V_k^-$ 及 $|||u|||\geqslant 1$ 时, 则有

$$\begin{aligned}\varphi(u)&=\int_{\Omega_0}\left(\frac{|\nabla u|^{p(x)}+|u|^{p(x)}}{p(x)}-F_1(x,u)-F_2(x,u)\right)\mathrm{d}x\\&\leqslant\int_{\Omega_0}\left(\frac{|\nabla u|^{p(x)}+|u|^{p(x)}}{p_-}-c_7|u|^\mu+c_8+\frac{h(x)}{\beta(x)}|u|^{\beta(x)}\right)\mathrm{d}x\\&\leqslant\int_{\Omega_0}\left(\frac{|\nabla u|^{p(x)}+|u|^{p(x)}}{p_-}-c_7|u|^\mu+c_8+\frac{H}{\beta_-}|u|^{\beta(x)}\right)\mathrm{d}x.\end{aligned}$$

由于 $\beta(x)\ll p(x)\ll\mu$, 任取 $\varepsilon\in(0,1)$, 由 Young 不等式可知, 存在 $C(\varepsilon)>0$, 有

$$|u|^{\beta(x)}\leqslant\varepsilon|u|^\mu+C(\varepsilon).$$

进一步, 取定 $\varepsilon<\dfrac{c_7\beta_-}{2H}$, 则有

$$\varphi(u)\leqslant\int_{\Omega_0}\left(\frac{|\nabla u|^{p(x)}+|u|^{p(x)}}{p_-}-\frac{c_7}{2}|u|^\mu+c_8+C\right)\mathrm{d}x.$$

可知$\|\cdot\|_\mu$是V_k^-上的一个范数且V_k^-为有限维空间，所以范数$\|\cdot\|_\mu$与$|||\cdot|||$等价，从而有

$$\varphi(u) \leqslant \frac{1}{p_-}|||u|||^{p_+} - c_{12}|||u|||^{\mu} + C.$$

由于$\mu > p_+$，则存在$R_k > 0$，对任意的$u \in V_k^-$，若$|||u||| \geqslant R_k$，有$\varphi(u) \leqslant 0$. 证毕.

定理 2.2.7　若$f_1(x,t)$，$f_2(x,t)$关于t为奇函数，则问题(2.1)有一列弱解$\{u_k\} \subset W_0^{1,p(x)}(\Omega)$且当$k \to \infty$时，$\varphi(u_k) \to \infty$.

证明　结合引理 2.2.2—引理 2.2.5 及文献[96]中对称的山路定理 6.3 可知，当k充分大时，

$$\omega_k = \inf_{\gamma \in \Gamma_k} \sup_{u \in V_k^-} \varphi(\gamma(u))$$

为泛函φ的临界值且有$\omega_k \geqslant \tau_k$，其中$\Gamma_k = \{\gamma \in C(W_0^{1,p(x)}(\Omega), W_0^{1,p(x)}(\Omega))$: γ是奇映射；任取$u \in V_k^-$，若$|||u||| \geqslant R_k$，$\gamma(u) = u\}$. 由引理 2.2.4 可知，$\tau_k \to \infty$. 所以当$k \to \infty$时，$\omega_k \to \infty$. 从而得到了泛函φ的一列非平凡临界点$\{u_k\}$且当$k \to \infty$时，有$\varphi(u_k) = \omega_k \to \infty$. 证毕.

2.3　集中紧致性原理

Sobolev 空间上的嵌入定理对偏微分方程的研究起到了重要的作用. 我们知道，由于临界指数的存在，即使Ω为有界域，嵌入$W^{1,p}(\Omega) \to L^{p^*}(\Omega)$也不是紧的. 这就使得讨论一类具临界指数的偏微分方程解的存在性较为困难. 在文献[97]中, Lions 在 Sobolev 空间上建立了一类集中紧致性原理. 之后作为此集中紧致性原理的应用，对这类具临界指数的偏微分方程的研究有了较大的发展，可参考文献[98-100].

同样，对于变指数 Sobolev 空间，嵌入$W^{1,p(x)}(\Omega) \to L^{p^*(x)}(\Omega)$也不是紧的. 在下面的讨论中，我们先建立了$W^{1,p(x)}(\mathbb{R}^N)$上的一类集中紧致性原理，然后在此基础上讨论了一类具临界指数的$p(x)$-Laplace 方程弱解的存在性及多重性.

定义 2.3.1　设Ω为$\mathbb{R}^N$的子集，定义

$$K(\Omega) = \{\eta \in C(\Omega): \operatorname{supp}\eta \text{ 是 } \Omega \text{ 的紧子集}\},$$

$$BC(\Omega) = \{\eta \in C(\Omega): |\eta|_\infty = \sup_{x \in \Omega}|\eta(x)| < \infty\}.$$

记$C_0(\Omega)$为$K(\Omega)$依范数$|\cdot|_\infty$在空间$BC(\Omega)$中的闭包. 可知Ω上的有限测度为$C_0(\Omega)$上的连续线性泛函. 定义有限测度μ的范数为

$$\|\mu\| = \sup_{\eta\in C_0(\Omega),|\eta|_\infty=1} |(\mu,\eta)|,$$

其中 $(\mu,\eta)=\int_\Omega \eta \mathrm{d}\mu$.

记 $M(\Omega)$ 为 Ω 上的有限非负Borel测度空间. 任取 $\mu\in M(\Omega)$, 均有 $\mu(\Omega)=\|\mu\|$. 称测度列 $\mu_n\to\mu$ 弱*收敛于 $M(\Omega)$ 中, 是指: 对任意的 $\eta\in C_0(\Omega)$, 有 $(\mu_n,\eta)\to(\mu,\eta)$.

在本节中, 我们建立了空间 $W^{1,p(x)}(\mathbb{R}^N)$ 上的如下一类集中紧致性原理.

定理 2.3.1 设 p 为 $\mathbb{R}^N$ 上的 Lipschitz 连续函数且 $1<p_-\leqslant p(x)\leqslant p_+<N$. 取 $\{u_n\}\subset W^{1,p(x)}(\mathbb{R}^N)$ 满足: $|||u_n|||\leqslant 1$ 且当 $n\to\infty$ 时,

$$u_n\to u \text{ 弱收敛于 } W^{1,p(x)}(\mathbb{R}^N) \text{ 中},$$
$$|\nabla u_n|^{p(x)}+|u_n|^{p(x)}\to\mu \text{ 弱*收敛于 } M(\mathbb{R}^N) \text{ 中},$$
$$|u_n|^{p^*(x)}\to\nu \text{ 弱*收敛于 } M(\mathbb{R}^N) \text{ 中}.$$

记 $C^*=\sup\left\{\int_{\mathbb{R}^N}|u|^{p^*(x)}\,\mathrm{d}x: |||u|||\leqslant 1,\ u\in W^{1,p(x)}(\mathbb{R}^N)\right\}$, 则有如下结论:

$$\mu=|\nabla u|^{p(x)}+|u|^{p(x)}+\sum_{j\in J}\mu_j\delta_{x_j}+\tilde{\mu},\quad \mu(\mathbb{R}^N)\leqslant 1,$$

$$\nu=|u|^{p^*(x)}+\sum_{j\in J}\nu_j\delta_{x_j},\quad \nu(\mathbb{R}^N)\leqslant C^*,$$

其中 J 为可数集, 序列 $\{\mu_j\}$, $\{\nu_j\}\subset[0,+\infty)$, $\{x_j\}\subset\mathbb{R}^N$, δ_{x_j} 为集中在 x_j 点的测度, $\tilde{\mu}$ 为非负非原子测度, 且有如下不等式成立:

$$\nu(\mathbb{R}^N)\leqslant 2^{\frac{p_+p_+^*}{p_-}}C^*\max\left\{(\mu(\mathbb{R}^N))^{\frac{p_+^*}{p_-}},\ (\mu(\mathbb{R}^N))^{\frac{p_-^*}{p_+}}\right\},$$

$$\nu_j\leqslant C^*\max\left\{\mu_j^{\frac{p_+^*}{p_-}},\mu_j^{\frac{p_-^*}{p_+}}\right\}.$$

为了得到定理 2.3.1, 首先给出两个引理.

引理 2.3.1 取 $x\in\mathbb{R}^N$. 对任意的 $\delta>0$, 存在与 x 无关的常数 $k(\delta)>0$, 使得对任意的 $0<r<R$ 且 $\frac{r}{R}\leqslant k(\delta)$, 均存在截断函数 η_R^r 满足: 在 $B_r(x)$ 上, $\eta_R^r\equiv 1$; 在 $B_R(x)$ 外, $\eta_R^r\equiv 0$, 且对任意的 $u\in W^{1,p(x)}(\mathbb{R}^N)$, 有

$$\begin{aligned}&\int_{B_R(x)}(|\nabla(\eta_R^r u)|^{p(x)}+|\eta_R^r u|^{p(x)})\mathrm{d}x\\ \leqslant&\int_{B_R(x)}(|\nabla u|^{p(x)}+|u|^{p(x)})\mathrm{d}x+\delta\max\{|||u|||^{p_+},|||u|||^{p_-}\}.\end{aligned}$$

证明　不妨设 $x=0$，其余情况可类似讨论. 取截断函数

$$\eta_R^r(x)=\begin{cases}1, & 0\leqslant |x|\leqslant r,\\ \dfrac{k(|x|)-k(R)}{k(r)-k(R)}, & r<|x|\leqslant R,\\ 0, & R<|x|,\end{cases}$$

其中 $k(t)=-\omega_N^{\frac{1}{1-N}}\ln t$，$\omega_N$ 为 $\mathbb{R}^N$ 中单位球面的面积. 由如下形式的 Young 不等式

$$|a+b|^{p(x)}\leqslant(1+\beta)^{p(x)-1}|a|^{p(x)}+\left(1+\frac{1}{\beta}\right)^{p(x)-1}|b|^{p(x)},$$

其中 a，$b\in\mathbb{R}$，$\beta>0$，可得

$$\begin{aligned}&\int_{B_R(0)}|\nabla(\eta_R^r u)|^{p(x)}\,\mathrm{d}x=\int_{B_R(0)}|\nabla\eta_R^r\cdot u+\nabla u\cdot\eta_R^r|^{p(x)}\,\mathrm{d}x\\
\leqslant&\int_{B_R(0)}(1+\beta)^{p(x)-1}|\eta_R^r|^{p(x)}|\nabla u|^{p(x)}\,\mathrm{d}x+\int_{B_R(0)}\left(1+\frac{1}{\beta}\right)^{p(x)-1}|u|^{p(x)}|\nabla\eta_R^r|^{p(x)}\,\mathrm{d}x\\
\leqslant&\int_{B_R(0)}(1+\beta)^{p_+-1}|\nabla u|^{p(x)}\,\mathrm{d}x+2\left(1+\frac{1}{\beta}\right)^{p_+-1}\||u|^{p(x)}\|_{\left(\frac{N}{p(x)}\right)',B_R(0)}\||\nabla\eta_R^r|^{p(x)}\|_{\frac{N}{p(x)},B_R(0)}.\end{aligned}$$

若 $\dfrac{r}{R}<e^{-\omega_N^{\frac{1}{N-1}}}$，则有

$$\int_{B_R(0)}(|\nabla\eta_R^r|^{p(x)})^{\frac{N}{p(x)}}\mathrm{d}x=\int_{B_R(0)}|\nabla\eta_R^r|^N\,\mathrm{d}x=\omega_N\left|\ln\frac{R}{r}\right|^{1-N}<1,$$

从而有

$$\||\nabla\eta_R^r|^{p(x)}\|_{\frac{N}{p(x)},B_R(0)}\leqslant\left(\int_{B_R(0)}|\nabla\eta_R^r|^N\,\mathrm{d}x\right)^{\frac{p_-}{N}}\leqslant\left(\omega_N\left|\ln\frac{R}{r}\right|^{1-N}\right)^{\frac{p_-}{N}}.$$

当 $\|u\|_{p^*(x),B_R(0)}\geqslant 1$ 时,

$$\int_{B_R(0)}\left(\frac{|u|^{p(x)}}{|u|_{p^*(x),B_R(0)}^{p_+}}\right)^{\frac{N}{N-p(x)}}\mathrm{d}x\leqslant\int_{B_R(0)}\left(\frac{|u|}{|u|_{p^*(x),B_R(0)}}\right)^{p^*(x)}\mathrm{d}x\leqslant 1,$$

结合定理 1.2.15, 得到

$$\||u|^{p(x)}\|_{\left(\frac{N}{p(x)}\right)',B_R(0)}\leqslant\|u\|_{p^*(x),B_R(0)}^{p_+}\leqslant\|u\|_{p^*(x)}^{p_+}\leqslant(c_0\|\|u\|\|)^{p_+}.$$

进而有

$$\int_{B_R(0)}(|\nabla(\eta_R^r u)|^{p(x)}+|\eta_R^r u|^{p(x)})\mathrm{d}x$$

$$\leqslant(1+\beta)^{p_+-1}\int_{B_R(0)}|\nabla u|^{p(x)}\,\mathrm{d}x+2\left(1+\frac{1}{\beta}\right)^{p_+-1}c_0^{p_+}\left(\omega_N\left|\ln\frac{R}{r}\right|^{1-N}\right)^{\frac{p_-}{N}}|||u|||^{p_+}$$

$$+\int_{B_R(0)}|u|^{p(x)}\,\mathrm{d}x$$

$$=\int_{B_R(0)}(|\nabla u|^{p(x)}+|u|^{p(x)})\mathrm{d}x+((1+\beta)^{p_+-1}-1)\int_{B_R(0)}|\nabla u|^{p(x)}\,\mathrm{d}x$$

$$+2\left(1+\frac{1}{\beta}\right)^{p_+-1}c_0^{p_+}\left(\omega_N\left|\ln\frac{R}{r}\right|^{1-N}\right)^{\frac{p_-}{N}}|||u|||^{p_+}$$

$$\leqslant\int_{B_R(0)}(|\nabla u|^{p(x)}+|u|^{p(x)})\mathrm{d}x+((1+\beta)^{p_+-1}-1)\max\{\|\nabla u\|_{p(x)}^{p_+},\|\nabla u\|_{p(x)}^{p_-}\}$$

$$+2\left(1+\frac{1}{\beta}\right)^{p_+-1}c_0^{p_+}\left(\omega_N\left|\ln\frac{R}{r}\right|^{1-N}\right)^{\frac{p_-}{N}}|||u|||^{p_+}$$

$$\leqslant\int_{B_R(0)}(|\nabla u|^{p(x)}+|u|^{p(x)})\mathrm{d}x+((1+\beta)^{p_+-1}-1)\max\{|||u|||^{p_+},|||u|||^{p_-}\}$$

$$+2\left(1+\frac{1}{\beta}\right)^{p_+-1}c_0^{p_+}\left(\omega_N\left|\ln\frac{R}{r}\right|^{1-N}\right)^{\frac{p_-}{N}}|||u|||^{p_+}$$

$$\leqslant\int_{B_R(0)}(|\nabla u|^{p(x)}+|u|^{p(x)})\mathrm{d}x+\left((1+\beta)^{p_+-1}-1+2\left(1+\frac{1}{\beta}\right)^{p_+-1}c_0^{p_+}\left(\omega_N\left|\ln\frac{R}{r}\right|^{1-N}\right)^{\frac{p_-}{N}}\right)$$

$$\cdot\max\{|||u|||^{p_+},|||u|||^{p_-}\}.$$

同理可知，当$\|u\|_{p^*(x),B_R(0)}<1$时，$\||u|^{p(x)}\|_{\left(\frac{N}{p(x)}\right)',B_R(0)}\leqslant(c_0|||u|||)^{p_-}$. 进而有

$$\int_{B_R(0)}(|\nabla(\eta_R^r u)|^{p(x)}+|\eta_R^r u|^{p(x)})\mathrm{d}x$$

$$\leqslant\int_{B_R(0)}(|\nabla u|^{p(x)}+|u|^{p(x)})\mathrm{d}x+\left((1+\beta)^{p_+-1}-1+2\left(1+\frac{1}{\beta}\right)^{p_+-1}c_0^{p_-}\left(\omega_N\left|\ln\frac{R}{r}\right|^{1-N}\right)^{\frac{p_-}{N}}\right)$$

$$\cdot\max\{|||u|||^{p_+},|||u|||^{p_-}\}.$$

取 $k(\delta)=\min\left\{\exp\left(-\left(2\delta^{-1}(\beta^{-1}+1)^{p_+-1}\omega_N^{\frac{p_-}{N}}\max\{2c_0^{p_+},2c_0^{p_-}\}\right)^{-\frac{N}{(1-N)p_-}}\right),e^{-\omega_N^{\frac{1}{N-1}}}\right\}$.

当 $\frac{r}{R}\leqslant k(\delta)$ 时，有

$$\begin{aligned}&\int_{B_R(0)}(|\nabla(\eta_R^r u)|^{p(x)}+|\eta_R^r u|^{p(x)})\mathrm{d}x\\&\leqslant\int_{B_R(0)}(|\nabla u|^{p(x)}+|u|^{p(x)})\mathrm{d}x+\delta\max\{|||u|||^{p_+},|||u|||^{p_-}\},\end{aligned}$$

其中 $\beta=\left(1+\frac{\delta}{2}\right)^{\frac{1}{p_+-1}}-1$. 证毕.

引理 2.3.2　取 $x\in\mathbb{R}^N$. 任取 $\delta>0$ 及 $\frac{r}{R}<k(\delta)$，其中 $k(\delta)$ 来自于引理 2.3.1. 则对任意的 $u\in W^{1,p(x)}(\mathbb{R}^N)$，有

$$\begin{aligned}&\int_{B_r(x)}|u|^{p^*(x)}\mathrm{d}x\\&\leqslant C^*\max\left\{\left(\int_{B_R(x)}(|\nabla u|^{p(x)}+|u|^{p(x)})\mathrm{d}x+\delta\max\{|||u|||^{p_+},|||u|||^{p_-}\}\right)^{\frac{p_+^*}{p_-}},\right.\\&\left.\left(\int_{B_R(x)}(|\nabla u|^{p(x)}+|u|^{p(x)})\mathrm{d}x+\delta\max\{|||u|||^{p_+},|||u|||^{p_-}\}\right)^{\frac{p_-^*}{p_+}}\right\}.\end{aligned}$$

证明　取引理 2.3.1 中的截断函数 η_R^r，由 C^* 的定义可得

$$\begin{aligned}\int_{B_r(x)}|u|^{p^*(x)}\mathrm{d}x&\leqslant\int_{B_R(x)}|u\eta_R^r|^{p^*(x)}\mathrm{d}x\\&\leqslant C^*\max\{|||u\eta_R^r|||^{p_+^*},|||u\eta_R^r|||^{p_-^*}\}\\&\leqslant C^*\max\left\{\left(\int_{B_R(x)}(|\nabla(\eta_R^r u)|^{p(x)}+|\eta_R^r u|^{p(x)})\mathrm{d}x\right)^{\frac{p_+^*}{p_-}},\right.\\&\left.\left(\int_{B_R(x)}(|\nabla(\eta_R^r u)|^{p(x)}+|\eta_R^r u|^{p(x)})\mathrm{d}x\right)^{\frac{p_-^*}{p_+}}\right\},\end{aligned}$$

结合引理 2.3.1 的结论即可完成本引理的证明. 证毕.

定理 2.3.1 的证明　i) $\mu(\mathbb{R}^N)\leqslant 1$，$\nu(\mathbb{R}^N)\leqslant C^*$.

任取 $R>0$，取 $\eta\in C_0^\infty(B_{2R}(0))$ 满足 $0\leqslant\eta\leqslant 1$，且在 $B_R(0)$ 上，$\eta\equiv 1$. 则有

$$\int_{\mathbb{R}^N}(|\nabla u_n|^{p(x)}+|u_n|^{p(x)})\eta\mathrm{d}x\to\int_{\mathbb{R}^N}\eta\mathrm{d}\mu.$$

由于 $|||u_n|||\leqslant 1$，所以

$$\int_{\mathbb{R}^N}(|\nabla u_n|^{p(x)}+|u_n|^{p(x)})\eta\mathrm{d}x\leqslant\int_{\mathbb{R}^N}(|\nabla u_n|^{p(x)}+|u_n|^{p(x)})\mathrm{d}x\leqslant 1,$$

则有 $\mu(B_R(0))\leqslant\int_{\mathbb{R}^N}\eta\mathrm{d}\mu\leqslant 1$. 令 $R\to\infty$，可得 $\mu(\mathbb{R}^N)\leqslant 1$.

由于 $\int_{\mathbb{R}^N}|u_n|^{p^*(x)}\mathrm{d}x\leqslant C^*$，类似地，有 $\nu(\mathbb{R}^N)\leqslant C^*$.

ii) $\mu=|\nabla u|^{p(x)}+|u|^{p(x)}+\sum_{j\in J}\mu_j\delta_{x_j}+\tilde{\mu}$，其中 $\{x_j\}\subset\mathbb{R}^N$，$\{\mu_j\}\subset[0,+\infty)$，$J$ 为可数集，$\tilde{\mu}\in M(\mathbb{R}^N)$ 为非负非原子测度，δ_{x_j} 为集中在 x_j 点的测度.

取 $0\leqslant\eta\in C_0(\mathbb{R}^N)$. 记

$$F(u)=\int_{\mathbb{R}^N}(|\nabla u|^{p(x)}+|u|^{p(x)})\eta\mathrm{d}x.$$

由于 F 为空间 $W^{1,p(x)}(\mathbb{R}^N)$ 上连续可微的凸泛函，所以 F 为弱序列下半连续的. 则有

$$\liminf_{n\to\infty}\int_{\mathbb{R}^N}(|\nabla u_n|^{p(x)}+|u_n|^{p(x)})\eta\mathrm{d}x\geqslant\int_{\mathbb{R}^N}(|\nabla u|^{p(x)}+|u|^{p(x)})\eta\mathrm{d}x.$$

由于 $|\nabla u_n|^{p(x)}+|u_n|^{p(x)}\to\mu$ 弱*收敛于 $M(\mathbb{R}^N)$ 中，则有

$$\int_{\mathbb{R}^N}(|\nabla u_n|^{p(x)}+|u_n|^{p(x)})\eta\mathrm{d}x\to\int_{\mathbb{R}^N}\eta\mathrm{d}\mu.$$

所以

$$\int_{\mathbb{R}^N}\eta\mathrm{d}\mu\geqslant\int_{\mathbb{R}^N}(|\nabla u|^{p(x)}+|u|^{p(x)})\eta\mathrm{d}x,$$

也即 $\mu\geqslant|\nabla u|^{p(x)}+|u|^{p(x)}$. 由测度论知识可知

$$\mu-|\nabla u|^{p(x)}-|u|^{p(x)}=\sum_{j\in J}\mu_j\delta_{x_j}+\tilde{\mu}.$$

iii) $\nu=|u|^{p^*(x)}+\sum_{j\in J}\nu_j\delta_{x_j}$，其中 $\{\nu_j\}\subset[0,+\infty)$. 由于 $u_n\to u$ 弱收敛于 $W^{1,p(x)}(\mathbb{R}^N)$ 中，所以存在子列，仍记为 $\{u_n\}$，有 $u_n\to u$ a.e.于 $\mathbb{R}^N$.

取 $\eta\in C_0(\mathbb{R}^N)$. 由于 $|\eta|_\infty<\infty$ 且 $\{u_n\}$ 在 $L^{p^*(x)}(\mathbb{R}^N)$ 中有界，类似于定理 1.2.7 的证明可得

$$\lim_{n\to\infty}\int_{\mathbb{R}^N}(|u_n|^{p^*(x)}-|u_n-u|^{p^*(x)})\eta\mathrm{d}x=\int_{\mathbb{R}^N}|u|^{p^*(x)}\eta\mathrm{d}x.$$

记 $\overline{\nu}=\nu-|u|^{p^*(x)}$. 由于 $\int_{\mathbb{R}^N}|u_n|^{p^*(x)}\eta\mathrm{d}x\to\int_{\mathbb{R}^N}\eta\mathrm{d}\nu$, 则有

$$\int_{\mathbb{R}^N}\eta\mathrm{d}\overline{\nu}=\int_{\mathbb{R}^N}\eta\mathrm{d}\nu-\int_{\mathbb{R}^N}|u|^{p^*(x)}\eta\mathrm{d}x=\lim_{n\to\infty}\int_{\mathbb{R}^N}|u_n-u|^{p^*(x)}\eta\mathrm{d}x.$$

所以 $|u_n-u|^{p^*(x)}\to\overline{\nu}$ 弱*收敛于 $M(\mathbb{R}^N)$ 中, 进而有

$$\overline{\nu}=\nu-|u|^{p^*(x)}=\sum_{j\in J_1}\nu_j\delta_{y_j}+\tilde{\nu}. \tag{2.2}$$

接下来, 我们验证: 测度 ν 的原子也是 μ 的原子, 并且 $\tilde{\nu}=0$.

取 $x_0\in\mathbb{R}^N$. 由引理 2.3.2 可知, 任取 $\delta>0$, 存在 $k(\delta)>0$, 当 $0<r<R$ 且 $\dfrac{r}{R}\leqslant k(\delta)$ 时, 有

$$\begin{aligned}&\int_{B_r(x_0)}|u_n|^{p^*(x)}\mathrm{d}x\\ &\leqslant C^*\max\left\{\left(\int_{B_R(x_0)}(|\nabla u_n|^{p(x)}+|u_n|^{p(x)})\mathrm{d}x+\delta\max\{|||u_n|||^{p_+},|||u_n|||^{p_-}\}\right)^{\frac{p_+^*}{p_-}},\right.\\ &\left.\left(\int_{B_R(x_0)}(|\nabla u_n|^{p(x)}+|u_n|^{p(x)})\mathrm{d}x+\delta\max\{|||u_n|||^{p_+},|||u_n|||^{p_-}\}\right)^{\frac{p_-^*}{p_+}}\right\}.\end{aligned}$$

任取 $0<r'<r$, $R'>R$. 取 $\eta_1\in C_0^\infty(B_r(x_0))$ 满足 $0\leqslant\eta_1\leqslant1$; 且在 $B_{r'}(x_0)$ 上, $\eta_1\equiv1$; $\eta_2\in C_0^\infty(B_{R'}(x_0))$ 满足 $0\leqslant\eta_2\leqslant1$, 且在 $B_R(x_0)$ 上, $\eta_2\equiv1$. 得到

$$\begin{aligned}\int_{\mathbb{R}^N}|u_n|^{p^*(x)}\eta_1\mathrm{d}x&\leqslant\int_{B_r(x_0)}|u_n|^{p^*(x)}\mathrm{d}x\\ &\leqslant C^*\max\left\{\left(\int_{B_R(x_0)}(|\nabla u_n|^{p(x)}+|u_n|^{p(x)})\mathrm{d}x+\delta\right)^{\frac{p_+^*}{p_-}},\right.\\ &\left.\left(\int_{B_R(x_0)}(|\nabla u_n|^{p(x)}+|u_n|^{p(x)})\mathrm{d}x+\delta\right)^{\frac{p_-^*}{p_+}}\right\}.\end{aligned}$$

令 $n\to\infty$, 则有

$$\int_{\mathbb{R}^N}\eta_1\mathrm{d}\nu\leqslant C^*\max\left\{\left(\int_{\mathbb{R}^N}\eta_2\mathrm{d}\mu+\delta\right)^{\frac{p_+^*}{p_-}},\left(\int_{\mathbb{R}^N}\eta_2\mathrm{d}\mu+\delta\right)^{\frac{p_-^*}{p_+}}\right\}.$$

所以有

$$\nu(\{x_0\})\leqslant\nu(\overline{B_{r'}(x_0)})\leqslant\int_{\mathbb{R}^N}\eta_1\mathrm{d}\nu$$

$$\leqslant C^*\max\left\{(\mu(\overline{B_{R'}(x_0)})+\delta)^{\frac{p_+^*}{p_-}},(\mu(\overline{B_{R'}(x_0)})+\delta)^{\frac{p_-^*}{p_+}}\right\}.$$

令 $\delta\to 0$，$R'\to 0$，则有

$$\nu(\{x_0\})\leqslant C^*\max\left\{\mu(\{x_0\})^{\frac{p_+^*}{p_-}},\ \mu(\{x_0\})^{\frac{p_-^*}{p_+}}\right\}.$$

所以 ν 的原子也是 μ 的原子，也即 $\{y_j:j\in J_1\}\subset\{x_j:j\in J\}$. 从而有

$$\nu-|u|^{p^*(x)}=\sum_{j\in J}\nu_j\delta_{x_j}+\tilde{\nu}.$$

记 $\overline{u}_n=u_n-u$. 可知 $\overline{u}_n\to 0$ 弱收敛于 $W^{1,p(x)}(\mathbb{R}^N)$ 中，所以存在子列，仍记为 $\{\overline{u}_n\}$，有 $|\nabla\overline{u}_n|^{p(x)}+|\overline{u}_n|^{p(x)}\to\overline{\mu}$ 弱*收敛于 $M(\mathbb{R}^N)$ 中.

对任意的 $0<r<R$，取 $\eta\in C_0^\infty(B_R(x_0))$ 满足 $0\leqslant\eta\leqslant 1$，且在 $B_r(x_0)$ 上，$\eta\equiv 1$. 由 C^* 的定义有

$$\int_{B_R(x_0)}\eta|\overline{u}_n|^{p^*(x)}\mathrm{d}x=\int_{B_R(x_0)}\left|\eta^{\frac{1}{p^*(x)}}\overline{u}_n\right|^{p^*(x)}\mathrm{d}x$$

$$\leqslant C^*\max\left\{\left(\int_{B_R(x_0)}\left(\left|\nabla\left(\eta^{\frac{1}{p^*(x)}}\overline{u}_n\right)\right|^{p(x)}+\left|\eta^{\frac{1}{p^*(x)}}\overline{u}_n\right|^{p(x)}\right)\mathrm{d}x\right)^{\frac{p_+^*}{p_-}},\right.$$

$$\left.\left(\int_{B_R(x_0)}\left(\left|\nabla\left(\eta^{\frac{1}{p^*(x)}}\overline{u}_n\right)\right|^{p(x)}+\left|\eta^{\frac{1}{p^*(x)}}\overline{u}_n\right|^{p(x)}\right)\mathrm{d}x\right)^{\frac{p_-^*}{p_+}}\right\}.$$

可知

$$\int_{B_R(x_0)}\left(\left|\nabla\left(\eta^{\frac{1}{p^*(x)}}\overline{u}_n\right)\right|^{p(x)}+\left|\eta^{\frac{1}{p^*(x)}}\overline{u}_n\right|^{p(x)}\right)\mathrm{d}x$$

$$\leqslant\int_{B_R(x_0)}\left(2^{p_+}\left|\nabla\left(\eta^{\frac{1}{p^*(x)}}\right)\cdot\overline{u}_n\right|^{p(x)}+2^{p_+}\left|\eta^{\frac{1}{p^*(x)}}\cdot\nabla\overline{u}_n\right|^{p(x)}+\eta^{\frac{p(x)}{p^*(x)}}|\overline{u}_n|^{p(x)}\right)\mathrm{d}x.$$

由于$\overline{u}_n \to 0$在$L^{p(x)}(B_R(x_0))$中, 所以当$n \to \infty$时, 有$\int_{B_R(x_0)} \left| \nabla \left(\eta^{\frac{1}{p^*(x)}} \right) \cdot \overline{u}_n \right|^{p(x)} \mathrm{d}x \to 0$.

从而有

$$\begin{aligned}
&\limsup_{n\to\infty} \int_{B_R(x_0)} \left(\left| \nabla \left(\eta^{\frac{1}{p^*(x)}} \overline{u}_n \right) \right|^{p(x)} + \left| \eta^{\frac{1}{p^*(x)}} \overline{u}_n \right|^{p(x)} \right) \mathrm{d}x \\
&\leqslant \limsup_{n\to\infty} \int_{B_R(x_0)} 2^{p_+} (|\nabla \overline{u}_n|^{p(x)} + |\overline{u}_n|^{p(x)}) \eta^{\frac{p(x)}{p^*(x)}} \mathrm{d}x \\
&= \int_{\mathbb{R}^N} 2^{p_+} \eta^{\frac{p(x)}{p^*(x)}} \mathrm{d}\overline{\mu} \leqslant \int_{\overline{B_R(x_0)}} 2^{p_+} \mathrm{d}\overline{\mu} = 2^{p_+} \overline{\mu}(\overline{B_R(x_0)}).
\end{aligned}$$

进而得到

$$\begin{aligned}
\overline{\nu}(\overline{B_r(x_0)}) &\leqslant \int_{\mathbb{R}^N} \eta \mathrm{d}\overline{\nu} = \lim_{n\to\infty} \int_{\mathbb{R}^N} |\overline{u}_n|^{p^*(x)} \eta \mathrm{d}x \\
&\leqslant C^* \max\left\{ (2^{p_+} \overline{\mu}(\overline{B_R(x_0)}))^{\frac{p_+^*}{p_-}}, (2^{p_+} \overline{\mu}(\overline{B_R(x_0)}))^{\frac{p_-^*}{p_+}} \right\}.
\end{aligned}$$

令$r \to R$, 则有

$$\overline{\nu}(\overline{B_R(x_0)}) \leqslant C^* 2^{\frac{p_+ p_+^*}{p_-}} \max\left\{ (\overline{\mu}(\overline{B_R(x_0)}))^{\frac{p_+^*}{p_-}}, (\overline{\mu}(\overline{B_R(x_0)}))^{\frac{p_-^*}{p_+}} \right\}, \tag{2.3}$$

所以测度$\overline{\nu}$关于$\overline{\mu}$绝对连续. 从而由 Radon-Nikodym 定理可知, 存在函数$k \in L^1(\mathbb{R}^N, \overline{\mu})$, 有$\mathrm{d}\overline{\nu} = k\mathrm{d}\overline{\mu}$.

由于p在$\mathbb{R}^N$上 Lipschitz 连续, 所以, 对任意的$x_0 \in \mathbb{R}^N$, 存在$R_0 > 0$, 当$R < R_0$时, 有

$$p_2 \triangleq \sup_{x\in\overline{B_R(x_0)}} p(x) < p_1^* \triangleq \inf_{x\in\overline{B_R(x_0)}} p^*(x).$$

类似于(2.3)式的讨论, 有

$$\overline{\nu}(\overline{B_R(x_0)}) \leqslant C^* 2^{\frac{p_2 p_2^*}{p_1}} \max\left\{ \left(\overline{\mu}(\overline{B_R(x_0)})\right)^{\frac{p_2^*}{p_1}}, \left(\overline{\mu}(\overline{B_R(x_0)})\right)^{\frac{p_1^*}{p_2}} \right\},$$

其中$p_1 \triangleq \inf_{x\in\overline{B_R(x_0)}} p(x), p_2^* \triangleq \sup_{x\in(\overline{B_R(x_0)})} p^*(x)$. 由 Lebesgue 微分定理(文献[94])可知,

$$
\begin{aligned}
k(x_0) &= \lim_{R\to 0}\frac{\overline{\nu}(\overline{B_R(x_0)})}{\overline{\mu}(\overline{B_R(x_0)})}\\
&\leqslant C^* 2^{\frac{p_2 p_2^*}{p_1}} \lim_{R\to 0}\max\left\{\left(\overline{\mu}(\overline{B_R(x_0)})\right)^{\frac{p_2^*}{p_1}-1},\left(\overline{\mu}(\overline{B_R(x_0)})\right)^{\frac{p_1^*}{p_2}-1}\right\}\\
&= C^* 2^{\frac{p_2 p_2^*}{p_1}} \max\left\{(\overline{\mu}(\{x_0\}))^{\frac{p_2^*}{p_1}-1},(\overline{\mu}(\{x_0\}))^{\frac{p_1^*}{p_2}-1}\right\}.
\end{aligned}
\tag{2.4}
$$

任取$x\in\mathbb{R}^N\setminus\{x_j:j\in J\}$. 若$k(x)\neq 0$, 由式(2.4)可知$\overline{\mu}(\{x\})\neq 0$, 所以$\overline{\nu}(\{x\})\neq 0$. 由式(2.2)可知, $\overline{\nu}$与ν有相同的原子, 所以x为μ的原子, 矛盾. 从而可知, 在$\mathbb{R}^N\setminus\{x_j:j\in J\}$上, $k\equiv 0$. 所以, 在$\mathbb{R}^N\setminus\{x_j:j\in J\}$上, $\overline{\nu}=0$. 又由于$\tilde{\nu}$为非原子测度, 所以$\tilde{\nu}=0$.

综合上面的讨论, 有

$$
\nu=|u|^{p^*(x)}+\sum_{j\in J}\nu_j\delta_{x_j}.
$$

iv) $\nu(\mathbb{R}^N)\leqslant 2^{\frac{p_+p_+^*}{p_-}}C^*\max\left\{(\mu(\mathbb{R}^N))^{\frac{p_+^*}{p_-}},(\mu(\mathbb{R}^N))^{\frac{p_-^*}{p_+}}\right\}$.

取$\eta\in C_0^\infty(B_{2R}(0))$满足$0\leqslant\eta\leqslant 1$; 且在$B_R(0)$上, $\eta\equiv 1$. 类似于 iii)的讨论得到

$$
\begin{aligned}
&\int_{\mathbb{R}^N}\eta|u_n|^{p^*(x)}\,\mathrm{d}x\\
&\leqslant C^*\max\left\{\left(\int_{\mathbb{R}^N}\left(2^{p_+}\left|\nabla\left(\eta^{\frac{1}{p^*(x)}}\right)\cdot u_n\right|^{p(x)}+2^{p_+}\left|\eta^{\frac{1}{p^*(x)}}\cdot\nabla u_n\right|^{p(x)}+\eta^{\frac{p(x)}{p^*(x)}}|u_n|^{p(x)}\right)\mathrm{d}x\right)^{\frac{p_+^*}{p_-}},\right.\\
&\left.\left(\int_{\mathbb{R}^N}\left(2^{p_+}\left|\nabla\left(\eta^{\frac{1}{p^*(x)}}\right)\cdot u_n\right|^{p(x)}+2^{p_+}\left|\eta^{\frac{1}{p^*(x)}}\cdot\nabla u_n\right|^{p(x)}+\eta^{\frac{p(x)}{p^*(x)}}|u_n|^{p(x)}\right)\mathrm{d}x\right)^{\frac{p_-^*}{p_+}}\right\}.
\end{aligned}
$$

令$n\to\infty$, 则有

$$
\int_{\mathbb{R}^N}\eta\,\mathrm{d}\nu\leqslant C^*\max\left\{\left(\int_{\mathbb{R}^N}2^{p_+}\left|\nabla\left(\eta^{\frac{1}{p^*(x)}}\right)\cdot u\right|^{p(x)}\mathrm{d}x+\int_{\mathbb{R}^N}2^{p_+}\eta^{\frac{p(x)}{p^*(x)}}\mathrm{d}\mu\right)^{\frac{p_+^*}{p_-}},\right.
$$

$$\left.\left(\int_{\mathbb{R}^N} 2^{p_+}\left|\nabla\left(\eta^{\frac{1}{p^*(x)}}\right)\cdot u\right|^{p(x)}\mathrm{d}x+\int_{\mathbb{R}^N}2^{p_+}\eta^{\frac{p(x)}{p^*(x)}}\mathrm{d}\mu\right)^{\frac{p_-^*}{p_+}}\right\}.$$

由于在 $B_R(0)$ 上，$\eta\equiv 1$，所以，当 $R\to\infty$ 时，有 $\int_{\mathbb{R}^N} 2^{p_+}\left|\nabla\left(\eta^{\frac{1}{p^*(x)}}\right)\cdot u\right|^{p(x)}\mathrm{d}x\to 0$.

又由于 $\nu(\overline{B_R(0)})\leqslant\int_{\mathbb{R}^N}\eta\mathrm{d}\nu$，令 $R\to\infty$，则可得结论. 证毕.

可以看出，定理 2.3.1 并未给出 $W^{1,p(x)}(\mathbb{R}^N)$ 中弱收敛序列 $\{u_n\}$ 在无穷远处的任何信息. 接下来，将通过下面的定理来刻画这一现象.

定理 2.3.2　取序列 $\{u_n\}\subset W^{1,p(x)}(\mathbb{R}^N)$ 且有 $|\nabla u_n|^{p(x)}+|u_n|^{p(x)}\to\mu$ 弱*收敛于 $M(\mathbb{R}^N)$ 中，$|u_n|^{p^*(x)}\to\nu$ 弱*收敛于 $M(\mathbb{R}^N)$ 中. 记

$$\mu_\infty=\lim_{R\to\infty}\limsup_{n\to\infty}\int_{|x|>R}(|\nabla u_n|^{p(x)}+|u_n|^{p(x)})\mathrm{d}x,$$

$$\nu_\infty=\lim_{R\to\infty}\limsup_{n\to\infty}\int_{|x|>R}|u_n|^{p^*(x)}\mathrm{d}x,$$

则 μ_∞ 及 ν_∞ 定义合理且满足

$$\limsup_{n\to\infty}\int_{\mathbb{R}^N}(|\nabla u_n|^{p(x)}+|u_n|^{p(x)})\mathrm{d}x=\int_{\mathbb{R}^N}\mathrm{d}\mu+\mu_\infty,$$

$$\limsup_{n\to\infty}\int_{\mathbb{R}^N}|u_n|^{p^*(x)}\mathrm{d}x=\int_{\mathbb{R}^N}\mathrm{d}\nu+\nu_\infty.$$

证明　由序列 $\{|\nabla u_n|^{p(x)}+|u_n|^{p(x)}\}$ 及 $\{|u_n|^{p^*(x)}\}$ 的弱*收敛性，容易验证 μ_∞ 及 ν_∞ 的定义合理.

取 $\chi\in C^\infty(\mathbb{R}^N)$ 满足 $0\leqslant\chi\leqslant 1$；且在 $\mathbb{R}^N\setminus B_2(0)$ 上，$\chi\equiv 1$；在 $B_1(0)$ 上，$\chi\equiv 0$. 任取 $R>0$，定义 $\chi_R(x)=\chi\left(\frac{x}{R}\right)$. 可知

$$\begin{aligned}&\int_{|x|>2R}(|\nabla u_n|^{p(x)}+|u_n|^{p(x)})\mathrm{d}x\\ \leqslant&\int_{\mathbb{R}^N}(|\nabla u_n|^{p(x)}+|u_n|^{p(x)})\chi_R\mathrm{d}x\\ \leqslant&\int_{|x|>R}(|\nabla u_n|^{p(x)}+|u_n|^{p(x)})\mathrm{d}x,\end{aligned}$$

所以

$$\mu_\infty = \lim_{R\to\infty} \limsup_{n\to\infty} \int_{\mathbb{R}^N} (|\nabla u_n|^{p(x)} + |u_n|^{p(x)}) \chi_R \mathrm{d}x .$$

同理, 有

$$\begin{aligned} \nu_\infty &= \lim_{R\to\infty} \limsup_{n\to\infty} \int_{\mathbb{R}^N} |u_n|^{p^*(x)} \chi_R \mathrm{d}x \\ &= \lim_{R\to\infty} \limsup_{n\to\infty} \int_{\mathbb{R}^N} |u_n|^{p^*(x)} \chi_R^{p^*(x)} \mathrm{d}x. \end{aligned}$$

由于

$$\begin{aligned} &\int_{\mathbb{R}^N} (|\nabla u_n|^{p(x)} + |u_n|^{p(x)}) \mathrm{d}x \\ =& \int_{\mathbb{R}^N} (|\nabla u_n|^{p(x)} + |u_n|^{p(x)}) \chi_R \mathrm{d}x + \int_{\mathbb{R}^N} (|\nabla u_n|^{p(x)} + |u_n|^{p(x)})(1-\chi_R) \mathrm{d}x. \end{aligned}$$

容易验证: 当 $n\to\infty$ 时,

$$\int_{\mathbb{R}^N} (|\nabla u_n|^{p(x)} + |u_n|^{p(x)})(1-\chi_R) \mathrm{d}x \to \int_{\mathbb{R}^N} (1-\chi_R) \mathrm{d}\mu ,$$

所以有

$$\mu(\mathbb{R}^N) = \lim_{R\to\infty} \lim_{n\to\infty} \int_{\mathbb{R}^N} (|\nabla u_n|^{p(x)} + |u_n|^{p(x)})(1-\chi_R) \mathrm{d}x .$$

进而有

$$\begin{aligned} &\limsup_{n\to\infty} \int_{\mathbb{R}^N} (|\nabla u_n|^{p(x)} + |u_n|^{p(x)}) \mathrm{d}x \\ =& \lim_{R\to\infty} \limsup_{n\to\infty} \int_{\mathbb{R}^N} (|\nabla u_n|^{p(x)} + |u_n|^{p(x)}) \mathrm{d}x \\ =& \lim_{R\to\infty} \left(\limsup_{n\to\infty} \int_{\mathbb{R}^N} (|\nabla u_n|^{p(x)} + |u_n|^{p(x)}) \chi_R \mathrm{d}x + \int_{\mathbb{R}^N} (1-\chi_R) \mathrm{d}\mu \right) \\ =& \lim_{R\to\infty} \limsup_{n\to\infty} \int_{\mathbb{R}^N} (|\nabla u_n|^{p(x)} + |u_n|^{p(x)}) \chi_R \mathrm{d}x + \mu(\mathbb{R}^N) \\ =& \mu_\infty + \mu(\mathbb{R}^N). \end{aligned}$$

同理可得

$$\limsup_{n\to\infty} \int_{\mathbb{R}^N} |u_n|^{p^*(x)} \mathrm{d}x = \nu(\mathbb{R}^N) + \nu_\infty .$$

证毕.

注 在文献[64]中, 作者在空间 $W_0^{1,p(x)}(\Omega)$ 上建立了一类集中紧致性定理, 其中 Ω 为 $\mathbb{R}^N$ 的有界域. 本节的讨论与文献[64]中定理 3.1 的证明类似, 只是在细节上有所不同.

事实上，对于序列 $\{u_n\}\subset W_0^{1,p(x)}(\Omega)$，可以先将 u_n 零延拓到 $\mathbb{R}^N$ 上，得到序列 $\{\tilde{u}_n\}\subset W^{1,p(x)}(\mathbb{R}^N)$，然后对 $\{\tilde{u}_n\}$ 使用定理 2.3.1，从而可得文献[64]中定理 3.1 的结论如下.

定理 2.3.3　Ω 为 $\mathbb{R}^N$ 中的有界区域，$p(x)$ 为 $\overline{\Omega}$ 上的 Lipschitz 连续函数且有 $1<p_-\leqslant p(x)\leqslant p_+<N$. 取 $\{u_n\}\subset W_0^{1,p(x)}(\Omega)$ 满足：$\|\nabla u_n\|_{p(x)}\leqslant 1$ 且当 $n\to\infty$ 时，有

$$u_n\to u \text{ 弱收敛于 } W_0^{1,p(x)}(\Omega) \text{ 中},$$
$$|\nabla u_n|^{p(x)}\to\mu \text{ 弱*收敛于 } M(\overline{\Omega}) \text{ 中},$$
$$|u_n|^{p(x)}\to\nu \text{ 弱*收敛于 } M(\overline{\Omega}) \text{ 中}.$$

记 $C_*=\sup\left\{\int_\Omega |u|^{p^*(x)}\,\mathrm{d}x : u\in W_0^{1,p(x)}(\Omega),\ \|\nabla u\|_{p(x)}\leqslant 1\right\}$. 则有如下结论成立：

$$\mu=|\nabla u|^{p(x)}+\sum_{j\in J}\mu_j\delta_{x_j}+\tilde{\mu},\quad \mu(\overline{\Omega})\leqslant 1,$$
$$\nu=|u|^{p^*(x)}+\sum_{j\in J}\nu_j\delta_{x_j},\quad \nu(\overline{\Omega})\leqslant C_*,$$

其中 J 为可数集，$\{x_j\}\subset\overline{\Omega}$，$\{\mu_j\}$，$\{\nu_j\}\subset[0,+\infty)$，$\delta_{x_j}$ 为集中在 x_j 点的测度，$\tilde{\mu}$ 为非负非原子测度. 且有

$$\nu(\overline{\Omega})\leqslant C_*\max\left\{(\mu(\overline{\Omega}))^{\frac{p_+^*}{p_-}},(\mu(\overline{\Omega}))^{\frac{p_-^*}{p_+}}\right\},$$

$$\nu_j\leqslant C_*\max\left\{\mu_j^{\frac{p_+^*}{p_-}},\ \mu_j^{\frac{p_-^*}{p_+}}\right\},\quad \forall j\in J.$$

2.4　有界区域上具临界增长方程弱解的存在性

在本节中，我们讨论如下一类具临界指数的 $p(x)$-Laplace 方程的弱解：

$$\begin{cases}-\mathrm{div}(|\nabla u|^{p(x)}\nabla u)+|u|^{p(x)-2}u=\lambda f(x,u)+h(x)|u|^{p^*(x)-2}u, & x\in\Omega,\\ u(x)=0, & x\in\partial\Omega,\end{cases}\tag{2.5}$$

其中 Ω 为 $\mathbb{R}^N$ 中的有界 C^1 区域，$p(x)$ 为 $\overline{\Omega}$ 上的 Lipschitz 连续函数且满足 $1<p_-\leqslant p(x)\leqslant p_+<N$，$0<h_0\leqslant h(x)\in L^\infty(\Omega)$，$\lambda>0$.

定义 2.4.1　称 $u_0\in W_0^{1,p(x)}(\Omega)$ 为问题(2.5)的弱解，是指：任取 $u\in W_0^{1,p(x)}(\Omega)$，有

$$\int_\Omega (|\nabla u_0|^{p(x)-2}\nabla u_0 \nabla u + |u_0|^{p(x)-2} u_0 u - \lambda f(x,u_0)u - h(x)|u_0|^{p^*(x)-2} u_0 u)\mathrm{d}x = 0 .$$

在本节中, 我们将在函数 $f(x,t)$ 分别满足第 2 章的条件(A1), (A2)的情况下讨论问题(2.5)弱解的存在性. 如若无特别说明, 我们将沿用第 2 章的部分记号.

定义空间 $W_0^{1,p(x)}(\Omega)$ 上的泛函:

$$\varphi(u) = J(u) - \lambda K(u) - \int_\Omega \frac{h(x)}{p^*(x)} |u|^{p^*(x)} \mathrm{d}x .$$

容易验证泛函 $\varphi \in C^1(W_0^{1,p(x)}(\Omega),\mathbb{R})$ 且问题(2.5)的弱解恰为泛函 φ 的临界点. 所以, 在本节中仍将对问题(2.5)弱解的研究转化为对泛函 φ 临界点的讨论.

由于问题(2.5)中临界指数 $p^*(x)$ 的存在, 使得在研究泛函 φ 的性质时较为困难. 我们借助于 2.3 节中给出的集中紧致性原理, 得到了如下的结论.

定理 2.4.1　在条件(A1)或(A2)之下, 存在正常数 H_0, 当 $h(x) \leqslant H_0$ 时, 对于空间 $W_0^{1,p(x)}(\Omega)$ 中的任意有界序列 $\{u_n\}$, 若当 $n \to \infty$ 时, $\varphi'(u_n) \to 0$ 在 $W^{-1,p'(x)}(\Omega)$ 中, 则 $\{u_n\}$ 有强收敛子列.

证明　取有界序列 $\{u_n\} \subset W_0^{1,p(x)}(\Omega)$ 且 $\varphi'(u_n) \to 0$. 由于 $W_0^{1,p(x)}(\Omega)$ 自反, 不妨设 $u_n \to u$ 弱收敛于 $W_0^{1,p(x)}(\Omega)$ 中. 由定理 1.2.17 可知, $u_n \to u$ 于 $L^{p(x)}(\Omega)$ 中. 进而有子列, 仍记为 $\{u_n\}$, 有 $u_n \to u$ a.e.于 Ω.

由于 $\{u_n\}$ 在 $W_0^{1,p(x)}(\Omega)$ 中有界, 由有限 Borel 测度空间理论, 不妨设

$$|\nabla u_n|^{p(x)} \to \mu \text{ 弱*收敛于 } M(\overline{\Omega}) \text{ 中},$$

$$|u_n|^{p^*(x)} \to \nu \text{ 弱*收敛于 } M(\overline{\Omega}) \text{ 中}.$$

由定理 2.3.3 则有

$$\mu = |\nabla u|^{p(x)} + \sum_{j\in J} \mu_j \delta_{x_j} + \tilde{\mu},$$

$$\nu = |u|^{p^*(x)} + \sum_{j\in J} \mu_j \delta_{x_j},$$

其中 J 为可数集, $\{\mu_j\}$, $\{\nu_j\} \subset [0,+\infty)$, $\{x_j : j \in J\} \subset \overline{\Omega}$, $\tilde{\mu}$ 为非负非原子测度.

注意到

$$\begin{aligned}&\langle J'(u_n) - J'(u), u_n - u\rangle \\ &= \langle \varphi'(u_n) - \varphi'(u), u_n - u\rangle + \lambda\langle K'(u_n) - K'(u), u_n - u\rangle \\ &\quad + \int_\Omega h(x)(|u_n|^{p^*(x)-2} u_n - |u|^{p^*(x)-2} u)(u_n - u)\mathrm{d}x.\end{aligned}$$

可知当 $n \to \infty$ 时, 有 $\langle K'(u_n) - K'(u), u_n - u\rangle \to 0$. 由于 $\langle \varphi'(u_n) - \varphi'(u), u_n - u\rangle \to 0$, 所以若能验证当 $n \to \infty$ 时, 有

$$\int_\Omega h(x)(|u_n|^{p^*(x)-2}u_n-|u|^{p^*(x)-2}u)(u_n-u)\mathrm{d}x\to 0,$$

从而有 $\langle J'(u_n)-J'(u),u_n-u\rangle\to 0$. 类似于引理 2.1.1 的讨论, 则有 $u_n\to u$ 在 $W_0^{1,p(x)}(\Omega)$ 中.

下面, 将分步完成对本定理的证明.

i) 存在 $H_0>0$, 当 $h(x)\leqslant H_0$ 时, 任取 $j\in J$, 均有 $\mu(\{x_j\})=\nu(\{x_j\})=0$.

由于 $\overline{\Omega}$ 为紧集, 所以只需证明: 任取 $x\in\overline{\Omega}$, 存在 $r_0>0$, 若 $x_j\in\overline{\Omega}\cap B_{r_0}(x)$, 则有 $\mu(\{x_j\})=\nu(\{x_j\})=0$ 即可.

由于 $p(x)$ 在 $\overline{\Omega}$ 上 Lipschitz 连续且有 $p(x)\ll p^*(x)$, 类似于定理 2.1.4 的讨论可知, 存在 $r_0>0$, 有

$$p_{x+}\triangleq\sup_{y\in B_{r_0}(x)\cap\overline{\Omega}}p(y)<p_{x-}^*\triangleq\inf_{y\in B_{r_0}(x)\cap\overline{\Omega}}p^*(y).$$

对任意的 $\varepsilon>0$, 取 $\phi_\varepsilon\in C_0^\infty(B_{2\varepsilon}(x_j))$ 满足 $0\leqslant\phi_\varepsilon\leqslant 1$, $|\nabla\phi_\varepsilon|\leqslant\dfrac{2}{\varepsilon}$; 且在 $B_\varepsilon(x_j)$ 上, $\phi_\varepsilon\equiv 1$. 由于

$$\int_\Omega|u_n\phi_\varepsilon|^{p(x)}\mathrm{d}x\leqslant\int_\Omega|u_n|^{p(x)}\mathrm{d}x$$

以及

$$\begin{aligned}\int_\Omega|\nabla(u_n\phi_\varepsilon)|^{p(x)}\mathrm{d}x&=\int_\Omega|\nabla u_n\cdot\phi_\varepsilon+\nabla\phi_\varepsilon\cdot u_n|^{p(x)}\mathrm{d}x\\&\leqslant\int_\Omega 2^{p_+}(|\nabla u_n|^{p(x)}+|\nabla\phi_\varepsilon|^{p(x)}|u_n|^{p(x)})\mathrm{d}x,\end{aligned}$$

可知 $\{u_n\phi_\varepsilon\}$ 在 $W_0^{1,p(x)}(\Omega)$ 中有界. 所以当 $n\to\infty$ 时, 有 $\langle\varphi'(u_n),u_n\phi_\varepsilon\rangle\to 0$. 注意到

$$\begin{aligned}&\langle\varphi'(u_n),u_n\phi_\varepsilon\rangle\\&=\int_\Omega(|\nabla u_n|^{p(x)-2}\nabla u_n\nabla(u_n\phi_\varepsilon)+|u_n|^{p(x)}\phi_\varepsilon-\lambda f(x,u_n)u_n\phi_\varepsilon-h(x)|u_n|^{p^*(x)}\phi_\varepsilon)\mathrm{d}x\\&=\int_\Omega((|\nabla u_n|^{p(x)}+|u_n|^{p(x)})\phi_\varepsilon+|\nabla u_n|^{p(x)-2}\nabla u_n\nabla\phi_\varepsilon\cdot u_n-\lambda f(x,u_n)u_n\phi_\varepsilon\\&\quad-h(x)|u_n|^{p^*(x)}\phi_\varepsilon)\mathrm{d}x.\end{aligned}$$

由条件(A1)或(A2)容易验证, 当 $n\to\infty$ 时, $\int_\Omega f(x,u_n)u_n\phi_\varepsilon\mathrm{d}x\to\int_\Omega f(x,u)u\phi_\varepsilon\mathrm{d}x$, 所以有

$$\begin{aligned}&\lim_{n\to\infty}\int_\Omega|\nabla u_n|^{p(x)-2}\nabla u_n\nabla\phi_\varepsilon\cdot u_n\mathrm{d}x\\&=\int_\Omega-\phi_\varepsilon\mathrm{d}\mu+\int_\Omega\lambda f(x,u)u\phi_\varepsilon\mathrm{d}x+\int_\Omega h(x)\phi_\varepsilon\mathrm{d}\nu-\int_\Omega|u|^{p(x)}\phi_\varepsilon\mathrm{d}x.\end{aligned}$$

由于$u_n \to u$在$L^{p(x)}(B_{2\varepsilon}(x_j))$中，所以，当$n\to\infty$时，有

$$\|\nabla\phi_\varepsilon \cdot u_n\|_{p(x)} \to \|\nabla\phi_\varepsilon \cdot u\|_{p(x)},$$

则有

$$\begin{aligned}\lim_{n\to\infty}\left|\int_\Omega |\nabla u_n|^{p(x)-2}\nabla u_n \nabla\phi_\varepsilon \cdot u_n \mathrm{d}x\right| &\leqslant \limsup_{n\to\infty}\int_\Omega |\nabla u_n|^{p(x)-1}|\nabla\phi_\varepsilon \cdot u_n|\,\mathrm{d}x\\ &\leqslant 2\limsup_{n\to\infty}\||\nabla u_n|^{p(x)-1}\|_{p'(x)}\|\nabla\phi_\varepsilon\cdot u_n\|_{p(x)}\\ &\leqslant C\|\nabla\phi_\varepsilon\cdot u\|_{p(x)}.\end{aligned}$$

注意到

$$\int_\Omega |\nabla\phi_\varepsilon\cdot u|^{p(x)}\,\mathrm{d}x \leqslant 2\||\nabla\phi_\varepsilon|^{p(x)}\|_{\left(\frac{p^*(x)}{p(x)}\right)',\Omega\cap B_{2\varepsilon}(x_j)}\||u|^{p(x)}\|_{\frac{p^*(x)}{p(x)},\Omega\cap B_{2\varepsilon}(x_j)}$$

以及

$$\int_{B_{2\varepsilon}(x_j)}(|\nabla\phi_\varepsilon|^{p(x)})^{\left(\frac{p^*(x)}{p(x)}\right)'}\mathrm{d}x = \int_{B_{2\varepsilon}(x_j)}|\nabla\phi_\varepsilon|^N\,\mathrm{d}x \leqslant \varepsilon^{-N}\mathrm{meas}\,B_{2\varepsilon}(x_j) = 2^N N^{-1}\omega_N.$$

由积分的绝对连续性可知，当$\varepsilon\to 0$时，$\int_{B_{2\varepsilon}(x_j)\cap\Omega}(|u|^{p(x)})^{\frac{p^*(x)}{p(x)}}\mathrm{d}x \to 0$. 所以，当$\varepsilon\to 0$时，有$\|\nabla\phi_\varepsilon\cdot u\|_{p(x)}\to 0$.

类似可得，当$\varepsilon\to 0$时，有

$$\left|\int_\Omega f(x,u)u\phi_\varepsilon\mathrm{d}x\right| \leqslant \int_{B_{2\varepsilon}(x_j)\cap\Omega}|f(x,u)u|\,\mathrm{d}x \to 0$$

以及

$$\int_\Omega |u|^{p(x)}\phi_\varepsilon\mathrm{d}x \leqslant \int_{B_{2\varepsilon}(x_j)\cap\Omega}|u|^{p(x)}\,\mathrm{d}x \to 0.$$

综合以上讨论，则有

$$0 = -\mu(\{x_j\}) + h(x_j)\nu(\{x_j\}). \tag{2.6}$$

类似于定理 2.3.3 的结论，同样可证明

$$\nu_j \leqslant C_*\max\left\{\mu_j^{\frac{p_{x+}^*}{p_{x-}}}, \mu_j^{\frac{p_{x-}^*}{p_{x+}}}\right\}. \tag{2.7}$$

记$h_1 = \sup\limits_{x\in\Omega}h(x)$. 由(2.6)式可知，对任意的$j\in J$，有

$$\mu_j \leqslant h_1\nu_j. \tag{2.8}$$

假设存在 $j_0 \in J$，使得 $\mu_{j_0} = \mu(\{x_{j_0}\}) > 0$. 若 $\mu_{j_0} \geqslant 1$，由(2.7)式及(2.8)式则有 $\nu_{j_0} \leqslant C_*(h_1 \nu_{j_0})^{\frac{p_{x+}^*}{p_{x-}}}$，进而有

$$\nu_{j_0} \geqslant \left(C_*^{-1} h_1^{-\frac{p_{x+}^*}{p_{x-}}} \right)^{\frac{p_{x-}}{p_{x+}^* - p_{x-}}}.$$

若 $\mu_{j_0} < 1$，类似可得

$$\nu_{j_0} \geqslant \left(C_*^{-1} h_1^{-\frac{p_{x-}^*}{p_{x+}}} \right)^{\frac{p_{x+}}{p_{x-}^* - p_{x+}}}.$$

由于 $\int_\Omega |u_n|^{p^*(x)} \mathrm{d}x$ 有界，并且当 $n \to \infty$ 时，有 $\int_\Omega |u_n|^{p^*(x)} \mathrm{d}x \to \int_{\overline{\Omega}} 1 \mathrm{d}\nu = \nu(\overline{\Omega})$，则有

$$\nu_{j_0} = \nu(\{x_{j_0}\}) \leqslant \nu(\overline{\Omega}) < \infty.$$

注意到 $p_{x-} \leqslant p_{x+} < p_{x-}^* \leqslant p_{x+}^*$，所以存在 $H_0 > 0$，当 $h_1 \leqslant H_0$ 时，有

$$\nu(\overline{\Omega}) < \left(C_*^{-1} h_1^{-\frac{p_{x-}^*}{p_{x+}}} \right)^{\frac{p_{x+}}{p_{x-}^* - p_{x+}}}$$

以及

$$\nu(\overline{\Omega}) < \left(C_*^{-1} h_1^{-\frac{p_{x+}^*}{p_{x-}}} \right)^{\frac{p_{x-}}{p_{x+}^* - p_{x-}}},$$

产生矛盾. 可知存在 $H_0 > 0$，当 $h(x) \leqslant H_0$ 时，对任意的 $j \in J$，均有 $\nu_j = 0$，从而有 $\mu_j = 0$.

ii) 当 $n \to \infty$ 时，$u_n \to u$ 在 $L^{p^*(x)}(\Omega)$ 中.

由 i) 的讨论可知，当 $h(x) \leqslant H_0$ 时，有 $\nu = |u|^{p^*(x)}$，所以有

$$\int_\Omega |u_n|^{p^*(x)} \cdot 1 \mathrm{d}x \to \int_{\overline{\Omega}} 1 \mathrm{d}\nu = \int_\Omega |u|^{p^*(x)} \mathrm{d}x.$$

由于 $|u_n - u|^{p^*(x)} \leqslant 2^{p_+^*}(|u_n|^{p^*(x)} + |u|^{p^*(x)})$，由 Fatou 引理，得到

$$\int_\Omega 2^{p_+^*+1} |u|^{p^*(x)} \mathrm{d}x = \int_\Omega \liminf_{n\to\infty} (2^{p_+^*} |u_n|^{p^*(x)} + 2^{p_+^*} |u|^{p^*(x)} - |u_n - u|^{p^*(x)}) \mathrm{d}x$$

$$\leqslant \liminf_{n\to\infty} \int_\Omega (2^{p_+^*} |u_n|^{p^*(x)} + 2^{p_+^*} |u|^{p^*(x)} - |u_n - u|^{p^*(x)}) \mathrm{d}x$$
$$= 2^{p_+^*+1} \int_\Omega |u|^{p^*(x)} \mathrm{d}x - \limsup_{n\to\infty} \int_\Omega |u_n - u|^{p^*(x)} \mathrm{d}x,$$

所以有 $\limsup\limits_{n\to\infty} \int_\Omega |u_n - u|^{p^*(x)} \mathrm{d}x = 0$. 从而有

$$\int_\Omega |u_n - u|^{p^*(x)} \mathrm{d}x \to 0,$$

也即当 $n\to\infty$ 时, $u_n \to u$ 在 $L^{p^*(x)}(\Omega)$ 中.

由于 $h \in L^\infty(\mathbb{R}^N)$, 所以当 $n\to\infty$ 时, 有

$$\int_\Omega h(x)(|u_n|^{p^*(x)-2} u_n - |u|^{p^*(x)-2} u)(u_n - u) \mathrm{d}x \to 0.$$

证毕.

接下来, 将分别在 f 满足条件(A1)或(A2)的情况下来讨论问题(2.5)弱解的存在性. 由于这部分的讨论思路与 2.1 节类似, 这里将只给出简单的证明.

在条件(A1)之下, 函数 f 仍需满足如下条件:

(A3)′ 当 $t\to 0$ 时, $f(x,t) = o(|t|^{p(x)-1})$ 关于 $x\in\Omega$ 一致成立. 存在 $\mu \in C^1(\overline{\Omega})$ 且 $p(x) < \mu(x) < p^*(x)$, 使得对任意的 $(x,t)\in\Omega\times\mathbb{R}$, 有 $\mu(x)F(x,t) \leqslant tf(x,t)$.

定理 2.4.2 在条件(A1)及(A3)′之下, 存在 $H_0 > 0$, 当 $h(x) \leqslant H_0$ 时, 对任意的 $\lambda > 0$, 问题(2.5)均有非平凡的弱解 $u_0 \in W_0^{1,p(x)}(\Omega)$.

证明 由于 $\alpha(x) \ll p^*(x)$, 结合条件(A1)及 Young 不等式可知, 对任意的 $(x,t)\in\Omega\times\mathbb{R}$, 有

$$|f(x,t)| \leqslant a_0 + 1 + a_1 |t|^{p^*(x)-1}.$$

由条件(A3)′可知, 任取 $\varepsilon \in (0,1)$, 存在 $t_0 > 0$, 当 $|t| < t_0$ 时, $|f(x,t)| \leqslant \varepsilon p_- |t|^{p(x)-1}$. 所以存在 $C(\varepsilon) > 0$, 有

$$|f(x,t)| \leqslant \varepsilon p_- |t|^{p(x)-1} + C(\varepsilon)|t|^{p^*(x)-1},$$

进而有

$$|F(x,t)| \leqslant \varepsilon |t|^{p(x)} + C(\varepsilon)|t|^{p^*(x)}.$$

任取 $u \in W_0^{1,p(x)}(\Omega)$, 则有

$$\varphi(u) = \int_\Omega \left(\frac{|\nabla u|^{p(x)} + |u|^{p(x)}}{p(x)} - \frac{h(x)}{p^*(x)} |u|^{p^*(x)} - \lambda F(x,u) \right) \mathrm{d}x$$
$$\geqslant \int_\Omega \left(\frac{|\nabla u|^{p(x)} + |u|^{p(x)}}{p_+} - \frac{h_1}{p_-^*} |u|^{p^*(x)} - \lambda\varepsilon |u|^{p(x)} - \lambda C |u|^{p^*(x)} \right) \mathrm{d}x.$$

取 $\varepsilon<\dfrac{1}{2\lambda p_+}$，则有 $\varphi(u)\geqslant\int_\Omega\left(\dfrac{|\nabla u|^{p(x)}+|u|^{p(x)}}{2p_+}-C|u|^{p^*(x)}\right)\mathrm{d}x$.

记 $c_1=\dfrac{1}{2}\inf\limits_{x\in\Omega}(p^*(x)-p(x))$. 由于 p， p^* 在 $\overline{\Omega}$ 上 Lipschitz 连续，所以是一致连续的. 类似于定理 2.1.4 的讨论可知，存在有限多个互不相交且边长为 δ 的开超方体 $\{\Omega_i\}_{i=1}^m$ 满足 $\overline{\Omega}=\bigcup\limits_{i=1}^m\overline{\Omega}_i$ 且有

$$p_{i+}\triangleq\sup_{x\in\Omega_i}p(x)<p_{i-}^*\triangleq\inf_{x\in\Omega_i}p^*(x)$$

以及 $p_{i-}^*-p_{i+}>c_1$，其中 $i=1,2,\cdots,m$. 进而可知，存在 $r_0>0$，当 $|||u|||=r_0$ 时，至少存在 i_0，使得 $\dfrac{r_0}{m^2}\leqslant|||u|||_{\Omega_{i_0}}<r_0$. 从而有

$$\begin{aligned}\varphi(u)&\geqslant\int_\Omega\left(\frac{|\nabla u|^{p(x)}+|u|^{p(x)}}{2p_+}-C|u|^{p^*(x)}\right)\mathrm{d}x\\&\geqslant\frac{|||u|||_{\Omega_{i_0}}^{p_{i_0+}}}{2p_+}-C|||u|||_{\Omega_{i_0}}^{p_{i_0-}^*}\\&\geqslant\left(\frac{r_0}{m^2}\right)^{p_{i_0+}}\frac{1}{2p_+}-C\left(\frac{r_0}{m^2}\right)^{p_{i_0-}^*}\\&\geqslant\left(\frac{r_0}{m^2}\right)^{p_+}\left(\frac{1}{2p_+}-C\left(\frac{r_0}{m^2}\right)^{c_1}\right)>0.\end{aligned}$$

由条件(A1)及(A3)′可知，存在 c_2， $c_3>0$，使得对任意的 $(x,t)\in\Omega_0\times\mathbb{R}$，有

$$F(x,t)\geqslant c_2|t|^{\mu(x)}-c_3 .$$

取 $x_0\in\Omega_0$. 由于 μ， p 在 $\overline{\Omega}$ 上连续，取 $0<R<1$ 使得 $B_{2R}(x_0)\subset\Omega_0$ 且有

$$p_2\triangleq\sup_{y\in B_{2R}(x_0)}p(y)<\mu_1=\inf_{y\in B_{2R}(x_0)}\mu(y) .$$

取 $\phi\in C_0^\infty(B_{2R}(x_0))$ 满足 $0\leqslant\phi\leqslant1$，$|\nabla\phi|\leqslant\dfrac{2}{R}$；且在 $B_R(x_0)$ 上，$\phi(x)\equiv1$. 当 $s>1$ 时，则有

$$\varphi(s\phi)\leqslant\int_{B_{2R}(x_0)}\left(\frac{|\nabla s\phi|^{p(x)}+|s\phi|^{p(x)}}{p(x)}-c_2|s\phi|^{\mu(x)}+c_3\right)\mathrm{d}x .$$

由于 $p_2<\mu_1$，类似于定理 2.1.4 的讨论可知，当 s 充分大时，有 $\varphi(s\phi)<0$ 且 $|||s\phi|||>r_0$.

综合上面的讨论并结合山路定理可知，存在序列 $\{u_n\}\subset W_0^{1,p(x)}(\Omega)$，当 $n\to\infty$ 时，有 $\varphi(u_n)\to c>0$ 且 $\varphi'(u_n)\to 0$.

以下验证序列 $\{u_n\}$ 是有界的. 记 $l_0=\inf\limits_{x\in\Omega}\left(\frac{1}{p(x)}-\frac{1}{\mu(x)}\right)$，$l_1=\inf\limits_{x\in\Omega}\left(\frac{1}{\mu(x)}-\frac{1}{p^*(x)}\right)$，则有

$$\begin{aligned}
&\varphi(u_n)-\left\langle\varphi'(u_n),\frac{u_n}{\mu(x)}\right\rangle\\
&=\int_\Omega\left(\left(\frac{1}{p(x)}-\frac{1}{\mu(x)}\right)(|\nabla u_n|^{p(x)}+|u_n|^{p(x)})+\frac{u_n}{(\mu(x))^2}|\nabla u_n|^{p(x)-2}\nabla u_n\nabla\mu\right.\\
&\quad\left.+\left(\frac{1}{\mu(x)}-\frac{1}{p^*(x)}\right)h(x)|u_n|^{p^*(x)}+\frac{\lambda}{\mu(x)}f(x,u_n)u_n-\lambda F(x,u_n)\right)\mathrm{d}x\\
&\geqslant\int_\Omega\left(l_0(|\nabla u|^{p(x)}+|u_n|^{p(x)})+\frac{u_n}{(\mu(x))^2}|\nabla u_n|^{p(x)-2}\nabla u_n\nabla\mu+l_1h_0|u_n|^{p^*(x)}\right)\mathrm{d}x.
\end{aligned}$$

任取 ε_1，$\varepsilon_2\in(0,1)$，由 Young 不等式可知

$$\begin{aligned}
\left|\frac{u_n}{\mu^2}\right||\nabla u_n|^{p(x)-2}\nabla u_n\nabla\mu&\leqslant C|\nabla u_n|^{p(x)-1}|u_n|\\
&\leqslant\varepsilon_1|\nabla u_n|^{p(x)}+C|u_n|^{p(x)}\\
&\leqslant\varepsilon_1|\nabla u_n|^{p(x)}+\varepsilon_2|u_n|^{p^*(x)}+C.
\end{aligned}$$

进一步，取 $\varepsilon_1<\frac{l_0}{2}$，$\varepsilon_2<\frac{l_1h_0}{2}$，则有

$$\varphi(u_n)-\left\langle\varphi'(u_n),\frac{u_n}{\mu(x)}\right\rangle\geqslant\int_\Omega\frac{l_0}{2}(|\nabla u_n|^{p(x)}+|u_n|^{p(x)})\mathrm{d}x-C. \tag{2.9}$$

由于

$$\int_\Omega\left|\frac{u_n\mu_-}{\mu(x)\|u_n\|_{p(x)}}\right|^{p(x)}\mathrm{d}x\leqslant\int_\Omega\left|\frac{u_n}{\|u_n\|_{p(x)}}\right|^{p(x)}\mathrm{d}x\leqslant 1,$$

则有 $\left\|\frac{u_n}{\mu(x)}\right\|_{p(x)}\leqslant\frac{\|u_n\|_{p(x)}}{\mu_-(x)}$. 类似地，有

$$\left\|u_n\cdot\nabla\frac{1}{\mu(x)}\right\|_{p(x)}=\left\|\frac{u_n}{\mu^2(x)}\nabla\mu\right\|_{p(x)}\leqslant\frac{C}{\mu_-^2(x)}\|u_n\|_{p(x)}.$$

所以，有

$$\left\|\nabla\left(\frac{u_n}{\mu(x)}\right)\right\|_{p(x)}=\left\|u_n\cdot\nabla\left(\frac{1}{\mu(x)}\right)+\frac{\nabla u_n}{\mu(x)}\right\|_{p(x)}\leqslant\frac{C+\mu_-}{\mu_-^2(x)}\|\nabla u_n\|_{p(x)}.$$

进而有$\left\|\dfrac{u_n}{\mu(x)}\right\|\leqslant C\|\|u_n\|\|$. 结合式(2.9)可知, 当 n 充分大时, 有

$$C+C\|\|u_n\|\|\geqslant\int_\Omega\frac{l_0}{2}(|\nabla u_n|^{p(x)}+|u_n|^{p(x)})\mathrm{d}x,$$

类似于引理 2.1.1 的讨论可知序列 $\{u_n\}$ 在 $W_0^{1,p(x)}(\Omega)$ 中有界. 结合定理 2.4.1 的结论可得问题(2.5)非平凡弱解的存在性. 证毕.

定理 2.4.3　在条件(A2)之下, 当 $h(x)\leqslant H_0$ 时, 存在 $\Lambda>0$, 使得对任意的 $\lambda\in(0,\Lambda)$, 问题(2.5)均有非平凡弱解, 其中 H_0 来自于定理 2.4.1.

类似于定理 2.4.2 的证明容易得到本定理的结论.

在本节中, 我们主要基于变指数 Sobolev 空间 $W_0^{1,p(x)}(\Omega)$ 上的一类集中紧致性原理, 并结合山路定理讨论了问题(2.5)弱解的存在性. 文献[66]则根据喷泉定理对问题(2.5)弱解的多重性进行了研究, 由于使用的方法与技巧在本书中均有体现, 这里不再给出具体的证明.

2.5　$\mathbb{R}^N$ 上具临界增长方程弱解的多重性

本节主要研究如下一类具临界指数的 $p(x)$-Laplace 方程:

$$-\mathrm{div}(|\nabla u|^{p(x)-2}\nabla u)+\lambda|u|^{p(x)-2}u=f(x,u)+h(x)|u|^{p^*(x)-2}u,\quad x\in\mathbb{R}^N,\tag{2.10}$$

其中 $p(x)$ 为 $\mathbb{R}^N$ 上 Lipschitz 连续的径向对称函数且 $1<p_-\leqslant p(x)\leqslant p_+<N$, $\lambda>0$.

首先, 引进如下一些记号. 记 $O(N)$ 为 $\mathbb{R}^N$ 上的正交线性变换群, 设 G 为 $O(N)$ 的子群. 对于 $x\in\mathbb{R}^N$ 且 $x\neq 0$, 记 $|G_x|$ 为集合 $G_x=\{\tilde{g}x:\tilde{g}\in G\}$ 的基数并记 $|G|=\inf\limits_{x\in\mathbb{R}^N,\ x\neq 0}|G_x|$. 称 $\mathbb{R}^N$ 的开子集 Ω 为 G-不变的, 是指: 对任意的 $\tilde{g}\in G$, 有 $\tilde{g}\Omega=\Omega$.

定义 2.5.1　取 Ω 为 $\mathbb{R}^N$ 的 G-不变开子集. 定义 G 在空间 $W^{1,p(x)}(\Omega)$ 上的作用为: 任取 $u\in W^{1,p(x)}(\Omega)$, 有

$$\tilde{g}u(x)=u(\tilde{g}^{-1}x).$$

定义空间 $W^{1,p(x)}(\Omega)$ 的 G-不变函数子空间

$$W_G^{1,p(x)}=\{u\in W^{1,p(x)}(\Omega):\tilde{g}u=u,\ \forall\tilde{g}\in G\},$$

称泛函 $\varphi:W^{1,p(x)}(\Omega)\to\mathbb{R}$ 为 G-不变的, 是指: 任取 $\tilde{g}\in G$, 有 $\varphi\circ\tilde{g}=\varphi$.

定义 2.5.2　称$u_0 \in W^{1,p(x)}(\mathbb{R}^N)$为(2.10)的弱解, 是指: 任取$u \in W^{1,p(x)}(\mathbb{R}^N)$, 有

$$\int_{\mathbb{R}^N}(|\nabla u_0|^{p(x)-2}\nabla u_0\nabla u+\lambda|u_0|^{p(x)-2}u_0u-f(x,u_0)u-h(x)|u_0|^{p^*(x)-2}u_0u)\mathrm{d}x=0.$$

任取$u \in W^{1,p(x)}(\mathbb{R}^N)$, 定义

$$|||u|||_\lambda=\inf\left\{t>0:\int_{\mathbb{R}^N}\frac{|\nabla u|^{p(x)}+\lambda|u|^{p(x)}}{t^{p(x)}}\mathrm{d}x\leqslant 1\right\},$$

验证可知$|||\cdot|||_\lambda$为$W^{1,p(x)}(\mathbb{R}^N)$上的等价范数, 其中$\lambda>0$. 为了讨论方便起见, 在本节中将使用范数$|||\cdot|||_\lambda$. 此时, 同样也有定理 2.3.1 及定理 2.3.2 的结论成立.

在这部分中, 假设函数f满足如下一些条件:

(C1)　$f \in C(\mathbb{R}^N\times\mathbb{R},\mathbb{R})$且

$$|f(x,t)|\leqslant g(x)|t|^{\alpha(x)-1},$$

其中$\alpha\in P(\mathbb{R}^N)$, $1<\alpha_-\leqslant\alpha(x)\ll p(x)$, $\forall x\in\mathbb{R}^N$或者$p(x)\ll\alpha(x)\ll p^*(x)$, $\forall x\in\mathbb{R}^N$, 非负有界函数$g\in L^{q(x)}(\mathbb{R}^N)$, $q(x)=\dfrac{p^*(x)}{p^*(x)-\alpha(x)}$.

(C2) 任取$(x,t)\in\mathbb{R}^N\times\mathbb{R}$, 有$f(x,t)=-f(x,-t)$.

(C3) 任取$(x,t)\in\mathbb{R}^N\times\mathbb{R}$, 有$f(x,t)=f(|x|,t)$.

进一步, 若条件(C1)中的$\alpha(x)$满足$p(x)\ll\alpha(x)\ll p^*(x)$, 函数$f(x,t)$仍需满足如下条件:

(C4) 存在$\mu(x)\gg p(x)$, 使得对任意的$(x,t)\in\mathbb{R}^N\times\mathbb{R}$, 有

$$0\leqslant\mu(x)F(x,t)\leqslant f(x,t)t,$$

其中$F(x,t)=\int_0^t f(x,s)\mathrm{d}s$.

函数$h(x)$需满足:

(C5)　$h\in C(\mathbb{R}^N)\cap L^\infty(\mathbb{R}^N)$. h是径向对称的, 即任取$x\in\mathbb{R}^N$, 有$h(x)=h(|x|)$, $h(x)\geqslant 0(\not\equiv 0)$且$h(0)=h(\infty)=0$.

定义空间$W^{1,p(x)}(\mathbb{R}^N)$上的泛函:

$$J(u)=\int_{\mathbb{R}^N}\frac{|\nabla u|^{p(x)}+\lambda|u|^{p(x)}}{p(x)}\mathrm{d}x,$$

$$K(u)=\int_{\mathbb{R}^N}F(x,u)\mathrm{d}x,$$

$$\varphi(u)=J(u)-K(u)-\int_{\mathbb{R}^N}\frac{h(x)}{p^*(x)}|u|^{p^*(x)}\mathrm{d}x.$$

容易验证泛函 $\varphi \in C^1(W^{1,p(x)}(\mathbb{R}^N),\mathbb{R})$ 且泛函 φ 的临界点恰为问题(2.10)的弱解.

取 $G=O(N)$，并记径向对称函数空间 $W_r^{1,p(x)}(\mathbb{R}^N)=W_G^{1,p(x)}(\mathbb{R}^N)$. 由条件(C3)及(C5)可知，泛函 φ 是 $O(N)$-不变的. 从而由文献[101]中的对称临界点定理可知，u_0 是泛函 φ 的临界点当且仅当 u_0 是泛函 $\tilde{\varphi}=\varphi|_{W_r^{1,p(x)}(\mathbb{R}^N)}$ 的临界点. 所以，在本节中只需研究泛函 $\tilde{\varphi}$ 在 $W_r^{1,p(x)}(\mathbb{R}^N)$ 上的临界点即可.

引理 2.5.1　存在 $\lambda_*>0$，当 $\lambda\in[\lambda_*,+\infty)$ 时，$W_r^{1,p(x)}(\mathbb{R}^N)$ 中任意的(PS)序列均有界，也即若 $\{u_n\}\subset W_r^{1,p(x)}(\mathbb{R}^N)$ 满足 $|\tilde{\varphi}(u_n)|\leqslant c$ 且当 $n\to\infty$ 时，$\tilde{\varphi}'(u_n)\to 0$，则 $\{u_n\}$ 有界.

证明　由于 p 在 $\mathbb{R}^N$ 上径向对称，所以存在 $\mathbb{R}^N$ 上径向对称的 Lipschitz 连续函数 $\nu(x)$ 且满足 $p(x)\ll\nu(x)\leqslant p^*(x)$. 我们将在下面的讨论中给出函数 ν 的具体形式.

记 $l_2=\inf\limits_{x\in\mathbb{R}^N}\left(\dfrac{1}{p(x)}-\dfrac{1}{\nu(x)}\right)>0$. 则有

$$\begin{aligned}
&\tilde{\varphi}(u_n)-\left\langle\tilde{\varphi}'(u_n),\frac{u_n}{\nu(x)}\right\rangle\\
&=\int_{\mathbb{R}^N}\left(\left(\frac{1}{p(x)}-\frac{1}{\nu(x)}\right)(|\nabla u_n|^{p(x)}+\lambda|u_n|^{p(x)})+\frac{u_n}{\nu(x)^2}|\nabla u_n|^{p(x)-2}\nabla u_n\nabla\nu\right.\\
&\quad\left.+\left(\frac{1}{\nu(x)}-\frac{1}{p^*(x)}\right)h(x)|u_n|^{p^*(x)}+\frac{1}{\nu(x)}f(x,u_n)u_n-F(x,u_n)\right)\mathrm{d}x\\
&\geqslant\int_{\mathbb{R}^N}\left(l_2|\nabla u_n|^{p(x)}+l_2\lambda|u_n|^{p(x)}+\frac{u_n}{\nu(x)^2}|\nabla u_n|^{p(x)-2}\nabla u_n\nabla\nu\right.\\
&\quad\left.+\frac{1}{\nu(x)}f(x,u_n)u_n-F(x,u_n)\right)\mathrm{d}x.
\end{aligned}$$

任取 $\varepsilon\in(0,1)$，由 Young 不等式可知，存在 $C(\varepsilon)>0$，使

$$\left|\frac{u_n}{\nu(x)^2}\right||\nabla u_n|^{p(x)-2}\nabla u_n\nabla\nu\leqslant\varepsilon|\nabla u_n|^{p(x)}+C(\varepsilon)|u_n|^{p(x)}.$$

所以有

$$\begin{aligned}
&\tilde{\varphi}(u_n)-\left\langle\tilde{\varphi}'(u_n),\frac{u_n}{\nu(x)}\right\rangle\\
&\geqslant\int_{\mathbb{R}^N}\left(l_2|\nabla u_n|^{p(x)}+l_2\lambda|u_n|^{p(x)}-\varepsilon|\nabla u_n|^{p(x)}-C(\varepsilon)|u_n|^{p(x)}\right.\\
&\quad\left.+\frac{1}{\nu(x)}f(x,u_n)u_n-F(x,u_n)\right)\mathrm{d}x.
\end{aligned}$$

i) 若 $p(x) \ll \alpha(x) \ll p^*(x)$，取

$$\nu(x) = p(x) + \min\{\inf_{x\in\mathbb{R}^N}(\mu(x) - p(x)), \inf_{x\in\mathbb{R}^N}(p^*(x) - p(x))\}$$

以及 $\varepsilon \leqslant \frac{l_2}{2}$，$\lambda_* = \frac{2C(\varepsilon)}{l_2}$. 当 $\lambda \geqslant \lambda_*$ 时，由条件(C4)得到

$$\begin{aligned}
&\tilde{\varphi}(u_n) - \left\langle \tilde{\varphi}'(u_n), \frac{u_n}{\nu(x)} \right\rangle \\
&\geqslant \int_{\mathbb{R}^N}\left(\frac{l_2}{2}|\nabla u_n|^{p(x)} + \frac{l_2}{2}\lambda|u_n|^{p(x)} + \frac{\mu(x)}{\nu(x)}F(x,u_n) - F(x,u_n)\right)dx \\
&\geqslant \int_{\mathbb{R}^N}\left(\frac{l_2}{2}|\nabla u_n|^{p(x)} + \frac{l_2}{2}\lambda|u_n|^{p(x)}\right)dx.
\end{aligned}$$

类似于定理 2.4.2 可知，序列 $\{u_n\}$ 有界.

ii) 若 $1 < \alpha_- \leqslant \alpha(x) \ll p(x)$，取 $\nu(x) = p^*(x)$. 由条件(C1)可知，对任意的 $(x,t) \in \mathbb{R}^N \times \mathbb{R}$，有

$$|F(x,t)| \leqslant \frac{g(x)}{\alpha(x)}|t|^{\alpha(x)}.$$

类似于定理 2.2.4 的证明可知，存在 $C > 0$，有

$$\int_{\mathbb{R}^N}\left(\frac{l_2}{2}|\nabla u_n|^{p(x)} + \frac{l_2}{2}\lambda|u_n|^{p(x)} - \frac{g(x)}{\nu(x)}|u_n|^{\alpha(x)} - \frac{g(x)}{\alpha(x)}|u_n|^{\alpha(x)}\right)dx \geqslant -C.$$

取 $\varepsilon \leqslant \frac{l_2}{4}$ 及 $\lambda_* = \frac{4C(\varepsilon)}{l_2}$，当 $\lambda \geqslant \lambda_*$ 时，则有

$$\begin{aligned}
&\tilde{\varphi}(u_n) - \left\langle \tilde{\varphi}'(u_n), \frac{u_n}{\nu(x)} \right\rangle \\
&\geqslant \int_{\mathbb{R}^N}\left(\frac{3l_2}{4}|\nabla u_n|^{p(x)} + \frac{3l_2}{4}\lambda|u_n|^{p(x)} - \frac{g(x)}{\nu(x)}|u_n|^{\alpha(x)} - \frac{g(x)}{\alpha(x)}|u_n|^{\alpha(x)}\right)dx \\
&\geqslant \int_{\mathbb{R}^N}\left(\frac{l_2}{4}|\nabla u_n|^{p(x)} + \frac{l_2}{4}\lambda|u_n|^{p(x)}\right)dx - C,
\end{aligned}$$

由上式同样可得序列 $\{u_n\}$ 的有界性. 证毕.

引理 2.5.2 当 $\lambda \geqslant \lambda_*$ 时，$W_r^{1,p(x)}(\mathbb{R}^N)$ 中任意的(PS)序列均有收敛子列，其中常数 λ_* 来自于引理 2.5.1.

证明 取(PS)序列 $\{u_n\} \subset W_r^{1,p(x)}(\mathbb{R}^N)$. 由引理 2.5.1 可知，当 $\lambda \geqslant \lambda_*$ 时，$\{u_n\}$ 有界. 由于 $W_r^{1,p(x)}(\mathbb{R}^N)$ 是自反的，不妨设 $u_n \to u$ 弱收敛于 $W_r^{1,p(x)}(\mathbb{R}^N)$ 中且 $u_n \to u$ a.e.于 $\mathbb{R}^N$. 可知，当 $n \to \infty$ 时，也有 $u_n \to u$ 弱收敛于 $W^{1,p(x)}(\mathbb{R}^N)$ 中.

容易得到

$$\begin{aligned}&\langle J'(u_n)-J'(u),u_n-u\rangle\\&=\langle\tilde{\varphi}'(u_n)-\tilde{\varphi}'(u),u_n-u\rangle+\langle K'(u_n)-K'(u),u_n-u\rangle\\&\quad+\int_{\mathbb{R}^N}h(x)(|u_n|^{p^*(x)-2}u_n-|u|^{p^*(x)-2}u)(u_n-u)\mathrm{d}x,\end{aligned}$$

类似于引理 2.2.1 的讨论, 并结合条件(C1)可知, 当 $n\to\infty$ 时,

$$\langle K'(u_n)-K'(u),u_n-u\rangle\to 0.$$

由于 $\langle\tilde{\varphi}'(u_n)-\tilde{\varphi}'(u),u_n-u\rangle\to 0$, 所以若能验证当 $n\to\infty$ 时,

$$\int_{\mathbb{R}^N}h(x)(|u_n|^{p^*(x)-2}u_n-|u|^{p^*(x)-2}u)(u_n-u)\mathrm{d}x\to 0,$$

则有 $\langle J'(u_n)-J'(u),u_n-u\rangle\to 0$. 从而有

$$\begin{aligned}&\langle J'(u_n)-J'(u),u_n-u\rangle\\&=\int_{\mathbb{R}^N}((|\nabla u_n|^{p(x)-2}\nabla u_n-|\nabla u|^{p(x)-2}\nabla u)(\nabla u_n-\nabla u)\\&\quad+\lambda(|u_n|^{p(x)-2}u_n-|u|^{p(x)-2}u)(u_n-u))\mathrm{d}x\to 0,\end{aligned}$$

类似于引理 2.1.1 的讨论可知, 当 $n\to\infty$ 时, 有

$$\int_{\mathbb{R}^N}(|\nabla u_n-\nabla u|^{p(x)}+\lambda|u_n-u|^{p(x)})\mathrm{d}x\to 0,$$

从而有 $u_n\to u$ 于 $W^{1,p(x)}(\mathbb{R}^N)$ 中.

接下来, 我们验证

$$\int_{\mathbb{R}^N}h(x)(|u_n|^{p^*(x)-2}u_n-|u|^{p^*(x)-2}u)(u_n-u)\mathrm{d}x\to 0.$$

由于 $u_n\to u$ 弱收敛于 $W^{1,p(x)}(\mathbb{R}^N)$ 中, 所以有子列, 仍记为 $\{u_n\}$, 满足: 存在测度 μ, $\nu\in M(\mathbb{R}^N)$, 有 $|\nabla u_n|^{p(x)}+\lambda|u_n|^{p(x)}\to\mu$ 且 $|u_n|^{p^*(x)}\to\nu$ 弱*收敛于 $M(\mathbb{R}^N)$ 中. 由定理 2.3.1 可知

$$\mu=|\nabla u|^{p(x)}+\lambda|u|^{p(x)}+\sum_{j\in J}\mu_j\delta_{x_j}+\tilde{\mu},$$

$$\nu=|u|^{p^*(x)}+\sum_{j\in J}\nu_j\delta_{x_j}.$$

结合定理 2.3.2 有

$$\limsup_{n\to\infty}\int_{\mathbb{R}^N}|u_n|^{p^*(x)}\mathrm{d}x=\int_{\mathbb{R}^N}\mathrm{d}\nu+\nu_\infty=\int_{\mathbb{R}^N}|u|^{p^*(x)}\mathrm{d}x+\sum_{j\in J}\nu_j+\nu_\infty. \tag{2.11}$$

i) 任取 $j\in J$, 有 $\nu_j=0$.

假设存在 $x_{j_0}\neq 0$, 有 $\nu_{j_0}=\nu(\{x_{j_0}\})>0$, 其中 $j_0\in J$. 由于 $u_n\in W_r^{1,p(x)}(\mathbb{R}^N)$,

容易验证测度 ν 是 $O(N)$-不变的. 任取 $\tilde{g}\in O(N)$，则有 $\nu(\{\tilde{g}x_{j_0}\})=\nu(\{x_{j_0}\})>0$. 由于 $|O(N)|=\infty$，所以 $\nu(\{\tilde{g}x_{j_0}:\tilde{g}\in O(N)\})=\infty$. 但 ν 为有限测度, 产生矛盾. 所以对任意的 $j\in J$，若 $x_j\neq 0$，则有 $\nu_j=\nu(\{x_j\})=0$.

$0\notin\{x_j:j\in J\}$. 事实上, 对任意的 $\varepsilon>0$，取径向对称函数 $\phi\in C_0^\infty(B_{2\varepsilon}(0))$ 满足 $0\leqslant\phi\leqslant 1$，$|\nabla\phi|\leqslant\dfrac{2}{\varepsilon}$；且在 $B_\varepsilon(0)$ 上，$\phi\equiv 1$. 容易验证 $\{u_n\phi\}$ 在 $W_r^{1,p(x)}(\mathbb{R}^N)$ 中有界, 所以, 当 $n\to\infty$ 时, 有 $\langle\tilde{\varphi}'(u_n),u_n\phi\rangle\to 0$. 由于

$$
\begin{aligned}
&\langle\tilde{\varphi}'(u_n),u_n\phi\rangle\\
&=\int_{\mathbb{R}^N}((|\nabla u_n|^{p(x)}+\lambda|u_n|^{p(x)})\phi+|\nabla u_n|^{p(x)-2}\nabla u_n\nabla\phi\cdot u_n-f(x,u_n)\phi u_n\\
&\quad -h(x)|u_n|^{p^*(x)}\phi)\mathrm{d}x,
\end{aligned}
$$

由条件(C1)可知, 当 $n\to\infty$ 时, 有

$$
\int_{\mathbb{R}^N}f(x,u_n)u_n\phi\mathrm{d}x\to\int_{\mathbb{R}^N}f(x,u)u\phi\mathrm{d}x,
$$

所以

$$
\lim_{n\to\infty}\int_{\mathbb{R}^N}|\nabla u_n|^{p(x)-2}\nabla u_n\nabla\phi\cdot u_n\mathrm{d}x=-\int_{\mathbb{R}^N}\phi\mathrm{d}\mu+\int_{\mathbb{R}^N}f(x,u)u\phi\mathrm{d}x+\int_{\mathbb{R}^N}h(x)\phi\mathrm{d}\nu.
$$

类似于定理 2.4.1 中 i)的讨论可知, 当 $\varepsilon\to 0$ 时, 有

$$
\lim_{n\to\infty}\int_{\mathbb{R}^N}|\nabla u_n|^{p(x)-2}\nabla u_n\nabla\phi\cdot u_n\mathrm{d}x\to 0
$$

以及

$$
\int_{\mathbb{R}^N}f(x,u)u\phi\mathrm{d}x\to 0.
$$

所以, 有

$$
0=-\mu(\{0\})+h(0)\nu(\{0\}).
$$

由于 $h(0)=0$，则有 $\mu(\{0\})=0$，也即 0 不是 μ 的原子.

ii) $\nu_\infty=0$.

任取 $R>0$，取径向对称函数 $\chi_R\in C^\infty(\mathbb{R}^N)$ 满足 $0\leqslant\chi_R\leqslant 1$，$|\nabla\chi_R|\leqslant\dfrac{2}{R}$；且在 $\mathbb{R}^N\setminus B_{2R}(0)$ 上，$\chi_R\equiv 1$；在 $B_R(0)$ 上，$\chi_R\equiv 0$. 容易验证 $\{u_n\chi_R\}$ 在 $W_r^{1,p(x)}(\mathbb{R}^N)$ 中有界. 所以, 当 $n\to\infty$ 时, 有 $\langle\tilde{\varphi}'(u_n),u_n\chi_R\rangle\to 0$. 可知

$$
\begin{aligned}
&\langle\tilde{\varphi}'(u_n),u_n\chi_R\rangle\\
&=\int_{\mathbb{R}^N}((|\nabla u_n|^{p(x)}+\lambda|u_n|^{p(x)})\chi_R+|\nabla u_n|^{p(x)-2}\nabla u_n\nabla\chi_R\cdot u_n\\
&\quad -f(x,u_n)u_n\chi_R-h(x)|u_n|^{p^*(x)}\chi_R)\mathrm{d}x.
\end{aligned}
$$

由于 $u_n \to u$ 弱收敛于 $W^{1,p(x)}(\mathbb{R}^N)$ 中，所以 $\int_{\mathbb{R}^N} f(x,u)(u_n-u)\chi_R \mathrm{d}x \to 0$. 由于

$$\begin{aligned}
&\left|\int_{\mathbb{R}^N}(f(x,u_n)-f(x,u))u_n\chi_R \mathrm{d}x\right| \\
&\leqslant \int_{\mathbb{R}^N} |(f(x,u_n)-f(x,u))\chi_R|\cdot|u_n|\mathrm{d}x \\
&\leqslant 2\|(f(x,u_n)-f(x,u))\chi_R\|_{(p^*(x))'}\|u_n\|_{p^*(x)} \\
&\leqslant C\|f(x,u_n)-f(x,u)\|_{(p^*(x))',\mathbb{R}^N\setminus B_R(0)},
\end{aligned}$$

类似于引理 2.2.1 的证明可知，对任意的 $\varepsilon>0$，存在 $R_1>0$，当 $R>R_1$ 时，对任意的 $n\in\mathbb{N}$，均有

$$\|f(x,u_n)-f(x,u)\|_{(p^*(x))',\mathbb{R}^N\setminus B_R(0)}<\varepsilon .$$

由 Lebesgue 积分的定义可知，当 $R\to\infty$ 时，有

$$\left|\int_{\mathbb{R}^N} f(x,u)u\chi_R \mathrm{d}x\right| \leqslant \int_{\mathbb{R}^N} g(x)|u|^{\alpha(x)}\chi_R \mathrm{d}x \leqslant \int_{|x|\geqslant R} g(x)|u|^{\alpha(x)}\mathrm{d}x \to 0,$$

可得

$$\begin{aligned}
&\lim_{R\to\infty}\limsup_{n\to\infty}\int_{\mathbb{R}^N} f(x,u_n)u_n\chi_R \mathrm{d}x \\
&=\lim_{R\to\infty}\limsup_{n\to\infty}\int_{\mathbb{R}^N}((f(x,u_n)-f(x,u))u_n\chi_R+f(x,u)(u_n-u)\chi_R+f(x,u)u\chi_R)\mathrm{d}x \\
&=\lim_{R\to\infty}\left(\limsup_{n\to\infty}\int_{\mathbb{R}^N}(f(x,u_n)-f(x,u))u_n\chi_R \mathrm{d}x+\int_{\mathbb{R}^N} f(x,u)u\chi_R \mathrm{d}x\right) \\
&=\lim_{R\to\infty}\limsup_{n\to\infty}\int_{\mathbb{R}^N}(f(x,u_n)-f(x,u))u_n\chi_R \mathrm{d}x+\lim_{R\to\infty}\int_{\mathbb{R}^N} f(x,u)u\chi_R \mathrm{d}x \\
&=0.
\end{aligned}$$

由于 $h(\infty)=0$，所以对任意的 $\varepsilon>0$，存在 $R_2>0$，当 $R>R_2$ 时，有

$$\int_{|x|>R} h(x)|u_n|^{p^*(x)}\mathrm{d}x \leqslant \varepsilon\int_{|x|>R}|u_n|^{p^*(x)}\mathrm{d}x \leqslant C\varepsilon,$$

则有

$$\lim_{R\to\infty}\limsup_{n\to\infty}\int_{\mathbb{R}^N} h(x)|u_n|^{p^*(x)}\chi_R \mathrm{d}x=0 .$$

类似于定理 2.4.1 中 i)的讨论可知，当 $R\to\infty$ 时，$\int_{B_{2R}(0)\setminus\overline{B_R(0)}}|\nabla\chi_R\cdot u|^{p(x)}\mathrm{d}x \to 0.$

由于 $u_n\to u$ 在 $L^{p(x)}(B_{2R}(0)\setminus\overline{B_R(0)})$ 中，所以当 $n\to\infty$ 时，有

$$\|\nabla\chi_R\cdot u_n\|_{p(x)} \to \|\nabla\chi_R\cdot u\|_{p(x)} .$$

又由于

$$\begin{aligned}&\left|\int_{\mathbb{R}^N}|\nabla u_n|^{p(x)-2}\nabla u_n\nabla\chi_R\cdot u_n\mathrm{d}x\right|\\ \leqslant&\int_{\mathbb{R}^N}|\nabla u_n|^{p(x)-1}|\nabla\chi_R\cdot u_n|\,\mathrm{d}x\\ \leqslant&\,2\||\nabla u_n|^{p(x)-1}\|_{p'(x)}\|\nabla\chi_R\cdot u_n\|_{p(x)},\end{aligned}$$

则有

$$\lim_{R\to\infty}\limsup_{n\to\infty}\left|\int_{\mathbb{R}^N}|\nabla u_n|^{p(x)-2}\nabla u_n\nabla\chi_R\cdot u_n\mathrm{d}x\right|=0.$$

进而有

$$\begin{aligned}\mu_\infty&=\lim_{R\to\infty}\limsup_{n\to\infty}\int_{\mathbb{R}^N}(|\nabla u_n|^{p(x)}+\lambda|u_n|^{p(x)})\chi_R\mathrm{d}x\\&=\lim_{R\to\infty}\limsup_{n\to\infty}\Big(\langle\tilde{\varphi}'(u_n),u_n\chi_R\rangle-\int_{\mathbb{R}^N}|\nabla u_n|^{p(x)-2}\nabla u_n\nabla\chi_R\cdot u_n\mathrm{d}x\\&\quad+\int_{\mathbb{R}^N}f(x,u_n)u_n\chi_R\mathrm{d}x+\int_{\mathbb{R}^N}h(x)|u_n|^{p^*(x)}\chi_R\mathrm{d}x\Big)\leqslant 0,\end{aligned}$$

所以 $\mu_\infty=0$. 由于

$$\begin{aligned}&\int_{\mathbb{R}^N}(|\nabla(\chi_R u_n)|^{p(x)}+\lambda|\chi_R u_n|^{p(x)})\mathrm{d}x\\ \leqslant&\int_{\mathbb{R}^N}(2^{p_+}|\nabla\chi_R\cdot u_n|^{p(x)}+2^{p_+}(|\nabla u_n|^{p(x)}\chi_R+\lambda|u_n|^{p(x)}\chi_R))\mathrm{d}x,\end{aligned}$$

而且

$$\mu_\infty=\lim_{R\to\infty}\limsup_{n\to\infty}\int_{\mathbb{R}^N}(|\nabla u_n|^{p(x)}+\lambda|u_n|^{p(x)})\chi_R\mathrm{d}x,$$

则有

$$\lim_{R\to\infty}\limsup_{n\to\infty}\int_{\mathbb{R}^N}(|\nabla(\chi_R u_n)|^{p(x)}+\lambda|\chi_R u_n|^{p(x)})\mathrm{d}x=0.$$

由定理 1.2.15 可知, 存在常数 $c_4>0$, 使得对任意的 $u\in W^{1,p(x)}(\mathbb{R}^N)$, 有 $\|u\|_{p^*(x)}\leqslant c_4\|\|u\|\|_\lambda$. 任取 $\varepsilon<c_4^{-p_+}$, 存在 $R_3>0$, 当 $R\geqslant R_3$ 时, 有

$$\begin{aligned}&\limsup_{n\to\infty}\int_{\mathbb{R}^N}(|\nabla(\chi_R u_n)|^{p(x)}+\lambda|\chi_R u_n|^{p(x)})\mathrm{d}x\\=&\inf_{k\geqslant 1}\sup_{n\geqslant k}\int_{\mathbb{R}^N}(|\nabla(\chi_R u_n)|^{p(x)}+\lambda|\chi_R u_n|^{p(x)})\mathrm{d}x<\varepsilon.\end{aligned}$$

所以, 存在 $k_0\in\mathbb{N}$, 当 $k\geqslant k_0$ 时, 有

$$\sup_{n\geqslant k}\int_{\mathbb{R}^N}(|\nabla(\chi_R u_n)|^{p(x)}+\lambda|\chi_R u_n|^{p(x)})\mathrm{d}x<\varepsilon<1.$$

当 $n\geqslant k$ 时，则有

$$\left(\|\chi_R u_n\|_{p^*(x)}\frac{1}{c_4}\right)^{p_+}\leqslant\||\chi_R u_n\||_\lambda^{p_+}\leqslant\int_{\mathbb{R}^N}(|\nabla(\chi_R u_n)|^{p(x)}+\lambda|\chi_R u_n|^{p(x)})\mathrm{d}x<\varepsilon,$$

进而有 $\|\chi_R u_n\|_{p^*(x)}<c_4\varepsilon^{\frac{1}{p_+}}<1$. 从而有

$$\sup_{n\geqslant k}\int_{\mathbb{R}^N}|\chi_R u_n|^{p^*(x)}\mathrm{d}x\leqslant\sup_{n\geqslant k}\|\chi_R u_n\|_{p^*(x)}^{p_-^*}\leqslant c_4^{p_-^*}\varepsilon^{\frac{p_-^*}{p_+}},$$

所以 $\nu_\infty=\lim\limits_{R\to 0}\limsup\limits_{n\to\infty}\int_{\mathbb{R}^N}|\chi_R u_n|^{p^*(x)}\mathrm{d}x=0$.

综合 i)和 ii)的结论，并结合式(2.11)可知

$$\limsup_{n\to\infty}\int_{\mathbb{R}^N}|u_n|^{p^*(x)}\mathrm{d}x=\int_{\mathbb{R}^N}|u|^{p^*(x)}\mathrm{d}x.$$

不妨设当 $n\to\infty$ 时，$\int_{\mathbb{R}^N}|u_n|^{p^*(x)}\mathrm{d}x\to\int_{\mathbb{R}^N}|u|^{p^*(x)}\mathrm{d}x$. 类似于定理 2.4.1 的讨论可知 $u_n\to u$ 在 $L^{p^*(x)}(\mathbb{R}^N)$ 中. 由于 $h\in L^\infty(\mathbb{R}^N)$，所以当 $n\to\infty$ 时，有

$$\int_{\mathbb{R}^N}h(x)(|u_n|^{p^*(x)-2}u_n-|u|^{p^*(x)-2}u)(u_n-u)\mathrm{d}x\to 0.$$

证毕.

接下来，我们将仿照 2.2 节完成对问题(2.10)弱解多重性的讨论.

由于 $W_r^{1,p(x)}(\mathbb{R}^N)$ 为 $W^{1,p(x)}(\mathbb{R}^N)$ 的闭子空间，所以为可分且自反的 Banach 空间. 则存在 $\{e_n\}_{n=1}^\infty\subset W_r^{1,p(x)}(\mathbb{R}^N)$ 及 $\{f_m\}_{m=1}^\infty\subset(W_r^{1,p(x)}(\mathbb{R}^N))^*$，有

$$f_m(e_n)=\begin{cases}1, & n=m,\\ 0, & n\neq m\end{cases}$$

以及

$$W_r^{1,p(x)}(\mathbb{R}^N)=\overline{\operatorname{span}\{e_i:i=1,\cdots,n,\cdots\}},$$
$$(W_r^{1,p(x)}(\mathbb{R}^N))^*=\overline{\operatorname{span}\{f_j:j=1,\cdots,m,\cdots\}},$$

其中 $(W_r^{1,p(x)}(\mathbb{R}^N))^*$ 为 $W_r^{1,p(x)}(\mathbb{R}^N)$ 的对偶空间.

在以下的讨论中，记 $V_k^+=\overline{\operatorname{span}\{e_i:i=k,\cdots\}}$，其中 $k=1,2,\cdots$. 则有

引理 2.5.3　当 $k\in\mathbb{N}$ 充分大时，存在 $\tau_k>0$ 及 $\rho_k>0$，使得对任意的 $u\in V_k^+$，若 $\||u\||_\lambda=\rho_k$，则有 $\tilde{\varphi}(u)\geqslant\tau_k$.

证明　记

$$\theta_k = \sup_{u\in V_k^+,|||u|||_\lambda=1}\int_{\mathbb{R}^N}\frac{g(x)}{\alpha(x)}|u|^{\alpha(x)}\,\mathrm{d}x,$$

$$\gamma_k = \sup_{u\in V_k^+,|||u|||_\lambda=1}\int_{\mathbb{R}^N}\frac{h(x)}{p^*(x)}|u|^{p^*(x)}\,\mathrm{d}x.$$

由文献[51]中引理 3.3 可知, 当 $k\to\infty$ 时, $\theta_k\to 0$.

接下来, 我们验证: 当 $k\to\infty$ 时, $\gamma_k\to 0$. 显然有 $0\leqslant\gamma_{k+1}\leqslant\gamma_k$, 所以, 当 $k\to\infty$ 时, $\gamma_k\to\gamma\geqslant 0$. 由 γ_k 的定义可知, 存在 $u_k\in V_k^+$ 满足 $|||u_k|||_\lambda=1$, 且有

$$0\leqslant\gamma_k-\int_{\mathbb{R}^N}\frac{h(x)}{p^*(x)}|u_k|^{p^*(x)}\,\mathrm{d}x<\frac{1}{k},$$

其中 $k=1,2,\cdots$. 由于 $W_r^{1,p(x)}(\mathbb{R}^N)$ 自反, 不妨设当 $k\to\infty$ 时, $u_k\to u$ 弱收敛于 $W_r^{1,p(x)}(\mathbb{R}^N)$ 中.

$u=0$. 事实上, 任取 $f_m\in\{f_n:n=1,\cdots,m,\cdots\}$. 当 $k>m$ 时, 有 $f_m(u_k)=0$. 所以, 当 $k\to\infty$ 时, 有 $f_m(u_k)\to 0$. 从而对任意的 $m\in\mathbb{N}$, $f_m(u)=0$. 又由于

$$(W_r^{1,p(x)}(\mathbb{R}^N))^*=\overline{\operatorname{span}\{f_j:j=1,\cdots,m,\cdots\}},$$

则有 $u=0$.

由定理 2.3.1 可知, 存在有限测度 ν 及序列 $\{x_j\}\subset\mathbb{R}^N$, 有

$$|u_k|^{p^*(x)}\to\nu=\sum_{j\in J}\nu_j\delta_{x_j}\ \text{弱*收敛于}\ M(\mathbb{R}^N)\ \text{中}.$$

类似于引理 2.5.2 中 i)的讨论可知, 任取 $j\in J$, 若 $x_j\neq 0$, 则有 $\nu_j=0$.

任取 $0<r<R$, 取 $\eta\in C_0^\infty(B_{2R}(0))$ 满足 $0\leqslant\eta\leqslant 1$; 且在 $B_R(0)\setminus B_r(0)$ 上, $\eta\equiv 1$; 在 $B_{r/2}(0)$ 上, $\eta\equiv 0$. 所以, 当 $k\to\infty$ 时, 有

$$\int_{\mathbb{R}^N}|u_k|^{p^*(x)}\eta\,\mathrm{d}x\to\int_{\mathbb{R}^N}\eta\,\mathrm{d}\nu=\int_{\frac{r}{2}\leqslant|x|\leqslant 2R}\eta\,\mathrm{d}\nu=0.$$

由于 $\int_{r\leqslant|x|\leqslant R}|u_k|^{p^*(x)}\,\mathrm{d}x\leqslant\int_{\mathbb{R}^N}|u_k|^{p^*(x)}\eta\,\mathrm{d}x$, 所以有

$$\lim_{k\to\infty}\int_{r\leqslant|x|\leqslant R}|u_k|^{p^*(x)}\,\mathrm{d}x=0.$$

由于 $h(0)=h(\infty)=0$, 所以, 对任意的 $\varepsilon>0$, 存在 r_1, $R_4>0$, 当 $|x|\leqslant r_1$ 时, $h(x)<\varepsilon$; 当 $|x|\geqslant R_4$ 时, $h(x)<\varepsilon$. 从而对任意的 $k\in\mathbb{N}$, 有

$$\int_{|x|\leqslant r}h(x)|u_k|^{p^*(x)}\,\mathrm{d}x\leqslant\varepsilon\int_{|x|\leqslant r}|u_k|^{p^*(x)}\,\mathrm{d}x\leqslant C\varepsilon$$

以及

$$\int_{|x|\geqslant R} h(x)|u_k|^{p^*(x)}\mathrm{d}x \leqslant C\varepsilon,$$

其中$r<r_1$，$R>R_4$. 从而有

$$\lim_{k\to\infty}\int_{\mathbb{R}^N} h(x)|u_k|^{p^*(x)}\mathrm{d}x = 0,$$

所以，当$k\to\infty$时，$\gamma_k\to\gamma=0$.

任取$u\in V_k^+$且$|||u|||_\lambda\geqslant 1$，则有

$$\begin{aligned}\tilde{\varphi}(u) &\geqslant \int_{\mathbb{R}^N}\left(\frac{|\nabla u|^{p(x)}+\lambda|u|^{p(x)}}{p_+}-\frac{g(x)}{\alpha(x)}|u|^{\alpha(x)}-\frac{h(x)}{p^*(x)}|u|^{p^*(x)}\right)\mathrm{d}x\\ &\geqslant \frac{|||u|||_\lambda^{p_-}}{p_+}-\theta_k|||u|||_\lambda^{\alpha+}-\gamma_k|||u|||_\lambda^{p_+^*}.\end{aligned}$$

取$\rho_k=\max\left\{1,\left(\dfrac{p_-}{p_+p_+^*(\theta_k+\gamma_k)}\right)^{\frac{1}{p_+^*-p_-}}\right\}$. 当$k$充分大时，$\rho_k=\left(\dfrac{p_-}{p_+p_+^*(\theta_k+\gamma_k)}\right)^{\frac{1}{p_+^*-p_-}}>1$.

所以当$|||u|||_\lambda=\rho_k$时，有

$$\begin{aligned}\tilde{\varphi}(u) &\geqslant \frac{\rho_k^{p_-}}{p_+}-\theta_k\rho_k^{\alpha+}-\gamma_k\rho_k^{p_+^*}\\ &\geqslant \frac{\rho_k^{p_-}}{p_+}-\theta_k\rho_k^{p_+^*}-\gamma_k\rho_k^{p_+^*}\\ &=\rho_k^{p_-}\frac{p_+^*-p_-}{p_+p_+^*}\triangleq\tau_k>0.\end{aligned}$$

容易验证当$k\to\infty$时，$\tau_k\to\infty$. 证毕.

由条件(C5)可知，存在$x_0\in\mathbb{R}^N$，有$h(x_0)>0$. 所以存在$0<r_2<r_3$满足$r_2<|x_0|<r_3$以及

$$p_{x_0}\triangleq\sup_{r_2\leqslant|x|\leqslant r_3}p(x)<p_{x_0}^*\triangleq\inf_{r_2\leqslant|x|\leqslant r_3}p^*(x),$$

并且在$B_{r_3}(0)\setminus\overline{B_{r_2}(0)}$上，$h(x)\geqslant\dfrac{h(x_0)}{2}$.

取径向对称函数$\psi_i\in C_0^\infty(B_{r_3}(0)\setminus\overline{B_{r_2}(0)})$，$i=1,\cdots,k$，且满足

$$\operatorname{supp}\psi_i\cap\operatorname{supp}\psi_j=\varnothing,$$

其中$i\neq j$. 任取$k\in\mathbb{N}$，记$V_k^-=\operatorname{span}\{\psi_i:i=1,\cdots,k\}$. 可知$\operatorname{codim}V_k^++1=\dim V_k^-$.

引理 2.5.4　任取 $k\in\mathbb{N}$，均存在 $R_k>0$，使得对任意的 $u\in V_k^-$，若 $|||u|||_\lambda\geqslant R_k$，则有 $\tilde{\varphi}(u)\leqslant 0$.

证明　取 $u\in V_k^-$ 且 $|||u|||_\lambda\geqslant 1$，有

$$\tilde{\varphi}(u)\leqslant\int_{r_2<|x|<r_3}\left(\frac{|\nabla u|^{p(x)}+\lambda|u|^{p(x)}}{p_-}+\frac{g(x)}{\alpha(x)}|u|^{\alpha(x)}-\frac{h(x_0)}{2p_+^*}|u|^{p^*(x)}\right)\mathrm{d}x.$$

任取 $\varepsilon>0$，由 Young 不等式可知，存在 $C(\varepsilon)>0$，有

$$\frac{g(x)}{\alpha(x)}|u|^{\alpha(x)}\leqslant\varepsilon|u|^{p^*(x)}+C(\varepsilon)g(x)^{q(x)}.$$

取定 $\varepsilon<\dfrac{h(x_0)}{4p_+^*}$，可得

$$\tilde{\varphi}(u)\leqslant\int_{r_2<|x|<r_3}\left(\frac{|\nabla u|^{p(x)}+\lambda|u|^{p(x)}}{p_-}-\frac{h(x_0)}{4p_+^*}|u|^{p^*(x)}+C(\varepsilon)g(x)^{q(x)}\right)\mathrm{d}x.$$

由于 V_k^- 为有限维空间，所以范数 $\|\cdot\|_{p^*(x)}$ 与 $|||\cdot|||_\lambda$ 等价. 由于 $p_{x_0}^*>p_{x_0}$，类似于引理 2.2.5 的讨论可知，存在 $R_k>0$，使得对任意的 $u\in V_k^-$，若 $|||u|||_\lambda\geqslant R_k$，有 $\tilde{\varphi}(u)\leqslant 0$. 证毕.

定理 2.5.1　假设条件(C1)—(C5)成立. 若 $p(x)$ 为径向对称函数，则存在 $\lambda_*>0$，当 $\lambda\geqslant\lambda_*$ 时，问题(2.10)有一列径向对称的弱解 $\{u_n\}$ 且当 $n\to\infty$ 时，$\varphi(u_n)\to\infty$.

证明　由条件(C2)可知，$\tilde{\varphi}$ 为 $W_r^{1,p(x)}(\mathbb{R}^N)$ 上的偶泛函. 由引理 2.5.1—引理 2.5.4 及文献[96]中定理 6.3 可知，当 $\lambda\geqslant\lambda_*$ 且 k 充分大时，

$$\omega_k=\inf_{\lambda\in\Gamma_k}\sup_{u\in V_k^-}\tilde{\varphi}(\gamma(u))$$

为 $\tilde{\varphi}$ 的临界值且 $\omega_k\geqslant\tau_k$，其中 $\Gamma_k=\{\gamma\in C(W_r^{1,p(x)}(\mathbb{R}^N),W_r^{1,p(x)}(\mathbb{R}^N))$：$\gamma$ 为奇映射；若 $u\in V_k^-$ 且 $|||u|||_\lambda\geqslant R_k$，$\gamma(u)=u\}$，$\lambda_*$ 来自于引理2.5.1. 由引理2.5.3可知，$\tau_k\to\infty$. 所以，当 $k\to\infty$ 时，有 $\omega_k\to\infty$. 进而可得泛函 $\tilde{\varphi}$ 的一列临界点 $\{u_k\}\subset W_r^{1,p(x)}(\mathbb{R}^N)$，且当 $k\to\infty$ 时，有 $\varphi(u_k)=\tilde{\varphi}(u_k)=\omega_k\to\infty$. 证毕.

第 3 章　变指数增长椭圆方程解的可去奇性

偏微分方程中解的奇异性来源于物理学和几何学中的很多实际问题. 因此对方程解的奇异性研究, 受到国内外学者的高度重视. 目前, 对解的奇异性研究大部分都在经典的Lebesgue和Sobolev空间理论下进行的. 但是, 近年来, 出现了很多具有非标准增长的问题, 例如, 电流变流体、非弹性力学、图像恢复等模型. 对这类问题进行研究时, 具有常指数的 Lebesgue 和 Sobolev 空间理论不再适用. 因此, 在变指数 Lebesgue 和 Sobolev 空间理论下研究方程的奇异性成为必要. 本章将在变指数 Lebesgue 和 Sobolev 空间理论框架下研究几类椭圆方程解的可去奇性问题.

3.1　非线性椭圆方程解的孤立奇点可去性

本节在变指数函数空间的理论框架下, 研究如下椭圆方程:

$$-\sum_{j=1}^{N}\frac{\partial}{\partial x_j}\left[a_j(x,u,\nabla u)\right]+g(x,u)=0,\quad x\in\Omega\setminus\{x_0\} \tag{3.1}$$

解的孤立奇点可去性的条件. 方程中函数 $\{a_j : j=1,2,\cdots,N\}$ 可测, 并且对于几乎处处的 $x\in\overline{\Omega},\ \xi\in\mathbb{R},\ \eta\in\mathbb{R}^N$, 满足如下的假设条件:

$$\sum_{j=1}^{N}a_j(x,\xi,\eta)\eta_j \geqslant \mu|\eta|^{p(x)}, \tag{3.2}$$

$$|a_j(x,\xi,\eta)|\leqslant \mu^{-1}|\eta|^{p(x)-1}, \tag{3.3}$$

$$a_j(x,\xi,-\eta)=-a_j(x,\xi,\eta), \tag{3.4}$$

其中 $\mu\in(0,1]$ 为常数, p 在 $\overline{\Omega}$ 上连续且满足 $1\leqslant p_-\leqslant p(x)\leqslant p_+<N$. 另外, 对于 $x\in\overline{\Omega}$, 函数 g 可测且局部可积; 对于 $\xi\in\mathbb{R}$, 函数 g 局部有界且对于几乎处处 $x\in\overline{\Omega},\ \xi\in\mathbb{R}$, 有如下条件成立:

$$g(x,\xi)\operatorname{sgn}\xi\geqslant|\xi|^{q(x)}, \tag{3.5}$$

其中 $\Omega\subset\mathbb{R}^N$ 为具有光滑边界的有界区域, $q\in C(\overline{\Omega})$, $q(x)\gg p(x)-1$.

本节首先证明方程解在奇点附近的局部有界性, 然后得到方程解的奇点可去性. 关于解的局部有界性的相关结论可参考文献[29, 39, 101]. 在文献[102]中,

Skrypnik 以常指数空间理论为框架, 研究了方程(3.1), 得到了孤立奇点可去的条件. 作者使用了逐点和积分估计的方法得到解在孤立奇点附近的局部有界性. 但在变指数理论框架下, 由于方程非标准增长, 逐点估计的方法很难达到目的. 所以, 在本节的讨论中, 将采用新的迭代技巧得到解的 L^∞ 估计.

在本节中, 假设 $x_0 \in \Omega$ 且是解 u 的一个奇点.

函数 $u \in W_{loc}^{1,p(x)}(\Omega \setminus \{x_0\})$ 是方程(3.1)在 $\Omega \setminus \{x_0\}$ 上的解是指: 对于在区域 $\Omega \setminus \{x_0\}$ 上具有紧支集的任意函数 $\varphi \in W_{loc}^{1,p(x)}(\Omega \setminus \{x_0\}) \cap L_{loc}^\infty(\Omega \setminus \{x_0\})$, 有下面的等式成立:

$$\int_\Omega \left\{ \sum_{j=1}^N a_j(x,u,\nabla u) \frac{\partial \varphi}{\partial x_j} + g(x,u)\varphi \right\} \mathrm{d}x = 0 . \tag{3.6}$$

方程(3.1)的解 $u(x)$ 有一个可去的孤立奇点 x_0 是指: ① $u(x)$ 是方程(3.1)在区域 $\Omega \setminus \{x_0\}$ 上的解; ② 若 $u \in W_{loc}^{1,p(x)}(\Omega \setminus \{x_0\}) \cap L_{loc}^\infty(\Omega \setminus \{x_0\})$, 则 $u \in W^{1,p(x)}(\Omega) \cap L^\infty(\Omega)$; ③ 对于任意的 $\varphi \in W_0^{1,p(x)}(\Omega) \cap L^\infty(\Omega)$, 等式(3.6)成立.

下面讨论解在孤立奇点附近的性质. 首先给出球上的一个 Poincaré 不等式, 具体可参考文献[103].

定理 3.1.1 如果 $u \in W_0^{1,p(x)}(B(a,R))$, 其中 $1 \leqslant p < N$, 那么对于任意的 $1 \leqslant q \leqslant p^*$, 有下面不等式成立:

$$\left(\int_{B(a,R)} |u|^q \, \mathrm{d}x \right)^{\frac{1}{q}} \leqslant C(N,p) R^{1+\frac{N}{q}-\frac{N}{p}} \left(\int_{B(a,R)} |Du|^p \, \mathrm{d}x \right)^{\frac{1}{p}}, \tag{3.7}$$

其中 $B(a,R)$ 是以 a 为中心, R 为半径的球.

在对方程解的局部性质进行研究时, 需要如下引理.

引理 3.1.1 令 Ω 是 $\mathbb{R}^N$ 中的一个有界开子集, E 是 Ω 的一个可测子集, 则对于任意定义在 E 上的非负可测函数 f 和 g, 有下面不等式成立:

$$\int_E f g^{p_-} \mathrm{d}x \leqslant \int_E f \mathrm{d}x + \int_E f g^{p(x)} \mathrm{d}x .$$

证明 因为 $\dfrac{p(x)}{p(x)-p_-} > 1$, 由 Young 不等式, 则有

$$\int_E f g^{p_-} \mathrm{d}x = \int_E f^{\frac{p(x)-p_-}{p(x)}} f^{\frac{p_-}{p(x)}} g^{p_-} \mathrm{d}x \leqslant \int_E f \mathrm{d}x + \int_E f g^{p(x)} \mathrm{d}x.$$

证毕.

为了讨论方程(3.1)解在奇点 x_0 的邻域内解的局部性质, 先从特殊的情况入手.

定理 3.1.2 假设 p 在 $\overline{\Omega}$ 上 log-Hölder 连续, 条件(3.2)—(3.5)成立. 如果 $u \in W^{1,p(x)}(B(a,r)) \cap L^\infty(B(a,r))$ 是方程(3.1)在球 $B(a,r)$ 上的一个解, 则存在

$0<\delta<1$，当 $r<\delta$，$B(a,r)\subset\overline{\Omega}$ 时，有下面的不等式成立:

$$\sup_{x\in B\left(a,\frac{r}{2}\right)}|u(x)|\leqslant Cr^{-\tau},\tag{3.8}$$

其中 $\tau=\tau(p_\delta^-,p_\delta^+,q_\delta^-,\varepsilon)>\dfrac{p_\delta^+}{q_\delta^- - p_\delta^+ +1}>0$，$\varepsilon\in\left(0,\dfrac{q_\delta^- - p_\delta^+ +1}{q_\delta^- - p_\delta^- +1}\right)$，$p_\delta^+=\sup\limits_{y\in B(a,\delta)\cap\overline{\Omega}}p(y)$，$C=C\left(N,\mu,p_\delta^+,p_\delta^-,q_\delta^+,q_\delta^-\right)$，$p_\delta^-=\inf\limits_{y\in B(a,\delta)\cap\overline{\Omega}}p(y)$，$q_\delta^+=\sup\limits_{y\in B(a,\delta)\cap\overline{\Omega}}q(y)$，$q_\delta^-=\inf\limits_{y\in B(a,\delta)\cap\overline{\Omega}}q(y)$.

证明　因为 p,q 在 $\overline{\Omega}$ 上连续且 $q(x)\gg p(x)-1$，类似于定理 2.1.4 中的讨论，存在 $\delta>0$，有

$$p_\delta^+ -1=\sup_{y\in B(x,\delta)\cap\overline{\Omega}}(p(y)-1)<q_\delta^-=\inf_{y\in B(x,\delta)\cap\overline{\Omega}}q(y).\tag{3.9}$$

令 $u=FW$，其中 $F>1$ 为待定常数. 取 $\Omega'=\{x\in B(a,r):W(x)>0\}$，$\Omega''=B(a,r)\setminus\overline{\Omega'}$. 假设当 $x'\in B\left(a,\dfrac{r}{2}\right)\cap\Omega'$ 时，$W(x')>0$.（如果当 $x'\in B\left(a,\dfrac{r}{2}\right)$ 时，$W(x')\leqslant 0$，以下证明中，将在 $B\left(a,\dfrac{r}{2}\right)\cap\Omega''$ 上考虑函数 $-W$.）

取 $M_t=\sup\{W(x):x\in B(a,tr)\cap\Omega'\}$，$\dfrac{1}{2}\leqslant t\leqslant 1$. 令 $\dfrac{1}{2}\leqslant s<t\leqslant 1$，在球 $B(a,tr)$ 上，定义 $z=W-M_t\xi$，$z_k=(W-M_t\xi-k)^+=\max\{W-M_t\xi-k,0\}$，其中 $0\leqslant k\leqslant\sup\limits_{\Omega'}z$，函数 ξ 满足：当 $x\in B(a,sr)$ 时，$\xi=0$；当 $x\notin B\left(a,\dfrac{s+t}{2}r\right)$ 时，$\xi=1$；且当 $x\in B(a,r)$ 时，$0\leqslant\xi(x)\leqslant 1$，$|\nabla\xi|\leqslant\dfrac{C}{r(t-s)}$，其中 C 为常数.

定义 $\Omega_k=\{x\in B(a,tr):z_k>0\}$. 显然 $z_k\in W_0^{1,p(x)}(B(a,tr))$. 注意到，当 $0<M_{1/2}<1$ 时，结论显然成立，所以不妨假设 $M_{1/2}\geqslant 1$. 在(3.6)式中，取 $\varphi=z_k$，有

$$\sum_{j=1}^N\int_{B(a,tr)}a_j(x,u,\nabla u)\frac{\partial z_k}{\partial x_j}\mathrm{d}x+\int_{B(a,tr)}g(x,u)z_k\mathrm{d}x=0,$$

则

$$\sum_{j=1}^N\int_{\Omega_k}a_j(x,FW,F\nabla W)\left(\frac{\partial W}{\partial x_j}-M_t\frac{\partial\xi}{\partial x_j}\right)\mathrm{d}x+\int_{\Omega_k}|FW|^{q(x)}z_k\mathrm{d}x\leqslant 0.$$

由条件(3.2)—(3.5)及 Young 不等式，对任意的 $\varepsilon > 0$，

$$\mu\int_{\Omega_k}|F|^{p(x)-1}|\nabla W|^{p(x)}\,\mathrm{d}x+\int_{\Omega_k}|F|^{q(x)}|k|^{q(x)}z_k\mathrm{d}x$$

$$\leqslant \frac{CM_t}{\mu r(t-s)}\int_{\Omega_k}|F|^{p(x)-1}|\nabla W|^{p(x)}\,\mathrm{d}x$$

$$\leqslant C(\mu,\varepsilon,N)\int_{\Omega_k}\frac{M_t^{\,p(x)}}{r^{p(x)}(t-s)^{p(x)}}|F|^{p(x)-1}\,\mathrm{d}x+\frac{\varepsilon}{\mu}\int_{\Omega_k}|\nabla W|^{p(x)}|F|^{p(x)-1}\,\mathrm{d}x.$$

取 $\varepsilon=\dfrac{\mu^2}{2}$，有

$$\frac{\mu}{2}\int_{\Omega_k}|F|^{p(x)-1}|\nabla W|^{p(x)}\,\mathrm{d}x+\int_{\Omega_k}|F|^{q(x)}|k|^{q(x)}z_k\mathrm{d}x$$

$$\leqslant C(\mu,N)\int_{\Omega_k}\frac{M_t^{\,p(x)}}{r^{p(x)}(t-s)^{p(x)}}|F|^{p(x)-1}\,\mathrm{d}x.$$

在 Ω_k 中，$\nabla z_k=\nabla W-M_t\nabla\xi$，因此

$$\frac{\mu}{2}\int_{\Omega_k}|F|^{p(x)-1}\left(\frac{1}{2^{p(x)-1}}|\nabla z_k|^{p(x)}-M_t^{\,p(x)}|\nabla\xi|^{p(x)}\right)\mathrm{d}x+\int_{\Omega_k}|F|^{q(x)}|k|^{q(x)}z_k\mathrm{d}x$$

$$\leqslant C(\mu,N)\int_{\Omega_k}\frac{M_t^{\,p(x)}}{r^{p(x)}(t-s)^{p(x)}}|F|^{p(x)-1}\,\mathrm{d}x.$$

因为 $z_k\in W_0^{1,p(x)}(B(a,tr))$，所以 $z_k\in W_0^{1,p_\delta^-}(B(a,tr))$.

在 $B(a,tr)$ 上，对 z_k 用 Poincaré 不等式(3.7)，有

$$\left(\int_{B(a,tr)}|z_k|^{\frac{Np_\delta^-}{N-1}}\,\mathrm{d}x\right)^{\frac{N-1}{Np_\delta^-}}\leqslant C(N,p_\delta^-)r^{\frac{p_\delta^--1}{p_\delta^-}}\left(\int_{B(a,tr)}|\nabla z_k|^{p_\delta^-}\,\mathrm{d}x\right)^{\frac{1}{p_\delta^-}}.$$

利用 Hölder 不等式，有

$$\int_{B(a,tr)}z_k\mathrm{d}x\leqslant 2\left(\int_{B(a,tr)}|z_k|^{\frac{Np_\delta^-}{N-1}}\,\mathrm{d}x\right)^{\frac{N-1}{Np_\delta^-}}|\Omega_k|^{\frac{Np_\delta^--N+1}{Np_\delta^-}},$$

其中 $|\Omega_k|$ 是 Ω_k 的 Lebesgue 测度，故

$$\frac{\mu}{2^{p_\delta^+}}F^{p_\delta^--1}\left[C|\Omega_k|^{-\frac{Np_\delta^--N+1}{Np_\delta^-}}r^{-\frac{p_\delta^--1}{p_\delta^-}}\int_{B(a,tr)}z_k\mathrm{d}x\right]^{p_\delta^-}+F^{q_\delta^-}\min\left\{k^{q_\delta^-},k^{q_\delta^+}\right\}\int_{B(a,tr)}z_k\mathrm{d}x$$

$$\leqslant C(\mu,N)F^{p_\delta^+-1}\int_{\Omega_k}\frac{M_t^{p(x)}}{r^{p(x)}(t-s)^{p(x)}}\mathrm{d}x+\frac{\mu}{2^{p_\delta^+}}F^{p_\delta^+-1}|\Omega_k|.$$

取 $\varepsilon \in \left(0, \dfrac{q_\delta^- - p_\delta^+ + 1}{q_\delta^- - p_\delta^- + 1}\right)$，则有

$$\frac{\varepsilon\mu}{2^{p_\delta^+}} F^{p_\delta^- - 1}\left[C\int_{B(a,tr)} z_k \mathrm{d}x\right]^{p_\delta^-} r^{1-p_\delta^-} + (1-\varepsilon) F^{q_\delta^-} \min\left\{k^{q_\delta^-}, k^{q_\delta^+}\right\} |\Omega_k|^{\frac{Np_\delta^- - N + 1}{N}} \int_{B(a,tr)} z_k \mathrm{d}x$$

$$\leqslant C(\mu, N) F^{p_\delta^+ - 1} |\Omega_k|^{\frac{Np_\delta^- - N + 1}{N}} \int_{\Omega_k} \frac{M_t^{p(x)}}{r^{p(x)}(t-s)^{p(x)}} \mathrm{d}x + \frac{\mu}{2^{p_\delta^+}} F^{p_\delta^+ - 1} |\Omega_k|^{\frac{Np_\delta^- + 1}{N}},$$

对上面不等式左端使用 Young 不等式，则有

$$\min\left\{k^{q_\delta^-(1-\varepsilon)}, k^{q_\delta^+(1-\varepsilon)}\right\} F^{q_\delta^-(1-\varepsilon) + p_\delta^-(1-\varepsilon)} r^{(1-p_\delta^-)\varepsilon} \left[\int_{B(a,tr)} z_k \mathrm{d}x\right]^{p_\delta^-\varepsilon + 1 - \varepsilon}$$

$$\leqslant C F^{p_\delta^+ - 1}\left[|\Omega_k|^{\frac{Np_\delta^- - N + 1}{N}\varepsilon} \int_{\Omega_k} \frac{M_t^{p(x)}}{r^{p(x)}(t-s)^{p(x)}} \mathrm{d}x + |\Omega_k|^{\frac{Np_\delta^- - N + 1}{N}\varepsilon + 1}\right].$$

整理得

$$\min\left\{k^{q_\delta^-(1-\varepsilon)}, k^{q_\delta^+(1-\varepsilon)}\right\} F^{q_\delta^-(1-\varepsilon) + p_\delta^-(1-\varepsilon) - p_\delta^+ + 1}$$

$$\leqslant C\left[\int_{B(a,tr)} z_k \mathrm{d}x\right]^{-(p_\delta^-\varepsilon + 1 - \varepsilon)} r^{(p_\delta^- - 1)\varepsilon} \left[\frac{M_t^{p_\delta^+}}{r^{p_\delta^+}(t-s)^{p_\delta^+}} + 1\right] |\Omega_k|^{\frac{Np_\delta^- - N + 1}{N}\varepsilon + 1},$$

其中 $C = C(N, \mu, p_\delta^-, p_\delta^+)$. 记 $\alpha = \dfrac{Np_\delta^- - N + 1}{N}\varepsilon + 1$. 对上式关于 k 积分，有

$$F^{\frac{q_\delta^- - p_\delta^+ + 1 - (q_\delta^- - p_\delta^- + 1)\varepsilon}{\alpha}} \int_0^{\sup_{\Omega'} z} \min\left\{k^{\frac{q_\delta^-(1-\varepsilon)}{\alpha}}, k^{\frac{q_\delta^+(1-\varepsilon)}{\alpha}}\right\} \mathrm{d}k$$

$$\leqslant C\left[\frac{M_t^{p_\delta^+}}{r^{p_\delta^+}(t-s)^{p_\delta^+}} + 1\right]^{\frac{1}{\alpha}} r^{\frac{(p_\delta^- - 1)\varepsilon}{\alpha}} \int_0^{\sup_{\Omega'} z} \left[\int_{\Omega_k} z_k \mathrm{d}x\right]^{-\frac{p_\delta^-\varepsilon + 1 - \varepsilon}{\alpha}} |\Omega_k| \mathrm{d}k.$$

由于 $1 - \dfrac{(p_\delta^- - 1)\varepsilon + 1}{\alpha} > 0$，$\sup\limits_{\Omega'} z > 1$，所以

$$\left(\sup_{\Omega'} z\right)^{\frac{q_\delta^-(1-\varepsilon)}{\alpha} + 1} F^{\frac{q_\delta^- - p_\delta^+ + 1 - (q_\delta^- - p_\delta^- + 1)\varepsilon}{\alpha}}$$

$$\leqslant C\left[\int_{\Omega_0} z_0 \mathrm{d}x\right]^{1 - \frac{p_\delta^-\varepsilon + 1 - \varepsilon}{\alpha}} \left[\frac{M_t^{p_\delta^+}}{r^{p_\delta^+}(t-s)^{p_\delta^+}} + 1\right]^{\frac{1}{\alpha}} r^{\frac{(p_\delta^- - 1)\varepsilon}{\alpha}}.$$

由于 $\int_{\Omega_0} z_0 \mathrm{d}x \leqslant M_t |B(a,r)|$ 以及 $\sup\limits_{\Omega'} z \geqslant \sup\limits_{\Omega' \cap B(a,sr)} z = M_s$，则

$$M_s^{\frac{q_\delta^-(1-\varepsilon)}{\alpha}+1}F^{\frac{q_\delta^- - p_\delta^+ + 1-(q_\delta^- - p_\delta^- + 1)\varepsilon}{\alpha}}$$

$$\leqslant CM_t^{1-\frac{p_\delta^-\varepsilon+1-\varepsilon}{\alpha}}\left[\frac{M_t^{p_\delta^+}}{r^{p_\delta^+}(t-s)^{p_\delta^+}}\right]^{\frac{1}{\alpha}} r^{\frac{(p_\delta^- -1)\varepsilon}{\alpha}} r^{N\left(1-\frac{p_\delta^-\varepsilon+1-\varepsilon}{\alpha}\right)},$$

其中 $C=C(N,\mu,p_\delta^-,p_\delta^+,q_\delta^+)$.

取 $F^{\frac{q_\delta^- - p_\delta^+ + 1-(q_\delta^- - p_\delta^- + 1)\varepsilon}{\alpha}} = r^{\frac{(p_\delta^- -1)\varepsilon}{\alpha}} r^{N\left(1-\frac{p_\delta^-\varepsilon+1-\varepsilon}{\alpha}\right)} r^{-\frac{p_\delta^+}{\alpha}}$，则 $F=r^{-\tau}$．当 $\varepsilon\in\left(0,\frac{q_\delta^- - p_\delta^+ + 1}{q_\delta^- - p_\delta^- + 1}\right)$时,

$$\tau=-\frac{p_\delta^-\varepsilon - p_\delta^+}{q_\delta^- - p_\delta^+ + 1-(q_\delta^- - p_\delta^- + 1)\varepsilon} > \frac{p_\delta^+}{q_\delta^- - p_\delta^+ + 1} > 0.$$

则有

$$M_s \leqslant C(N,\mu,p_\delta^-,p_\delta^+,q_\delta^+)\frac{M_t^\theta}{(t-s)\sigma},$$

其中 $\theta=\frac{\alpha-(p_\delta^- -1)\varepsilon+p_\delta^+ -1}{\alpha-q_\delta^-\varepsilon+q_\delta^-}<1$，$\sigma=\frac{p_\delta^+}{\alpha}\left[\frac{q_\delta^-(1-\varepsilon)}{\alpha}+1\right]^{-1}>0$．由迭代引理，有 $M_{1/2}\leqslant C(N,\mu,p_\delta^-,p_\delta^+,q_\delta^+,q_\delta^-)$.

由 $u=FW$，有

$$\sup\left\{-u(x): x\in B\left(a,\frac{r}{2}\right)\cap\Omega''\right\}=FM_{1/2}\leqslant CF.$$

若 $\sup\limits_{B\left(a,\frac{r}{2}\right)\cap\Omega'} W\leqslant 0$，则 $x''\in B\left(a,\frac{r}{2}\right)\cap\Omega''$，使得 $-W(x'')>0$，类似可得

$$\sup\left\{-u(x): x\in B\left(a,\frac{r}{2}\right)\cap\Omega''\right\}=FM_{1/2}\leqslant CF.$$

进而有

$$\sup_{B\left(a,\frac{r}{2}\right)}|u(x)|\leqslant Cr^{-\tau},$$

其中 $\tau=\tau(p_\delta^-,p_\delta^+,q_\delta^+,\varepsilon)>0$，$C=C(N,\mu,p_\delta^-,p_\delta^+,q_\delta^+)$．证毕.

由上定理可得如下更一般的结果.

定理 3.1.3 假设 p 在 $\overline{\Omega}$ 上 log-Hölder 连续，条件(3.2)—(3.5)成立，并且

$u\in W_{loc}^{1,p(x)}(\Omega\setminus\{x_0\})\cap L_{loc}^{\infty}(\Omega\setminus\{x_0\})$ 是方程(3.1)在 $\Omega\setminus\{x_0\}$ 上的一个解，则对于任意的 $x\neq x_0$，当 $0<|x-x_0|=r<\min\left\{\frac{1}{2}\mathrm{dist}(x_0,\partial\Omega),\frac{\delta}{2}\right\}$ 时，有下面的不等式成立:

$$|u(x)|\leqslant Cr^{-\tau'},$$

其中 $\tau'=\tau'(p_{x_0,\delta}^-,p_{x_0,\delta}^+,q_{x_0,\delta}^+,\varepsilon)>0$，$\varepsilon\in\left(0,\frac{q_{x_0,\delta}^- - p_{x_0,\delta}^+ +1}{q_{x_0,\delta}^- - p_{x_0,\delta}^- +1}\right)$，$p_{x_0,\delta}^+=\sup\limits_{y\in\overline{B(x_0,\delta)\cap\Omega}}p(y)$，$p_{x_0,\delta}^-=\inf\limits_{y\in\overline{B(x_0,\delta)\cap\Omega}}p(y)$，$q_{x_0,\delta}^+=\sup\limits_{y\in\overline{B(x_0,\delta)\cap\Omega}}q(y)$，$q_{x_0,\delta}^-=\inf\limits_{y\in\overline{B(x_0,\delta)\cap\Omega}}q(y)$，$C=C(N,\mu,p_{x_0,\delta}^-,p_{x_0,\delta}^+,q_{x_0,\delta}^+,q_{x_0,\delta}^-)$.

接下来将利用上面的结论，得到方程解的孤立奇点可去的条件是

$$1<\frac{p(x)q(x)}{q(x)-p(x)+1}\ll N,\ \text{a.e.于}\ \overline{\Omega}. \tag{3.10}$$

定理 3.1.4　假设 p 在 $\overline{\Omega}$ 上 log-Hölder 连续，条件(3.2)—(3.5)及(3.10)成立，且 u 是方程(3.1)在区域 $\Omega\setminus\{x_0\}$ 上的一个解，则 u 的奇点 x_0 是可去的.

证明　定义 $R_0=\min\left\{\frac{1}{2}\mathrm{dist}(x_0,\partial\Omega),\frac{\delta}{2}\right\}$，$m(r)=\sup\{|u(x)|:r\leqslant|x-x_0|\leqslant R_0\}$，其中 $0<r<R_0$. 不妨设 $\lim\limits_{r\to 0}m(r)=\infty$，则存在 $0<\rho<R_0$，使得 $m(\rho)>1$. 对于充分小的 $r\leqslant\min\left\{\frac{1}{e^2},R_0^2\right\}$，定义 $\psi_r(x)$ 如下:

$$\psi_r(x)=\begin{cases}0, & |x-x_0|<r\text{时},\\ 1, & |x-x_0|>\sqrt{r}\text{时},\\ \dfrac{2}{\ln\dfrac{1}{r}}\ln\dfrac{|x-x_0|}{r}, & r<|x-x_0|<\sqrt{r}\text{时}.\end{cases}$$

取

$$\varphi(x)=\psi_r^{\gamma}(x)\left[\ln\frac{u}{m(\rho)}\right]_+,\qquad \forall x\in\Omega_\rho,$$

其中 $\Omega_\rho=\{x\in\Omega:u(x)>m(\rho)\}$，$\gamma=\sup\limits_{x\in\overline{\Omega}}\frac{p(x)q(x)}{q(x)-p(x)+1}$. 当 $x\notin\Omega_\rho$ 时，$\varphi(x)=0$.

取 $\overline{G}\subset\Omega\setminus\{x_0\}$，因为 $u\in W_{loc}^{1,p(x)}(\Omega\setminus\{x_0\})\cap L_{loc}^{\infty}(\Omega\setminus\{x_0\})$，所以有

$$\int_G|\varphi(x)|^{p(x)}\,\mathrm{d}x=\int_{G\cap\Omega_\rho}|\psi_r(x)|^{\gamma p(x)}\left(\ln\frac{u}{m(\rho)}\right)^{p(x)}\mathrm{d}x\leqslant\int_{G\cap\Omega_\rho}\left(\frac{u}{m(\rho)}\right)^{p(x)}\mathrm{d}x<\infty$$

以及

$$\int_G \left|\frac{\partial \varphi(x)}{\partial x_j}\right|^{p(x)} \mathrm{d}x = \int_{G\cap\Omega_\rho} \left[\gamma \psi_r^{\ \gamma-1} \frac{\partial \varphi(x)}{\partial x_j}\left(\ln\frac{u}{m(\rho)}\right) + \psi_r^{\ \gamma}\frac{1}{u}\frac{\partial u}{\partial x_j}\right]^{p(x)} \mathrm{d}x$$

$$\leqslant C\int_{G\cap\Omega_\rho} \gamma^{p(x)}\psi_r^{\ (\gamma-1)p(x)}\left|\frac{\partial \psi_r(x)}{\partial x_j}\right|^{p(x)}\left(\ln\frac{u}{m(\rho)}\right)^{p(x)} + \psi_r^{\ \gamma p(x)}\left|\frac{1}{u}\frac{\partial u}{\partial x_j}\right|^{p(x)} \mathrm{d}x$$

$$\leqslant C\int_{G\cap\Omega_\rho} \gamma^{p(x)}\left(\frac{2}{r}\right)^{p(x)}\left(\frac{u}{m(\rho)}\right)^{p(x)} + \frac{1}{m(\rho)^{p(x)}}\left|\frac{\partial u}{\partial x_j}\right|^{p(x)} \mathrm{d}x < \infty,$$

则 $\varphi \in W_{loc}^{1,p(x)}(\Omega\setminus\{x_0\})\cap L_{loc}^{\infty}(\Omega\setminus\{x_0\})$ 且 $\varphi(x)$ 在 $\Omega\setminus\{x_0\}$ 上具有紧支集.

取 $0<\rho<R_0$，使得区域 Ω_ρ 非空. 取 φ 为(3.6)式中的检验函数, 则有

$$\int_{\Omega_\rho}\sum_{j=1}^{N} a_j(x,u,\nabla u)\frac{\partial u}{\partial x_j}\frac{\psi_r^{\ \gamma}}{u} + g(x,u)\psi_r^{\ \gamma}(x)\ln\left(\frac{u}{m(\rho)}\right)\mathrm{d}x$$

$$+\int_{\Omega_\rho}\sum_{j=1}^{N} a_j(x,u,\nabla u)\gamma\psi_r^{\ \gamma-1}(x)\frac{\partial \psi_r}{\partial x_j}\ln\left(\frac{u}{m(\rho)}\right)\mathrm{d}x = 0.$$

由条件(3.2)—(3.5)及 Young 不等式, 对任意的 $\varepsilon>0$，有

$$\int_{\Omega_\rho}\mu\frac{|\nabla u|^{p(x)}}{u}\psi_r^{\gamma}(x)\mathrm{d}x + \int_{\Omega_\rho} u^{q(x)}\psi_r^{\gamma}(x)\ln\left(\frac{u}{m(\rho)}\right)\mathrm{d}x$$

$$\leqslant N\mu^{-1}\gamma\int_{\Omega_\rho}|\nabla u|^{p(x)-1}|\nabla\psi_r^{\gamma}|\psi_r^{\gamma-1}(x)\ln\left(\frac{u}{m(\rho)}\right)\mathrm{d}x$$

$$\leqslant C(N,\mu,\gamma,\varepsilon)\int_{\Omega_\rho} u^{p(x)-1}\psi_r^{\gamma-p(x)}(x)|\nabla\psi_r|^{p(x)}\left(\ln\left(\frac{u}{m(\rho)}\right)\right)^{p(x)}\mathrm{d}x$$

$$+N\mu^{-1}\gamma\varepsilon\int_{\Omega_\rho}\psi_r^{\gamma}u^{-1}|\nabla u|^{p(x)}\,\mathrm{d}x,$$

取 $\varepsilon=\dfrac{\mu^2}{2N\gamma}$，则

$$\int_{\Omega_\rho}\frac{\mu}{2}\frac{|\nabla u|^{p(x)}}{u}\psi_r^{\gamma}(x)\mathrm{d}x + \int_{\Omega_\rho} u^{q(x)}\psi_r^{\gamma}(x)\ln\left(\frac{u}{m(\rho)}\right)\mathrm{d}x$$

$$\leqslant C(N,\mu,\gamma)\int_{\Omega_\rho} u^{p(x)-1}\psi_r^{\gamma-p(x)}(x)|\nabla\psi_r|^{p(x)}\left(\ln\left(\frac{u}{m(\rho)}\right)\right)^{p(x)}\mathrm{d}x.$$

对上式右端使用 Young 不等式, 则对任意的 $\varepsilon>0$，有

$$\int_{\Omega_\rho} u^{p(x)-1}\psi_r^{\gamma-p(x)}(x)|\nabla\psi_r|^{p(x)}\left(\ln\left(\frac{u}{m(\rho)}\right)\right)^{p(x)}\mathrm{d}x$$

$$\leqslant C(\varepsilon)\int_{\Omega_\rho}\left(\ln\left(\frac{u}{m(\rho)}\right)\right)^{1+\frac{(p(x)-1)q(x)}{q(x)-p(x)+1}}|\nabla\psi_r|^{\frac{p(x)q(x)}{q(x)-p(x)+1}}\mathrm{d}x$$

$$+\varepsilon\int_{\Omega_\rho}\ln\left(\frac{u}{m(\rho)}\right)u^{q(x)}\psi_r^{\frac{(\gamma-p(x))q(x)}{p(x)-1}}\mathrm{d}x,$$

取 $\varepsilon=\min\left\{\frac{1}{2C(N,\mu,\gamma)},\frac{1}{2}\right\}$. 由于 $\frac{(\gamma-p(x))q(x)}{p(x)-1}>\gamma$，$\psi_r(x)\leqslant 1$ 且 $\gamma<N$，所以当 $r\to 0$，有

$$\int_{\Omega_\rho}\frac{\mu}{2}\frac{|\nabla u|^{p(x)}}{u}\psi_r^\gamma(x)\mathrm{d}x+\frac{1}{2}\int_{\Omega_\rho}u^{q(x)}\psi_r^\gamma(x)\ln\left(\frac{u}{m(\rho)}\right)\mathrm{d}x$$

$$\leqslant C\int_{\Omega_\rho\cap\{x:r\leqslant|x-x_0|<\sqrt{r}\}}\left(\ln\left(\frac{u}{m(\rho)}\right)\right)^{1+\frac{(p(x)-1)q(x)}{q(x)-p(x)+1}}|\nabla\psi_r|^{\frac{p(x)q(x)}{q(x)-p(x)+1}}\mathrm{d}x$$

$$=C\int_{\Omega_\rho\cap\{x:r\leqslant|x-x_0|<\sqrt{r}\}}\left(\ln\left(\frac{u}{m(\rho)}\right)\right)^{1+\frac{(p(x)-1)q(x)}{q(x)-p(x)+1}}\left(\frac{2}{|x-x_0|\ln\frac{1}{r}}\right)^{\frac{p(x)q(x)}{q(x)-p(x)+1}}\mathrm{d}x$$

$$\leqslant C\int_{\Omega_\rho\cap\{x:r\leqslant|x-x_0|<\sqrt{r}\}}(\ln|x-x_0|^{-\tau'})^{1+\frac{(p(x)-1)q(x)}{q(x)-p(x)+1}}\left(\frac{2}{|x-x_0|\ln\frac{1}{r}}\right)^{\frac{p(x)q(x)}{q(x)-p(x)+1}}\mathrm{d}x$$

$$\leqslant C\left(\ln\frac{1}{r}\right)^{-\frac{q_{x_0,\delta}^-p_{x_0,\delta}^-}{q_{x_0,\delta}^--p_{x_0,\delta}^-+1}}\int_{\Omega_\rho\cap\{x:r\leqslant|x-x_0|<\sqrt{r}\}}(\ln|x-x_0|^{-1})^{1+\frac{(p_{x_0,\delta}^+-1)q_{x_0,\delta}^-}{q_{x_0,\delta}^--p_{x_0,\delta}^-+1}}\left(\frac{1}{|x-x_0|}\right)^\gamma\mathrm{d}x$$

$$\leqslant C\left(\ln\frac{1}{r}\right)^{-\frac{q_{x_0,\delta}^-p_{x_0,\delta}^-}{q_{x_0,\delta}^--p_{x_0,\delta}^-+1}}\int_r^{\sqrt{r}}t^{-\gamma}(\ln t^{-1})^{1+\frac{(p_{x_0,\delta}^+-1)q_{x_0,\delta}^-}{q_{x_0,\delta}^--p_{x_0,\delta}^-+1}}t^{n-1}\mathrm{d}t\to 0.$$

因此有

$$\lim_{r\to 0}\int_{\Omega_\rho}\frac{\mu}{2}\frac{|\nabla u|^{p(x)}}{u}\psi_r^\gamma(x)\mathrm{d}x+\frac{1}{2}\int_{\Omega_\rho}u^{q(x)}\psi_r^\gamma(x)\ln\left(\frac{u}{m(\rho)}\right)\mathrm{d}x\leqslant 0,$$

所以

$$\int_{\Omega_\rho}\mu\frac{|\nabla u|^{p(x)}}{u}\mathrm{d}x+\int_{\Omega_\rho}u^{q(x)}\ln\left(\frac{u}{m(\rho)}\right)\mathrm{d}x=0.$$

可知，在 Ω_ρ 中，$u(x)=m(\rho)$，故 Ω_ρ 的 Lebesgue 测度等于零. 在上述过程中考虑 $-u$，同样可得 $-u$ 在点 x_0 附近的有界性. 因此，$u\in L^\infty(\Omega)$.

以下证明$|\nabla u|\in L^{p(x)}(\Omega)$. 取$\overline{\varphi}=\psi^{p_+}u$, 其中

$$\psi(x)=\begin{cases}1, & x\in B(x_0,2\rho)\setminus B(x_0,\rho),\\ 0, & x\notin B\left(x_0,\dfrac{5\rho}{2}\right)\Big\backslash B\left(x_0,\dfrac{\rho}{2}\right),\end{cases}$$

且满足$0\leqslant\psi(x)\leqslant 1$, $|\nabla\psi|\leqslant\dfrac{c}{\rho}$且$0<\rho\leqslant 1$. 将$\overline{\varphi}$代入(3.6)式可得

$$\int_\Omega\left[\sum_{j=1}^N a_j(x,u,\nabla u)\left(p_+\psi^{p_+-1}\frac{\partial\psi}{\partial x_j}u+\psi^{p_+}\frac{\partial u}{\partial x_j}\right)+g(x,u)\psi^{p_+}u\right]\mathrm{d}x=0.$$

由条件(3.2)—(3.5)及 Young 不等式, 对任意的$\varepsilon>0$, 有

$$\begin{aligned}&\int_{B\left(x_0,\frac{5\rho}{2}\right)}\mu|\nabla u|^{p(x)}\psi^{p_+}+|u|^{q(x)+1}\psi^{p_+}\mathrm{d}x\\ \leqslant\ & Np_+\mu^{-1}\int_{B\left(x_0,\frac{5\rho}{2}\right)}|\nabla u|^{p(x)-1}\psi^{p_+-1}|\nabla\psi||u|\mathrm{d}x\\ \leqslant\ & C(N,\mu,p_+,\varepsilon)\int_{B\left(x_0,\frac{5\rho}{2}\right)}|\nabla\psi|^{p(x)}|u|^{p(x)}\psi^{p_+-p(x)}\mathrm{d}x\\ &+Np_+\mu^{-1}\varepsilon\int_{B\left(x_0,\frac{5\rho}{2}\right)}|\nabla u|^{p(x)}\psi^{p_+}\mathrm{d}x,\end{aligned}$$

取$\varepsilon=\dfrac{\mu^2}{2Np_+}$, 由上式可得

$$\begin{aligned}&\int_{B\left(x_0,\frac{5\rho}{2}\right)}|\nabla u|^{p(x)}\psi^{p_+}\mathrm{d}x\\ \leqslant\ & C(N,\mu,p_+)\int_{B\left(x_0,\frac{5\rho}{2}\right)}|\nabla\psi|^{p(x)}|u|^{p(x)}\psi^{p_+-p(x)}\mathrm{d}x\\ \leqslant\ & C(N,\mu,p_+)\frac{1}{\rho^{p_+}}\max\left\{\|u\|_\infty^{p_+},\|u\|_\infty^{p_-}\right\}\left|B\left(x_0,\frac{5\rho}{2}\right)\right|\\ \leqslant\ & C(N,\mu,p_+)\rho^{N-p_+}.\end{aligned}$$

进而有

$$\int_{B(x_0,2\rho)\setminus B(x_0,\rho)}|\nabla u|^{p(x)}\mathrm{d}x\leqslant C(N,\mu,p_+)\rho^{N-p_+}.$$

当$\rho\to 0$时, 有

$$\int_{B(x_0,\rho)}|\nabla u|^{p(x)}\mathrm{d}x=\sum_{j=1}^\infty\int_{B(x_0,2^{1-j}\rho)\setminus B(x_0,2^{-j}\rho)}|\nabla u|^{p(x)}\mathrm{d}x$$

$$\leqslant C\sum_{j=1}^\infty(2^{-j}\rho)^{N-p^+}\leqslant C(N,\mu,p^+)\rho^{N-p^+}\to 0.$$

所以, $|\nabla u| \in L^{p(x)}(\Omega)$.

综上, 可得 $u \in W^{1,p(x)}(\Omega) \cap L^{\infty}(\Omega)$.

接下来, 证明 u 是方程(3.1)在区域 Ω 上的解. 取

$$\eta_\rho = \begin{cases} 1, & x \in B(x_0, \rho), \\ 0, & x \notin B(x_0, 2\rho), \end{cases}$$

满足 $|\nabla \eta_\rho| \leqslant \dfrac{C}{\rho}$ 且 $0 < \rho \leqslant 1$ 以及函数 $\varphi \in W_0^{1,p(x)}(\Omega) \cap L^{\infty}(\Omega)$. 取检验函数为 $(1-\eta_\rho)\varphi$, 可得

$$\int_\Omega \sum_{j=1}^N a_j(x,u,\nabla u) \frac{\partial (1-\eta_\rho)\varphi}{\partial x_j} \mathrm{d}x + \int_\Omega g(x,u)(1-\eta_\rho)\varphi \mathrm{d}x = 0,$$

即

$$\int_\Omega \sum_{j=1}^N a_j(x,u,\nabla u) \left[\frac{\partial \varphi}{\partial x_j}(1-\eta_\rho) - \frac{\partial \eta_\rho}{\partial x_j}\varphi \right] \mathrm{d}x + \int_\Omega g(x,u)(1-\eta_\rho)\varphi \mathrm{d}x = 0.$$

由于

$$\begin{aligned} & \left| \int_\Omega \sum_{j=1}^N a_j(x,u,\nabla u) \frac{\partial \varphi}{\partial x_j}(1-\eta_\rho) \mathrm{d}x \right| \\ & \leqslant N\mu^{-1} |\nabla u|^{p(x)-1} |\nabla \varphi| \\ & \leqslant N\mu^{-1} (|\nabla u|^{p(x)} + |\nabla \varphi|^{p(x)}) \in L^1(\Omega), \end{aligned}$$

则

$$\lim_{\rho \to 0} \int_\Omega \sum_{j=1}^N a_j(x,u,\nabla u) \frac{\partial \varphi}{\partial x_j}(1-\eta_\rho) \mathrm{d}x = \int_\Omega \sum_{j=1}^N a_j(x,u,\nabla u) \frac{\partial \varphi}{\partial x_j} \mathrm{d}x$$

以及

$$\lim_{\rho \to 0} \int_\Omega g(x,u)(1-\eta_\rho)\varphi \mathrm{d}x = \int_\Omega g(x,u)\varphi \mathrm{d}x.$$

当 $\rho \to 0$ 时,

$$\left| \int_\Omega \sum_{j=1}^N a_j(x,u,\nabla u) \frac{\partial \eta_\rho}{\partial x_j} \varphi \mathrm{d}x \right| \leqslant \frac{CN}{\mu\rho} \int_{B(x_0,2\rho)\setminus B(x_0,\rho)} |\nabla u|^{p(x)-1} \varphi \mathrm{d}x \leqslant C\rho^{\frac{p_-(N-p_+)}{p_+}} \to 0.$$

则有

$$\int_\Omega \sum_{j=1}^N a_j(x,u,\nabla u) \frac{\partial \varphi}{\partial x_j} \mathrm{d}x + \int_\Omega g(x,u)\varphi \mathrm{d}x = 0.$$

综上, 孤立奇点 x_0 是方程(3.1)解的可去孤立奇点. 证毕.

3.2 吸收项具有退化因子的非线性椭圆方程解的零奇点可去性

本节在变指数函数空间的理论框架下, 讨论如下散度形式的椭圆方程

$$-\mathrm{div}A(x,u,\nabla u)+g(x,u)=0,\quad x\in\Omega\setminus\{0\}, \tag{3.11}$$

其中$\Omega\subset\mathbb{R}^N$是一个具有光滑边界的有界区域.

方程中的函数满足: 对任意的$\xi\in\mathbb{R}$, $\eta\in\mathbb{R}^N$, $A(\cdot,\xi,\eta):\Omega\to\mathbb{R}^N$, $g(\cdot,\xi):\Omega\to\mathbb{R}^N$可测; 对于几乎处处的$x\in\Omega$, $A(x,\cdot,\cdot)$, $g(x,\cdot)$是连续的, 并且对于几乎处处的$x\in\overline{\Omega}$, $\xi\in\mathbb{R}$, $\eta\in\mathbb{R}^N$, 满足如下的结构条件:

$$A(x,\xi,\eta)\eta\geqslant\mu_1|\eta|^{p(x)}, \tag{3.12}$$

$$|A(x,\xi,\eta)|\leqslant\mu_2|\eta|^{p(x)-1}, \tag{3.13}$$

$$|x|^{-\alpha}|\xi|^{q(x)}\leqslant g(x,\xi)\operatorname{sgn}\xi\leqslant C|x|^{-\alpha}|\xi|^{q(x)}, \tag{3.14}$$

其中$\mu_1,\mu_2>0$, $\alpha<N$, $C>1$为常数, $p,q\in C(\overline{\Omega})$, $1\leqslant p^-\leqslant p(x)\leqslant p^+<N$, 并且$q(x)\gg p(x)-1$.

将利用 Moser 迭代(文献[104]), 得到方程(3.11)解的孤立奇点零可去的条件是

$$1<\frac{(p(x)-\alpha)q(x)}{q(x)-p(x)+1}+\alpha\ll N\quad \text{a.e.}\,\overline{\Omega}. \tag{3.15}$$

在本节中假设$0\in\Omega$是解u的一个奇点.

函数$u\in W_{loc}^{1,p(x)}(\Omega\setminus\{0\})$是方程(3.11)在$\Omega\setminus\{0\}$上的解是指: 对于在区域$\Omega\setminus\{0\}$上具有紧支集的任意函数$\varphi\in W_{loc}^{1,p(x)}(\Omega\setminus\{0\})\cap L_{loc}^{\infty}(\Omega\setminus\{0\})$, 有

$$\int_\Omega(A(x,u,\nabla u)\nabla\varphi+g(x,u)\varphi)\,\mathrm{d}x=0. \tag{3.16}$$

首先将区域Ω分割成一系列小的开子集, 然后讨论解的孤立奇点在小开子集上的性质. 在每个小区域上, 得到下面的结论.

引理 3.2.1 集合$S=\{\delta:p_\delta^+-1<q_\delta^-\}$非空, 上方有界且$\delta_0=\sup\{\delta:p_\delta^+-1<q_\delta^-\}<\infty$.

在本节中, 定义$p_\delta^+=\sup\limits_{y\in B(0,\delta)\cap\overline{\Omega}}p(y)$, $p_\delta^-=\inf\limits_{y\in B(0,\delta)\cap\overline{\Omega}}p(y)$, $q_\delta^+=\sup\limits_{y\in B(0,\delta)\cap\overline{\Omega}}q(y)$, $q_\delta^-=\inf\limits_{y\in B(0,\delta)\cap\overline{\Omega}}q(y)$, 其中$\delta>0$为常数.

证明　由于 $p(x),q(x)$ 在 $\overline{\Omega}$ 上连续以及 $q(x) \gg p(x)-1$，易证存在 $\delta>0$，使得

$$p_\delta^+ - 1 < q_\delta^-.$$

因此, 集合 S 非空. 显然, S 上方有界, 故有上确界, 记为 $\delta_0 = \sup\left\{\delta : p_\delta^+ - 1 < q_\delta^-\right\} < \infty$. 证毕.

以下将讨论解在孤立奇点零附近的性态.

定理 3.2.1　令 $u \in W_{loc}^{1,p(x)}(\Omega \setminus \{0\}) \cap L_{loc}^{\infty}(\Omega \setminus \{0\})$ 是方程(3.11)在区域 $\Omega \setminus \{0\}$ 上的一个解. 假设 p 在 $\overline{\Omega}$ 上 log-Hölder 连续, 条件(3.12)—(3.14)成立, 则对于任意的 $x \neq 0$，当 $0<|x| \leqslant R < \min\left\{d(0,\partial\Omega), \delta_0, 1\right\}$ 时，有

$$|u(x)| \leqslant C|x|^{-Q},$$

其中 $C = C(N,\mu_1,\mu_2,p_R^-,p_R^+,q_R^-,q_R^+,R)$，$Q = Q(N,\alpha,p_R^-,p_R^+,q_R^-)$.

证明　对于 $\rho<R$，定义光滑的截断函数

$$\varphi_1(x) = \begin{cases} 1, & \dfrac{\rho}{2} < |x| < \dfrac{3\rho}{4}, \\ 0, & |x| \leqslant \dfrac{\rho}{4} \text{或} |x| \geqslant \rho \end{cases}$$

满足 $|\nabla\varphi_1| \leqslant \dfrac{C}{\rho}$ 且 $0 \leqslant \varphi_1 \leqslant 1$. 取(3.15)式中的检验函数为

$$\psi = (1+|u(x)|)^m u(x)\varphi_1(x)^{n+p_R^+} \in W_0^{1,p(x)}(B(0,R)\setminus\{0\}),$$

其中 m,n 为待定的非负常数, 则有

$$\begin{aligned}
&\int_{B(0,R)} mA(x,u,\nabla u)(1+|u|)^{m-1}\nabla u|u|\varphi_1^{n+p_R^+}\mathrm{d}x \\
&+\int_{B(0,R)} A(x,u,\nabla u)(1+|u|)^m\nabla u\varphi_1^{n+p_R^+}\mathrm{d}x + \int_{B(0,R)} g(x,u)(1+|u|)^m u\varphi_1^{n+p_R^+}\mathrm{d}x \\
&+\int_{B(0,R)} (n+p_R^+)A(x,u,\nabla u)(1+|u|)^m u\varphi_1^{n+p_R^+}\nabla\varphi_1\mathrm{d}x = 0.
\end{aligned}$$

由条件(3.12)—(3.14)，有

$$\begin{aligned}
&\int_{B(0,R)} \mu_1 m(1+|u|)^{m-1}|\nabla u|^{p(x)}|u|\varphi_1^{n+p_R^+}\mathrm{d}x \\
&+\int_{B(0,R)} \mu_1|\nabla u|^{p(x)}(1+|u|)^m\varphi_1^{n+p_R^+}\mathrm{d}x + \int_{B(0,R)} |x|^{-\alpha}|u|^{q(x)+1}(1+|u|)^m\varphi_1^{n+p_R^+}\mathrm{d}x \\
&\leqslant \int_{B(0,R)} \mu_2(n+p_R^+)|\nabla u|^{p(x)-1}(1+|u|)^{m+1}\varphi_1^{n+p_R^+}|\nabla\varphi_1|\mathrm{d}x.
\end{aligned}$$

在上式右端使用 Young 不等式，对任意的 $\varepsilon>0$，有

$$\int_{B(0,R)} \mu_1|\nabla u|^{p(x)}(1+|u|)^m\varphi_1^{n+p_R^+}\mathrm{d}x + \int_{B(0,R)} |x|^{-\alpha}|u|^{q(x)+1}(1+|u|)^m\varphi_1^{n+p_R^+}\mathrm{d}x$$

$$\leqslant \varepsilon\mu_2\int_{B(0,R)}(1+|u|)^m\varphi_1^{n+p_R^+}|\nabla u|^{p(x)}\,\mathrm{d}x$$

$$+\mu_2C(\varepsilon)\int_{B(0,R)}(n+p_R^+)^{p(x)}(1+|u|)^{p(x)+m}\varphi_1^{n+p_R^+-p(x)}|\nabla\varphi_1|^{p(x)}\,\mathrm{d}x.$$

取$\varepsilon=\dfrac{\mu_1}{2\mu_2}$，则

$$\begin{aligned}&\frac{\mu_1}{2}\int_{B(0,R)}|\nabla u|^{p(x)}(1+|u|)^m\varphi_1^{n+p_R^+}\mathrm{d}x+\int_{B(0,R)}|x|^{-\alpha}|u|^{q(x)+1+m}\varphi_1^{n+p_R^+}\mathrm{d}x\\&\leqslant C(\mu_1,\mu_2)\int_{B(0,R)}(n+p_R^+)^{p(x)}(1+|u|)^{p(x)+m}\varphi_1^{n+p_R^+-p(x)}\mathrm{d}x.\end{aligned}\tag{3.17}$$

记

$$p_R^{-*}=\frac{Np_R^-}{N-p_R^-}=kp_R^-.$$

由于$u\in W^{1,p(x)}(B(0,R)\setminus\{0\})$，所以$u\in W^{1,p_R^-}(B(0,R)\setminus\{0\})$. 进而,

$$\phi(x)=\left[(1+|u(x)|)^{t+p_R^+}\varphi_1(x)^{s+p_R^+}\right]^{\frac{1}{kp_R^-}}\in W^{1,p_R^-}(B(0,R)),$$

其中$t+p_R^+>kp_R^-,s+p_R^+>kp_R^+$. 由于$1<p_R^-<N$，则对$\phi$使用 Poincaré 不等式(3.7),有

$$\begin{aligned}&\int_{B(0,R)}(1+|u(x)|)^{t+p_R^+}\varphi_1(x)^{s+p_R^+}\mathrm{d}x\\&\leqslant C(N,p_R^-)\left(\int_{B(0,R)}|\nabla\varphi(x)|^{p_R^-}\,\mathrm{d}x\right)^k\\&\leqslant C(N,p_R^-)\left(\frac{t+s+p_R^+}{kp_R^-}\right)^{kp_R^-}\left\{\int_{B(0,R)}\left[(1+u(x))^{\frac{t+p_R^+}{k}-p_R^-}|\nabla u(x)|^{p_R^-}\varphi_1^{\frac{s+p_R^+}{k}}\right.\right.\\&\quad\left.\left.+\rho^{-p_R^-}(1+u(x))^{\frac{t+p_R^+}{k}}\varphi_1^{\frac{s+p_R^+}{k}-p_R^-}\right]\mathrm{d}x\right\},\end{aligned}$$

在(3.17)式中，取$m=\dfrac{t+p_R^+}{k}-p_R^-,n+p_R^+=\dfrac{s+p_R^+}{k}$，并使用 Young 不等式可得

$$\begin{aligned}&\int_{B(0,R)}(1+|u(x)|)^{\frac{t+p_R^+}{k}-p_R^-}|\nabla u(x)|^{p_R^-}\varphi_1(x)^{\frac{s+p_R^+}{k}}\mathrm{d}x\\&\leqslant C(\mu_1,\mu_2)(s+p_R^+)^{p_R^+}\rho^{-p_R^-}\int_{B(0,R)}(1+|u(x)|)^{\frac{t+p_R^+}{k}-p_R^-+p(x)}\varphi_1(x)^{\frac{s+p_R^+}{k}-p(x)}\mathrm{d}x,\end{aligned}$$

则有

$$\int_{B(0,R)}(1+|u(x)|)^{t+p_R^+}\varphi_1(x)^{s+p_R^+}\mathrm{d}x$$

$$\leqslant C(s+p_R^+)^{kp_R^+}(t+s+p_R^+)^{kp_R^-}\rho^{-kp_R^+}\left[\int_{B(0,R)}(1+|u(x)|)^{\frac{t+p_R^+}{k}-p_R^-+p_R^+}\varphi_1(x)^{\frac{s+p_R^+}{k}-p_R^+}\mathrm{d}x\right]^k.$$

定义

$$I_i=\int_{B(0,R)}(1+|u(x)|)^{t+p_R^+}\varphi_1(x)^{s+p_R^+}\mathrm{d}x,$$

$$t_i=(q_R^-+kp_R^-)k^i-p_R^++\frac{(p_R^+-p_R^-)N}{p_R^-},$$

$$s_i=\left(s_0+p_R^++\frac{Np_R^+}{p_R^-}\right)k^i-p_R^+-\frac{Np_R^+}{p_R^-},$$

其中 $s_0=\dfrac{p_R^+\left(q_R^++kp_R^-+\dfrac{(p_R^+-p_R^-)N}{p_R^-+1}\right)}{q_R^--p_R^++1}-p_R^++1$，则有

$$I_i\leqslant C(t_i+s_i+p_R^+)^{2kp_R^+}\rho^{-kp_R^+}I_{i-1}^k. \tag{3.18}$$

由于 $t_i+s_i+p_R^+\leqslant\left(q_R^-+kp_R^-+s_0+p_R^++\dfrac{Np_R^+}{p_R^-}\right)k^i$，迭代(3.18)式可得

$$I_i\leqslant\left(q_R^-+kp_R^-+s_0+p_R^++\frac{Np_R^+}{p_R^-}\right)^{2\sum_{j=1}^{i}k^jp_R^+}k^{2\sum_{j=1}^{i}(i+1-j)k^jp_R^+}\rho^{-\sum_{j=1}^{i}k^jp_R^+}I_0^{k^i}.$$

因为

$$\left[\int_{B(0,R)}(1+|u(x)|)^{t+p_R^+}\varphi_1(x)^{s+p_R^+}\mathrm{d}x\right]^{\frac{1}{k^i}}$$

$$\leqslant C\left(q_R^-+kp_R^-+s_0+p_R^++\frac{Np_R^+}{p_R^-}\right)^{2\sum_{j=1}^{i}k^{j-i}p_R^+}k^{2\sum_{j=1}^{i}(i+1-j)k^{j-i}p_R^+}\rho^{-\sum_{j=1}^{i}k^{j-i}p_R^+}I_0^{k^i}$$

且

$$\left[\int_{B(0,R)}|u(x)|^{q_R^-k^i}\varphi_1(x)^{s_i+p_R^+}\mathrm{d}x\right]^{\frac{1}{k^i}}\leqslant\left[\int_{B(0,R)}(1+|u(x)|)^{(q_R^-+kp_R^-)k^i+\frac{(p_R^+-p_R^-)N}{p_R^-}}\varphi_1(x)^{s_i+p_R^+}\mathrm{d}x\right]^{\frac{1}{k^i}},$$

令 $i\to\infty$，有

$$\|u\|^{q_R^-}_{L^\infty\left(\frac{\rho}{2}<|x|<\frac{3}{4}\rho\right)} \leqslant \|1+u\|^{q_R^-}_{L^\infty\left(\frac{\rho}{2}<|x|<\frac{3}{4}\rho\right)}$$

$$\leqslant C\rho^{-\frac{kp_R^+}{k-1}}\left[\int_{B(0,R)}(1+|u(x)|)^{q_R^-+kp_R^-+\frac{(p_R^+-p_R^-)N}{p_R^-}}\varphi_1(x)^{s_0+p_R^+}\mathrm{d}x\right].$$

在(3.17)中，取$m=kp_R^-+\dfrac{(p_R^+-p_R^-)N}{p_R^-}, n=s_0$，有

$$\int_{B(0,R)}|x|^{-\alpha}|u(x)|^{q(x)+kp_R^-+\frac{(p_R^+-p_R^-)N}{p_R^-}+1}\varphi_1(x)^{s_0+p_R^+}\mathrm{d}x$$

$$\leqslant C\int_{B(0,R)}\rho^{-p(x)}(1+|u(x)|)^{p(x)+kp_R^-+\frac{(p_R^+-p_R^-)N}{p_R^-}}\varphi_1(x)^{s_0+p_R^+-p(x)}\mathrm{d}x,$$

进而有

$$\int_{B(0,R)}(1+|u(x)|)^{q(x)+kp_R^-+\frac{(p_R^+-p_R^-)N}{p_R^-}+1}\varphi_1(x)^{s_0+p_R^+}\mathrm{d}x$$

$$\leqslant C\int_{B(0,R)}(1+|u(x)|)^{q(x)+kp_R^-+\frac{(p_R^+-p_R^-)N}{p_R^-}+1}\varphi_1(x)^{s_0+p_R^+}\mathrm{d}x$$

$$\leqslant C\left(1+\int_{B(0,R)}\rho^{(\alpha-p_R^+)\frac{q(x)+kp_R^-+\frac{(p_R^+-p_R^-)}{p_R^-}+1}{q(x)-p(x)+1}}\mathrm{d}x\right).$$

则

$$\|u\|^{q_R^-}_{L^\infty\left(\frac{\rho}{2}<|x|<\frac{3}{4}\rho\right)}\leqslant C\rho^{-\frac{kp_R^+}{k-1}}\left(1+\int_{B(0,R)}\rho^{(\alpha-p_R^+)\frac{q(x)+kp_R^-+\frac{(p_R^+-p_R^-)}{p_R^-}+1}{q(x)-p(x)+1}}\mathrm{d}x\right).$$

如果 $p_R^+\leqslant\alpha<N$，则$\|u\|^{q_R^-}_{L^\infty\left(\frac{\rho}{2}<|x|<\frac{3}{4}\rho\right)}\leqslant C\rho^{-\frac{kp_R^+}{k-1}}$，进而有$|u(x)|\leqslant C|x|^{-\frac{kp_R^+}{(k-1)q_R^-}}$；

如果$\alpha<p_R^+$，则$\|u\|^{q_R^-}_{L^\infty\left(\frac{\rho}{2}<|x|<\frac{3}{4}\rho\right)}\leqslant C\rho^{(\alpha-p_R^+)\frac{q_R^++kp_R^-+\frac{(p_R^+-p_R^-)}{p_R^-}+1}{q_R^--p_R^++1}-\frac{kp_R^+}{k-1}}$，故

$$|u(x)|\leqslant C|x|^{(\alpha-p_R^+)\frac{q_R^++kp_R^-+\frac{(p_R^+-p_R^-)}{p_R^-}+1}{q_R^--p_R^++1}-\frac{kp_R^+}{k-1}}.$$

证毕.

接下来, 将讨论方程解的孤立奇点零的可去性.

定理 3.2.2 假设 log-Hölder 连续, 条件(3.12)—(3.15)成立. 若 u 是方程(3.11)在区域 $\Omega\setminus\{0\}$ 上的一个解, 则 u 的孤立奇点零是可去的.

证明 定义 $m(r)=\sup\{|u(x)|:r\leqslant|x|\leqslant R\}$, 其中 $0<r<R<\min\{d(0,\partial\Omega),\delta_0,1\}$. 对于充分小的 $r\leqslant\min\{e^{-2},R^2\}$, 定义函数 $\phi_r(x)$ 如下:

$$\phi_r(x)=\begin{cases}0, & |x|<r,\\ 1, & |x|>\sqrt{r},\\ -\dfrac{2}{\ln r}\ln\dfrac{|x-x_0|}{r}, & r<|x|<\sqrt{r}.\end{cases}$$

再定义

$$\varphi(x)=\phi_r^\gamma(x)\left[\ln\frac{u}{m(\rho)}\right],\quad \forall x\in\Omega_\rho,$$

其中 $0<\rho<R$, $\Omega_\rho=\{x\in B(0,R):u(x)>m(\rho)\}$, $\gamma=\sup\limits_{x\in\Omega}\dfrac{p(x)q(x)}{q(x)-p(x)+1}$ 且当 $x\notin\Omega_\rho$ 时, $\varphi(x)=0$.

取 $0<\rho<R$, 使得区域 Ω_ρ 非空. 因为 $\varphi(x)\in W_0^{1,p(x)}(\Omega\setminus\{0\})\cap L^\infty(\Omega\setminus\{0\})$, 取 $\varphi(x)$ 为(3.16)式中的检验函数, 可得

$$\int_{\Omega_\rho}A(x,u,\nabla u)\nabla u\frac{\phi_r^\gamma}{u}+g(x,u)\phi_r^\gamma(x)\ln\left(\frac{u}{m(\rho)}\right)\mathrm{d}x$$
$$+\int_{\Omega_\rho}\gamma A(x,u,\nabla u)\phi_r^{\gamma-1}(x)\nabla\phi_r\ln\left(\frac{u}{m(\rho)}\right)\mathrm{d}x=0.$$

由条件(3.12)—(3.14)且使用 Young 不等式, 有

$$\int_{\Omega_\rho}\mu_1\frac{|\nabla u|^{p(x)}}{u}\phi_r^\gamma(x)\mathrm{d}x+\int_{\Omega_\rho}|x|^{-\alpha}u^{q(x)}\phi_r^\gamma(x)\ln\left(\frac{u}{m(\rho)}\right)\mathrm{d}x$$
$$\leqslant C(\mu_1,\mu_2,\gamma)\int_{\Omega_\rho}|u|^{p(x)-1}\phi_r^{\gamma-p(x)}|\nabla\phi_r|^{p(x)}\left(\ln\left(\frac{u}{m(\rho)}\right)\right)^{p(x)}\mathrm{d}x.$$

又由于 $\dfrac{(\gamma-p(x))q(x)}{p(x)-1}>\gamma$, $\phi_r(x)\leqslant1$, 可得

$$\frac{\mu_1}{2}\int_{\Omega_\rho}\frac{|\nabla u|^{p(x)}}{u}\phi_r^\gamma(x)\mathrm{d}x+\frac{1}{2}\int_{\Omega_\rho}|x|^{-\alpha}u^{q(x)}\phi_r^\gamma(x)\ln\left(\frac{u}{m(\rho)}\right)\mathrm{d}x$$

$$\leqslant C(\mu_1,\mu_2,\gamma)\int_{\Omega_\rho\cap\{x:r\leqslant|x|<\sqrt{r}\}}|x|^{\frac{\alpha q(x)}{q(x)-p(x)+1}-\alpha}|\nabla\phi_r|^{\frac{p(x)q(x)}{q(x)-p(x)+1}}\left(\ln\left(\frac{u}{m(\rho)}\right)\right)^{1+\frac{(p(x)-1)q(x)}{q(x)-p(x)+1}}\mathrm{d}x.$$

记 $\lambda=\sup\limits_{x\in\Omega}\left(\frac{(p(x)-\alpha)q(x)}{q(x)-p(x)+1}+\alpha\right)$. 由定理 3.2.1, 有

$$\frac{\mu_1}{2}\int_{\Omega_\rho}\frac{|\nabla u|^{p(x)}}{u}\phi_r^\gamma(x)\mathrm{d}x+\frac{1}{2}\int_{\Omega_\rho}|x|^{-\alpha}u^{q(x)}\phi_r^\gamma(x)\ln\left(\frac{u}{m(\rho)}\right)\mathrm{d}x$$

$$\leqslant C(\mu_1,\mu_2,\gamma)\int_{\Omega_\rho\cap\{x:r\leqslant|x|<\sqrt{r}\}}|x|^{\frac{\alpha q(x)}{q(x)-p(x)+1}-\alpha}\left(\frac{2}{|x|\ln\frac{1}{r}}\right)^{\frac{p(x)q(x)}{q(x)-p(x)+1}}(\ln|x|^{-Q}+C)^{1+\frac{(p(x)-1)q(x)}{q(x)-p(x)+1}}\mathrm{d}x$$

$$\leqslant C\left(\ln\frac{1}{r}\right)^{-\frac{q_R^-p_R^-}{q_R^+-p_R^-+1}}\int_{\Omega_\rho\cap\{x:r\leqslant|x|<\sqrt{r}\}}\left(\ln\frac{1}{|x|}\right)^{1+\frac{(p_R^+-1)q_R^+}{q_R^--p_R^++1}}\left(\frac{1}{|x|}\right)^{\lambda}\mathrm{d}x$$

$$\leqslant C\left(\ln\frac{1}{r}\right)^{-\frac{q_R^-p_R^-}{q_R^+-p_R^-+1}}\int_r^{\sqrt{r}}t^{-\lambda}\left(\ln\frac{1}{t}\right)^{1+\frac{(p_R^+-1)q_R^+}{q_R^--p_R^++1}}t^{N-1}\mathrm{d}t.$$

由于 $\lambda<N$, 当 $r\to0$ 时, 有

$$\left(\ln\frac{1}{r}\right)^{-\frac{q_R^-p_R^-}{q_R^+-p_R^-+1}}\int_r^{\sqrt{r}}t^{-\lambda}\left(\ln\frac{1}{t}\right)^{1+\frac{(p_R^+-1)q_R^+}{q_R^--p_R^++1}}t^{N-1}\mathrm{d}t$$

$$\leqslant\left(\ln\frac{1}{r}\right)^{-\frac{q_R^-p_R^-}{q_R^+-p_R^-+1}}\left(\ln\frac{1}{r}\right)^{1+\frac{(p_R^+-1)q_R^+}{q_R^--p_R^++1}}\frac{1}{N-\lambda}r^{\frac{1}{2}(N-\lambda)}\left(1-r^{\frac{1}{2}(N-\lambda)}\right)\to0,$$

因此

$$\lim_{r\to0}\frac{\mu_1}{2}\int_{\Omega_\rho}\frac{|\nabla u|^{p(x)}}{u}\phi_r^\gamma(x)\mathrm{d}x+\frac{1}{2}\int_{\Omega_\rho}|x|^{-\alpha}u^{q(x)}\phi_r^\gamma(x)\ln\left(\frac{u}{m(\rho)}\right)\mathrm{d}x\leqslant0.$$

则

$$\mu_1\int_{\Omega_\rho}\frac{|\nabla u|^{p(x)}}{u}\mathrm{d}x+\int_{\Omega_\rho}|x|^{-\alpha}u^{q(x)}\ln\left(\frac{u}{m(\rho)}\right)\mathrm{d}x=0.$$

所以, 在区域 Ω_ρ 上, $u(x)=m(\rho)$, 则 Ω_ρ 的 Lebesgue 测度等于零. 若在上述证明过程中考虑 $-u(x)$, 可得 $-u(x)$ 在奇点零的一个邻域内有界. 因此, $u\in L^\infty(\Omega)$.

接下来证明 $|\nabla u|\in L^{p(x)}(\Omega)$. 定义 $\varphi_2=\phi(x)^{p_+}u$, 其中

$$\phi(x)=\begin{cases}1, & x\in B(0,2\rho)\setminus B(0,\rho),\\ 0, & x\notin B\left(0,\dfrac{5\rho}{2}\right)\Big\backslash B\left(0,\dfrac{\rho}{2}\right),\end{cases}$$

且 $0\leqslant\phi(x)\leqslant 1$，$|\nabla\phi(x)|\leqslant\dfrac{C}{\rho}$，$0<\rho\leqslant 1$.

取 φ_2 为(3.16)式中的检验函数，则有

$$\int_\Omega A(x,u,\nabla u)(p_+\phi^{p_+-1}u\nabla\phi+\phi^{p_+}\nabla u)+g(x,u)\phi^{p_+}u\mathrm{d}x=0.$$

对任意的 $\varepsilon>0$，由条件(3.12)—(3.14)可知

$$\begin{aligned}&\int_{B\left(0,\frac{5}{2}\rho\right)}\mu_1|\nabla u|^{p(x)}\phi^{p_+}+|x|^{-\alpha}|u|^{q(x)+1}\phi^{p_+}\mathrm{d}x\\ &\leqslant p_+\mu_2\int_{B\left(0,\frac{5}{2}\rho\right)}|\nabla u|^{p(x)-1}\phi^{p_+-1}|\nabla\phi||u|\mathrm{d}x\\ &\leqslant C\int_{B\left(0,\frac{5}{2}\rho\right)}\phi^{p_+-p(x)}|\nabla\phi|^{p(x)}|u|^{p(x)}\mathrm{d}x+p_+\mu_2\varepsilon\int_{B\left(0,\frac{5}{2}\rho\right)}|\nabla u|^{p(x)}\phi^{p_+}\mathrm{d}x.\end{aligned}$$

取 $\varepsilon=\dfrac{\mu_1}{2p_+\mu_2}$，则有

$$\begin{aligned}&\int_{B\left(0,\frac{5}{2}\rho\right)}|\nabla u|^{p(x)}\phi^{p_+}\mathrm{d}x\\ &\leqslant C\int_{B\left(0,\frac{5}{2}\rho\right)}\phi^{p_+-p(x)}|\nabla\phi|^{p(x)}|u|^{p(x)}\mathrm{d}x\\ &\leqslant C\rho^{-p_+}\max\left\{\|u\|_\infty^{p_+},\|u\|_\infty^{p_-}\right\}\left|B\left(0,\frac{5}{2}\rho\right)\right|\\ &\leqslant C\rho^{N-p_+}.\end{aligned}$$

进一步，有

$$\int_{B(0,2\rho)\setminus B(0,\rho)}|\nabla u|^{p(x)}\mathrm{d}x\leqslant C\rho^{N-p_+}.$$

当 $\rho\to 0$ 时，有

$$\begin{aligned}\int_{B(0,\rho)}|\nabla u|^{p(x)}\mathrm{d}x&=\sum_{j=1}^{\infty}\int_{B(0,2^{1-j}\rho)\setminus B(0,2^{-j}\rho)}|\nabla u|^{p(x)}\mathrm{d}x\\ &\leqslant C\sum_{j=1}^{\infty}(2^{-j}\rho)^{N-p_+}\leqslant C\rho^{N-p_+}\to 0,\end{aligned}$$

则有 $|\nabla u|\in L^{p(x)}(\Omega)$.

最后，证明 u 是方程(3.11)在区域 Ω 上的解. 取 $\eta_\rho\in C_0^\infty(\mathbb{R}^N)$ 如下:

$$\eta_\rho=\begin{cases}1, & x\in B(0,\rho),\\ 0, & x\notin B(0,2\rho),\end{cases}$$

且满足 $0\leqslant\eta_\rho\leqslant 1$，$|\nabla\eta_\rho|\leqslant\dfrac{C}{\rho}$，其中 $0<\rho\leqslant 1$．取 $\varphi\in W_0^{1,p(x)}(\Omega)\cap L^\infty(\Omega)$ 并取 $(1-\eta_\rho)\varphi$ 为(3.16)式中的检验函数，可得

$$\int_\Omega A(x,u,\nabla u)\nabla\left[(1-\eta_\rho)\varphi\right]\mathrm{d}x+\int_\Omega g(x,u)(1-\eta_\rho)\varphi\mathrm{d}x=0\,.$$

由于

$$\left|A(x,u,\nabla u)(1-\eta_\rho)\nabla\varphi\right|\leqslant\mu_2\,|\nabla u|^{p(x)-1}|\nabla\varphi|\in L^1(\Omega)\,,$$

由 Lebesgue 控制收敛定理，有

$$\lim_{\rho\to 0}\int_\Omega A(x,u,\nabla u)(1-\eta_\rho)\nabla\varphi\mathrm{d}x=\int_\Omega A(x,u,\nabla u)\nabla\varphi\mathrm{d}x\,.$$

类似地，有

$$\lim_{\rho\to 0}\int_\Omega g(x,u)(1-\eta_\rho)\varphi\mathrm{d}x=\int_\Omega g(x,u)\varphi\mathrm{d}x\,.$$

当 $\rho\to 0$ 时，有

$$\begin{aligned}&\left|\int_\Omega A(x,u,\nabla u)\nabla\eta_\rho\cdot\varphi\mathrm{d}x\right|\\ \leqslant{}&\frac{C\mu_2}{\rho}\int_{B(0,2\rho)\setminus B(0,\rho)}|\nabla u|^{p(x)-1}\,\mathrm{d}x\\ \leqslant{}&\frac{C\mu_2}{\rho}\left[\int_{B(0,2\rho)\setminus B(0,\rho)}|\nabla u|^{p(x)}\,\mathrm{d}x\right]^{\frac{p^- -1}{p^+}}\left|B(0,2\rho)\setminus B(0,\rho)\right|^{\frac{1}{p^+}}\\ \leqslant{}&C\rho^{\frac{p^-(N-p^+)}{p^+}}\to 0,\end{aligned}$$

因此有 $\int_\Omega A(x,u,\nabla u)\nabla\varphi\mathrm{d}x+\int_\Omega g(x,u)\varphi\mathrm{d}x=0$．综上，方程解的孤立奇点零是可去的．证毕.

3.3 非线性椭圆方程零容度奇异集的可去性

本节将在变指数空间理论框架下研究方程:

$$-\mathrm{div}A(x,u,\nabla u)+g(x,u)=0,\quad x\in\Omega\setminus E,\tag{3.19}$$

其中 $\Omega\subset\mathbb{R}^N$ 为具有光滑边界的有界区域，E 为 $s(x)$- 容度为零的紧子集，且 $1<p_-\leqslant p(x)<s(x)\leqslant N$．在本节中，将讨论方程解的紧奇异集可去的条件.

方程(3.19)中的函数满足：对任意的 $\xi\in\mathbb{R},\eta\in\mathbb{R}^N, A(\cdot,\xi,\eta):\Omega\to\mathbb{R}^N$, $g(\cdot,\xi):\Omega\to\mathbb{R}^N$ 可测；对于几乎处处的 $x\in\Omega$，$A(x,\cdot,\cdot)$，$g(x,\cdot)$ 是连续的，并且对于几乎处处的 $x\in\overline{\Omega}$，$\xi\in\mathbb{R}$，$\eta\in\mathbb{R}^N$，满足如下的结构条件:

$$A(x,\xi,\eta)\eta \geqslant \mu_1|\eta|^{p(x)}, \tag{3.20}$$

$$|A(x,\xi,\eta)| \leqslant \mu_2|\eta|^{p(x)-1}, \tag{3.21}$$

$$C_1|\xi|^{q(x)} \leqslant g(x,\xi)\operatorname{sgn}\xi \leqslant C_2(1+|\xi|^{q(x)}), \tag{3.22}$$

其中 $\mu_1,\mu_2>0$，$C_1,C_2>0$，$p,q\in C(\overline{\Omega})$，$1<p_-\leqslant p(x)\leqslant p_+<N$ 且 $q(x)\gg p(x)-1$.

当 $g=0$ 时，Lukkari[105]讨论了方程(3.19)，得到解的 $s(x)$- 容度为零的紧奇异集的可去性条件. 与此结果相比，本节研究的方程不但具有了吸收项，并且没有 $A(x,-u)=-A(x,u)$ 的限制，此时当 u 是方程的解时，$-u$ 和 $|u|+1$ 就不一定是方程的解.因此，在做 Caccioppoli 估计时，就能假设 $u\geqslant 1$，所以文献[105]的证明方法不适用于此. 本节将采用新的证明思想和新的检验函数，得到解的紧奇异集可去的条件是

$$\int_\Omega |u|^{\frac{p(x)s(x)}{s(x)-p(x)}}\mathrm{d}x<\infty .$$

在本节的讨论中，需要如下容度的定义和性质.

定义 3.3.1　对于任意的集合 $E\subset\mathbb{R}^N$，定义

$$S_{p(x)}(E)=\left\{u\in W^{1,p(x)}(\mathbb{R}^N):\text{在包含}E\text{的开集中}u\geqslant 1\right\}.$$

集合 E 的 Sobolev $p(x)$-容度定义为

$$C_{p(x)}(E)=\inf_{u\in S_{p(x)}(E)}\int_{\mathbb{R}^N}\left(|u|^{p(x)}+|\nabla u|^{p(x)}\right)\mathrm{d}x .$$

当 $S_{p(x)}(E)=\varnothing$ 时，$C_{p(x)}(E)=\infty$.

在本节中，假设 $E\subset\Omega$ 且 E 是方程(3.19)解的紧奇异集.

$u\in W_{loc}^{1,p(x)}(\Omega\setminus E)$ 是方程(3.19)在区域 $\Omega\setminus E$ 上的解是指：对于区域 $\Omega\setminus E$ 上具有紧支集的任意函数 $\psi\in W_{loc}^{1,p(x)}(\Omega\setminus E)\cap L_{loc}^{\infty}(\Omega\setminus E)$，有下面的不等式成立:

$$\int_\Omega A(x,u,\nabla u)\nabla\psi\,\mathrm{d}x+\int_\Omega g(x,u)\psi\,\mathrm{d}x=0 . \tag{3.23}$$

为了证明解的奇异集可去性，首先需要对解进行 Caccioppoli 估计. 在 Caccioppoli 估计中，为了找到合适的检验函数，需要如下引理.

引理 3.3.1　假设 E 是 Ω 的一个紧子集，并且 $s(x)$ 的定义可以使得光滑函数在 $W^{1,s(x)}(\mathbb{R}^N)$ 中稠密. 如果 $C_{s(x)}(E)=0$，则存在函数列 $\{\eta_j\}\subset C^\infty(\mathbb{R}^N)$ 使得

(1) 对于任意的 j，在集合 E 的任意一个邻域内有 $\eta_j=0$;

(2) 当 $j\to\infty$ 时, $\int_\Omega|\nabla\eta_j|^{s(x)}\mathrm{d}x\to 0$;

(3) 在区域 Ω 中, 当 $j\to\infty$ 时, $\eta_j\to 1$ 且 $|\nabla\eta_j|\to 0$.

对于任意的 $x_0\in E$, 取 $R>0$, 使得 $B(x_0,2R)\subset\Omega$. 定义检验函数 $\varphi\in C_0^\infty(B(x_0,2R))$ 如下:

$$\varphi(x)=\begin{cases}1, & x\in B\left(x_0,\dfrac{5}{4}R\right),\\ 0, & x\notin B\left(x_0,\dfrac{3}{2}R\right),\end{cases}$$

且 $|\nabla\varphi(x)|\leqslant C(R)$, $0\leqslant\varphi(x)\leqslant 1$.

对于 $h>0$, 定义 $|u|_h=\min\{|u(x)|,h\}$. 记

$$p_{2R}^+=\sup_{y\in B(x_0,2R)}p(y),\quad p_{2R}^-=\inf_{y\in B(x_0,2R)}p(y),\quad s_{2R}^+=\sup_{y\in B(x_0,2R)}s(y),\quad s_{2R}^-=\inf_{y\in B(x_0,2R)}s(y).$$

以下将得到方程解的 Caccioppoli 估计.

定理 3.3.1 设 $E\subset\Omega$ 是紧集且 $C_{s(x)}(E)=0$. 假设 $u\in W_{loc}^{1,p(x)}(\Omega\setminus E)\cap L_{loc}^\infty(\Omega\setminus E)$ 为方程(3.19)在区域 $\Omega\setminus E$ 上的解且 $\int_\Omega|u|^{\frac{p(x)s(x)}{s(x)-p(x)}}\mathrm{d}x<\infty$, 其中 $s(x)$ 使得光滑函数在空间 $W^{1,s(x)}(\mathbb{R}^N)$ 中稠密且 $1<p_-\leqslant p(x)<s(x)\leqslant N$. 如果 p 在 $\overline{\Omega}$ 上 log-Hölder 连续, 条件(3.20)—(3.22)成立, 则有如下不等式

$$\int_{B(x_0,2R)}(1+|u(x)|_h)^m|\nabla u(x)|^{p(x)}\varphi^{n+p_{2R}^+}\mathrm{d}x$$
$$\leqslant C\int_{B(x_0,2R)}(n+p_{2R}^+)^{\frac{p(x)(q(x)+1)}{q(x)+1-p(x)}}(1+|u(x)|_h)^m\varphi^{n+p_{2R}^+-\frac{p(x)(q(x)+1)}{q(x)+1-p(x)}}\mathrm{d}x$$

成立, 其中 $m,n\geqslant 0$.

证明 取(3.23)式中的检验函数

$$\psi_1(x)=(1+|u(x)|_h)^m u(x)\varphi^{n+p_{2R}^+}\eta_j^{n+p_{2R}^+}\in W_0^{1,p(x)}(B(x_0,2R)\setminus E),$$

其中 m,n 待定, 则有

$$\int_{B(x_0,2R)}mA(x,u,\nabla u)(1+|u(x)|_h)^{m-1}(\nabla|u|_h)u(x)(\varphi\eta_j)^{n+p_{2R}^+}\mathrm{d}x$$
$$+\int_{B(x_0,2R)}A(x,u,\nabla u)(1+|u(x)|_h)^m\nabla u(x)(\varphi\eta_j)^{n+p_{2R}^+}\mathrm{d}x$$
$$+\int_{B(x_0,2R)}g(x,u)(1+|u(x)|_h)^m u(x)(\varphi\eta_j)^{n+p_{2R}^+}\mathrm{d}x$$
$$+\int_{B(x_0,2R)}(n+p_{2R}^+)A(x,u,\nabla u)(1+|u(x)|_h)^m u(x)(\varphi\eta_j)^{n+p_{2R}^+-1}(\varphi\nabla\eta_j+\eta_j\nabla\varphi)\mathrm{d}x=0.$$

由条件(3.20)—(3.22)可得

$$
\begin{aligned}
&\int_{B(x_0,2R)}\mu_1(1+|u(x)|_h)^{m-1}|\nabla u(x)|^{p(x)}(\varphi\eta_j)^{n+p_{2R}^+}\mathrm{d}x\\
&+\int_{B(x_0,2R)}(1+|u(x)|_h)^m|u(x)|^{q(x)+1}(\varphi\eta_j)^{n+p_{2R}^+}\mathrm{d}x\\
\leqslant&\int_{B(x_0,2R)}\mu_2(n+p_{2R}^+)|\nabla u|^{p(x)-1}(1+|u(x)|_h)^m u(x)(\varphi\eta_j)^{n+p_{2R}^+-1}(\varphi\nabla\eta_j+\eta_j\nabla\varphi)\mathrm{d}x.
\end{aligned}
$$

对上式右侧使用 Young 不等式，有

$$
\begin{aligned}
&\int_{B(x_0,2R)}\frac{\mu_1}{2}(1+|u(x)|_h)^{m-1}|\nabla u(x)|^{p(x)}(\varphi\eta_j)^{n+p_{2R}^+}\mathrm{d}x\\
&+\int_{B(x_0,2R)}(1+|u(x)|_h)^m|u(x)|^{q(x)+1}(\varphi\eta_j)^{n+p_{2R}^+}\mathrm{d}x\\
\leqslant& C\int_{B(x_0,2R)}(n+p_{2R}^+)^{p(x)}|u|^{p(x)}(1+|u(x)|_h)^m u(x)(\varphi\eta_j)^{n+p_{2R}^+-p(x)}(|\nabla\eta_j|^{p(x)}+|\nabla\varphi|^{p(x)})\mathrm{d}x.
\end{aligned}
$$

当 $j\to\infty$ 时，有

$$
\begin{aligned}
&\int_{B(x_0,2R)}(1+|u(x)|_h)^m|\nabla\eta_j|^{p(x)}(\varphi\eta_j)^{n+p_{2R}^+-p(x)}\mathrm{d}x\\
\leqslant&(1+h)^m\int_{B(x_0,2R)}|u(x)|^{p(x)}|\nabla\eta_j|^{p(x)}\mathrm{d}x\to 0.
\end{aligned}
$$

由 Fatou 引理，

$$
\begin{aligned}
&\int_{B(x_0,2R)}\frac{\mu_1}{2}(1+|u(x)|_h)^m|\nabla u(x)|^{p(x)}\varphi^{n+p_{2R}^+}\mathrm{d}x\\
&+\int_{B(x_0,2R)}(1+|u(x)|_h)^m|u(x)|^{q(x)+1}\varphi^{n+p_{2R}^+}\mathrm{d}x\\
\leqslant& C\int_{B(x_0,2R)}(n+p_{2R}^+)^{p(x)}|u|^{p(x)}(1+|u(x)|_h)^m u(x)\varphi^{n+p_{2R}^+-p(x)}\mathrm{d}x.
\end{aligned}
$$

对上式右端使用 Young 不等式，可得

$$
\begin{aligned}
&\int_{B(x_0,2R)}(1+|u(x)|_h)^m|\nabla u(x)|^{p(x)}\varphi^{n+p_{2R}^+}\mathrm{d}x\\
\leqslant& C\int_{B(x_0,2R)}(n+p_{2R}^+)^{\frac{p(x)(q(x)+1)}{q(x)-p(x)+1}}(1+|u(x)|_h)^m\varphi^{n+p_{2R}^+-\frac{p(x)(q(x)+1)}{q(x)-p(x)+1}}\mathrm{d}x.
\end{aligned}
$$

定理得证.

接下来将证明本节的主要结论，得到方程(3.19)解的紧奇异集 E 是可去的.

定理 3.3.2　$E\subset\Omega$ 是紧集且 $C_{s(x)}(E)=0$．假设 $u\in W_{loc}^{1,p(x)}(\Omega\setminus E)\cap L_{loc}^{\infty}(\Omega\setminus E)$ 为方程(3.19)在区域 $\Omega\setminus E$ 上的一个解且 $\int_\Omega|u|^{\frac{p(x)s(x)}{s(x)-p(x)}}\mathrm{d}x<\infty$，其中 $s(x)$ 使得光滑函数在空间 $W^{1,s(x)}(\mathbb{R}^N)$ 中稠密且 $1<p_-\leqslant p(x)<s(x)\leqslant N$．如果 p 在 $\overline{\Omega}$ 上 log-Hölder 连续，条件(3.20)—(3.22)成立，则 u 是方程(3.19)在区域 Ω 上的解.

证明 记 $p_{2R}^* = \dfrac{Np_{2R}^-}{N - p_{2R}^-} = kp_{2R}^-$. 因为 $u \in W_{loc}^{1,p(x)}(\Omega \setminus E)$，则 $u \in W_{loc}^{1,p_{2R}^-}(\Omega \setminus E)$，进而有

$$\phi(x) = \left[(1+|u(x)|_h)^t (\varphi\eta_j)^{r+p_{2R}^+}\right]^{\frac{1}{kp_{2R}^-}} \in W_0^{1,p(x)}(B(x_0,2R)),$$

其中 $t \geqslant kp_{2R}^-, r + p_{2R}^+ \geqslant kp_{2R}^+ \max\left\{\dfrac{q(x)+1}{q(x)-p(x)+1}\right\}$. 由于 $1 < p_{2R}^- < N$，将函数 ϕ 代入不等式(3.7), 有

$$\begin{aligned}
&\int_{B(x_0,2R)}\left[(1+|u(x)|_h)^t (\varphi\eta_j)^{r+p_{2R}^+}\right]\mathrm{d}x \\
&\leqslant C\left(\int_{B(x_0,2R)} |\nabla\phi(x)|^{p_{2R}^-}\,\mathrm{d}x\right)^k \\
&\leqslant C\left(\frac{t+r+p_{2R}^+}{kp_{2R}^-}\right)^{kp_{2R}^-}\left\{\int_{B(x_0,2R)}\left[(1+|u|_h)^{\frac{t}{k}-p_{2R}^-}|\nabla u(x)|^{p_{2R}^-}(\varphi\eta_j)^{\frac{r+p_{2R}^+}{k}}\right.\right. \\
&\quad \left.\left. +(1+|u|_h)^{\frac{t}{k}}(\varphi\eta_j)^{\frac{r+p_{2R}^+}{k}-p_{2R}^-}|\eta_j\nabla\varphi+\varphi\nabla\eta_j|^{p_{2R}^-}\right]\mathrm{d}x\right\}^k.
\end{aligned}$$

在(3.23)式中, 取 $m = \dfrac{t}{k} - p_{2R}^-$，$n + p_{2R}^+ = \dfrac{r + p_{2R}^+}{k}$，且使用 Young 不等式, 可得

$$\begin{aligned}
&\int_{B(x_0,2R)}\left[(1+|u|_h)^{\frac{t}{k}-p_{2R}^-}|\nabla u(x)|^{p_{2R}^-}\varphi^{\frac{r+p_{2R}^+}{k}}\right]\mathrm{d}x \\
&\leqslant C\int_{B(x_0,2R)}(r+p_{2R}^+)^{\frac{p(x)(q(x)+1)}{q(x)-p(x)+1}}(1+|u|_h)^{\frac{t}{k}-p_{2R}^-}\varphi^{\frac{r+p_{2R}^+}{k}-\frac{p(x)(q(x)+1)}{q(x)-p(x)+1}}\mathrm{d}x.
\end{aligned}$$

当 $j \to \infty$ 时, 有

$$\int_{B(x_0,2R)}(1+|u(x)|_h)^{\frac{t}{k}}(\varphi\eta_j)^{\frac{r+p_{2R}^+}{k}-p_{2R}^-}|\nabla\eta_j|^{p_{2R}^-}\,\mathrm{d}x \leqslant (1+h)^{\frac{t}{k}}\|1\|_{\frac{s(x)}{s(x)-p_{2R}^-}}\left\|\nabla\eta_j\right\|_{\frac{s(x)}{p_{2R}^-}} \to 0,$$

则有

$$\begin{aligned}
&\int_{B(x_0,2R)}(1+|u(x)|_h)^t\varphi^{r+p_{2R}^+}\mathrm{d}x \\
&\leqslant C(r+p_{2R}^+)^{kp_{2R}^+\max\left\{\frac{q(x)+1}{q(x)-p(x)+1}\right\}}(t+r+p_{2R}^+)^{kp_{2R}^+}\left[\int_{B(x_0,2R)}(1+|u(x)|_h)^{\frac{t}{k}}\varphi^{\frac{r+p_{2R}^+}{k}-\frac{p(x)(q(x)+1)}{q(x)-p(x)+1}}\mathrm{d}x\right]^k
\end{aligned}$$

记

$$I_1=\int_{B(x_0,2R)}(1+|u(x)|_h)^{t_i}\varphi^{r_i+p_{2R}^+}\mathrm{d}x,$$

$$t_i=t_0k^i,$$

$$r_i=\left(r_0+p_{2R}^++\frac{N}{p_{2R}^-}\max\left\{\frac{q(x)+1}{q(x)-p(x)+1}\right\}\right)k^i-p_{2R}^+-\frac{N}{p_{2R}^-}\max\left\{\frac{q(x)+1}{q(x)-p(x)+1}\right\}.$$

可知

$$I_i\leqslant C(t_i+r_i+p_{2R}^+)^{2kp_{2R}^+\max\left\{\frac{q(x)+1}{q(x)-p(x)+1}\right\}}I_{i-1}^k.$$

迭代得

$$I_i^{-k^i}\leqslant C\left(t_0+r_0+p_{2R}^++\frac{N}{p_{2R}^-}\max\left\{\frac{q(x)+1}{q(x)-p(x)+1}\right\}\right)^{2p_{2R}^+\max\left\{\frac{q(x)+1}{q(x)-p(x)+1}\right\}\sum_{j=1}^{i}k^{j-i}}$$

$$\cdot k^{2p_{2R}^+\max\left\{\frac{q(x)+1}{q(x)-p(x)+1}\right\}\sum_{j=1}^{i}(i+1-j)k^{j-i}}I_0.$$

当 $i\to\infty$ 时，有

$$\||u|_h\|_{L^\infty(B(x_0,R))}^{t_0}\leqslant C\int_{B(x_0,2R)}(1+|u(x)|_h)^{t_0}\varphi^{r_0+p_{2R}^+}\mathrm{d}x$$

$$\leqslant C\int_{B(x_0,2R)}(1+|u(x)|)^{\frac{p(x)s(x)}{s(x)-p(x)}}\mathrm{d}x<\infty.$$

当 $h\to\infty$ 时，有

$$\sup_{B(x_0,R)}|u|<\infty.$$

因此，u 在 $B(x_0,R)$ 上有界.

以下证明 $\nabla u\in L^{p(x)}(B(x_0,R))$. 在(3.23)式中，取检验函数

$$\psi_2=(1+|u|)(\eta_j\varphi)^{p_{2R}^+}\operatorname{sgn}u,$$

则

$$\int_\Omega A(x,u,\nabla u)(\eta_j\varphi)^{p_{2R}^+}\nabla u\mathrm{d}x+g(x,u)(1+|u|)(\eta_j\varphi)^{p_{2R}^+}\operatorname{sgn}u\mathrm{d}x$$

$$+\int_\Omega p_{2R}^+A(x,u,\nabla u)(1+|u|)(\eta_j\varphi)^{p_{2R}^+-1}\operatorname{sgn}u\nabla(\eta_j\varphi)\mathrm{d}x=0.$$

由条件(3.20)—(3.22)可知

$$\int_\Omega\mu_1(\eta_j\varphi)^{p_{2R}^+}|\nabla u|^{p(x)}\mathrm{d}x+|u|^{q(x)}(1+|u|)(\eta_j\varphi)^{p_{2R}^+}\mathrm{d}x$$

$$\leqslant\mu_2p_{2R}^+\int_\Omega|\nabla u|^{p(x)-1}(1+|u|)(\eta_j\varphi)^{p_{2R}^+-1}\nabla(\eta_j\varphi)\mathrm{d}x.$$

对上式右端使用 Young 不等式, 对任意的 $\varepsilon>0$, 有

$$\int_\Omega \mu_1(\eta_j\varphi)^{p_{2R}^+}|\nabla u|^{p(x)}\,dx+|u|^{q(x)}(1+|u|)(\eta_j\varphi)^{p_{2R}^+}\,dx$$
$$\leqslant C\int_\Omega (1+|u|)^{p(x)}(\eta_j\varphi)^{p_{2R}^+-p(x)}|\nabla(\eta_j\varphi)|^{p(x)}\,dx+\mu_2\varepsilon\int_\Omega(\eta_j\varphi)^{p_{2R}^+}|\nabla u|^{p(x)}\,dx.$$

取 $\varepsilon=\dfrac{\mu_1}{2\mu_2 p^+}$, 则

$$\int_\Omega(\eta_j\varphi)^{p_{2R}^+}|\nabla u|^{p(x)}\,dx$$
$$\leqslant C\int_\Omega(1+|u|)^{p(x)}(\eta_j\varphi)^{p_{2R}^+-p(x)}\left(|\eta_j\nabla\varphi|^{p(x)}+|\varphi\nabla\eta_j|^{p(x)}\right)dx.$$

当 $j\to\infty$ 时, 有

$$\int_{B(x_0,2R)}(1+|u|)^{p(x)}(\eta_j\varphi)^{p_{2R}^+-p(x)}|\varphi\nabla\eta_j|^{p(x)}\,dx$$
$$\leqslant\int_{B(x_0,2R)}(1+|u|)^{p(x)}|\nabla\eta_j|^{p(x)}\,dx\to 0.$$

由 Fatou 引理, 当 $j\to\infty$ 时,

$$\int_\Omega\varphi^{p_{2R}^+}|\nabla u|^{p(x)}\,dx\leqslant C\int_\Omega(1+|u|)^{p(x)}|\nabla\varphi|^{p(x)}\,dx.$$

由 u 的有界性可知 $\nabla u\in L^{p(x)}(B(x_0,R))$.

下面将证明 ∇u 是 u 在球 $B(x_0,R)$ 上的弱导数. 取 $\psi\in C_0^\infty(B(x_0,R))$, 则

$$-\int_{B(x_0,R)}(\psi\eta_j)\nabla u\,dx=\int_{B(x_0,R)}u\nabla(\psi\eta_j)\,dx.$$

由于 u 在 $B(x_0,R)$ 上有界, 且 $\nabla u\in L^{p(x)}(B(x_0,R))$, 则

$$\lim_{j\to\infty}\int_{B(x_0,R)}u\eta_j\nabla\psi\,dx=\int_{B(x_0,R)}u\nabla\psi\,dx,$$

$$\lim_{j\to\infty}\int_{B(x_0,R)}u\psi\nabla\eta_j\,dx=0$$

以及

$$\lim_{j\to\infty}\int_{B(x_0,R)}(\psi\eta_j)\nabla u\,dx=\int_{B(x_0,R)}\psi\nabla u\,dx.$$

当 $j\to\infty$ 时, 有

$$-\int_{B(x_0,R)}\psi\nabla u\,dx=\int_{B(x_0,R)}u\nabla\psi\,dx.$$

最后, 证明 u 是方程(3.19)在区域 Ω 上的解. 取 $\psi\eta_j$ 为(3.23)式中的检验函数, 有

$$\int_\Omega A(x,u,\nabla u)\nabla(\psi\eta_j)\,dx+\int_\Omega g(x,u)(\psi\eta_j)\,dx=0.$$

由 Lebesgue 控制收敛定理, 有

$$\lim_{j\to\infty}\int_{\Omega} A(x,u,\nabla u)\eta_j \nabla \psi \mathrm{d}x = \int_{\Omega} A(x,u,\nabla u)\nabla \psi \mathrm{d}x$$

以及

$$\lim_{j\to\infty}\int_{\Omega} g(x,u)\eta_j \psi \mathrm{d}x = \int_{\Omega} g(x,u)\psi \mathrm{d}x .$$

而当 $j\to\infty$ 时,

$$\left|\int_{\Omega} A(x,u,\nabla u)\psi \nabla \eta_j \mathrm{d}x\right| \leqslant \mu_2 \int_{\Omega} |\nabla u|^{p(x)-1} |\nabla \eta_j| \mathrm{d}x \to 0 ,$$

故有 $\int_{\Omega} A(x,u,\nabla u)\nabla \psi \mathrm{d}x + \int_{\Omega} g(x,u)\psi \mathrm{d}x = 0$.

综上, 方程的 $s(x)$- 容度为零的紧奇异集 E 是可去的, 即 u 是方程(3.19)在区域 Ω 上的解. 证毕.

3.4 一类椭圆方程 Hölder 连续解的紧奇异集可去性

本节讨论如下具有非标准增长的拟线性椭圆方程:

$$-\mathrm{div}A(x,\nabla u) + B(x,u) = 0, \quad x \in \Omega \setminus E , \tag{3.24}$$

其中 $\Omega \subset \mathbb{R}^N$ 有界且 E 为 Ω 的闭子集.

在常指数空间理论下, Kilpelainen 和 Zhong 在文献[106]中研究了 $B(x,u)=0$ 的情况下方程解的奇异集可去性的问题. 文中得到了方程 α -Hölder 连续解的紧奇异集可去的充要条件是: 集合的 $N-p+\alpha(p-1)$ -Hausdoff 测度为零. Trudinger 和 Wang 在文献[107]中仅证明了条件的充分性. Ono 在文献[108]中研究了方程(3.24)的 Hölder 连续解的可去集, 得到了类似在文献[106]中的结果. Lyaghfouri 在文献[109]中证明了对于集合 E 的任意一个紧子集 K , 如果 K 的 $N-p_K+\alpha(p_K-1)$ -Hausdoff 测度为零, 则在有界区域 $\Omega \subset \mathbb{R}^N$ 中, α -Hölder 连续的 $p(x)$- 调和函数的闭集 E 是可去的.

本节将在变指数空间的理论框架下研究方程. 假设 $A:\Omega\times\mathbb{R}^N \to \mathbb{R}^N$ 和 $B:\Omega\times\mathbb{R}\to\mathbb{R}$ 满足

(a1) 对于任意的 $\xi\in\mathbb{R}^N$, $x\mapsto A(x,\xi)$ 可测, 且对于几乎处处的 $x\in\Omega$, $\xi\mapsto A(x,\xi)$ 连续;

(a2) 对于任意的 $\xi\in\mathbb{R}^N$, 几乎处处的 $x\in\Omega$, 有 $A(x,\xi)\xi \geqslant \mu_1 |\xi|^{p(x)}$;

(a3) 对于任意的 $\xi\in\mathbb{R}^N$, 几乎处处的 $x\in\Omega$, 有 $|A(x,\xi)| \leqslant \mu_2 |\xi|^{p(x)-1}$;

(a4) 对于几乎处处的 $x\in\Omega$, 当 $\xi_1,\xi_2\in\mathbb{R}^N$ 且 $\xi_1\neq\xi_2$ 时, 有

$$(A(x,\xi_1)-A(x,\xi_2))(\xi_1-\xi_2)>0 ;$$

(b1) 对于任意的$t\in\mathbb{R}, x\mapsto B(x,\xi)$可测，且对于几乎处处的$x\in\Omega, t\mapsto B(x,t)$连续;

(b2) 对于任意的$t\in\mathbb{R}$，几乎处处的$x\in\Omega$，有$|B(x,\xi)|\leqslant \mu_3(1+|t|^{p(x)-1})$;

(b3) 对于几乎处处的$x\in\Omega$，当$t_1,t_2\in\mathbb{R}$时，有$(B(x,t_1)-B(x,t_2))(t_1-t_2)\geqslant 0$;
其中$\mu_1,\mu_2,\mu_3>0$，$p\in C(\overline{\Omega})$，$1<p_-\leqslant p(x)\leqslant p_+<N$.

方程(3.24)的解u的奇异集E是可去的是指：若u是方程在区域$\Omega\setminus E$上的Hölder连续解，则u是方程在区域Ω上的Hölder连续解.

$u\in W_{loc}^{1,p(x)}(\Omega)$是方程(3.24)在区域$\Omega$上的上解是指：对于任意的$0\leqslant\varphi\in C_0^\infty(\Omega)$，有如下不等式成立:

$$\int_\Omega \big(A(x,\nabla u)\nabla\varphi+B(x,u)\varphi\big)\mathrm{d}x\geqslant 0. \tag{3.25}$$

若$-u$是方程在区域Ω上的上解，则称u是方程在区域Ω上的下解. 若u既是上解，又是下解，则u是方程的解.

在本节中，首先证明障碍问题解的存在性，然后建立障碍问题解的 Harnack 估计并证明当障碍函数连续时，解也连续. 最后得到本节的主要结论.

记$\overline{A}(x,\xi)=-A(x,-\xi)$，$\overline{B}(x,\xi)=-B(x,-\xi)$. 显然，$\overline{A},\overline{B}$也满足条件(a1)-(a4), (b1)-(b3).

令$\psi\in W^{1,p(x)}(\Omega)$且

$$\mathrm{K}_{\psi,\theta}(\Omega)=\left\{v\in W^{1,p(x)}(\Omega): v\geqslant\psi \text{ a.e.于}\Omega, v-\theta\in W_0^{1,p(x)}(\Omega)\right\}.$$

如果$\psi=\theta$，记$\mathrm{K}_{\psi,\psi}(\Omega)=\mathrm{K}_\psi(\Omega)$.

障碍问题是在$\mathrm{K}_{\psi,\theta}$中找到一个函数u，使得对于任意的$v\in\mathrm{K}_{\psi,\theta}(\Omega)$，有

$$\int_\Omega\big(A(x,\nabla u)\nabla(v-u)+B(x,u)(v-u)\big)\mathrm{d}x\geqslant 0 \tag{3.26}$$

或

$$\int_\Omega\big(\overline{A}(x,\nabla u)\nabla(v-u)+\overline{B}(x,u)(v-u)\big)\mathrm{d}x\geqslant 0,$$

称函数$u\in W^{1,p(x)}(\Omega)$是障碍问题的解，其中障碍函数ψ的边界值是θ.

设X是自反的 Banach 空间，X^*是其对偶空间. 令$\langle\cdot,\cdot\rangle$是$X^*$和$X$之间的对偶. 若$\mathrm{K}\subset X$是一个闭凸集且对于任意的$u,v\in\mathrm{K}$，有

$$\langle\Psi u-\Psi v, u-v\rangle\geqslant 0$$

成立，则称映射$\Psi:\mathrm{K}\to X^*$单调. 进一步，取K中序列$\{u_j\}$，若存在$\phi\in\mathrm{K}$，当$\|u_j-\phi\|_X\to\infty$时，有

$$\frac{\left\langle \Psi u_j - \Psi \phi, u_j - \phi \right\rangle}{\left\| u_j - \phi \right\|_X} \to \infty,$$

则称 Ψ 在 K 上是强制的.

取 $X = W^{1,p(x)}(\Omega)$. 对于任意的 $u \in X$, 定义映射 $\Psi : \mathrm{K} \to X^*$ 为

$$\left\langle \Psi v, u \right\rangle = \int_\Omega A(x, \nabla v)\nabla u + B(x, v)u\mathrm{d}x.$$

引理 3.4.1　对任意的 $v \in \mathrm{K}_{\psi,\theta}(\Omega)$, 有 $\Psi v \in X'$.

证明　由于

$$\begin{aligned}\left|\left\langle \Psi v, u \right\rangle\right| &\leqslant \mu_2 \int_\Omega |\nabla v|^{p(x)-1} |\nabla u| \mathrm{d}x + \mu_3 \int_\Omega (1 + |v|^{p(x)-1}) |u| \mathrm{d}x \\ &\leqslant 2\mu_2 \left\| |\nabla v|^{p(x)-1} \right\|_{p'(x)} \left\| \nabla u \right\|_{p(x)} + 2\mu_3 \left\| 1 + |v|^{p(x)-1} \right\|_{p'(x)} \left\| u \right\|_{p(x)},\end{aligned}$$

则

$$\left|\left\langle \Psi v, u \right\rangle\right| \leqslant C \left\| u \right\|_{1,p(x)} + 2\mu_3 \left\| 1 + |v|^{p(x)-1} \right\|_{p'(x)} \left\| u \right\|_{p(x)}.$$

证毕.

引理 3.4.2　$\mathrm{K}_{\psi,\theta}(\Omega)$ 是一个闭凸集.

引理 3.4.3　Ψ 在 $\mathrm{K}_{\psi,\theta}(\Omega)$ 上是单调、强制、弱连续的.

证明　(1) 由条件(a4), (b3), 容易验证,

$$\left\langle \Psi u_1 - \Psi u_2, u_1 - u_2 \right\rangle \geqslant 0.$$

(2) 取 $\phi \in \mathrm{K}_{\psi,\theta}(\Omega)$, 对任意的 $\varepsilon > 0$, 有

$$\begin{aligned}&\left\langle \Psi u - \Psi \phi, u - \phi \right\rangle \\ \geqslant\ &\mu_1 \int_\Omega |\nabla u|^{p(x)} + |\nabla \phi|^{p(x)} \mathrm{d}x - \mu_2 \int_\Omega |\nabla u|^{p(x)-1} |\nabla \phi| \mathrm{d}x - \mu_2 \int_\Omega |\nabla \phi|^{p(x)-1} |\nabla u| \mathrm{d}x \\ \geqslant\ &\mu_1 \int_\Omega |\nabla u|^{p(x)} + |\nabla \phi|^{p(x)} \mathrm{d}x - \varepsilon \int_\Omega |\nabla u|^{p(x)} \mathrm{d}x - C(\varepsilon) \int_\Omega |\nabla \phi|^{p(x)} \mathrm{d}x.\end{aligned}$$

取 $\varepsilon = \frac{\mu_1}{2}$, 有

$$\begin{aligned}\left\langle \Psi u - \Psi \phi, u - \phi \right\rangle &\geqslant \frac{\mu_1}{2} \int_\Omega |\nabla u|^{p(x)} \mathrm{d}x - C \\ &\geqslant C \int_\Omega |\nabla (u - \phi)|^{p(x)} \mathrm{d}x - C \int_\Omega |\nabla \phi|^{p(x)} \mathrm{d}x - C \\ &= C \int_\Omega |\nabla (u - \phi)|^{p(x)} \mathrm{d}x - C.\end{aligned}$$

容易验证当 $\left\| u - \phi \right\|_{1,p(x)} \to \infty$ 时,

$$\frac{\left\langle \Psi u - \Psi \phi, u - \phi \right\rangle}{\left\| u - \phi \right\|_{1,p(x)}} \to \infty,$$

即, 在空间$W^{1,p(x)}(\Omega)$中Ψ是强制的.

(3) 假设序列$\{v_i\}\in \mathrm{K}_{\psi,\theta}(\Omega)$, 存在$v\in \mathrm{K}_{\psi,\theta}(\Omega)$, 使得$v_i\to v$在空间$W^{1,p(x)}(\Omega)$中, 则有$\|v_i\|_{1,p(x)}\leqslant C$, $v_i\to v$于$L^{p(x)}(\Omega)$中, $\nabla v_i\to\nabla v$于$L^{p(x)}(\Omega)$中. 进一步, 假设$v_i\to v$, $\nabla v_i\to\nabla v$ a.e.于Ω中.

由条件(a1)和(b1), 知

$$A(x,\nabla v_i)\nabla u\to A(x,\nabla v)\nabla u$$

及

$$B(x,v_i)u\to B(x,v)u$$

a.e.于Ω中. 对于任意的可测集$E\subset\Omega$, 有

$$\left|\int_E A(x,\nabla v_i)\nabla u\mathrm{d}x\right|\leqslant \mu_2\int_\Omega |\nabla v_i|^{p(x)-1}|\nabla u|\,\mathrm{d}x\leqslant C\|\nabla u\|_{p(x),E}$$

以及

$$\left|\int_E B(x,v_i)u\mathrm{d}x\right|\leqslant \mu_3\int_\Omega (1+|v_i|^{p(x)-1})|u|\,\mathrm{d}x\leqslant C\|u\|_{p(x),E}.$$

由 Vitali 定理, 则有

$$\begin{aligned}\langle \Psi v_i,u\rangle &= \int_\Omega A(x,\nabla v_i)\nabla u\mathrm{d}x+\int_\Omega B(x,v_i)u\mathrm{d}x\\ &\to \int_\Omega A(x,\nabla v)\nabla u\mathrm{d}x+\int_\Omega B(x,v)u\mathrm{d}x=\langle \Psi v,u\rangle.\end{aligned}$$

证毕.

定理 3.4.1 假设$\mathrm{K}_{\psi,\theta}(\Omega)\neq\varnothing$, 条件(a1)—(a4), (b1)—(b3)成立, 则在$\mathrm{K}_{\psi,\theta}(\Omega)$中, 问题(3.26)存在唯一的解$u\in \mathrm{K}_{\psi,\theta}(\Omega)$.

证明 根据引理 3.4.1—3.4.3, 由文献[110]可得问题解的存在性. 以下仅证明解的唯一性.

假设在$\mathrm{K}_{\psi,\theta}(\Omega)$中, 存在障碍问题(3.26)的两个解$u_1,u_2\in \mathrm{K}_{\psi,\theta}(\Omega)$, 则有

$$\int_\Omega \big(A(x,\nabla u_1)\nabla(u_2-u_1)+B(x,u_1)(u_2-u_1)\big)\mathrm{d}x\geqslant 0,$$

$$\int_\Omega \big(A(x,\nabla u_2)\nabla(u_1-u_2)+B(x,u_2)(u_1-u_2)\big)\mathrm{d}x\geqslant 0,$$

故

$$\int_\Omega \big((A(x,\nabla u_1)-A(x,\nabla u_2))\nabla(u_2-u_1)+(B(x,u_1)-B(x,u_2))(u_2-u_1)\big)\mathrm{d}x\geqslant 0.$$

由条件(a4)和(b3)知

$$\int_\Omega (A(x,\nabla u_1)-A(x,\nabla u_2))\nabla(u_2-u_1)\mathrm{d}x\leqslant 0$$

以及

$$\int_{\Omega}(B(x,u_1)-B(x,u_2))(u_2-u_1)\mathrm{d}x\leqslant 0\,.$$

因此有

$$\int_{\Omega}\big((A(x,\nabla u_1)-A(x,\nabla u_2))\nabla(u_2-u_1)+(B(x,u_1)-B(x,u_2))(u_2-u_1)\big)\mathrm{d}x=0\,.$$

进而有

$$\int_{\Omega}(A(x,\nabla u_1)-A(x,\nabla u_2))\nabla(u_2-u_1)\mathrm{d}x=0,$$
$$\int_{\Omega}(B(x,u_1)-B(x,u_2))(u_2-u_1)\mathrm{d}x=0.$$

所以，$\nabla(u_2-u_1)=0$ a.e.于Ω中. 由于$u_1-u_2\in W_0^{1,p(x)}(\Omega)\subset W_0^{1,p_-}(\Omega)$，故$u_2-u_1=0$ a.e.于Ω中. 证毕.

引理 3.4.4　假设$\theta\in W^{1,p(x)}(\Omega)$，则存在函数$u\in W^{1,p(x)}(\Omega)$且$u-\theta\in W_0^{1,p(x)}(\Omega)$使得对于任意的$\varphi\in W_0^{1,p(x)}(\Omega)$，有

$$\int_{\Omega}\big(A(x,\nabla u)\nabla\varphi+B(x,u)\varphi\big)\mathrm{d}x=0\,.$$

证明　取$u\in \mathrm{K}_{\psi,\theta}(\Omega)$为障碍问题(3.26)的解，其中$\psi\equiv-\infty$. 对于任意的$\varphi\in W_0^{1,p(x)}(\Omega)$，可知$u+\varphi\in \mathrm{K}_{\psi,\theta}(\Omega)$且$u-\varphi\in \mathrm{K}_{\psi,\theta}(\Omega)$，则

$$\int_{\Omega}\big(A(x,\nabla u)\nabla\varphi+B(x,u)\varphi\big)\mathrm{d}x\geqslant 0$$

且

$$-\int_{\Omega}\big(A(x,\nabla u)\nabla\varphi+B(x,u)\varphi\big)\mathrm{d}x\geqslant 0\,.$$

因此，对于任意的$\varphi\in W_0^{1,p(x)}(\Omega)$，则有

$$\int_{\Omega}\big(A(x,\nabla u)\nabla\varphi+B(x,u)\varphi\big)\mathrm{d}x=0\,.$$

证毕.

引理 3.4.5　假设u是障碍问题(3.26)在$\mathrm{K}_{\psi,\theta}(\Omega)$中的解. 若$v\in W^{1,p(x)}(\Omega)$是方程(3.24)在$\Omega$中的上解且$\min\{u,v\}\in \mathrm{K}_{\psi,\theta}(\Omega)$，则在$\Omega$中有$v\geqslant u$ a.e.成立.

证明　由于$u\in \mathrm{K}_{\psi,\theta}(\Omega)$，$\min\{u,v\}\in \mathrm{K}_{\psi,\theta}(\Omega)$，则$u-\min\{u,v\}\in W_0^{1,p(x)}(\Omega)$. 又因为$v\in W^{1,p(x)}(\Omega)$为方程的上解，则

$$\int_{\Omega}\big(A(x,\nabla v)\nabla(u-\min\{u,v\})+B(x,v)(u-\min\{u,v\})\big)\mathrm{d}x\geqslant 0\,.$$

由于u是障碍问题在$\mathrm{K}_{\psi,\theta}(\Omega)$中的解，则

$$\int_{\Omega}\big(A(x,\nabla u)\nabla(u-\min\{u,v\})+B(x,u)(u-\min\{u,v\})\big)\mathrm{d}x\leqslant 0\,,$$

又有

$$0 \leqslant \int_{\Omega}(A(x,\nabla v)-A(x,\nabla u))\nabla(u-\min\{u,v\})\mathrm{d}x$$
$$+\int_{\Omega}(B(x,v)-B(x,u))(u-\min\{u,v\})\mathrm{d}x \leqslant 0,$$

所以

$$\int_{\Omega}(A(x,\nabla v)-A(x,\nabla u))\nabla(u-\min\{u,v\})\mathrm{d}x$$
$$+\int_{\Omega}(B(x,v)-B(x,u))(u-\min\{u,v\})\mathrm{d}x = 0,$$

进而有

$$\int_{\Omega}(A(x,\nabla v)-A(x,\nabla u))\nabla(u-\min\{u,v\})\mathrm{d}x = 0,$$
$$\int_{\Omega}(B(x,v)-B(x,u))(u-\min\{u,v\})\mathrm{d}x = 0.$$

因此 $\nabla(u-\min\{u,v\})=0$ a.e.于 Ω 中，进而有 $u-\min\{u,v\}=0$ a.e.于 Ω 中，即 $v \geqslant u$ a.e.于 Ω 中. 证毕.

引理 3.4.6 取 $M_0 \geqslant 0$，$\overline{B(x_0,4r)} \subset \Omega$，函数 $\eta \in C_0^{\infty}(B(x_0,4r))$，其中 $0<r\leqslant 1$，$0 \leqslant \eta \leqslant 1$，则有

(1) 若 u 是障碍问题(3.26)在 $\mathrm{K}_{\psi,\theta}(\Omega)$ 中的解，其中 $\psi \leqslant M$，则

$$\begin{aligned}&\int_{B(x_0,4r)}\left((u-M)^{+}+r\right)^{q}|\nabla(u-M)^{+}|^{p_{B_{4r}}^{-}}\eta^{p_{B_{4r}}^{+}}\mathrm{d}x\\ \leqslant{}& C\int_{B(x_0,4r)}\left((u-M)^{+}+r\right)^{q+p(x)}(|\nabla\eta|^{p(x)}+\eta^{p_{B_{4r}}^{+}})\mathrm{d}x\\ &+C\int_{B(x_0,4r)}\left((u-M)^{+}+r\right)^{q}\eta^{p_{B_{4r}}^{+}}\mathrm{d}x;\end{aligned} \tag{3.27}$$

(2) 若 u 是方程(3.24)在区域 Ω 中的上解，则

$$\begin{aligned}&\int_{B(x_0,4r)}\left((u-M)^{-}+r\right)^{q}|\nabla(u-M)^{-}|^{p_{B_{4r}}^{-}}\eta^{p_{B_{4r}}^{+}}\mathrm{d}x\\ \leqslant{}& C\int_{B(x_0,4r)}\left((u-M)^{-}+r\right)^{q+p(x)}(|\nabla\eta|^{p(x)}+\eta^{p_{B_{4r}}^{+}})\mathrm{d}x\\ &+C\int_{B(x_0,4r)}\left((u-M)^{-}+r\right)^{q}\eta^{p_{B_{4r}}^{+}}\mathrm{d}x,\end{aligned} \tag{3.28}$$

在(1)和(2)中，$|M| \leqslant M_0$，$q \geqslant 0$.

证明 (1) 取 $k \geqslant 0$，定义 $\varphi = -(u-M-k)^{+}\eta^{p_{B_{4r}}^{+}} \in W_0^{1,p(x)}(B(x_0,4r))$，代入(3.26)式，有

$$\int_{\Omega} A(x,\nabla u)\left(-\eta^{p_{B_{4r}}^{+}}\nabla(u-M-k)^{+}-p_{B_{4r}}^{+}\eta^{p_{B_{4r}}^{+}-1}(u-M-k)^{+}\nabla\eta\right)\mathrm{d}x$$
$$+\int_{\Omega} B(x,u)\left(-\eta^{p_{B_{4r}}^{+}-1}(u-M-k)^{+}\right)\mathrm{d}x\geqslant 0.$$

令 $\Omega_M=\{x\in\Omega:u(x)>M+k\}$，则由条件(a2), (a3)及(b2), 对任意的 $\varepsilon>0$，

$$\mu_1\int_{\Omega_M}|\nabla u|^{p(x)}\,\eta^{p_{B_{4r}}^{+}}\mathrm{d}x$$
$$\leqslant p^{+}\mu_2\int_{\Omega_M}|\nabla u|^{p(x)-1}|\nabla\eta|(u-M-k)^{+}\eta^{p_{B_{4r}}^{+}-1}\mathrm{d}x$$
$$+\mu_3\int_{\Omega_M}(1+|u|^{p(x)-1})(u-M-k)^{+}\eta^{p_{B_{4r}}^{+}}\mathrm{d}x$$
$$\leqslant\varepsilon\int_{\Omega_M}|\nabla u|^{p(x)}\,\eta^{p_{B_{4r}}^{+}}\mathrm{d}x+C\int_{\Omega_M}|\nabla\eta|^{p(x)}|(u-M-k)^{+}|^{p(x)}\,\eta^{p_{B_{4r}}^{+}-p(x)}\mathrm{d}x$$
$$+\frac{\mu_3}{2}\int_{\Omega_M}|u|^{p(x)}\,\eta^{p_{B_{4r}}^{+}}\mathrm{d}x+\frac{\mu_3}{2}\int_{\Omega_M}\eta^{p_{B_{4r}}^{+}}\mathrm{d}x+C\int_{\Omega_M}|(u-M-k)^{+}|^{p(x)}\,\eta^{p_{B_{4r}}^{+}}\mathrm{d}x.$$

当 $u>M+k$ 时, 有 $u=(u-M-k)^{+}+M+k$. 取 $\varepsilon=\frac{\mu_1}{2}$, 有

$$\frac{\mu_1}{2}\int_{\Omega_M}|\nabla u|^{p(x)}\,\eta^{p_{B_{4r}}^{+}}\mathrm{d}x$$
$$\leqslant C\int_{\Omega_M}|\nabla\eta|^{p(x)}|(u-M-k)^{+}|^{p(x)}\,\eta^{p_{B_{4r}}^{+}-p(x)}\mathrm{d}x$$
$$+C\int_{\Omega_M}k^{p(x)}\eta^{p_{B_{4r}}^{+}}\mathrm{d}x+C\int_{\Omega_M}\eta^{p_{B_{4r}}^{+}}\mathrm{d}x+C\int_{\Omega_M}|(u-M-k)^{+}|^{p(x)}\,\eta^{p_{B_{4r}}^{+}}\mathrm{d}x.$$

结合上式及文献[111]中的(3.31)式, 可得

$$\int_{\Omega}((u-M)^{+}+r)^{q}\,|\nabla(u-M)^{+}|^{p(x)}\,\eta^{p_{B_{4r}}^{+}}\mathrm{d}x$$
$$\leqslant q\int_0^{\infty}(k+r)^{q-1}\int_{\Omega_M}|\nabla(u-M)^{+}|^{p(x)}\,\eta^{p_{B_{4r}}^{+}}\mathrm{d}x\mathrm{d}k$$
$$\leqslant Cq\int_0^{\infty}(k+r)^{q-1}\left\{\int_{\Omega_M}|(u-M-k)^{+}|^{p(x)}\,(|\nabla\eta|^{p(x)}+\eta^{p_{B_{4r}}^{+}})\mathrm{d}x\right.$$
$$\left.+\int_{\Omega_M}((k+r)^{p(x)}+1)\eta^{p_{B_{4r}}^{+}}\mathrm{d}x\right\}\mathrm{d}k.$$

由于

$$q\int_0^{\infty}(k+r)^{q-1}\int_{\Omega_M}(k+r)^{p(x)}\eta^{p_{B_{4r}}^{+}}\mathrm{d}x\mathrm{d}k$$
$$\leqslant q\int_{\Omega}\eta^{p_{B_{4r}}^{+}}\int_0^{(u-M)^{+}}(k+r)^{p(x)+q-1}\mathrm{d}k\mathrm{d}x$$
$$\leqslant\int_{\Omega}((u-M)^{+}+r)^{p(x)+q}\eta^{p_{B_{4r}}^{+}}\mathrm{d}x,$$

故

$$\begin{aligned}&\int_\Omega((u-M)^++r)^q|\nabla(u-M)^+|^{p_{B_{4r}}^-}\eta^{p_{B_{4r}}^+}\mathrm{d}x\\ \leqslant&\int_\Omega((u-M)^++r)^q|\nabla(u-M)^+|^{p(x)}\eta^{p_{B_{4r}}^+}\mathrm{d}x+\int_\Omega((u-M)^++r)^q\eta^{p_{B_{4r}}^+}\mathrm{d}x\\ \leqslant&C\int_\Omega((u-M)^++r)^{p(x)+q}(|\nabla\eta|^{p(x)}+\eta^{p_{B_{4r}}^+})\mathrm{d}x+C\int_\Omega((u-M)^++r)^q\eta^{p_{B_{4r}}^+}\mathrm{d}x.\end{aligned}$$

(2) 取 $k\geqslant 0$，$\varphi=-(u-M-k)^-\eta^{p_{B_{4r}}^+}\in W_0^{1,p(x)}(B(x_0,4r))$ 为(3.25)式中的检验函数，则有

$$\begin{aligned}&\int_\Omega A(x,\nabla u)\left(-\eta^{p_{B_{4r}}^+}\nabla(u-M-k)^--p_{B_{4r}}^+\eta^{p_{B_{4r}}^+-1}(u-M-k)^-\nabla\eta\right)\mathrm{d}x\\ &+\int_\Omega B(x,u)\left(-\eta^{p_{B_{4r}}^+-1}(u-M-k)^-\right)\mathrm{d}x\geqslant 0.\end{aligned}$$

令 $\Omega_M'=\{x\in\Omega:u(x)<M-k\}$，类似于上面的讨论可得

$$\begin{aligned}&\int_{\Omega_M'}|\nabla u|^{p(x)}\eta^{p_{B_{4r}}^+}\mathrm{d}x\\ \leqslant&C\int_{\Omega_M}|\nabla\eta|^{p(x)}|(u-M-k)^-|^{p(x)}\mathrm{d}x\\ &+C\int_{\Omega_M}k^{p(x)}\eta^{p_{B_{4r}}^+}\mathrm{d}x+C\int_{\Omega_M}\eta^{p_{B_{4r}}^+}\mathrm{d}x+C\int_{\Omega_M}|(u-M-k)^+|^{p(x)}\eta^{p_{B_{4r}}^+}\mathrm{d}x.\end{aligned}$$

进而可得(3.28)式. 证毕.

定理 3.4.2 取 $M_0\geqslant 0$，$l\geqslant p_{B_{4r}}^+-p_{B_{4r}}^-$，$1<\gamma<\dfrac{N}{N-1}$，$\overline{B(x_0,4r)}\subset\Omega$，其中 $0<r\leqslant 1$，则

(1) 若 u 是障碍问题(3.26)在 $\mathrm{K}_{\psi,\theta}(\Omega)$ 中的解，其中 $\psi\leqslant M$，则对于任意的 $t\geqslant 0$，有

$$\sup_{x\in B(x_0,r)}|(u-M)^+|\leqslant C\left(\frac{1}{|B(x_0,2r)|}\int_{B(x_0,2r)}|(u-M)^+|^t\,\mathrm{d}x\right)^{\frac{1}{t}}+Cr;$$

(2) 若 u 是方程(3.25)在区域 Ω 中的上解，则对于任意的 $t>0$，有

$$\sup_{x\in B(x_0,r)}|(u-M)^+|\leqslant C\left(\frac{1}{|B(x_0,2r)|}\int_{B(x_0,2r)}|(u-M)^-|^t\,\mathrm{d}x\right)^{\frac{1}{t}}+Cr.$$

证明 (1) 首先建立迭代不等式. 在(3.27)式中，取 $q=\beta-p_{B_{4r}}^-$，其中 $\beta\geqslant p_{B_{4r}}^-$，则

$$\int_{B(x_0,4r)}((u-M)^++r)^{\beta-p_{B_{4r}}^-}|\nabla(u-M)^+|^{p_{B_{4r}}^-}\eta^{p_{B_{4r}}^+}\mathrm{d}x$$

$$\leqslant C\int_{B(x_0,4r)}((u-M)^+ + r)^{\beta-p_{B_{4r}}^- + p(x)}(|\nabla\eta|^{p(x)} + \eta^{p_{B_{4r}}^+})\mathrm{d}x$$
$$+\int_{B(x_0,4r)}((u-M)^+ + r)^{\beta-p_{B_{4r}}^-}\eta^{p_{B_{4r}}^+}\mathrm{d}x.$$

令 $r\leqslant\sigma<\rho\leqslant 2r$，取 $\eta\in C_0^\infty(B(x_0,\rho))$，满足 $0\leqslant\eta\leqslant 1$，$|\nabla\eta|\leqslant\dfrac{C}{\rho-\sigma}$ 且在 $B(x_0,\sigma)$ 中，$\eta=1$. 对函数 $\left[(u-M)^+ + r\right]^{\frac{\beta}{p_{B_{4r}}^-}}\eta^{\frac{p_{B_{4r}}^+}{p_{B_{4r}}^-}}$ 使用不等式(3.7)有

$$\left[\frac{1}{|B(x_0,4r)|}\int_{B(x_0,4r)}\left(\left[(u-M)^+ + r\right]^{\frac{\beta}{p_{B_{4r}}^-}}\eta^{\frac{p_{B_{4r}}^+}{p_{B_{4r}}^-}}\right)^{\frac{Np_{B_{4r}}^-}{N-1}}\mathrm{d}x\right]^{\frac{N-1}{N}}$$
$$\leqslant\frac{Cr^{p_{B_{4r}}^-}}{|B(x_0,4r)|}\int_{B(x_0,4r)}\left|\nabla\left(\left[(u-M)^+ + r\right]^{\frac{\beta}{p_{B_{4r}}^-}}\eta^{\frac{p_{B_{4r}}^+}{p_{B_{4r}}^-}}\right)\right|^{p_{B_{4r}}^-}\mathrm{d}x,$$

故

$$\left(\int_{B(x_0,\sigma)}((u-M)^+ + r)^{\frac{N\beta}{N-1}}\mathrm{d}x\right)^{\frac{N-1}{N}}$$
$$\leqslant Cr^{p_{B_{4r}}^-}(1+\beta)^{p_{B_{4r}}^-}\left(\frac{1}{|B(x_0,\rho)|}\int_{B(x_0,\rho)}\left((u-M)^+ + r\right)^{\beta-p_{B_{4r}}^- + p(x)}\left(|\nabla\eta|^{p(x)} + \eta^{p_{B_{4r}}^+}\right)\mathrm{d}x\right.$$
$$+\frac{1}{|B(x_0,\rho)|}\int_{B(x_0,\rho)}\left((u-M)^+ + r\right)^{\beta-p_{B_{4r}}^-}\mathrm{d}x$$
$$\left.+\frac{1}{|B(x_0,\rho)|}\int_{B(x_0,\rho)}\left((u-M)^+ + r\right)^{\beta}|\nabla\eta|^{p_{B_{4r}}^-}\mathrm{d}x\right).$$

根据文献[112]中引理 4.6 的证明，有

$$\int_{B(x_0,\rho)}\left((u-M)^+ + r\right)^{\beta-p_{B_{4r}}^-}\mathrm{d}x\leqslant Cr^{-p_{B_{4r}}^-}|B(x_0,\rho)|^{1-\frac{1}{\gamma}}\left(\int_{B(x_0,\rho)}\left((u-M)^+ + r\right)^{\beta\gamma}\mathrm{d}x\right)^{\frac{1}{\gamma}}$$

以及

$$\int_{B(x_0,\rho)}\left((u-M)^+ + r\right)^{\beta}|\nabla\eta|^{p_{B_{4r}}^-}\mathrm{d}x$$
$$\leqslant Cr^{-p_{B_{4r}}^-}\left(\frac{\rho}{\rho-\sigma}\right)^{p_{B_{4r}}^-}|B(x_0,\rho)|^{1-\frac{1}{\gamma}}\left(\int_{B(x_0,\rho)}\left((u-M)^+ + r\right)^{\beta\gamma}\mathrm{d}x\right)^{\frac{1}{\gamma}}.$$

由指数 $p(x)$ 的 log-Hölder 连续性, 可知

$$\int_{B(x_0,\rho)}\left((u-M)^+ + r\right)^{\beta-p^-_{B_{4r}}+p(x)}\left(|\nabla\eta|^{p(x)}+\eta^{p^+_{B_{4r}}}\right)\mathrm{d}x$$

$$\leqslant Cr^{-p^-_{B_{4r}}}\left(\frac{\rho}{\rho-\sigma}\right)^{p^+_{B_{4r}}}|B(x_0,\rho)|^{1-\frac{1}{\gamma}}\left(\int_{B(x_0,\rho)}\left((u-M)^+ + r\right)^{(p(x)-p^-_{B_{4r}})\gamma'}\mathrm{d}x\right)^{\frac{1}{\gamma'}}$$

$$\cdot\left(\int_{B(x_0,\rho)}\left((u-M)^+ + r\right)^{\beta\gamma}\mathrm{d}x\right)^{\frac{1}{\gamma}}$$

$$\leqslant Cr^{-p^-_{B_{4r}}}\left(\frac{\rho}{\rho-\sigma}\right)^{p^+_{B_{4r}}}\left\|(u-M)^+ + 1\right\|^{\gamma'(p^+_{B_{4r}}-p^-_{B_{4r}})}_{L^{\gamma' l}(B(x,4r))}\left(\int_{B(x_0,\rho)}\left((u-M)^+ + r\right)^{\beta\gamma}\mathrm{d}x\right)^{\frac{1}{\gamma}}.$$

综上, 则有

$$\left(\frac{1}{|B(x_0,\rho)|}\int_{B(x_0,\rho)}\left((u-M)^+ + r\right)^{\frac{N\beta}{N-1}}\mathrm{d}x\right)^{\frac{N-1}{N}}$$

$$\leqslant C(1+\beta)^{p^-_{B_{4r}}}\left(\frac{\rho}{\rho-\sigma}\right)^{p^+_{B_{4r}}}\left(\frac{1}{|B(x_0,\rho)|}\int_{B(x_0,\rho)}\left((u-M)^+ + r\right)^{\beta\gamma}\mathrm{d}x\right)^{\frac{1}{\gamma}}. \tag{3.29}$$

定义 $\psi(f,q,D)=\left(\frac{1}{|D|}\int_D f^q\mathrm{d}x\right)^{\frac{1}{q}}$, $r_j=\sigma+\frac{\rho-\sigma}{2^j}$, $\xi_j=\left(\frac{N}{(N-1)\gamma}\right)^j\gamma p^-_{B_{4r}}$. 由(3.29)式可得如下迭代不等式,

$$\Psi\left((u-M)^+ + r,\xi_{j+1},B(x_0,r_{j+1})\right)$$

$$\leqslant C^{\frac{1}{\xi_j}}\left(1+\frac{\xi_j}{\gamma}\right)^{\frac{\gamma p^+_{B_{4r}}}{\xi_j}}\left(\frac{r_j}{r_j-r_{j+1}}\right)^{\frac{\gamma p^+_{B_{4r}}}{\xi_j}}\Psi\left((u-M)^+ + r,\xi_j,B(x_0,r_j)\right).$$

类似文献[112]中定理 4.9 的证明, 有

$$\sup_{x\in B(x_0,r)}\left|(u-M)^+\right|\leqslant C\left(\frac{1}{|B(x_0,2r)|}\int_{B(x_0,2r)}|(u-M)^+|^t\mathrm{d}x\right)^{\frac{1}{t}}+Cr.$$

(2) 类似于(1)的证明, 可得结论.

定理 3.4.3 令 $M_0\geqslant 0$, $l>p^+_{B_{4r}}-p^-_{B_{4r}}$, $1<\gamma<\frac{N}{N-1}$, $\overline{B(x_0,4r)}\subset\Omega$, 其中 $0<r\leqslant 1$. 假设 u 是方程(3.24)的非负上解且 $u\geqslant M$, $0\leqslant M\leqslant M_0$, 则存在常数 $s_0>0$, 使得对于任意的 $0<s<s_0$, 有

$$\left(\frac{1}{|B(x_0,2r)|}\int_{B(x_0,2r)}(u-M)^s\mathrm{d}x\right)^{\frac{1}{s}}\leqslant C\left(\inf_{B(x_0,r)}(u-M)+r\right).$$

证明　取 $r>0$，$\varphi=(u-M+r)^q\eta^{p_{B_{4r}}^+}$，其中 $q<q_0$．取 $\eta\in C_0^\infty(B(x_0,4r))$ 满足 $0\leqslant\eta\leqslant1$．由于 u 是方程(3.24)的非负上解，则

$$\int_\Omega A(x,\nabla u)\left(q(u-M+r)^{q-1}\eta^{p_{B_{4r}}^+}\nabla u+p_{B_{4r}}^+(u-M+r)^q\eta^{p_{B_{4r}}^+-1}\nabla\eta\right)\mathrm{d}x$$
$$+\int_\Omega B(x,u)(u-M+r)^q\eta^{p_{B_{4r}}^+}\mathrm{d}x\geqslant0.$$

由条件(a2), (a3), (b2), 并结合 Young 不等式有

$$\int_\Omega|\nabla u|^{p(x)}(u-M+r)^{q-1}\eta^{p_{B_{4r}}^+}\mathrm{d}x$$
$$\leqslant C\left\{\int_\Omega(u-M+r)^{q-1+p(x)}(|\nabla\eta|^{p(x)}+\eta^{p_{B_{4r}}^+})\mathrm{d}x+\int_\Omega(u-M+r)^q\eta^{p_{B_{4r}}^+}\mathrm{d}x\right\}.$$

由于

$$\int_\Omega(u-M+r)^q\eta^{p_{B_{4r}}^+}\mathrm{d}x$$
$$\leqslant\int_\Omega(u-M+r)^{q-1}\eta^{p_{B_{4r}}^+}\mathrm{d}x+\int_\Omega(u-M+r)^{q-1+p(x)}\eta^{p_{B_{4r}}^+}\mathrm{d}x,$$

由引理 3.1.1 知,

$$\int_\Omega|\nabla u|^{p_{B_{4r}}^-}(u-M+r)^{q-1}\eta^{p_{B_{4r}}^+}\mathrm{d}x$$
$$\leqslant C\left\{\int_\Omega(u-M+r)^{q-1+p(x)}(|\nabla\eta|^{p(x)}+\eta^{p_{B_{4r}}^+})\mathrm{d}x+\int_\Omega(u-M+r)^{q-1}\eta^{p_{B_{4r}}^+}\mathrm{d}x\right\}.$$

在上式中取 $q_0=1-p^-$，$q=\beta-p_{B_{4r}}^-+1$，其中 $\beta<0$，则有

$$\int_\Omega|\nabla u|^{p_{B_{4r}}^-}(u-M+r)^{\beta-p_{B_{4r}}^-}\eta^{p_{B_{4r}}^+}\mathrm{d}x$$
$$\leqslant C\left\{\int_\Omega(u-M+r)^{\beta-p_{B_{4r}}^-+p(x)}(|\nabla\eta|^{p(x)}+\eta^{p_{B_{4r}}^+})\mathrm{d}x+\int_\Omega(u-M+r)^{\beta-p_{B_{4r}}^-}\eta^{p_{B_{4r}}^+}\mathrm{d}x\right\}.$$

令 $r\leqslant\sigma<\rho\leqslant3r$．取 $\eta\in C_0^\infty(B(x_0,\rho))$ 满足 $0\leqslant\eta\leqslant1$，$|\nabla\eta|\leqslant\dfrac{C}{\rho-\sigma}$ 且在球 $B(x_0,\rho)$ 中，$\eta=1$．对函数 $(u-M+r)^{\frac{\beta}{p_{B_{4r}}^-}}\eta^{\frac{p_{B_{4r}}^+}{p_{B_{4r}}^-}}$ 使用不等式(3.7)，则有

$$\left(\frac{1}{|B(x_0,\rho)|}\int_{B(x_0,\sigma)}(u-M+r)^{\frac{N\beta}{N-1}}\mathrm{d}x\right)^{\frac{N-1}{N}}$$
$$\leqslant Cr^{p_{B_{4r}}^-}(1+\beta)^{p_{B_{4r}}^-}\left(\frac{1}{|B(x_0,\rho)|}\int_{B(x_0,\rho)}(u-M+r)^{\beta-p_{B_{4r}}^-+p(x)}(|\nabla\eta|^{p(x)}+\eta^{p_{B_{4r}}^+})\mathrm{d}x\right.$$

$$+\frac{1}{|B(x_0,\rho)|}\int_{B(x_0,\rho)}(u-M+r)^{\beta-p_{B_{4r}}^-}\mathrm{d}x+\int_{B(x_0,\rho)}(u-M+r)^{\beta}|\nabla\eta|^{p_{B_{4r}}^-}\mathrm{d}x\Bigg).$$

类似于定理 3.4.8 的证明, 可得如下不等式:

$$\left(\frac{1}{|B(x_0,\sigma)|}\int_{B(x_0,\sigma)}(u-M+r)^{\frac{N\beta}{N-1}}\mathrm{d}x\right)^{\frac{N-1}{N}}$$

$$\leqslant C(1+|\beta|)^{p_{B_{4r}}^-}\left(\frac{\rho}{\rho-\sigma}\right)^{p_{B_{4r}}^+}\left(\frac{1}{|B(x_0,\rho)|}\int_{B(x_0,\rho)}(u-M+r)^{\beta\gamma}\mathrm{d}x\right)^{\frac{1}{\gamma}},$$

其中 $\beta<0$, 进而有

$$\left(\frac{1}{|B(x_0,\sigma)|}\int_{B(x_0,\sigma)}(u-M+r)^{\beta\gamma}\mathrm{d}x\right)^{\frac{1}{\beta\gamma}}$$

$$\leqslant C^{\frac{1}{|\beta|}}(1+|\beta|)^{\frac{p_{B_{4r}}^-}{|\beta|}}\left(\frac{\rho}{\rho-\sigma}\right)^{\frac{p_{B_{4r}}^+}{|\beta|}}\left(\frac{1}{|B(x_0,\rho)|}\int_{B(x_0,\rho)}(u-M+r)^{\frac{N\beta}{N-1}}\mathrm{d}x\right)^{\frac{N-1}{N\beta}}.$$

定义 $r_j=\sigma+\frac{\rho-\sigma}{2^j}$, $\xi_j=-\left(\frac{N}{(N-1)\gamma}\right)^j s_0$. 由上式, 可得如下迭代不等式:

$$\Psi\big(u-M+r,\xi_j,B(x_0,r_j)\big)$$

$$\leqslant C^{\frac{1}{|\xi_j|}}\left(1+\frac{|\xi_j|}{\gamma}\right)^{\frac{\gamma p_{B_{4r}}^+}{|\xi_j|}}\left(\frac{r_j}{r_j-r_{j+1}}\right)^{\frac{\gamma p_{B_{4r}}^+}{|\xi_j|}}\Psi\big(u-M+r,\xi_{j+1},B(x_0,r_{j+1})\big),$$

则有

$$\Psi\big(u-M+r,-s_0,B(x_0,\rho)\big)\leqslant C\inf_{x\in B(x_0,\sigma)}(u-M+r).$$

类似于文献[112]中引理 3.6 的证明, 可得

$$\Psi\big(u-M+r,s_0,B(x_0,3r)\big)\leqslant C\Psi\big(u-M+r,-s_0,B(x_0,3r)\big),$$

进而有

$$\Psi\big(u-M+r,s_0,B(x_0,3r)\big)\leqslant C\inf_{x\in B(x_0,\sigma)}(u-M+r).$$

因此, 存在常数 $s_0>0$, 使得对于任意的 $0<s<s_0$, 有

$$\left(\frac{1}{|B(x_0,2r)|}\int_{B(x_0,2r)}(u-M)^s\mathrm{d}x\right)^{\frac{1}{s}}\leqslant C\left(\inf_{B(x_0,r)}(u-M)+r\right).$$

证毕.

定理 3.4.4　若$\psi:\Omega\to[-\infty,\infty)$连续，则障碍问题(3.26)在$\mathrm{K}_{\psi,\theta}(\Omega)$中的解$u$也连续. 另外，在开集$\{x\in\Omega:u(x)>\psi(x)\}$中，$u$是方程(3.24)的解.

证明　(1) u有一个下半连续的表示.

首先可知u是局部有界的. 取$x\in\Omega$，定义$m_r=\inf\limits_{y\in B(x,r)}u(y)$，其中$r<1$，使得$\overline{B(x,4r)}\subset\Omega$. 若$m_r<0$，则$u-m_r$是方程在$B(x,r)$中的非负上解，取$M=0$. 若$m_r\geqslant 0$，取$M=m_r$. 则对于某个$0<s\leqslant 1$，有

$$\left(\frac{1}{|B(x,r)|}\int_{B(x,r)}(u-m_r)^s\mathrm{d}x\right)^{\frac{1}{s}}\leqslant C\left(\inf_{B\left(x,\frac{r}{2}\right)}(u-m_r)+r\right).$$

令K是u在$B(x,r)$中的本性上确界，则

$$\begin{aligned}m_{\frac{r}{2}}-m_r&\geqslant C\left(\frac{1}{|B(x,r)|}\int_{B(x,r)}(u-m_r)^s\mathrm{d}y\right)^{\frac{1}{s}}-Cr\\&\geqslant C(K-m_r)^{\frac{s-1}{s}}\left(\frac{1}{|B(x,r)|}\int_{B(x,r)}(u-m_r)^s\mathrm{d}y\right)^{\frac{1}{s}}-Cr,\end{aligned}$$

有

$$0\leqslant\frac{1}{|B(x,r)|}\int_{B(x,r)}(u-m_r)\mathrm{d}y\leqslant\left(m_{\frac{r}{2}}-m_r+Cr\right)^s(K-m_r)^{1-s}.$$

当$r\to 0$时，有

$$\lim_{r\to 0}\inf_{y\in B(x,r)}u(y)=\lim_{r\to 0}\frac{1}{|B(x,r)|}\int_{B(x,r)}u\mathrm{d}y.$$

由 Lebesgue 微分定理，$\lim\limits_{r\to 0}\inf\limits_{y\in B(x,r)}u(y)=u(x)$，a.e. $x\in\Omega$. 记$\tilde{u}(x)=\lim\limits_{r\to 0}\inf\limits_{y\in B(x,r)}u(y)$，则$\tilde{u}$为$u$的一个下半连续的表示.

(2) 当障碍函数连续时，u也连续.

取$x\in\Omega$，$\varepsilon>0$，由于$u\in\mathrm{K}_{\psi,\theta}(\Omega)$且$\psi$是连续的，则对于任意的$x\in\Omega$，有

$$u(x)=\lim_{r\to 0}\inf_{y\in B(x,r)}u(y)\geqslant\psi(x)=\lim_{r\to 0}\inf_{y\in B(x,r)}\psi(y).$$

取$0<r\leqslant 1$使得$\overline{B(x,4r)}\subset\Omega$并且$\sup\limits_{y\in B(x,r)}\psi(y)\leqslant u(x)+\varepsilon$，$\inf\limits_{y\in B(x,r)}u(y)>u(x)-\varepsilon$. 取$t=1$，$M=u(x)+\varepsilon$，$M_0=\inf\limits_{y\in B(x,r)}u(y)+2\varepsilon$，则有

$$\begin{aligned}\sup_{y\in B\left(x,\frac{r}{2}\right)}(u(y)-(u(x)+\varepsilon))&\leqslant\sup_{y\in B\left(x,\frac{r}{2}\right)}(u(y)-(u(x)+\varepsilon))^+\\&\leqslant C\frac{1}{|B(x,r)|}\int_{B(x,r)}(u(y)-(u(x)+\varepsilon))^+\mathrm{d}y+Cr.\end{aligned}$$

又因为

$$\int_{B(x,r)} (u(y)-(u(x)+\varepsilon))^+ \mathrm{d}y \leqslant \int_{B(x,r)} u(y)\,\mathrm{d}y-(u(x)-\varepsilon)\,|\,B(x,r)\,|,$$

则有

$$\sup_{y\in B\left(x,\frac{r}{2}\right)} u(y) \leqslant \frac{C}{|\,B(x_0,\rho)\,|}\int_{B(x,r)} u(y)\mathrm{d}y - Cu(x)+C\varepsilon+Cr+u(x)+\varepsilon .$$

令 $r\to 0$ 且 $\varepsilon\to 0$，有

$$\lim_{r\to 0}\ \sup_{y\in B\left(x,\frac{r}{2}\right)} u(y) \leqslant u(x) .$$

综上可知 u 在 Ω 中连续.

(3) 假设 $u(x)>\psi(x)$. 记 $\Omega'=\{x\in\Omega: u(x)>\psi(x)\}$. 由于 $u(x),\psi(x)$ 连续，则对于任意的 $x\in \operatorname{supp}\omega$，有

$$u(x)-\psi(x) \geqslant \min_{x\in \operatorname{supp}\omega} (u(x)-\psi(x)) .$$

取 $\lambda_0=\dfrac{\min\limits_{x\in\operatorname{supp}\omega}(u(x)-\psi(x))}{2\max|\,\omega(x)\,|}$，当 $|\lambda|<\lambda_0$ 时，$u(x)+\lambda\omega(x)\geqslant\psi(x)$. 取 $v=u(x)+\lambda\omega(x)$，有

$$\int_{\Omega'} A(x,\nabla u)\nabla(\lambda\omega)\mathrm{d}x+\int_{\Omega'} B(x,u)\lambda\omega\mathrm{d}x \geqslant 0 .$$

由于 λ 可变号，故有

$$\int_{\Omega'} A(x,\nabla u)\nabla\omega\mathrm{d}x+\int_{\Omega'} B(x,u)\omega\mathrm{d}x = 0 ,$$

则 u 是方程在开集 $\Omega'=\{x\in\Omega: u(x)>\psi(x)\}$ 中的解. 证毕.

类似于文献[111]中定理 3.70 的证明，容易得到如下结论.

定理 3.4.5 若 u 是方程在 Ω 中的解，则在 Ω 中存在连续函数 v，使得 $u=v$ a.e.成立.

定义 3.4.1 令 $s>0, 0<\delta<\infty$，对于 $\mathbb{R}^N$ 中的一个子集 E，定义

$$H^s(E)=\lim_{\delta\to 0} H_\delta^s(E)=\sup_{\delta>0} H_\delta^s(E),$$

$$H_\delta^s(E)=\inf\left\{\sum_{j=1}^{\infty}\beta(s)\left(\frac{\operatorname{diam} C_j}{2}\right)^s : E\subset\bigcup_{j=1}^{\infty} C_j, \operatorname{diam} C_j\leqslant\delta\right\},$$

其中 $H^s(E)$ 是 E 的 s-Hausdorff 测度，$\beta(s)=\dfrac{\pi^{\frac{s}{2}}}{\Gamma\left(\dfrac{s}{2}+1\right)}$，$\Gamma(s)=\int_0^{\infty} \mathrm{e}^{-t}t^{s-1}\mathrm{d}t$ 是

Gamma 函数.

引理 3.4.7　令 K 是 Ω 的一个紧子集. 假设 ϑ 是障碍问题在 $\mathrm{K}_{\psi}(\Omega)$ 中的解, 障碍函数 $\psi\in C(\Omega)$ 有界, 且

$$|\psi(x)-\psi(y)|\leqslant C|x-y|^{\alpha},\quad \forall x\in K,\quad y\in\Omega,$$

其中 $0<\alpha\leqslant 1$, $C>0$. 令 $\mu=-\operatorname{div}A(x,\nabla\vartheta)+B(x,\vartheta)$, 则对于任意的 $x\in K$, $0<r<\min\left\{\frac{1}{4},\frac{1}{17}\operatorname{dist}(K,\partial\Omega)\right\}$, 有

$$\mu(B(x,r))\leqslant Cr^{\frac{p^-(N-p^+)}{p^+}+\alpha(p^--1)}.$$

证明　由于 ϑ 是障碍问题在 $\mathrm{K}_{\psi}(\Omega)$ 中的解, 则 ϑ 是方程的上解. 又因为 $\psi\in C(\Omega)$, 所以 ϑ 是连续的. 这样对于任意的非负函数 $\varphi_1\in C_0^{\infty}(\Omega)$, 有

$$\int_{\Omega}A(x,\nabla\vartheta)\nabla\varphi_1\mathrm{d}x+\int_{\Omega}B(x,\vartheta)\varphi_1\mathrm{d}x\geqslant 0.$$

由 Riesz 定理, 存在非负的 Radon 测度 μ, 使得对于任意的 $\varphi_2\in C_0^{\infty}(\Omega)$, 有

$$\int_{\Omega}A(x,\nabla\vartheta)\nabla\varphi_2\mathrm{d}x+\int_{\Omega}B(x,\vartheta)\varphi_2\mathrm{d}x=\int_{\Omega}\varphi_2\mathrm{d}\mu.$$

对于任意的开集 V, 定义

$$\mu(V)=\sup\left\{\int_V\varphi\mathrm{d}\mu:0\leqslant\varphi\leqslant 1\text{且}\varphi\in C_0^{\infty}(V)\right\}.$$

令 $x\in K$. 若 $B(x,r)\cap\{x\in\Omega:\vartheta(x)=\psi(x)\}=\varnothing$, 有 $\mu\big(B(x,r)\big)=0$. 以下假设 $B(x,r)\cap\{x\in\Omega:\vartheta(x)=\psi(x)\}\neq\varnothing$.

取 $x_0\in B(x,r)\cap\{x\in\Omega:\vartheta(x)=\psi(x)\}$, 则有 $\mu\big(B(x,r)\big)\leqslant\mu\big(B(x_0,2r)\big)$. 若

$$\sup_{x\in B(x_0,8r)}\psi(x)=\psi(x_1),\qquad \inf_{x\in B(x_0,8r)}\psi(x)=\psi(x_2),$$

则

$$\begin{aligned}&\sup_{x\in B(x_0,8r)}\psi(x)-\inf_{x\in B(x_0,8r)}\psi(x)\\&=\psi(x_1)-\psi(x)+\psi(x)-\psi(x_2)\\&\leqslant C|x_1-x|^{\alpha}+C|x_2-x|^{\alpha}\\&\leqslant Cr^{\alpha}.\end{aligned}$$

定义

$$\alpha_1=\sup_{x\in B(x_0,4r)}\psi(x)-\inf_{x\in B(x_0,4r)}\psi(x)+\inf_{x\in B(x_0,4r)}\vartheta(x),$$

$$\alpha_2=\sup_{x\in B(x_0,4r)}\psi(x)-\inf_{x\in B(x_0,4r)}\psi(x)-\inf_{x\in B(x_0,4r)}\vartheta(x).$$

由于

$$\inf_{x\in B(x_0,4r)}\psi(x)\leqslant\inf_{x\in B(x_0,4r)}\vartheta(x)\leqslant\vartheta(x_0)=\psi(x_0)\leqslant\sup_{x\in B(x_0,4r)}\psi(x),$$

则有

$$|\alpha_1|\leqslant 2\left(\sup_{x\in\Omega}\psi(x)\right)^+-\inf_{x\in\Omega}\psi(x).$$

由于在 $B(x_0,4r)$ 中，$\psi(x)\leqslant\alpha$，取 $M=\alpha_1$，$M_0=2\left(\sup\limits_{x\in\Omega}\psi(x)\right)^+-\inf\limits_{x\in\Omega}\psi(x)$，则

$$\sup_{x\in B(x_0,2r)}\left|(\vartheta(x)-\alpha_1)^+\right|\leqslant C\left(\frac{1}{|B(x_0,4r)|}\int_{B(x_0,4r)}\left|(\vartheta(x)-\alpha_1)^+\right|^t\mathrm{d}x\right)^{\frac{1}{t}}+Cr.$$

由于

$$\begin{aligned}&\vartheta(x)-\alpha_1\\&=\vartheta(x)-\left(\sup_{x\in B(x_0,4r)}\psi(x)-\inf_{x\in B(x_0,4r)}\psi(x)\right)-\inf_{x\in B(x_0,4r)}\vartheta(x)\\&\leqslant\vartheta(x)+\alpha_2,\end{aligned}$$

所以

$$\sup_{x\in B(x_0,2r)}\left|(\vartheta(x)-\alpha_1)^+\right|\leqslant C\left(\frac{1}{|B(x_0,4r)|}\int_{B(x_0,4r)}(\vartheta(x)+\alpha_2)^t\mathrm{d}x\right)^{\frac{1}{t}}+Cr.$$

若 $\alpha_2\geqslant 0$，则 $\vartheta(x)+\alpha_2$ 是方程在 $B(x_0,4r)$ 中的非负上解. 取 $M=M_0=0$. 若 $\alpha_2<0$，取 $M=-\alpha_2$，$M_0=\sup\limits_{x\in\Omega}\psi(x)$，则有

$$\begin{aligned}&\sup_{x\in B(x_0,2r)}\left|(\vartheta(x)-\alpha_1)^+\right|\\&\leqslant C\left(\inf_{x\in B(x_0,2r)}(\vartheta(x)+\alpha_2)+r\right)\\&\leqslant C\left(\vartheta(x_0)+\sup_{x\in B(x_0,4r)}\psi(x)-\inf_{x\in B(x_0,4r)}\psi(x)-\inf_{x\in B(x_0,4r)}\vartheta(x)\right)+Cr\\&\leqslant C\left(\sup_{x\in B(x_0,4r)}\psi(x)-\inf_{x\in B(x_0,4r)}\psi(x)\right)+Cr,\end{aligned}$$

所以

$$\sup_{x\in B(x_0,2r)}\vartheta(x)-\inf_{x\in B(x_0,2r)}\vartheta(x)\leqslant C\left(\sup_{x\in B(x_0,4r)}\psi(x)-\inf_{x\in B(x_0,4r)}\psi(x)\right)+Cr.$$

取 $\eta\in C_0^\infty(B(x_0,4r))$ 满足 $0<\eta\leqslant 1$，$|\nabla\eta|\leqslant\dfrac{C}{r}$ 且在 $B(x_0,2r)$ 上，$\eta\equiv 1$. 有

$$\mu(B(x_0,2r))\leqslant\int_{B(x_0,4r)}\eta^{p_{B_{4r}}^+}\mathrm{d}\mu$$
$$\leqslant p^+\int_{B(x_0,4r)}\eta^{p_{B_{4r}}^+-1}A(x,\nabla\vartheta)\nabla\eta\mathrm{d}x+\int_{B(x_0,4r)}\eta^{p_{B_{4r}}^+}B(x,\vartheta)\mathrm{d}x$$
$$\leqslant p^+\mu_2\int_{B(x_0,4r)}\eta^{p_{B_{4r}}^+-1}|\nabla\vartheta|^{p(x)-1}|\nabla\eta|\mathrm{d}x+\mu_3\int_{B(x_0,4r)}\eta^{p_{B_{4r}}^+}(|\vartheta|^{p(x)-1}+1)\mathrm{d}x.$$

类似于文献[108]中的证明，由引理 3.4.4 和定理 3.4.5 可知存在连续函数 $h\in W^{1,p(x)}(B)$，使得 h 是方程在 B 上的解，其中球 $B\supset\overline{\Omega}$．可知 h 在 Ω 上有界，假设 $-m_1\leqslant h\leqslant m_2$，其中 $m_1,m_2\geqslant 0$．任取 $\varphi\in C_0^\infty(\Omega)$，有

$$\int_\Omega A(x,\nabla(h+m_1+\sup_{x\in\Omega}|\psi(x)|))\nabla\varphi\mathrm{d}x+\int_\Omega B(x,h+m_1+\sup_{x\in\Omega}|\psi(x)|)\varphi\mathrm{d}x$$
$$\geqslant\int_\Omega A(x,\nabla h)\nabla\varphi\mathrm{d}x+\int_\Omega B(x,h)\varphi\mathrm{d}x$$
$$=0,$$

则 $v=h+m_1+\sup_{x\in\Omega}|\psi(x)|$ 为方程的上解，且在 Ω 中，$v\geqslant\psi$．由于

$$0\leqslant\min(v,\vartheta)-\psi\leqslant\vartheta-\psi\in W_0^{1,p(x)}(\Omega)$$

以及 $\min\{v,\vartheta\}\in K_\psi(\Omega)$，根据引理 3.4.5，可知在 Ω 中，有 $v\geqslant\vartheta$．

取 $M_0=m_1+m_2+\sup_{x\in\Omega}|\psi|$，$M=\sup_{x\in B(x_0,4r)}\vartheta(x)$，$k=0$．可得

$$\int_{B(x_0,4r)}|\nabla\vartheta|^{p(x)}\eta^{p_{B_{4r}}^+}\mathrm{d}x$$
$$\leqslant C\int_{B(x_0,4r)}\left(\sup_{x\in B(x_0,4r)}\vartheta(x)-\vartheta(x)\right)^{p(x)}(|\nabla\eta|^{p(x)}+\eta^{p_{B_{4r}}^+})\mathrm{d}x+C\int_{B(x_0,4r)}\eta^{p_{B_{4r}}^+}\mathrm{d}x$$
$$\leqslant C\int_{B(x_0,4r)}\left(\sup_{x\in B(x_0,4r)}\vartheta(x)-\inf_{x\in B(x_0,4r)}\vartheta(x)\right)^{p(x)}r^{-p(x)}\mathrm{d}x+Cr^N$$
$$\leqslant Cr^{N-(1-\alpha)p_+},$$

则有

$$\mu(B(x,r))\leqslant\mu(B(x_0,2r))\leqslant Cr^{\frac{p_-(N-p_+)}{p_+}+\alpha(p_--1)}.$$

证毕.

定理 3.4.6　令 $E\subset\Omega$ 是一个闭子集．假设 $u\in C(\Omega)$，u 是方程(3.24)在区域 $\Omega\setminus E$ 上的一个连续解，且存在 $\alpha\in(0,1)$，使得对于任意的 $x\in E$，$y\in\Omega$，有

$$|u(x)-u(y)|\leqslant C|x-y|^\alpha.$$

如果对于集合 E 的任意紧子集 K，K 的 $\frac{p^-(N-p^+)}{p^+}+\alpha(p^- -1)$-Hausdorff 测度为零，那么 u 是方程(3.24)在区域 Ω 上的解.

证明　取 $\overline{D}\subset\Omega$. 可知在 $\mathrm{K}_u(D)$ 中，障碍问题存在唯一的连续解 u_1. 记 $\mu=-\mathrm{div}A(x,\nabla u_1)+B(x,u_1)$. 取紧集 $K\subset E\cap D$，可知对任意的 $x\in K$，$0<r<\min\left\{\frac{1}{4},\frac{1}{17}\mathrm{dist}(K,\partial\Omega)\right\}$，有

$$\mu(B(x,r))\leqslant Cr^{\frac{p_-(N-p_+)}{p_+}+\alpha(p_--1)}.$$

由于 K 的 $\frac{p_-(N-p_+)}{p_+}+\alpha(p_- -1)$-Hausdoff 测度是零，所以对于任意的 $\varepsilon>0$，存在 $\delta_0>0$，使得当 $0<\delta<\delta_0$ 时，有 $H_\delta^s(K)<\varepsilon$，其中 $s=\frac{p_-(N-p_+)}{p_+}+\alpha(p_- -1)$. 取 δ 充分小，则存在一族集合 C_j^δ，使得 $K\subset\bigcup_{i=1}^{\infty}C_j^\delta$，$\mathrm{diam}\,C_j^\delta<\delta$ 且

$$H_\delta^s(K)\leqslant\sum_{j=1}^{\infty}\beta(s)\left(\frac{\mathrm{diam}\,C_j^\delta}{2}\right)^s<\varepsilon,$$

则有

$$\sum_{j=1}^{\infty}\left(\mathrm{diam}\,C_j^\delta\right)^s<\left(\frac{2^s}{\beta(s)}\right)\varepsilon.$$

取 $\{B(x_j,r_j)\}$，使得 $C_j^\delta\subset B(x_j,r_j)$，其中 $x_j\in K$，$r_j=\mathrm{diam}\,C_j^\delta$，则有

$$\mu(K)\leqslant\sum_{i=1}^{\infty}\mu(C_j^\delta)\leqslant\sum_{i=1}^{\infty}\mu(B(x_j,r_j))\leqslant C\sum_{i=1}^{\infty}r_j^{\frac{p_-(N-p_+)}{p_+}+\alpha(p_--1)}\leqslant C\left(\frac{2^s}{\beta(s)}\right)\varepsilon.$$

由 ε 的任意性，可知 $\mu(K)=0$，则

$$\mu(E\cap D)=\sup\{\mu(K):K\subset E\cap D,K\text{为紧集}\}=0.$$

以下证明 $\mu(D\setminus E)=0$.

令 $\varepsilon>0$，$\theta(x)\geqslant0$ 且 $\theta\in W_0^{1,p(x)}(D\setminus E)$. 记 $\theta_\varepsilon(x)=\min\left\{\theta(x),\frac{u_1(x)-u(x)}{\varepsilon}\right\}$，则有 $\theta_\varepsilon\in W_0^{1,p(x)}(D\setminus E)$. 记 $D_1=\{x\in D:u_1(x)>u(x)\}$，$D_2=\{x\in D:u_1(x)=u(x)\}$. 由于障碍函数 u 连续，可知 u_1 是方程在区域 D_1 上的解，则

$$\int_{D\setminus E}A(x,\nabla u_1)\nabla\theta_\varepsilon+B(x,u_1)\theta_\varepsilon\mathrm{d}x$$

$$=\int_{D_1} A(x,\nabla u_1)\nabla\theta_\varepsilon + B(x,u_1)\theta_\varepsilon \mathrm{d}x + \int_{D_2} A(x,\nabla u_1)\nabla\theta_\varepsilon + B(x,u_1)\theta_\varepsilon \mathrm{d}x$$
$$=0.$$

由于 u 是方程在区域 $D\setminus E$ 上的解，则

$$\int_{D\setminus E} A(x,\nabla u)\nabla\theta_\varepsilon + B(x,u)\theta_\varepsilon \mathrm{d}x = 0,$$

故

$$\int_{D\setminus E}\big(A(x,\nabla u_1)-A(x,\nabla u)\big)\nabla\theta_\varepsilon + \big(B(x,u_1)-B(x,u)\big)\theta_\varepsilon \mathrm{d}x = 0.$$

记

$$(D\setminus E)_1=\{x\in D\setminus E:\varepsilon\theta(x)\leqslant u_1(x)-u(x)\},$$
$$(D\setminus E)_2=\{x\in D\setminus E:\varepsilon\theta(x)> u_1(x)-u(x)\},$$

可知

$$\int_{(D\setminus E)_1}\Big(\big(A(x,\nabla u_1)-A(x,\nabla u)\big)\nabla\theta + \big(B(x,u_1)-B(x,u)\big)\theta\Big)\mathrm{d}x$$
$$=-\frac{1}{\varepsilon}\int_{(D\setminus E)_2}\Big(\big(A(x,\nabla u_1)-A(x,\nabla u)\big)\nabla(u_1-u) + \big(B(x,u_1)-B(x,u)\big)(u_1-u)\Big)\mathrm{d}x$$
$$\leqslant 0.$$

当 $\varepsilon\to 0$ 时，有

$$\int_{D\setminus E}\Big(\big(A(x,\nabla u_1)-A(x,\nabla u)\big)\nabla\theta + \big(B(x,u_1)-B(x,u)\big)\theta\Big)\mathrm{d}x \leqslant 0,$$

又由于

$$\int_{D\setminus E} A(x,\nabla u)\nabla\theta + B(x,u)\theta \mathrm{d}x = 0,$$

则有

$$\int_{D\setminus E} A(x,\nabla u_1)\nabla\theta + B(x,u_1)\theta \mathrm{d}x \leqslant 0.$$

由此可知 $\mu(D\setminus E)\leqslant 0$，进而有 $\mu(D\setminus E)=0$.

综上，$\mu(D)=0$，则对任意的 $\varphi\in W_0^{1,p(x)}(\Omega)$，有

$$\int_D A(x,\nabla u_1)\nabla\varphi + B(x,u_1)\varphi \mathrm{d}x = 0.$$

令 u_2 是障碍问题在 $\mathrm{K}_{-u}(D)$ 中的解. 类似地，也可得

$$\int_D \tilde{A}(x,\nabla u_2)\nabla\varphi + \tilde{B}(x,u_2)\varphi \mathrm{d}x = 0,$$

也即

$$\int_D A(x,-\nabla u_2)\nabla\varphi + B(x,-u_2)\varphi \mathrm{d}x = 0.$$

最后证明: 在 D 中, $u_1=-u_2=u$ a.e.成立.

在 D 中, $-u_2\leqslant u\leqslant u_1$, $u_1-u\in W_0^{1,p(x)}(\Omega)$, $u_2+u\in W_0^{1,p(x)}(\Omega)$, 则 $u_1+u_2\in W_0^{1,p(x)}(\Omega)$, 故

$$\int_D A(x,\nabla u_1)\nabla(u_1+u_2)+B(x,u_1)(u_1+u_2)\mathrm{d}x=0$$

以及

$$\int_D A(x,-\nabla u_2)\nabla(u_1+u_2)+B(x,-u_2)(u_1+u_2)\mathrm{d}x=0,$$

则

$$\int_D\big(A(x,\nabla u_1)-A(x,-\nabla u_2)\big)\nabla(u_1+u_2)+\big(B(x,u_1)-B(x,-u_2)\big)(u_1+u_2)\mathrm{d}x=0,$$

进一步有

$$\int_D\big(A(x,\nabla u_1)-A(x,-\nabla u_2)\big)\nabla(u_1+u_2)\mathrm{d}x=0,$$

$$\int_D\big(B(x,u_1)-B(x,-u_2)\big)(u_1+u_2)\mathrm{d}x=0,$$

所以, 在 D 中有 $\nabla(u_1+u_2)=0$ a.e.成立. 进而可证 $u_1+u_2=0$ a.e.成立, 这样在 D 中, $u_1=-u_2=u$ a.e.成立. 因此, u 是方程在区域 D 中的解, 即对于任意的 $\varphi\in W_0^{1,p(x)}(\Omega)$, 有 $\int_D A(x,\nabla u)\nabla\varphi+B(x,u)\varphi\mathrm{d}x=0$, 可知闭集 E 是可去的. 证毕.

第 4 章　变指数增长的椭圆方程组的边值问题

本章主要讨论了具变指数增长条件的椭圆方程组的 Dirichlet 边值问题. 首先, 我们讨论了一类具变分结构的 $p(x)$-Laplace 椭圆方程组的多重解问题, 然后讨论了一类一般形式下具 $p(x)$-增长条件的椭圆方程组解的存在性.

4.1　$p(x)$-Laplace 方程组的多重解

本节主要基于一类强不定泛函的临界点理论, 讨论了如下一类 $p(x)$- Laplace 方程组:

$$\begin{cases}-\operatorname{div}(|\nabla u|^{p(x)-2}\nabla u)+|u|^{p(x)-2}u=H_u(x,u,v), & x\in\Omega,\\ -\operatorname{div}(|\nabla v|^{p(x)-2}\nabla v)+|v|^{p(x)-2}v=-H_v(x,u,v), & x\in\Omega,\\ u(x)=v(x)=0, & x\in\partial\Omega,\end{cases} \tag{4.1}$$

其中 Ω 是 $\mathbb{R}^N$ 中的有界区域, $p(x)$ 是 $\overline{\Omega}$ 上的连续函数且满足 $1<p_-\leqslant p(x)\leqslant p_+<N$.

我们主要以如下一类函数 $H\in C^1(\overline{\Omega}\times\mathbb{R}^2,\mathbb{R})$ 为原型进行讨论:

$$H(x,u,v)=\frac{|u|^{\alpha(x)}}{\alpha(x)}+\frac{|v|^{\beta(x)}}{\beta(x)}+F(x,u,v),$$

其中 $1<\alpha_-\leqslant\alpha(x)\leqslant p(x)$, $p(x)\ll\beta(x)\ll p^*(x)$. 在本节的讨论中, 函数 F 需满足如下一些条件:

(S1) $F\in C^1(\overline{\Omega}\times\mathbb{R}^2)$. 记 $z=(u,v)$, 有 $F(x,0)\equiv 0$, $F_z(x,0)\equiv 0$.

(S2) 存在 q_1, $q_2\in P(\Omega)$ 满足 $p(x)<q_1(x)\ll p^*(x)$, $1<q_{2-}\leqslant q_2(x)<p(x)$, 使得对任意的 $(x,u,v)\in\Omega\times\mathbb{R}^2$, 有

$$|F_u(x,u,v)|,\ |F_v(x,u,v)|\leqslant c_0(1+|u|^{q_1(x)-1}+|v|^{q_2(x)-1}),$$

其中 $c_0>0$.

(S3) 存在 μ, $\nu\in C^1(\overline{\Omega})$ 满足 $p(x)\ll\mu(x)\ll p^*(x)$, $1<\nu_-\leqslant\nu(x)\leqslant p(x)$ 以及 $R_0>0$, 使得当 $|(u,v)|\geqslant R_0$ 时, 对任意的 $x\in\Omega$, 有

$$\frac{1}{\mu(x)}F_u(x,u,v)u+\frac{1}{\nu(x)}F_v(x,u,v)v\geqslant F(x,u,v)>0.$$

类似于文献[113]中引理 1.1 的讨论，结合条件(S3)可知，存在 c_1，$c_2>0$，使得对任意的 $(x,u,v)\in\overline{\Omega}\times\mathbb{R}^2$，有

$$F(x,u,v)\geqslant c_1(|u|^{\mu(x)}+|v|^{\nu(x)})-c_2. \tag{4.2}$$

同时，存在 $c_3>0$，使得对任意的 $(x,u,v)\in\overline{\Omega}\times\mathbb{R}^2$，有

$$\frac{1}{\mu(x)}F_u(x,u,v)u+\frac{1}{\nu(x)}F_v(x,u,v)v+c_3\geqslant F(x,u,v). \tag{4.3}$$

为了讨论方便起见，首先给出一些记号.

由于 $W_0^{1,p(x)}(\Omega)$ 为可分且自反的 Banach 空间，则存在 $\{e_n\}_{n=1}^{+\infty}\subset W_0^{1,p(x)}(\Omega)$ 及 $\{f_m\}_{m=1}^{+\infty}\subset W^{-1,p'(x)}(\Omega)$，有

$$f_m(e_n)=\begin{cases}1, & n=m,\\ 0, & n\neq m\end{cases}$$

以及

$$W_0^{1,p(x)}(\Omega)=\overline{\operatorname{span}\{e_i:i=1,\cdots,n,\cdots\}},$$
$$W^{-1,p'(x)}(\Omega)=\overline{\operatorname{span}\{f_j:j=1,\cdots,m,\cdots\}}.$$

记 $E^1=\{0\}\times W_0^{1,p(x)}(\Omega)$，$E^2=W_0^{1,p(x)}(\Omega)\times\{0\}$ 且 $E=E^1\oplus E^2$. 任取 $z\in E$，定义范数 $\|z\|=\|(u,v)\|=\|\|u\|\|+\|\|v\|\|$. 任取 $n\in\mathbb{N}$，记 $e_n^1=(0,e_n)$，$e_n^2=(e_n,0)$ 以及

$$X_n=\operatorname{span}\{e_1^1,\cdots,e_n^1\}\oplus E^2,\quad X^n=E^1\oplus\operatorname{span}\{e_1^2,\cdots,e_n^2\}.$$

可知 X^n 在 E 中的余空间 $(X^n)^\perp=\overline{\operatorname{span}\{e_{n+1}^2,e_{n+2}^2,\cdots\}}$.

定义 4.1.1　称 $z_0=(u_0,v_0)\in E$ 为问题(4.1)的弱解，是指：任取 $z=(u,v)\in E$，有

$$\int_\Omega(|\nabla u_0|^{p(x)-2}\nabla u_0\nabla u+|u_0|^{p(x)-2}u_0u-|\nabla v_0|^{p(x)-2}\nabla v_0\nabla v-|v_0|^{p(x)-2}v_0v$$
$$-H_u(x,u_0,v_0)u-H_v(x,u_0,v_0)v)\mathrm{d}x=0.$$

定义空间 E 上的能量泛函

$$I(z)=\int_\Omega\left(\frac{|\nabla u|^{p(x)}+|u|^{p(x)}}{p(x)}-\frac{|\nabla v|^{p(x)}+|v|^{p(x)}}{p(x)}-H(x,z)\right)\mathrm{d}x.$$

容易验证泛函 $I\in C^1(E,\mathbb{R})$ 且问题(5.1)的弱解恰为 I 的临界点.

引理 4.1.1　E 中任意的(PS)序列 $\{z_n\}$ 均有界，即若 $|I(z_n)|\leqslant c$ 且当 $n\to\infty$ 时，$I'(z_n)\to 0$，则序列 $\{z_n\}$ 有界.

证明　取 $s>0$ 充分小，使得 $l_1=\inf\limits_{x\in\Omega}\left(\frac{1}{p(x)}-\frac{1+s}{\mu(x)}\right)>0, l_2=\inf\limits_{x\in\Omega}\left(\frac{1+s}{\nu(x)}-\frac{1}{p(x)}\right)>0,$

$l_3=\sup\limits_{x\in\Omega}\left(\frac{1}{\alpha(x)}-\frac{1+s}{\mu(x)}\right)>0$ 以及 $l_4=\sup\limits_{x\in\Omega}\left(\frac{1+s}{\nu(x)}-\frac{1}{\beta(x)}\right)>0$.

取(PS)序列$\{z_n\}\subset E$，由(4.3)式则有

$$
\begin{aligned}
&I(z_n)-\left\langle I'(z_n),\left(\frac{1+s}{\mu(x)}u_n,\frac{1+s}{\nu(x)}v_n\right)\right\rangle\\
&=\int_\Omega\left(\left(\frac{1}{p(x)}-\frac{1+s}{\mu(x)}\right)(|\nabla u_n|^{p(x)}+|u_n|^{p(x)})+\frac{(1+s)u_n}{\mu(x)^2}|\nabla u_n|^{p(x)-2}\nabla u_n\nabla\mu\right.\\
&\quad+\left(\frac{1+s}{\nu(x)}-\frac{1}{p(x)}\right)(|\nabla v_n|^{p(x)}+|v_n|^{p(x)})-\frac{(1+s)v_n}{\nu(x)^2}|\nabla v_n|^{p(x)-2}\nabla u_n\nabla v\\
&\quad+\frac{1+s}{\mu(x)}F_u(x,u_n,v_n)u_n+\frac{1+s}{\nu(x)}F_v(x,u_n,v_n)v_n-F(x,u_n,v_n)\\
&\quad\left.+\left(\frac{1+s}{\mu(x)}-\frac{1}{\alpha(x)}\right)|u_n|^{\alpha(x)}+\left(\frac{1+s}{\nu(x)}-\frac{1}{\beta(x)}\right)|v_n|^{\beta(x)}\right)\mathrm{d}x\\
&\geqslant\int_\Omega\left(l_1|\nabla u_n|^{p(x)}+l_1|u_n|^{p(x)}+\frac{(1+s)u_n}{\mu(x)^2}|\nabla u_n|^{p(x)-2}\nabla u_n\nabla\mu\right.\\
&\quad+l_2|\nabla v_n|^{p(x)}+l_2|v_n|^{p(x)}-\frac{(1+s)v_n}{\nu(x)^2}|\nabla v_n|^{p(x)-2}\nabla u_n\nabla v\\
&\quad\left.+sF(x,u_n,v_n)-l_3|u_n|^{\alpha(x)}+l_4|v_n|^{\beta(x)}-(1+s)c_3\right)\mathrm{d}x.
\end{aligned}
$$

由于μ，$\nu\in C^1(\overline{\Omega})$，任取$\varepsilon_1$，$\varepsilon_2\in(0,1)$，由 Young 不等式有

$$
\frac{(1+s)u_n}{\mu(x)^2}|\nabla u_n|^{p(x)-2}\nabla u_n\nabla\mu\leqslant c_4(\varepsilon_1|\nabla u_n|^{p(x)}+\varepsilon_1^{1-p_+}|u_n|^{p(x)})
$$

且

$$
\frac{(1+s)v_n}{\nu(x)^2}|\nabla u_n|^{p(x)-2}\nabla u_n\nabla v\leqslant c_5(\varepsilon_2|\nabla v_n|^{p(x)}+\varepsilon_2^{1-p_+}|v_n|^{p(x)}).
$$

取定$\varepsilon_1<\dfrac{l_1}{2c_4}$，$\varepsilon_2<\dfrac{l_2}{2c_5}$，由(4.2)式则有

$$
\begin{aligned}
&I(z_n)-\left\langle I'(z_n),\left(\frac{1+s}{\mu(x)}u_n,\frac{1+s}{\nu(x)}v_n\right)\right\rangle\\
&\geqslant\int_\Omega\left(\frac{l_1}{2}|\nabla u_n|^{p(x)}+\frac{l_1}{2}|u_n|^{p(x)}+\frac{l_2}{2}|\nabla v_n|^{p(x)}+\frac{l_2}{2}|v_n|^{p(x)}\right.\\
&\quad+s(c_1|u_n|^{\mu(x)}+c_1|v_n|^{\nu(x)}-c_2)-(l_3|u_n|^{\alpha(x)}+c_4\varepsilon_1^{1-p_+}|u_n|^{p(x)})\\
&\quad\left.+(l_4|v_n|^{\beta(x)}-c_5\varepsilon_2^{1-p_+}|v_n|^{p(x)})-(1+s)c_3\right)\mathrm{d}x.
\end{aligned}
$$

由于$\alpha(x)\leqslant p(x)\ll\mu(x)$且$p(x)\ll\beta(x)$，任取$\varepsilon_3$，$\varepsilon_4$，$\varepsilon_5\in(0,1)$，由Young不等式可得

$$|u_n|^{\alpha(x)}\leqslant\varepsilon_3|u_n|^{\mu(x)}+\varepsilon_3^{-\frac{\alpha_+}{(\mu-\alpha)_-}},$$

$$|u_n|^{p(x)}\leqslant\varepsilon_4|u_n|^{\mu(x)}+\varepsilon_4^{-\frac{p_+}{(\mu-p)_-}},$$

$$|v_n|^{p(x)}\leqslant\varepsilon_5|v_n|^{\beta(x)}+\varepsilon_5^{-\frac{p_+}{(\beta-p)_-}}.$$

取ε_3，ε_4，ε_5充分小，使得$l_3\varepsilon_3+c_4\varepsilon_1^{1-p_+}\varepsilon_4\leqslant sc_1$以及$c_5\varepsilon_2^{1-p_+}\varepsilon_5\leqslant l_4$，则有

$$\begin{aligned}&I(z_n)-\left\langle I'(z_n),\left(\frac{1+s}{\mu(x)}u_n,\frac{1+s}{\nu(x)}v_n\right)\right\rangle\\&\geqslant\int_\Omega\left(\frac{l_1}{2}|\nabla u_n|^{p(x)}+\frac{l_1}{2}|u_n|^{p(x)}+\frac{l_2}{2}|\nabla v_n|^{p(x)}+\frac{l_2}{2}|v_n|^{p(x)}-c_6\right)\mathrm{d}x.\end{aligned}$$

类似于定理2.4.2的讨论可知，$\{z_n\}$在E中有界. 证毕.

引理 4.1.2 E中任意的(PS)序列均有收敛子列.

证明 取E中(PS)序列$\{z_n\}$. 由引理4.1.1可知，$\{z_n\}$在E中有界. 由于E自反，所以存在子列，仍记为$\{z_n\}$，有$z_n\to z$弱收敛于E中. 从而有$u_n\to u$弱收敛于$W_0^{1,p(x)}(\Omega)$. 由于

$$\begin{aligned}&\langle I'(z_n)-I'(z),(u_n-u,0)\rangle\\&=\int_\Omega((|\nabla u_n|^{p(x)-2}\nabla u_n-|\nabla u|^{p(x)-2}\nabla u)\nabla(u_n-u)-(F_u(x,u_n,v_n)-F_u(x,u,v))(u_n-u)\\&\quad+(|u_n|^{p(x)-2}u_n-|u|^{p(x)-2}u)(u_n-u)-(|u_n|^{\alpha(x)-2}u_n-|u|^{\alpha(x)-2}u)(u_n-u))\mathrm{d}x.\end{aligned}$$

验证可知，当$n\to\infty$时，有

$$\langle I'(z_n)-I'(z),(u_n-u,0)\rangle\to0$$

以及

$$\int_\Omega F_u(x,u,v)(u_n-u)\mathrm{d}x\to0.$$

由定理1.2.17可知，$u_n\to u$在$L^{p(x)}(\Omega)$中以及$u_n\to u$在$L^{\alpha(x)}(\Omega)$中. 所以，当$n\to\infty$时，有

$$\int_\Omega(|u_n|^{p(x)-2}u_n-|u|^{p(x)-2}u)(u_n-u)\mathrm{d}x\to0$$

以及

$$\int_\Omega(|u_n|^{\alpha(x)-2}u_n-|u|^{\alpha(x)-2}u)(u_n-u)\mathrm{d}x\to0.$$

由条件(S2)得到

$$\begin{aligned}&\int_\Omega |F_u(x,u_n,v_n)(u_n-u)|\,\mathrm{d}x\\&\leqslant \int_\Omega c_0(1+|u_n|^{q_1(x)-1}+|v_n|^{q_2(x)-1})|u_n-u|\,\mathrm{d}x\\&\leqslant 2c_0(\|u_n-u\|_1+\||u_n|^{q_1(x)-1}\|_{q_1'(x)}\|u_n-u\|_{q_1(x)}+\||v_n|^{q_2(x)-1}\|_{q_2'(x)}\|u_n-u\|_{q_2(x)}),\end{aligned}$$

可知 $\||u_n|^{q_1(x)-1}\|_{q_1'(x)}$，$\||v_n|^{q_2(x)-1}\|_{q_2'(x)}$ 有界且 $\|u_n-u\|_1\to 0$，$\|u_n-u\|_{q_1(x)}\to 0$，$\|u_n-u\|_{q_2(x)}\to 0$，从而有

$$\int_\Omega F_u(x,u_n,v_n)(u_n-u)\mathrm{d}x\to 0.$$

所以，当 $n\to\infty$ 时，有

$$\int_\Omega(|\nabla u_n|^{p(x)-2}\nabla u_n-|\nabla u|^{p(x)-2}\nabla u)\nabla(u_n-u)\mathrm{d}x\to 0.$$

类似于引理 2.1.1 的讨论，$u_n\to u$ 在 $W_0^{1,p(x)}(\Omega)$ 中. 同理可得 $v_n\to v$ 在 $W_0^{1,p(x)}(\Omega)$ 中，从而有 $z_n\to z$ 在 E 中. 证毕.

在以下的讨论中，记 $V_m=\mathrm{span}\{e_i:i=1,\cdots,m\}$，$m\in\mathbb{N}$.

引理 4.1.3　存在 $R_m>0$，使得对任意的 $z\in X^m$，若 $\|z\|\geqslant R_m$，则有 $I(z)\leqslant 0$.

证明　取 $z=(u,v)\in X^m$，可知 $u\in V_m$. 由(4.2)式则有

$$\begin{aligned}I(z)&\leqslant\int_\Omega\left(\frac{|\nabla u|^{p(x)}+|u|^{p(x)}}{p(x)}-\frac{|\nabla v|^{p(x)}+|v|^{p(x)}}{p(x)}-F(x,u,v)\right)\mathrm{d}x\\&\leqslant\int_\Omega\left(\frac{|\nabla u|^{p(x)}+|u|^{p(x)}}{p_-}-\frac{|\nabla v|^{p(x)}+|v|^{p(x)}}{p_+}-c_1|u|^{\mu(x)}+c_2\right)\mathrm{d}x\end{aligned}$$

接下来，我们将讨论 $\int_\Omega\left(\frac{|\nabla u|^{p(x)}+|u|^{p(x)}}{p_-}-c_1|u|^{\mu(x)}\right)\mathrm{d}x$ 这部分.

i) 若 $\|u\|\leqslant 1$，则有

$$\int_\Omega\left(\frac{|\nabla u|^{p(x)}+|u|^{p(x)}}{p_-}-c_1|u|^{\mu(x)}\right)\mathrm{d}x\leqslant\frac{1}{p_-}.$$

ii) 若 $\|u\|>1$. 由于 μ，$p\in C(\overline{\Omega})$ 且 $p(x)\ll\mu(x)$，所以存在有限个互不相交的开立方体 $\{\Omega_i\}_{i=1}^n$ 且满足 $\overline{\Omega}=\bigcup_{i=1}^n\overline{\Omega}_i$ 以及

$$p_{i+}\triangleq\sup_{x\in\Omega_i}p(x)<\mu_{i-}\triangleq\inf_{x\in\Omega_i}\mu(x),$$

其中 $i=1,\cdots,n$.

记

$$k_{m_i}=\inf_{\substack{u\in v_m|_{\Omega_i},\\ |||u|||_{\Omega_i}=1}}\int_{\Omega_i}|u|^{\mu(x)}\,\mathrm{d}x .$$

由于$v_m|_{\Omega_i}$为有限维空间，则有$k_{m_i}>0$，$i=1,\cdots,n$. 记$r_i=|||u|||_{\Omega_i}$，则有

$$\begin{aligned}
&\int_{\Omega}\left(\frac{|\nabla u|^{p(x)}+|u|^{p(x)}}{p_-}-c_1|u|^{\mu(x)}\right)\mathrm{d}x\\
&=\sum_{i=1}^{n}\int_{\Omega_i}\left(\frac{|\nabla u|^{p(x)}+|u|^{p(x)}}{p_-}-c_1|u|^{\mu(x)}\right)\mathrm{d}x\\
&=\sum_{r_i>1}\int_{\Omega_i}\left(\frac{|\nabla u|^{p(x)}+|u|^{p(x)}}{p_-}-c_1|u|^{\mu(x)}\right)\mathrm{d}x\\
&\quad+\sum_{r_i\leqslant 1}\int_{\Omega_i}\left(\frac{|\nabla u|^{p(x)}+|u|^{p(x)}}{p_-}-c_1|u|^{\mu(x)}\right)\mathrm{d}x\\
&\leqslant\sum_{r_i>1}\left(\frac{|||u|||_{\Omega_i}^{p_{i+}}}{p_-}-c_1k_{m_i}|||u|||_{\Omega_i}^{\mu_{i-}}\right)+\frac{n}{p_-}.
\end{aligned}$$

记$s_i(i=1,\cdots,n)$为多项式$\dfrac{1}{p_-}t^{p_{i+}}-c_1k_{m_i}t^{\mu_{i-}}$在$[0,+\infty)$上的最大值. 所以，存在$t_0>1$，当$t>t_0$时，有

$$\frac{t^{p_{i+}}}{p_-}-c_1k_{m_i}t^{\mu_{i-}}+c_7\leqslant 0,\quad i=1,\cdots,n,$$

其中$c_7=\sum_{i=1}^{n}s_i+\dfrac{n}{p_-}+c_2\mathrm{meas}\,\Omega$.

取$R_m=\max\left\{2,2\left(p_+\left(c_7+\dfrac{1}{p_-}\right)\right)^{\frac{1}{p_-}},\ 2n^2t_0\right\}$. 若$\|z\|\geqslant R_m$，则有$|||u|||\geqslant\dfrac{R_m}{2}$或$|||v|||\geqslant\dfrac{R_m}{2}$.

若$|||u|||\geqslant\dfrac{R_m}{2}$，有$|||u|||\geqslant n^2t_0>1$. 由于$|||u|||\leqslant n\sum_{i=1}^{n}|||u|||_{\Omega_i}$，所以存在$i_0$，有$|||u|||_{\Omega_{i_0}}\geqslant t_0>1$. 从而有

$$I(z)\leqslant\frac{|||u|||_{\Omega_{i_0}}^{p_{i_0+}}}{p_-}-c_1k_{m_{i_0}}|||u|||_{\Omega_{i_0}}^{\mu_{i_0-}}+c_7\leqslant 0.$$

若$|||v|||\geqslant\frac{R_m}{2}$, 有$|||v|||\geqslant\left(p_+\left(c_7+\frac{1}{p_-}\right)\right)^{\frac{1}{p_-}}$. 则有

$$I(z)\leqslant c_7+\frac{1}{p_-}-\frac{|||v|||^{p_-}}{p_+}\leqslant 0.$$

综上所述, 可得本引理的结论. 证毕.

引理 4.1.4　存在$r_m>0$及$\tau_m\to\infty(m\to\infty)$, 使得对任意的$z\in(X^{m-1})^{\perp}$, 若$\|z\|=r_m$, 则有$I(z)\geqslant\tau_m$.

证明　任取$z=(u,v)\in(X^{m-1})^{\perp}$, 可知$v=0$. 所以有$|||u|||=\|z\|$. 由条件(S2)可知, 存在$c_8>0$, 有

$$|F(x,u,0)|\leqslant c_8|u|^{q_1(x)}+c_8.$$

则有

$$\begin{aligned}I(z)&=\int_\Omega\left(\frac{|\nabla u|^{p(x)}+|u|^{p(x)}}{p(x)}-\frac{|u|^{\alpha(x)}}{\alpha(x)}-F(x,u,0)\right)\mathrm{d}x\\&\geqslant\int_\Omega\left(\frac{|\nabla u|^{p(x)}+|u|^{p(x)}}{p_+}-\frac{|u|^{\alpha(x)}}{\alpha_-}-c_8|u|^{q_1(x)}-c_8\right)\mathrm{d}x.\end{aligned}$$

记

$$\theta_m=\sup_{\substack{u\in V_m^{\perp}\\|||u|||\leqslant 1}}\int_\Omega|u|^{q_1(x)}\,\mathrm{d}x.$$

若$\|z\|\geqslant 1$, 则有

$$I(z)\geqslant\frac{|||u|||^{p_-}}{p_+}-c_9\theta_m|||u|||^{q_{1+}}-c_{10}.$$

取$r_m=\max\left\{1,\left(\frac{p_-}{c_9p_+q_{1+}\theta_m}\right)^{\frac{1}{q_{1+}-p_-}},\left(\frac{2c_{10}p_+q_{1+}}{q_{1+}-p_-}\right)^{\frac{1}{p_-}}\right\}$. 由文献[51]中引理 3.3 可知, 当$m\to\infty$时, $\theta_m\to 0$. 所以, 当m充分大且$\|z\|=r_m$时, 有

$$I(z)\geqslant r_m^{p_-}\frac{q_{1+}-p_-}{p_+q_{1+}}-c_{10}\triangleq\tau_m.$$

容易验证, 当$m\to\infty$时, $\tau_m\to\infty$. 证毕.

引理 4.1.5　泛函I在X^m的有界子集上有上界.

证明　取$z=(u,v)\in X^m$, 有

$$I(z)\leqslant\int_\Omega\left(\frac{|\nabla u|^{p(x)}+|u|^{p(x)}}{p(x)}-F(x,u,v)\right)\mathrm{d}x.$$

由条件(S2)及(S3)可知，对任意的 $x\in\Omega$，当 $|(u,v)|\geqslant R_0$ 时，$F(x,u,v)\geqslant 0$；当 $|(u,v)|< R_0$ 时，$|F(x,u,v)|\leqslant c_{11}$. 从而有

$$I(z)\leqslant\int_\Omega\left(\frac{|\nabla u|^{p(x)}+|u|^{p(x)}}{p(x)}+c_{11}\right)\mathrm{d}x,$$

由此容易得到结论. 证毕.

定理 4.1.1　假设条件(S1)—条件(S3)成立. 若 $F(x,z)$ 关于 z 是偶函数, 则问题(4.1)有一列弱解 $\{z_n\}\subset E$ 且当 $n\to\infty$ 时，$I(z_n)\to\infty$.

注　由引理 4.1.1—引理 4.1.5 并结合文献[114]中命题 2.1 及后记 2.1 可得本定理的结论.

4.2　具 $p(x)$-增长的椭圆方程组解的存在性

在本节中, 将研究如下一类不具变分结构的椭圆方程组:

$$\begin{cases}\dfrac{\partial A_\alpha^i}{\partial x^\alpha}(x,u(x),Du(x))=B^i(x,u(x),Du(x)), & x\in\Omega,\quad i=1,\cdots,n, \quad (4.4)\\ u^i(x)=0, & x\in\partial\Omega,\quad i=1,\cdots,n, \quad (4.5)\end{cases}$$

其中 Ω 为 $\mathbb{R}^N$ 中的有界 Lipschitz 区域, $u:\Omega\to\mathbb{R}^n$ 为向量值函数. 在以下的讨论中, 若无特别说明, 默认对 i，j 从1到 n 以及对 α，β 从1到 N 求和.

在本节中, 假设有如下条件成立:

(S4) $A_\alpha^i:\Omega\times\mathbb{R}^n\times\mathbb{R}^{N\times n}\to\mathbb{R}$，$B^i:\Omega\times\mathbb{R}^n\times\mathbb{R}^{N\times n}\to\mathbb{R}$ 为 Carathéodory 函数, 其中 $i=1,\cdots,n$，$\alpha=1,\cdots,N$.

(S5) $|A(x,s,\xi)|\leqslant b_0|\xi|^{p(x)-1}+b_1|s|^{p(x)-1}+G(x)$, 其中 $G\in L^{p'(x)}(\Omega)$，b_0，$b_1>0$.

(S6) $|B(x,s,\xi)|\leqslant b_0'|\xi|^{p(x)-1}+b_1'|s|^{p(x)-1}+\overline{G}(x)$, 其中 $\overline{G}\in L^{p'(x)}(\Omega)$，$b_0'$，$b_1'>0$.

(S7) $A_\alpha^i(x,s,\xi)\xi_\alpha^i\geqslant b_2|\xi|^{p(x)}+b_3|s|^{p(x)}-h(x)$, 其中 $h\in L^1(\Omega)$，b_2，$b_3>0$.

(S8) 任取 $\xi_0\in\mathbb{R}^{N\times n}$，$\Omega'\subset\Omega$，$z\in C_0^1(\Omega',\mathbb{R}^n)$, 映射 $\xi\mapsto A(x_0,s_0,\xi)$ 满足

$$\int_{\Omega'}A_\alpha^i(x_0,s_0,\xi_0+Dz(x))z_{,\alpha}^i(x)\mathrm{d}x\geqslant b_4\int_{\Omega'}|Dz(x)|^{p(x)}\,\mathrm{d}x$$

a.e.于 $x_0\in\Omega$，$s_0\in\mathbb{R}^n$, 其中 $b_4>0$，$(Du(x))_\alpha^i=\dfrac{\partial u^i(x)}{\partial x^\alpha}\triangleq u_{,\alpha}^i(x)$.

在以上条件中，$A=(A_\alpha^i),B=(B^i),|A(x,s,\xi)|=\left(\sum\limits_{\alpha=1}^N\sum\limits_{i=1}^n(A_\alpha^i(x,s,\xi))^2\right)^{\frac{1}{2}},|B(x,s,\xi)|=\left(\sum\limits_{i=1}^n(B^i(x,s,\xi))^2\right)^{\frac{1}{2}}$.

在对问题(4.4)—(4.5)讨论之前, 先给出几个本节中将用到的引理及定义.

引理 4.2.1 (文献[115])　$f:\mathbb{R}^N\times\mathbb{R}^n\times\mathbb{R}^{N\times n}\to\mathbb{R}$ 为Carathéodory 函数当且仅当对任意的 $\varepsilon>0$ 及紧集 $K\subset\mathbb{R}^N$, 存在紧集 $K_\varepsilon\subset K$ 满足 $\text{meas}\,(K\setminus K_\varepsilon)<\varepsilon$, 并且使得 f 在 $K_\varepsilon\times\mathbb{R}^n\times\mathbb{R}^{N\times n}$ 上连续.

引理 4.2.2 (文献[116])　E 为 $\mathbb{R}^N$ 的可测子集且 $\text{meas}\,E<\infty$. 若 $\{E_k\}$ 为 E 的子集列且满足: 若存在 $\varepsilon>0$, 使得对任意的 $k\in\mathbb{N}$, 有

$$\text{meas}\,E_k\geqslant\varepsilon,$$

则存在子列 $\{E_{k_m}\}$ 满足 $\bigcap_{m\in\mathbb{N}}E_{k_m}\neq\varnothing$.

引理 4.2.3 (文献[117])　$\{f_k\}$ 为 $L^1(\mathbb{R}^N)$ 中的有界序列, 任取 $\varepsilon>0$, 则存在 (E_ε,δ,J) 满足 $\text{meas}\,E_\varepsilon<\varepsilon$, $\delta>0$, J 为 $\mathbb{N}$ 的无限子集, 使得对任意的 $k\in J$, 有

$$\int_E|f_k(x)|\,\mathrm{d}x<\varepsilon,$$

其中 E 与 E_ε 的交集为空集且 $\text{meas}\,E<\delta$.

定义 4.2.1　设 $u\in C_0^1(\mathbb{R}^N)$, 定义

$$(M^*u)(x)=(Mu)(x)+\sum_{\alpha=1}^N(MD_\alpha u)(x),$$

其中 $(Mu)(x)=\sup\limits_{r>0}\dfrac{1}{\text{meas}\,(B_r(x))}\displaystyle\int_{B_r(x)}u(x)\mathrm{d}x$.

引理 4.2.4 (文献[118])　若 $u\in C_0^\infty(\mathbb{R}^N)$, 则 $M^*u\in C^0(\mathbb{R}^N)$ 且对任意的 $x\in\mathbb{R}^N$, 有

$$|u(x)|+\sum_{\alpha=1}^N|D_\alpha u(x)|\leqslant(M^*u)(x).$$

进一步, 若常数 $p>1$, 则有

$$\|M^*u\|_{L^p(\mathbb{R}^N)}\leqslant C(N,p)\|u\|_{W_0^{1,p}(\mathbb{R}^N)};$$

若 $p=1$, 对任意的 $\lambda>0$, 则有

$$\text{meas}\,\{x\in\mathbb{R}^N:(M^*u)(x)\geqslant\lambda\}\leqslant\frac{C(N)}{\lambda}\|u\|_{W^{1,1}(\mathbb{R}^N)}.$$

引理 4.2.5 文献[118])　对 $u\in C_0^\infty(\mathbb{R}^N)$, 定义

$$U(x,y)=\frac{\left|u(y)-u(x)-\sum\limits_{\alpha=1}^N D_\alpha u(x)(y^\alpha-x^\alpha)\right|}{|y-x|}.$$

对任意的 $x\in\mathbb{R}^N$, $r>0$, 有

$$\int_{B_r(x)} U(x,y)\mathrm{d}y \leqslant 2\mathrm{meas}\,(B_r(x))\cdot(M^*u)(x).$$

引理 4.2.6 (文献[117]) 取 $u\in C_0^\infty(\mathbb{R}^N)$，$\lambda>0$．记

$$H^\lambda=\{x\in\mathbb{R}^N:(M^*u)(x)<\lambda\}.$$

任取 x，$y\in H^\lambda$，则有

$$|u(y)-u(x)|\leqslant C(N)\lambda|y-x|.$$

引理 4.2.7 (文献[119]) 取 X 为度量空间，E 为 X 的子空间，L 为正常数，则 E 上的 L-Lipschitz 连续函数均可延拓为 X 上的 L-Lipschitz 连续函数.

在本节的讨论中，设 $p\in P(\Omega)$ 且满足 $1<p_-\leqslant p(x)\leqslant p_+<+\infty$．基于以上的引理，则有如下的结论.

定理 4.2.1 假设条件(S4)—(S8)成立．当 $b_0'<b_2$，$b_0'+b_1'<b_3$ 时，问题(4.4)—(4.5)至少存在一个弱解 $u_0\in W_0^{1,p(x)}(\Omega,\mathbb{R}^n)$，即对任意的 $z\in W_0^{1,p(x)}(\Omega,\mathbb{R}^n)$，有

$$\int_\Omega (A_\alpha^i(x,u_0,Du_0)z_{,\alpha}^i(x)+B^i(x,u_0,Du_0)z^i(x))\mathrm{d}x=0.$$

证明 记 $V=W_0^{1,p(x)}(\Omega,\mathbb{R}^n)$．取 $u\in V$，定义映射 $T:V\to V^*$ 为

$$(Tu,w)=\int_\Omega (A_\alpha^i(x,u,Du)w_{,\alpha}^i(x)+B^i(x,u,Du)w^i(x))\mathrm{d}x,$$

其中 $w\in V$．这样只需验证存在 $u_0\in V$，使得对任意的 $w\in V$，有 $(Tu_0,w)=0$ 即可.

接下来，将分步完成对本定理的证明.

i) 映射 T 是强-弱连续的．取 $u_k\to u$ 收敛于 $W_0^{1,p(x)}(\Omega,\mathbb{R}^n)$ 中，则 $\{u_k\}$ 为 $W_0^{1,p(x)}(\Omega,\mathbb{R}^n)$ 中的有界序列．由条件(S5)，(S6)可知，序列 $\{A_\alpha^i(x,u_k,Du_k)\}$ 及 $\{B^i(x,u_k,Du_k)\}$ 均在 $L^{p'(x)}(\Omega)$ 中有界．由条件(S4)以及定理 1.2.6 可知

$$\lim_{k\to\infty}(Tu_k,w)=(T(\lim_{k\to\infty}u_k),w)=(Tu,w).$$

ii) T 是强制的，也即

$$\lim_{\|u\|_V\to\infty}\frac{(Tu,u)}{\|u\|_V}=+\infty.$$

由条件(S6)—(S7)可知，对任意的 $\mu\in(0,1)$，存在正常数 $C(\mu)$，有

$$\begin{aligned}(Tu,u)&\geqslant\int_\Omega (b_2|Du|^{p(x)}+b_3|u|^{p(x)}-h(x)-b_0'|Du|^{p(x)-1}|u|-b_1'|u|^{p(x)}-\overline{G}(x)|u|)\mathrm{d}x\\&\geqslant\int_\Omega (b_2|Du|^{p(x)}+b_3|u|^{p(x)}-h(x)-b_0'|Du|^{p(x)}-b_0'|u|^{p(x)}-b_1'|u|^{p(x)}\\&\quad-\mu|u|^{p(x)}-C(\mu)(\overline{G}(x))^{p'(x)})\mathrm{d}x\\&=\int_\Omega ((b_2-b_0')|Du|^{p(x)}+(b_3-b_0'-b_1'-\mu)|u|^{p(x)}-h(x)-C(\mu)(\overline{G}(x))^{p'(x)})\mathrm{d}x.\end{aligned}$$

所以当$b_0'<b_2$，$b_0'+b_1'<b_3$时，取定$\mu<b_3-b_0'-b_1'$，则有

$$\frac{(Tu,u)}{\|u\|_V}\geqslant\frac{C\int_\Omega(|Du|^{p(x)}+|u|^{p(x)})\mathrm{d}x-C}{\|u\|_V}.$$

显然可知，当$\|u\|_V\to\infty$时，有$\dfrac{(Tu,u)}{\|u\|_V}\to+\infty$.

iii) 由于V自反且可分，所以存在$\{w_k\}\subset V$，使得$\mathrm{span}\{w_k:k=1,\cdots\}$在$V$中稠密，并记$V_k=\mathrm{span}\{w_1,\cdots,w_k\}$.

由T的强制性并结合文献[119]可知，存在$u_k\in V_k$，使得对任意的$w\in V_k$，有

$$(Tu_k,w)=0.$$

可知序列$\{u_k\}$在V中是有界的，从而有子列，记为$\{u_k\}$，有$u_k\to u_0$弱收敛于V中. 由条件(S5)和(S6)可知，T为有界算子. 又由于V是可分的，不妨设$Tu_k\to\xi$弱*收敛于V^*中. 验证可知，任取$w\in\mathrm{span}\{w_1,\cdots,w_k,\cdots\}$，有$(\xi,w)=0$. 所以对任意的$w\in V$，有$(\xi,w)=0$. 进而可知，当$k\to\infty$时，有

$$(Tu_k,u_k-u_0)=(Tu_k,u_k)-(Tu_k,u_0)=-(Tu_k,u_0)\to 0.$$

记$z_k=u_k-u_0$. 可知$z_k\to 0$弱收敛于V中，所以$z_k\to 0$在$L^{p(x)}(\Omega,\mathbb{R}^n)$中. 由于

$$\begin{aligned}&(Tu_k,u_k-u_0)\\&=\int_\Omega(A_\alpha^i(x,u_0+z_k,Du_0+Dz_k)z_{k,\alpha}^i+B^i(x,u_0+z_k,Du_0+Dz_k)z_k^i)\mathrm{d}x\to 0.\end{aligned}$$

由条件(S6)可知，

$$\int_\Omega B^i(x,u_0+z_k,Du_0+Dz_k)z_k^i\mathrm{d}x\to 0.$$

所以，当$k\to\infty$时，有

$$\int_\Omega A_\alpha^i(x,u_0+z_k,Du_0+Dz_k)z_{k,\alpha}^i\mathrm{d}x\to 0.$$

若能验证$\{z_k\}$在V中有强收敛子列，由 i)的结论可知：$Tu_{k_j}\to Tu_0=\xi$弱收敛于V^*中，进而可知u_0为问题(4.4)—(4.5)的弱解.

iv) $\{z_k\}$在V中有强收敛的子列. 任取可测集$E\subset\Omega$，定义

$$F(v,E)=\int_E A_\alpha^i(x,u_0+v,Du_0+Dv)v_{,\alpha}^i\mathrm{d}x,$$

其中$v\in W_0^{1,p(x)}(\Omega,\mathbb{R}^n)$. 类似于 i)的讨论，可知$F(\cdot,E)$为$W_0^{1,p(x)}(\Omega,\mathbb{R}^n)$上的连续泛函. 由于$C_0^\infty(\Omega,\mathbb{R}^n)$在$W_0^{1,p(x)}(\Omega,\mathbb{R}^n)$中稠密，所以存在$\{f_k\}\subset C_0^\infty(\Omega,\mathbb{R}^n)$满足

$$\|f_k-z_k\|_V<\frac{1}{k}$$

以及

$$|F(f_k,\Omega)-F(z_k,\Omega)|<\frac{1}{k}.$$

所以, 不妨设$\{z_k\}\subset C_0^\infty(\Omega,\mathbb{R}^n)$且在$W_0^{1,p(x)}(\Omega,\mathbb{R}^n)$中有界, 并将$z_k$零延拓到$\mathbb{R}^N$上, 则序列$\{z_k\}$在空间$W^{1,p(x)}(\mathbb{R}^N,\mathbb{R}^n)$中有界且有$\operatorname{supp} z_k\subset\Omega$.

取连续的增函数$\eta:\mathbb{R}^+\to\mathbb{R}^+$满足$\eta(0)=0$并且对任意的可测集$E\subset\Omega$, 有

$$\sup_k\int_E((G(x))^{p'(x)}+h(x)+1+(b_0+b_1)(|u_0|^{p(x)}+|Du_0|^{p(x)}+|z_k|^{p(x)}))\mathrm{d}x\leqslant\eta(\operatorname{meas} E).$$

取递减序列$\{\varepsilon_j\}$满足$\varepsilon_j>0$且当$j\to\infty$时, $\varepsilon_j\to 0$. 对于ε_1及序列$\{(M*z_k^i)^{p(x)}\}$, $1\leqslant i\leqslant n$, 由引理 4.2.3 可知, 存在子列$\{z_{k_1}\}$, $E_{\varepsilon_1}\subset\Omega$以及$\delta_1>0$满足$\operatorname{meas} E_{\varepsilon_1}<\varepsilon_1$, 并且使得对任意的$k_1$, $1\leqslant i\leqslant n$及$E\subset\Omega\setminus E_{\varepsilon_1}$且满足$\operatorname{meas} E<\delta_1$, 有

$$\int_E(M*z_{k_1}^i)^{p(x)}\mathrm{d}x<\varepsilon_1.$$

由引理 4.2.4, 取充分大的λ, 使得对任意的i及k_1, 有

$$\operatorname{meas}(\{x\in\mathbb{R}^N:(M*z_{k_1}^i)(x)\geqslant\lambda\})\leqslant\min\{\varepsilon_1,\delta_1\}.$$

任取$1\leqslant i\leqslant n$及k_1, 定义

$$H_{i,k_1}^\lambda=\{x\in\mathbb{R}^N:(M*z_{k_1}^i)(x)<\lambda\},\quad H_{k_1}^\lambda=\bigcap_{i=1}^N H_{i,k_1}^\lambda.$$

由引理 4.2.6 可知, 对任意的$x,y\in H_{k_1}^\lambda$, 有

$$\frac{|z_{k_1}^i(y)-z_{k_1}^i(x)|}{|y-x|}\leqslant C(N)\lambda.$$

由引理 4.2.7, 可将$H_{k_1}^\lambda$上的 Lipschitz 函数$z_{k_1}^i$延拓到$H_{k_1}^\lambda$外, 并记之为$g_{k_1}^i$且其 Lipschitz 常数不超过$C(N)\lambda$. 由于$H_{k_1}^\lambda$为开集, 对任意的$x\in H_{k_1}^\lambda$, 则有$g_{k_1}^i(x)=z_{k_1}^i(x)$以及$Dg_{k_1}^i(x)=Dz_{k_1}^i(x)$且

$$\||Dg_{k_1}^i|\|_{L^\infty(\mathbb{R}^N)}\leqslant C(N)\lambda.$$

由引理 4.2.4, 可进一步假设

$$\|g_{k_1}^i\|_{L^\infty(\mathbb{R}^N)}\leqslant\|z_{k_1}^i\|_{L^\infty(H_{k_1}^\lambda)}\leqslant\lambda$$

以及

$$\|g_{k_1}\|_{W^{1,p(x)}(\Omega,\mathbb{R}^n)}\leqslant C,$$

其中 $g_{k_1}=(g_{k_1}^1,\cdots,g_{k_1}^n)$. 不妨设当 $k_1\to\infty$ 时, $g_{k_1}^i\to v^i$ 弱*收敛于 $W^{1,\infty}(\Omega)$ 中, 其中 $1\leqslant i\leqslant n$, 并记 $v=(v^1,\cdots,v^n)$. 可知

$$\begin{aligned}F(z_{k_1},\Omega)&=F(g_{k_1},(\Omega\setminus E_{\varepsilon_1})\cap H_{k_1}^{\lambda})+F(z_{k_1},E_{\varepsilon_1}\cup(\Omega\setminus H_{k_1}^{\lambda}))\\&=F(g_{k_1},\Omega\setminus E_{\varepsilon_1})-F(g_{k_1},(\Omega\setminus E_{\varepsilon_1})\setminus H_{k_1}^{\lambda})+F(z_{k_1},E_{\varepsilon_1}\cup(\Omega\setminus H_{k_1}^{\lambda})).\end{aligned}$$

显然有

$$\operatorname{meas}((\Omega\setminus E_{\varepsilon_1})\setminus H_{k_1}^{\lambda})\leqslant\sum_{i=1}^{n}\operatorname{meas}((\Omega\setminus E_{\varepsilon_1})\setminus H_{i,k_1}^{\lambda})\leqslant n\min\{\varepsilon_1,\delta_1\},$$

由条件(S5)和(S7)可知,

$$\begin{aligned}&\left|F(g_{k_1},(\Omega\setminus E_{\varepsilon_1})\setminus H_{k_1}^{\lambda})\right|\\
\leqslant&\int_{(\Omega\setminus E_{\varepsilon_1})\setminus H_{k_1}^{\lambda}}|A_\alpha^i(x,u_0+g_{k_1},Du_0+Dg_{k_1})g_{k_1,\alpha}^i|\mathrm{d}x\\
\leqslant&\int_{(\Omega\setminus E_{\varepsilon_1})\setminus H_{k_1}^{\lambda}}(b_0|Du_0+Dg_{k_1}|^{p(x)-1}|Dg_{k_1}|+b_1|u_0+g_{k_1}|^{p(x)-1}|Dg_{k_1}|+G(x)|Dg_{k_1}|)\mathrm{d}x\\
\leqslant&\int_{(\Omega\setminus E_{\varepsilon_1})\setminus H_{k_1}^{\lambda}}(b_0|Du_0+Dg_{k_1}|^{p(x)}+b_0|Dg_{k_1}|^{p(x)}+b_1|u_0+g_{k_1}|^{p(x)}+b_1|Dg_{k_1}|^{p(x)}\\
&+(G(x))^{p'(x)}+|Dg_{k_1}|^{p(x)})\mathrm{d}x\\
\leqslant&\int_{(\Omega\setminus E_{\varepsilon_1})\setminus H_{k_1}^{\lambda}}(2^{p_+-1}b_0|Du_0|^{p(x)}+2^{p_+-1}b_0|Dg_{k_1}|^{p(x)}+b_0|Dg_{k_1}|^{p(x)}+2^{p_+-1}b_1|u_0|^{p(x)}\\
&+2^{p_+-1}b_1|g_{k_1}|^{p(x)}+b_1|Dg_{k_1}|^{p(x)}+(G(x))^{p'(x)}+|Dg_{k_1}|^{p(x)})\mathrm{d}x\\
\leqslant&2^{p_+-1}\eta(\operatorname{meas}((\Omega\setminus E_{\varepsilon_1})\setminus H_{k_1}^{\lambda}))+2^{p_+-1}(b_0+b_1+1)\int_{(\Omega\setminus E_{\varepsilon_1})\setminus H_{k_1}^{\lambda}}(|g_{k_1}|^{p(x)}+|Dg_{k_1}|^{p(x)})\mathrm{d}x\\
\leqslant&C\int_{(\Omega\setminus E_{\varepsilon_1})\setminus H_{k_1}^{\lambda}}\lambda^{p(x)}\mathrm{d}x+2^{p_+-1}\eta(n\varepsilon_1)\\
\leqslant&C\sum_{i=1}^{n}\int_{(\Omega\setminus E_{\varepsilon_1})\setminus H_{k_1}^{\lambda}}(M^*z_{k_1}^i)^{p(x)}\mathrm{d}x+2^{p_+-1}\eta(n\varepsilon_1)\\
\leqslant&Cn\varepsilon_1+2^{p_+-1}\eta(n\varepsilon_1)\triangleq V_1(\varepsilon_1)\end{aligned}\tag{4.6}$$

以及

$$\begin{aligned}&F(z_{k_1},E_{\varepsilon_1}\cup(\Omega\setminus H_{k_1}^{\lambda}))\\
=&\int_{E_{\varepsilon_1}\cup(\Omega\setminus H_{k_1}^{\lambda})}A_\alpha^i(x,u_0+z_{k_1},Du_0+Dz_{k_1})z_{k_1,\alpha}^i\mathrm{d}x\\
=&\int_{E_{\varepsilon_1}\cup(\Omega\setminus H_{k_1}^{\lambda})}A_\alpha^i(x,u_0+z_{k_1},Du_0+Dz_{k_1})(u_{0,\alpha}^i+z_{k_1,\alpha}^i)\mathrm{d}x\end{aligned}$$

$$-\int_{E_{\varepsilon_1}\cup(\Omega\setminus H_{k_1}^{\lambda})} A_{\alpha}^{i}(x,u_0+z_{k_1},Du_0+Dz_{k_1})u_{0,\alpha}^{i}\mathrm{d}x$$

$$\geqslant\int_{E_{\varepsilon_1}\cup(\Omega\setminus H_{k_1}^{\lambda})}(b_2|Du_0+Dz_{k_1}|^{p(x)}+b_3|u_0+z_{k_1}|^{p(x)}-h(x))\mathrm{d}x$$

$$-\int_{E_{\varepsilon_1}\cup(\Omega\setminus H_{k_1}^{\lambda})}(b_0|Du_0+Dz_{k_1}|^{p(x)-1}\cdot|Du_0|+b_1|u_0+z_{k_1}|^{p(x)-1}|Du_0|+G(x)|Du_0|)\mathrm{d}x$$

$$\geqslant\int_{E_{\varepsilon_1}\cup(\Omega\setminus H_{k_1}^{\lambda})}2^{-p_++1}(b_2-b_0\mu)|Dz_{k_1}|^{p(x)}\,\mathrm{d}x-C\eta(\mathrm{meas}(E_{\varepsilon_1}\cup(\Omega\setminus H_{k_1}^{\lambda}))),$$

其中 $\mu\in(0,1)$．进一步，取定 $\mu<\dfrac{b_2}{2b_0}$，则有

$$F(z_{k_1},E_{\varepsilon_1}\cup(\Omega\setminus H_{k_1}^{\lambda}))\geqslant 2^{-p_+}b_2\int_{E_{\varepsilon_1}\cup(\Omega\setminus H_{k_1}^{\lambda})}|Dz_{k_1}|^{p(x)}\,\mathrm{d}x-V_2(\varepsilon_1),$$

其中 $V_2(\varepsilon_1)=C\eta(\mathrm{meas}\,(E_{\varepsilon_1}\cup(\Omega\setminus H_{k_1}^{\lambda})))$．验证可知，当 $\varepsilon\to 0+$ 时，$V_1(\varepsilon)$，$V_2(\varepsilon)$ $\to 0$．

记 $U_{\varepsilon_1,k_1}^{1}=E_{\varepsilon_1}\cup(\Omega\setminus H_{k_1}^{\lambda})$．由上面的讨论，有

$$F(z_{k_1},\Omega)\geqslant F(g_{k_1},\Omega\setminus E_{\varepsilon_1})+2^{-p_+}b_2\int_{U_{\varepsilon_1,k_1}^{1}}|Dz_{k_1}|^{p(x)}\,\mathrm{d}x-V_1(\varepsilon_1)-V_2(\varepsilon_1).\quad(4.7)$$

记 $h_{k_1}=g_{k_1}-v$．可知，当 $k_1\to\infty$ 时，$h_{k_1}\to 0$ 弱*收敛于 $W^{1,\infty}(\Omega,\mathbb{R}^n)$ 且有

$$\|h_{k_1}\|_{L^{\infty}(\Omega,\mathbb{R}^n)}\leqslant 2\lambda$$

以及

$$\||Dh_{k_1}|\|_{L^{\infty}(\Omega)}\leqslant 2C(N)\lambda.$$

取 $\Omega_0=\{x\in\Omega:v(x)\neq 0\}$．由文献[117]中讨论可知，

$$\mathrm{meas}\,\Omega_0\leqslant(n+1)\varepsilon_1.$$

所以有

$$\begin{aligned}&F(g_{k_1},\Omega\setminus E_{\varepsilon_1})\\&=F(h_{k_1},(\Omega\setminus E_{\varepsilon_1})\setminus\Omega_0)+F(g_{k_1},(\Omega\setminus E_{\varepsilon_1})\cap H_{k_1}^{\lambda}\cap\Omega_0)+F(g_{k_1},(\Omega\setminus E_{\varepsilon_1})\cap(\Omega_0\setminus H_{k_1}^{\lambda}))\\&=F(h_{k_1},(\Omega\setminus E_{\varepsilon_1})\setminus\Omega_0)+F(z_{k_1},(\Omega\setminus E_{\varepsilon_1})\cap H_{k_1}^{\lambda}\cap\Omega_0)+F(g_{k_1},(\Omega\setminus E_{\varepsilon_1})\cap(\Omega_0\setminus H_{k_1}^{\lambda})).\end{aligned}$$

记 $U_{\varepsilon_1}^{2}=(\Omega\setminus E_{\varepsilon_1})\setminus\Omega_0$，$U_{\varepsilon_1,k_1}^{3}=(\Omega\setminus E_{\varepsilon_1})\cap H_{k_1}^{\lambda}\cap\Omega_0$，$U_{\varepsilon_1,k_1}^{4}=(\Omega\setminus E_{\varepsilon_1})\cap(\Omega_0\setminus H_{k_1}^{\lambda})$．类似于(4.7)式的讨论可得

$$F(z_{k_1},U_{\varepsilon_1,k_1}^{3})\geqslant 2^{-p_+}b_2\int_{U_{\varepsilon_1,k_1}^{3}}|Dz_{k_1}|^{p(x)}\,\mathrm{d}x-V_3(\varepsilon_1).$$

在 $U_{\varepsilon_1,k_1}^{4}$ 上，有

$$\int_{U^4_{\varepsilon_1,k_1}} (|g_{k_1}|^{p(x)} + |Dg_{k_1}|^{p(x)})\mathrm{d}x \leqslant Cn\varepsilon_1 .$$

类似于(4.6)式的讨论, 则有

$$|F(g_{k_1}, U^4_{\varepsilon_1,k_1})| \leqslant Cn\varepsilon_1 + \eta((n+1)\varepsilon_1) \triangleq V_4(\varepsilon_1) .$$

从而有 $F(g_{k_1}, \Omega \setminus E_{\varepsilon_1}) \geqslant F(h_{k_1}, U^2_{\varepsilon_1}) + 2^{-p_+} b_2 \int_{U^3_{\varepsilon_1,k_1}} |Dz_{k_1}|^{p(x)} \mathrm{d}x - V_3(\varepsilon_1) - V_4(\varepsilon_1)$.

定义 $U^5_{\varepsilon_1,k_1} = U^1_{\varepsilon_1,k_1} \cup U^3_{\varepsilon_1,k_1}$. 由(4.7)式可知,

$$F(z_{k_1}, \Omega) \geqslant F(h_{k_1}, U^2_{\varepsilon_1}) + 2^{-p_+} b_2 \int_{U^5_{\varepsilon_1,k_1}} |Dz_{k_1}|^{p(x)} \mathrm{d}x - V_5(\varepsilon_1),$$

其中 $V_5(\varepsilon_1) = \sum_{j=1}^{4} V_j(\varepsilon_1)$.

取 Ω 的开子集 Ω' 满足 $U^2_{\varepsilon_1} \subset \Omega'$, 并使得

$$\left| F(h_{k_1}, \Omega') - F(h_{k_1}, U^2_{\varepsilon_1}) \right| < \varepsilon_1 .$$

则有

$$F(z_{k_1}, \Omega) \geqslant F(h_{k_1}, \Omega') + 2^{-p_+} b_2 \int_{U^5_{\varepsilon_1,k_1}} |Dz_{k_1}|^{p(x)} \mathrm{d}x - V_5(\varepsilon_1) - \varepsilon_1 .$$

接下来, 构造一列表面平行于坐标平面的超立方体 $\{H_j\}$ 用于逼近 Ω':

$$\begin{cases} H_j = \bigcap_{m-1}^{I_j} D_{j,m}, \\ \text{meas}\,(\Omega' \setminus H_j) \to 0, \quad j \to \infty, \\ \text{meas}\,(D_{j,m}) = 2^{-N_j}, \quad 1 \leqslant m \leqslant I_j, \\ H_j \subset \Omega'. \end{cases}$$

取 $j > 0$ 充分大, 使得对任意的 $k_1 > 0$, 有

$$|F(h_{k_1}, \Omega') - F(h_{k_1}, H_j)| < \varepsilon_1,$$

$$\int_{\Omega' \setminus H_j} |Dh_{k_1}|^{p(x)} \mathrm{d}x < \varepsilon_1$$

以及

$$\text{meas}\,(\Omega' \setminus H_j) < \min\{\varepsilon_1, \delta_1\} .$$

则有

$$F(z_{k_1}, \Omega) \geqslant F(h_{k_1}, H_j) + 2^{-p_+} b_2 \int_{U^5_{\varepsilon_1,k_1}} |Dz_{k_1}|^{p(x)} \mathrm{d}x - V_5(\varepsilon_1) - 2\varepsilon_1 .$$

记 $M = 2C(N)\lambda$, $E = \{x \in \Omega' : a(x) \leqslant \alpha\}$. 当 α 充分大时, 有

$$\int_{\Omega'\setminus E} a(x)\mathrm{d}x \leqslant \varepsilon_1$$

以及

$$\mathrm{meas}\,(\Omega'\setminus E) \leqslant \frac{\varepsilon_1}{M},$$

其中 $a(x)=2^{p_+-1}((1+b_0+b_1)|Du_0(x)|^{p(x)}+b_1|u_0(x)|^{p(x)}+(G(x))^{p'(x)})$.

任取 $x\in\Omega$， $s\in\mathbb{R}^n$， $\xi\in\mathbb{R}^{N\times n}$，定义

$$f(x,s,\xi)=A_\alpha^i(x,u_0(x)+s,Du_0(x)+\xi)\xi_\alpha^i .$$

由引理 4.2.1 可知，存在紧集 $K\subset H_j$，使得 $f(x,s,\xi)$ 在 $K\times\mathbb{R}^n\times\mathbb{R}^{N\times n}$ 上连续且有

$$\mathrm{meas}\,(H_j\setminus k)<\frac{\varepsilon_1}{\alpha+M}.$$

将 $D_{j,m}$ 分割成 2^{Nl} 个边长为 2^{-jl} 的超立方体 $Q_{h,m,j}^l$，其中 $1\leqslant h\leqslant 2^{Nl}$. 对任意的 j,m,l,h，取 $x_{h,m,j}^l\in Q_{h,m,j}^l\cap K\cap E$. 若 $Q_{h,m,j}^l\cap K\cap E=\varnothing$，则在下面的计算中将 $Q_{h,m,j}^l\cap K\cap E$ 去掉. 可知 $a(x_{h,m,j}^l)\leqslant\alpha$，而对任意的 $x\in H_j\setminus E$，有 $a(x)>\alpha$.

由条件(S5)可知

$$\begin{aligned}
&F(h_{k_1},H_j)\\
&=F(h_{k_1},H_j\cap K\cap E)+F(h_{k_1},H_j\setminus E)+F(h_{k_1},(H_j\cap E)\setminus K)\\
&\geqslant F(h_{k_1},H_j\cap K\cap E)-\int_{H_j\setminus E}a(x)\mathrm{d}x-\int_{(H_j\cap E)\setminus K}a(x)\mathrm{d}x-2^{p_+-1}(1+b_0+b_1)\\
&\quad\cdot\left(\int_{H_j\setminus E}(|Dh_{k_1}|^{p(x)}+|h_{k_1}|^{p(x)})\mathrm{d}x+\int_{(H_j\cap E)\setminus K}(|Dh_{k_1}|^{p(x)}+|h_{k_1}|^{p(x)})\mathrm{d}x\right)\\
&=F(h_{k_1},H_j\cap K\cap E)-V_6(\varepsilon_1)\\
&=a_{k_1}^j+b_{k_1}^{l,j}+c_{k_1}^{l,j}+d_{k_1}^{l,j}-V_6(\varepsilon_1),
\end{aligned}$$

其中

$$a_{k_1}^j=\int_{H_j\cap K\cap E}(f(x,h_{k_1}(x),Dh_{k_1}(x))-f(x,0,Dh_{k_1}(x)))\mathrm{d}x,$$

$$b_{k_1}^{l,j}=\sum_{h,m}\int_{Q_{h,m,j}^l\cap K\cap E}(f(x,0,Dh_{k_1}(x))-f(x_{h,m,j}^l,0,Dh_{k_1}(x)))\mathrm{d}x,$$

$$c_{k_1}^{l,j}=\sum_{h,m}\int_{Q_{h,m,j}^l}f(x_{h,m,j}^l,0,Dh_{k_1}(x))\mathrm{d}x,$$

$$d_{k_1}^{l,j}=-\sum_{h,m}\int_{Q_{h,m,j}^l\setminus(K\cap E)}f(x_{h,m,j}^l,0,Dh_{k_1}(x))\mathrm{d}x.$$

由于 $h_{k_1} \to 0$ 弱 * 收敛于 $W^{1,\infty}(\Omega,\mathbb{R}^n)$ 中，所以当 $k_1 \to \infty$ 时，有 $R_{h,m,j}^{k_1,l} = |||h_{k_1}|||_{L^\infty(Q_{h,m,j}^l)} \to 0$. 又由于 f 在 $K\times\mathbb{R}^n\times\mathbb{R}^{N\times n}$ 的有界集上一致连续，所以有

$$\lim_{k_1\to\infty} a_{k_1}^j = 0,$$

并且当 $k_1 \to \infty$ 时，

$$F(z_{k_1},\Omega) = \int_\Omega A_\alpha^i(x,u_0+z_{k_1},Du_0+Dz_{k_1})z_{k_1,\alpha}^i \mathrm{d}x \to 0.$$

由于 $x_{h,m,j}^l \in Q_{h,m,j}^l$,任取 $x\in Q_{h,m,j}^l$ 可知,当 $l\to\infty$ 时,有 $|x-x_{h,m,j}^l| \leqslant \sqrt{N}2^{-jl} \to 0$. 当 l 充分大时，对任意的 k_1，则有 $|b_{k_1}^{l,j}| < \varepsilon_1$.

可知

$$\begin{aligned}\left|d_{k_1}^{l,j}\right| &\leqslant \sum_{h,m}\int_{Q_{h,m,j}^l\setminus(K\cap E)}(a(x_{h,m,j}^l)+2^{p_+}(1+b_0+b_1)M)\mathrm{d}x\\ &=\sum_{h,m}\int_{(Q_{h,m,j}^l\cap E)\setminus K}(a(x_{h,m,j}^l)+2^{p_+}(1+b_0+b_1)M)\mathrm{d}x\\ &\quad+\int_{Q_{h,m,j}^l\setminus E}(a(x_{h,m,j}^l)+2^{p_+}(1+b_0+b_1)M)\mathrm{d}x\\ &\leqslant C(\alpha+M)\mathrm{meas}\,((H_j\cap E)\setminus K)+\int_{H_j\setminus E}(2^{p_+}(1+b_0+b_1)M+a(x))\mathrm{d}x\\ &\leqslant C\varepsilon_1.\end{aligned}$$

所以存在 $\overline{k}_1>0$，当 $k_1>\overline{k}_1$ 时，有 $F(z_{k_1},\Omega)<\varepsilon_1$ 以及 $|a_{k_1}^j|<\varepsilon_1$. 进而有

$$\varepsilon_1 > F(z_{k_1},\Omega) \geqslant c_{k_1}^{l,j} + 2^{-p_+}b_2\int_{U_{\varepsilon_1,k_1}^5}|Dz_{k_1}|^{p(x)}\mathrm{d}x - 2\varepsilon_1 - C\varepsilon_1 - V_5(\varepsilon_1) - V_6(\varepsilon_1) - 2\varepsilon_1. \tag{4.8}$$

取 $Q_{h,m,j}^l$ 中边长为 $2^{-jl}-2R_{h,m,j}^{k_1,l}$ 的超立方体 $E_{h,m,j}^{k_1,l}$ 且满足

$$\mathrm{dist}\,(\partial Q_{h,m,j}^l,\ E_{h,m,j}^{k_1,l}) = R_{h,m,j}^{k_1,l}.$$

定义

$$f_{k_1}(x)=\begin{cases}0, & x\in\partial Q_{h,m,j}^l,\\ h_{k_1}(x), & x\in E_{h,m,j}^{k_1,l},\end{cases}$$

可知 f_{k_1} 在其定义域上 Lipschitz 连续且其 Lipschitz 常数不超过 $2C(N)\lambda$. 由引理 4.2.7，可将其延拓到 $Q_{h,m,j}^l$ 上，仍记为 f_{k_1} 且其 Lipschitz 常数不变. 不妨设 f_{k_1} 在 H_j 上有定义. 由文献[120]可知

$$Df_{k_1}(x) - Dh_{k_1}(x) \to 0$$

a.e.于H_j. 所以存在$\overline{\overline{k}}_1 > \overline{k}_1$, 使得对任意的$k_1 > \overline{\overline{k}}_1$, 有

$$\int_{H_j} |Df_{k_1} - Dh_{k_1}|^{p(x)} \mathrm{d}x < \frac{\varepsilon_1}{2}$$

以及

$$\left|\sum_{h,m} \int_{Q_{h,m,j}^l} \left(f(x_{h,m,j}^l, 0, Dh_{k_1}) - f(x_{h,m,j}^l, 0, Df_{k_1})\right) \mathrm{d}x\right| \leqslant \frac{\varepsilon_1}{2}.$$

由条件(S8)可知

$$\begin{aligned} c_{k_1}^{l,j} &= \sum_{h,m} \int_{Q_{h,m,j}^l} f(x_{h,m,j}^l, 0, Dh_{k_1}) \mathrm{d}x \\ &\geqslant \sum_{h,m} \int_{Q_{h,m,j}^l} f(x_{h,m,j}^l, 0, Df_{k_1}) \mathrm{d}x - \frac{\varepsilon_1}{2} \\ &\geqslant \sum_{h,m} \int_{Q_{h,m,j}^l} b_4 |Df_{k_1}|^{p(x)} \mathrm{d}x - \frac{\varepsilon_1}{2} \\ &\geqslant \frac{b_4}{2^{p_+ - 1}} \int_{H_j} |Dh_{k_1}|^{p(x)} \mathrm{d}x - \frac{(b_4+1)\varepsilon_1}{2}. \end{aligned}$$

所以由(4.8)式可知, 当$k_1 > \overline{\overline{k}}_1$时, 有

$$\varepsilon_1 \geqslant 2^{-p_+} b_2 \int_{U_{\varepsilon_1,k_1}^5} |Dz_{k_1}|^{p(x)} \mathrm{d}x + 2^{1-p_+} b_4 \int_{H_j} |Dh_{k_1}|^{p(x)} \mathrm{d}x - V_7(\varepsilon_1),$$

其中$V_7(\varepsilon_1) = V_5(\varepsilon_1) + V_6(\varepsilon_1) + (4+C)\varepsilon_1 + \dfrac{b_4+1}{2}\varepsilon_1$.

记

$$k(\varepsilon) = \frac{V_7(\varepsilon) + \varepsilon}{\min\{2^{-p_+} b_2, 2^{1-p_+} b_4\}},$$

当$k_1 > \overline{\overline{k}}_1$时, 则有$\int_{H_j} |Dh_{k_1}|^{p(x)} \mathrm{d}x + \int_{U_{\varepsilon_1,k_1}^5} |Dz_{k_1}|^{p(x)} \mathrm{d}x \leqslant k(\varepsilon_1)$. 所以有

$$\int_{\Omega'} |Dh_{k_1}|^{p(x)} \mathrm{d}x = \int_{\Omega' \setminus H_j} |Dh_{k_1}|^{p(x)} \mathrm{d}x + \int_{H_j} |Dh_{k_1}|^{p(x)} \mathrm{d}x \leqslant k(\varepsilon_1) + \varepsilon_1$$

以及

$$\int_{U_{\varepsilon_1,k_1}^5} |Dz_{k_1}|^{p(x)} \mathrm{d}x \leqslant k(\varepsilon_1).$$

由Ω'的选取可知

$$\int_{U_{\varepsilon_1}^2} |Dg_{k_1}|^{p(x)} \mathrm{d}x = \int_{U_{\varepsilon_1}^2} |Dh_{k_1}|^{p(x)} \mathrm{d}x \leqslant k(\varepsilon_1) + \varepsilon_1.$$

任取 $x \in H_{k_1}^{\lambda}$，可知 $Dg_{k_1}(x) = Dz_{k_1}(x)$，从而有

$$\int_{U_{\varepsilon_1}^2 \cap H_{k_1}^{\lambda}} |Dz_{k_1}(x)|^{p(x)} \mathrm{d}x \leqslant k(\varepsilon_1) + \varepsilon_1 .$$

显然有 $\Omega = (U_{\varepsilon_1}^2 \cap H_{k_1}) \cup U_{\varepsilon_1,k_1}^5$，则有

$$\int_{\Omega} |Dz_{k_1}|^{p(x)} \mathrm{d}x \leqslant 2k(\varepsilon_1) + \varepsilon_1 \triangleq W(\varepsilon_1) .$$

可知当 $\varepsilon \to 0$ 时，$W(\varepsilon) \to 0$.

对于 $\varepsilon_2 > 0$ 以及序列 $\{z_{k_1}\}$，重复上面的讨论可知，存在 $\bar{\bar{k}}_2 > 0$ 及 $\{z_{k_1}\}$ 的子列，记为 $\{z_{k_2}\}$，当 $k_2 > \bar{\bar{k}}_2$ 时，有

$$\int_{\Omega} |Dz_{k_2}|^{p(x)} \mathrm{d}x \leqslant W(\varepsilon_2) .$$

如此进行下去，可知存在序列 $\{z_{k_n}\}$ 及 $\bar{\bar{k}}_n > 0$，当 $k_n > \bar{\bar{k}}_n$ 时，有

$$\int_{\Omega} |Dz_{k_n}|^{p(x)} \mathrm{d}x \leqslant W(\varepsilon_n) .$$

进而由对角线法则可知，存在 $\{z_k\}$ 的子列 $\{z_{k_i}\}_{i=1}^{\infty}$，当 $i \to \infty$ 时，有 $\int_{\Omega} |Dz_{k_i}|^{p(x)} \mathrm{d}x \to 0$. 所以，有 $z_{k_i} \to 0$ 在 $W_0^{1,p(x)}(\Omega, \mathbb{R}^n)$ 中. 证毕.

第 5 章　变指数增长的抛物方程的初边值问题

对于抛物方程，有许多方法可以证明弱解的存在性，常用的有切片法、Galerkin 方法与半群方法等. 在本章的讨论中，我们将应用 Galerkin 方法来讨论具变指数增长性条件的抛物方程的弱解. 这种方法不仅可以用来证明弱解的存在性，而且也是一种求近似解的有效方法. 首先给出空间 $W^{m,x}L^{p(x)}(Q)$ 的定义并对它具有的性质进行讨论.

5.1　变指数函数空间 $W^{m,x}L^{p(x)}(Q)$

设 Ω 为 $\mathbb{R}^N$ 的开子集，$T>0$，并记 $Q=\Omega\times(0,T)$. 对多重指标 $\alpha\in\mathbb{N}^N$，记 D_x^α 为关于 $x\in\mathbb{R}^N$ 的 α 阶广义导数. 设 $p\in P(\Omega)$，$m\in\mathbb{N}$，定义

$$W^{m,x}L^{p(x)}(Q)=\{u\in L^{p(x)}(Q): D_x^\alpha u\in L^{p(x)}(Q),|\alpha|\leqslant m\}.$$

可知空间 $W^{m,x}L^{p(x)}(Q)$ 关于范数

$$\|u\|=\sum_{|\alpha|\leqslant m}\|D_x^\alpha u\|_{L^{p(x)}(Q)}$$

构成 Banach 空间.

记 $W_0^{m,x}L^{p(x)}(Q)$ 为 $C_0^\infty(Q)$ 按范数 $\|\cdot\|$ 在 $W^{m,x}L^{p(x)}(Q)$ 中的闭包. 记 k 为满足 $|\alpha|\leqslant m$ 的多重指标的个数，则 $W_0^{m,x}L^{p(x)}(Q)$ 可看作 $\prod_k L^{p(x)}(Q)$ 的闭子空间. 当 $1<p_-\leqslant p(x)\leqslant p_+<\infty$ 时，$L^{p(x)}(Q)$ 为自反空间，此时空间 $W_0^{m,x}L^{p(x)}(Q)$ 也是自反的.

记 $W^{-m,x}L^{p(x)}(Q)$ 为 $W_0^{m,x}L^{p(x)}(Q)$ 的对偶空间. 任取 $f\in W^{-m,x}L^{p'(x)}(Q)$，定义空间 $W^{-m,x}L^{p'(x)}(Q)$ 上的范数

$$\|f\|_{W^{-m,x}L^{p'(x)}(Q)}=\inf\left\{\sum_{|\alpha|\leqslant m}\|f_\alpha\|_{L^{p'(x)}(Q)}: f=\sum_{|\alpha|\leqslant m}D_x^\alpha f_\alpha, f_\alpha\in L^{p'(x)}(Q)\right\}.$$

引理 5.1.1(文献[121])　若 $p_->1$. 任取 $f\in W^{-1,x}L^{p(x)}(Q)$，则存在 $\{f_n\}\subset C_0^\infty(Q)$，使得对任意的 $\varphi\in W^{1,x}L^{p(x)}(Q)$，当 $n\to\infty$ 时，有

$$\int_Q f_n\varphi\mathrm{d}x\mathrm{d}t\to\langle f,\varphi\rangle.$$

对常数 $p\geqslant 1$，X 为 Banach 空间，当 $1\leqslant p<\infty$ 时，空间 $L^p(0,T;X)$ 上的范数 $\|u\|=\left(\int_0^T\|u\|_X^p\,\mathrm{d}t\right)^{\frac{1}{p}}$；当 $p=\infty$ 时，$\|u\|=\operatorname*{ess\,sup}_{t\in[0,T]}\|u(\cdot,t)\|_X$.

定理 5.1.1　当 $1\leqslant p_-\leqslant p(x)\leqslant p_+<\infty$ 时，存在连续嵌入

$$W_0^{1,x}L^{p(x)}(Q)\to L^1(0,T;W_0^{1,p(x)}(\Omega));$$

当 $1\leqslant p'_-\leqslant p'(x)\leqslant p'_+<\infty$ 时，存在连续嵌入

$$W^{-1,x}L^{p'(x)}(Q)\to L^1(0,T;W^{-1,p'(x)}(\Omega)).$$

证明　任取 $u\in W_0^{1,x}L^{p(x)}(\Omega)$，可知 $u(\cdot,t)\in W_0^{1,p(x)}(\Omega)$ a.e.于 $(0,T]$.

若 $\|\nabla u(\cdot,t)\|_{L^{p(x)}(\Omega)}\geqslant\|\nabla u\|_{L^{p(x)}(Q)}$. 由于 $\int_\Omega\left|\dfrac{\nabla u(x,t)}{\|\nabla u(\cdot,t)\|_{L^{p(x)}(\Omega)}}\right|^{p(x)}\mathrm{d}x=1$，则有

$$\begin{aligned}&\int_\Omega\left|\frac{\nabla u(x,t)}{\|\nabla u\|_{L^{p(x)}(Q)}}\right|^{p(x)}\mathrm{d}x\\&=\int_\Omega\left|\frac{\nabla u(x,t)}{\|\nabla u(\cdot,t)\|_{L^{p(x)}(\Omega)}}\cdot\frac{\|\nabla u(\cdot,t)\|_{L^{p(x)}(\Omega)}}{\|\nabla u\|_{L^{p(x)}(Q)}}\right|^{p(x)}\mathrm{d}x\\&\geqslant\frac{\|\nabla u(\cdot,t)\|_{L^{p(x)}(\Omega)}}{\|\nabla u\|_{L^{p(x)}(Q)}},\end{aligned}$$

所以

$$\|\nabla u(\cdot,t)\|_{L^{p(x)}(\Omega)}\leqslant\|\nabla u\|_{L^{p(x)}(Q)}\int_\Omega\left|\frac{\nabla u(x,t)}{\|\nabla u\|_{L^{p(x)}(Q)}}\right|^{p(x)}\mathrm{d}x.$$

从而有

$$\|\nabla u(\cdot,t)\|_{L^{p(x)}(\Omega)}\leqslant\|\nabla u\|_{L^{p(x)}(Q)}\int_\Omega\left|\frac{\nabla u(x,t)}{\|\nabla u\|_{L^{p(x)}(Q)}}\right|^{p(x)}\mathrm{d}x+\|\nabla u\|_{L^{p(x)}(Q)}$$

a.e.于 $(0,T]$. 进而有

$$\int_0^T\|\nabla u(\cdot,t)\|_{L^{p(x)}(\Omega)}\,\mathrm{d}t\leqslant\|\nabla u\|_{L^{p(x)}(Q)}\int_Q\left|\frac{\nabla u(x,t)}{\|\nabla u\|_{L^{p(x)}(Q)}}\right|^{p(x)}\mathrm{d}x\mathrm{d}t+T\|\nabla u\|_{L^{p(x)}(Q)},$$

所以有 $\|\nabla u\|_{L^1(0,T;L^{p(x)}(\Omega))}\leqslant(T+1)\|\nabla u\|_{L^{p(x)}(Q)}$.

同理可知 $\|u\|_{L^1(0,T;L^{p(x)}(\Omega))}\leqslant(T+1)\|u\|_{L^{p(x)}(Q)}$. 所以有

$$\|u\|_{L^1(0,T;W_0^{1,p(x)}(\Omega))}\leqslant(T+1)\|u\|_{W^{1,x}L^{p(x)}(Q)}.$$

取$f\in W^{-1,x}L^{p'(x)}(Q)$. 对任意的$\{f_\alpha\}\in\left\{\{f_\alpha\}\in\prod_m L^{p'(x)}(Q):f=\sum_{|\alpha|\leqslant 1}D_x^\alpha f_\alpha\right\}$, 有

$$\int_0^T\|f_\alpha\|_{L^{p'(x)}(\Omega)}\,\mathrm{d}t\leqslant(T+1)\|f_\alpha\|_{L^{p'(x)}(Q)},$$

其中m为满足$|\alpha|\leqslant 1$的多重指标α的个数. 则有

$$\begin{aligned}\|f(\cdot,t)\|_{W^{-1,p'(x)}(\Omega)}&=\sup\left\{\sum_{|\alpha|\leqslant 1}\int_\Omega f_\alpha\cdot D^\alpha v\mathrm{d}x:\|v\|_{W^{1,p(x)}(\Omega)}=1\right\}\\&\leqslant\sup\left\{\sum_{|\alpha|\leqslant 1}2\|f_\alpha\|_{L^{p'(x)}(\Omega)}\|D^\alpha v\|_{L^{p(x)}(\Omega)}:\|v\|_{W^{1,p(x)}(\Omega)}=1\right\}\\&\leqslant 2\sum_{|\alpha|\leqslant 1}\|f_\alpha(\cdot,t)\|_{L^{p'(x)}(\Omega)},\end{aligned}$$

所以有

$$\int_0^T\|f(\cdot,t)\|_{W^{-1,p'(x)}(\Omega)}\,\mathrm{d}t\leqslant 2\sum_{|\alpha|\leqslant 1}\int_0^T\|f_\alpha(\cdot,t)\|_{L^{p'(x)}(\Omega)}\,\mathrm{d}t\leqslant 2\sum_{|\alpha|\leqslant 1}(T+1)\|f_\alpha\|_{L^{p'(x)}(Q)}.$$

进而可得$\int_0^T\|f(\cdot,t)\|_{W^{-1,p'(x)}(\Omega)}\,\mathrm{d}t\leqslant 2(T+1)\|f\|_{W^{-1,x}L^{p'(x)}(W)}$. 证毕.

引理 5.1.2 (文献[122]) X,Y,B为Banach空间且存在嵌入$X\to B\to Y$. 若嵌入$X\to B$为紧映射, 则对任意的$\varepsilon>0$, 存在$M>0$, 使得$\|u\|_B\leqslant\varepsilon\|u\|_X+M\|u\|_Y$对任意的$u\in X$均成立.

引理 5.1.3 Y为Banach空间且存在连续嵌入$L^1(\Omega)\to Y$. 若F为$W_0^{1,x}L^{p(x)}(Q)$中的有界集且在$L^1(0,T;Y)$中相对紧, 则集合F在$L^1(Q)$中相对紧.

证明 由于存在紧嵌入$W_0^{1,p(x)}(\Omega)\to L^1(\Omega)$. 由引理 5.1.2 可知, 任取$\varepsilon>0$, 存在$M>0$, 使得对任意的$u\in W_0^{1,p(x)}(\Omega)$, 有

$$\|u\|_{L^1(\Omega)}\leqslant\varepsilon\|u\|_{W_0^{1,p(x)}(\Omega)}+M\|u\|_Y.$$

任取$u\in W_0^{1,x}L^{p(x)}(Q)$, 可知$u(\cdot,t)\in W_0^{1,p(x)}(\Omega)$ a.e.于$(0,T]$, 所以有

$$\|u(\cdot,t)\|_{L^1(\Omega)}\leqslant\varepsilon\|u(\cdot,t)\|_{W_0^{1,p(x)}(\Omega)}+M\|u(\cdot,t)\|_Y.$$

进而有

$$\int_0^T\|u(\cdot,t)\|_{L^1(\Omega)}\,\mathrm{d}t\leqslant\varepsilon\int_0^T\|u(\cdot,t)\|_{W_0^{1,p(x)}(\Omega)}\,\mathrm{d}t+\int_0^T M\|u(\cdot,t)\|_Y\,\mathrm{d}t,$$

即

$$\|u\|_{L^1(Q)}\leqslant\varepsilon\|u\|_{L^1(0,T;W_0^{1,p(x)}(\Omega))}+M\|u\|_{L^1(0,T;Y)}.$$

任取$\{u_n\}\subset F$. 由于F在$L^1(0,T;Y)$中相对紧, 不妨设$u_n\to u$在$L^1(0,T;Y)$中,

由上式可得

$$\begin{aligned}\| u_n - u_m \|_{L^1(Q)} &\leqslant \varepsilon \| u_n - u_m \|_{L^1(0,T;W_0^{1,p(x)}(\Omega))} + M \| u_n - u_m \|_{L^1(0,T;Y)} \\ &\leqslant C\varepsilon + M \| u_n - u_m \|_{L^1(0,T;Y)}.\end{aligned}$$

所以 $\{u_n\}$ 为 $L^1(Q)$ 中的Cauchy列, 则有 $u_n \to \tilde{u}$ 在 $L^1(Q)$ 中, 从而可知 F 在 $L^1(Q)$ 中相对紧. 证毕.

任取 $h>0$, 定义 $\tau_h u = u(x,t+h)$.

定理 5.1.2　若 F 为空间 $W_0^{1,x}L^{p(x)}(Q)$ 中的有界集, $\left\{\dfrac{\partial u}{\partial t}: u\in F\right\}$ 为空间 $W^{-1,x}L^{p'(x)}(Q)$ 中的有界集, 则 F 为 $L^1(Q)$ 中的相对紧集.

证明　取 $u\in F$. 对任意的 $0<t_1<t_2<T$, 有

$$\left\|\int_{t_1}^{t_2} u(x,t)\mathrm{d}t\right\|_{W_0^{1,p(x)}(\Omega)} \leqslant \int_{t_1}^{t_2} \| u(\cdot,t) \|_{W_0^{1,p(x)}(\Omega)} \mathrm{d}t,$$

由定理 5.1.1 可知

$$\left\|\int_{t_1}^{t_2} u(x,t)\mathrm{d}t\right\|_{W_0^{1,p(x)}(\Omega)} \leqslant \int_0^T \| u(\cdot,t) \|_{W_0^{1,p(x)}(\Omega)} \mathrm{d}t \leqslant C \| u \|_{W_0^{1,x}L^{p(x)}(Q)}.$$

由紧嵌入 $W_0^{1,p(x)}(\Omega)\to L^1(\Omega)$ 及连续嵌入 $L^1(\Omega)\to W^{-1,1}(\Omega)$ 可知, $\left\{\int_{t_1}^{t_2} u(x,t)\mathrm{d}t\right\}_{u\in F}$ 为空间 $L^1(\Omega)$ 以及 $W^{-1,1}(\Omega)$ 中的相对紧集.

由于 $\left\{\dfrac{\partial u}{\partial t}: u\in F\right\}$ 在 $W^{-1,x}L^{p'(x)}(Q)$ 中有界, 由定理 5.1.1 可知, 此集合在空间 $L^1(0,T;W^{-1,p'(x)}(\Omega))$ 中也有界, 所以在 $L^1(0,T;W^{-1,1}(\Omega))$ 中也有界. 由文献[123]中后记3可知, 当 $h\to 0$ 时, $\| \tau_h u - u \|_{L^1(0,T;W^{-1,1}(\Omega))} \to 0$ 关于 $u\in F$ 一致成立. 由文献[123]中定理2可知, F 在 $L^1(0,T;W^{-1,1}(\Omega))$ 中相对紧. 从而结合引理5.1.2可知, F 在 $L^1(Q)$ 中相对紧. 证毕.

5.2　变指数增长的抛物方程弱解的存在性

我们讨论如下一类具 $p(x)$-增长条件的抛物方程的初边值问题:

$$\begin{cases}\dfrac{\partial u}{\partial t} - \operatorname{div} \mathrm{a}(x,t,u,\nabla u) + a_0(x,t,u,\nabla u) = f(x,t), & (x,t)\in Q, \\ u(x,t)=0, & (x,t)\in\partial\Omega\times(0,T), \\ u(x,0)=u_0(x), & x\in\Omega,\end{cases} \tag{5.1}$$

其中 Ω 为 $\mathbb{R}^N$ 中的有界 Lipschitz 区域,

$$T>0,\quad Q=\Omega\times(0,T),\quad u_0\in L^2(\Omega),\quad f\in W^{-1,x}L^{p'(x)}(Q).$$

取 Carathéodory 函数 $a:\Omega\times(0,T)\times\mathbb{R}\times\mathbb{R}^N\to\mathbb{R}^N$, $a_0:\Omega\times(0,T)\times\mathbb{R}\times\mathbb{R}^N\to\mathbb{R}$ 且满足如下 $p(x)$-增长条件:

(P1) $|a(x,t,s,\xi)|\leqslant b_0(|s|^{p(x)-1}+|\xi|^{p(x)-1}+c(x,t))$.

(P2) $|a_0(x,t,s,\xi)|\leqslant b_0(|s|^{p(x)-1}+|\xi|^{p(x)-1}+c(x,t))$.

(P3) $a(x,t,s,\xi)\xi+a_0(x,t,s,\xi)s\geqslant b_1|\xi|^{p(x)}+b_2|s|^{p(x)}$.

其中 $c\in L^{p'(x)}(Q)$, b_0,b_1,b_2 为正常数. 且满足如下单调性条件: 任取 $\xi_1,\xi_2\in\mathbb{R}^N$ 且 $\xi_1\neq\xi_2$, 有

(P4) $(a(x,t,s,\xi_1)-a(x,t,s,\xi_2))(\xi_1-\xi_2)>0$.

若无特别说明, 均假设 p 为 $\overline{\Omega}$ 上的连续函数且满足 $1<p_-\leqslant p(x)\leqslant p_+<N$.

取 $L^2(\Omega)$ 中的一组完备规范正交系 $\{\omega_j\}\subset C_0^\infty(\Omega)$. 记 $V_n=\mathrm{span}\{\omega_1,\cdots,\omega_n\}$, 使得 $\bigcup\limits_{n=1}^{\infty}V_n$ 在 $C^1(\overline{\Omega})$ 中的闭包包含 $C_0^\infty(\Omega)$.

任取 $\omega\in V_n$, 定义范数

$$\|\omega\|_{V_n}=\sup_{x\in\overline{\Omega}}|\omega(x)|+\sup_{x\in\overline{\Omega}}|\nabla\omega(x)|.$$

任取 $\varpi\in C^1(0,T;V_n)$, 定义

$$\|\varpi\|=\sup_{t\in[0,T]}\|\varpi(\cdot,t)\|_{V_n}+\sup_{t\in[0,T]}\left\|\frac{\partial\varpi(\cdot,t)}{\partial t}\right\|_{V_n}.$$

若定义

$$\|u\|_{C^{1,1}(Q)}=\sup\left\{\left|D_x^\alpha u(x,t)\right|,\ \left|\frac{\partial u}{\partial t}(x,t)\right|:|\alpha|\leqslant 1,\ (x,t)\in Q\right\},$$

可知 $C_0^\infty(Q)\subset\overline{\bigcup\limits_{n=1}^{+\infty}C^1(0,T;V_n)}$, 这里闭包是相对于 $C^{1,1}(Q)$ 的.

由引理 5.1.1 可知, 任取 $f\in W^{-1,x}L^{p(x)}(Q)$, 存在 $\{f_n\}\subset C_0^\infty(Q)$, 使得对任意的 $\varphi\in W_0^{1,x}L^{p(x)}(Q)$, 有 $\int_Q f_n\varphi\mathrm{d}x\mathrm{d}t\to\langle f,\varphi\rangle$. 而对于 $u_0\in L^2(\Omega)$, 则存在 $\psi_n\in\bigcup\limits_{n=1}^{+\infty}V_n$, 有 $\psi_n\to u_0$ 在 $L^2(\Omega)$ 中.

定义 5.2.1　称 $u_n\in C^1(0,T;V_n)$ 为问题(5.1)的 Galerkin 解, 是指: 任取 $\tau\in[0,T]$ 及 $\varphi\in C^1(0,T;V_n)$, 有

$$\begin{cases}\int_{\Omega_\tau}\varphi\dfrac{\partial u_n}{\partial t}\mathrm{d}x\mathrm{d}t+\int_{\Omega_\tau}a(x,t,u_n,\nabla u_n)\nabla\varphi\mathrm{d}x\mathrm{d}t+\int_{\Omega_\tau}a_0(x,t,u_n,\nabla u_n)\varphi\mathrm{d}x\mathrm{d}t=\int_{\Omega_\tau}f_n\varphi\mathrm{d}x\mathrm{d}t,\\ u_n(x,0)=\psi_n(x),\end{cases}$$

其中 $Q_\tau=\Omega\times(0,\tau)$.

定义向量值函数 $p_n(t,\eta):[0,T]\times\mathbb{R}^n\to\mathbb{R}^n$ 为

$$(p_n(t,\eta))_i=\int_\Omega\left(a\left(x,t,\sum_{j=1}^n\eta_j\omega_j,\sum_{j=1}^n\eta_j\nabla\omega_j\right)\nabla\omega_i+a_0\left(x,t,\sum_{j=1}^n\eta_j\omega_j,\sum_{j=1}^n\eta_j\nabla\omega_j\right)\omega_i\right)\mathrm{d}x,$$

其中 $\eta=(\eta_1,\cdots,\eta_n)$. 由于 a, a_0 为 Carathéodory 函数, 可知 $p_n(t,\eta)$ 关于 t, η 连续.

下面, 我们考虑如下常微分方程组:

$$\begin{cases}\eta'(t)+p_n(t,\eta)=F_n,\\ \eta(0)=u_n(0),\end{cases}\tag{5.2}$$

其中 $(F_n)_i=\int_\Omega f_nw_i\mathrm{d}x$, $(u_n(0))_i=\int_\Omega\psi_n(x)w_i(x,0)\mathrm{d}x$.

若 η 为(5.2)式的解, 由于 $p_n(t,\eta)\eta\geqslant 0$, 可知 $\eta'\eta\leqslant F_n\eta$. 从而可得

$$\frac{1}{2}\frac{\partial}{\partial t}|\eta(t)|^2\leqslant|F_n|\cdot|\eta|\leqslant\frac{1}{2}|F_n|^2+\frac{1}{2}|\eta(t)|^2.$$

由 Gronwall 引理可知, $|\eta(t)|\leqslant C_n(T)$.

取 $L_n=\max\limits_{t\in[0,T]}|F_n-p_n(t,\eta)|$, $q=\min\left\{T,\dfrac{2C_n(T)}{L_n}\right\}$, 可得(5.2)式在 $[0,q]$ 上解的存在性. 取 $t_1=q$, 并以 t_1 为初值, 类似可得(5.2)式在 $[t_1,t_2]$ 上的解, 其中 $t_2=t_1+q$. 如此下去, 可知存在区间 $[t_{i-1},t_i]\subset[0,T]$, 使得(5.2)式在 $[t_{i-1},t_i]$ 有解, 其中 $t_i=t_{i-1}+q$, $i=1,2,\cdots,l-1$, $t_l=T$. 进而可得(5.2)式在 $C^1([0,T])$ 上的解 η_n. 由 $p_n(t,\eta)$ 的定义可知, $u_n(x,t)=\sum\limits_{j=1}^n(\eta_n(t))_jw_j(x)$ 为(5.1)式的 Galerkin 解.

定义 5.2.2　称 $u_0\in W_0^{1,x}L^{p(x)}(Q)\cap L^\infty(0,T;L^2(\Omega))$ 为(5.1)式的弱解, 是指: 对任意的 $\varphi\in C^1(0,T;C_0^\infty(\Omega))$, 有

$$-\int_Q u\frac{\partial\varphi}{\partial t}\mathrm{d}x\mathrm{d}t+\int_\Omega u(x,t)\varphi(x,t)\mathrm{d}x\Big|_0^T+\int_Q(a(x,t,u,\nabla u)\nabla\varphi+a_0(x,t,u,\nabla u)\varphi)\mathrm{d}x\mathrm{d}t$$
$$=\langle f,\varphi\rangle.$$

定理 5.2.1　在条件(P1)—(P4)之下, 问题(5.1)至少有一个非平凡的弱解.

证明　取 $u_n\in C^1(0,T;V_n)$ 为(5.1)式的 Galerkin 解.

下面我们将分步完成对本定理的证明.

i) 序列$\{u_n\}$，$\{a(x,t,u_n,\nabla u_n)\}$，$\{a_0(x,t,u_n,\nabla u_n)\}$的弱收敛性.

取$\varphi=u_n$，由定义 5.2.1 可知，对任意的$\tau\in[0,T]$，有

$$\int_{Q_\tau}u_n\frac{\partial u_n}{\partial t}\mathrm{d}x\mathrm{d}t+\int_{Q_\tau}a(x,t,u_n,\nabla u_n)\nabla u_n\mathrm{d}x\mathrm{d}t$$
$$+\int_{Q_\tau}a_0(x,t,u_n,\nabla u_n)u_n\mathrm{d}x\mathrm{d}t=\int_{\Omega_\tau}f_nu_n\mathrm{d}x\mathrm{d}t.$$

由条件(P3)可知

$$\int_{Q_\tau}u_n\frac{\partial u_n}{\partial t}\mathrm{d}x\mathrm{d}t+\int_{Q_\tau}(b_1|\nabla u_n|^{p(x)}+b_2|u_n|^{p(x)})\mathrm{d}x\mathrm{d}t$$
$$\leqslant\int_{Q_\tau}f_nu_n\mathrm{d}x\mathrm{d}t\leqslant\|f_n\|_{W^{-1,x}L^{p(x)}(Q_\tau)}\|u_n\|_{W^{1,x}L^{p(x)}(Q)}$$
$$\leqslant C\|u_n\|_{W^{1,x}L^{p(x)}(Q)}.$$

可知$\int_{Q_\tau}u_n\frac{\partial u_n}{\partial t}\mathrm{d}x\mathrm{d}t=\frac{1}{2}\int_\Omega u_n^2(x,\tau)\mathrm{d}x-\frac{1}{2}\int_\Omega\psi_n^2(x)\mathrm{d}x$，则有

$$\int_{Q_\tau}(b_1|\nabla u_n|^{p(x)}+b_2|u_n|^{p(x)})\mathrm{d}x\mathrm{d}t\leqslant C\left(\|u_n\|_{L^{p(x)}(Q_\tau)}+\|\nabla u_n\|_{L^{p(x)}(Q_\tau)}+\int_\Omega\psi_n^2(x)\mathrm{d}x\right).$$

由于$\psi_n\to u_0$在$L^2(\Omega)$中，所以$\int_\Omega\psi_n^2(x)\mathrm{d}x\leqslant C$. 对任意的$\tau\in[0,T]$，则有

$$\int_{Q_\tau}(b_1|\nabla u_n|^{p(x)}+b_2|u_n|^{p(x)})\mathrm{d}x\mathrm{d}t\leqslant C(\|u_n\|_{L^{p(x)}(Q_\tau)}+\|\nabla u_n\|_{L^{p(x)}(Q_\tau)}+1).$$

进而有

$$\|u_n\|_{L^{p(x)}(Q_\tau)}+\|\nabla u_n\|_{L^{p(x)}(Q_\tau)}\leqslant C,$$

所以有$\|u_n\|_{W_0^{1,x}L^{p(x)}(Q)}\leqslant C$. 可验证

$$\|u_n\|_{L^\infty(0,T;L^2(\Omega))}\leqslant C$$

以及

$$\int_{Q_\tau}a(x,t,u_n,\nabla u_n)\nabla u_n\mathrm{d}x\mathrm{d}t+\int_{Q_\tau}a_0(x,t,u_n,\nabla u_n)u_n\mathrm{d}x\mathrm{d}t\leqslant C.$$

由条件(P2)可得

$$\int_{Q_\tau}|a_0(x,t,u_n,\nabla u_n)|^{p'(x)}\mathrm{d}x\mathrm{d}t$$
$$\leqslant\int_{Q_\tau}b_0^{p'(x)}(|u_n|^{p(x)-1}+|\nabla u_n|^{p(x)-1}+c(x,t))^{p'(x)}\mathrm{d}x\mathrm{d}t$$
$$\leqslant\int_{Q_\tau}(3b_0)^{p'(x)}(|u_n|^{p(x)}+|\nabla u_n|^{p(x)}+c(x,t)^{p'(x)})\mathrm{d}x\mathrm{d}t,$$

则有$\|a_0(x,t,u_n,\nabla u_n)\|_{L^{p'(x)}(Q)}\leqslant C$.

类似地，也有$\| a(x,t,u_n,\nabla u_n)\|_{L^{p'(x)}(Q)} \leqslant C$.

所以存在$\{u_n\}$的子列，仍记为$\{u_n\}$，满足

$$u_n \to u \text{ 弱收敛于 } W_0^{1,x}L^{p(x)}(Q) \text{ 中},$$
$$u_n \to u \text{ 弱*收敛于 } L^\infty(0,T;L^2(\Omega)) \text{ 中},$$
$$a(x,t,u_n,\nabla u_n) \to h \text{ 弱收敛于 } (L^{p'(x)}(Q))^N \text{ 中},$$
$$a_0(x,t,u_n,\nabla u_n) \to h_0 \text{ 弱收敛于 } L^{p'(x)}(Q) \text{ 中}.$$

ii) 序列$\{\nabla u_n\}$的几乎处处收敛性.

任取$k>0$，定义$\mathbb{R}$上的函数

$$T_k(s)=\begin{cases} s, & |s|\leqslant k, \\ \dfrac{ks}{|s|}, & |s|>k. \end{cases}$$

由于$u_n \in W_0^{1,x}L^{p(x)}(Q)$，有$u_n \in L^{p(x)}(Q)$以及$\nabla u_n \in (L^{p(x)}(Q))^N$. 由于$T_k'(s)$分段连续而且$|T_k'(s)|\leqslant 1$，可知$\nabla T_k(u_n)=T_k'(u_n)\nabla u_n$. 容易得到$T_k(u_n)\in W^{1,x}L^{p(x)}(Q)$，且$T_k(u)\in W^{1,x}L^{p(x)}(Q)$.

取紧集$M\subset Q$，函数$\varphi_M \in C_0^\infty(Q)$满足$0\leqslant \varphi_M \leqslant 1$，且在$M$上，$\varphi_M \equiv 1$. 取$v_n=\varphi_M(T_k(u_n)-T_k(u))$，可知$v_n \in W_0^{1,x}L^{p(x)}(Q)\cap L^\infty(Q)$.

在定义 5.2.1 中取$\varphi=v_n$，则有

$$\begin{aligned}
&\int_Q f_n\varphi_M(T_k(u_n)-T_k(u))\mathrm{d}x\mathrm{d}t \\
&=\int_Q \varphi_M(T_k(u_n)-T_k(u))\frac{\partial u_n}{\partial t}\mathrm{d}x\mathrm{d}t+\int_Q a(x,t,u_n,\nabla u_n)\varphi_M\nabla(T_k(u_n)-T_k(u))\mathrm{d}x\mathrm{d}t \\
&\quad +\int_Q a(x,t,u_n,\nabla u_n)(T_k(u_n)-T_k(u))\nabla\varphi_M\mathrm{d}x\mathrm{d}t \\
&\quad +\int_Q a_0(x,t,u_n,\nabla u_n)\varphi_M(T_k(u_n)-T_k(u))\mathrm{d}x\mathrm{d}t \\
&\triangleq J_1+J_2+J_3+J_4.
\end{aligned}$$

下面，分别对J_i部分进行估计，其中$i=1,2,3,4$.

先当$n\to\infty$时，$J_1\to 0$. 事实上，任取$\rho \in W_0^{1,x}L^{p(x)}(Q)$，有

$$\begin{aligned}
\left|\langle -\operatorname{div} a(x,t,u_n,\nabla u_n),\rho\rangle\right| &= \left|\int_Q a(x,t,u_n,\nabla u_n)\nabla\rho\mathrm{d}x\mathrm{d}t\right| \\
&\leqslant 2\| a(x,t,u_n,\nabla u_n)\|_{L^{p'(x)}(Q)}\|\nabla\rho\|_{L^{p(x)}(Q)} \\
&\leqslant C\|\rho\|_{W_0^{1,x}L^{p(x)}(Q)}.
\end{aligned}$$

可知

$$\|\operatorname{div} a(x,t,u_n,\nabla u_n)\|_{W^{-1,x}L^{p'(x)}(Q)}=\sup_{\rho\in W_0^{1,x}L^{p(x)}(Q)\setminus\{0\}}\frac{|\langle \operatorname{div} a(x,t,u_n,\nabla u_n),\rho\rangle|}{\|\rho\|_{W_0^{1,x}L^{p(x)}(Q)}}\leqslant C .$$

由于$\{u_n\}$在$W_0^{1,x}L^{p(x)}(Q)$中有界且$\left\{\dfrac{\partial u_n}{\partial t}\right\}$在$W^{-1,x}L^{p'(x)}(Q)$中有界, 由定理5.1.1可知, 存在子列仍记为$\{u_n\}$, 有$u_n\to u$于$L^1(Q)$中. 不妨设$u_n\to u$ a.e.于Q. 由于$T_k(s)$连续, 所以$T_k(u_n)\to T_k(u)$ a.e.于Q. 又由于$|T_k(u_n)-T_k(u)|^{p(x)}$有界, 所以由Lebesgue控制收敛定理可知, $T_k(u_n)\to T_k(u)$于$L^{p(x)}(Q)$中.

定义$S_k(s)=\int_0^s T_k(\tau)\mathrm{d}\tau$. 任取$w\in W_0^{1,x}L^{p(x)}(Q)$, 容易验证$S_k(w)\in W^{1,x}L^{p(x)}(Q)$以及

$$\nabla S_k(w)=T_k(w)\nabla w\in (L^{p(x)}(Q))^N .$$

由于$u_n\to u$于$L^1(Q)$中, 而且

$$\begin{aligned}\int_Q|S_k(u_n)-S_k(u)|\,\mathrm{d}x\mathrm{d}t&=\int_Q\left|\int_u^{u_n}T_k(\tau)\mathrm{d}\tau\right|\mathrm{d}x\mathrm{d}t\\&=\int_Q|T_k(\xi)(u_n-u)|\,\mathrm{d}x\mathrm{d}t\\&\leqslant\|T_k(\xi)\|_{L^\infty(Q)}\|u_n-u\|_{L^1(Q)},\end{aligned}$$

其中ξ介于u_n与u之间, 可得$S_k(u_n)\to S_k(u)$于$L^1(Q)$中.

定义$W^{1,t}L^{p(x)}(Q)=\left\{u:u\in L^{p(x)}(Q),\ \dfrac{\partial u}{\partial t}\in L^{p(x)}(Q)\right\}$. 由于$u_n\in C^1(0,T;V_n)$, 可知$T_k(u_n)\in W^{1,t}L^{p(x)}(Q)$, 所以有

$$\int_Q\frac{\partial\varphi_M}{\partial t}S_k(u_n)\mathrm{d}x\mathrm{d}t=-\int_Q\frac{\partial S_k(u_n)}{\partial t}\varphi_M\mathrm{d}x\mathrm{d}t=-\int_Q T_k(u_n)\frac{\partial u_n}{\partial t}\varphi_M\mathrm{d}x\mathrm{d}t .$$

由于$\dfrac{\partial\varphi_M}{\partial t}\in C_0^\infty(Q)$, 可知

$$\int_Q\left|\frac{\partial\varphi_M}{\partial t}(S_k(u_n)-S_k(u))\right|\mathrm{d}x\mathrm{d}t\leqslant\left\|\frac{\partial\varphi_M}{\partial t}\right\|_{L^\infty(Q)}\|S_k(u_n)-S_k(u)\|_{L^1(Q)} .$$

所以$\int_Q\dfrac{\partial\varphi_M}{\partial t}S_k(u_n)\mathrm{d}x\mathrm{d}t\to\int_Q\dfrac{\partial\varphi_M}{\partial t}S_k(u)\mathrm{d}x\mathrm{d}t$, 从而可知

$$-\int_Q T_k(u_n)\frac{\partial u_n}{\partial t}\varphi_M\mathrm{d}x\mathrm{d}t\to\int_Q\frac{\partial\varphi_M}{\partial t}S_k(u)\mathrm{d}x\mathrm{d}t.$$

由于$\left\{\dfrac{\partial u_n}{\partial t}\right\}$在$W^{-1,x}L^{p'(x)}(Q)$中有界, 不妨设$\dfrac{\partial u_n}{\partial t}\to\eta$弱*收敛于$W^{-1,x}L^{p'(x)}(Q)$

中. 任取$\phi \in C_0^\infty(Q)$, 则有

$$\int_Q \phi \frac{\partial u_n}{\partial t} \mathrm{d}x\mathrm{d}t = -\int_Q u_n \frac{\partial \phi}{\partial t} \mathrm{d}x\mathrm{d}t \to \int_Q -u \frac{\partial \phi}{\partial t} \mathrm{d}x\mathrm{d}t = -\int_Q \eta \phi \mathrm{d}x\mathrm{d}t,$$

所以$\eta = \frac{\partial u}{\partial t}$. 由于$\varphi_M T_k(u) \in W^{1,x}L^{p(x)}(Q)$, 可知

$$\int_Q \varphi_M T_k(u) \frac{\partial u_n}{\partial t} \mathrm{d}x\mathrm{d}t \to \int_Q \varphi_M T_k(u) \frac{\partial u}{\partial t} \mathrm{d}x\mathrm{d}t = \int_Q \frac{\partial \varphi_M}{\partial t} S_k(u) \mathrm{d}x\mathrm{d}t.$$

所以有$J_1 \to 0$.

由于$\| a(x,t,u_n,\nabla u_n) \|_{L^{p'(x)}(Q)}$有界, 所以, 当$n \to \infty$时, 有

$$J_3 = \int_Q a(x,t,u_n,\nabla u_n)(T_k(u_n) - T_k(u)) \nabla \varphi_M \mathrm{d}x\mathrm{d}t \to 0.$$

类似可知$J_4 \to 0$. 由于$f_n \to f$弱*收敛于$W^{-1,x}L^{p(x)}(Q)$中, $T_k(u_n) \to T_k(u)$在$L^{p(x)}(Q)$中, 可知$\int_Q f_n \varphi_M (T_k(u_n) - T_k(u)) \mathrm{d}x\mathrm{d}t \to 0$. 所以当$n \to \infty$时, 有$J_2 \to 0$.

取$s > 0$. 记$Q_{(s)} = \{(x,t) \in Q : |\nabla T_k(u)| \leqslant s\}$, χ_s为$Q_{(s)}$上的特征函数. 当$s \geqslant r$时, 则有

$$\begin{aligned}
0 &\leqslant \int_{Q_{(s)}} \varphi_M \cdot (a(x,t,u_n,\nabla T_k(u_n)) - a(x,t,u_n,\nabla T_k(u)))(\nabla T_k(u_n) - \nabla T_k(u)) \mathrm{d}x\mathrm{d}t \\
&\leqslant \int_{Q_{(s)}} \varphi_M \cdot (a(x,t,u_n,\nabla T_k(u_n)) - a(x,t,u_n,\nabla T_k(u)))(\nabla T_k(u_n) - \nabla T_k(u)) \mathrm{d}x\mathrm{d}t \\
&= \int_{Q_{(s)}} \varphi_M \ (a(x,t,u_n,\nabla T_k(u_n)) - a(x,t,u_n \nabla T_k(u)) \chi_s)(\nabla T_k(u_n) - \nabla T_k(u) \chi_s) \mathrm{d}x\mathrm{d}t \\
&\leqslant \int_Q \varphi_M \cdot (a(x,t,u_n,\nabla T_k(u_n)) - a(x,t,u_n,\nabla T_k(u)) \chi_s)(\nabla T_k(u_n) - \nabla T_k(u) \chi_s) \mathrm{d}x\mathrm{d}t \\
&= \int_Q \varphi_M \cdot a(x,t,u_n,\nabla u_n)(\nabla T_k(u_n) - \nabla T_k(u)) \mathrm{d}x\mathrm{d}t \\
&\quad - \int_Q \varphi_M \cdot (a(x,t,u_n,\nabla u_n) - a(x,t,u_n,\nabla T_k(u_n)))(\nabla T_k(u_n) - \nabla T_k(u) \cdot \chi_s) \mathrm{d}x\mathrm{d}t \\
&\quad + \int_Q \varphi_M \cdot a(x,t,u_n,\nabla u_n)(\nabla T_k(u) - \nabla T_k(u) \cdot \chi_s) \mathrm{d}x\mathrm{d}t \\
&\quad - \int_Q \varphi_M \cdot a(x,t,u_n,\nabla T_k(u) \cdot \chi_s)(\nabla T_k(u_n) - \nabla T_k(u) \cdot \chi_s) \mathrm{d}x\mathrm{d}t \\
&\triangleq I_1 + I_2 + I_3 + I_4.
\end{aligned}$$

由于$J_2 \to 0$, 可知当$n \to \infty$时, $I_1 \to 0$.

记$G_n = \{(x,t) \in Q : |u_n(x,t)| > k\}$, χ_{G_n}为G_n的特征函数.

当$|u_n(x,t)|>k$时，有$\nabla T_k(u_n)=0$，所以有

$$I_2=\int_Q \varphi_M\cdot(a(x,t,u_n,\nabla u_n)-a(x,t,u_n,0))\nabla T_k(u)\cdot\chi_{G_n}\chi_s\mathrm{d}x\mathrm{d}t.$$

若$|u(x,t)|\geqslant k$，有$\nabla T_k(u)=0$，则有$\nabla T_k(u)\cdot\chi_{G_n}\chi_s=0$，所以$I_2=0$．若$|u(x,t)|<k$，则存在$n_0\in\mathbb{N}$，当$n\geqslant n_0$时，有$|u_n(x,t)|<k$．由于$x\notin G_n$，所以当$n\to\infty$时$\nabla T_k(u)\cdot\chi_{G_n}\chi_s\to 0$ a.e.于Q．由 Lebesgue 控制收敛定理可知，$\nabla T_k(u)\cdot\chi_{G_n}\chi_s\to 0$在$(L^{p(x)}(Q))^N$中．又由于$\{a(x,t,u_n,\nabla u_n)-a(x,t,u_n,0)\}$在$(L^{p'(x)}(Q))^N$中有界，所以有$I_2\to 0$．

由于$a(x,t,u_n,\nabla u_n)\to h$弱收敛于$(L^{p(x)}(Q))^N$中，所以

$$I_3\to\int_{Q\backslash Q_{(s)}}\varphi_M(h\cdot\nabla T_k(u))\mathrm{d}x\mathrm{d}t.$$

可知$u_n\to u$且$a(x,t,u_n,\nabla T_k(u)\cdot\chi_s)\to a(x,t,u,\nabla T_k(u)\cdot\chi_s)$ a.e.于Q．又由于$\{\mathrm{a}(x,t,u_n,\nabla T_k(u)\chi_s)\}$在$(L^{p'(x)}(Q))^N$中有界，所以，当$n\to\infty$时，

$a(x,t,u_n,\nabla T_k(u)\chi_s)\to a(x,t,u,\nabla T_k(u)\chi_s)$弱收敛于$(L^{p'(x)}(Q))^N$中.

由于

$$\begin{aligned}|a(x,t,T_k(u_n),\nabla T_k(u)\chi_s)|^{p'(x)}&\leqslant b_0^{p'(x)}(|T_k(u_n)|^{p(x)-1}+|\nabla T_k(u)\chi_s|^{p(x)-1}+c(x,t))^{p'(x)}\\&\leqslant C(k^{p(x)}+|\nabla T_k(u)\chi_s|^{p(x)}+c(x,t)^{p'(x)}),\end{aligned}$$

由 Lebesgue 控制收敛定理可知

$$a(x,t,T_k(u_n),\nabla T_k(u)\chi_s)\to a(x,t,T_k(u),\nabla T_k(u)\chi_s)\text{ 于 }(L^{p'(x)}(Q))^N\text{ 中.}$$

由于$\{\nabla T_k(u_n)\}$在$(L^{p(x)}(Q))^N$中有界，则有$\nabla T_k(u_n)\to\tilde{\eta}$弱收敛于$(L^{p(x)}(Q))^N$中．所以，对任意的$\phi\in C_0^\infty(Q)$，有

$$\int_Q\nabla T_k(u_n)\cdot\phi\mathrm{d}x\mathrm{d}t=-\int_Q(\nabla\phi)T_k(u_n)\mathrm{d}x\mathrm{d}t\to-\int_Q(\nabla\phi)T_k(u)\mathrm{d}x\mathrm{d}t=\int_Q\phi\tilde{\eta}\mathrm{d}x\mathrm{d}t,$$

所以$\tilde{\eta}=\nabla T_k(u)$.

当$|u_n(x,t)|>k$时，有$\nabla T_k(u_n)=0$，从而有

$$\begin{aligned}I_4=&\int_Q\varphi_M\cdot a(x,t,u_n,\nabla T_k(u)\cdot\chi_s)\nabla T_k(u)\cdot\chi_s\chi_{G_n}\mathrm{d}x\mathrm{d}t\\&-\int_Q\varphi_M\cdot a(x,t,T_k(u_n),\nabla T_k(u)\cdot\chi_s)(\nabla T_k(u_n)-\nabla T_k(u)\cdot\chi_s)(1-\chi_{G_n})\mathrm{d}x\mathrm{d}t.\end{aligned}$$

类似于对I_2的讨论，有

$$\int_Q\varphi_M\cdot a(x,t,u_n,\nabla T_k(u)\cdot\chi_s)\nabla T_k(u)\cdot\chi_s\chi_{G_n}\mathrm{d}x\mathrm{d}t\to 0$$

以及

$$\int_Q \varphi_M \cdot a(x,t,T_k(u_n),\nabla T_k(u)\cdot\chi_s)(\nabla T_k(u_n)-\nabla T_k(u)\cdot\chi_s)\chi_{G_n}\mathrm{d}x\mathrm{d}t \to 0.$$

由于

$$\begin{aligned}&\int_Q \varphi_M \cdot a(x,t,T_k(u_n),\nabla T_k(u)\cdot\chi_s)(\nabla T_k(u_n)-\nabla T_k(u)\cdot\chi_s)\mathrm{d}x\mathrm{d}t\\ \to&\int_Q \varphi_M \cdot a(x,t,T_k(u),\nabla T_k(u)\cdot\chi_s)(\nabla T_k(u)-\nabla T_k(u)\cdot\chi_s)\mathrm{d}x\mathrm{d}t,\end{aligned}$$

则有

$$\begin{aligned}I_4 &\to -\int_Q \varphi_M \cdot a(x,t,T_k(u),\nabla T_k(u)\cdot\chi_s)(\nabla T_k(u)-\nabla T_k(u)\cdot\chi_s)\mathrm{d}x\mathrm{d}t\\ &=\int_{Q\setminus Q_s} \varphi_M \cdot a(x,t,T_k(u),0)\nabla T_k(u)\mathrm{d}x\mathrm{d}t,\end{aligned}$$

从而有

$$\begin{aligned}0&\leqslant \lim_{n\to\infty}\int_{Q_{(r)}} \varphi_M \cdot (a(x,t,u_n,\nabla T_k(u_n))-a(x,t,u_n,\nabla T_k(u)))(\nabla T_k(u_n)-\nabla T_k(u))\mathrm{d}x\mathrm{d}t\\ &\leqslant \int_{Q\setminus Q_{(s)}} \varphi_M \cdot (h-a(x,t,T_k(u),0))\nabla T_k(u)\mathrm{d}x\mathrm{d}t.\end{aligned}$$

注意到$(h-a(x,t,T_k(u),0))\cdot\nabla T_k(u)\in L^1(Q)$ 且当 $s\to 0$ 时，meas $(Q\setminus Q_{(s)})\to 0$. 则有

$$\lim_{n\to\infty}\int_{Q_{(r)}} \varphi_M \cdot (a(x,t,u_n,\nabla T_k(u_n))-a(x,t,u_n,\nabla T_k(u)))(\nabla T_k(u_n)-\nabla T_k(u))\mathrm{d}x\mathrm{d}t=0,$$

所以有

$$\lim_{n\to\infty}\int_{Q_{(r)}\cap M} (a(x,t,u_n,\nabla T_k(u_n))-a(x,t,u_n,\nabla T_k(u)))(\nabla T_k(u_n)-\nabla T_k(u))\mathrm{d}x\mathrm{d}t=0.$$

不妨设

$$(a(x,t,u_n,\nabla T_k(u_n))-a(x,t,u_n,\nabla T_k(u)))(\nabla T_k(u_n)-\nabla T_k(u))\to 0$$

a.e.于 $Q_{(r)}\cap M$. 任取 $(x,t)\in Q_{(r)}\cap M$，有

$$\begin{aligned}&(a(x,t,u_n,\nabla T_k(u))-a(x,t,u_n,\nabla T_k(u)))(\nabla T_k(u_n)-\nabla T_k(u))\\ \geqslant& b_0|\nabla T_k(u_n)|^{p(x)}-C(1+|\nabla T_k(u_n)|^{p(x)-1}+|\nabla T_k(u_n)|).\end{aligned}$$

由上式可知 $\{\nabla T_k(u_n)\}$ 在 $Q_{(r)}\cap M$ 中有界，不妨设 $\nabla T_k(u_n)\to\xi$ 在 $Q_{(r)}\cap M$ 中，所以当 $n\to\infty$ 时，有

$$\begin{aligned}&(a(x,t,u_n,\nabla T_k(u_n))-a(x,t,u_n,\nabla T_k(u)))(\nabla T_k(u_n)-\nabla T_k(u))\\ \to&(a(x,t,u,\xi)-a(x,t,u,\nabla T_k(u)))(\xi-\nabla T_k(u))\end{aligned}$$

在 $Q_{(r)}\cap M$ 中，所以 $\xi=\nabla T_k(u)$ 且 $\nabla T_k(u_n)\to\nabla T_k(u)$　a.e.于 $Q_{(r)}\cap M$.

由 r, k, M 的任意性可知，存在 $\{u_n\}$ 的子列，仍记为 $\{u_n\}$，有 $\nabla u_n \to \nabla u$ a.e. 于 Q. 所以有

$$a(x,t,u_n,\nabla u_n) \to a(x,t,u,\nabla u)$$

a.e.于 Q. 结合定理 1.2.6 可知

$$a(x,t,u_n,\nabla u_n) \to a(x,t,u,\nabla u)\text{ 弱收敛于 }(L^{p'(x)}(Q))^N\text{ 中}.$$

从而有 $h = a(x,t,u,\nabla u)$. 类似可得 $h_0 = a_0(x,t,u,\nabla u)$.

iii) 问题(5.1)解的存在性.

任取 $\varphi \in C^1(0,T;C_0^\infty(\Omega))$. 由于 $u_n \to u$ 弱收敛于 $L^{p(x)}(Q)$ 以及 $L^2(\Omega)$ 中，则有

$$\lim_{n\to\infty}\int_Q \frac{\partial u_n}{\partial t}\varphi \mathrm{d}x\mathrm{d}t = \lim_{n\to\infty}\left(\int_\Omega u_n\varphi \mathrm{d}x\Big|_0^T - \int_Q u_n\frac{\partial \varphi}{\partial t}\mathrm{d}x\mathrm{d}t\right) = \int_\Omega u\varphi \mathrm{d}x\Big|_0^T - \int_Q u\frac{\partial \varphi}{\partial t}\mathrm{d}x\mathrm{d}t.$$

所以有

$$-\int_Q u\frac{\partial \varphi}{\partial t}\mathrm{d}x\mathrm{d}t + \int_\Omega u(x,t)\varphi(x,t)\mathrm{d}x\Big|_0^T + \int_Q a(x,t,u,\nabla u)\nabla\varphi \mathrm{d}x\mathrm{d}t + \int_Q a_0(x,t,u,\nabla u)\varphi \mathrm{d}x\mathrm{d}t = \langle f,\varphi\rangle,$$

即 u 是(5.1)的弱解. 证毕.

5.3　具有变指数增长的 Kirchhoff 型抛物方程

研究如下一类非局部抛物方程初边值问题弱解的存在性:

$$\begin{cases}\dfrac{\partial u}{\partial t} - a\left(t,\displaystyle\int_\Omega |u(x,t)|^{p(x,t)}\,\mathrm{d}x,\int_\Omega |\nabla u(x,t)|^{p(x,t)}\,\mathrm{d}x\right) \\ \cdot\left(\mathrm{div}(|\nabla u|^{p(x,t)-2}\nabla u) - |u|^{p(x,t)-2}u\right) = f, & (x,t)\in Q_T, \\ u(x,t) = 0, & (x,t)\in\partial\Omega\times(0,T), \\ u(x,0) = u_0(x), & x\in\Omega,\end{cases} \tag{5.3}$$

其中 Ω 为 $\mathbb{R}^N$ 中有界区域且边界 $\partial\Omega$ 光滑，函数 $a:[0,\infty)\times[0,\infty)\times[0,\infty)\to(0,\infty)$，$p:Q_T\to(1,\infty)$ 满足如下结构条件:

(Q1) 函数 $a:[0,\infty)\times[0,\infty)\times[0,\infty)\to(0,\infty)$ 连续并且存在常数 $a_0>0$ 使得对任意的 (t,ξ,η)，有 $a(t,\xi,\eta)\geqslant a_0$.

(Q2) 指数 $p\in C^1(\overline{Q_T})$ 且对任意的 $(x,t)\in Q_T$，有 $p_t\geqslant 0$. 且 $1<p_-\leqslant p_+<\infty$，其中 $p_- = \inf\limits_{(x,t)\in\overline{Q_T}} p(x,t)$，$p_+ = \sup\limits_{(x,t)\in\overline{Q_T}} p(x,t)$.

(Q3) $u_0\in W_0^{1,p(x,0)}(\Omega)\bigcap L^2(\Omega)$，$f\in L^2(Q_T)$.

在此模型中，扩散系数 a 不仅依赖于种群密度 u 在整个区域 Ω 上的总体分布还依赖于种群的死亡率或衍灭率，函数 f 为源项. 该模型还可用来描述非静态流体或气体在非齐次且各向异性的介质中的运动情况，其中方程中的非局部项 a 可用来描述由于流体或气体在介质中运动所造成的全局状态可能的变化.

定义 5.3.1　函数 $u\in L^{\infty}(0,T;W_0^{1,p(x,t)}(\Omega))\cap C(0,T;L^2(\Omega))$ 称为问题(5.3)的弱解，若有

$$\int_{Q_T}\frac{\partial u}{\partial t}\varphi\mathrm{d}x\mathrm{d}t+\int_0^T a\left(t,\int_\Omega|u|^{p(x,t)}\,\mathrm{d}x,\int_\Omega|\nabla u|^{p(x,t)}\,\mathrm{d}x\right)\int_\Omega\Big(|\nabla u|^{p(x,t)-2}\nabla u\nabla\varphi$$
$$+|u|^{p(x,t)-2}u\varphi\Big)\mathrm{d}x\mathrm{d}t=\int_{Q_T}f\varphi\mathrm{d}x\mathrm{d}t,$$

对任意的 $\varphi\in C^1(0,T;C_0^{\infty}(\Omega))$ 成立，其中 $\dfrac{\partial u}{\partial t}\in L^2(Q_T)$.

由于 $f\in L^2(Q_T)$ 以及 $C_0^{\infty}(Q_T)$ 在 $L^2(Q_T)$ 中稠密，因此存在序列 $f_n\in C_0^{\infty}(Q_T)$ 使得 $\lim\limits_{n\to\infty}f_n=f$ 强收敛于 $L^2(Q_T)$ 中，进而有如下引理.

引理 5.3.1　对于函数 $u_0\in W^{1,p(x,0)}(\Omega)\cap L^2(\Omega)$，存在序列 $\{\psi_n\}_{n=1}^{\infty}$ 满足 $\psi_n\in V_n$ 使得当 $n\to\infty$ 时，有 $\psi_n\to u_0$ 强收敛于 $W^{1,p(x,0)}(\Omega)\cap L^2(\Omega)$ 中.

证明　由于 $C_0^{\infty}(\Omega)$ 在 $W^{1,p(x,0)}(\Omega)\cap L^2(\Omega)$ 中稠密，因此存在序列 $\{v_n\}\subset C_0^{\infty}(\Omega)$ 使得 v_n 在 $W^{1,p(x,0)}(\Omega)\cap L^2(\Omega)$ 中强收敛到 u_0. 又由于 $\{v_n\}\subset C_0^{\infty}(\Omega)\subset\overline{\bigcup\limits_{m=1}^{\infty}V_m}^{C^1(\overline{\Omega})}$，因此存在序列 $\{v_n^k\}\subset\bigcup\limits_{m-1}^{\infty}V_m$ 使得对固定的 $n\in\mathbb{N}$，当 $k\to\infty$ 时，有 $v_n^k\to u_n$ 于 $C^1(\overline{\Omega})$ 中. 进而存在 $k_n\geqslant1$，使得 $\left\|v_n^{k_n}-u_n\right\|_{C^1(\overline{\Omega})}\leqslant2^{-n}$. 因此有

$$\left\|v_n^{k_n}-u_0\right\|_{W_0^{1,p(x,0)}(\Omega)\cap L^2(\Omega)}\leqslant C\left\|v_n^{k_n}-v_n\right\|_{C^1(\overline{\Omega})}+\left\|v_n-u_0\right\|_{W_0^{1,p(x,0)}(\Omega)\cap L^2(\Omega)},$$

即，当 $n\to\infty$ 时，有 $v_n^{k_n}\to u_0$ 强收敛于 $W_0^{1,p(x,0)}(\Omega)\cap L^2(\Omega)$. 记 $u_n=v_n^{k_n}$，因为 $u_n\in\bigcup\limits_{m=1}^{\infty}V_m$，所以存在序列 V_{m_n} 使得 $u_n\in V_{m_n}$. 不失一般性，假设当 $m_1\leqslant m_2$ 时，有 $V_{m_1}\subset V_{m_2}$. 假设 $m_1>1$，定义序列如下：$\psi_n(x)=0,n=1,\cdots,m_1-1$；$\psi_n(x)=u_1,n=m_1,\cdots,m_2-1$；$\psi_n(x)=u_2,n=m_2,\cdots,m_3-1$；…，则序列 $\{\psi_n\}$ 为满足引理条件的序列.

定理 5.3.1　假设条件(Q1)—(Q3)成立，则问题(5.3)至少存在一个弱解.

证明　以下将分三步完成定理的证明.

第一步　Galerkin 逼近　对每个 $n\in\mathbb{N}$，希望找到如下形式的问题(5.3)的逼近解:

$$u_n(x,t)=\sum_{j=1}^{n}(\eta_n(t))_j w_j(x).$$

先定义向量值函数 $P_n(t,v):[0,T]\times\mathbb{R}^n\to\mathbb{R}^n$ 为

$$\begin{aligned}(P_n(t,v))_i=&\,a\left(t,\int_\Omega\left|\sum_{j=1}^{n}v_j\omega_j\right|^{p(x,t)}\mathrm{d}x,\int_\Omega\left|\sum_{j=1}^{n}v_j\nabla\omega_j\right|^{p(x,t)}\mathrm{d}x\right)\\&\times\int_\Omega\left|\sum_{j=1}^{n}v_j\nabla\omega_j\right|^{p(x,t)-2}\left(\sum_{j=1}^{n}v_j\nabla\omega_j\right)\nabla\omega_j+\left|\sum_{j=1}^{n}v_j\omega_j\right|^{p(x,t)-2}\left(\sum_{j=1}^{n}v_j\omega_j\right)\omega_j\mathrm{d}x,\end{aligned}$$

其中 $v=(v_1,\cdots,v_n)$. 由于 a 与 p 都是连续函数, 由 $P_n(t,v)$ 的定义知 $P_n(t,v)$ 为连续函数.

现考虑如下常微分系统

$$\begin{cases}\eta'(t)+P_n(t,\eta(t))=F_n(t),\\\eta(0)=U_n(0),\end{cases}\tag{5.4}$$

其中 $(F_n)_i=\int_\Omega f_n w_i\mathrm{d}x$, $(U_n(0))_i=\int_\Omega\psi_n(x)w_i\mathrm{d}x$, $\psi_n\in V_n$ 以及 $\psi_n\to u_0$ 强收敛于 $L^2(\Omega)$ 中.

在(5.4)方程两边乘以 $\eta(t)$, 有

$$\eta'(t)\eta(t)+P_n(t,\eta(t))\eta(t)=F_n\eta(t).$$

因为

$$\begin{aligned}P_n(t,\eta)\eta=&\,a\left(t,\int_\Omega\left|\sum_{j=1}^{n}\eta_j\omega_j\right|^{p(x,t)}\mathrm{d}x,\int_\Omega\left|\sum_{j=1}^{n}\eta_j\nabla\omega_j\right|^{p(x,t)}\mathrm{d}x\right)\\&\times\int_\Omega\left(\left|\sum_{j=1}^{n}\eta_j\nabla\omega_j\right|^{p(x,t)-2}\left(\sum_{j=1}^{n}\eta_j\nabla\omega_j\right)\left(\sum_{i=1}^{n}\eta_i\nabla\omega_i\right)\right.\\&\left.+\left|\sum_{j=1}^{n}\eta_j\omega_j\right|^{p(x,t)-2}\left(\sum_{j=1}^{n}\eta_j\omega_j\right)\left(\sum_{i=1}^{n}\eta_i\omega_i\right)\right)\mathrm{d}x\geqslant 0,\end{aligned}$$

由 Young 不等式, 有

$$\frac{1}{2}\frac{\partial|\eta(t)|^2}{\partial t}\leqslant|F_n|\cdot|\eta(t)|\leqslant\frac{1}{2}|F_n|^2+\frac{1}{2}|\eta(t)|^2,$$

对其积分并利用 Gronwall 不等式, 有 $|\eta(t)|\leqslant C_n(T)$.

记

$$M_n=\max_{(t,\eta)\in[0,T]\times B(\eta(0),2C_n(T))}|F_n-P_n(t,\eta)|,\quad T_n=\min\left\{T,\frac{2C_n(T)}{M_n}\right\}.$$

由 Peano 定理(参考文献[124]), 问题(5.4)在 $[0,T_n]$ 上存在一个 C^1 解. 记 $t_1=T_n$, 并

取 $\eta(t_1)$ 为问题(5.4)的初始值, 重复上面的过程, 得到 $[t_1, t_1+T_n]$ 上的 C^1 解. 不失一般性, 假设 $T=\left[\frac{T}{T_n}\right]T_n+\left(\frac{T}{T_n}\right)T_n$, $0<\left(\frac{T}{T_n}\right)<1$, 其中 $\left[\frac{T}{T_n}\right]$ 为 $\frac{T}{T_n}$ 的整数部分, $\left(\frac{T}{T_n}\right)$ 为 $\frac{T}{T_n}$ 的分数部分. 把 $[0,T]$ 分成若干长度为 T_n 的小区间 $[(i-1)T_n, iT_n]$, $i=1,\cdots,k$ 与 $[kT_n, T]$, 其中 $k=\left[\frac{T}{T_n}\right]$. 于是在每个小区间 $[(i-1)T_n, iT_n]$, $i=1,\cdots,k+1$ 上都存在 C^1 解 $\eta_n^i(t)$. 因此, 得到 $\eta_n \in C^1([0,T])$. 定义如下:

$$\eta_n(t)=\begin{cases}\eta_n^1(t), & t\in[0,T_n],\\ \eta_n^2(t), & t\in(T_n,2T_n],\\ \vdots & \vdots\\ \eta_n^k(t), & t\in((k-1)T_n,kT_n],\\ \eta_n^{k+1}(t), & t\in(kT_n,T].\end{cases}$$

对每个 $1\leqslant i\leqslant n$, 有

$$\int_\Omega \frac{\partial u_n}{\partial t}w_i\mathrm{d}x+a\left(t,\int_\Omega |u_n|^{p(x,t)}\mathrm{d}x,\int_\Omega |\nabla u_n|^{p(x,t)}\mathrm{d}x\right)\int_\Omega\left(|\nabla u_n|^{p(x,t)-2}\nabla u_n\nabla w_i\right.$$
$$\left.+|u_n|^{p(x,t)-2}u_n w_i\right)\mathrm{d}x=\int_\Omega f_n w_i\mathrm{d}x,$$

上式两边乘以 $(\eta_n(t))_i$ 并对 i 从1到 n 求和, 关于 t 从0到 τ 积分, 其中 $\tau\in(0,T]$, 有

$$\int_0^\tau\int_\Omega \frac{\partial u_n}{\partial t}u_n\mathrm{d}x\mathrm{d}t+\int_0^\tau a\left(t,\int_\Omega |u_n|^{p(x,t)}\mathrm{d}x,\int_\Omega |\nabla u_n|^{p(x,t)}\mathrm{d}x\right)\int_\Omega\left(|\nabla u_n|^{p(x,t)}\right.$$
$$\left.+|u_n|^{p(x,t)}\right)\mathrm{d}x\mathrm{d}t=\int_0^\tau\int_\Omega f_n u_n\mathrm{d}x\mathrm{d}t,$$

分别乘以 $\frac{\mathrm{d}}{\mathrm{d}t}(\eta_n(t))_i$ 并对 i 从1到 n 求和, 有

$$\int_\Omega\left|\frac{\partial u_n}{\partial t}\right|^2\mathrm{d}x+a\left(t,\int_\Omega |u_n|^{p(x,t)}\mathrm{d}x,\int_\Omega |\nabla u_n|^{p(x,t)}\mathrm{d}x\right)\int_\Omega\left(|\nabla u_n|^{p(x,t)-2}\nabla u_n\nabla\frac{\partial u_n}{\partial t}\right.$$
$$\left.+|u_n|^{p(x,t)-2}u_n\frac{\partial u_n}{\partial t}\right)\mathrm{d}x=\int_\Omega f_n\frac{\partial u_n}{\partial t}\mathrm{d}x. \tag{5.5}$$

第二步　先验估计　由(5.4)式并结合条件(Q1)知

$$\frac{1}{2}\int_\Omega(|u_n(x,\tau)|^2-|u_n(x,0)|^2)\mathrm{d}x+a_0\int_0^T\left(|\nabla u_n|^{p(x,t)}+|u_n|^{p(x,t)}\right)\mathrm{d}x\mathrm{d}t$$
$$\leqslant\|f_n\|_{L^2(Q_T)}\|u_n\|_{L^2(Q_T)},$$

其中 $Q_\tau=\Omega\times(0,\tau)$，$\tau\in(0,T]$. 因为 $u_n(x,0)=\psi_n(x)\to u_0$ 强收敛于 $W_0^{1,p(x,0)}(\Omega)\cap L^2(\Omega)$ 中及 $f_n\to f$ 强收敛于 $L^2(Q_\tau)$ 中, 所以有 $\int_\Omega u_n^2(x,0)\mathrm{d}x=\int_\Omega|\psi_n(x)|^2\,\mathrm{d}x\leqslant C$ 与 $\|f_n\|_{L^2(Q_T)}\leqslant C$，其中 C 为不依赖于 τ 和 n 的常数. 因此, 有

$$\int_\Omega u_n^2(x,\tau)\mathrm{d}x+2a_0\int_0^\tau\int_\Omega(|\nabla u_n|^{p(x,t)}+|u_n|^{p(x,t)})\mathrm{d}x\mathrm{d}t\leqslant C(\|u_n\|_{L^2(Q_\tau)}+1),$$

进一步, 有

$$\int_\Omega u_n^2(x,\tau)\mathrm{d}x\leqslant C(\|u_n\|_{L^2(Q_\tau)}+1).$$

由 Gronwall 不等式，$\int_\Omega u^2(x,\tau)\mathrm{d}x\leqslant C$，$\tau\in(0,T]$. 进而, 对每个 $\tau\in(0,T]$，有 $\int_0^\tau\int_\Omega|\nabla u_n|^{p(x,t)}+|u_n|^{p(x,t)}\,\mathrm{d}x\mathrm{d}t\leqslant C$. 因此,

$$\|u_n\|_{L^\infty(0,T;L^2(\Omega))}+\|u_n\|_{L^{p(x,t)}(Q_T)}+\|\nabla u_n\|_{L^{p(x,t)}(Q_T)}\leqslant C. \tag{5.6}$$

结合(5.5)及 Young 不等式, 有

$$\begin{aligned}&\int_\Omega\left|\frac{\partial u_n}{\partial t}\right|^2\mathrm{d}x+a\left(t,\int_\Omega|u_n|^{p(x,t)}\,\mathrm{d}x,\int_\Omega|\nabla u_n|^{p(x,t)}\,\mathrm{d}x\right)\int_\Omega\left(|\nabla u_n|^{p(x,t)-2}\nabla u_n\nabla\frac{\partial u_n}{\partial t}\right.\\&\left.+|u_n|^{p(x,t)-2}u_n\frac{\partial u_n}{\partial t}\right)\mathrm{d}x\\&\leqslant\frac{1}{2}\int_\Omega|f_n|^2\,\mathrm{d}x+\frac{1}{2}\int_\Omega\left|\frac{\partial u_n}{\partial t}\right|^2\mathrm{d}x,\end{aligned}$$

进一步, 由条件(Q1)可得

$$\begin{aligned}&\left[2a\left(t,\int_\Omega|u_n|^{p(x,t)}\mathrm{d}x,\int_\Omega|\nabla u_n|^{p(x,t)}\mathrm{d}x\right)\right]^{-1}\int_\Omega\left|\frac{\partial u_n}{\partial t}\right|^2\mathrm{d}x+\int_\Omega\left(|\nabla u_n|^{p(x,t)-2}\nabla u_n\nabla\frac{\partial u_n}{\partial t}\right.\\&\left.+|u_n|^{p(x,t)-2}u_n\frac{\partial u_n}{\partial t}\right)\mathrm{d}x\\&\leqslant\frac{1}{2a_0}\int_\Omega|f_n|^2\,\mathrm{d}x.\end{aligned}\tag{5.7}$$

经计算得到

$$\begin{aligned}&\int_\Omega|u_n|^{p(x,t)-2}u_n\frac{\partial u_n}{\partial t}\mathrm{d}x\\&=\frac{\mathrm{d}}{\mathrm{d}t}\int_\Omega\frac{|u_n|^{p(x,t)}}{p(x,t)}\mathrm{d}x-\int_\Omega\frac{p_t|u_n|^{p(x,t)}\ln|u_n|}{p(x,t)}\mathrm{d}x+\int_\Omega\frac{p_t|u_n|^{p(x,t)}}{p^2(x,t)}\mathrm{d}x\end{aligned}$$

以及

$$\int_{\Omega} |\nabla u_n|^{p(x,t)-2} \nabla u_n \nabla \frac{\partial u_n}{\partial t} \mathrm{d}x$$

$$= \frac{\mathrm{d}}{\mathrm{d}t} \int_{\Omega} \frac{|\nabla u_n|^{p(x,t)}}{p(x,t)} \mathrm{d}x - \int_{\Omega} \frac{p_t |\nabla u_n|^{p(x,t)} \ln |u_n|}{p(x,t)} \mathrm{d}x + \int_{\Omega} \frac{p_t |\nabla u_n|^{p(x,t)}}{p^2(x,t)} \mathrm{d}x,$$

代入(5.7)式有

$$\frac{\mathrm{d}}{\mathrm{d}t} \int_{\Omega} \frac{|\nabla u_n|^{p(x,t)} + |u_n|^{p(x,t)}}{p(x,t)} \mathrm{d}x$$

$$\leqslant \int_{\Omega} p_t \frac{(|\nabla u_n|^{p(x,t)} + |u_n|^{p(x,t)}) \ln |u_n|}{p(x,t)} \mathrm{d}x$$

$$- \int_{\Omega} p_t \frac{(|\nabla u_n|^{p(x,t)} + |u_n|^{p(x,t)})}{p^2(x,t)} \mathrm{d}x + \frac{1}{2a_0} \int_{\Omega} |f_n|^2 \mathrm{d}x. \tag{5.8}$$

由于 $p \in C^1(\overline{Q_T})$ 并且 $p_t \leqslant 0$，所以

$$\int_{\Omega} p_t \frac{|u_n|^{p(x,t)} \ln |u_n|}{p(x,t)} \mathrm{d}x$$

$$= \int_{\{x\in\Omega:|u_n(x,t)|>1\}} p_t \frac{|u_n|^{p(x,t)} \ln |u_n|}{p(x,t)} \mathrm{d}x + \int_{\{x\in\Omega:|u_n(x,t)|\leqslant 1\}} p_t \frac{|u_n|^{p(x,t)} \ln |u_n|}{p(x,t)} \mathrm{d}x$$

$$\leqslant - \int_{\{x\in\Omega:|u_n(x,t)|\leqslant 1\}} p_t \frac{e^{-1}}{p(x,t)} \mathrm{d}x \leqslant C.$$

类似地，$\int_{\Omega} p_t \frac{|\nabla u_n|^{p(x,t)} \ln |\nabla u_n|}{p(x,t)} \mathrm{d}x \leqslant C$. 将以上两个估计代入(5.8)式并结合 p_t 的有界性，可得

$$\frac{\mathrm{d}}{\mathrm{d}t} \int_{\Omega} \frac{|\nabla u_n|^{p(x,t)} + |u_n|^{p(x,t)}}{p(x,t)} \mathrm{d}x \leqslant C\left(\int_{\Omega} \frac{|\nabla u_n|^{p(x,t)} + |u_n|^{p(x,t)}}{p(x,t)} \mathrm{d}x + 1 \right) + \frac{1}{2a_0} \int_{\Omega} |f_n|^2 \mathrm{d}x.$$

再由 Gronwall 不等式及 $u_n(x,0) \to u_0(x)$ 强收敛于 $W_0^{1,p(x,0)}(\Omega)$，对每个 $t \in [0,T]$ 有

$$\int_{\Omega} \frac{|\nabla u_n|^{p(x,t)} + |u_n|^{p(x,t)}}{p(x,t)} \mathrm{d}x \leqslant C. \tag{5.9}$$

进一步，由(5.7)式可得

$$\left\| \frac{\partial u_n}{\partial t} \right\|_{L^2(Q_T)} \leqslant C. \tag{5.10}$$

由条件(Q1), (5.6)式及(5.9)式，有估计

$$\int_{Q_T} \left| a\left(t, \int_{\Omega} |u_n|^{p(x,t)} \mathrm{d}x, \int_{\Omega} |\nabla u_n|^{p(x,t)} \mathrm{d}x \right) |u_n|^{p(x,t)-1} \right|^{p'(x,t)} \mathrm{d}x\mathrm{d}t$$

$$\leqslant C \int_{Q_T} |u_n|^{p(x,t)} \mathrm{d}x\mathrm{d}t \leqslant C.$$

类似地，$\int_{Q_T}\left|a\left(t,\int_\Omega|u_n|^{p(x,t)}\mathrm{d}x,\int_\Omega|\nabla u_n|^{p(x,t)}\mathrm{d}x\right)|\nabla u_n|^{p(x,t)-1}\right|^{p'(x,t)}\mathrm{d}x\mathrm{d}t\leqslant C$，故

$$\left\|a\left(t,\int_\Omega|u_n|^{p(x,t)}\mathrm{d}x,\int_\Omega|\nabla u_n|^{p(x,t)}\mathrm{d}x\right)|u_n|^{p(x,t)-1}\right\|_{L^{p'(x,t)}(Q_T)}$$
$$+\left\|a\left(t,\int_\Omega|u_n|^{p(x,t)}\mathrm{d}x,\int_\Omega|\nabla u_n|^{p(x,t)}\mathrm{d}x\right)|\nabla u_n|^{p(x,t)-1}\right\|_{L^{p'(x,t)}(Q_T)}\leqslant C.\tag{5.11}$$

第三步　极限过程　由(5.6)式及(5.9)—(5.11)式，存在$\{u_n\}$的子列(仍记为$\{u_n\}$)使得

$$u_n\to u\text{ 弱*收敛于 }L^\infty(0,T;L^2(\Omega))\text{ 中},$$
$$u_n\to u\text{ 弱收敛于 }X(Q_T)\text{ 中},$$

$a\left(t,\int_\Omega|u_n|^{p(x,t)}\mathrm{d}x,\int_\Omega|\nabla u_n|^{p(x,t)}\mathrm{d}x\right)|\nabla u_n|^{p(x,t)-2}\nabla u_n\to\xi$ 弱收敛于 $\left(L^{p'(x,t)}(Q_T)\right)^N$ 中，$a\left(t,\int_\Omega|u_n|^{p(x,t)}\mathrm{d}x,\int_\Omega|\nabla u_n|^{p(x,t)}\mathrm{d}x\right)|u_n|^{p(x,t)-2}u_n\to\eta$ 弱收敛于 $L^{p'(x,t)}(Q_T)$ 中，$\dfrac{\partial u_n}{\partial t}\to\dfrac{\partial u}{\partial t}$ 弱收敛于 $L^2(Q_T)$ 中.

由(5.9)式及条件(Q1)知，序列$\left\{a\left(t,\int_\Omega|u_n|^{p(x,t)}\mathrm{d}x,\int_\Omega|\nabla u_n|^{p(x,t)}\mathrm{d}x\right)\right\}$在$L^1(0,T)$上等度可积且一致有界. 因此，存在$\{u_n\}$的子列仍记为$\{u_n\}$及函数$\bar{a}(t)$使得对几乎处处的$t\in[0,T]$有

$$a\left(t,\int_\Omega|u_n|^{p(x,t)}\mathrm{d}x,\int_\Omega|\nabla u_n|^{p(x,t)}\mathrm{d}x\right)\to\bar{a}(t).$$

由于$\{u_n\}\subset L^\infty(0,T;W_0^{1,p(x)}(\Omega))$以及$\left\{\dfrac{\partial u_n}{\partial t}\right\}\subset L^2(Q_T)$，故存在$\{u_n\}$子列使得$u_n\to u$ a.e.于Q_T中. 因此，有

$$a\left(t,\int_\Omega|u_n|^{p(x,t)}\mathrm{d}x,\int_\Omega|\nabla u_n|^{p(x,t)}\mathrm{d}x\right)|u_n|^{p(x,t)-2}u_n\to\bar{a}(t)|u_n|^{p(x,t)-2}u_n\ \text{ a.e.于 }Q_T\text{ 中}.$$

可得$\eta=\bar{a}(t)|u|^{p(x,t)-2}u$.

由于$\int_\Omega u_n^2(x,T)\mathrm{d}x\leqslant C$，所以存在$\{u_n(x,T)\}$的子列以及函数$\tilde{u}\in L^2(\Omega)$使得$u_n(x,T)\to\tilde{u}$弱收敛于$L^2(\Omega)$中. 对任意的$\varphi\in C_0^\infty(\Omega)$以及$\eta\in C^1([0,T])$，有

$$\int_0^T\int_\Omega\frac{\partial u_n}{\partial t}\varphi\eta\mathrm{d}x\mathrm{d}t=\int_\Omega u_n(x,T)\varphi\eta(T)\mathrm{d}x-\int_\Omega u_n(x,0)\varphi\eta(0)\mathrm{d}x.$$

令 $n\to\infty$，有

$$\int_\Omega(\tilde{u}-u(x,T))\eta(T)\varphi\mathrm{d}x-\int_\Omega(u_0(x)-u(x,0))\eta(0)\varphi\mathrm{d}x=0.$$

由 $\eta(t)$ 的任意性，选取 $\eta(T)=1$，$\eta(0)=0$ 或者 $\eta(T)=0$，$\eta(0)=1$，再由 $C_0^\infty(\Omega)$ 在 $L^2(\Omega)$ 中的稠密性，有 $\tilde{u}=u(x,T)$ 及 $u_0(x)=u(x,0)$．$u_n(x,T)\to u(x,T)$ 弱收敛于 $L^2(\Omega)$ 中. 因此，有

$$\int_\Omega u^2(x,T)\mathrm{d}x\leqslant\liminf_{n\to\infty}\int_\Omega u_n^2(x,T)\mathrm{d}x.$$

对任意的 $\varphi\in C^1(0,T;V_k)$ $(k\leqslant n)$，令 $n\to\infty$，有

$$\int_{Q_T}\frac{\partial u}{\partial t}\varphi+\xi\nabla\varphi+\overline{a}(t)\,|\,u\,|^{p(x,t)-2}\,u\varphi\mathrm{d}x\mathrm{d}t=\int_{Q_T}f\varphi\mathrm{d}x\mathrm{d}t.$$

由于 $C^1\left(0,T;\bigcup_{k=1}^\infty V_k\right)$ 在 $C^1(0,T;C^1(\overline{\Omega}))$ 中稠密，所以对任意的 $\varphi\in C^1(0,T;C_0^\infty(\Omega))$ 上式成立. 在上式中，取 $\varphi=u_k$，并令 $k\to\infty$，有

$$\frac{1}{2}\int_\Omega\left(\left|u(x,T)\right|^2-\left|u_0(x)\right|^2\right)\mathrm{d}x+\int_{Q_T}\left(\xi\nabla u+\overline{a}(t)\left|u\right|^{p(x,t)}\right)\mathrm{d}x\mathrm{d}t=\int_{Q_T}fu\mathrm{d}x\mathrm{d}t.$$

记

$$\begin{aligned}Y_n=\int_{Q_T}&a\left(t,\int_\Omega|\,u_n\,|^{p(x,t)}\mathrm{d}x,\int_\Omega|\,\nabla u_n\,|^{p(x,t)}\mathrm{d}x\right)\Big[\Big(\left|\nabla u_n\right|^{p(x,t)-2}\nabla u_n\\&-\left|\nabla u\right|^{p(x,t)-2}\nabla u\Big)(\nabla u_n-\nabla u)+\left(\left|u_n\right|^{p(x,t)-2}u_n-\left|u\right|^{p(x,t)-2}u\right)(u_n-u)\Big]\mathrm{d}x\mathrm{d}t.\end{aligned}$$

由 $p(x,t)$-Laplace 算子的单调性，得到

$$\begin{aligned}0\leqslant Y_n=&\int_{Q_T}f_nu_n\mathrm{d}x\mathrm{d}t-\frac{1}{2}\int_\Omega\left(\left|u(x,T)\right|^2-\left|u_0(x)\right|^2\right)\mathrm{d}x\\&-\int_{Q_T}a\left(t,\int_\Omega|\,u_n\,|^{p(x,t)}\mathrm{d}x,\int_\Omega|\,\nabla u_n\,|^{p(x,t)}\mathrm{d}x\right)\left|\nabla u_n\right|^{p(x,t)-2}\nabla u_n\nabla u\mathrm{d}x\mathrm{d}t\\&-\int_{Q_T}a\left(t,\int_\Omega|\,u_n\,|^{p(x,t)}\mathrm{d}x,\int_\Omega|\,\nabla u_n\,|^{p(x,t)}\mathrm{d}x\right)\left|u_n\right|^{p(x,t)-2}u_nu\mathrm{d}x\mathrm{d}t\\&-\int_{Q_T}a\left(t,\int_\Omega|\,u_n\,|^{p(x,t)}\mathrm{d}x,\int_\Omega|\,\nabla u_n\,|^{p(x,t)}\mathrm{d}x\right)\left|\nabla u\right|^{p(x,t)-2}\nabla u(\nabla u_n-\nabla u)\mathrm{d}x\mathrm{d}t\\&-\int_{Q_T}a\left(t,\int_\Omega|\,u_n\,|^{p(x,t)}\mathrm{d}x,\int_\Omega|\,\nabla u_n\,|^{p(x,t)}\mathrm{d}x\right)\left|u\right|^{p(x,t)-2}u(u_n-u)\mathrm{d}x\mathrm{d}t.\end{aligned}$$

对几乎处处的 $(x,t)\in Q_T$，有

$$a\left(t,\int_\Omega|\,u_n\,|^{p(x,t)}\mathrm{d}x,\int_\Omega|\,\nabla u_n\,|^{p(x,t)}\mathrm{d}x\right)\to\overline{a}(t)$$

以及

$$\left|a\left(t,\int_\Omega|u_n|^{p(x,t)}\mathrm{d}x,\int_\Omega|\nabla u_n|^{p(x,t)}\mathrm{d}x\right)|\nabla u|^{p(x,t)-1}\right|^{p'(x,t)}\leqslant C|\nabla u|^{p(x,t)}\in L^1(Q_T).$$

由 Lebesgue 控制收敛定理，有

$$\int_{Q_T}\left|\left[a\left(t,\int_\Omega|u_n|^{p(x,t)}\mathrm{d}x,\int_\Omega|\nabla u_n|^{p(x,t)}\mathrm{d}x\right)-\overline{a}(t)\right]|\nabla u|^{p(x,t)-1}\right|^{p'(x,t)}\mathrm{d}x\mathrm{d}t\to 0,$$

即

$$a\left(t,\int_\Omega|u_n|^{p(x,t)}\mathrm{d}x,\int_\Omega|\nabla u_n|^{p(x,t)}\mathrm{d}x\right)|\nabla u|^{p(x,t)-2}\nabla u\to\overline{a}(t)|\nabla u|^{p(x,t)-2}\nabla u$$

强收敛于$\left(L^{p'(x,t)}(Q_T)\right)^N$中. 类似地有

$$a\left(t,\int_\Omega|u_n|^{p(x,t)}\mathrm{d}x,\int_\Omega|\nabla u_n|^{p(x,t)}\mathrm{d}x\right)|u|^{p(x,t)-2}u\to\overline{a}(t)|u|^{p(x,t)-2}u$$

强收敛于$L^{p'(x,t)}(Q_T)$中. 可得

$$\begin{aligned}0\leqslant\limsup_{n\to\infty}Y_n\leqslant&\int_{Q_T}fu\mathrm{d}x\mathrm{d}t+\frac{1}{2}\int_\Omega|u_0(x)|^2\mathrm{d}x-\frac{1}{2}\int_\Omega|u(x,T)|^2\mathrm{d}x\\&-\int_{Q_T}\xi\nabla u\mathrm{d}x\mathrm{d}t-\int_{Q_T}\overline{a}(t)|u|^{p(x,t)}\mathrm{d}x\mathrm{d}t=0,\end{aligned}$$

故$\lim\limits_{n\to\infty}Y_n=0$. 进而，由假设(Q1)，有

$$\begin{aligned}\lim_{n\to\infty}\int_{Q_T}\Big[&\left(|\nabla u_n|^{p(x,t)-2}\nabla u_n-|\nabla u|^{p(x,t)-2}\nabla u\right)(\nabla u_n-\nabla u)\\&+\left(|u_n|^{p(x,t)-2}u_n-|u|^{p(x,t)-2}u\right)(u_n-u)\Big]\mathrm{d}x\mathrm{d}t=0.\end{aligned}$$

类似于文献[60]中的证明，可得$\nabla u_n\to\nabla u$强收敛于$\left(L^{p(x,t)}(Q_T)\right)^N$中. 类似地，有$u_n\to u$强收敛于$L^{p(x,t)}(Q_T)$中. 故存在$\{u_n\}$的子列(仍记为$\{u_n\}$)，使得对几乎处处的$t\in[0,T]$有

$$\int_\Omega\left(|\nabla u_n-\nabla u|^{p(x,t)}+|u_n-u|^{p(x,t)}\right)\mathrm{d}x\to 0,$$

故对几乎处处的$t\in[0,T]$，有

$$\int_\Omega|\nabla u_n|^{p(x,t)}\mathrm{d}x\to\int_\Omega|\nabla u|^{p(x,t)}\mathrm{d}x$$

以及

$$\int_\Omega|u_n|^{p(x,t)}\mathrm{d}x\to\int_\Omega|u|^{p(x,t)}\mathrm{d}x.$$

由函数a的连续性，对几乎处处的$t\in[0,T]$有

$$\overline{a}(t)=a\left(t,\int_{\Omega}|u|^{p(x,t)}\mathrm{d}x,\int_{\Omega}|\nabla u|^{p(x,t)}\mathrm{d}x\right).$$

由于 $\nabla u_n\to\nabla u$ 强收敛于 $\left(L^{p(x,t)}(Q_T)\right)^N$ 中，所以存在子列，仍记为 $\{u_n\}$，使得对几乎处处的 $(x,t)\in Q_T$ 有 $\nabla u_n(x,t)\to\nabla u(x,t)$．于是有

$$\begin{aligned}&a\left(t,\int_{\Omega}|u_n|^{p(x,t)}\mathrm{d}x,\int_{\Omega}|\nabla u_n|^{p(x,t)}\mathrm{d}x\right)|\nabla u_n|^{p(x,t)-2}\nabla u_n\\&\to a\left(t,\int_{\Omega}|u|^{p(x,t)}\mathrm{d}x,\int_{\Omega}|\nabla u|^{p(x,t)}\mathrm{d}x\right)|\nabla u|^{p(x,t)-2}\nabla u,\end{aligned}$$

则有

$$\xi=a\left(t,\int_{\Omega}|u|^{p(x,t)}\mathrm{d}x,\int_{\Omega}|\nabla u|^{p(x,t)}\mathrm{d}x\right)|\nabla u|^{p(x,t)-2}\nabla u.$$

进而，对任意的 $\varphi\in C^1(0,T;C_0^\infty(\Omega))$，有下式成立

$$\begin{aligned}&\int_{Q_T}\frac{\partial u}{\partial t}\varphi\mathrm{d}x\mathrm{d}t+\int_0^T a\left(t,\int_{\Omega}|u|^{p(x,t)}\mathrm{d}x,\int_{\Omega}|\nabla u|^{p(x,t)}\mathrm{d}x\right)\int_{\Omega}\left(|\nabla u|^{p(x,t)-2}\nabla u\nabla\varphi\right.\\&\left.+|u|^{p(x,t)-2}u\varphi\right)\mathrm{d}x\mathrm{d}t=\int_{Q_T}f\varphi\mathrm{d}x\mathrm{d}t.\end{aligned}$$

因为 $u\in L^\infty(0,T;L^2(\Omega))$ 以及 $\dfrac{\partial u}{\partial t}\in L^2(Q_T)$，所以在相差一个零测度集的情况下，可假设 $u\in C(0,T;L^2(\Omega))$．证毕.

用同样方法讨论如下问题弱解的局部存在性:

$$\begin{cases}\dfrac{\partial u}{\partial t}-\left(a+b\left(\displaystyle\int_{\Omega}\frac{|\nabla u(x,t)|^{p(x,t)}}{p(x,t)}\mathrm{d}x\right)^{r(t)}\right)\mathrm{div}(|\nabla u|^{p(x,t)-2}\nabla u)+|u|^{p(x,t)-2}u\\=f, & (x,t)\in Q_T\\u(x,t)=0, & (x,t)\in\partial\Omega\times(0,T),\\u(x,0)=u_0(x), & x\in\Omega,\end{cases}\tag{5.12}$$

其中

(Q4) a,b 为正常数，$r:[0,\infty)\to[0,\infty)$ 一阶连续可微且对每个 $t\in[0,\infty)$，其导数 $r_t\leqslant 0$.

(Q5) $p\in C^1\left(\overline{\Omega}\times[0,\infty)\right)$ 且对任意的 $(x,t)\in\overline{\Omega}\times[0,\infty)$ 都有 $p_t\leqslant 0$ 且存在函数 $p_\infty\in C(\overline{\Omega})$ 使得对任意的 $(x,t)\in\overline{\Omega}\times[0,\infty)$ 有

$$\frac{2N}{N+2}<\inf_{\Omega}p_\infty(x)\leqslant p_\infty(x)\leqslant p(x,t)\leqslant p^+=\sup_{\overline{\Omega}\times[0,\infty)}p(x,t)<N.$$

(Q6) $f:\Omega\times[0,\infty)\times\mathbb{R}\to\mathbb{R}$ 为连续函数且关于 t 连续可微且对任意的 $(x,t,s)\in\Omega\times[0,\infty)\times\mathbb{R}$ 有

$$|f(x,t,s)| \leqslant \alpha(|s|^{q(x,t)-1}+1),$$

$$F_t(x,t,s) \geqslant -\beta(|s|^{q(x,t)}+1),$$

其中 α,β 为正常数, $F(x,t,s)=\int_0^s f(x,t,\tau)\mathrm{d}\tau$ 及 $q\in C\left(\overline{\Omega}\times[0,\infty)\right)$. 存在函数 $q_\infty \in C(\overline{\Omega})$ 使得对任意的 $(x,t)\in\overline{\Omega}\times[0,\infty)$ 有

$$2<q^- = \inf_{\overline{\Omega}\times[0,\infty)} q(x,t) \leqslant q(x,t) \leqslant q_\infty(x) \ll \frac{(N+2)p_\infty(x)}{N}, \quad u_0(x)\in W_0^{1,p(x,0)}(\Omega).$$

定义 5.3.2 $u\in C(0,T;L^2(\Omega))\cap L^\infty(0,T;W_0^{1,p(x,t)}(\Omega))$ 称为问题的弱解, 若有

$$\int_{Q_T}\frac{\partial u}{\partial t}\varphi\mathrm{d}x\mathrm{d}t+\int_0^T\left[a+b\left(\int_\Omega\frac{|\nabla u|^{p(x,t)}}{p(x,t)}\mathrm{d}x\right)^{r(t)}\right]\int_\Omega\Big(|\nabla u|^{p(x,t)-2}\nabla u\nabla\varphi$$

$$+|u|^{p(x,t)-2}u\varphi\Big)\mathrm{d}x\mathrm{d}t=\int_{Q_T}f\varphi\mathrm{d}x\mathrm{d}t,$$

对任意的 $\varphi\in C^1(0,T;C_0^\infty(\Omega))$ 成立.

类似上面的证明, 有如下结论.

引理 5.3.2 对函数 $u_0(x)\in W_0^{1,p(x,0)}(\Omega)$, 存在序列 $\{u_{0n}\}\subset V_n$ 使得当 $n\to\infty$ 时, 有 $u_{0n}\to u_0$ 强收敛于 $W_0^{1,p(x,0)}(\Omega)$ 中.

定理 5.3.2 假设(Q4)—(Q6)成立, 则存在常数 $T_0>0$, 使得当 $T<T_0$ 时, 问题(5.12)至少存在一个弱解.

第 6 章　变指数增长的变分不等式问题

本章讨论变指数增长条件的变分不等式问题. 首先, 我们在不可微函数的变分原理的基础上, 分别在 $\mathbb{R}^N$ 的有界区域及无界区域上讨论一类具次临界增长条件的 $p(x)$-Laplace 半变分不等式解的存在性; 然后, 引进加权的变指数函数空间, 并以此为背景讨论一类具 $p(x)$-增长条件的障碍问题.

6.1　$p(x)$-Laplace 半变分不等式解的存在性

在对偏微分方程的研究中, 有越来越多的研究者开始关注一类具非连续非线性部分的偏微分方程. 通常情况下, 许多自由边界问题可以归结为这类方程的边界问题. 简单地讲, 具非连续非线性部分的偏微分方程有如下形式:

$$-\Delta u = \phi(u),$$

其中 ϕ 为局部有界的可测函数. 在处理一类偏微分方程问题时, 将对原始问题的讨论置入更大的范围内也是有益的, 例如, 可将其视为一类具非连续非线性部分的偏微分方程进行研究, 可参考文献[125-129].

在文献[130]中, 作者讨论了如下一类半变分不等式问题:

$$\begin{cases} u_0 \in H^1(\mathbb{R}^N), \\ \int_{\mathbb{R}^N} (\nabla u_0 \nabla v + u_0 v)\mathrm{d}x + \int_{\mathbb{R}^N} F_x^0(x, u_0(x); -v(x))\mathrm{d}x \geqslant 0, \quad \forall v \in H^1(\mathbb{R}^N), \end{cases} \tag{6.1}$$

其中 $F(x,t) = \int_0^t f(x,s)\mathrm{d}s$, 函数 $f: \mathbb{R}^N \times \mathbb{R} \to \mathbb{R}$ 仅可测而不必连续.

容易验证, 若函数 $f \in C(\mathbb{R}^N \times \mathbb{R},\ \mathbb{R})$, 问题(6.1)将有如下形式: 存在 $u_0 \in H^1(\mathbb{R}^N)$, 使得对任意的 $v \in H^1(\mathbb{R}^N)$, 有

$$\int_{\mathbb{R}^N} (\nabla u_0 \nabla v + u_0 v)\mathrm{d}x - \int_{\mathbb{R}^N} f(x, u_0) v\mathrm{d}x = 0,$$

即 $u_0 \in H^1(\mathbb{R}^N)$ 为方程

$$-\Delta u + u = f(x,u), \qquad x \in \mathbb{R}^N$$

的弱解.

半变分不等式起源于对工程、机械的研究. 对于半变分不等式的研究及其应

用具体也可参考文献[131-134].

在本节中，我们分别在Ω为有界区域及无界区域的情况下，讨论如下一类$p(x)$-Laplace 型半变分不等式:

$$\begin{cases} u_0 \in W_0^{1,p(x)}(\Omega), \\ \int_\Omega (|\nabla u_0|^{p(x)-2} \nabla u_0 \nabla v + |u_0|^{p(x)-2} u_0 v) \mathrm{d}x \\ + \int_\Omega F_x^0(x, u_0(x); -v(x)) \mathrm{d}x \geqslant 0, \quad \forall v \in W_0^{1,p(x)}(\Omega), \end{cases} \tag{6.2}$$

其中$\Omega \subset \mathbb{R}^N$，$p(x)$为$\overline{\Omega}$上的 Lipschitz 连续函数且满足$1 < p_- \leqslant p(x) \leqslant p_+ < N$. Carathéodory 函数$F: \overline{\Omega} \times \mathbb{R} \to \mathbb{R}$关于第二变量局部 Lipschitz 连续且$F(x,0) \equiv 0$.

接下来，先简单地介绍一类局部 Lipschitz 连续泛函的临界点理论，具体可参考文献[130, 135-137].

取$\varphi: X \to \mathbb{R}$为局部 Lipschitz 连续泛函，定义

$$\varphi^0(u;v) = \limsup_{\substack{w \to u \\ t \to 0+}} \frac{\varphi(w+tv) - \varphi(w)}{t}$$

为泛函φ在$u \in X$点处$v \in X$方向上的广义方向导数. 进而定义泛函φ在$u \in X$点处的广义梯度为

$$\partial \varphi(u) = \{w^* \in X^* : \langle w^*, v \rangle \leqslant \varphi^0(u;v), \forall v \in X\}.$$

若$0 \in \partial \varphi(u_0)$，称$u_0 \in X$为局部 Lipschitz 泛函$\varphi$的临界点. 若$u_0 \in X$为$\varphi$的临界点，则称$c = \varphi(u_0)$为$\varphi$的临界值.

称局部 Lipschitz 泛函$\varphi: X \to \mathbb{R}$满足非光滑的(PS)条件，是指：任取序列$\{u_n\} \subset X$，若$\{\varphi(u_n)\}$有界且当$n \to \infty$时，

$$\lambda(u_n) = \min\{\| w^* \|_{X^*} : w^* \in \partial \varphi(u_n)\} \to 0,$$

则$\{u_n\}$在X中有收敛的子列.

命题 6.1.1　若X为自反的 Banach 空间，局部 Lipschitz 泛函$\varphi: X \to \mathbb{R}$满足非光滑的(PS)条件且有

$$\max\{\varphi(x_1), \varphi(x_2)\} < \inf\{\varphi(x) : \| x - x_1 \|_X = r\},$$

其中正常数$r < \| x_1 - x_2 \|_X$. 定义

$$c = \inf_{\gamma \in \Gamma} \max_{t \in [0,1]} \varphi(\gamma(t)),$$

其中$\Gamma = \{\gamma \in C([0,1], X) : \gamma(0) = x_1,\ \gamma(1) = x_2\}$，则存在$\varphi$的临界点$y_0 \in X$且满足

$$c = \varphi(y_0) \geqslant \inf\{\varphi(x) : \| x - x_1 \|_X = r\}.$$

命题 6.1.2　若 X 为自反的 Banach 空间, 局部 Lipschitz 泛函 $\varphi: X \to \mathbb{R}$ 满足非光滑的(PS)条件且在 X 上有下界, 则 $c = \inf\limits_{u \in X} \varphi(u)$ 为 φ 的一个临界值.

我们将分别在 Ω 为 $\mathbb{R}^N$ 的有界区域及无界区域的情况下, 讨论问题(6.2)解的存在性. 首先, 定义 $W_0^{1,p(x)}(\Omega)$ 上的泛函:

$$\psi(u) = \int_\Omega F(x,u)\mathrm{d}x,$$

$$\varphi(u) = J(u) - \psi(u) = \int_\Omega \frac{|\nabla u|^{p(x)} + |u|^{p(x)}}{p(x)}\mathrm{d}x - \psi(u).$$

下面, 给出本节中函数 $F(x,t)$ 需分别满足的结构条件:

(H1) 存在 $\alpha \in C(\overline{\Omega})$ 满足 $p(x) \ll \alpha(x) \ll p^*(x)$, 使得对任意的 $(x,t) \in \Omega \times \mathbb{R}$ 及 $\xi \in \partial F(x,t)$, 均有

$$|\xi| \leqslant a_0 + a_1 |t|^{\alpha(x)-1},$$

其中 $\partial F(x,t)$ 为 $F(x,\cdot)$ 在 $t \in \mathbb{R}$ 处的广义梯度, $a_0, a_1 > 0$.

(H2) 存在 $\mu \gg p(x)$, 使得对任意的 $(x,t) \in \Omega \times \mathbb{R}$, 均有

$$\mu F(x,t) \leqslant -F_x^0(x,t;-t),$$

且存在开集 $\Omega_0 \subset \Omega$ 及 $a_2, a_3 > 0$, 使得对任意的 $(x,t) \in \Omega_0 \times \mathbb{R}$, 有

$$F(x,t) \geqslant a_2 |t|^\mu - a_3.$$

(H3) $\lim\limits_{t \to 0} \dfrac{\max\{|\xi| : \xi \in \partial F(x,t)\}}{|t|^{p(x)-1}} = 0$ 关于 $x \in \Omega$ 一致成立.

(H4) 存在 $\beta \in C(\Omega)$ 满足 $1 < \beta_- \leqslant \beta(x) \ll p(x)$, 使得对任意的 $(x,t) \in \Omega \times \mathbb{R}$ 及 $\xi \in \partial F(x,t)$, 有

$$|\xi| \leqslant a_4 + a_5 |t|^{\beta(x)-1},$$

其中 $a_4, a_5 > 0$.

(H5) 存在 $a_6 > 0$, $0 < \delta < 1$ 及开集 $\Omega_0 \subset \Omega$, 使得对任意的 $(x,t) \in \Omega_0 \times (0,\delta)$, 有 $F(x,t) \geqslant a_6 |t|^{\beta(x)}$, 其中 $\beta(x)$ 来自于条件(H4).

(H6) 对任意的 $(x,t) \in \Omega \times \mathbb{R}$ 及 $\xi \in \partial F(x,t)$, 有

$$|\xi| \leqslant g(x)|t|^{\alpha(x)\ 1},$$

其中 α 为 $\overline{\Omega}$ 上的一致连续函数且满足 $p(x) \ll \alpha(x) \ll p^*(x)$, 非负有界函数 $g \in L^{q_1(x)}(\Omega)$, $q_1(x) = \dfrac{p^*(x)}{p^*(x) - \alpha(x)}$.

(H7) 对任意的 $(x,t) \in \Omega \times \mathbb{R}$ 及 $\xi \in \partial F(x,t)$, 有

$$|\xi| \leqslant h(x)|t|^{\beta(x)-1},$$

其中 $\beta \in C(\Omega)$ 且满足 $1 < \beta_- \leqslant \beta(x) \ll p(x)$，非负有界函数 $h \in L^{q_2(x)}(\Omega)$，$q_2(x) = \dfrac{p^*(x)}{p^*(x) - \beta(x)}$.

接下来，我们先在 Ω 为 $\mathbb{R}^N$ 的有界区域的情况下，对问题(6.2)进行讨论. 在以下的证明过程中，c_i 表示正常数.

定理 6.1.1　在条件(H1)或(H4)之下，泛函 ψ 定义合理且在空间 $W_0^{1,p(x)}(\Omega)$ 上局部 Lipschitz 连续.

证明　这里只讨论函数 F 满足条件(H1)的情况，若 F 满足条件(H4)可类似证明.

i) ψ 定义合理. 对任意的 $t_1, t_2 \in \mathbb{R}$，由 Lebourg 中值定理(文献[137])可知，存在 $\theta \in (0,1)$ 及 $\xi_\theta \in \partial F(x, \theta t_1 + (1-\theta)t_2)$，使得对任意的 $x \in \Omega$，有

$$F(x,t_1) - F(x,t_2) = \xi_\theta (t_1 - t_2).$$

由条件(H1)可得

$$\begin{aligned}|F(x,t_1) - F(x,t_2)| &\leqslant (a_0 + a_1 |\theta t_1 + (1-\theta)t_2|^{\alpha(x)-1}) |t_1 - t_2| \\ &\leqslant (a_0 + c_1 |t_1|^{\alpha(x)-1} + c_1 |t_2|^{\alpha(x)-1}) |t_1 - t_2|.\end{aligned} \tag{6.3}$$

进而由(6.3)式可知

$$|\psi(u)| \leqslant \int_\Omega |F(x,u)| \mathrm{d}x \leqslant \int_\Omega (a_0 + c_1 |u|^{\alpha(x)-1}) |u| \mathrm{d}x.$$

所以，对任意的 $u \in W_0^{1,p(x)}(\Omega)$，有 $|\psi(u)| < \infty$.

ii) ψ 在 $W_0^{1,p(x)}(\Omega)$ 上局部 Lipschitz 连续. 由(6.3)式可知，对任意的 $u_1, u_2 \in W_0^{1,p(x)}(\Omega)$，有

$$\begin{aligned}|\psi(u_1) - \psi(u_2)| &\leqslant \int_\Omega |F(x,u_1) - F(x,u_2)| \mathrm{d}x \\ &\leqslant \int_\Omega (a_0 + c_1 |u_1|^{\alpha(x)-1} + c_1 |u_2|^{\alpha(x)-1}) |u_1 - u_2| \mathrm{d}x \\ &\leqslant c_2 \| 1 + |u_1|^{\alpha(x)-1} + |u_2|^{\alpha(x)-1} \|_{\alpha'(x)} \| u_1 - u_2 \|_{\alpha(x)} \\ &\leqslant c_3 \| 1 + |u_1|^{\alpha(x)-1} + |u_2|^{\alpha(x)-1} \|_{\alpha'(x)} \||u_1 - u_2\||,\end{aligned}$$

显然可得结论. 证毕.

定理 6.1.2　在条件(H1)或(H4)之下，对任意的 $u, v \in W_0^{1,p(x)}(\Omega)$，有

$$\psi^0(u;v) \leqslant \int_\Omega F_x^0(x, u(x); v(x)) \mathrm{d}x.$$

证明　这里仍只讨论 F 满足条件(H1)的情况.

i) $\int_{\Omega} F_x^0(x,u(x);v(x))\mathrm{d}x < \infty$. 事实上, 对任意的 $x \in \Omega$, 函数 $F(x,\cdot)$ 关于 $t \in \mathbb{R}$ 连续. 则有

$$\begin{aligned}
&\limsup_{\substack{y \to u(x) \\ t \to 0+}} \frac{F(x, y+tv(x)) - F(x,y)}{t} \\
&= \limsup_{\substack{z \to 0 \\ t \to 0+}} \frac{F(x, z+u(x)+tv(x)) - F(x, z+u(x))}{t} \\
&= \limsup_{\substack{z_n \to 0 \\ t_n \to 0+}} \frac{F(x, z_n+u(x)+t_n v(x)) - F(x, z_n+u(x))}{t_n},
\end{aligned}$$

其中 z_n, t_n 为有理数. 由于函数 $u(x)$, $v(x)$ 可测, 所以函数 $F_x^0(x,u(x);v(x))$ 作为可数个可测函数的上极限也是可测的.

对任意的 $x \in \Omega$, 有

$$F_x^0(x,u(x);v(x)) = \max\{\xi \cdot v(x) : \xi \in \partial F(x,u(x))\} \triangleq \xi_x \cdot v(x).$$

所以, 由条件(H1)得到

$$|F_x^0(x,u(x);v(x))| = |\xi_x \cdot v(x)| \leqslant a_0 |v(x)| + a_1 |v(x)| \cdot |u(x)|^{\alpha(x)-1},$$

则有 $F_x^0(x,u(x);v(x)) \in L^1(\Omega)$.

ii) $\psi^0(u;v) \leqslant \int_{\Omega} F_x^0(x,u(x);v(x))\mathrm{d}x$. 由 $\psi^0(u;v)$ 的定义可知, 存在数列 $\{t_n\}$ 及 $\{w_n\} \subset W_0^{1,p(x)}(\Omega)$, 使得

$$\psi^0(u;v) = \lim_{\substack{w_n \to u \\ t_n \to 0+}} \frac{\psi(w_n + t_n v) - \psi(w_n)}{t_n}.$$

在以下的讨论中, 不妨设当 $n \to \infty$ 时, $w_n(x) \to u(x)$ a.e.于 Ω, 并记

$$\begin{aligned}
&A_n(x) = \frac{F(x, w_n(x) + t_n v(x)) - F(x, w_n(x))}{t_n}, \\
&B_n(x) = (a_0 + c_1 |w_n(x) + t_n v(x)|^{\alpha(x)-1} + c_1 |w_n(x)|^{\alpha(x)-1}) |v(x)|, \\
&g_n(x) = -A_n(x) + B_n(x).
\end{aligned}$$

由(6.3)式可知, 对任意的 $x \in \Omega$, 有 $g_n(x) \geqslant 0$. 所以由 Fatou 引理, 得到

$$\limsup_{n \to \infty} \int_{\Omega} -g_n(x)\mathrm{d}x \leqslant \int_{\Omega} \limsup_{n \to \infty} (-g_n(x))\mathrm{d}x. \tag{6.4}$$

由于

$$\int_\Omega \limsup_{n\to\infty}(-g_n(x))\mathrm{d}x = \int_\Omega \limsup_{n\to\infty}(A_n(x)-B_n(x))\mathrm{d}x,$$

$$\int_\Omega \limsup_{n\to\infty} A_n(x)\mathrm{d}x \leqslant \int_\Omega \limsup_{\substack{y\to u(x)\\ t\to 0+}} \frac{F(x,y+tv(x))-F(x,y)}{t}\mathrm{d}x$$

$$= \int_\Omega F_x^0(x,u(x);v(x))\mathrm{d}x$$

以及

$$\int_\Omega \liminf_{n\to\infty} B_n(x)\mathrm{d}x = \int_\Omega (a_0 + 2c_1 |u(x)|^{\alpha(x)-1})|v(x)|\,\mathrm{d}x,$$

则有

$$\int_\Omega \limsup_{n\to\infty}(-g_n(x))\mathrm{d}x \leqslant \int_\Omega F_x^0(x,u(x);v(x))\mathrm{d}x - \int_\Omega (a_0 + 2c_1 |u(x)|^{\alpha(x)-1})|v(x)|\,\mathrm{d}x. \quad (6.5)$$

对任意的$(x,t)\in\Omega\times\mathbb{R}$，定义函数

$$f(x,t) = |v(x)|\cdot|t|^{\alpha(x)-1}.$$

所以，存在常数$c_4>0$，有$|f(x,t)|\leqslant c_4(1+|v|^{p^*(x)}+|t|^{p^*(x)})$．由定理 1.2.9 可知，Nemytsky 算子

$$N_f : L^{p^*(x)}(\Omega)\to L^1(\Omega): u\mapsto f(x,u)$$

是连续的. 由定理 1.2.15 可知，$w_n\to u$ 在$L^{p^*(x)}(\Omega)$中. 所以，

$$f(x,w_n+t_nv)\to f(x,u) \text{ 在 } L^1(\Omega) \text{ 中}.$$

进而可知，当$n\to\infty$时，有

$$\int_\Omega |w_n+t_nv|^{\alpha(x)-1}|v|\,\mathrm{d}x \to \int_\Omega |u|^{\alpha(x)-1}|v|\,\mathrm{d}x$$

且$\int_\Omega B_n(x)\mathrm{d}x \to \int_\Omega (a_0+2c_1|u(x)|^{\alpha(x)-1})|v(x)|\,\mathrm{d}x$．从而有

$$\limsup_{n\to\infty}\int_\Omega -g_n(x)\mathrm{d}x = \psi^0(u;v) - \int_\Omega (a_0+2c_1|u(x)|^{\alpha(x)-1})|v(x)|\,\mathrm{d}x.$$

证毕.

定理 6.1.3 在条件(H1)或(H4)之下，泛函φ的临界点是问题(6.2)的解.

证明 容易验证泛函$J\in C^1(W_0^{1,p(x)}(\Omega),\mathbb{R})$．由定理 6.1.1 可知，$\psi$是局部 Lipschitz 连续的，所以$\varphi$也是局部 Lipschitz 连续的. 若$u_0$为$\varphi$的临界点，则有$0\in\partial\varphi(u_0)$．从而对任意的$v\in W_0^{1,p(x)}(\Omega)$，有$\varphi^0(u_0;v)\geqslant 0$．又由于

$$\begin{aligned}\varphi^0(u_0;v) &= \langle J'(u_0),v\rangle + (-\psi)^0(u_0;v)\\ &= \langle J'(u_0),v\rangle + \psi^0(u_0;-v)\\ &\leqslant \int_\Omega (|\nabla u_0|^{p(x)-2}\nabla u_0\nabla v + |u_0|^{p(x)-2}u_0 v)\mathrm{d}x + \int_\Omega F_x^0(x,u_0(x);-v(x))\mathrm{d}x,\end{aligned}$$

可得结论. 证毕.

引理 6.1.1　在条件(H1)和(H2)之下, 泛函 φ 满足非光滑的(PS)条件.

证明　取 $\{u_n\}\subset W_0^{1,p(x)}(\Omega)$ 满足 $\{\varphi(u_n)\}$ 有界且当 $n\to\infty$ 时,

$$\lambda(u_n)=\min\{\|w^*\|_{W^{-1,p'(x)}(\Omega)}: w^*\in\partial\varphi(u_n)\}\triangleq\|w_n^*\|_{W^{-1,p'(x)}(\Omega)}\to 0,$$

可知 $\varphi^0(u_n;v_n)\geqslant\langle w_n^*,u_n\rangle$, 所以有 $-\varphi^0(u_n;v_n)\leqslant\|w_n^*\|\cdot|||u_n|||$.

i) $\{u_n\}$ 在 $W_0^{1,p(x)}(\Omega)$ 中有界. 事实上, 由于 $\mu\gg p(x)$, 所以当 n 充分大时, 有

$$\begin{aligned}c_5+|||u_n||| &\geqslant \varphi(u_n)-\frac{1}{\mu}\varphi^0(u_n;u_n)\\ &= \varphi(u_n)-\left\langle J'(u_n),\frac{u_n}{\mu}\right\rangle-\frac{1}{\mu}\psi^0(u_n;-u_n)\\ &\geqslant \int_\Omega\left(\frac{1}{p(x)}-\frac{1}{\mu}\right)(|\nabla u_n|^{p(x)}+|u_n|^{p(x)})\mathrm{d}x\\ &\quad -\int_\Omega\left(F(x,u_n)+\frac{1}{\mu}F_x^0(x,u_n(x);-u_n(x))\right)\mathrm{d}x\\ &\geqslant \int_\Omega\left(\frac{1}{p(x)}-\frac{1}{\mu}\right)(|\nabla u_n|^{p(x)}+|u_n|^{p(x)})\mathrm{d}x,\end{aligned}$$

容易验证 $\{u_n\}$ 在 $W_0^{1,p(x)}(\Omega)$ 中有界.

ii) $\{u_n\}$ 有收敛子列. 由于 $W_0^{1,p(x)}(\Omega)$ 自反, 所以存在子列, 仍记为 $\{u_n\}$, 有 $u_n\to u$ 弱收敛于 $W_0^{1,p(x)}(\Omega)$ 中, 从而有 $u_n\to u$ 在 $L^{\alpha(x)}(\Omega)$ 中以及 $u_n\to u$ 在 $L^{p(x)}(\Omega)$ 中. 由于

$$\begin{aligned}\varphi^0(u_n;u-u_n)&=\langle J'(u_n),u-u_n\rangle+\psi^0(u_n;u_n-u),\\ \varphi^0(u;u_n-u)&=\langle J'(u),u_n-u\rangle+\psi^0(u;u-u_n),\end{aligned}$$

则有

$$\begin{aligned}&\langle J'(u_n)-J'(u),u_n-u\rangle\\ &=\psi^0(u_n;u_n-u)+\psi^0(u;u-u_n)-\varphi^0(u_n;u-u_n)-\varphi^0(u;u_n-u).\end{aligned}$$

可知, 对任意的 $w^*\in\partial\varphi(u)$, 有

$$\varphi^0(u;u_n-u)\geqslant\langle w^*,u_n-u\rangle,$$

则有 $\liminf\limits_{n\to\infty}\varphi^0(u;u_n-u)\geqslant 0$. 又由于

$$\varphi^0(u_n;u-u_n)\geqslant\left\langle w_n^*,u-u_n\right\rangle\geqslant -c_6\|w_n^*\|,$$

从而得到

$$\liminf_{n\to\infty}\varphi^0(u_n;u-u_n)\geqslant 0.$$

由定理 6.1.2 可知

$$\begin{aligned}
&\psi^0(u_n;u_n-u)+\psi^0(u;u-u_n)\\
&\leqslant\int_\Omega F_x^0(x,u_n(x);u_n(x)-u(x))\mathrm{d}x+\int_\Omega F_x^0(x,u(x);u(x)-u_n(x))\mathrm{d}x\\
&\leqslant\int_\Omega\max\{\xi\cdot(u_n(x)-u(x)):\xi\in\partial F(x,u_n(x))\}\mathrm{d}x\\
&\quad+\int_\Omega\max\{\xi\cdot(u(x)-u_n(x)):\xi\in\partial F(x,u(x))\}\mathrm{d}x\\
&\leqslant\int_\Omega c_7(1+|u_n|^{\alpha(x)-1}+|u|^{\alpha(x)-1})|u_n-u|\,\mathrm{d}x\\
&\leqslant 2c_7\|1+|u_n|^{\alpha(x)-1}+|u|^{\alpha(x)-1}\|_{\alpha'(x)}\|u_n-u\|_{\alpha(x)}\\
&\leqslant c_8\|u_n-u\|_{\alpha(x)}\to 0,
\end{aligned}$$

则有

$$\limsup_{n\to\infty}\left\langle J'(u_n)-J'(u),u_n-u\right\rangle\leqslant 0.$$

类似于引理 2.1.1 的讨论可知, $u_n\to u$ 在 $W_0^{1,p(x)}(\Omega)$ 中. 证毕.

定理 6.1.4 若 Ω 为 $\mathbb{R}^N$ 的有界区域, 则在条件(H1)—(H3)之下, 问题(6.2)至少有一个非平凡解.

证明 显然可得 $\varphi(0)=0$. 由条件(H3)可知, 任取 $\varepsilon>0$, 均存在 $\delta>0$, 使得对任意的 $|t|<\delta$ 及 $x\in\Omega$, 有

$$\max\{|\xi|:\xi\in\partial F(x,t)\}\leqslant\varepsilon|t|^{p(x)-1}.$$

由 Lebourg 中值定理可知, 存在 $\theta\in(0,1)$ 及 $\xi_\theta\in\partial F(x,\theta t)$, 使得

$$F(x,t)=\xi_\theta t.$$

所以, 由条件(H1)可知, 对上述的 $\varepsilon>0$, 存在 $c_9>0$, 使得对任意的 $(x,t)\in\Omega\times\mathbb{R}$, 有

$$|F(x,t)|\leqslant\varepsilon|t|^{p(x)}+c_9|t|^{\alpha(x)}.$$

取定 $\varepsilon<\dfrac{1}{2p_+}$, 则有

$$\varphi(u) \geqslant \int_\Omega \left(\frac{|\nabla u|^{p(x)} + |u|^{p(x)}}{p_+} - \varepsilon |u|^{p(x)} - c_9 |u|^{\alpha(x)} \right) \mathrm{d}x$$
$$\geqslant \int_\Omega \left(\frac{|\nabla u|^{p(x)} + |u|^{p(x)}}{2p_+} - c_9 |u|^{\alpha(x)} \right) \mathrm{d}x.$$

类似于定理 2.1.4 的讨论可知, 存在 r_1, $s_1 > 0$, 使得当 $0 < \|u\| \leqslant r_1$ 时, $\varphi(u) > 0$; 当 $\|u\| = r_1$ 时, $\varphi(u) > s_1$. 并且存在 $e \in W_0^{1,p(x)}(\Omega)$, 使得 $\varphi(e) < 0$ 且 $\|e\| > r_1$.

综合上述讨论并结合命题 6.1.1, 则可得问题(6.2)的非平凡解 $u_0 \in W_0^{1,p(x)}(\Omega)$. 证毕.

定理 6.1.5　若 Ω 为 $\mathbb{R}^N$ 的有界区域, 则在条件(H4)和(H5)之下, 问题(6.2)至少有一个非平凡解.

证明　由 Lebourg 中值定理可知, 存在 $\theta \in (0,1)$ 及 $\xi_\theta \in \partial F(x, \theta t)$, 使得 $F(x,t) = \xi_\theta t$. 由条件(H4)可知, 对任意的 $(x,t) \in \Omega \times \mathbb{R}$, 有

$$|F(x,t)| \leqslant a_4 |t| + a_5 |t|^{\beta(x)}.$$

任取 $u \in W_0^{1,p(x)}(\Omega)$, 则有

$$\varphi(u) \geqslant \int_\Omega \left(\frac{|\nabla u|^{p(x)} + |u|^{p(x)}}{p(x)} - a_4 |u| - a_5 |u|^{\beta(x)} \right) \mathrm{d}x.$$

类似于定理2.1.5的讨论可知, 泛函 φ 在 $W_0^{1,p(x)}(\Omega)$ 上有下界且存在 $e \in W_0^{1,p(x)}(\Omega)$ 满足 $\varphi(e) < 0$. 类似于引理 6.1.1 的讨论容易验证, 泛函 φ 在条件(H4)和(H5)下也满足非光滑的(PS)条件. 进而结合命题 6.1.2 可知

$$c = \inf_{u \in W_0^{1,p(x)}} \varphi(u) < 0$$

为泛函 φ 的临界值. 证毕.

下面, 将在 Ω 为 $\mathbb{R}^N$ 的无界域的情况下讨论问题(6.2). 下面 d_i 表示正常数. 这部分的讨论类似于有界域的情况.

定理 6.1.6　在条件(H6)或(H7)之下, 泛函 ψ 定义合理且在 $W_0^{1,p(x)}(\Omega)$ 上局部 Lipschitz 连续.

证明　这里只讨论函数 F 满足条件(H6)的情况.

i) ψ 定义合理. 对任意的 $t_1, t_2 \in \mathbb{R}$, 由 Lebourg 中值定理可知, 存在 $\theta \in (0,1)$ 及 $\xi_\theta \in \partial F(x, \theta t_1 + (1-\theta) t_2)$, 使得对任意的 $x \in \Omega$, 有

$$F(x,t_1) - F(x,t_2) = \xi_\theta (t_1 - t_2).$$

结合条件(H6)得到

$$\begin{aligned}|F(x,t_1)-F(x,t_2)|&\leqslant g(x)|\theta t_1+(1-\theta)t_2|^{\alpha(x)-1}|t_1-t_2|\\&\leqslant d_1g(x)(|t_1|^{\alpha(x)-1}+|t_2|^{\alpha(x)-1})|t_1-t_2|.\end{aligned}\tag{6.6}$$

由(6.6)式并结合 Young 不等式, 则有

$$\begin{aligned}|\psi(u)|&\leqslant\int_\Omega|F(x,u)|\,\mathrm{d}x\leqslant\int_\Omega d_1g(x)|u|^{\alpha(x)}\,\mathrm{d}x\\&\leqslant\int_\Omega d_1(g(x)^{q_1(x)}+|u|^{p^*(x)})\mathrm{d}x.\end{aligned}$$

所以对任意的 $u\in W_0^{1,p(x)}(\Omega)$，均有 $|\psi(u)|<\infty$.

ii) ψ 在 $W_0^{1,p(x)}(\Omega)$ 上局部 Lipschitz 连续. 任取 u_1，$u_2\in W_0^{1,p(x)}(\Omega)$，由(6.6)式有

$$\begin{aligned}|\psi(u_1)-\psi(u_2)|&\leqslant\int_\Omega|F(x,u_1)-F(x,u_2)|\,\mathrm{d}x\\&\leqslant\int_\Omega d_1g(x)(|u_1|^{\alpha(x)-1}+|u_2|^{\alpha(x)-1})|u_1-u_2|\,\mathrm{d}x\\&\leqslant 2d_1\|g(x)|u_1|^{\alpha(x)-1}+g(x)|u_2|^{\alpha(x)-1}\|_{(p^*(x))'}\|u_1-u_2\|_{p^*(x)}\\&\leqslant d_2\|g(x)|u_1|^{\alpha(x)-1}+g(x)|u_2|^{\alpha(x)-1}\|_{(p^*(x))'}\|\|u_1-u_2\|\|.\end{aligned}$$

由于 $g\in L^{q_1(x)}(\Omega)$ 且存在连续嵌入 $W_0^{1,p(x)}(\Omega)\to L^{p^*(x)}(\Omega)$，结合 Young 不等式可得

$$\begin{aligned}&\int_\Omega(g(x)|u_1|^{\alpha(x)-1}+g(x)|u_2|^{\alpha(x)-1})^{(p^*(x))'}\mathrm{d}x\\&\leqslant\int_\Omega d_3(g(x)^{q_1(x)}+|u_1|^{p^*(x)}+|u_2|^{p^*(x)})\mathrm{d}x<\infty.\end{aligned}$$

从而可得结论. 证毕.

定理 6.1.7　在条件(H6)或(H7)之下, 任取 $u,v\in W_0^{1,p(x)}(\Omega)$，有

$$\psi^0(u;v)\leqslant\int_\Omega F_x^0(x,u(x);v(x))\mathrm{d}x.$$

证明　这里仍只讨论函数 F 满足条件(H6)的情况.

类似于定理 6.1.2 的讨论可知, 函数 $F_x^0(x,u(x);v(x))$ 是可测的. 由于

$$F_x^0(x,u(x);v(x))=\max\{\xi\cdot v(x):\xi\in\partial F(x,u(x))\}\triangleq\xi_x\cdot v(x),$$

则有

$$\begin{aligned}|F_x^0(x,u(x);v(x))|&=|\xi_x\cdot v(x)|\leqslant g(x)|u(x)|^{\alpha(x)-1}|v(x)|\\&\leqslant d_4(g(x)^{q_1(x)}+|u|^{p^*(x)}+|v|^{p^*(x)}).\end{aligned}$$

所以 $F_x^0(x,u(x);v(x))\in L^1(\Omega)$.

由 $\psi^0(u;v)$ 的定义可知, 存在数列 $\{t_n\}$ 及 $\{w_n\}\subset W_0^{1,p(x)}(\Omega)$，使得

$$\psi^0(u;v)=\lim_{\substack{w_n\to u\\ t_n\to 0+}}\frac{\psi(w_n+t_nv)-\psi(w_n)}{t_n}.$$

不妨设当 $n\to\infty$ 时，$w_n(x)\to u(x)$ a.e.于 Ω. 记

$$A_n(x)=\frac{F(x,w_n(x)+t_nv(x))-F(x,w_n(x))}{t_n},$$

$$B_n(x)=d_1g(x)(|w_n(x)+t_nv(x)|^{\alpha(x)-1}+|w_n(x)|^{\alpha(x)-1})|v(x)|,$$

$$g_n(x)=-A_n(x)+B_n(x),$$

以下证明类似于定理 6.1.2, 这里不再给出具体过程. 证毕.

定理 6.1.8　若 Ω 为 $\mathbb{R}^N$ 的无界域, 在条件(H2), (H6)或条件(H5), (H7)之下, 问题(6.2)至少有一个非平凡解.

类似于 2.2 节的讨论, 并结合命题 6.1.1 及命题 6.1.2, 容易完成此定理的证明.

6.2　具 $p(x)$-增长的障碍问题解的存在唯一性

在本节中, 我们主要研究如下一类变分不等式:

$$\int_\Omega\sum_{|\alpha|\leqslant k}a_\alpha(x,\delta_ku)D^\alpha(v-u)\mathrm{d}x\geqslant 0, \tag{6.7}$$

其中 $k\in\mathbb{N}$，$\delta_ku=\{D^\alpha u:|\alpha|\leqslant k\}$. 记集合

$$K_{\psi,\theta}=\{v\in W^{k,p(x)}(\Omega,\omega):v\geqslant\psi \text{ a.e.于 } \Omega \text{ 且 } v-\theta\in W_0^{k,p(x)}(\Omega,\omega)\}, \tag{6.8}$$

其中 $\psi:\Omega\to[-\infty,+\infty]$, $\theta\in W^{k,p(x)}(\Omega,\omega)$，并假设 $p(x)$ 满足 $1<p_-\leqslant p(x)\leqslant p_+<\infty$. 称 $u\in K_{\psi,\theta}$ 为障碍问题(6.7)—(6.8)的解, 是指: 对任意的 $v\in K_{\psi,\theta}$，均有(6.7)式成立.

接下来, 将给出不等式(6.7)中系数 $a_\alpha(x,\xi):\mathbb{R}^N\times\mathbb{R}^m\to\mathbb{R}$ 需要满足的条件, 其中 $|\alpha|\leqslant k$，m 为满足 $|\alpha|\leqslant k$ 的多重指标 α 的个数.

(I1)　$a_\alpha(x,\xi)$ 为 Carathéodry 函数, 即任取 $\xi\in\mathbb{R}^m$，映射 $x\mapsto a_\alpha(x,\xi)$ 可测; 对于 a.e. $x\in\mathbb{R}^N$，映射 $\xi\mapsto a_\alpha(x,\xi)$ 连续.

(I2)　$|a_\alpha(x,\xi)|\leqslant\omega(x)\left(g(x)+b_0\sum_{|\alpha|\leqslant k}|\xi_\alpha|^{p(x)-1}\right)$.

(I3)　$\sum_{|\alpha|\leqslant k}a_\alpha(x,\xi)\xi_\alpha\geqslant\omega(x)\left(b_1\sum_{|\alpha|\leqslant k}|\xi_\alpha|^{p(x)}-h(x)\right)$.

(I4)　$\sum_{|\alpha|\leqslant k}(a_\alpha(x,\xi_1)-a_\alpha(x,\xi_2))(\xi_1^\alpha-\xi_2^\alpha)>0$,

其中 $g\in L^{p'(x)}(\Omega,\omega)$，$h\in L^{p(x)}(\Omega,\omega)$，非负函数 $\omega\in L^1(\Omega)$ 且 $\omega(x)^{\frac{1}{1-p(x)}}\in L^1(\Omega)$，$b_0,b_1>0$.

为了研究在条件(I1)—(I4)下障碍问题(6.7)—(6.8)解的存在性，我们首先引进加权的变指数 Lebesgue 空间 $L^{p(x)}(\Omega,\omega)$ 及 Sobolev 空间 $W^{k,p(x)}(\Omega,\omega)$，并对其具有的性质给予了简单的讨论，具体可参考文献[63].

定义与权函数 $\omega(x)$ 相关的 Radon 测度 μ 为

$$\mu(E)=\int_E\omega(x)\mathrm{d}x.$$

设 Ω 为 $\mathbb{R}^N$ 的开子集. 加权的变指数 Lebesgue 空间 $L^{p(x)}(\Omega,\omega)$ 是由满足如下性质的可测函数 u 组成：存在 $t>0$，使得

$$\int_\Omega|tu|^{p(x)}\,\mathrm{d}\mu<\infty.$$

定义 $L^{p(x)}(\Omega,\omega)$ 上的范数如下:

$$\|u\|_{L^{p(x)}(\Omega,\omega)}=\inf\left\{t>0:\int_\Omega\left|\frac{u}{t}\right|^{p(x)}\mathrm{d}\mu\leqslant 1\right\}.$$

加权的变指数 Sobolev 空间 $W^{k,p(x)}(\Omega,\omega)$ 由满足 $\delta_k u\subset L^{p(x)}(\Omega,\omega)$ 的可测函数 u 组成. 定义 $W^{k,p(x)}(\Omega,\omega)$ 上的范数为

$$\|u\|_{W^{k,p(x)}(\Omega,\omega)}=\sum_{|\alpha|\leqslant k}\|D^\alpha u\|_{L^{p(x)}(\Omega,\omega)},$$

并记 $W_0^{k,p(x)}(\Omega,\omega)$ 为 $C_0^\infty(\Omega)$ 关于此范数在 $W^{k,p(x)}(\Omega,\omega)$ 中的闭包.

定理 6.2.1 对任意的 $u\in L^{p(x)}(\Omega,\omega)$ 及 $v\in L^{p'(x)}(\Omega,\omega)$，有

$$\int_\Omega|uv|\,\mathrm{d}\mu\leqslant 2\|u\|_{L^{p(x)}(\Omega,\omega)}\|v\|_{L^{p'(x)}(\Omega,\omega)}.$$

证明 若 $\|u\|_{L^{p(x)}(\Omega,\omega)}$，$\|v\|_{L^{p'(x)}(\Omega,\omega)}\neq 0$. 由 Young 不等式可得

$$\begin{aligned}&\left(\omega(x)^{\frac{1}{p(x)}}\frac{|u|}{\|u\|_{L^{p(x)}(\Omega,\omega)}}\right)\left(\omega(x)^{\frac{1}{p'(x)}}\frac{|v|}{\|v\|_{L^{p'(x)}(\Omega,\omega)}}\right)\\&\leqslant\frac{\omega(x)}{p(x)}\left(\frac{|u|}{\|u\|_{L^{p(x)}(\Omega,\omega)}}\right)^{p(x)}+\frac{\omega(x)}{p'(x)}\left(\frac{|v|}{\|v\|_{L^{p'(x)}(\Omega,\omega)}}\right)^{p'(x)},\end{aligned}$$

进而有

$$\int_\Omega\frac{|uv|}{\|u\|_{L^{p(x)}(\Omega,\omega)}\|v\|_{L^{p'(x)}(\Omega,\omega)}}\mathrm{d}\mu\leqslant 1+\frac{1}{p_-}-\frac{1}{p_+}.$$

所以有

$$\int_{\Omega}|uv|\,\mathrm{d}\mu \leqslant \left(1+\frac{1}{p_-}-\frac{1}{p_+}\right)\|u\|_{L^{p(x)}(\Omega,\omega)}\|v\|_{L^{p'(x)}(\Omega,\omega)}.$$

证毕.

定理 6.2.2　空间 $L^{p(x)}(\Omega,\omega)$ 是完备的.

证明　取空间 $L^{p(x)}(\Omega,\omega)$ 中的 Cauchy 列 $\{u_n\}$. 由于

$$\begin{aligned}
&\int_{\Omega}|u_m-u_n|\,\mathrm{d}x\\
&=\int_{\Omega}|u_m-u_n|\,\omega^{\frac{1}{p(x)}}\omega^{-\frac{1}{p(x)}}\mathrm{d}x\\
&\leqslant 2\left\|(u_m-u_n)\omega^{\frac{1}{p(x)}}\right\|_{L^{p(x)}(\Omega)}\left\|\omega^{-\frac{1}{p(x)}}\right\|_{L^{p'(x)}(\Omega)}.
\end{aligned}$$

又由于

$$\begin{aligned}
&\left\|(u_m-u_n)\omega^{\frac{1}{p(x)}}\right\|_{L^{p(x)}(\Omega)}\\
&=\inf\left\{t>0:\int_{\Omega}\left|\frac{(u_m-u_n)\omega^{\frac{1}{p(x)}}}{t}\right|^{p(x)}\mathrm{d}x\leqslant 1\right\}\\
&=\inf\left\{t>0:\int_{\Omega}\left|\frac{u_m-u_n}{t}\right|^{p(x)}\mathrm{d}\mu\leqslant 1\right\}\\
&=\|u_m-u_n\|_{L^{p(x)}(\Omega,\omega)}
\end{aligned}$$

以及

$$\begin{aligned}
&\left\|\omega^{-\frac{1}{p(x)}}\right\|_{L^{p'(x)}(\Omega)}\\
&=\inf\left\{t>0:\int_{\Omega}\left|\frac{\omega^{-\frac{1}{p(x)}}}{t}\right|^{p'(x)}\mathrm{d}x\leqslant 1\right\}\\
&=\inf\left\{t>0:\int_{\Omega}\frac{\omega^{\frac{1}{1-p(x)}}}{t^{p'(x)}}\mathrm{d}x\leqslant 1\right\}\\
&\leqslant\max\left\{\left(\int_{\Omega}\omega^{\frac{1}{1-p(x)}}\mathrm{d}x\right)^{\frac{p_+-1}{p_+}},\left(\int_{\Omega}\omega^{\frac{1}{1-p(x)}}\mathrm{d}x\right)^{\frac{p_--1}{p_-}}\right\}.
\end{aligned}$$

由此可知$\{u_n\}$也为空间$L^1(\Omega)$中的Cauchy列，所以存在$u\in L^1(\Omega)$，使得$u_n\to u$在$L^1(\Omega)$中. 从而有子列，仍记为$\{u_n\}$，有$u_n(x)\to u(x)$ a.e.于Ω.

对任意的$\varepsilon>0$，存在$n_0\in\mathbb{N}$，当m，$n\geqslant n_0$时，有$\|u_m-u_n\|_{L^{p(x)}(\Omega,\omega)}<\varepsilon$. 取$t>0$，由Fatou引理，可得

$$\int_\Omega\left|\frac{u_n-u}{t}\right|^{p(x)}\mathrm{d}\mu\leqslant\liminf_{m\to\infty}\int_\Omega\left|\frac{u_n-u_m}{t}\right|^{p(x)}\mathrm{d}\mu.$$

所以有

$$\|u_n-u\|_{L^{p(x)}(\Omega,\omega)}\leqslant\sup_{m\geqslant n_0}\|u_m-u_n\|_{L^{p(x)}(\Omega,\omega)}<\varepsilon,$$

即当$n\to\infty$时，$u_n\to u$在$L^{p(x)}(\Omega,\omega)$中. 由于

$$\int_\Omega\left|\frac{u}{t}\right|^{p(x)}\mathrm{d}\mu\leqslant\liminf_{n\to\infty}\int_\Omega\left|\frac{u_n}{t}\right|^{p(x)}\mathrm{d}\mu,$$

从而有

$$\|u\|_{L^{p(x)}(\Omega,\omega)}\leqslant\sup_{n\in\mathbb{N}}\|u_n\|_{L^{p(x)}(\Omega,\omega)}<\infty.$$

所以$u\in L^{p(x)}(\Omega,\omega)$，进而可知$L^{p(x)}(\Omega,\omega)$是完备的. 证毕.

定理 6.2.3　空间$L^{p(x)}(\Omega,\omega)$是自反的.

证明　以下验证$L^{p(x)}(\Omega,\omega)$的对偶空间为$L^{p'(x)}(\Omega,\omega)$.

i) 任取$v\in L^{p'(x)}(\Omega,\omega)$，定义空间$L^{p(x)}(\Omega,\omega)$上的线性泛函:

$$L_v(u)=\int_\Omega uv\mathrm{d}\mu. \tag{6.9}$$

容易验证L_v为空间$L^{p(x)}(\Omega,\omega)$上的连续线性泛函.

ii) 任取$L\in(L^{p(x)}(\Omega,\omega))'$，均存在$v\in L^{p'(x)}(\Omega,\omega)$，使得$L$可表示为(6.9)式的形式. 事实上，取$S$为$\Omega$的子集且$\mu(S)<\infty$，定义

$$\overline{\mu}(S)=L(\chi_S),$$

其中χ_S为集合S的特征函数. 由于

$$\int_\Omega\left(\chi_S\cdot\mu(S)^{-\frac{1}{p(x)}}\right)^{p(x)}\mathrm{d}\mu=1,$$

则有

$$|\overline{\mu}(S)|\leqslant\|L\|\cdot\|\chi_S\|_{L^{p(x)}(\Omega,\omega)}\leqslant\|L\|\max\left\{\mu(S)^{\frac{1}{p_-}},\mu(S)^{\frac{1}{p_+}}\right\}.$$

可知测度$\overline{\mu}$关于μ是绝对连续的，所以由Radon-Nikodym定理可知，存在函数

$v\in L^1(\Omega)$，有 $\mathrm{d}\bar{\mu}=v\mathrm{d}\mu$．任取关于 μ 可测的简单函数 u，则有

$$L(u)=\int_\Omega u\mathrm{d}\bar{\mu}=\int_\Omega uv\mathrm{d}\mu .$$

取 $u\in L^{p(x)}(\Omega,\omega)$，则存在关于 μ 可测的简单函数列 $\{u_n\}$ 且满足 $u_n(x)\to u(x)$ 及 $|u_n(x)|\leqslant|u(x)|$ a.e.于 Ω．由 Fatou 引理可知

$$\begin{aligned}\left|\int_\Omega uv\mathrm{d}\mu\right|&\leqslant\liminf_{n\to\infty}\int_\Omega|u_nv|\,\mathrm{d}\mu\\&=\liminf_{n\to\infty}|L(|u_n|\cdot\operatorname{sgn}v)|\\&\leqslant\|L\|\cdot\liminf_{n\to\infty}\|u_n\|_{L^{p(x)}(\Omega,\omega)}\\&\leqslant\|L\|\cdot\|u\|_{L^{p(x)}(\Omega,\omega)},\end{aligned}$$

则泛函

$$L_v(u)=\int_\Omega uv\mathrm{d}\mu$$

为 $L^{p(x)}(\Omega,\omega)$ 上的有界线性泛函. 任取简单函数 u_n，则有

$$L(u_n)=L_v(u_n)\,. \tag{6.10}$$

任取 $t>0$，由 Lebesgue 控制收敛定理可知

$$\lim_{n\to\infty}\int_\Omega\left|\frac{u_n-u}{t}\right|^{p(x)}\mathrm{d}\mu=\int_\Omega\lim_{n\to\infty}\left|\frac{u_n-u}{t}\right|^{p(x)}\mathrm{d}\mu=0\,.$$

所以, 对任意的 $\varepsilon>0$, 存在 $n_1\in\mathbb{N}$, 当 $n\geqslant n_1$ 时, 有

$$\int_\Omega\left|\frac{u_n-u}{\varepsilon}\right|^{p(x)}\mathrm{d}\mu<1,$$

从而有 $\|u_n-u\|_{L^{p(x)}(\Omega,\omega)}<\varepsilon$．进而可知 $u_n\to u$ 在 $L^{p(x)}(\Omega,\omega)$ 中．令 $n\to\infty$，由(6.10)式可得

$$L(u)=L_v(u)=\int_\Omega uv\mathrm{d}\mu .$$

以下验证 $v\in L^{p'(x)}(\Omega,\omega)$．记 $E_l=\{x\in\Omega:|v(x)|\leqslant l\}$．由于 $v\chi_{E_l}$ 为有界函数，可知 $v\chi_{E_l}\in L^{p'(x)}(\Omega,\omega)$．若 $\|v\chi_{E_l}\|_{L^{p'(x)}(\Omega,\omega)}>0$，取

$$u=\chi_{E_l}\left(\frac{|v|}{\|v\chi_{E_l}\|_{L^{p'(x)}(\Omega,\omega)}}\right)^{\frac{1}{p(x)-1}}\operatorname{sgn}v\,.$$

则有

$$\int_\Omega uv\mathrm{d}x=\int_\Omega \chi_{E_l}\left(\frac{|v|}{\|v\chi_{E_l}\|_{L^{p'(x)}(\Omega,\omega)}}\right)^{\frac{p(x)}{p(x)-1}}\|v\chi_{E_l}\|_{L^{p'(x)}(\Omega,\omega)}\mathrm{d}\mu$$

$$\geqslant 2^{\frac{p_-}{1-p_-}}\|v\chi_{E_l}\|_{L^{p'(x)}(\Omega,\omega)}\int_\Omega \chi_{E_l}\left(\frac{2|v|}{\|v\chi_{E_l}\|_{L^{p'(x)}(\Omega,\omega)}}\right)^{p'(x)}\mathrm{d}\mu$$

$$>2^{\frac{p_-}{1-p_-}}\|v\chi_{E_l}\|_{L^{p'(x)}(\Omega,\omega)}.$$

当$\|u\|_{L^{p(x)}(\Omega,\omega)}\leqslant 1$时，则有

$$\|v\chi_{E_l}\|_{L^{p'(x)}(\Omega,\omega)}\leqslant 2^{\frac{p_-}{p_--1}}\|L\|. \tag{6.11}$$

若$\|v\chi_{E_l}\|_{L^{p'(x)}(\Omega,\omega)}=0$，显然有(6.11)式成立. 所以$\int_\Omega\left|2^{\frac{p_-}{1-p_-}}\|L\|^{-1}v\chi_{E_l}\right|^{p'(x)}\mathrm{d}\mu\leqslant 1$.
令$l\to\infty$，可得

$$\int_\Omega\left|2^{\frac{p_-}{1-p_-}}\|L\|^{-1}v\right|^{p'(x)}\mathrm{d}\mu\leqslant 1.$$

从而可知$\|v\|_{L^{p'(x)}(\Omega,\omega)}\leqslant 2^{\frac{p_-}{p_--1}}\|L\|$，所以有$v\in L^{p'(x)}(\Omega,\omega)$.

综上讨论，则有

$$(L^{p(x)}(\Omega,\omega))^*=L^{p'(x)}(\Omega,\omega),$$

进而可知$L^{p(x)}(\Omega,\omega)$是自反的. 证毕.

定理 6.2.4　$W^{k,p(x)}(\Omega,\omega)$为自反的 Banach 空间.

证明　结合定理 6.2.2 及定理 6.2.3 可知，只需验证$W^{k,p(x)}(\Omega,\omega)$为积空间$\prod_m L^{p(x)}(\Omega,\omega)$的闭子空间即可，其中$m$为满足$|\alpha|\leqslant k$的多重指标$\alpha$的个数.

取$\{u_n\}$为$W^{k,p(x)}(\Omega,\omega)$中的强收敛序列. 由范数的定义可知$\{u_n\}$在$L^{p(x)}(\Omega,\omega)$中也收敛，所以存在$u\in L^{p(x)}(\Omega,\omega)$，有$u_n\to u$在$L^{p(x)}(\Omega,\omega)$中. 类似地，对任意的多重指标$|\alpha|\leqslant k$，存在$u_\alpha\in L^{p(x)}(\Omega,\omega)$，有$D^\alpha u_n\to u_\alpha$在$L^{p(x)}(\Omega,\omega)$中.

任取$\phi\in C_0^\infty(\Omega)$，由弱导数的定义有

$$(-1)^{|\alpha|}\int_\Omega D^\alpha u_n\cdot\phi\mathrm{d}x=\int_\Omega u_n\cdot D^\alpha\phi\mathrm{d}x.$$

令$n\to\infty$，则有$(-1)^{|\alpha|}\int_\Omega u_\alpha\phi\mathrm{d}x=\int_\Omega u\cdot D^\alpha\phi\mathrm{d}x$，所以有$u_\alpha=D^\alpha u$. 从而可知$W^{k,p(x)}$

(Ω,ω) 为 $\prod_m L^{p(x)}(\Omega,\omega)$ 的闭子空间. 证毕.

为了得到障碍问题(6.7)—(6.8)解的存在及唯一性, 首先给出一个已知的命题.

取 X 为自反的 Banach 空间, X^* 为其对偶空间, K 为 X 的闭凸子集.

命题 6.2.1 (文献[110]) 取 K 为 X 的非空闭凸子集, $A:K\to X^*$ 为 K 上的单调、强制、强-弱连续映射. 则存在 $u\in K$, 使得对任意的 $v\in K$, 有

$$\langle Au, v-u\rangle \geqslant 0 .$$

在接下来的讨论中, 取 $X=W^{k,p(x)}(\Omega,\omega)$, $K=K_{\psi,\theta}$. 并记

$$\langle u,v\rangle=\int_\Omega uv\mathrm{d}\mu ,$$

其中 $u\in X$, $v\in X^*$.

由 $K_{\psi,\theta}$ 的定义, 容易得到如下引理.

引理 6.2.1 K 是 X 的闭凸子集.

定义映射 $A:K\to X^*$ 为

$$\langle Av,u\rangle=\int_\Omega\sum_{|\alpha|\leqslant k}a_\alpha(x,\delta_k v)D^\alpha u\mathrm{d}x ,$$

其中 $u\in X$. 由下面的引理可知, 上述定义是合理的.

引理 6.2.2 对任意的 $v\in K$, 有 $Av\in X^*$.

证明 由条件(I2)以及定理 6.2.1 可知

$$\left|\int_\Omega\sum_{|\alpha|\leqslant k}a_\alpha(x,\delta_k v)D^\alpha u\mathrm{d}x\right|$$

$$\leqslant\int_\Omega\sum_{|\alpha|\leqslant k}\Big(\omega(x)g(x)+b_0\omega(x)\sum_{|\beta|\leqslant k}|D^\beta v|^{p(x)-1}\Big)|D^\alpha u|\,\mathrm{d}x$$

$$\leqslant 2\|g\|_{L^{p'(x)}(\Omega,\omega)}\|u\|_{W^{k,p(x)}(\Omega,\omega)}+2b_0\sum_{|\alpha|\leqslant k}\sum_{|\beta|\leqslant k}\||D^\beta v|^{p(x)-1}\|_{L^{p'(x)}(\Omega,\omega)}\|D^\alpha u\|_{L^{p(x)}(\Omega,\omega)}.$$

由于

$$\begin{aligned}&\||D^\beta v|^{p(x)-1}\|_{L^{p'(x)}(\Omega,\omega)}\\&=\inf\left\{t>0:\int_\Omega\left|\frac{|D^\beta v|^{p(x)-1}}{t}\right|^{p'(x)}\mathrm{d}\mu\leqslant 1\right\}\\&=\inf\left\{t>0:\int_\Omega\frac{|D^\beta v|^{p(x)}}{t^{p'(x)}}\mathrm{d}\mu\leqslant 1\right\}\\&\leqslant\max\{\|v\|^{p_+-1}_{W^{k,p(x)}(\Omega,\omega)},\|v\|^{p_--1}_{W^{k,p(x)}(\Omega,\omega)}\},\end{aligned}$$

所以有 $Av\in X^*$. 证毕.

引理 6.2.3 映射 A 在 K 上单调且强制.

证明 由条件(I4)容易得到 A 的单调性.

以下验证 A 在 K 上强制. 取 $\phi\in K$，由条件(I2)和(I3)可得

$$
\begin{aligned}
&\langle Au-A\phi,\ u-\phi\rangle\\
&=\int_\Omega\sum_{|\alpha|\leqslant k}(a_\alpha(x,\delta_k u)-a_\alpha(x,\delta_k\phi))(D^\alpha u-D^\alpha\phi)\mathrm{d}x\\
&\geqslant b_1\sum_{|\alpha|\leqslant k}\int_\Omega(|D^\alpha u|^{p(x)}+|D^\alpha\phi|^{p(x)})\mathrm{d}\mu-2\int_\Omega h(x)\mathrm{d}\mu\\
&\quad-\sum_{|\alpha|\leqslant k}\int_\Omega g(x)(|D^\alpha u|+|D^\alpha\phi|)\mathrm{d}\mu\\
&\quad-b_0\sum_{|\alpha|\leqslant k}\sum_{|\beta|\leqslant k}\int_\Omega(|D^\alpha u|^{p(x)-1}|D^\beta\phi|+|D^\alpha u|\cdot|D^\beta\phi|^{p(x)-1})\mathrm{d}\mu\\
&\geqslant b_1\sum_{|\alpha|\leqslant k}\int_\Omega(|D^\alpha u|^{p(x)}+|D^\alpha\phi|^{p(x)})\mathrm{d}\mu-2\int_\Omega h(x)\mathrm{d}\mu-\sum_{|\alpha|\leqslant k}\int_\Omega g(x)|D^\alpha\phi|\mathrm{d}\mu\\
&\quad-\sum_{|\alpha|\leqslant k}\int_\Omega\frac{1}{p'(x)}\varepsilon^{\frac{1}{1-p(x)}}|g|^{p'(x)}\mathrm{d}\mu-\sum_{|\alpha|\leqslant k}\int_\Omega\frac{\varepsilon}{p(x)}|D^\alpha u|^{p(x)}\mathrm{d}\mu\\
&\quad-b_0\sum_{|\alpha|\leqslant k}\sum_{|\beta|\leqslant k}\int_\Omega\left(\frac{\varepsilon}{p'(x)}|D^\alpha u|^{p(x)}+\frac{\varepsilon^{1-p(x)}}{p(x)}|D^\beta\phi|^{p(x)}\right)\mathrm{d}\mu\\
&\quad-b_0\sum_{|\alpha|\leqslant k}\sum_{|\beta|\leqslant k}\int_\Omega\left(\frac{\varepsilon}{p(x)}|D^\alpha u|^{p(x)}+\frac{1}{p'(x)}\varepsilon^{\frac{1}{1-p(x)}}|D^\beta\phi|^{p(x)}\right)\mathrm{d}\mu.
\end{aligned}
$$

取 $\varepsilon=\dfrac{b_1}{4b_0m+2}$，则有

$$
\begin{aligned}
&\langle Au-A\phi,u-\phi\rangle\\
&\geqslant\frac{b_1}{2}\sum_{|\alpha|\leqslant k}\int_\Omega|D^\alpha u|^{p(x)}\mathrm{d}\mu-C\\
&\geqslant\frac{b_1}{2}\sum_{|\alpha|\leqslant k}\int_\Omega(2^{-p_+}|D^\alpha u-D^\alpha\phi|^{p(x)}-|D^\alpha\phi|^{p(x)})\mathrm{d}\mu-C\\
&\geqslant\frac{b_1}{2^{p_+ +1}}\sum_{|\alpha|\leqslant k}\int_\Omega|D^\alpha(u-\phi)|^{p(x)}\mathrm{d}\mu-C.
\end{aligned}
$$

由于

$$
\frac{\int_\Omega|D^\alpha(u-\phi)|^{p(x)}\mathrm{d}\mu}{\|D^\alpha(u-\phi)\|_{L^{p(x)}(\Omega,\varpi)}}
$$

$$=\int_{\Omega}\left(\frac{|D^{\alpha}(u-\phi)|}{2^{-1}\|D^{\alpha}(u-\phi)\|_{L^{p(x)}(\Omega,\omega)}}\right)^{p(x)}\cdot\frac{(2^{-1}\|D^{\alpha}(u-\phi)\|_{L^{p(x)}(\Omega,\omega)})^{p(x)}}{\|D^{\alpha}(u-\phi)\|_{L^{p(x)}(\Omega,\omega)}}\mathrm{d}\mu,$$

所以，当$\|D^{\alpha}(u-\phi)\|_{L^{p(x)}(\Omega,\omega)}\geqslant 1$时，有

$$\frac{\int_{\Omega}|D^{\alpha}(u-\phi)|^{p(x)}\,\mathrm{d}\mu}{\|D^{\alpha}(u-\phi)\|_{L^{p(x)}(\Omega,\omega)}}\geqslant 2^{-p_+}\|D^{\alpha}(u-\phi)\|_{L^{p(x)}(\Omega,\omega)}^{p_+-1}.$$

进而可知，当$\|u-\phi\|_{W^{k,p(x)}(\Omega,\omega)}\to\infty$时，有

$$\frac{\langle Au-A\phi,u-\phi\rangle}{\|u-\phi\|_{W^{k,p(x)}(\Omega,\omega)}}\to\infty H,$$

即映射A在K上强制. 证毕.

引理 6.2.4　映射A在K上是强-弱连续的，即若$v_n\to v$在K中，则$Av_n\to Av$弱收敛于X^*中.

证明　取$\{v_n\}\subset K$满足$v_n\to v$在K中. 可知序列$\{v_n\}$在X中有界，结合条件(I2)可知，$\left\{a_{\alpha}(x,\delta_k v_n)\omega^{-\frac{1}{p(x)}}\right\}$在$L^{p'(x)}(\Omega)$中有界.

由条件(I1)，不妨设当$n\to\infty$时，

$$a_{\alpha}(x,\delta_k v_n)\omega^{-\frac{1}{p(x)}}\to a_{\alpha}(x,\delta_k v)\omega^{-\frac{1}{p(x)}}$$

a.e.于Ω. 由于$D^{\alpha}u\cdot\omega(x)^{\frac{1}{p(x)}}\in L^{p(x)}(\Omega)$，由定理 1.2.6 可知

$$\int_{\Omega}a_{\alpha}(x,\delta_k v_n)\omega^{-\frac{1}{p(x)}}\cdot D^{\alpha}u\cdot\omega(x)^{\frac{1}{p(x)}}\mathrm{d}x\to\int_{\Omega}a_{\alpha}(x,\delta_k v)\omega^{-\frac{1}{p(x)}}D^{\alpha}u\cdot\omega(x)^{\frac{1}{p(x)}}\mathrm{d}x.$$

所以，当$n\to\infty$时，有

$$\begin{aligned}&\langle Av_n,u\rangle\\&=\sum_{|\alpha|\leqslant k}\int_{\Omega}a_{\alpha}(x,\delta_k v_n)D^{\alpha}u\mathrm{d}x\\&=\sum_{|\alpha|\leqslant k}\int_{\Omega}a_{\alpha}(x,\delta_k v_n)\omega^{-\frac{1}{p(x)}}\cdot D^{\alpha}u\cdot\omega(x)^{\frac{1}{p(x)}}\mathrm{d}x\\&\to\sum_{|\alpha|\leqslant k}\int_{\Omega}a_{\alpha}(x,\delta_k v)\omega^{-\frac{1}{p(x)}}\cdot D^{\alpha}u\cdot\omega(x)^{\frac{1}{p(x)}}\mathrm{d}x=\langle Av,u\rangle.\end{aligned}$$

证毕.

定理 6.2.5　假设 $K_{\psi,\theta} \neq \varnothing$. 在条件(I1)—(I4)之下, 障碍问题(6.7)—(6.8)有唯一解.

证明　由命题 6.2.1 并结合引理 6.2.1—引理 6.2.4 可得问题(6.7)—(6.8)解的存在性. 若问题(6.7)—(6.8)有两个解 u_1, $u_2 \in K_{\psi,\theta}$, 可知

$$\int_\Omega \sum_{|\alpha|\leqslant k} a_\alpha(x,\delta_k u_1) D^\alpha(u_2 - u_1)\mathrm{d}x \geqslant 0$$

以及

$$\int_\Omega \sum_{|\alpha|\leqslant k} a_\alpha(x,\delta_k u_2) D^\alpha(u_1 - u_2)\mathrm{d}x \geqslant 0 .$$

所以有

$$\int_\Omega \sum_{|\alpha|\leqslant k} (a_\alpha(x,\delta_k u_1) - a_\alpha(x,\delta_k u_2)) D^\alpha(u_1 - u_2)\mathrm{d}x \leqslant 0 .$$

由条件(I4)可知

$$\int_\Omega \sum_{|\alpha|\leqslant k} (a_\alpha(x,\delta_k u_1) - a_\alpha(x,\delta_k u_2)) D^\alpha(u_1 - u_2)\mathrm{d}x = 0 ,$$

从而得 $\sum_{|\alpha|\leqslant k} (a_\alpha(x,\delta_k u_1) - a_\alpha(x,\delta_k u_2)) D^\alpha(u_1 - u_2) = 0$ a.e.于Ω, 所以有 $u_1 = u_2$. 证毕.

6.3　具有变指数增长的抛物型发展变分不等式

在本节中, 首先在变指数空间 $X(Q_T)$ 中考察一类具有变指数增长抛物型发展变分不等式解的存在性. 在本节中无特别说明, 总假设 $\Omega \subset \mathbb{R}^N$ 为有界区域且边界 $\partial\Omega$ 光滑. 设 $0 < T < \infty$ 为给定常数, $Q_T = \Omega \times (0,T)$. 记

$$\mathrm{K} = \left\{ w \in X(Q_T) \cap C(0,T;L^2(\Omega)) : \frac{\partial w}{\partial t} \in X'(Q_T), 0 \leqslant w(x,0) = u_0(x) \in L^2(\Omega), \right.$$
$$\left. w(x,t) \geqslant 0 \text{ a.e.} (x,t) \in Q_T \right\}.$$

希望找到函数 $u \in \mathrm{K}$ 使得对任意的 $0 \leqslant v \in X(Q_T)$ 都有下面的不等式成立:

$$\left\langle \frac{\partial u}{\partial t}, v - u \right\rangle_{X(Q_T)} + \int_0^T \int_\Omega \Big(a(x,t,\nabla u) |\nabla u|^{p(x,t)-2} \nabla u \nabla (v-u) + f(x,t,u)(v-u) \Big) \mathrm{d}x\mathrm{d}t$$
$$\geqslant \int_0^T \int_\Omega g(v-u)\mathrm{d}x\mathrm{d}t, \tag{6.12}$$

其中函数 a, p, f, g 满足如下条件:

(J1)　p, q 是 Q_T 上的全局 log-Hölder 连续函数且对任意的 $(x,t) \in Q_T$ 满足如下条件:

$$\frac{2N}{N+2} < p_- = \inf_{Q_T} p(x,t) \leq \sup_{\overline{Q_T}} p(x,t) = p_+ < \infty,$$

$$1 < q_- = \inf_{Q_T} q(x,t) \leq \sup_{\overline{Q_T}} q(x,t) = q_+ < \infty.$$

(J2) 函数 $a: \Omega \times \mathbb{R}^+ \times \mathbb{R}^N \to (0, \infty)$ 与 $f: \Omega \times \mathbb{R}^+ \times \mathbb{R} \to \mathbb{R}$ 连续并满足:

$$0 < a_0 \leq a(x,t,\xi) \leq a_1 < \infty, \quad \forall (x,t,\xi) \in \Omega \times \mathbb{R}^+ \times \mathbb{R}^N,$$

$$|f(x,t,\eta)| \leq b_1(x,t)|\eta|^{q(x,t)-1} + h_1(x,t), \quad \forall (x,t,\eta) \in \Omega \times \mathbb{R}^+ \times \mathbb{R},$$

$$f(x,t,\eta)\eta \geq b_2(x,t)|\eta|^{q(x,t)}, \quad \forall (x,t,\eta) \in \Omega \times \mathbb{R}^+ \times \mathbb{R},$$

其中 a_0, a_1 为常数, b_1, b_2 为 Q_T 上有界连续函数且满足:

$$0 < b_1^0 \leq b_1(x,t) \leq b_1^1 < \infty, \quad 0 < b_2^0 \leq b_2(x,t) \leq b_2^1 < \infty$$

以及函数 $h_1 \in L^{q'(x,t)}(Q_T)$, 其中 $q'(x,t) = \dfrac{q(x,t)}{q(x,t)-1}$.

(J3) $g \in L^{q'(x,t)}(Q_T)$.

其次, 考虑一类具有零初始值且带梯度限制的抛物型变分不等式解的存在性. 当 $p(x,t) \equiv p(x)$ 时, 考虑如下变指数空间:

$$V(Q_T) = \left\{ u \in L^2(Q_T) : |\nabla u| \in L^{p(x)}(Q_T), u(\cdot, t) \in W_0^{1,p(x)}(\Omega) \text{ a.e. } t \in (0,T) \right\},$$

并赋予范数

$$\|u\|_{V(Q_T)} = \|u\|_{L^2(Q_T)} + \|\nabla u\|_{L^{p(x)}(Q_T)}.$$

显然空间 $V(Q_T)$ 是变指数空间 $X(Q_T)$ 的特殊情形.

希望找到函数

$$u \in F = \left\{ w(x,t) \in V(Q_T) \cap L^\infty(0,T; L^2(\Omega)) : w(x,0) = 0, |\nabla w(x,t)| \leq 1 \text{ a.e. } (x,t) \in Q_T \right\},$$

使得对任意的 $v \in V(Q_T)$ 且 $\dfrac{\partial v}{\partial t} \in V^*(Q_T)$ 以及 $v(x,0) = 0, |\nabla v(x,t)| \leq 1$ a.e. $(x,t) \in Q_T$, 如下不等式都成立:

$$\left\langle \frac{\partial v}{\partial t}, v-u \right\rangle_{V(Q_T)} + \int_0^T M\left(t, \int_\Omega |\nabla u|^{p(x,t)} \, \mathrm{d}x \right) \int_\Omega |\nabla u|^{p(x,t)-2} \nabla u \nabla(v-u) \mathrm{d}x \mathrm{d}t$$
$$\geq \int_{Q_T} h(v-u)\mathrm{d}x\mathrm{d}t, \tag{6.13}$$

其中 $V^*(Q_T)$ 是 $V(Q_T)$ 的对偶空间并且函数 M, p, h 满足如下条件:

(J4) $M: [0, \infty) \times [0, \infty) \to (0, \infty)$ 为连续函数且存在正常数 m_0, m_1 使得对每个 $(t,s) \in [0, \infty) \times [0, \infty)$ 有 $m_0 \leq M(t,s) \leq m_1$.

(J5) $p: \Omega \to (1, \infty)$ 为全局 log-Hölder 连续函数且满足

$$2 < p_- = \inf_{x\in\overline{\Omega}} p(x) \leqslant p_+ = \sup_{x\in\overline{\Omega}} p(x) < \infty .$$

(J6) $h \in V^*(Q_T)$.

6.3.1 初值非零的抛物型变分不等式解的存在性

为了得到抛物型发展变分不等式(6.12)解的存在性, 对任意的 $\varepsilon \in (0,1)$, 引入惩罚项 $-\left|\dfrac{u^-}{\varepsilon}\right|^{q(x,t)-2}\dfrac{u^-}{\varepsilon}$ 并考虑如下问题:

$$\begin{cases} \dfrac{\partial u}{\partial t} - \operatorname{div}\left(a(x,t,\nabla u)\,|\nabla u|^{p(x,t)-2}\,\nabla u\right) + f(x,t,u) - \left|\dfrac{u^-}{\varepsilon}\right|^{q(x,t)-2}\dfrac{u^-}{\varepsilon} = g(x,t), & (x,t)\in Q_T, \\ u(x,t) = 0, & (x,t)\in \partial\Omega\times(0,T), \\ u(x,0) = u_0(x), & x\in\Omega, \end{cases} \tag{6.14}$$

其中 $u^- = \max\{-u, 0\}$. 问题(6.14)的弱解可用 Galerkin 逼近方法得到. 证明主要依赖方程中椭圆部分的单调性.

定义 6.3.1　函数 $u_\varepsilon \in X(Q_T)$ 且 $\dfrac{\partial u_\varepsilon}{\partial t} \in X'(Q_T)$ 称为问题(6.14)的弱解, 若对任意的 $\varphi \in X(Q_T)$, 都有下面的等式成立:

$$\left\langle \frac{\partial u_\varepsilon}{\partial t}, \varphi \right\rangle_{X(Q_T)} + \int_{Q_T}\left(a(x,t,\nabla u_\varepsilon)\,|\nabla u_\varepsilon|^{p(x,t)-2}\,\nabla u_\varepsilon \nabla\varphi + f(x,t,u_\varepsilon)\varphi \right.$$
$$\left. - \left|\frac{u^-}{\varepsilon}\right|^{q(x,t)-2}\frac{u^-}{\varepsilon}\varphi \right)\mathrm{d}x\mathrm{d}t = \int_{Q_T} g(x,t)\varphi\,\mathrm{d}x\mathrm{d}t.$$

定理 6.3.1　假设条件(J1)—(J3)成立, 则对任意的 $\varepsilon \in (0,1)$, 问题(6.14)至少存在一个弱解.

类似于第 5 章的讨论, 可得结论.

定理 6.3.2　假设条件(J1)—(J3)成立, 则存在函数 $u \in K$ 使得对任意的 $v \in X(Q_T)$ 且 $v(x,t) \geqslant 0$　a.e.于 Q_T 中, 有下面的不等式成立:

$$\left\langle \frac{\partial u}{\partial t}, v-u \right\rangle_{X(Q_T)} + \int_{Q_T}\left(a(x,t,\nabla u)\,|\nabla u|^{p(x,t)-2}\,\nabla u \nabla(v-u) + f(x,t,u)(v-u) \right)\mathrm{d}x\mathrm{d}t$$
$$\geqslant \int_{Q_T} g(v-u)\,\mathrm{d}x\mathrm{d}t.$$

证明　(1)　**先验估计**　由定理 6.3.1, 对任意的 $\varepsilon \in (0,1)$, 问题(6.14)都存在满足定义 6.3.1 的弱解. 在定义 6.3.1 中, 取 $\varphi = u_\varepsilon \chi_{(0,t)}$ 作为检验函数, 其中 $\chi_{(0,t)}$ 为 $(0,t)$ 上的特征函数, $t \in (0,T]$, 则有

$$\left\langle \frac{\partial u_\varepsilon}{\partial t}, u_\varepsilon \chi_{(0,t)} \right\rangle_{X(Q_T)} + \int_{Q_T} \left(a(x,t,\nabla u_\varepsilon) |\nabla u_\varepsilon|^{p(x,t)} + f(x,t,u_\varepsilon) u_\varepsilon \right.$$

$$\left. - \left| \frac{u^-}{\varepsilon} \right|^{q(x,t)-2} \frac{u^-}{\varepsilon} u_\varepsilon \right) \mathrm{d}x\mathrm{d}t = \int_{Q_T} g(x,t) u_\varepsilon \mathrm{d}x\mathrm{d}t,$$

其中 $Q_t = \Omega \times (0,t)$. 由 Young 不等式可得

$$\frac{1}{2}\int_\Omega |u_\varepsilon(x,t)|^2 \,\mathrm{d}x - \frac{1}{2}\int_\Omega |u_\varepsilon(x,0)|^2 \,\mathrm{d}x + \int_{Q_t} \left(a(x,t,\nabla u_\varepsilon) |\nabla u_\varepsilon|^{p(x,t)} \right.$$

$$\left. + f(x,t,u_\varepsilon) u_\varepsilon + \varepsilon^{1-p(x,t)} |u_\varepsilon^-|^{q(x,t)} \right) \mathrm{d}x\mathrm{d}t$$

$$\leqslant C \int_{Q_t} |g(x,t)|^{q'(x,t)} \,\mathrm{d}x\mathrm{d}t + \frac{b_2^0}{2} \int_{Q_t} |u_\varepsilon|^{q(x,t)} \,\mathrm{d}x\mathrm{d}t.$$

进一步, 由条件(J2)及(J3), 有

$$\int_\Omega |u_\varepsilon(x,t)|^2 \,\mathrm{d}x + \int_{Q_t} \left(|\nabla u_\varepsilon|^{p(x,t)} + |u_\varepsilon|^{q(x,t)} + \varepsilon^{1-p(x,t)} |u_\varepsilon^-|^{q(x,t)} \right) \mathrm{d}x\mathrm{d}t \leqslant C.$$

在定义 6.3.1 中取检验函数 $\varphi = -\dfrac{u_\varepsilon^-}{\varepsilon}$, 由 Young 不等式, 有

$$\varepsilon^{-1} \left\langle \frac{\partial u_\varepsilon}{\partial t}, -u_\varepsilon^- \right\rangle_{X(Q_T)} + \varepsilon^{-1} \int_{Q_T} \left(a(x,t,\nabla u_\varepsilon) |\nabla u_\varepsilon|^{p(x,t)-2} \nabla u_\varepsilon (-\nabla u_\varepsilon^-) + f(x,t,u_\varepsilon)(-u_\varepsilon^-) \right) \mathrm{d}x\mathrm{d}t$$

$$+ \int_{Q_T} \left| \frac{u_\varepsilon^-}{\varepsilon} \right|^{q(x,t)} \mathrm{d}x\mathrm{d}t = -\int_{Q_T} g(x,t) \left(\frac{u_\varepsilon^-}{\varepsilon} \right) \mathrm{d}x\mathrm{d}t$$

$$\leqslant \frac{1}{2} \int_{Q_T} |g(x,t)|^{q'(x,t)} \left(\frac{u_\varepsilon^-}{\varepsilon} \right) \mathrm{d}x\mathrm{d}t + \frac{1}{2} \int_{Q_T} \left| \frac{u_\varepsilon^-}{\varepsilon} \right|^{q(x,t)} \mathrm{d}x\mathrm{d}t.$$

由于

$$\int_{Q_T} \frac{\partial u_\varepsilon}{\partial t} (-u_\varepsilon^-) \mathrm{d}x\mathrm{d}t = \frac{1}{2} \int_\Omega |u_\varepsilon^-(x,T)|^2 \,\mathrm{d}x \geqslant 0$$

以及

$$\int_{Q_T} \left(a(x,t,\nabla u_\varepsilon) |\nabla u_\varepsilon|^{p(x,t)-2} \nabla u_\varepsilon (-\nabla u_\varepsilon^-) + f(x,t,u_\varepsilon)(-u_\varepsilon^-) \right) \mathrm{d}x\mathrm{d}t$$

$$= \int_{Q_T} \left(a(x,t,\nabla u_\varepsilon) |\nabla u_\varepsilon^-|^{p(x,t)} + f(x,t,-u_\varepsilon^-)(-u_\varepsilon^-) \right) \mathrm{d}x\mathrm{d}t \geqslant 0,$$

所以

$$\int_{Q_T} \left| \frac{u_\varepsilon^-}{\varepsilon} \right|^{q(x,t)} \mathrm{d}x\mathrm{d}t \leqslant C.$$

因此,

$$\|u_\varepsilon\|_{L^\infty(0,T;L^2(\Omega))}+\|\nabla u_\varepsilon\|_{L^{p(x,t)}(Q_T)}+\|u_\varepsilon\|_{L^{q(x,t)}(Q_T)}+\left\|\frac{u_\varepsilon^-}{\varepsilon}\right\|_{L^{q(x,t)}(Q_T)}\leqslant C. \tag{6.15}$$

因为

$$\int_{Q_T}\left|a(x,t,\nabla u_\varepsilon)|\nabla u_\varepsilon|^{p(x,t)-2}\nabla u_\varepsilon\right|^{p'(x,t)}\mathrm{d}x\mathrm{d}t\leqslant C\max\left\{\|\nabla u_\varepsilon\|_{L^{p(x,t)}(Q_T)}^{p_+},\|\nabla u_\varepsilon\|_{L^{p(x,t)}(Q_T)}^{p_-}\right\}\leqslant C,$$

所以

$$\left\|a(x,t,\nabla u_\varepsilon)|\nabla u_\varepsilon|^{p(x,t)-2}\nabla u_\varepsilon\right\|_{L^{p'(x,t)}(Q_T)}\leqslant C. \tag{6.16}$$

类似地, 有

$$\|f(x,t,u_\varepsilon)\|_{L^{q'(x,t)}(Q_T)}\leqslant C \tag{6.17}$$

及

$$\left\|\left|\frac{u_\varepsilon^-}{\varepsilon}\right|^{q(x,t)-2}\frac{u_\varepsilon^-}{\varepsilon}\right\|_{L^{q'(x,t)}(Q_T)}\leqslant C. \tag{6.18}$$

对任意的$\varphi\in X(Q_T)$, 由定义 6.3.1, 有

$$\left|\left\langle\frac{\partial u_\varepsilon}{\partial t},\varphi\right\rangle_{X(Q_T)}\right|=\left|-\int_{Q_T}\left(a(x,t,\nabla u_\varepsilon)|\nabla u_\varepsilon|^{p(x,t)-2}\nabla u_\varepsilon\nabla\varphi+f(x,t,u_\varepsilon)\varphi\right.\right.$$
$$\left.\left.-\left|\frac{u_\varepsilon^-}{\varepsilon}\right|^{q(x,t)-2}\frac{u_\varepsilon^-}{\varepsilon}\varphi\right)\mathrm{d}x\mathrm{d}t+\int_{Q_T}g(x,t)\varphi\mathrm{d}x\mathrm{d}t\right|\leqslant C\|\varphi\|_{X(Q_T)},$$

因此,

$$\left\|\frac{\partial u_\varepsilon}{\partial t}\right\|_{X'(Q_T)}=\sup_{\|\varphi\|_{X(Q_T)}\leqslant 1}\left|\left\langle\frac{\partial u_\varepsilon}{\partial t},\varphi\right\rangle_{X(Q_T)}\right|\leqslant C. \tag{6.19}$$

(2) **极限过程**　由(6.15)—(6.19)式, 存在$\{u_\varepsilon\}_{\varepsilon>0}$的子列仍记为$\{u_\varepsilon\}_{\varepsilon>0}$使得

$u_\varepsilon\to u$ 弱*收敛于 $L^\infty(0,T;L^2(\Omega))$ 中,

$u_\varepsilon\to u$ 弱收敛于 $X(Q_T)$ 中,

$a(x,t,\nabla u_\varepsilon)|\nabla u_\varepsilon|^{p(x,t)-2}\nabla u_\varepsilon\to\xi$ 弱收敛于 $\left(L^{p'(x,t)}(Q_T)\right)^N$ 中,

$f(x,t,u_n)\to\eta$ 弱收敛于 $L^{q'(x,t)}(Q_T)$ 中,

$\dfrac{\partial u_\varepsilon}{\partial t}\to\beta$ 弱收敛于 $X'(Q_T)$ 中,

$u_\varepsilon^-\to 0$ 强收敛于 $L^{q(x,t)}(Q_T)$ 中.

首先，证明$\eta = f(x,t,u)$，$\beta = \dfrac{\partial u}{\partial t}$以及对几乎处处的$(x,t)\in Q_T$，有$u\geqslant 0$.

对任意的$\varphi\in C_0^\infty(Q_T)$，有$\left\langle \dfrac{\partial u_\varepsilon}{\partial t},\varphi\right\rangle_{X(Q_T)} = -\left\langle u_\varepsilon,\dfrac{\partial \varphi}{\partial t}\right\rangle_{X(Q_T)}$. 上式左边收敛到$\langle \beta,\varphi\rangle_{X(Q_T)}$且右边收敛到$-\left\langle u,\dfrac{\partial \varphi}{\partial t}\right\rangle_{X(Q_T)}$，因此有$\beta = \dfrac{\partial u}{\partial t}$.

由于

$$X(Q_T)\to L^r(0,T;W_0^{1,p_-}(\Omega)\cap L^{q_-}(\Omega)),$$
$$X'(Q_T)\to L^{s'}(0,T;W^{-1,(p^*)'}(\Omega)+L^{(q^*)'}(\Omega)),$$

其中$r=\min\{p_-,q_-\}$，$s=\max\{p_+,q_+\}$，并且

$$W_0^{1,p_-}(\Omega)\cap L^{q_-}(\Omega)\to L^2(\Omega)\to W^{-1,\lambda}(\Omega),$$

其中$\lambda=\min\{2,(p_+)',(q_+)'\}$. 故存在$\{u_\varepsilon\}$的子列仍记为$\{u_\varepsilon\}$，使得$u_\varepsilon\to u$强收敛于$L^r(0,T;L^2(\Omega))$中且$u_\varepsilon\to u$ a.e.于Q_T中. 于是，得到$f(x,t,u_\varepsilon)\to f(x,t,u)$ a.e.于Q_T中且$u_\varepsilon^-\to u^-$ a.e. 于Q_T中. 故$\eta = f(x,t,u)$. 进而有，$u^-=0$ a.e.于Q_T中，即对几乎处处的$(x,t)\in Q_T$，有$u(x,t)\geqslant 0$.

类似也可证明$u(x,0)=u_0(x)$且$u_\varepsilon(x,T)\to u(x,T)$弱收敛于$L^2(\Omega)$中.

最后，证明$\xi = a(x,t,\nabla u)|\nabla u|^{p(x,t)-2}\nabla u$. 在定义 6.3.1 中，取$\varphi = u-u_\varepsilon$作为检验函数，再由分部积分公式以及$u_\varepsilon(x,0)=u_0(x)$，得到

$$\begin{aligned}
&\left\langle \frac{\partial u}{\partial t},u-u_\varepsilon\right\rangle_{X(Q_T)} + \int_{Q_T} a(x,t,\nabla u_\varepsilon)|\nabla u_\varepsilon|^{p(x,t)-2}\nabla u_\varepsilon\nabla(u-u_\varepsilon)+f(x,t,u_\varepsilon)(u-u_\varepsilon)\\
&\quad - g(u-u_\varepsilon)\mathrm{d}x\mathrm{d}t\\
&=\int_{Q_T}\left|\frac{u_\varepsilon^-}{\varepsilon}\right|^{q(x,t)-2}\frac{u_\varepsilon^-}{\varepsilon}(u-u_\varepsilon)\mathrm{d}x\mathrm{d}t+\left\langle \frac{\partial (u-u_\varepsilon)}{\partial t},u-u_\varepsilon\right\rangle_{X(Q_T)}\\
&\geqslant \left\langle \frac{\partial (u-u_\varepsilon)}{\partial t},u-u_\varepsilon\right\rangle_{X(Q_T)} = \frac{1}{2}\int_\Omega |u(x,T)-u_\varepsilon(x,T)|^2\,\mathrm{d}x\geqslant 0.
\end{aligned}$$

进而有

$$\begin{aligned}
&\int_{Q_T} a(x,t,\nabla u_\varepsilon)|\nabla u_\varepsilon|^{p(x,t)}\,\mathrm{d}x\mathrm{d}t\\
&\leqslant \int_{Q_T} a(x,t,\nabla u_\varepsilon)|\nabla u_\varepsilon|^{p(x,t)-2}\nabla u_\varepsilon\nabla u\mathrm{d}x\mathrm{d}t+\left\langle \frac{\partial u}{\partial t},u-u_\varepsilon\right\rangle_{X(Q_T)} - \int_{Q_T} g(u-u_\varepsilon)\mathrm{d}x\mathrm{d}t\\
&\quad +\int_{Q_T} f(x,t,u_\varepsilon)u\mathrm{d}x\mathrm{d}t-\int_{Q_T} f(x,t,u_\varepsilon)u_\varepsilon\mathrm{d}x\mathrm{d}t.
\end{aligned}$$

因此，由 Fatou 引理，得到

$$\limsup_{\varepsilon\to 0}\int_{Q_T} a(x,t,\nabla u_\varepsilon)|\nabla u_\varepsilon|^{p(x,t)}\,\mathrm{d}x\mathrm{d}t \leqslant \int_{Q_T}\xi\nabla u\mathrm{d}x\mathrm{d}t$$
$$=\lim_{\varepsilon\to 0}\int_{Q_T} a(x,t,\nabla u_\varepsilon)|\nabla u_\varepsilon|^{p(x,t)-2}\nabla u_\varepsilon\nabla u\mathrm{d}x\mathrm{d}t,$$

即

$$\limsup_{\varepsilon\to 0}\int_{Q_T} a(x,t,\nabla u_\varepsilon)|\nabla u_\varepsilon|^{p(x,t)-2}\nabla u_\varepsilon\nabla(u_\varepsilon-u)\mathrm{d}x\mathrm{d}t\leqslant 0,$$

故 $u_\varepsilon\to u$ 强收敛于 $X(Q_T)$ 中以及 $\nabla u_\varepsilon\to\nabla u$ a.e.于 Q_T 中. 进一步可证明 $\xi=a(x,t,\nabla u)|\nabla u|^{p(x,t)-2}\nabla u$.

(3) **解的存在性** 由 Fatou 引理, 有

$$\liminf_{\varepsilon\to 0}\int_0^T\int_\Omega a(x,t,\nabla u_\varepsilon)|\nabla u_\varepsilon|^{p(x,t)}+f(x,t,u_\varepsilon)\,u_\varepsilon\mathrm{d}x\mathrm{d}t$$
$$\geqslant\int_0^T\int_\Omega a(x,t,\nabla u)|\nabla u|^{p(x,t)}+f(x,t,u)\,u\mathrm{d}x\mathrm{d}t.$$

由于 $u_\varepsilon(x,T)\to u(x,T)$ 弱收敛于 $L^2(\Omega)$ 中, 所以有

$$\liminf_{\varepsilon\to 0}\int_\Omega|u_\varepsilon(x,T)|^2\mathrm{d}x\geqslant\int_\Omega|u(x,T)|^2\mathrm{d}x.$$

对任意的 $v\in X(Q_T)$ 满足对几乎处处的 $(x,t)\in Q_T$ 有 $v\geqslant 0$, 取 $\varphi=v-u_\varepsilon$ 作为定义中的检验函数, 则有

$$\left\langle\frac{\partial u_\varepsilon}{\partial t},v\right\rangle_{X(Q_T)}+\int_0^T\int_\Omega a(x,t,\nabla u_\varepsilon)|\nabla u_\varepsilon|^{p(x,t)-2}\nabla u_\varepsilon\nabla(v-u_\varepsilon)+f(x,t,u_\varepsilon)(v-u_\varepsilon)$$
$$-g(v-u_\varepsilon)\mathrm{d}x\mathrm{d}t$$
$$\geqslant\frac{1}{2}\int_\Omega|u_\varepsilon(x,T)|^2\,\mathrm{d}x-\frac{1}{2}\int_\Omega|u_\varepsilon(x,0)|^2\,\mathrm{d}x.$$

进而, 有

$$\liminf_{\varepsilon\to 0}\left[\left\langle\frac{\partial u_\varepsilon}{\partial t},v\right\rangle_{X(Q_T)}+\int_0^T\int_\Omega(a(x,t,\nabla u_\varepsilon)|\nabla u_\varepsilon|^{p(x,t)-2}\nabla u_\varepsilon\nabla v\right.$$
$$\left.+f(x,t,u_\varepsilon)v-g(v-u_\varepsilon))\mathrm{d}x\mathrm{d}t\right]$$
$$\geqslant\liminf_{\varepsilon\to 0}\int_0^T\int_\Omega\Big(a(x,t,\nabla u_\varepsilon)|\nabla u_\varepsilon|^{p(x,t)}+f(x,t,u_\varepsilon)u_\varepsilon\Big)\mathrm{d}x\mathrm{d}t$$
$$+\frac{1}{2}\int_\Omega|u(x,T)|^2\,\mathrm{d}x-\frac{1}{2}\int_\Omega|u_0(x)|^2\,\mathrm{d}x,$$

因此, 得到

$$\left\langle\frac{\partial u}{\partial t},v-u\right\rangle_{X(Q_T)}+\int_{Q_T}\Big(a(x,t,\nabla u)|\nabla u|^{p(x,t)-2}\nabla u\nabla(v-u)+f(x,t,u)(v-u)\Big)\mathrm{d}x\mathrm{d}t$$

$$\geqslant \int_{Q_T} g(v-u)\mathrm{d}x\mathrm{d}t.$$

由于$u \in X(Q_T)$以及$\dfrac{\partial u}{\partial t} \in X'(Q_T)$，故$u \in C(0,T;L^2(\Omega))$. 因此$u \in K$，证毕.

6.3.2　带梯度限制的抛物型变分不等式解的存在性

下面, 将用惩罚法来证明抛物型发展变分不等式(6.13)解的存在性. 对任意的$\varepsilon \in (0,1)$，考虑如下问题:

$$\begin{cases} \dfrac{\partial u}{\partial t} - M\left(t, \left(\int_\Omega |\nabla u|^{p(x)}\,\mathrm{d}x\right)\mathrm{div}(|\nabla u|^{p(x)-2}\nabla u) - \dfrac{1}{\varepsilon}\mathrm{div}\left((|\nabla u|^{p(x)-2}-1)^+\right)\nabla u\right), \\ = h(x,t), \quad (x,t) \in \Omega \times (0,T), \\ u(x,t) = 0, \quad (x,t) \in \partial\Omega \times (0,T), \\ u(x,0) = 0, \quad x \in \Omega, \end{cases} \tag{6.20}$$

其中$\left(|\nabla u|^{p(x)-2}-1\right)^+ = \max\left\{|\nabla u|^{p(x)-2}-1, 0\right\}$.

定义 6.3.2　函数$u_\varepsilon \in V(Q_T) \cap C(0,T;L^2(\Omega))$满足$\dfrac{\partial u_\varepsilon}{\partial t} \in V'(Q_T)$称为问题(6.20)的弱解, 若

$$\left\langle \frac{\partial u_\varepsilon}{\partial t}, \varphi \right\rangle_{V(Q_T)} + \int_0^T M\left(t, \int_\Omega |\nabla u_\varepsilon|^{p(x)}\,\mathrm{d}x\right)\int_\Omega |\nabla u_\varepsilon|^{p(x)-2}\nabla u_\varepsilon \nabla\varphi\,\mathrm{d}x\mathrm{d}t$$
$$+\int_{Q_T} \frac{1}{\varepsilon}(|\nabla u_\varepsilon|^{p(x)-2}-1)^+\nabla u_\varepsilon \nabla\varphi\,\mathrm{d}x\mathrm{d}t = \int_{Q_T} h\varphi\,\mathrm{d}x\mathrm{d}t,$$

对任意的$\varphi \in V(Q_T)$成立.

定理 6.3.3　假设(J4)—(J6)成立, 对任意的$\varepsilon \in (0,1)$，问题(6.20)至少存在一个弱解.

定理 6.3.4　假设(J4)—(J6)成立, 存在函数$u \in F$使得

$$\left\langle \frac{\partial v}{\partial t}, v-u \right\rangle_{V(Q_T)} + \int_0^T M\left(t, \int_\Omega |\nabla u|^{p(x)}\,\mathrm{d}x\right)\int_\Omega |\nabla u|^{p(x)-2}\nabla u \nabla(v-u)\,\mathrm{d}x\mathrm{d}t$$
$$\geqslant \int_{Q_T} f(v-u)\,\mathrm{d}x\mathrm{d}t,$$

对所有满足条件: $v \in V(Q_T)$，$\dfrac{\partial v}{\partial t} \in V'(Q_T)$，$v(x,0)=0$且$|\nabla v| \leqslant 1$ a.e.于Q_T的v成立.

证明　以下将分三步证明.

(1) **先验估计**　在定义 6.3.2 中, 取$\varphi = u_\varepsilon \chi_{(0,\tau)}$作为检验函数, 其中$\tau \in (0,T]$，则有

$$
\begin{aligned}
&\left\langle\frac{\partial u_\varepsilon}{\partial t},u_\varepsilon\chi_{(0,\tau)}\right\rangle_{V(Q_T)}+\int_{Q_\tau}\left(a\left(t,\int_\Omega|\nabla u_\varepsilon|^{p(x)}\,\mathrm{d}x\right)|\nabla u_\varepsilon|^{p(x)}\right.\\
&\left.+\frac{1}{\varepsilon}(|\nabla u_\varepsilon|^{p(x)-2}-1)^+|\nabla u_\varepsilon|^2\right)\mathrm{d}x\mathrm{d}t\\
=&\int_{Q_\tau}f(x,t)u_\varepsilon\mathrm{d}x\mathrm{d}t,
\end{aligned}
$$

其中$Q_\tau=\Omega\times(0,\tau)$. 类似于定理 6.3.2 的证明, 对任意的$\tau\in[0,T]$有

$$
\int_\Omega|u_\varepsilon(x,\tau)|^2\,\mathrm{d}x+\int_{Q_\tau}|\nabla u_\varepsilon|^{p(x)}\,\mathrm{d}x\leqslant C.
$$

进而, 得到

$$
\frac{1}{\varepsilon}\int_{Q_\tau}(|\nabla u_\varepsilon|^{p(x)-2}-1)^+|\nabla u_\varepsilon|^2\,\mathrm{d}x\mathrm{d}t+\|u_\varepsilon\|_{L^\infty(0,T;L^2(\Omega))}+\|u_\varepsilon\|_{V(Q_T)}\leqslant C. \tag{6.21}
$$

由于函数M有界, 所以

$$
\begin{aligned}
&\int_{Q_T}\left|M(t,\int_\Omega|\nabla u_\varepsilon|^{p(x)}\,\mathrm{d}x)|\nabla u_\varepsilon|^{p(x)-2}\nabla u_\varepsilon\right|^{p'(x)}\mathrm{d}x\mathrm{d}t\leqslant C\int_{Q_T}|\nabla u_\varepsilon|^{p(x)}\,\mathrm{d}x\mathrm{d}t\\
\leqslant&\, C\max\left\{\|\nabla u_\varepsilon\|_{L^{p(x)}(Q_T)}^{p^-},\|\nabla u_\varepsilon\|_{L^{p(x)}(Q_T)}^{p^+}\right\}\leqslant C,
\end{aligned}
$$

因此

$$
\left\|M\left(t,\int_\Omega|\nabla u_\varepsilon|^{p(x)}\,\mathrm{d}x\right)|\nabla u_\varepsilon|^{p(x)-2}\nabla u_\varepsilon\right\|_{L^{p'(x)}(Q_T)}\leqslant C. \tag{6.22}
$$

(2) **极限过程** 由(6.21)及(6.22)式, 空间$V(Q_T)$的自反性, 存在$\{u_\varepsilon\}_{\varepsilon>0}$的子列仍记为$\{u_\varepsilon\}_{\varepsilon>0}$, 以及函数$u,A$使得

$u_\varepsilon\to u$ 弱*收敛于 $L^\infty(0,T;L^2(\Omega))$ 中,

$u_\varepsilon\to u$ 弱*收敛于 $V(Q_T)$ 中,

$M\left(t,\int_\Omega|\nabla u_\varepsilon|^{p(x)}\,\mathrm{d}x\right)|\nabla u_\varepsilon|^{p(x)-2}\nabla u_\varepsilon\to A$ 弱收敛于 $(L^{p'(x)}(Q_T))^N$ 中.

对任意的$\varphi\in V(Q_T)$, 有

$$
\int_{Q_T}\left[(|\nabla u_\varepsilon|^{p(x)-2}-1)^+\nabla u_\varepsilon-(|\nabla\varphi|^{p(x)-2}-1)^+\nabla\varphi\right]\nabla(u_\varepsilon-\varphi)\mathrm{d}x\mathrm{d}t\geqslant 0.
$$

由于

$$
\int_{Q_T}\left|(|\nabla u_\varepsilon|^{p(x)-2}-1)^+\nabla u_\varepsilon\right|^{p'(x)}\mathrm{d}x\mathrm{d}t\leqslant\int_{Q_T}(|\nabla u_\varepsilon|^{p(x)-2}-1)^+|\nabla u_\varepsilon|^2\mathrm{d}x\mathrm{d}t,
$$

当$\varepsilon\to 0$时, 有

$$
\int_{Q_T}\left|(|\nabla u_\varepsilon|^{p(x)-2}-1)^+\nabla u_\varepsilon\right|^{p'(x)}\mathrm{d}x\mathrm{d}t\to 0,
$$

即$\left\|(|\nabla u_\varepsilon|^{p(x)-2}-1)^+\nabla u_\varepsilon\right\|_{L^{p'(x)}(Q_T)}\to 0$. 由于$\nabla u_\varepsilon\to\nabla u$弱收敛于$(L^{p(x)}(Q_T))^N$, 有

$$\int_{Q_T}(|\nabla\varphi|^{p(x)-2}-1)^+\nabla\varphi\nabla(u-\varphi)\,\mathrm{d}x\mathrm{d}t\leqslant 0.$$

取$\varphi=u+\lambda w$, 其中$0<\lambda<1$且$w\in V(Q_T)$, 则有

$$\int_{Q_T}(|\nabla(u+\lambda w)|^{p(x)-2}-1)^+\nabla(u+\lambda w)\nabla w\,\mathrm{d}x\mathrm{d}t\leqslant 0.$$

由于$\left|(|\nabla(u+\lambda w)|^{p(x)-2}-1)^+\nabla(u+\lambda w)\nabla w\right|\leqslant C(|\nabla u|^{p(x)}+|\nabla w|^{p(x)})\in L^1(Q_T)$且当$\lambda\to 0$时有

$$(|\nabla(u+\lambda w)|^{p(x)-2}-1)^+\nabla(u+\lambda w)\nabla w\to(|\nabla u|^{p(x)-2}-1)^+\nabla u\nabla w,$$

由 Lebesgue 控制收敛定理, 有

$$\int_{Q_T}(|\nabla u|^{p(x)-2}-1)^+\nabla u\nabla w\,\mathrm{d}x\mathrm{d}t\leqslant 0.$$

由w的任意性,

$$\int_{Q_T}(|\nabla u|^{p(x)-2}-1)^+|\nabla u|^2\mathrm{d}x\mathrm{d}t=0.$$

因此, 对几乎处处的$(x,t)\in Q_T$, 有$|\nabla u|\leqslant 1$.

在定义 6.3.2 中, 取检验函数$\varphi=v-u_\varepsilon$, 其中$v\in V(Q_T)$, $\dfrac{\partial v}{\partial t}\in V'(Q_T)$, $v(x,0)=0$且$|\nabla u|\leqslant 1$ a.e.于Q_T中, 则

$$\begin{aligned}&\left\langle\frac{\partial v}{\partial t},v-u_\varepsilon\right\rangle_{V(Q_T)}+\int_{Q_T}\Big(M\Big(t,\int_\Omega|\nabla u_\varepsilon|^{p(x)}\,\mathrm{d}x\Big)|\nabla u_\varepsilon|^{p(x)-2}\nabla u_\varepsilon\nabla(v-u_\varepsilon)\\&-f(x,t)(v-u_\varepsilon)\Big)\mathrm{d}x\mathrm{d}t\\=&\frac{1}{\varepsilon}\int_{Q_T}((|\nabla v|^{p(x)-2}-1)^+\nabla v-(|\nabla u_\varepsilon|^{p(x)-2}-1)^+\nabla u_\varepsilon)\nabla(v-u_\varepsilon)\mathrm{d}x\mathrm{d}t\\&+\left\langle\frac{\partial(v-u_\varepsilon)}{\partial t},v-u_\varepsilon\right\rangle_{V(Q_T)}\geqslant 0.\end{aligned}$$

进一步, 有

$$\begin{aligned}&\int_{Q_T}M\Big(t,\int_\Omega|\nabla u_\varepsilon|^{p(x)}\,\mathrm{d}x\Big)|\nabla u_\varepsilon|^{p(x)}\,\mathrm{d}x\mathrm{d}t\\\leqslant&\int_{Q_T}M\Big(t,\int_\Omega|\nabla u_\varepsilon|^{p(x)}\,\mathrm{d}x\Big)|\nabla u_\varepsilon|^{p(x)-2}\nabla u_\varepsilon\nabla u\mathrm{d}x\mathrm{d}t\\&+\left\langle\frac{\partial v}{\partial t},v-u_\varepsilon\right\rangle_{V(Q_T)}-\int_{Q_T}f(x,t)(v-u_\varepsilon)\mathrm{d}x\mathrm{d}t.\end{aligned}\tag{6.23}$$

对$k>0$, 定义

$$u^{(k)}=\begin{cases}-k, & u<-k,\\ u, & |u|\leqslant k,\\ k, & u>k,\end{cases}$$

并且$u_{\mu}^{(k)}(x,t)=\mu\int_0^t e^{\mu(s-t)}u^{(k)}(x,s)\mathrm{d}s$. 容易验证$\dfrac{\partial u_{\mu}^{(k)}}{\partial t}=\mu(u^{(k)}-u_{\mu}^{(k)})$. 由文献[138]知, 当$\mu\to\infty$时, 有$u_{\mu}^{(k)}\to u^{(k)}$强收敛于$L^2(Q_T)$中且在$V(Q_T)$中弱收敛. 记$A_k=\{(x,t)\in Q_T:|u|\leqslant k\}$, 则在$A_k$上有$u^{(k)}=u$且在$Q_T\setminus A_k$上有$\mathrm{sign}(u^{(k)}-u_{\mu}^{(k)})=\mathrm{sign}(u-u_{\mu}^{(k)})$. 因此,

$$\begin{aligned}&\left\langle\frac{\partial u_{\mu}^{(k)}}{\partial t},u_{\mu}^{(k)}-u\right\rangle_{V(Q_T)}\\&=-\mu\int_{A_k}(u_{\mu}^{(k)}-u)^2\mathrm{d}x\mathrm{d}t-\mu\int_{Q_T\setminus A_k}(u_{\mu}^{(k)}-u)(u_{\mu}^{(k)}-u^{(k)})\mathrm{d}x\mathrm{d}t\leqslant 0.\end{aligned}$$

由对角线法则, 得到序列记为$\{v_k\}$使得$v_k\to u$强收敛于$L^2(Q_T)$中且在$V(Q_T)$中弱收敛, 并满足$\limsup\limits_{k\to\infty}\left\langle\dfrac{\partial v_k}{\partial t},v_k-u\right\rangle_{V(Q_T)}\leqslant 0$. 在(6.23)式中, 取$v=v_k$, 得到

$$\begin{aligned}&\limsup_{\varepsilon\to 0}\int_{Q_T}M\left(t,\int_\Omega|\nabla u_\varepsilon|^{p(x)}\mathrm{d}x\right)|\nabla u_\varepsilon|^{p(x)}\mathrm{d}x\mathrm{d}t\\&\leqslant\int_{Q_T}A\nabla u\mathrm{d}x\mathrm{d}t+\left\langle\frac{\partial v_k}{\partial t},v_k-u_\varepsilon\right\rangle_{V(Q_T)}-\int_{Q_T}f(x,t)(v_k-u)\mathrm{d}x\mathrm{d}t.\end{aligned}$$

令$k\to\infty$, 有

$$\begin{aligned}&\limsup_{\varepsilon\to 0}\int_{Q_T}M\left(t,\int_\Omega|\nabla u_\varepsilon|^{p(x)}\mathrm{d}x\right)|\nabla u_\varepsilon|^{p(x)}\mathrm{d}x\mathrm{d}t\\&\leqslant\int_{Q_T}A\nabla u\mathrm{d}x\mathrm{d}t=\lim_{\varepsilon\to 0}\int_{Q_T}M\left(t,\int_\Omega|\nabla u_\varepsilon|^{p(x)}\mathrm{d}x\right)|\nabla u_\varepsilon|^{p(x)-2}\nabla u_\varepsilon\nabla u\mathrm{d}x\mathrm{d}t,\end{aligned}$$

即

$$\limsup_{\varepsilon\to 0}\int_{Q_T}M\left(t,\int_\Omega|\nabla u_\varepsilon|^{p(x)}\mathrm{d}x\right)|\nabla u_\varepsilon|^{p(x)-2}\nabla u_\varepsilon\nabla(u_\varepsilon-u)\mathrm{d}x\mathrm{d}t\leqslant 0.$$

由于序列$\left\{M\left(t,\int_\Omega|\nabla u_\varepsilon|^{p(x)}\mathrm{d}x\right)\right\}_\varepsilon$在$L^1(Q_T)$中一致有界且等度可积, 所以存在$\{u_\varepsilon\}$的子列与函数$M^*$使得对几乎处处的$t\in[0,T]$, 有$M\left(t,\int_\Omega|\nabla u_\varepsilon|^{p(x)}\mathrm{d}x\right)\to M^*$. 又

$$\left|\left(M\left(t,\int_\Omega|\nabla u_\varepsilon|^{p(x)}\mathrm{d}x\right)-M^*\right)|\nabla u|^{p(x)-2}\nabla u\right|^{p'(x)}\leqslant C|\nabla u|^{p(x)}\in L^1(Q_T),$$

由 Lebesgue 控制收敛定理, 得到

$$M\left(t,\int_{\Omega}|\nabla u_{\varepsilon}|^{p(x)}\,\mathrm{d}x\right)|\nabla u|^{p(x)-2}\nabla u\to M^{*}|\nabla u|^{p(x)-2}\nabla u \text{ 强收敛于 } L^{p'(x)}(Q_T)\text{ 中}.$$

由于

$$\begin{aligned}0&\leqslant\int_{Q_T}M\left(t,\int_{\Omega}|\nabla u_{\varepsilon}|^{p(x)}\,\mathrm{d}x\right)(|\nabla u_{\varepsilon}|^{p(x)-2}\nabla u_{\varepsilon}-|\nabla u|^{p(x)-2}\nabla u)\nabla(u_{\varepsilon}-u)\mathrm{d}x\mathrm{d}t\\&=\int_{Q_T}M\left(t,\int_{\Omega}|\nabla u_{\varepsilon}|^{p(x)}\,\mathrm{d}x\right)|\nabla u_{\varepsilon}|^{p(x)-2}\nabla u_{\varepsilon}\nabla(u_{\varepsilon}-u)\mathrm{d}x\mathrm{d}t\\&\quad-\int_{Q_T}M\left(t,\int_{\Omega}|\nabla u_{\varepsilon}|^{p(x)}\,\mathrm{d}x\right)|\nabla u|^{p(x)-2}\nabla u\nabla(u_{\varepsilon}-u)\mathrm{d}x\mathrm{d}t,\end{aligned}$$

所以,

$$\liminf_{\varepsilon\to0}\int_{Q_T}M\left(t,\int_{\Omega}|\nabla u_{\varepsilon}|^{p(x)}\,\mathrm{d}x\right)|\nabla u_{\varepsilon}|^{p(x)-2}\nabla u_{\varepsilon}\nabla(u_{\varepsilon}-u)\mathrm{d}x\mathrm{d}t\geqslant0.$$

由于 $\nabla u_{\varepsilon}\to\nabla u$ 弱收敛于 $(L^{p(x)}(Q_T))^N$ 中, 有

$$\lim_{\varepsilon\to0}\int_{Q_T}M\left(t,\int_{\Omega}|\nabla u_{\varepsilon}|^{p(x)}\,\mathrm{d}x\right)(|\nabla u_{\varepsilon}|^{p(x)-2}\nabla u_{\varepsilon}-|\nabla u|^{p(x)-2}\nabla u)\nabla(u_{\varepsilon}-u)\mathrm{d}x\mathrm{d}t=0,$$

故 $\nabla u_{\varepsilon}\to\nabla u$ 弱强收敛于 $(L^{p(x)}(Q_T))^N$ 中. 不妨设 $\nabla u_{\varepsilon}\to\nabla u$ a.e. 于 Q_T 中且 $\int_{\Omega}|\nabla u_{\varepsilon}|^{p(x)}\,\mathrm{d}x\to\int_{\Omega}|\nabla u|^{p(x)}\,\mathrm{d}x$　a.e.于 $[0,T]$ 中. 因此,

$$A=\int_{Q_T}M\left(t,\int_{\Omega}|\nabla u|^{p(x)}\,\mathrm{d}x\right)|\nabla u|^{p(x)-2}\nabla u\mathrm{d}x\mathrm{d}t.$$

(3) **解的存在性**　由 Fatou 引理, 有

$$\begin{aligned}&\liminf_{\varepsilon\to0}\int_{Q_T}M\left(t,\int_{\Omega}|\nabla u_{\varepsilon}|^{p(x)}\,\mathrm{d}x\right)|\nabla u_{\varepsilon}|^{p(x)}\,\mathrm{d}x\mathrm{d}t\\&\geqslant\int_{Q_T}M\left(t,\int_{\Omega}|\nabla u|^{p(x)}\,\mathrm{d}x\right)|\nabla u|^{p(x)}\,\mathrm{d}x\mathrm{d}t.\end{aligned}$$

对任意的 $v\in V(Q_T)$ 满足 $\dfrac{\partial v}{\partial t}\in V'(Q_T)$, $v(x,0)=0$, $|\nabla v|\leqslant1$ a.e.于 Q_T 中, 在定义 6.3.2 中, 取 $\varphi=v-u_{\varepsilon}$ 作为检验函数, 则

$$\begin{aligned}&\left\langle\frac{\partial v}{\partial t},v-u_{\varepsilon}\right\rangle_{V(Q_T)}+\int_{Q_T}\left(M\left(t,\int_{\Omega}|\nabla u_{\varepsilon}|^{p(x)}\,\mathrm{d}x\right)|\nabla u_{\varepsilon}|^{p(x)-2}\nabla u_{\varepsilon}\nabla(v-u_{\varepsilon})\right.\\&\left.-f(x,t)(v-u_{\varepsilon})\right)\mathrm{d}x\mathrm{d}t\\&=\frac{1}{\varepsilon}\int_{Q_T}((|\nabla v|^{p(x)-2}-1)^{+}\nabla v-(|\nabla u_{\varepsilon}|^{p(x)-2}-1)^{+}\nabla u_{\varepsilon})\nabla(v-u_{\varepsilon})\mathrm{d}x\mathrm{d}t\\&\quad+\left\langle\frac{\partial(v-u_{\varepsilon})}{\partial t},v-u_{\varepsilon}\right\rangle_{V(Q_T)}\geqslant0,\end{aligned}$$

进而, 有

$$\liminf_{\varepsilon\to 0}\left[\left\langle\frac{\partial v}{\partial t},v-u_\varepsilon\right\rangle_{V(Q_T)}+\int_{Q_T}\left(M\left(t,\int_\Omega|\nabla u_\varepsilon|^{p(x)}\mathrm{d}x\right)|\nabla u_\varepsilon|^{p(x)-2}\nabla u_\varepsilon\nabla v\right.\right.$$
$$\left.\left.-f(x,t)(v-u_\varepsilon)\right)\mathrm{d}x\mathrm{d}t\right]$$
$$\geqslant\int_{Q_T}M\left(t,\int_\Omega|\nabla u|^{p(x)}\mathrm{d}x\right)|\nabla u|^{p(x)}\mathrm{d}x\mathrm{d}t.$$

由于 $M\left(t,\int_\Omega|\nabla u_\varepsilon|^{p(x)}\mathrm{d}x\right)|\nabla u_\varepsilon|^{p(x)-2}\nabla u_\varepsilon\to M\left(t,\int_\Omega|\nabla u|^{p(x)}\mathrm{d}x\right)|\nabla u|^{p(x)-2}\nabla u$ 弱收敛于 $(L^{p'(x)}(Q_T))^N$ 中且 $u_\varepsilon\to u$ 弱收敛于 $V(Q_T)$ 中, 所以

$$\left\langle\frac{\partial v}{\partial t},v-u\right\rangle_{V(Q_T)}+\int_{Q_T}M\left(t,\int_\Omega|\nabla u|^{p(x,t)}\mathrm{d}x\right)|\nabla u|^{p(x)-2}\nabla u\nabla(v-u)\mathrm{d}x\mathrm{d}t$$
$$\geqslant\int_{Q_T}f(x,t)(v-u)\mathrm{d}x\mathrm{d}t.$$

证毕.

6.3.3 抛物型变分不等式解的衍灭行为

下面证明抛物型发展变分不等式解在有限时间内衍灭. 若存在常数 $T_0>0$, 使得当 $t\geqslant T_0$ 时, 有 $\|u(x,t)\|_{L^2(\Omega)}=0$, 则称 u 在有限时间内衍灭.

引理 6.3.1 假设 $g\equiv 0$, 则抛物型变分不等式(6.12)的解 u 满足如下不等式:

$$\frac{1}{2}\cdot\frac{\mathrm{d}}{\mathrm{d}t}\int_\Omega u^2(x,t)\mathrm{d}x+\int_\Omega\left(a(x,t,\nabla u)|\nabla u|^{p(x,t)}+f(x,t,u)u\right)\mathrm{d}x=0\ \text{a.e. }t\in(0,T).$$

证明 取 $t\in(0,T)$, 假设 Δt 足够小使得 $t+\Delta t\in(0,T)$. 在定理 6.3.2 中, 分别取检验函数 $v=u(x,t)\pm u(x,t)\chi_{(0,t)}$ 与 $v=u(x,t)\pm u(x,t)\chi_{(0,t+\Delta t)}$, 则有

$$\left\langle\frac{\partial u}{\partial\tau},u\chi_{(t,t+\Delta t)}\right\rangle_{X(Q_T)}+\int_t^{t+\Delta t}\int_\Omega a(x,\tau,\nabla u)|\nabla u|^{p(x,\tau)}+f(x,\tau,u)u\mathrm{d}x\mathrm{d}\tau=0.$$

由于 $\int_0^T\int_\Omega a(x,t,\nabla u)|\nabla u|^{p(x,t)}\mathrm{d}x\mathrm{d}t<\infty$, $\int_0^T\int_\Omega f(x,t,u)u\mathrm{d}x\mathrm{d}t<\infty$, 所以有

$$\int_0^T\int_\Omega a(x,t,\nabla u)|\nabla u|^{p(x,t)}\mathrm{d}x\mathrm{d}t,\quad\int_0^T\int_\Omega f(x,t,u)u\mathrm{d}x\mathrm{d}t\in L^1(0,T).$$

由 Lebesgue 微分定理, 对几乎处处的 $t\in[0,T]$, 令 $\Delta t\to 0$ 时, 有

$$\lim_{\Delta t\to 0}\frac{1}{\Delta t}\left\langle\frac{\partial u}{\partial\tau},u\chi_{(t,t+\Delta t)}\right\rangle_{X(Q_T)}+\int_\Omega\left(a(x,t,\nabla u)|\nabla u|^{p(x,t)}+f(x,t,u)u\right)\mathrm{d}x=0.$$

$$\int_\Omega u^2(x,t+\Delta t)\mathrm{d}x = 2\left\langle \frac{\partial u}{\partial \tau}, u\chi_{(t,t+\Delta t)} \right\rangle_{X(Q_T)} + \int_\Omega u^2(x,t)\mathrm{d}x.$$

因此，$\int_\Omega u^2(x,t)\mathrm{d}x$ 关于 $t\in(0,T)$ 几乎处处可微且

$$\frac{\mathrm{d}}{\mathrm{d}t}\int_\Omega u^2(x,t)\mathrm{d}x = 2\lim_{\Delta t\to 0}\frac{1}{\Delta t}\left\langle \frac{\partial u}{\partial \tau}, u\chi_{(t,t+\Delta t)} \right\rangle_{X(Q_T)}.$$

证毕.

定理 6.3.5　假设(J1), (J2)成立并且 $g\equiv 0$. 若对任意的 $(x,t)\in Q_T$，有

$$1\leqslant q'(x,t)\leqslant p^*(x,t)=\frac{Np(x,t)}{N-p(x,t)} \quad 且 \quad \frac{1}{p_+}+\frac{1}{q_+}>1,$$

则抛物型变分不等式(6.12)的解在有限时间内衍灭.

证明　任取 $t\in[0,T]$，有

$$1\leqslant q'(x,t)\leqslant p^*(x,t)=\frac{Np(x,t)}{N-p(x,t)}.$$

所以，存在连续嵌入 $W_0^{1,p(x,t)}(\Omega)\to L^{q(x,t)}(\Omega)$. 由 Hölder 不等式，有

$$\begin{aligned}&\int_\Omega u^2(x,t)\mathrm{d}x\leqslant 2\|u\|_{L^{p(x,t)}(\Omega)}\|u\|_{L^{q(x,t)}(\Omega)}\leqslant C\|\nabla u\|_{L^{p(x,t)}(\Omega)}\|u\|_{L^{q(x,t)}(\Omega)}\\ &\leqslant C\max\left\{\left(\int_\Omega\left(|\nabla u|^{p(x,t)}+|u|^{q(x,t)}\right)\mathrm{d}x\right)^{\frac{1}{p_-}+\frac{1}{q_-}},\left(\int_\Omega\left(|\nabla u|^{p(x,t)}+|u|^{q(x,t)}\right)\mathrm{d}x\right)^{\frac{1}{p_+}+\frac{1}{q_+}}\right\}.\end{aligned}$$

因此

$$\int_\Omega\left(|\nabla u|^{p(x,t)}+|u|^{q(x,t)}\right)\mathrm{d}x\geqslant \min\left\{\left(C^{-1}\int_\Omega u^2(x,t)\mathrm{d}x\right)^{\mu_-},\left(C^{-1}\int_\Omega u^2(x,t)\mathrm{d}x\right)^{\mu_+}\right\},$$

其中 $\mu_-=\left(\frac{1}{p_-}+\frac{1}{q_-}\right)^{-1}$，$\mu_+=\left(\frac{1}{p_+}+\frac{1}{q_+}\right)^{-1}$. 由引理 6.3.1，对几乎处处的 $t\in(0,T)$，有

$$\frac{\mathrm{d}}{\mathrm{d}t}\int_\Omega u^2(x,t)\mathrm{d}x+2\min\{a_0,b_2^0\}\min\left\{\left(C^{-1}\int_\Omega u^2(x,t)\mathrm{d}x\right)^{\mu_-},\left(C^{-1}\int_\Omega u^2(x,t)\mathrm{d}x\right)^{\mu_+}\right\}\leqslant 0. \tag{6.24}$$

若 $0<\int_\Omega u_0^2(x)\mathrm{d}x\leqslant C$，则 $\int_\Omega u(x,t)\mathrm{d}x\leqslant C$，进而有

$$\frac{\mathrm{d}}{\mathrm{d}t}\int_\Omega u^2(x,t)\mathrm{d}x+2\min\{a_0,b_2^0\}\left(C^{-1}\int_\Omega u^2(x,t)\mathrm{d}x\right)^{\mu_+}\leqslant 0.$$

记 $C_1 = 2\min\left\{a_0, b_2^0\right\}C^{-\mu_+}$ 与 $T^* = \sup\left\{t \in (0,T) : 0 < \int_\Omega u^2 \mathrm{d}x \leqslant C\right\}$. 上式关于 t 积分可得

$$\int_\Omega u^2(x,t)\mathrm{d}x \leqslant \left[\left(\int_\Omega u_0^2(x)\mathrm{d}x\right)^{1-\mu_+} - C_1(1-\mu_+)t\right]^{\frac{1}{1-\mu_+}}, \quad \forall t \in \left(0, T^*\right).$$

因此，$T^* = \dfrac{1}{C_1(1-\mu_+)}\left(\int_\Omega u_0^2(x)\mathrm{d}x\right)^{1-\mu_+}$ 且当 $t \geqslant T^*$ 时，有 $\int_\Omega u^2(x,t)\mathrm{d}x \equiv 0$.

若 $\int_\Omega u_0^2(x)\mathrm{d}x > C$，则由(6.24)式可得

$$\frac{\mathrm{d}}{\mathrm{d}t}\int_\Omega u^2(x,t)\mathrm{d}x + 2\min\left\{a_0, b_2^0\right\}\left(C^{-1}\int_\Omega u^2(x,t)\mathrm{d}x\right)^{\mu_-} \leqslant 0, \quad \forall t \in \left(0, T_1\right),$$

其中 $T_1 = \sup\left\{t \in \left(0, T\right) : \int_\Omega u^2(x,t)\mathrm{d}x > C\right\}$. 记 $C_2 = 2\min\left\{a_0, b_2^0\right\}C^{-\mu_-}$，由上式有

$$\int_\Omega u^2(x,t)\mathrm{d}x \leqslant \left[\left(\int_\Omega u_0^2(x)\mathrm{d}x\right)^{1-\mu_-} - C_2(1-\mu_-)t\right]^{\frac{1}{1-\mu_-}}, \quad \forall t \in \left(0, T_1\right),$$

因此，$T_1 < \infty$ 且 $\int_\Omega u^2(x, T_1)\mathrm{d}x \leqslant C$. 再由(6.24)式得到

$$\frac{\mathrm{d}}{\mathrm{d}t}\int_\Omega u^2(x,t)\mathrm{d}x + 2\min\left\{a_0, b_2^0\right\}\left(C^{-1}\int_\Omega u^2(x,t)\mathrm{d}x\right)^{\mu_+} \leqslant 0, \quad \forall t \in \left[T_1, T\right).$$

类似于 $\int_\Omega u_0^2(x)\mathrm{d}x \leqslant C$ 的情形，存在 $T_2 \geqslant T_1 > 0$，使得当 $t \geqslant T_2$ 时，有 $\int_\Omega u^2(x,t)\mathrm{d}x = 0$. 证毕.

第 7 章　Young 测度在变指数问题中的应用

自 Young 首次提出 Young 测度后，Young 测度逐渐成为处理弱收敛和非凸变分问题的有力工具，并且在偏微分方程、连续介质力学、铁磁学等方面都有重要的应用.

本章在变指数空间理论的基础上，研究变指数 Lebesgue 空间与 Sobolev 空间中函数序列生成的 Young 测度的基本定理及性质，并利用这一工具研究了几个具变指数增长的问题.

7.1　变指数函数空间中函数列生成的 Young 测度

本节将给出变指数 Lebesgue 空间及变指数 Sobolev 空间中函数序列生成 Young 测度的基本定理，并定义变指数 Sobolev 空间中函数序列生成的一种特殊的 Young 测度，即 $W^{1,p(x)}$-Young 测度. 最后，给出严格的 $p(x)$-拟单调的定义. 关于变指数函数空间中函数列生成 Young 测度的性质将在本节给出.

下面，对 $u:\Omega\subset\mathbb{R}^n\to\mathbb{R}^m$，定义

$$L^{p(x)}(\Omega,\mathbb{R}^m)=\left\{u:|u|\in L^{p(x)}(\Omega,\mathbb{R}^m)\right\}$$

以及

$$W^{1,p(x)}(\Omega,\mathbb{R}^m)=\left\{u:u\in L^{p(x)}(\Omega,\mathbb{R}^m),Du\in L^{p(x)}(\Omega,\mathrm{M}^{m\times n})\right\},$$

其中 $\mathrm{M}^{m\times n}$ 表示 $m\times n$ 阶矩阵构成的向量空间. $\mathrm{M}^{m\times n}$ 中矩阵 M 与矩阵 N 的内积定义为

$$M\circ N=\sum_{1\leqslant i\leqslant m,1\leqslant j\leqslant n}M_{ij}N_{ij}.$$

定理 7.1.1　若序列 $\{u_j\}$ 在 $L^{p(x)}(\Omega,\mathbb{R}^m)$ 中有界，则 $\{u_j\}$ 可生成 Young 测度 ν_x 满足 $\|\nu_x\|=1$ 且存在 $\{u_j\}$ 的子列在 $L^1(\Omega,\mathbb{R}^m)$ 中弱收敛到 $\int_{\mathbb{R}^m}\lambda\mathrm{d}\nu_x(\lambda)$.

证明　由 Young 测度基本定理(文献[139])，$\|\nu_x\|=1$. 由 $L^{p(x)}(\Omega,\mathbb{R}^m)$ 的自反性可知，存在 $\{u_j\}$ 的子列$\left(\text{仍记为}\{u_j\}\right)$在 $L^{p(x)}(\Omega,\mathbb{R}^m)$ 中弱收敛. 进一步，$\{u_j\}$ 在 $L^1(\Omega,\mathbb{R}^m)$ 中弱收敛. 取 φ 为恒等映射 I，有

$$u_j \to \langle \nu_x, I \rangle = \int_{\mathbb{R}^m} \lambda \mathrm{d}\nu_x(\lambda) \text{ 弱收敛于 } L^1(\Omega, \mathbb{R}^m) \text{ 中}.$$

证毕.

定理 7.1.2 令 $|\Omega| < \infty$. 若 $\{u_k\}$ 在 $W_0^{1,p(x)}(\Omega, \mathbb{R}^m)$ 中弱收敛到 u, 则序列 $\{(u_k, Du_k)\}$ 生成 Young 测度 $\delta_{u(x)} \otimes \nu_x$. 进一步, 对几乎处处的 $x \in \Omega$, ν_x 是一个概率测度且 $\langle \nu_x, I \rangle = Du(x)$.

证明 由变指数函数空间的紧嵌入定理可知,

$$u_k \to u \text{ 强收敛于 } L^{p(x)}(\Omega, \mathbb{R}^m) \text{ 中}.$$

进而有, $u_k \to u$ 依测度收敛. 可知, $\{u_k\}$ 生成Young测度 $\delta_{u(x)}$, $\{Du_k\}$ 生成Young测度 ν_x 且 ν_x 为概率测度. 进而序列 $\{(u_k, Du_k)\}$ 生成 Young 测度 $\delta_{u(x)} \otimes \nu_x$.

由于

$$Du_k \to Du \text{ 弱收敛于 } L^{p(x)}(\Omega, \mathrm{M}^{m\times n}) \text{ 中},$$

故 $Du_k \to Du$ 弱收敛于 $L^1(\Omega, \mathrm{M}^{m\times n})$ 中. 由定理 7.1.1, 有 $\langle \nu_x, I \rangle = Du(x)$.证毕.

定义 7.1.1 若 $\{\nu_x\}_{x\in\Omega}$ 是一族支集在 $\mathrm{M}^{m\times n}$ 上的概率测度, 且可由 $W^{1,p(x)}(\Omega, \mathbb{R}^m)$ 中的一列有界序列的梯度生成, 则称 $\{\nu_x\}_{x\in\Omega}$ 为 $W^{1,p(x)}$-Young 测度.

定义 7.1.2 称函数 $\eta: \mathrm{M}^{m\times n} \to \mathrm{M}^{m\times n}$ 是严格 $p(x)$-拟单调的, 是指: 对几乎处处的 $x \in \Omega$, ν_x 是 $W^{1,p(x)}$-Young 测度且 $\nu = \{\nu_x\}_{x\in\Omega}$ 不是 Dirac 测度, 则有

$$\int_\Omega \int_{\mathrm{M}^{m\times n}} (\eta(\lambda) - \eta(\bar{\lambda})) \circ (\lambda - \bar{\lambda}) \mathrm{d}\nu_x(\lambda) \mathrm{d}x > 0,$$

其中 $\bar{\lambda} = \langle \nu_x, I \rangle$.

接下来, 将给出变指数函数空间中序列生成 Young 测度的一些性质.

定理 7.1.3 假设序列 $\{w_j\}$ 及 $\{z_j\}$ 在 $L^{p(x)}(\Omega, \mathbb{R}^m)$ 中有界. 则有

(1) 若当 $j \to \infty$ 时, $\mathrm{meas}\{w_j \neq z_j\} \to 0$, 则 $\{w_j\}$ 与 $\{z_j\}$ 生成的 Young 测度相同;

(2) 若当 $j \to \infty$ 时, $\| w_j - z_j \|_{L^{p(x)}(\Omega, \mathbb{R}^m)} \to 0$, 则 $\{w_j\}$ 与 $\{z_j\}$ 生成的 Young 测度相同.

证明 (1) 只证明对任意的 $\xi \in L^1(\Omega)$ 及 $\varphi \in C_0(\mathbb{R}^m)$, $\int_\Omega \xi(x)\varphi(w_j(x))\mathrm{d}x$ 与 $\int_\Omega \xi(x)\varphi(z_j(x))\mathrm{d}x$ 的极限相同即可. 因此, 当 $j \to \infty$ 时,

$$\left| \int_\Omega \xi(x)\varphi(w_j(x))\mathrm{d}x - \int_\Omega \xi(x)\varphi(z_j(x))\mathrm{d}x \right|$$

$$=\left|\int_{\{w_j\neq z_j\}}\xi(x)\varphi(w_j(x))\mathrm{d}x-\int_{\{w_j\neq z_j\}}\xi(x)\varphi(z_j(x))\mathrm{d}x\right|$$
$$\leqslant\left|\int_{\{w_j\neq z_j\}}\xi(x)\varphi(w_j(x))\mathrm{d}x\right|+\left|\int_{\{w_j\neq z_j\}}\xi(x)\varphi(z_j(x))\mathrm{d}x\right|$$
$$\leqslant\int_{\{w_j\neq z_j\}}2\|\varphi\|_\infty|\xi(x)|\,\mathrm{d}x\to 0.$$

(2) 对任意的 $\xi\in L^1(\Omega)$ 及 $\varphi\in C_0(\mathbb{R}^m)$，有

$$\left|\xi(x)\big(\varphi(w_j(x))-\varphi(z_j(x))\big)\right|\leqslant 2\|\varphi\|_\infty|\xi(x)|.$$

当 $j\to\infty$ 时，$\|w_j-z_j\|_{L^{p(x)}(\Omega,\mathbb{R}^m)}\to 0$，则存在子列，仍记为 $\{w_j-z_j\}$，使得当 $j\to\infty$ 时，$w_j-z_j\to 0$ a.e.于 Ω．因此，$\varphi(w_j(x))-\varphi(z_j(x))\to 0$ a.e.于 Ω．由 Lebesgue 控制收敛定理, 有

$$\lim_{j\to\infty}\int_\Omega\xi(x)\varphi(w_j(x))\mathrm{d}x=\lim_{j\to\infty}\int_\Omega\xi(x)\varphi(z_j(x))\mathrm{d}x.$$

证毕.

例 7.1.1 假设 $\{z_j\}$ 是 $L^{p(x)}(\Omega,\mathbb{R}^m)$ 中的有界序列, 且 $\nu=\{\nu_x\}_{x\in\Omega}$ 是 $\{z_j\}$ 生成的 Young 测度. 考虑截断算子

$$T_k(s)=\begin{cases}s, & |s|<k,\\ \dfrac{ks}{|s|}, & |s|\geqslant k.\end{cases}$$

可知 $\rho(z_j)\leqslant C$．对子列 $k(j)$，当 $j\to\infty$ 时, 有 $k(j)\to\infty$．根据 T_k 的定义, 容易验证 $T_{k(j)}(z_j)$ 生成的 Young 测度也是 ν．

定理 7.1.4 设序列 $\{v_j\}$ 在 $W^{1,p(x)}(\Omega,\mathbb{R}^m)$ 中有界, 并且 $\{\nabla v_j\}$ 生成的 Young 测度是 $\nu=\{\nu_x\}_{x\in\Omega}$，则

(1) 存在 $u\in W^{1,p(x)}(\Omega,\mathbb{R}^m)$ 使得 $\nabla u(x)=\int_{\mathbb{R}^{mN}}\lambda\mathrm{d}\nu_x(\lambda)\in\mathbb{R}^{mN}$；

(2) 存在另外一列 $\{u_k\}$ 在 $W^{1,p(x)}(\Omega,\mathbb{R}^m)$ 中有界，使得 $\{\nabla u_k\}$ 生成同一个 Young 测度 $\nu=\{\nu_x\}_{x\in\Omega}$，并且对任意的 k，$u_k-u\in W_0^{1,p(x)}(\Omega,\mathbb{R}^m)$．进一步，若 $\{|\nabla v_j|^{p(x)}\}$ 等度可积, 则 $\{|\nabla u_k|^{p(x)}\}$ 也等度可积.

证明 (1)由于 $\{v_j\}$ 在 $W^{1,p(x)}(\Omega,\mathbb{R}^m)$ 中有界, 则存在子列, 仍记为 $\{v_j\}$，有 $v_j\to u$ 弱收敛于 $W^{1,p(x)}(\Omega,\mathbb{R}^m)$ 中. 进而有 $\nabla v_j\to\nabla u$ 弱收敛于 $L^{p(x)}(\Omega,\mathbb{R}^{mN})$ 中. 从而有 $\nabla v_j\to\nabla u$ 弱收敛于 $L^1(\Omega,\mathbb{R}^{mN})$ 中. 由于 $\nabla v_j\to\int_{\mathbb{R}^{mN}}\lambda\mathrm{d}\nu_x(\lambda)$ 弱收敛于

$L^1(\Omega,\mathbb{R}^{mN})$ 中. 故 $\nabla u(x)=\int_{\mathbb{R}^{mN}}\lambda \mathrm{d}\nu_x(\lambda)$.

(2) 取截断函数 $\{\eta_k\}$ 满足: 在 $\partial\Omega$ 上, $\eta_k=1$; 在 $\Omega_k=\left\{x\in\Omega: d(x,\partial\Omega)\geqslant\dfrac{1}{k}\right\}$ 内, $\eta_k=0$; 在 Ω 上, $|\nabla\eta_k|\leqslant Ck$.

考察序列 $\{w_{jk}\}$:

$$w_{jk}(x)=\eta_k(x)u(x)+(1-\eta_k(x))v_j(x).$$

显然, 对任意的 j,k, 有 $w_{jk}-u\in W_0^{1,p(x)}(\Omega,\mathbb{R}^m)$. 可取子列 $\{j(k)\}$ 使得 $\left\{\left|\nabla w_{j(k),k}\right|^{p(x)}\right\}$ 在 $L^1(\Omega)$ 中有界, 并且当 $\left\{\left|\nabla v_j\right|^{p(x)}\right\}$ 等度可积时, $\left\{\left|\nabla w_{j(k),k}\right|^{p(x)}\right\}$ 也等度可积. 记 $\left\{w_{j(k),k}\right\}$ 为 $\{u_k\}$. 进而, 当 $k\to\infty$ 时, 有

$$\operatorname{meas}\left\{\nabla v_j(x)\neq\nabla w_{j(k),k}(x)\right\}=\operatorname{meas}\{\eta_k>0\}\to 0.$$

因此, $\{\nabla u_k\}$ 与 $\{\nabla v_j\}$ 生成相同的 Young 测度. 证毕.

定理 7.1.5　设序列 $\{v_j\}$ 在 $W^{1,p(x)}(\Omega,\mathbb{R}^m)$ 中有界, 则存在 Lipschitz 函数列 $\{u_j\}$, 使得对任意的 j, $u_j\in W^{1,\infty}(\Omega,\mathbb{R}^m)$, $\left\{\left|\nabla u_j\right|^{p(x)}\right\}$ 等度可积且 $\{\nabla u_j\}$ 与 $\{\nabla v_j\}$ 生成相同的 $W^{1,p(x)}$-Young 测度.

证明　不妨设 $v_j\to u$ 弱收敛于 $W^{1,p(x)}(\Omega,\mathbb{R}^m)$ 中且 $v_j-u\in W_0^{1,p(x)}(\Omega,\mathbb{R}^m)$. 记 $w_j=v_j-u$, 并将其零延拓至 $\mathbb{R}^N$ 上. 由稠密性知存在序列 $z_j\in C_0^\infty(\mathbb{R}^N,\mathbb{R}^m)$, 使得当 $j\to\infty$ 时, $\left\|w_j-z_j\right\|_{W^{1,p(x)}(\mathbb{R}^N,\mathbb{R}^m)}\to 0$. 故 $\{z_j\}$ 在 $W^{1,p(x)}(\mathbb{R}^N,\mathbb{R}^m)$ 中有界.

考察序列 $\left\{M^*(z_j)\right\}$, 其中

$$M^*(z_j)=M(|z_j|)+M(|\nabla z_j|)$$

且 M 是 Hardy-Littlewood 极大算子, 故 $\left\{M^*(z_j)\right\}$ 在 $L^{p(x)}(\mathbb{R}^N)$ 中有界. 取 $\mu=\{\mu_x\}_{x\in\mathbb{R}^N}$ 为其相应的 Young 测度. 固定 k, $\left\{T_kM^*(z_j)\right\}$ 在 $L^\infty(\mathbb{R}^N)$ 中有界, 并且对任意的 $E\subset\mathbb{R}^N$, 有

$$\int_E|T_kM^*(z_j)|^{p(x)}\,\mathrm{d}x\leqslant\int_E k^{p(x)}\mathrm{d}x\leqslant k^{p_+}\operatorname{meas}E.$$

根据 Dunford-Pettis 准则, 有

$$\lim_{j\to\infty}\int_{\mathbb{R}^N}|T_kM^*(z_j)|^{p(x)}\,\mathrm{d}x=\int_{\mathbb{R}^N}\int_{\mathbb{R}}|T_k(s)|^{p(x)}\,\mathrm{d}\mu_x(s)\mathrm{d}x.$$

由 Levi 定理, 有

$$\lim_{k\to\infty}\int_{\mathbb{R}}|T_k(s)|^{p(x)}\,\mathrm{d}\mu_x(s)=\int_{\mathbb{R}}\lim_{k\to\infty}|T_k(s)|^{p(x)}\,\mathrm{d}\mu_x(s)=\int_{\mathbb{R}}|s|^{p(x)}\,\mathrm{d}\mu_x(s)\triangleq g(x),$$

且 $g\in L^1(\mathbb{R}^N)$. 进而有

$$\lim_{j\to\infty}\int_{\mathbb{R}^N}\int_{\mathbb{R}}|T_k(s)|^{p(x)}\,\mathrm{d}\mu_x(s)\,\mathrm{d}x=\int_{\mathbb{R}^N}g(x)\mathrm{d}x,$$

则有 $\lim\limits_{k\to\infty}\lim\limits_{j\to\infty}\int_{\mathbb{R}^N}|T_kM^*(z_j)|^{p(x)}\,\mathrm{d}x=\lim\limits_{k\to\infty}\int_{\mathbb{R}^N}\int_{\mathbb{R}}|T_k(s)|^{p(x)}\,\mathrm{d}\mu_x(s)\mathrm{d}x=\int_{\mathbb{R}^N}g(x)\mathrm{d}x$.

故存在子列 $k(j)$, 当 $j\to\infty$ 时, $k(j)\to\infty$ 且

$$\lim_{j\to\infty}\int_{\mathbb{R}^N}|T_{k(j)}M^*(z_j)|^{p(x)}\,\mathrm{d}x=\int_{\mathbb{R}^N}g(x)\mathrm{d}x.$$

令 $\varphi_0(x,\lambda)=|\lambda|^{p(x)}$. 对任意的 $\xi\in L^\infty(\mathbb{R}^N)$, 取

$$\varphi(x,\lambda)=\xi(x)|\lambda|^{p(x)},$$

则

$$\int_{\mathbb{R}^N}\xi(x)|T_{k(j)}M^*(z_j)|^{p(x)}\,\mathrm{d}x\to\int_{\mathbb{R}^N}\int_{\mathbb{R}}\xi(x)|s|^{p(x)}\,\mathrm{d}\mu_x(s)\mathrm{d}x=\int_{\mathbb{R}^N}\xi(x)g(x)\mathrm{d}x,$$

即 $|T_{k(j)}M^*(z_j)|^{p(x)}\to g$ 弱收敛于 $L^1(\mathbb{R}^N)$ 中.

令 $A_j=\left\{M^*(z_j)\geqslant k(j)\right\}$. 由于 $\left\{M^*(z_j)\right\}$ 在 $L^{p(x)}(\mathbb{R}^N)$ 中有界且当 $j\to\infty$ 时, $k(j)\to\infty$, $\operatorname{meas}A_j\to 0$, 则存在 Lipschitz 函数 $\bar{u}_j$ 使得在 $\mathbb{R}^N\setminus A_j$ 中, $\bar{u}_j=z_j$ 且对任意的 j, $|\nabla\bar{u}_j|\leqslant C(N)k(j)$. 由于 $\left\{\nabla\bar{u}_j\neq\nabla z_j\right\}\subset A_j$, 根据定理 7.1.3 可知 $\left\{\nabla\bar{u}_j\right\}$ 与 $\left\{\nabla z_j\right\}$ 生成相同的 Young 测度. 又由于 $M^*(z_j)\geqslant|\nabla z_j|$, 则有

$$|\nabla\bar{u}_j|^{p(x)}\leqslant\max\left\{C(N)^{p_-},C(N)^{p_+}\right\}|T_{k(j)}M^*(z_j)|^{p(x)}.$$

由 $\left\{|T_{k(j)}M^*(z_j)|^{p(x)}\right\}$ 的等度可积性, 知 $\left\{|\nabla\bar{u}_j|^{p(x)}\right\}$ 也等度可积. 故取 $u_j=\bar{u}_j|_\Omega+u$ 即可. 证毕.

定理 7.1.6　设 $\Pi=\left\{\Pi_{(x,y)}\right\}$ 为一族支集在 $\mathrm{M}^{m\times N}\times\mathrm{M}^{m\times N}$ 上且由 $\left\{g_j(x,y)\right\}=\left\{\left(\nabla u_j(x),\nabla u_j(y)\right)\right\}$ 生成的 Young 测度, 其中 $\left\{u_j\right\}$ 在 $W^{1,p(x)}(\Omega,\mathbb{R}^m)$ 中有界, 则

$$\Pi_{(x,y)}=\nu_x\otimes\nu_y,\quad (x,y)\in\Omega\times\Omega,$$

其中 $\nu=\left\{\nu_x\right\}$ 是由 $\left\{\nabla u_j\right\}$ 生成的 Young 测度.

证明　取 $\varphi=\varphi_1\varphi_2$, $\theta=\theta_1\theta_2$, 则

$$\int_{\Omega\times\Omega}\theta_1(x)\theta_2(y)\left(\int_{\mathrm{M}^{m\times N}\times\mathrm{M}^{m\times N}}\varphi_1(\lambda_1)\varphi_2(\lambda_2)\mathrm{d}\Pi_{(x,y)}(\lambda_1,\lambda_2)\right)\mathrm{d}x\mathrm{d}y$$
$$=\lim_{j\to\infty}\int_{\Omega\times\Omega}\theta_1(x)\theta_2(y)\varphi(g_j(x,y))\mathrm{d}x\mathrm{d}y$$

$$
\begin{aligned}
&= \lim_{j\to\infty}\int_{\Omega\times\Omega}\theta_1(x)\theta_2(y)\varphi_1(\nabla u_j(x))\varphi_2(\nabla u_j(y))\mathrm{d}x\mathrm{d}y \\
&= \lim_{j\to\infty}\left(\int_{\Omega}\theta_1(x)\varphi_1(\nabla u_j(x))\mathrm{d}x\right)\left(\int_{\Omega}\theta_2(y)\varphi_2(\nabla u_j(y))\mathrm{d}y\right) \\
&= \int_{\Omega}\theta_1(x)\int_{\mathrm{M}^{m\times N}}\varphi_1(\lambda_1)\mathrm{d}\nu_x(\lambda_1)\,\mathrm{d}x\int_{\Omega}\theta_2(y)\int_{\mathrm{M}^{m\times N}}\varphi_2(\lambda_2)\mathrm{d}\nu_y(\lambda_2)\mathrm{d}y \\
&= \int_{\Omega\times\Omega}\theta_1(x)\theta_2(y)\int_{\mathrm{M}^{m\times N}\times\mathrm{M}^{m\times N}}\varphi_1(\lambda_1)\varphi_2(\lambda_2)\mathrm{d}(\nu_x\otimes\nu_y)(\lambda_1,\lambda_2)\mathrm{d}x\mathrm{d}y.
\end{aligned}
$$

根据上述结果, 对任意的连续函数 ψ, 若 $\{\psi(\nabla u_j(x),\nabla u_j(y))\}_j$ 在 $L^1(\Omega\times\Omega)$ 中弱收敛, 则有

$$
\begin{aligned}
&\lim_{j\to\infty}\int_{\Omega\times\Omega}\psi(\nabla u_j(x),\nabla u_j(y))\mathrm{d}x\mathrm{d}y \\
&= \int_{\Omega\times\Omega}\int_{\mathrm{M}^{m\times N}\times\mathrm{M}^{m\times N}}\psi(\lambda_1,\lambda_2)\mathrm{d}\nu_x(\lambda_1)\mathrm{d}\nu_y(\lambda_2)\mathrm{d}x\mathrm{d}y.
\end{aligned}
$$

证毕.

7.2 具变指数增长的非局部变分问题

本节主要考察下述积分泛函

$$
J(u)=\int_{\Omega\times\Omega}W(x,y,\nabla u(x),\nabla u(y))\mathrm{d}x\mathrm{d}y, \tag{7.1}
$$

其中 $\Omega\subset\mathbb{R}^N$ 为有界的正则开集, $u\in W^{1,p(x)}(\Omega,\mathbb{R}^m)$ 且 $p(x)$ 是 $\overline{\Omega}$ 上的 Lipschitz 连续函数, 满足 $1<p_-\leqslant p(x)\leqslant p_+<\infty$. 函数 $W(x,y,\lambda_1,\lambda_2):\mathbb{R}^N\times\mathbb{R}^N\times\mathbb{R}^{mN}\times\mathbb{R}^{mN}\to\mathbb{R}$ 分别关于 x,y 可测, 关于 λ_1,λ_2 连续并且满足如下增长条件:

$$
c(|\lambda_1|^{p(x)}+|\lambda_2|^{p(x)}-1)\leqslant W(x,y,\lambda_1,\lambda_2)\leqslant C(|\lambda_1|^{p(x)}+|\lambda_2|^{p(x)}-1). \tag{7.2}
$$

当 $p(x)$ 是常数时, Pedregal 在文献[140]中研究过上述问题. 通常, 当被积函数 W 缺少凸性条件时, 利用直接变分法得不到积分泛函的极值和极值点. 本节想得到一个极小值存在的等价的变分问题, 并且这个松弛问题的极小值点存在. 对于局部变分问题通常可以用 W 的凸包来代替 W, 从而建立等价的变分问题. 而对于非局部的情况, 是无法用凸包来代替原被积函数的. 相关工作可参考文献[141-147].

定理 7.2.1 假设条件(7.2)成立, 泛函 J 在 $W^{1,p(x)}(\Omega,\mathbb{R}^m)$ 中弱下半连续当且仅当对任意的 $W^{1,p(x)}$-Young 测度 $\nu=\{\nu_x\}_{x\in\Omega}$, 有

$$
\begin{aligned}
&\int_{\Omega}\int_{\Omega}W\left(x,y,\int_{\mathrm{M}^{m\times N}}\lambda_1\mathrm{d}\nu_x(\lambda_1),\int_{\mathrm{M}^{m\times N}}\lambda_2\mathrm{d}\nu_y(\lambda_2)\right)\mathrm{d}x\mathrm{d}y \\
&\leqslant \int_{\Omega\times\Omega}\int_{\mathrm{M}^{m\times N}\times\mathrm{M}^{m\times N}}W(x,y,\lambda_1,\lambda_2)\mathrm{d}\nu_x(\lambda_1)\mathrm{d}\nu_y(\lambda_2)\mathrm{d}x\mathrm{d}y.
\end{aligned} \tag{7.3}
$$

证明　必要性. 对任意的$W^{1,p(x)}$-Young 测度ν可由$W^{1,p(x)}(\Omega,\mathbb{R}^m)$中的有界序列$\{u_j\}$的梯度生成. 不妨设$u_j \to u$弱收敛于$W^{1,p(x)}(\Omega,\mathbb{R}^m)$中. 由定理 7.1.4 可知$\nabla u(x)=\int_{\mathbb{M}^{m\times N}}\lambda \mathrm{d}\nu_x(\lambda)$.

由定理 7.1.5, 存在另外的序列$\{\overline{u}_j\}$使得$\left\{\left|\nabla \overline{u}_j\right|^{p(x)}\right\}$在$L^1(\Omega)$中弱收敛, 且$\{\nabla u_j\}$与$\{\nabla \overline{u}_j\}$生成的 Young 测度相同. 不妨设$\overline{u}_j \to u$弱收敛于$W^{1,p(x)}(\Omega,\mathbb{R}^m)$中. 事实上, 若$\overline{u}_j \to \overline{u} \neq u$弱收敛于$W^{1,p(x)}(\Omega,\mathbb{R}^m)$中, 由定理 7.1.4 有

$$\nabla \overline{u}(x)=\int_{\mathbb{M}^{m\times N}}\lambda \mathrm{d}\nu_x(\lambda)=\nabla u(x),$$

则$\overline{u}_j-\overline{u}+u \to u$弱收敛于$W^{1,p(x)}(\Omega,\mathbb{R}^m)$中且$\left\{\left|\nabla\left(\overline{u}_j-\overline{u}+u\right)\right|^{p(x)}\right\}$也在$L^1(\Omega)$中弱收敛. 在下面的证明中, 取$\{\overline{u}_j-\overline{u}+u\}$即可.

由于$J(u)$弱下半连续, 由条件(7.2)有

$$\begin{aligned}
&\int_\Omega\int_\Omega W\left(x,y,\int_{\mathbb{M}^{m\times N}}\lambda_1 \mathrm{d}\nu_x(\lambda_1),\int_{\mathbb{M}^{m\times N}}\lambda_2 \mathrm{d}\nu_y(\lambda_2)\right)\mathrm{d}x\mathrm{d}y\\
=&\int_\Omega\int_\Omega W(x,y,\nabla u(x),\nabla u(y))\mathrm{d}x\mathrm{d}y\\
\leqslant&\lim_{j\to\infty}\int_\Omega\int_\Omega W(x,y,\nabla \overline{u}_j(x),\nabla \overline{u}_j(y))\mathrm{d}x\mathrm{d}y\\
=&\int_{\Omega\times\Omega}\int_{\mathbb{M}^{m\times N}\times\mathbb{M}^{m\times N}} W(x,y,\lambda_1,\lambda_2)\mathrm{d}\nu_x(\lambda_1)\mathrm{d}\nu_y(\lambda_2)\mathrm{d}x\mathrm{d}y.
\end{aligned}$$

充分性. 若$u_j \to u$弱收敛于$W^{1,p(x)}(\Omega,\mathbb{R}^m)$中, 则$\{u_j\}$可生成一族$W^{1,p(x)}$-Young 测度$\nu=\{\nu_x\}_{x\in\Omega}$且$\nabla u(x)=\int_{\mathbb{M}^{m\times N}}\lambda \mathrm{d}\nu_x(\lambda)$. 由(7.3)知,

$$\begin{aligned}
&\lim_{j\to\infty}\int_\Omega\int_\Omega W(x,y,\nabla u_j(x),\nabla u_j(y))\mathrm{d}x\mathrm{d}y\\
\geqslant&\int_{\Omega\times\Omega}\int_{\mathbb{M}^{m\times N}\times\mathbb{M}^{m\times N}} W(x,y,\lambda_1,\lambda_2)\mathrm{d}\nu_x(\lambda_1)\mathrm{d}\nu_y(\lambda_2)\mathrm{d}x\mathrm{d}y\\
\geqslant&\int_\Omega\int_\Omega W\left(x,y,\int_{\mathbb{M}^{m\times N}}\lambda_1 \mathrm{d}\nu_x(\lambda_1),\int_{\mathbb{M}^{m\times N}}\lambda_2 \mathrm{d}\nu_y(\lambda_2)\right)\mathrm{d}x\mathrm{d}y\\
=&\int_\Omega\int_\Omega W(x,y,\nabla u(x),\nabla u(y))\mathrm{d}x\mathrm{d}y.
\end{aligned}$$

证毕.

定理 7.2.2　假设条件(7.2)成立. 设$u_j \to u$弱收敛于$W^{1,p(x)}(\Omega,\mathbb{R}^m)$中且$\nu=\{\nu_x\}_{x\in\Omega}$是由$\{\nabla u_j\}$(必要时可取子列)生成的$W^{1,p(x)}$-Young 测度, 则对任意的可测子集$E\subset\Omega$, 有

$$\int_E\int_E W(x,y,\nabla u(x),\nabla u(y))\mathrm{d}x\mathrm{d}y$$
$$\leqslant \liminf_{j\to\infty}\int_E\int_E W(x,y,\nabla u_j(x),\nabla u_j(y))\mathrm{d}x\mathrm{d}y \tag{7.4}$$

当且仅当

$$W(x,y,\nabla u(x),\nabla u(y))$$
$$\leqslant \int_{\mathrm{M}^{m\times N}\times\mathrm{M}^{m\times N}} W(x,y,\lambda_1,\lambda_2)\mathrm{d}\nu_x(\lambda_1)\mathrm{d}\nu_y(\lambda_2),\quad \text{a.e.}\,(x,y)\in\Omega\times\Omega. \tag{7.5}$$

证明 必要性. 由条件(7.2)及$\{u_j\}$在$W^{1,p(x)}(\Omega,\mathbb{R}^m)$中的弱收敛性, 可知$\{W(x,y,\nabla u_j(x),\nabla u_j(y))\}$在$L^1(\Omega\times\Omega)$中有界. 故存在可测集列$\{\Omega_k\}$使得对任意的$k$, 有$\Omega_{k+1}\subset\Omega_k$, $\lim\limits_{k\to\infty}\text{meas}\,\Omega_k=0$且有

$$W(x,y,\nabla u_j(x),\nabla u_j(y))\to\int_{\mathrm{M}^{m\times N}\times\mathrm{M}^{m\times N}} W(x,y,\lambda_1,\lambda_2)\mathrm{d}\nu_x(\lambda_1)\mathrm{d}\nu_y(\lambda_2)$$

在$L^1((\Omega\setminus\Omega_k)\times(\Omega\setminus\Omega_k))$中成立. 由(7.4)式知

$$\int_{E\setminus\Omega_k}\int_{E\setminus\Omega_k} W(x,y,\nabla u(x),\nabla u(y))\mathrm{d}x\mathrm{d}y$$
$$\leqslant \liminf_{j\to\infty}\int_{E\setminus\Omega_k}\int_{E\setminus\Omega_k} W(x,y,\nabla u_j(x),\nabla u_j(y))\mathrm{d}x\mathrm{d}y$$
$$=\int_{(E\setminus\Omega_k)\times(E\setminus\Omega_k)}\int_{\mathrm{M}^{m\times N}\times\mathrm{M}^{m\times N}} W(x,y,\lambda_1,\lambda_2)\mathrm{d}\nu_x(\lambda_1)\mathrm{d}\nu_y(\lambda_2)\mathrm{d}x\mathrm{d}y.$$

由条件(7.2)及(7.4)式有

$$\int_{\mathrm{M}^{m\times N}\times\mathrm{M}^{m\times N}} W(x,y,\lambda_1,\lambda_2)\mathrm{d}\nu_x(\lambda_1)\mathrm{d}\nu_y(\lambda_2)\in L^1(\Omega\times\Omega)$$

且

$$W(x,y,\nabla u(x),\nabla u(y))\in L^1(\Omega\times\Omega).$$

因此

$$\lim_{k\to\infty}\int_{\Omega_k\times\Omega_k}\int_{\mathrm{M}^{m\times N}\times\mathrm{M}^{m\times N}} W(x,y,\lambda_1,\lambda_2)\mathrm{d}\nu_x(\lambda_1)\mathrm{d}\nu_y(\lambda_2)\mathrm{d}x\mathrm{d}y=0$$

且

$$\lim_{k\to\infty}\int_{\Omega_k}\int_{\Omega_k} W(x,y,\nabla u(x),\nabla u(y))\mathrm{d}x\mathrm{d}y=0.$$

进而有

$$\int_E\int_E W(x,y,\nabla u(x),\nabla u(y))\mathrm{d}x\mathrm{d}y$$
$$\leqslant \int_{E\times E}\int_{\mathrm{M}^{m\times N}\times\mathrm{M}^{m\times N}} W(x,y,\lambda_1,\lambda_2)\mathrm{d}\nu_x(\lambda_1)\mathrm{d}\nu_y(\lambda_2)\mathrm{d}x\mathrm{d}y.$$

必要性得证.

充分性. 由于 $W(x,y,\nabla u(x),\nabla u(y))\leqslant\int_{\mathbb{M}^{m\times N}\times\mathbb{M}^{m\times N}}W(x,y,\lambda_1,\lambda_2)\mathrm{d}\nu_x(\lambda_1)\mathrm{d}\nu_y(\lambda_2)$ a.e. $(x,y)\in\Omega\times\Omega$. 则有

$$\begin{aligned}&\int_{E\times E}\int_{\mathbb{M}^{m\times N}\times\mathbb{M}^{m\times N}}W(x,y,\lambda_1,\lambda_2)\mathrm{d}\nu_x(\lambda_1)\mathrm{d}\nu_y(\lambda_2)\mathrm{d}x\mathrm{d}y\\&\leqslant\liminf_{j\to\infty}\int_E\int_E W(x,y,\nabla u_j(x),\nabla u_j(y))\mathrm{d}x\mathrm{d}y.\end{aligned}$$

充分性得证. 证毕.

以上讨论了泛函(7.1)的弱下半连续性, 接下来考察泛函的松弛. 在数学物理的许多模型中, 需考虑如下积分泛函:

$$J(u)=\int_\Omega\int_\Omega W(x,y,\nabla u(x),\nabla u(y))\mathrm{d}x\mathrm{d}y,\ u\in W^{1,p(x)}(\Omega,\mathbb{R}^m),\ u-u_0\in W_0^{1,p(x)}(\Omega,\mathbb{R}^m),$$

其中 $u_0\in W^{1,p(x)}(\Omega,\mathbb{R}^m)$. 关于 Young 测度的能量泛函定义为

$$\overline{J}(\mu)=\int_{\Omega\times\Omega}\int_{\mathbb{M}^{m\times N}\times\mathbb{M}^{m\times N}}W(x,y,\lambda_1,\lambda_2)\mathrm{d}\nu_x(\lambda_1)\mathrm{d}\nu_y(\lambda_2)\mathrm{d}x\mathrm{d}y,$$

其中 μ 是由 $W^{1,p(x)}(\Omega,\mathbb{R}^m)$ 中有界序列的梯度序列生成的 $W^{1,p(x)}$-Young 测度, 且存在 $u\in W^{1,p(x)}(\Omega,\mathbb{R}^m)$ 使得 $\nabla u(x)=\int_{\mathbb{M}^{m\times N}}\lambda\mathrm{d}\nu_x(\lambda)$, $u-u_0\in W_0^{1,p(x)}(\Omega,\mathbb{R}^m)$. 定义

$$\mathrm{A}=\left\{u\in W^{1,p(x)}(\Omega,\mathbb{R}^m):u-u_0\in W_0^{1,p(x)}(\Omega,\mathbb{R}^m)\right\}$$

及

$$\overline{\mathrm{A}}=\Big\{\mu\text{是}W^{1,p(x)}-\text{Young测度}:\exists u\in W^{1,p(x)}(\Omega,\mathbb{R}^m),\nabla u(x)=\int_{\mathbb{M}^{m\times N}}\lambda\mathrm{d}\nu_x(\lambda)$$

$$\text{且}u-u_0\in W_0^{1,p(x)}(\Omega,\mathbb{R}^m)\Big\}.$$

定理 7.2.3　令

$$m=\inf\{J(u):u\in\mathrm{A}\}\tag{7.6}$$

及

$$\overline{m}=\inf\left\{\overline{J}(u):u\in\overline{\mathrm{A}}\right\},\tag{7.7}$$

则 $m=\overline{m}$ 且 $\overline{m}$ 可达.

证明　将分三步完成证明.

第一步　(7.6)式存在极小化序列 $\{u_j\}$ 使得 $\left\{|\nabla u_j|^{p(x)}\right\}$ 在 $L^1(\Omega)$ 中弱收敛. 令 $\{v_j\}$ 是极小化序列. 可知, $\{v_j\}$ 是 $W^{1,p(x)}(\Omega,\mathbb{R}^m)$ 中的有界序列. 令 $\nu=\{\nu_x\}_{x\in\Omega}$ 表示其梯度序列生成的 Young 测度, 则存在另一列 $\{w_j\}$ 使得 $\left\{|\nabla w_j|^{p(x)}\right\}$ 在 $L^1(\Omega)$ 中弱收敛, 且 $\{\nabla v_j\}$ 与 $\{\nabla w_j\}$ 生成的 Young 测度相同. 选取适当的子列, 假设 $v_j\to u$ 弱收敛于 $W^{1,p(x)}(\Omega,\mathbb{R}^m)$ 中且 $w_j\to u$ 弱收敛于 $W^{1,p(x)}(\Omega,\mathbb{R}^m)$ 中. 事实上, 若

$w_j \to w \neq u$，则有 $\nabla w = \int_{\mathrm{M}^{m\times N}} \mathrm{A} \mathrm{d}\nu_x(\mathrm{A}) = \nabla u$，取 $\{w_j - w + u\}$ 即可.

由定理 7.1.4，存在 $\{u_j\} \subset W^{1,p(x)}(\Omega, \mathbb{R}^m)$ 使得 $u_j - u \in W_0^{1,p(x)}(\Omega, \mathbb{R}^m)$，则 $\{\nabla u_j\}$ 与 $\{\nabla w_j\}$ 生成同一个 Young 测度并且 $\{|\nabla u_j|^{p(x)}\}$ 等度可积. 由于 $v_j \in \mathrm{A}$ 且 A 弱闭，有 $u \in \mathrm{A}$. 进而 $u_j \in \mathrm{A}$. 由于 $\{v_j\}$ 是(7.6)式的极小化序列，则有

$$
\begin{aligned}
&\int_{\Omega\times\Omega}\int_{\mathrm{M}^{m\times N}\times\mathrm{M}^{m\times N}} W(x,y,\lambda_1,\lambda_2)\mathrm{d}\nu_x(\lambda_1)\mathrm{d}\nu_y(\lambda_2)\mathrm{d}x\mathrm{d}y \\
&\leqslant \lim_{j\to\infty} J(v_j) \leqslant \lim_{j\to\infty} J(u_j) \\
&= \int_{\Omega\times\Omega}\int_{\mathrm{M}^{m\times N}\times\mathrm{M}^{m\times N}} W(x,y,\lambda_1,\lambda_2)\mathrm{d}\nu_x(\lambda_1)\mathrm{d}\nu_y(\lambda_2)\mathrm{d}x\mathrm{d}y.
\end{aligned}
$$

所以 $\{u_j\}$ 也是一个极小化序列.

第二步 证明 $m = \bar{m}$. 由第一步可知 $\nu \in \overline{\mathrm{A}}$ 且

$$
\begin{aligned}
m &= \lim_{j\to\infty} J(u_j) = \lim_{j\to\infty}\int_{\Omega}\int_{\Omega} W(x,y,\nabla u_j(x),\nabla u_j(y))\mathrm{d}x\mathrm{d}y \\
&= \int_{\Omega\times\Omega}\int_{\mathrm{M}^{m\times N}\times\mathrm{M}^{m\times N}} W(x,y,\lambda_1,\lambda_2)\mathrm{d}\nu_x(\lambda_1)\mathrm{d}\nu_y(\lambda_2)\mathrm{d}x\mathrm{d}y \geqslant \bar{m}.
\end{aligned}
$$

另外，对任意的 $\mu \in \overline{\mathrm{A}}$，存在 $W^{1,p(x)}(\Omega, \mathbb{R}^m)$ 的有界序列 $\{u_j\}$ 使得 $u_j \in \mathrm{A}$. 假设 $u_j \to u$ 弱收敛且 $\{|\nabla u_j|^{p(x)}\}$ 等度可积. 则有

$$
\begin{aligned}
m &\leqslant \lim_{j\to\infty} J(u_j) \\
&= \int_{\Omega\times\Omega}\int_{\mathrm{M}^{m\times N}\times\mathrm{M}^{m\times N}} W(x,y,\lambda_1,\lambda_2)\mathrm{d}\nu_x(\lambda_1)\mathrm{d}\nu_y(\lambda_2)\mathrm{d}x\mathrm{d}y.
\end{aligned}
$$

由 μ 的任意性，知 $m \leqslant \bar{m}$.

第三步 存在 ν 使得 $\bar{J}(\nu) = \inf \bar{J}(\mu)$. 若 $\{u_j\}$ 是(7.6)式的极小化序列，假设 $\{|\nabla u_j|^{p(x)}\}$ 等度可积且相应的 Young 测度 $\nu \in \mathrm{A}$. 则有

$$
\begin{aligned}
\bar{m} &= m = \lim_{j\to\infty} J(u_j) \\
&= \int_{\Omega\times\Omega}\int_{\mathrm{M}^{m\times N}\times\mathrm{M}^{m\times N}} W(x,y,\lambda_1,\lambda_2)\mathrm{d}\nu_x(\lambda_1)\mathrm{d}\nu_y(\lambda_2)\mathrm{d}x\mathrm{d}y.
\end{aligned}
$$

故 ν 是(7.7)式的极小值点. 证毕.

7.3 具变指数增长的拟线性椭圆问题

本节主要讨论如下拟线性椭圆方程组的 Dirichlet 问题:

$$\begin{cases}-\operatorname{div}\sigma(x,u,Du)=f, & x\in\Omega,\\ u=0, & x\in\partial\Omega,\end{cases}\tag{7.8}$$

其中$\Omega\subset\mathbb{R}^n$为有界区域，$f\in\left(W_0^{1,p(x)}(\Omega,\mathbb{R}^m)\right)^*$，$p(x)$是$\overline{\Omega}$上的 Lipschitz 连续函数且$1<p_-\leqslant p(x)\leqslant p_+$，$\sigma$满足如下条件:

(L1) (连续性条件)　$\sigma:\Omega\times\mathbb{R}^m\times\mathrm{M}^{m\times n}\to\mathrm{M}^{m\times n}$是 Carathéodory 函数.

(L2) (增长及强制条件)　存在$c_1\geqslant 0$, $c_2>0$, $0<a\in L^{p'(x)}(\Omega)$，$b\in L^1(\Omega)$且$\dfrac{p(x)-1}{p(x)}<q(x)<\dfrac{n(p(x)-1)}{n-p(x)}$，使得

$$\left|\sigma(x,u,\xi)\right|\leqslant a(x)+c_1(|u|^{q(x)}+|\xi|^{p(x)-1}),$$
$$\sigma(x,u,\xi)\circ\xi\geqslant -b(x)+c_2|\xi|^{p(x)}.$$

(L3) (单调性条件)　σ满足下列条件之一:

(1) 对任意的$x\in\Omega$及$u\in\mathbb{R}^m$，$\xi\mapsto\sigma(x,u,\xi)$是$C^1$的并且单调，即对任意的$x\in\Omega$及$u\in\mathbb{R}^m$，$\xi,\eta\in\mathrm{M}^{m\times n}$，有

$$\left(\sigma(x,u,\xi)-\sigma(x,u,\eta)\right)\circ(\xi-\eta)\geqslant 0;$$

(2) 存在函数$W:\Omega\times\mathbb{R}^m\times\mathrm{M}^{m\times n}\to\mathbb{R}$使得

$$\sigma(x,u,\xi)=D_\xi W(x,u,\xi)\text{ 且 }\xi\mapsto W\ (x,u,\xi)$$

是凸的，并且是C^1的;

(3) σ关于ξ严格单调，即σ单调并且当$\xi\neq\eta$时，有

$$\left(\sigma(x,u,\xi)-\sigma(x,u,\eta)\right)\circ(\xi-\eta)\neq 0;$$

(4) σ关于ξ严格$p(x)$-拟单调.

当$p(x)$为常数时，Hungerbühler 在文献[148]中研究了上述问题. 本节将其结果推广到σ满足变指数增长及强制条件的情形. 经典的 Leray-Lions 算子方法及其他典型的单调算子方法通常要求严格单调或者关于变元对(u,ξ)单调(文献[149-153]及其参考文献). 在(L3)中，本节不要求σ的严格单调性或者对(u,ξ)单调，只需对第三变元单调.

本节将利用 Galerkin 方法构造问题(7.8)的逼近解. 下面，简便起见，记

$$\|\cdot\|_{W_0^{1,p(x)}(\Omega,\mathbb{R}^m)}=\|\cdot\|_W,\quad \|\cdot\|_{(W_0^{1,p(x)}(\Omega,\mathbb{R}^m))^*}=\|\cdot\|_{W^{-1,p'(x)}}.$$

令$V_1\subset V_2\subset\cdots\subset W_0^{1,p(x)}(\Omega,\mathbb{R}^m)$为一列有限维子空间，而且$\bigcup\limits_{i\in\mathbb{N}}V_i$在$W_0^{1,p(x)}(\Omega,\mathbb{R}^m)$中稠密. 定义空间$W_0^{1,p(x)}(\Omega,\mathbb{R}^m)$到$\left(W_0^{1,p(x)}(\Omega,\mathbb{R}^m)\right)^*$上的算子

$$J(u)=\int_\Omega\sigma(x,u,Du)\circ Dw\mathrm{d}x-\langle f,w\rangle,$$

其中 $\langle\cdot,\cdot\rangle$ 表示 $W_0^{1,p(x)}(\Omega,\mathbb{R}^m)$ 与 $\left(W_0^{1,p(x)}(\Omega,\mathbb{R}^m)\right)^*$ 之间的对偶, 且 σ 满足条件(L1)—(L3).

引理 7.3.1 对任意的 $u\in W_0^{1,p(x)}(\Omega,\mathbb{R}^m)$, $J(u)$ 为有界线性泛函.

证明 由条件(L2), 有

$$\int_\Omega|\sigma(x,u,Du)|^{p'(x)}\,\mathrm{d}x\leqslant C\int_\Omega(|a(x)|^{p'(x)}+|u|^{p'(x)q(x)}+|Du|^{(p(x)-1)p'(x)})\mathrm{d}x<\infty .$$

对任意的 $w\in W_0^{1,p(x)}(\Omega,\mathbb{R}^m)$ 有

$$\left|\langle J(u),w\rangle\right|\leqslant\int_\Omega|\sigma(x,u,Du)|\cdot|Dw|\,\mathrm{d}x+\left|\langle f,w\rangle\right|\leqslant C\|w\|_W .$$

故 $J(u)$ 为有界线性泛函. 证毕.

引理 7.3.2 J 在 $W_0^{1,p(x)}(\Omega,\mathbb{R}^m)$ 的有限维子空间上的限制是连续的.

证明 有

$$\begin{aligned}\|J(u_k)-J(u)\|_{W^{-1,p'(x)}}&=\sup_{\|w\|=1}\left|\langle J(u_k),w\rangle-\langle J(u),w\rangle\right|\\&\leqslant C\|\sigma(x,u_k,Du_k)-\sigma(x,u,Du)\|_{L^{p'(x)}(\Omega,\mathbb{M}^{m\times n})} .\end{aligned}$$

由条件(L1)及(L2), 易得连续性. 证毕.

取 $k\in\mathbb{N}$, 假设 V_k 的维数是 r 且 $\phi_1,\cdots,\phi_r$ 是 V_k 的基. 方便起见, 在下面的讨论中, 记 $\sum_{i=1}^{r}a^i\phi_i=a^i\phi_i$. 定义

$$G:\mathbb{R}^r\to\mathbb{R}^r,\qquad \begin{pmatrix}a^1\\a^2\\\vdots\\a^r\end{pmatrix}\mapsto\begin{pmatrix}\langle J(a^i\phi_i),\phi_1\rangle\\\langle J(a^i\phi_i),\phi_2\rangle\\\vdots\\\langle J(a^i\phi_i),\phi_r\rangle\end{pmatrix}.$$

引理 7.3.3 G 连续且当 $\|a\|_{\mathbb{R}^r}\to\infty$ 时, $G(a)\cdot a\to\infty$, 其中 “$\cdot$” 表示 $\mathbb{R}^r$ 中两个向量的内积.

证明 只需证明当 $a_l\to a_0$ 时, 有 $G(a_l)\to G(a_0)$. 令 $u_l=a_l^i\phi_i\in V_k$, $u_0=a_0^i\phi_i\in V_k$, 则 $\|a_l\|_{\mathbb{R}^r}$ 等价于 $\|u_l\|_W$, 以及 $\|a_0\|_{\mathbb{R}^r}$ 等价于 $\|u_0\|_W$.

因此, 有

$$\begin{aligned}&\left|\left(G(a_l)-G(a)\right)_j\right|\\&=\left|\langle J(a_l^i\phi_i)-J(a_0^i\phi_i),\phi_j\rangle\right|\\&\leqslant\|J(u_l)-J(u_0)\|_{W^{-1,p'(x)}}\|\phi_j\|_W .\end{aligned}$$

由于 J 在有限维子空间上连续，故 G 连续. 取 $u = a^i\phi_i \in V_k$，$\|a\|_{\mathbb{R}^r} \to \infty$ 等价于 $\|u\|_W \to \infty$. 则当 $\|u\|_W \to \infty$ 时，有

$$\begin{aligned} G(a)\cdot a &= \left\langle J(a^i\phi_i), a^i\phi_i \right\rangle = \left\langle J(u), u \right\rangle \\ &\geqslant \int_\Omega \left(-b(x) + c_2 \,|\, Du\,|^{p(x)}\right) \mathrm{d}x - \|f\|_{W^{-1,p'(x)}} \|u\|_W \\ &\geqslant C + C\|u\|_W^{p^-} - \|f\|_{W^{-1,p'(x)}} \|u\|_W \to \infty. \end{aligned}$$

证毕.

在构造 Galerkin 逼近解时，需要如下引理，具体可参见文献[153].

引理 7.3.4　令 B 是 $\mathbb{R}^r$ 中的闭球，$\phi: B \to \mathbb{R}^r$，使得对任意的 $\lambda \geqslant 0$ 以及 $x \in \partial B$，有 $\phi(x) + \lambda x \neq 0$，则 $\phi(x) = 0$ 在 B 内有一个解.

引理 7.3.5　对任意的 $k \in \mathbb{N}$，存在 $u_k \in V_k$ 使得

$$\left\langle J(u_k), v \right\rangle = 0, \quad v \in V_k .$$

证明　由引理 7.3.3，存在 $R > 0$，使得对任意的 $a \in \partial B_R(0) \subset \mathbb{R}^r$，有 $G(a)\cdot a > 0$. 再由引理 7.3.4 知 $G(x) = 0$ 存在一个解 $x \in B_R(0)$. 因此，对任意的 k，存在 $u_k \in V_k$ 使得结论成立. 证毕.

构造 Galerkin 逼近序列 $u_k \in V_k$，有 $\|u_k\|_W \leqslant R$. 选子列仍记为 $\{u_k\}$，使得 $u_k \to u$ 弱收敛在 $W_0^{1,p(x)}(\Omega, \mathbb{R}^m)$ 中. 进而有 $u_k \to u$ 在 $L^{p(x)}(\Omega, \mathbb{R}^m)$ 中，$u_k \to u$ 依测度收敛，$Du_k \to Du$ 在 $L^{p(x)}(\Omega, \mathrm{M}^{m\times n})$ 中. 可知序列 $\{(u_k, Du_k)\}$ 生成 Young 测度 $\delta_{u(x)} \otimes \nu_x$. 进而，对几乎处处的 $x \in \Omega$，ν_x 为概率测度且 $\langle \nu_x, I \rangle = Du(x)$.

引理 7.3.6　对上述 $\{u_k\} \subset W_0^{1,p(x)}(\Omega, \mathbb{R}^m)$，$\nu_x$ 以及 σ，有如下不等式成立:

$$\int_\Omega \int_{\mathrm{M}^{m\times n}} \sigma(x,u,\lambda) \circ \lambda \mathrm{d}\nu_x(\lambda)\, \mathrm{d}x \leqslant \int_\Omega \int_{\mathrm{M}^{m\times n}} \sigma(x,u,\lambda) \circ Du \mathrm{d}\nu_x(\lambda)\, \mathrm{d}x . \tag{7.9}$$

进一步，$\{\sigma(x, u_k(x), Du_k(x))\}$ 等度可积.

证明　考虑序列

$$I_k \triangleq \left(\sigma(x,u_k,Du_k) - \sigma(x,u,Du)\right) \circ \left(Du_k - Du\right).$$

要证

$$X \triangleq \liminf_{k\to\infty} \int_\Omega I_k \mathrm{d}x \geqslant \int_\Omega \int_{\mathrm{M}^{m\times n}} \sigma(x,u,\lambda) \circ (\lambda - Du) \mathrm{d}\nu_x(\lambda)\, \mathrm{d}x . \tag{7.10}$$

将 I_k 作如下拆分:

$$\begin{aligned} I_k &= \sigma(x,u_k,Du_k) \circ Du_k - \sigma(x,u_k,Du_k) \circ Du \\ &\quad - \sigma(x,u,Du) \circ Du_k + \sigma(x,u,Du) \circ Du \\ &= I_{k,1} + I_{k,2} + I_{k,3} + I_{k,4}. \end{aligned}$$

接下来证明$\{I_{k,2}\}$的等度可积性, 取可测子集$\Omega'\subset\Omega$, 可知

$$\int_{\Omega'}|\sigma(x,u_k,Du_k)\circ Du|\,\mathrm{d}x$$
$$\leqslant 2\|\sigma(x,u_k,Du_k)\|_{L^{p'(x)}}\|Du\|_{L^{p(x)}}.$$

由于$\{u_k\}$在$W_0^{1,p(x)}(\Omega,\mathbb{R}^m)$中有界, 由增长条件(H2)知, $\left\{\|\sigma(x,u_k,Du_k)\|_{L^{p'(x)}(\Omega',\mathrm{M}^{m\times n})}\right\}$有界. 若$\Omega'$测度足够小, $\int_{\Omega'}|Du|^{p(x)}\,\mathrm{d}x$可以任意小, 故$\|Du\|_{L^{p(x)}(\Omega',\mathrm{M}^{m\times n})}$任意小. 类似可得$\{I_{k,3}\}$的等度可积性.

由于

$$\sigma(x,u_k,Du_k)\circ Du_k\geqslant -b(x)+c_2|Du_k|^{p(x)}\geqslant -b(x)$$

及

$$\int_{\Omega'}I_{k,1}^{-}\mathrm{d}x\leqslant\int_{\Omega'}|b(x)|\,\mathrm{d}x,$$

故可得$\{I_{k,1}\}$负部$\{I_{k,1}^{-}\}$的等度可积性.

下面证明$X\leqslant 0$. 定义$\mathrm{dist}(u,V_k)=\inf_{v\in V_k}\|u-v\|_W$. 取$\varepsilon>0$, 则存在$k_0\in\mathbb{N}$, 使得对任意的$k>k_0$, 有$\mathrm{dist}(u,V_k)<\varepsilon$. 故对任意的$k>k_0$, 有

$$\mathrm{dist}(u_k-u,V_k)=\inf_{v\in V_k}\|u_k-u-v\|_W=\inf_{w\in V_k}\|u-w\|=\mathrm{dist}(u,V_k)<\varepsilon.$$

因而, 对$v_k\in V_k$, 根据引理 7.3.5 有

$$\begin{aligned}X&=\liminf_{k\to\infty}\int_\Omega\sigma(x,u_k,Du_k)\circ(Du_k-Du)\mathrm{d}x\\&=\liminf_{k\to\infty}\left(\int_\Omega\sigma(x,u_k,Du_k)\circ D(u_k-u-v_k)\mathrm{d}x+\int_\Omega\sigma(x,u_k,Du_k)\circ Dv_k\mathrm{d}x\right)\\&\leqslant\liminf_{k\to\infty}2\|\sigma(x,u_k,Du_k)\|_{L^{p'(x)}}\|D(u_k-u-v_k)\|_{L^{p(x)}}+\langle f,v_k\rangle.\end{aligned}$$

由(L2)可知$\|\sigma(x,u_k,Du_k)\|_{L^{p'(x)}(\Omega,\mathrm{M}^{m\times n})}$有界. 另一方面, 选取$v_k\in V_k$, 使得$\|u_k-u-v_k\|_W<2\varepsilon$对任意的$k>k_0$成立, 则有$\|D(u_k-u-v_k)\|_{L^{p(x)}(\Omega,\mathrm{M}^{m\times n})}\leqslant 2\varepsilon$. 另外,

$$|\langle f,v_k\rangle|\leqslant|\langle f,v_k-u_k+u\rangle|+|\langle f,u_k-u\rangle|\leqslant 2\varepsilon\|f\|_{W^{-1,p'(x)}}+o(1).$$

由ε的任意性, 可知$X\leqslant 0$.

最后证明$\sigma(x,u_k,Du_k)$的等度可积性. 由于

$$\left|\int_{\Omega'}\sigma(x,u_k,Du_k)\mathrm{d}x\right|\leqslant 2\|\sigma(x,u_k,Du_k)\|_{L^{p'(x)}}\|1\|_{L^{p(x)}},$$

选取Ω'足够小, 使得$\|1\|_{L^{p(x)}}$任意小, 从而得证. 证毕.

引理 7.3.7 对几乎处处的$x\in\Omega$, 在$\operatorname{supp}\nu_x$上, 有

$$\big(\sigma(x,u,\lambda)-\sigma(x,u,Du)\big)\circ\big(\lambda-Du\big)=0\,.$$

证明　由于

$$\int_{\mathbb{M}^{m\times n}}\lambda \mathrm{d}\nu_x(\lambda)=\langle \nu_x, I\rangle = Du(x)$$

且 ν_x 是概率测度，从而 $\int_{\mathbb{M}^{m\times n}} 1\mathrm{d}\nu_x(\lambda)=1$．因此有

$$\begin{aligned}
&\int_\Omega\int_{\mathbb{M}^{m\times n}}\sigma(x,u,\lambda)\circ(\lambda-Du)\mathrm{d}\nu_x(\lambda)\,\mathrm{d}x\\
&=\int_\Omega\int_{\mathbb{M}^{m\times n}}\sigma(x,u,\lambda)\circ\lambda\mathrm{d}\nu_x(\lambda)\,\mathrm{d}x-\int_\Omega\int_{\mathbb{M}^{m\times n}}\sigma(x,u,\lambda)\circ Du\mathrm{d}\nu_x(\lambda)\,\mathrm{d}x\\
&=\int_\Omega\sigma(x,u,\lambda)\circ\int_{\mathbb{M}^{m\times n}}\lambda\mathrm{d}\nu_x(\lambda)\,\mathrm{d}x-\int_\Omega\sigma(x,u,\lambda)\circ Du\int_{\mathbb{M}^{m\times n}}1\mathrm{d}\nu_x(\lambda)\,\mathrm{d}x\\
&=0.
\end{aligned}$$

由(7.9)式可得

$$\begin{aligned}
&\int_\Omega\int_{\mathbb{M}^{m\times n}}\big(\sigma(x,u,\lambda)-\sigma(x,u,Du)\big)\circ(\lambda-Du)\mathrm{d}\nu_x(\lambda)\,\mathrm{d}x\\
&=\int_\Omega\int_{\mathbb{M}^{m\times n}}\sigma(x,u,\lambda)\circ(\lambda-Du)\mathrm{d}\nu_x(\lambda)\,\mathrm{d}x-\int_\Omega\int_{\mathbb{M}^{m\times n}}\sigma(x,u,Du)\circ(\lambda-Du)\mathrm{d}\nu_x(\lambda)\,\mathrm{d}x\\
&=\int_\Omega\int_{\mathbb{M}^{m\times n}}\sigma(x,u,\lambda)\circ(\lambda-Du)\mathrm{d}\nu_x(\lambda)\,\mathrm{d}x\leqslant 0.
\end{aligned}$$

由 σ 的单调性，上不等式中被积函数非负．因此，对几乎处处的 $x\in\Omega$，在 $\operatorname{supp}\nu_x$ 上，有

$$\big(\sigma(x,u,\lambda)-\sigma(x,u,Du)\big)\circ\big(\lambda-Du\big)=0\,.$$

证毕.

本节主要结论如下.

定理 7.3.1　若 σ 满足(L1)—(L2)，则对任意的 $f\in(W_0^{1,p(x)}(\Omega,\mathbb{R}^m))^*$，问题(7.8)存在弱解 $u\in W_0^{1,p(x)}(\Omega,\mathbb{R}^m)$．

下面，根据(L3)中的四种情况，分别来证明上述结论.

在条件(1)下:

首先，对几乎处处的 $x\in\Omega$，$\mu\in\mathbb{M}^{m\times n}$，在 $\operatorname{supp}\nu_x$ 上，有

$$\sigma(x,u,\lambda)\circ\mu=\sigma(x,u,Du)\circ\mu+\big(\nabla\sigma(x,u,Du)\mu\big)\circ\big(Du-\lambda\big),\tag{7.11}$$

其中，∇ 表示对 σ 的第三变元求导．事实上，由 σ 的单调性，对任意的 $t\in\mathbb{R}$，有

$$\big(\sigma(x,u,\lambda)-\sigma(x,u,Du+t\mu)\big)\circ\big(\lambda-Du-t\mu\big)\geqslant 0\,,$$

并且根据引理 7.3.7，有

$$\begin{aligned}
&\big(\sigma(x,u,\lambda)-\sigma(x,u,Du+t\mu)\big)\circ\big(\lambda-Du-t\mu\big)\\
&=\sigma(x,u,\lambda)\circ\big(\lambda-Du\big)-\sigma(x,u,\lambda)\circ t\mu-\sigma(x,u,Du+t\mu)\circ\big(\lambda-Du-t\mu\big),
\end{aligned}$$

因此,

$$
\begin{aligned}
&-\sigma(x,u,\lambda)\circ t\mu \\
\geqslant &-\sigma(x,u,Du)\circ\left(\lambda-Du\right)+\sigma(x,u,Du+t\mu)\circ\left(\lambda-Du-t\mu\right)
\end{aligned}
$$

且

$$\sigma(x,u,Du+t\mu)=\sigma(x,u,Du)+\nabla\sigma(x,u,Du)t\mu+o(t).$$

从而有

$$
\begin{aligned}
&\sigma(x,u,Du+t\mu)\circ\left(\lambda-Du-t\mu\right)\\
=&\sigma(x,u,Du+t\mu)\circ\left(\lambda-Du\right)-\sigma(x,u,Du+t\mu)\circ t\mu\\
=&\sigma(x,u,Du)\circ\left(\lambda-Du\right)+\nabla\sigma(x,u,Du)t\mu\circ\left(\lambda-Du\right)-\sigma(x,u,Du)\circ t\mu+o(t),
\end{aligned}
$$

则有

$$-\sigma(x,u,\lambda)\circ t\mu\geqslant\nabla\sigma(x,u,Du)t\mu\circ\left(\lambda-Du\right)-\sigma(x,u,Du)\circ t\mu+o(t).$$

由 t 符号的任意性, 可得(7.11)式成立.

取 $\mu=E_{ij}$, 其中 E_{ij} 表示第 i 行第 j 列元素是 1, 其他元素是 0 的 $m\times n$ 矩阵, 则由(7.11)式, 有

$$\sigma(x,u,\lambda)_{ij}=\sigma(x,u,Du)_{ij}+\nabla\sigma(x,u,Du)E_{ij}\circ(Du-\lambda).$$

进一步有

$$
\begin{aligned}
\int_{\operatorname{supp}\nu_x}\sigma(x,u,\lambda)_{ij}\,\mathrm{d}\nu_x(\lambda)=&\int_{\operatorname{supp}\nu_x}\sigma(x,u,Du)_{ij}\,\mathrm{d}\nu_x(\lambda)\,\sigma(x,u,Du)_{ij}\\
&+(\nabla\sigma(x,u,Du)E_{ij})\circ\left(\int_{\operatorname{supp}\nu_x}Du-\lambda\right)\mathrm{d}\nu_x(\lambda).
\end{aligned}
$$

由于 $\int_{\operatorname{supp}\nu_x}(Du-\lambda)\mathrm{d}\nu_x(\lambda)=0$, 因此

$$\int_{\operatorname{supp}\nu_x}\sigma(x,u,\lambda)\mathrm{d}\nu_x(\lambda)=\int_{\operatorname{supp}\nu_x}\sigma(x,u,Du)\mathrm{d}\nu_x(\lambda)=\sigma(x,u,Du).$$

由引理 7.3.6 可得序列 $\{\sigma(x,u_k,Du_k)\}$ 的有界性及等度可积性. 根据 Dunford-Pettis 准则, $\{\sigma(x,u_k,Du_k)\}$ 的 L^1 弱极限为

$$\bar{\sigma}\triangleq\int_{\operatorname{supp}\nu_x}\sigma(x,u,\lambda)\mathrm{d}\nu_x(\lambda)=\sigma(x,u,Du).$$

可知序列 $\{\sigma(x,u_k,Du_k)\}$ 在 $L^{p'(x)}(\Omega,\mathrm{M}^{m\times n})$ 中弱收敛. 因此, 其 $L^{p'(x)}(\Omega,\mathrm{M}^{m\times n})$ 弱极限也是 $\sigma(x,u,Du)$. 所以, 对任意的 $v\in W_0^{1,p(x)}(\Omega,\mathbb{R}^m)$, 当 $k\to\infty$ 时,

$$\int_\Omega\left(\sigma(x,u_k,Du_k)-\sigma(x,u,Du)\right)\circ Dv\mathrm{d}x\to 0.$$

最后, 证明对任意的 $v\in W_0^{1,p(x)}(\Omega,\mathbb{R}^m)$, 存在 $u\in W_0^{1,p(x)}(\Omega,\mathbb{R}^m)$ 使得 $\langle J(u),v\rangle=$

0. 由于$\bigcup_{i\in\mathbb{N}} V_i$ 在$W_0^{1,p(x)}(\Omega,\mathbb{R}^m)$中稠密, 则存在一列$\{v_k\}\subset\bigcup_{i\in\mathbb{N}} V_i$, 使得当$k\to\infty$时, $v_k\to v$ 在$W_0^{1,p(x)}(\Omega,\mathbb{R}^m)$中. 因此

$$\begin{aligned}&\langle J(u_k),v_k\rangle-\langle J(u),v\rangle\\&=\int_\Omega\big(\sigma(x,u_k,Du_k)\circ Dv_k-\sigma(x,u_k,Du_k)\circ Dv\\&\quad+\sigma(x,u_k,Du_k)\circ Dv-\sigma(x,u,Du)\circ Dv\big)\mathrm{d}x+\langle f,v_k-v\rangle\to 0.\end{aligned}$$

根据引理 7.3.5, 对任意的$v\in W_0^{1,p(x)}(\Omega,\mathbb{R}^m)$, 有$\langle J(u),v\rangle=0$.

在条件(2)下:

首先, 证明对几乎处处的$x\in\Omega$, 有

$$\operatorname{supp}\nu_x\subset K_x=\left\{\lambda\in\mathrm{M}^{m\times n}:W(x,u,\lambda)=W(x,u,Du)+\sigma(x,u,Du)\circ(\lambda-Du)\right\}.$$

若$\lambda\in\operatorname{supp}\nu_x$, 则根据引理 7.3.6, 有

$$(1-t)(\sigma(x,u,\lambda)-\sigma(x,u,Du))\circ(\lambda-Du)=0,\quad\forall t\in[0,1].$$

另外, 由单调性条件, 对任意的$t\in[0,1]$有

$$(1-t)(\sigma(x,u,Du+t(\lambda-Du))-\sigma(x,u,\lambda))\circ(Du-\lambda)\geqslant 0.$$

上两式相减, 则有

$$(1-t)(\sigma(x,u,Du+t(\lambda-Du))-\sigma(x,u,Du))\circ(Du-\lambda)\geqslant 0.$$

由单调性条件, 知

$$(\sigma(x,u,Du+t(\lambda-Du))-\sigma(x,u,Du))\circ t(\lambda-Du)\geqslant 0.$$

由于

$$(\sigma(x,u,Du+t(\lambda-Du))-\sigma(x,u,Du))\circ(1-t)(\lambda-Du)\geqslant 0,$$

则对任意的$t\in[0,1]$, 只要$\lambda\in\operatorname{supp}\nu_x$, 则有

$$(\sigma(x,u,Du+t(\lambda-Du))-\sigma(x,u,Du))\circ(\lambda-Du)=0.$$

由于

$$\begin{aligned}W(x,u,\lambda)&=W(x,u,Du)+\int_0^1\sigma(x,u,Du+t(\lambda-Du))\circ(\lambda-Du)\mathrm{d}t\\&=W(x,u,Du)+\sigma(x,u,Du)\circ(\lambda-Du),\end{aligned}$$

从而可得$\lambda\in K_x$, 即$\operatorname{supp}\nu_x\subset K_x$.

根据W的凸性, 有

$$W(x,u,\xi)\geqslant W(x,u,Du)+\sigma(x,u,Du)\circ(\xi-Du).$$

对任意的$\lambda\in K_x$, 令$P(\lambda)=W(x,u,\lambda)$, $Q(\lambda)=W(x,u,\lambda)+\sigma(x,u,Du)\circ(\lambda-Du)$.

由于映射$\lambda\mapsto W(x,u,\lambda)$连续可微, 因此对任意的$\varphi\in\mathrm{M}^{m\times n}$, $t\in\mathbb{R}$, 有

$$\frac{P(\lambda+t\varphi)-P(\lambda)}{t} \geqslant \frac{Q(\lambda+t\varphi)-Q(\lambda)}{t} \quad (t>0),$$
$$\frac{P(\lambda+t\varphi)-P(\lambda)}{t} \leqslant \frac{Q(\lambda+t\varphi)-Q(\lambda)}{t} \quad (t<0).$$

故 $DP = DQ$，并且有

$$\sigma(x,u,\lambda)=\sigma(x,u,Du), \quad \forall \lambda \in K_x \supset \operatorname{supp} \nu_x .$$

因此,

$$\bar{\sigma}(x) \triangleq \int_{\mathrm{M}^{m\times n}} \sigma(x,u,\lambda)\mathrm{d}\nu_x(\lambda) = \int_{\operatorname{supp}\nu_x} \sigma(x,u,\lambda)\mathrm{d}\nu_x(\lambda) = \sigma(x,u,Du).$$

下面考虑 Carathéodory 函数

$$g(x,\zeta,\lambda)=\left|\sigma(x,\zeta,\lambda)-\bar{\sigma}(x)\right|, \quad \zeta\in\mathbb{R}^m, \quad \lambda\in \mathrm{M}^{m\times n}.$$

记 $g_k(x)=g(x,u_k(x),Du_k(x))$. 序列 $\{g_k(x)\}$ 等度可积, 故 $g_k \to \bar{g}$ 弱收敛于 $L^1(\Omega)$ 中. 则其弱极限

$$\begin{aligned}\bar{g}(x) &= \int_{\mathbb{R}^m\times \mathrm{M}^{m\times n}} \left|\sigma(x,\zeta,\lambda)-\bar{\sigma}(x)\right| \mathrm{d}\delta_{u(x)}(\zeta)\otimes \mathrm{d}\nu_x(\lambda)\\ &= \int_{\operatorname{supp}\nu_x} \left|\sigma(x,u(x),\lambda)-\bar{\sigma}(x)\right| \mathrm{d}\nu_x(\lambda)\\ &= \int_{\operatorname{supp}\nu_x} \left|\sigma(x,u(x),\lambda)-\sigma(x,u(x),Du(x))\right| \mathrm{d}\nu_x(\lambda)=0.\end{aligned}$$

则有

$$\int_\Omega \left|\sigma(x,u_k(x),Du_k(x))-\sigma(x,u(x),Du(x))\right| \mathrm{d}x \to 0 .$$

由 Vitali 定理, 对任意的 $v\in W_0^{1,p(x)}(\Omega,\mathbb{R}^m)$，当 $k\to\infty$ 时,

$$\int_\Omega \left(\sigma(x,u_k,Du_k)-\sigma(x,u,Du)\right)\circ Dv\,\mathrm{d}x \to 0 .$$

最后, 类似于第(1)种情况的证明, 可知对任意的 $v\in W_0^{1,p(x)}(\Omega,\mathbb{R}^m)$，存在 $u\in W_0^{1,p(x)}(\Omega,\mathbb{R}^m)$ 使得 $\langle J(u),v\rangle=0$.

在条件(3)下:

由严格单调性及引理 7.3.7, 有 $\operatorname{supp}\nu_x=\{Du(x)\}$. 因此, 对几乎处处的 $x\in\Omega$, 有 $\nu_x=\delta_{Du(x)}$. 则 $\{Du_k\}$ 依测度收敛到 Du. 由于 $\{u_k\}$ 依测度收敛到 u, 可选取适当的子列使得 $\{Du_k\}$ 几乎处处收敛到 Du, $\{u_k\}$ 几乎处处收敛到 u. 则 $\{\sigma(x,u_k,Du_k)\}$ 几乎处处收敛到 $\sigma(x,u,Du)$. 进一步, 有 $\{\sigma(x,u_k,Du_k)\}$ 依测度收敛到 $\sigma(x,u,Du)$. 由于 $\{\sigma(x,u_k,Du_k)\circ Dv\}$ 等度可积, 因此由 Vitali 定理, 对任意的 $v\in W_0^{1,p(x)}(\Omega,\mathbb{R}^m)$, 当 $k\to\infty$ 时, $\int_\Omega \left(\sigma(x,u_k,Du_k)-\sigma(x,u,Du)\right)\circ Dv\,\mathrm{d}x\to 0$.

最后, 类似可证明对任意的 $v \in W_0^{1,p(x)}(\Omega,\mathbb{R}^m)$, 存在 $u \in W_0^{1,p(x)}(\Omega,\mathbb{R}^m)$ 使得 $\langle J(u),v\rangle = 0$.

在条件(4)下:

假设 ν_x 不是 Dirac 测度, 则由 σ 的严格 $p(x)$-拟单调性可知, 对几乎处处的 $x \in \Omega$, 有

$$
\begin{aligned}
0 &< \int_\Omega \int_{\mathrm{M}^{m\times n}} \left(\sigma(x,u,\lambda) - \sigma(x,u,\bar{\lambda})\right) \circ (\lambda - \bar{\lambda}) \mathrm{d}\nu_x(\lambda)\mathrm{d}x \\
&= \int_\Omega \int_{\mathrm{M}^{m\times n}} \Big(\sigma(x,u,\lambda)\circ\lambda - \sigma(x,u,\lambda)\circ\bar{\lambda} \\
&\quad - \sigma(x,u,\bar{\lambda})\circ\lambda + \sigma(x,u,\bar{\lambda})\circ\bar{\lambda}\Big)\mathrm{d}\nu_x(\lambda)\mathrm{d}x.
\end{aligned}
$$

由于 $\int_{\mathrm{M}^{m\times n}} 1\mathrm{d}\nu_x(\lambda) = 1$ 且 $\int_{\mathrm{M}^{m\times n}} \lambda \mathrm{d}\nu_x(\lambda) = \bar{\lambda} = Du(x)$, 则有

$$
\begin{aligned}
&\int_\Omega \int_{\mathrm{M}^{m\times n}} \sigma(x,u,\lambda)\circ\lambda\mathrm{d}\nu_x(\lambda)\mathrm{d}x \\
&> \int_\Omega \int_{\mathrm{M}^{m\times n}} \left(\sigma(x,u,\lambda)\circ\bar{\lambda} + \sigma(x,u,\bar{\lambda})\circ\lambda - \sigma(x,u,\bar{\lambda})\circ\bar{\lambda}\right)\mathrm{d}\nu_x(\lambda)\mathrm{d}x \\
&= \int_\Omega \int_{\mathrm{M}^{m\times n}} \sigma(x,u,\lambda)\mathrm{d}\nu_x(\lambda)\circ\bar{\lambda}\mathrm{d}x.
\end{aligned}
$$

再由(7.9)式,

$$
\begin{aligned}
&\int_\Omega \int_{\mathrm{M}^{m\times n}} \sigma(x,u,\lambda)\circ Du\mathrm{d}\nu_x(\lambda)\mathrm{d}x \\
&\geqslant \int_\Omega \int_{\mathrm{M}^{m\times n}} \sigma(x,u,\lambda)\circ\lambda\mathrm{d}\nu_x(\lambda)\mathrm{d}x \\
&> \int_\Omega \int_{\mathrm{M}^{m\times n}} \sigma(x,u,\lambda)\mathrm{d}\nu_x(\lambda)\circ Du\mathrm{d}x,
\end{aligned}
$$

产生矛盾. 故 ν_x 是 Dirac 测度且 $\nu_x = \delta_{Du(x)}$. 故类似于第(3)种情况的证明, 可得结论. 证毕.

本节最初提到, 对于单调而非严格单调的函数, 经典的单调算子方法并不适用, 而利用 Young 测度却可以解决这样的问题. 下面给出一个单调而非严格单调的例子.

例 7.3.1　函数 $g:\mathbb{R}\to\mathbb{R}$ 定义如下:

$$
g(x) = \begin{cases} 0, & |t| \leqslant R, \\ 1, & |t| > R. \end{cases}
$$

对 $h < \dfrac{R}{2}$, 令

$$
g_h(t) = S_h(g(t)) = \frac{1}{h}\left(\int_a^{t+\frac{h}{2}} g(s)\mathrm{d}s - \int_a^{t-\frac{h}{2}} g(s)\mathrm{d}s\right)
$$

$$=\frac{1}{h}\int_{t-\frac{h}{2}}^{t+\frac{h}{2}} g(s)\mathrm{d}s.$$

对 $h'=\frac{h}{2}$，令 $\tilde{g}(t)=S_{h'}(g_h(t))$．定义 σ 如下:

$$\sigma(x,u,\xi)=\tilde{g}(|\xi|)|\xi|^{p(x)-2}\xi.$$

于是，有

$$\sigma(x,u,\xi)=\begin{cases}0, & |\xi|\leqslant R-\dfrac{3h}{4},\\ |\xi|^{p(x)-2}\xi, & |\xi|\geqslant R+\dfrac{3h}{4}.\end{cases}$$

显然满足条件(L1)及(L2). 并且 $\xi\mapsto\sigma(x,u,\xi)$ 单调且是 C^1 的，但非严格单调.

本节中定义的严格 $p(x)$-拟单调是一种较弱的单调条件. 下面给出一个严格 $p(x)$-拟单调函数的例子.

例 7.3.2 若函数 $\eta:\mathrm{M}^{m\times n}\to\mathrm{M}^{m\times n}$ 满足

$$|\eta(F)|\leqslant C|F|^{p(x)-1} \tag{7.12}$$

且对任意的 $\varphi\in W^{1,p(x)}(\Omega,\mathbb{R}^m)$，$F\in\mathrm{M}^{m\times n}$，有

$$\int_\Omega\big(\eta(F+\nabla\varphi)-\eta(F)\big)\circ\nabla\varphi\,\mathrm{d}x\geqslant c\int_\Omega|\nabla\varphi|^r\,\mathrm{d}x, \tag{7.13}$$

则 η 是严格 $p(x)$-拟单调函数.

证明 由于 $\int_{\mathrm{M}^{m\times n}}1\mathrm{d}\nu_x(\lambda)=1$，故对任意的 $W^{1,p(x)}$-Young 测度 ν_x 以及 $\bar{\lambda}=\langle\nu_x,I\rangle=\int_{\mathrm{M}^{m\times n}}\lambda\mathrm{d}\nu_x(\lambda)$，有

$$\begin{aligned}&\int_\Omega\int_{\mathrm{M}^{m\times n}}\big(\eta(\lambda)-\eta(\bar{\lambda})\big)\circ(\lambda-\bar{\lambda})\,\mathrm{d}\nu_x(\lambda)\mathrm{d}x\\ &=\int_\Omega\Big(\int_{\mathrm{M}^{m\times n}}\eta(\lambda)\circ\lambda\mathrm{d}\nu_x(\lambda)-\int_{\mathrm{M}^{m\times n}}\eta(\lambda)\circ\bar{\lambda}\mathrm{d}\nu_x(\lambda)\\ &\quad-\int_{\mathrm{M}^{m\times n}}\eta(\bar{\lambda})\circ\lambda\mathrm{d}\nu_x(\lambda)+\int_{\mathrm{M}^{m\times n}}\eta(\bar{\lambda})\circ\bar{\lambda}\mathrm{d}\nu_x(\lambda)\Big)\mathrm{d}x,\end{aligned} \tag{7.14}$$

其中

$$\int_{\mathrm{M}^{m\times n}}\eta(\bar{\lambda})\circ\lambda\mathrm{d}\nu_x(\lambda)=\eta(\bar{\lambda})\circ\int_{\mathrm{M}^{m\times n}}\lambda\mathrm{d}\nu_x(\lambda)=\eta(\bar{\lambda})\circ\bar{\lambda},$$

$$\int_{\mathrm{M}^{m\times n}}\eta(\bar{\lambda})\circ\bar{\lambda}\mathrm{d}\nu_x(\lambda)=\eta(\bar{\lambda})\circ\int_{\mathrm{M}^{m\times n}}\bar{\lambda}\mathrm{d}\nu_x(\lambda)=\eta(\bar{\lambda})\circ\bar{\lambda}.$$

从而

$$-\int_{\mathrm{M}^{m\times n}}\eta(\overline{\lambda})\circ\lambda\mathrm{d}\nu_x(\lambda)+\int_{\mathrm{M}^{m\times n}}\eta(\overline{\lambda})\circ\overline{\lambda}\mathrm{d}\nu_x(\lambda)=0.$$

因此，只需验证

$$\int_{\Omega}\left(\int_{\mathrm{M}^{m\times n}}\eta(\lambda)\circ\lambda\mathrm{d}\nu_x(\lambda)-\int_{\mathrm{M}^{m\times n}}\eta(\lambda)\circ\overline{\lambda}\mathrm{d}\nu_x(\lambda)\right)\mathrm{d}x>0.$$

已知ν_x可由$W^{1,p(x)}(\Omega,\mathbb{R}^m)$中的有界序列$\{v_k\}$的梯度$\{Dv_k\}$生成，并且有

$$Dv_k\to Dv=\langle\nu_x,I\rangle=\overline{\lambda}\text{ 弱收敛于 }L^{p(x)}(\Omega,\mathrm{M}^{m\times n})\text{ 中}.$$

另外，$\left\{|Dv_k|^{p(x)}\right\}$等度可积. 由(7.12)式可知

$$\left|\eta(Dv_k)\circ Dv_k\right|\leqslant C\,|\,Dv_k\,|^{p(x)}.$$

则$\{\eta(Dv_k)\circ Dv_k\}$等度可积且L^1有界. 根据 Dunford-Pettis 准则，当$k\to\infty$时，有

$$\eta(Dv_k)\circ Dv_k\to\int_{\mathrm{M}^{m\times n}}\eta(\lambda)\circ\lambda\,\mathrm{d}\nu_x(\lambda)\text{ 在 }L^1(\Omega)\text{ 中}.$$

类似可得$\{\eta(Dv_k)\circ Dv\}$等度可积且L^1有界且当$k\to\infty$时，有

$$\eta(Dv_k)\circ Dv\to\int_{\mathrm{M}^{m\times n}}\eta(\lambda)\circ\overline{\lambda}\,\mathrm{d}\nu_x(\lambda)\text{ 弱收敛于 }L^1(\Omega)\text{ 中}.$$

由(7.13)式可得

$$\begin{aligned}&\int_{\Omega}\left(\eta(Dv_k)\circ Dv_k-\eta(Dv_k)\circ Dv\right)\mathrm{d}x\\&\geqslant\int_{\Omega}\eta(Dv)\circ(Dv_k-Dv)\mathrm{d}x+c\int_{\Omega}\left|Dv_k-Dv\right|^r\mathrm{d}x.\end{aligned}$$

由Dv_k的弱收敛性，有

$$\lim_{k\to\infty}\int_{\Omega}\eta(Dv)\circ(Dv_k-Dv)\mathrm{d}x=0.$$

由于ν_x不是 Dirac 测度，从而$\{Dv_k\}$不依测度收敛到Dv，因此

$$\lim_{k\to\infty}\int_{\Omega}\left|Dv_k-Dv\right|^r\mathrm{d}x>0.$$

又由于

$$\begin{aligned}&\lim_{k\to\infty}\int_{\Omega}\left(\eta(Dv_k)\circ Dv_k-\eta(Dv_k)\circ Dv\right)\mathrm{d}x\\&=\int_{\Omega}\left(\int_{\mathrm{M}^{m\times n}}\eta(\lambda)\circ\lambda\mathrm{d}\nu_x(\lambda)-\int_{\mathrm{M}^{m\times n}}\eta(\lambda)\circ\overline{\lambda}\,\mathrm{d}\nu_x(\lambda)\right)\mathrm{d}x,\end{aligned}$$

从而

$$\int_{\Omega}\left(\int_{\mathrm{M}^{m\times n}}\eta(\lambda)\circ\lambda\mathrm{d}\nu_x(\lambda)-\int_{\mathrm{M}^{m\times n}}\eta(\lambda)\circ\overline{\lambda}\mathrm{d}\nu_x(\lambda)\right)\mathrm{d}x>0.$$

结合(7.14)式，可说明η是严格$p(x)$-拟单调函数.

类似于上面的讨论，也可考虑下述具变指数增长的拟线性抛物方程组的初边值问题:

$$\begin{cases}\dfrac{\partial u}{\partial t}-\operatorname{div}\sigma(x,t,Du(x,t))=-\operatorname{div}(|f|^{p(x)-2}f), & (x,t)\in Q,\\ u(x,t)=0, & (x,t)\in\partial\Omega\times(0,T),\\ u(x,0)=u_0(x), & x\in\Omega,\end{cases}$$

其中 $\Omega\subset\mathbb{R}^N$ 为有界开区域，$u:\Omega\times(0,T)\to\mathbb{R}^m$，$0<T<\infty$，$f\in L^{p(x)}(Q,\mathrm{M}^{m\times N})$，$u_0\in L^2(\Omega,\mathbb{R}^m)$. 相关结论及其证明可参考文献[154].

第 8 章　变指数微分形式空间及其应用

8.1　微 分 形 式

微分形式和外微分的概念是由法国著名数学家 Cartan 于 1970 年在文献[155]中首次提出的，并且将其应用到微分系统和黎曼几何问题的研究. 1985 年, Rham 在文献[156]中利用微分形式研究了流形上矢量分析和流形上拓扑结构的一些问题. 一方面，微分形式和外微分可以理解为函数的推广. 例如，函数是 0-形式，多元积分学中的线积分是 1-形式、面积分是 2-形式、体积分是 3-形式. 一般地，n 维空间的 k-形式是 k 个简单坐标投影函数的微分算子做外积的线性组合. 另一方面，微分形式也可以从余切丛的角度来理解，所谓外微分形式就是微分流形上余切丛的一个光滑截面，此时外微分被理解为作用于微分形式上的一种算子. 用外微分算子和 Hodge 星算子相结合可以将形式上比较复杂的微分系统方程改写成相对比较简单的形式，从而可以推动该理论快速发展. 例如，经典电磁场理论中的 Maxwell 方程[157]、经典动力学理论中的 Hamiltonian 正则方程[158]以及热力学定律[159]等. 所以，微分形式作为促进各个领域发展不可或缺的工具，已被广泛地应用于数学以及工程技术学中. 例如，微分几何[160]、代数拓扑[161]、微分方程[162]、物理学[163]、拟共形映射分析[164 165]、广义相对论[166]、电磁学[167-169]及弹性理论[170-171]等领域.

设 $e_1, e_2, \cdots, e_n$ 为欧氏空间 $\mathbb{R}^n$ 上的一组标准正交基，其对偶基为 $e^1, e^2, \cdots, e^n$，那么这组对偶基构成微分 1-形式的一组基底. 将 $\Lambda^k(\mathbb{R}^n)$ 记为 $\mathbb{R}^n$ 上所有 k-形式构成的线性空间. Grassmann 代数 $\Lambda(\mathbb{R}^n) = \oplus_k \Lambda^k(\mathbb{R}^n)$ 是关于外积的分次代数. $\Lambda(\mathbb{R}^n)$ 的规范有序基底由下面的一组形式构成:

$$1, e^1, e^2, \cdots, e^n, e^1 \wedge e^2, \cdots, e^{n-1} \wedge e^n, \cdots, e^1 \wedge e^2 \wedge \cdots \wedge e^n.$$

对于外形 $\alpha = \sum \alpha_I e^I \in \Lambda^k(\mathbb{R}^n)$ 和 $\beta = \sum \beta_I e^I \in \Lambda^k(\mathbb{R}^n)$，定义 Grassmann 代数 $\Lambda(\mathbb{R}^n)$ 中的内积为

$$\langle \alpha, \beta \rangle = \sum_I \alpha_I \beta_I,$$

其中求和是关于所有有序 k-数组 $I = (i_1, \cdots, i_k)$ 以及所有的非负整数 $k = 0, 1, \cdots, n$ 求和. 从而对于任意的 $\alpha \in \Lambda(\mathbb{R}^n)$，其模长定义为 $|\alpha|^2 = \langle \alpha, \alpha \rangle \in \Lambda^0(\mathbb{R}^n) = \mathbb{R}^n$.

设$\Omega\subset\mathbb{R}^n$是具有光滑边界的开集. 微分$k$-形式$u$是一个定义在$\Omega$上, 取值在$\Lambda^k(\mathbb{R}^n)$中的映射. 特别地, 当$k=0$时, u是一个实值函数或广义函数, 因此Ω上的坐标函数$x_1,x_2,\cdots,x_n$可以看作微分0-形式. 设$z\in\Omega$, $\{e_1(z),e_2(z),\cdots,e_n(z)\}$是点$z$处切空间的标准正交基, 并且记$\{\mathrm{d}x_1(z),\mathrm{d}x_2(z),\cdots,\mathrm{d}x_n(z)\}$为其对偶基, 则对于任意的$i,j=1,2,\cdots,n$, 都有

$$\mathrm{d}x_i(z)\left(e_j(z)\right)=\delta_{ij},$$

所以$\mathrm{d}x_1,\mathrm{d}x_2,\cdots,\mathrm{d}x_n$是从开集$\Omega$到$\Lambda^1(\mathbb{R}^n)$的映射, 即$\mathrm{d}x_1,\mathrm{d}x_2,\cdots,\mathrm{d}x_n$是微分1-形式. 事实上, $\Lambda^1(\mathbb{R}^n)=(\mathbb{R}^n)^*$. 进一步, 任意的微分$k$-形式$u$可以唯一地表示为

$$u(x)=\sum_I u_I(x)\mathrm{d}x_I=\sum_{1\leqslant i_1<\cdots<i_l\leqslant n}u_{i_1,\cdots,i_k}(x)\mathrm{d}x_{i_1}\wedge\cdots\wedge\mathrm{d}x_{i_k},$$

这里u的分量$u_{i_1,\cdots,i_k}(x)$是$\mathcal{D}'(\Omega)$中的广义函数.

用$\mathcal{D}'(\Omega,\Lambda^k)$表示所有可微 k-形式构成的集合. 下面介绍几个作用在微分形式上的基本算子.

(1) 外微分算子[155].

对于$u(x)=\sum u_{i_1,\cdots,i_k}(x)\mathrm{d}x_{i_1}\wedge\cdots\wedge\mathrm{d}x_{i_k}\in\mathcal{D}'(\Omega,\Lambda^k), k=0,1,2,\cdots,n-1$, 外微分算子$d:\mathcal{D}'(\Omega,\Lambda^k)\to\mathcal{D}'(\Omega,\Lambda^{k+1})$定义为

$$du(x)=\sum_{l=1}^{n}\sum_{1\leqslant i_1<\cdots<i_k\leqslant n}\frac{\partial u_{i_1,\cdots,i_k}(x)}{\partial x_l}\mathrm{d}x_l\wedge\mathrm{d}x_{i_1}\wedge\cdots\wedge\mathrm{d}x_{i_k}.$$

以$\mathbb{R}^3$上的微分1-形式为例, 设$u(x)=u_1(x)\mathrm{d}x_1+u_2(x)\mathrm{d}x_2+u_3(x)\mathrm{d}x_3$为定义在$\mathbb{R}^3$上的微分1-形式, 则

$$du=\left(\frac{\partial u_2}{\partial x_1}-\frac{\partial u_1}{\partial x_2}\right)\mathrm{d}x_1\wedge\mathrm{d}x_2+\left(\frac{\partial u_3}{\partial x_2}-\frac{\partial u_2}{\partial x_3}\right)\mathrm{d}x_2\wedge\mathrm{d}x_3+\left(\frac{\partial u_1}{\partial x_3}-\frac{\partial u_3}{\partial x_1}\right)\mathrm{d}x_3\wedge\mathrm{d}x_1$$

是定义在$\mathbb{R}^3$上的微分2-形式.

事实上, 数学中常见的梯度、旋度以及散度等算子都可以用外微分算子来表示. 而且对于定义在$\mathbb{R}^n$上的任意微分k-形式$u\in\mathcal{D}'(\Omega,\Lambda^k)$, 都有性质$d(du)=0$成立.

(2) 梯度算子[156].

对于微分形式$u=\sum_I u_I(x)\mathrm{d}x_I\in\mathcal{D}'(\Omega,\Lambda^k)$, 则梯度算子作用在$u$上得到微分形式向量

$$\nabla u=\left(\frac{\partial u}{\partial x_1},\frac{\partial u}{\partial x_2},\cdots,\frac{\partial u}{\partial x_n}\right),$$

这里 $\dfrac{\partial u}{\partial x_i}\in\mathcal{D}'(\Omega,\Lambda^k)$, $i=1,2,\cdots,n$, 偏导数的运算只作用于 u 的分量函数上, 即

$$\frac{\partial u}{\partial x_i}=\sum_I\frac{\partial u_I}{\partial x_i}\mathrm{d}x_I.$$

(3) Hodge 星算子[156].

设微分 k -形式 $u(x)=\sum u_{i_1,\cdots,i_k}(x)e^{i_1}\wedge\cdots\wedge e^{i_k}$, 其中下角标满足 $1\leqslant i_1<\cdots<i_k\leqslant n$, Hodge 星算子 $\star:\Lambda^k(\mathbb{R}^n)\to\Lambda^{n-k}(\mathbb{R}^n)$ 定义如下:

$$\star u=\star(u_{i_1,\cdots,i_k}\mathrm{d}x_{i_1}\wedge\cdots\wedge\mathrm{d}x_{i_k})=\mathrm{sign}(\tau)u_{i_1,\cdots,i_k}\mathrm{d}x_{j_1}\wedge\cdots\wedge\mathrm{d}x_{j_{n-k}},$$

其中 $\tau=(i_1,\cdots,i_k,j_1,\cdots,j_{n-k})$ 为排列 $(1,\cdots,n)$ 的一个置换, 并且 $\mathrm{sign}(\tau)$ 表示该置换的符号.

Hodge 星算子 $\star$ 具有以下重要性质, 设 φ,ψ 是定义在 $\mathbb{R}^n$ 上的函数, 以及 $u,v\in\Lambda^k(\mathbb{R}^n)$, 则有

(p_1) $\star(\varphi u+\psi v)=\varphi\star u+\psi\star v$;

(p_2) $\star\star u=(-1)^{k(n-k)}u$;

(p_3) $\star\varphi=\varphi\mathrm{d}x$;

(p_4) $\langle u,v\rangle=\star(u\wedge\star v)=\langle\star u,\star v\rangle$;

(p_5) $u\wedge\star v=\langle u,v\rangle\mathrm{d}x$.

(4) 共轭微分算子[156] (Hodge 余微分):

对于微分 k -形式 $u\in\mathcal{D}'(\Omega,\Lambda^k)$, $k=1,2,\cdots,n$, 利用 Hodge 星算子 $\star$ 和外微分算子 d 定义共轭微分算子 $d^\star:\mathcal{D}'(\Omega,\Lambda^k)\to\mathcal{D}'(\Omega,\Lambda^{k-1})$ 为

$$d^\star u=(-I)^{n(k+1)+1}\star d\star u\in\mathcal{D}'\left(\Omega,\Lambda^{k-1}\right),$$

其中 I 为恒等映射. 容易验证, 对于任意的 $u\in\mathcal{D}'(\Omega,\Lambda^k)$, 都有性质 $d^\star(d^\star u)=0$ 成立.

用 $C^\infty(\Omega,\Lambda^k)$ 表示 Ω 上所有光滑 k- 形式构成的集合, 这里的光滑是指微分形式的每个分量都是无穷次可微的函数. 用 $C_0^\infty(\Omega,\Lambda^k)$ 表示集合 $C^\infty(\Omega,\Lambda^k)$ 中所有具有紧致支撑集的微分形式构成的集合. 用 $L^1_{loc}(\Omega,\Lambda^k)$ 表示所有定义在 Ω 上的分量是局部可积的 k-形式所构成的集合. 下面给出几个分量与 L^p 可积相关的微分形式构成的重要空间:

(1) $L^p(\Omega,\Lambda^k)$ $(1\leqslant p\leqslant\infty,\ k=0,1,\cdots,n)$是定义在 Ω 上的所有分量为 L^p 可积的微分 k -形式构成的集合. 空间 $L^p(\Omega,\Lambda^k)$ 上范数定义为

$$\| u \|_{L^p(\Omega,\Lambda^k)} = \left(\int_\Omega | u |^p \, \mathrm{d}x \right)^{\frac{1}{p}}, \quad 1 \leqslant p < \infty,$$

$$\| u \|_{L^\infty(\Omega,\Lambda^k)} = \operatorname*{ess\,sup}_{x\in\Omega} | u(x) |.$$

从而当$1 < p < \infty$时，$L^p(\Omega,\Lambda^k)$, $1 < p < \infty$是自反 Banach 空间；

(2) $L_1^p(\Omega,\Lambda^k)$，$1 \leqslant p \leqslant \infty$, $k = 0,1,\cdots,n$ 是所有定义在 Ω 上，且对于任意的 $i = 1,2,\cdots,n$，都满足 $\dfrac{\partial u}{\partial x_i} \in L^p(\Omega,\Lambda^k)$ 的微分 k-形式构成的集合，其中偏导数的运算只作用于u的分量上；

(3) $W^p(\Omega,\Lambda^k) = L^p(\Omega,\Lambda^k) \cap L_1^p(\Omega,\Lambda^k)$，并且空间$W^{1,p}(\Omega,\Lambda^l)$上范数定义为

$$\| u \|_{W^p(\Omega,\Lambda^k)} = \| u \|_{L^p(\Omega,\Lambda^k)} + \sum_{i=1}^n \left\| \frac{\partial u}{\partial x_i} \right\|_{L^p(\Omega,\Lambda^{k+1})},$$

从而当$1 < p < \infty$ 时，$W^p(\Omega,\Lambda^k)$是自反 Banach 空间；

(4) $W^{1,p}(\Omega,\Lambda^k)$，$1 \leqslant p \leqslant \infty, k = 0,1,\cdots,n-1$ 是空间 $L^p(\Omega,\Lambda^k)$ 中所有满足 $du \in L^p(\Omega,\Lambda^{l+1})$的微分 k-形式 u 构成的集合. 空间$W^{1,p}(\Omega,\Lambda^l)$上范数定义为

$$\| u \|_{W^{1,p}(\Omega,\Lambda^k)} = \| u \|_{L^p(\Omega,\Lambda^k)} + \| du \|_{L^p(\Omega,\Lambda^{k+1})},$$

从而当$1 < p < \infty$ 时，$W^{1,p}(\Omega,\Lambda^k)$是自反 Banach 空间；

(5) $W_0^{1,p}(\Omega,\Lambda^k)$ 表示集合 $C_0^\infty(\Omega,\Lambda^k)$ 在空间 $W^{1,p}(\Omega,\Lambda^k)$ 中关于范数 $\| u(x) \|_{W^{1,p}(\Omega,\Lambda^l)}$ 的闭包；

文献[172-178]对上述微分形式空间的性质作了细致的研究. 特别是 Iwaniec 与 Lutoborski[172]的工作对微分形式空间理论的研究乃至在拟拱形映射等领域中的应用也起着至关重要的作用.

定理 8.1.1[172]　设$u \in \mathcal{D}'(Q,\Lambda^k)$，$du \in L^p(Q,\Lambda^{k+1})$，则$u - u_Q \in L^{np/(n-p)}(Q,\Lambda^l)$，并且对于$\mathbb{R}^n$ 中任意方体或球Q，都有

$$\left(\int_Q | u - u_Q |^{np/(n-p)} \, \mathrm{d}x \right)^{(n-p)/np} \leqslant C(n,p) \left(\int_Q | du |^p \, \mathrm{d}x \right)^{1/p}$$

成立，其中$1 < p < n$，$k = 0,1,\cdots,n-1$，常数$C = C(n,p)$仅依赖于n, p.

基于微分形式空间理论的形成，微分形式的 A-调和方程备受众多数学工作者的关注，并取得了许多重要结果. 近些年，无论是函数还是微分形式的 p-调和方程与 A-调和方程理论的研究都有着飞速进展. 方程的形式更是趋于多样化，常见的函数方程形式如下：

齐次函数 p-Laplace 方程：$-\mathrm{div}(| \nabla u |^{p-2} \nabla u) = 0 (1 < p < \infty)$；

齐次函数 A -调和方程: $-\mathrm{div}A(x,u,\nabla u)=0$;

非齐次函数 A -调和方程一般形式为

$$-\mathrm{div}A(x,u,\nabla u)+B(x,u,\nabla u)=f(x,u).$$

常见的关于微分形式方程形式如下:

齐次微分形式 p -Laplace 方程: $\mathrm{d}^{\star}(|du|^{p-2}du)=0(1<p<\infty)$, 且称满足该方程的微分形式为 p -调和张量;

齐次微分形式 A -调和方程: $\mathrm{d}^{\star}A(x,du)=0$, 且称满足该方程的微分形式为 A -调和张量;

非齐次微分形式 A -调和方程的一般形式为

$$\mathrm{d}^{\star}A(x,u,du)+B(x,u,du)=f(x,u).$$

8.2 $\mathbb{R}^n$ 上变指数微分形式空间及其应用

设 $\Omega\subset\mathbb{R}^n$ 是有界凸 Lipschitz 区域, 除特别说明外, 总是假设 $p(x)\in\mathcal{P}(\Omega)$, 并且满足 $p(x)\in\mathcal{P}^{\log}(\Omega)$,

$$1<p_-\leqslant p(x)\leqslant p_+<\infty, \tag{8.1}$$

其中函数集合 $\mathcal{P}^{\log}(\Omega)$ 定义为

$$\mathcal{P}^{\log}(\Omega)=\left\{p\in\mathcal{P}(\Omega):\frac{1}{p}\text{是}\Omega\text{上的全局 log-Hölder 连续函数}\right\}.$$

首先, 给出 Ω 上的全局 log-Hölder 连续函数的概念.

设 $u(x)$ 是 $\Omega\subset\mathbb{R}^n$ 上微分 l -形式, 其中 $l=0,1,\cdots,n$ 定义模泛函 $\rho_{p(x),\Lambda^l}$ 为

$$\rho_{p(x),\Lambda^l}(u)=\int_\Omega u|^{p(x)}\,\mathrm{d}x.$$

定义 8.2.1　变指数微分形式 Lebesgue 空间 $L^{p(x)}(\Omega,\Lambda^l)$, $l=0,1,\cdots,n$ 是由所有满足以下条件的微分 l -形式 u 构成的集合: 存在某个常数 $\lambda=\lambda(u)>0$, 使得

$$\rho_{p(x),\Lambda^l}(\lambda u)<\infty.$$

$L^{p(x)}(\Omega,\Lambda^l)$ 上的范数定义为

$$\|u\|_{L^{p(x)}(\Omega,\Lambda^l)}=\inf\left\{\lambda>0:\rho_{p(x),\Lambda^l}\left(\frac{u}{\lambda}\right)\leqslant 1\right\}.$$

定义 8.2.2　变指数微分形式 Sobolev 空间 $W^{1,p(x)}(\Omega,\Lambda^l)$, $l=0,1,\cdots,n-1$ 是由空间 $L^{p(x)}(\Omega,\Lambda^l)$ 中所有满足 $du\in L^{p(x)}(\Omega,\Lambda^{l+1})$ 的微分 l- 形式 u 构成的集合.

$W^{1,p(x)}(\Omega,\Lambda^l)$ 上的范数定义为

$$\|u\|_{W^{1,p(x)}(\Omega,\Lambda^l)}=\|u\|_{L^{p(x)}(\Omega,\Lambda^l)}+\|du\|_{L^{p(x)}(\Omega,\Lambda^{l+1})}.$$

记 $W_0^{1,p(x)}(\Omega,\Lambda^l)$ 为 $C_0^\infty(\Omega,\Lambda^l)$ 在空间 $W^{1,p(x)}(\Omega,\Lambda^l)$ 中的闭包.

注 (1) 微分形式空间 $L^{p(x)}(\Omega,\Lambda^l)$ 和 $W^{1,p(x)}(\Omega,\Lambda^l)$ 都是自反 Banach 空间. 具体证明可以参看 8.3 节中加权空间的证明.

(2) 微分 0-形式是 Ω 上的函数, 方便起见, 本章中把微分形式空间 $L^{p(x)}(\Omega,\Lambda^0)$ 和 $W^{1,p(x)}(\Omega,\Lambda^0)$ 等分别记作 $L^{p(x)}(\Omega)$ 和 $W^{1,p(x)}(\Omega)$ 等.

本节通过详细讨论同伦算子 T 的相关不等式考虑另外一类变指数微分形式空间 $\mathcal{K}^{1,p(x)}(\Omega,\Lambda^l)$ 的性质, 进而得到如下形式的非线性系统弱解的存在性:

$$\begin{cases} d^\star A(x,du)+B(x,u)=0, & x\in\Omega, \\ u=0, & x\in\partial\Omega, \end{cases} \tag{8.2}$$

其中 $u\in\Lambda^{l-1}(\Omega)$, $l=1,2,\cdots,n$.

在非线性系统(8.2)中, 映射 $A:\Omega\times\Lambda^l(\Omega)\to\Lambda^l(\Omega)$ 和 $B:\Omega\times\Lambda^{l-1}(\Omega)\to\Lambda^{l-1}(\Omega)$ 需要满足以下几个必要条件:

(K1) (Carathéodory)对于任意固定的 ξ 和 ζ, 映射 $x\to A(x,\xi)$ 及 $x\to B(x,\zeta)$ 都可测; 对于几乎处处的 $x\in\Omega$, 映射 $\xi\to A(x,\xi)$ 及 $\zeta\to B(x,\zeta)$ 都连续.

(K2) (增长性) $|A(x,\xi)|+|B(x,\zeta)|\leqslant C_1|\xi|^{p(x)-1}+C_2|\zeta|^{p(x)-1}+G(x)$, 其中 $C_1,C_2\geqslant 0$ 是常数, 并且函数 $G\in L^{p'(x)}(\Omega)$.

(K3) (强制性) $\langle A(x,\xi),\xi\rangle\geqslant a|\xi|^{p(x)}-|h(x)|$, 其中 $a>0$ 是常数, 并且函数 $h\in L^1(\Omega)$.

(K4) (强制性) $\langle B(x,\zeta),\zeta\rangle\geqslant b|\zeta|^{p(x)}-|g(x)|$, 其中 $b\geqslant 0$ 是常数, 并且函数 $g\in L^1(\Omega)$.

(K5) (准凸性) 任取 $\xi_0\in\Lambda^l(\Omega)$, $D\subset\Omega$ 以及 $v\in C_0^1(D,\Lambda^l)$, 映射 $\xi\to A(x_0,\xi)$ 对于几乎处处的 $x_0\in\Omega$, 都满足不等式

$$\int_D\langle A(x_0,\xi_0+dv),dv\rangle\mathrm{d}x\geqslant\gamma\int_D|dv|^{p(x)}\,\mathrm{d}x,$$

其中 $\gamma>0$ 是常数, 变指数 $p'(x)$ 是 $p(x)$ 的共轭函数.

如下变指数微分形式 Lebesgue 空间 $L^{p(x)}(\Omega,\Lambda^l)$ 的性质非常重要.

引理 8.2.1 设变指数 $p(x)\in\mathcal{P}(\Omega)$ 满足条件(8.1), 则有下面的性质:

(1) $C_0^\infty(\Omega,\Lambda^l)$ 在空间 $L^{p(x)}(\Omega,\Lambda^l)$ 中稠密;

(2) 空间 $L^{p(x)}(\Omega,\Lambda^l)$ 是可分的.

证明 (1)设微分形式 $u=\sum u_I \mathrm{d}x_I \in L^{p(x)}(\Omega,\Lambda^l)$，则 u 的每个分量函数都满足 $u_I \in L^{p(x)}(\Omega)$．因为函数空间 $C_0^\infty(\Omega)$ 稠密于空间 $L^{p(x)}(\Omega)$，所以对于每个数组 I，都存在对应的函数序列 $\{u_{kI}\}_{k=1}^\infty \subset C_0^\infty(\Omega)$，使得

$$u_{kI} \to u_I \text{ 在 } L^{p(x)}(\Omega) \text{中.}$$

现在取 $u_k=\sum_I u_{kI}\mathrm{d}x_I$，则微分形式序列 $\{u_k\}\subset C_0^\infty(\Omega,\Lambda^l)$，并且满足

$$u_k \to u \text{ 在} L^{p(x)}(\Omega,\Lambda^l)\text{中}.$$

因为

$$\begin{aligned}\int_\Omega |u-u_k|^{p(x)}\,\mathrm{d}x &= \int_\Omega \left(\left(\sum_I |u_I-u_{kI}|^2\right)^{\frac{1}{2}}\right)^{p(x)}\mathrm{d}x\\ &\leqslant \int_\Omega \left(\sum_I |u_I-u_{kI}|\right)^{p(x)}\mathrm{d}x\\ &\leqslant 2^{p_+}\sum_I\int_\Omega |u_I-u_{kI}|^{p(x)}\,\mathrm{d}x, \end{aligned}\tag{8.3}$$

从而，微分形式空间 $C_0^\infty(\Omega,\Lambda^l)$ 在 $L^{p(x)}(\Omega,\Lambda^l)$ 中稠密.

(2) 设微分形式 $u=\sum u_I\mathrm{d}x_I \in L^{p(x)}(\Omega,\Lambda^l)$．因为函数空间 $L^{p(x)}(\Omega)$ 是可分的，设 $\mathcal{S}$ 是空间 $L^{p(x)}(\Omega)$ 的一个可数的稠密子集，则对于 u 的每个分量函数 u_I，都存在函数序列 $\{u_{kI}\}\subset\mathcal{S}$，使得

$$u_{kI} \to u_I \text{ 在 } L^{p(x)}(\Omega)\text{中.}$$

由(1)证明中的不等式(8.3)可知，若取 $u_k=\sum u_{kI}\mathrm{d}x_I$，则微分形式序列 $\{u_k\}$ 满足

$$u_k \to u \text{ 在 } L^{p(x)}(\Omega,\Lambda^l)\text{中,}$$

即空间 $L^{p(x)}(\Omega,\Lambda^l)$ 是可分的．证毕.

下面介绍 Iwaniec 和 Lutoborski 在文献[172]中的部分工作，这些经典结果在本章的讨论中非常重要.

设 $\Omega\subset\mathbb{R}^n$ 是有界凸区域．外形式 $u(x)\in\Lambda^l(\mathbb{R}^n)$ 是对于点 $x\in\Omega$ 定义的，并且外形式 $u(x)$ 在向量组 $\xi_1,\cdots,\xi_l\in\mathbb{R}^n$ 处的值记为 $u(x)(\xi_1,\cdots,\xi_l)$.

对于 $y\in\Omega$，定义相应的线性算子 $K_y: L^1_{loc}(\Omega,\Lambda^l)\to L^1_{loc}(\Omega,\Lambda^{l-1})$ 为

$$K_y u(x)(\xi_1,\xi_2,\cdots,\xi_{l-1})=\int_0^1 t^{l-1}u(tx+y-ty)(x-y,\xi_1,\xi_2,\cdots,\xi_{l-1})\mathrm{d}t\,.$$

同伦算子 $T: L^1_{loc}(\Omega,\Lambda^l)\to L^1_{loc}(\Omega,\Lambda^{l-1})$ 是通过对所有点 $y\in\Omega$ 取算子 K_y 的平均定

义的:

$$Tu(x)=\int_{\Omega}\varphi(y)K_{y}u(x)\mathrm{d}y,$$

其中函数 $\varphi\in C_0^{\infty}(\Omega)$ 被规范化了，即满足 $\int_{\Omega}\varphi(y)\mathrm{d}y=1$，则对于所有的点 $x\in\Omega$，都有

$$\left|Tu(x)\right|\leqslant 2^{n}\mu(\Omega)\int_{\Omega}\frac{\left|u(y)\right|}{|x-y|^{n-1}}\mathrm{d}y, \tag{8.4}$$

其中

$$\mu(\Omega)=(\operatorname{diam}\Omega)^{n+1}\inf\left\{\frac{\|\nabla\varphi\|_{L^{\infty}(\Omega)}}{\|\varphi\|_{L^{1}(\Omega)}}:\varphi\in C_0^{\infty}(\Omega)\right\},$$

从而 $|Tu(x)|$ 的最小值在 $\varphi(x)=\operatorname{diam}(x,\partial\Omega)$ 时达到，并且对于任意的微分 l-形式 $u\in L_{loc}^{1}(\Omega,\Lambda^{l})$ 及同伦算子 T 有重要的分解等式

$$u=dTu+Tdu. \tag{8.5}$$

定义 8.2.3　设微分形式 $u\in L_{loc}^{1}(\Omega,\Lambda^{l})$，定义平均微分 l-形式 u_{Ω} 为

$$u_{\Omega}=\begin{cases}(\operatorname{meas}(\Omega))^{-1}\int_{\Omega}u\mathrm{d}x, & l=0,\\ dTu, & l=1,2,\cdots,n.\end{cases}$$

显然，对于任意微分形式 $u\in L_{loc}^{1}(\Omega,\Lambda^{l})$ 都有性质 $d(u_{\Omega})=0$ 成立. 定义微分 l-形式的集合

$$\mathcal{K}^{1,p(x)}(\Omega,\Lambda^{l})=\{u=\vartheta-\vartheta_{\Omega}:\vartheta\in W^{1,p(x)}(\Omega,\Lambda^{l})\}.$$

为了得到同伦算子 T 在变指数微分形式 Lebesgue 空间 $L^{p(x)}(\Omega,\Lambda^{l})$ 上的有界性以及变指数微分形式空间 $\mathcal{K}^{1,p(x)}(\Omega,\Lambda^{l})$ 的性质，需要以下的概念和引理.

定义 8.2.4　设微分形式 $u\in L_{loc}^{1}(\Omega,\Lambda^{l})$，定义最大值算子为

$$M(u)(x)=\sup_{r>0}\left\{\frac{1}{\operatorname{meas}(B_r(x))}\int_{B_r(x)}|u(y)|\mathbb{R}^{n}:|y-x|<r\right\}\subset\Omega.$$

引理 8.2.2[179]　设变指数 $p(x)\in\mathcal{P}(\Omega)$ 满足条件 (8.1)，则有

$$\|M(u)\|_{L^{p(x)}(\mathbb{R}^{n})}\leqslant C(n,p)\|u\|_{L^{p(x)}(\mathbb{R}^{n})}$$

对于任意的函数 $u\in L^{p(x)}(\mathbb{R}^{n})$ 都成立，其中 $C(n,p)$ 是仅依赖于 n 和 p 的常数.

引理 8.2.3[179]　设 $\Omega\subset\mathbb{R}^{n}$ 是有界凸区域，函数 $u\in L_{loc}^{1}(\mathbb{R}^{n})$，则对于任意的

点 $x\in\Omega$，都有

$$\int_{\Omega}\frac{|u(y)|}{|x-y|^{n-1}}\mathrm{d}y\leqslant C(n)(\mathrm{diam}\Omega)(\mathrm{M}u)(x),$$

其中$C(n)$是仅依赖于n的常数.

引理 8.2.4[179]　设 Ψ 是 $\mathbb{R}^n\times\mathbb{R}^n$ 上的一个 Calderón-Zygmund 算子，其 Calderón-Zygmund 核记为K，则算子Ψ在函数空间$L^{p(x)}(\mathbb{R}^n)$上有界. 事实上，存在一个常数 $C=C(n,p)$ 使得

$$\|\Psi u\|_{L^{p(x)}(\mathbb{R}^n)}\leqslant C(n,p)\|u\|_{L^{p(x)}(\mathbb{R}^n)}$$

对于所有的函数 $u\in L^{p(x)}(\mathbb{R}^n)$都成立.

引理 8.2.5　设微分形式$u\in L^{p(x)}(\Omega,\Lambda^l)$，则有

$$\|Tu\|_{L^{p(x)}(\Omega,\Lambda^l)}\leqslant C(n,p)\mu(\Omega)(\mathrm{diam}\ \Omega)\|u\|_{L^{p(x)}(\Omega,\Lambda^l)}. \tag{8.6}$$

进一步，如果$u\in W^{1,p(x)}(\Omega,\Lambda^l)$，则有

$$\begin{aligned}&\|u_\Omega\|_{L^{p(x)}(\Omega,\Lambda^l)}\\&\leqslant C(p)\|u\|_{L^{p(x)}(\Omega,\Lambda^l)}+C(n,p)\mu(\Omega)(\mathrm{diam}\ \Omega)\|du\|_{L^{p(x)}(\Omega,\Lambda^{l+1})}.\end{aligned} \tag{8.7}$$

证明　首先，零延拓微分形式 u到整个$\mathbb{R}^n$上，也就是定义

$$u(x)=0,\quad x\in\mathbb{R}^n\backslash\Omega,$$

则由逐点估计(8.4)和引理 8.2.3 可知，对于所有的点$x\in\Omega$，都有

$$|Tu(x)|\leqslant C(n)\mu(\Omega)(\mathrm{diam}\ \Omega)M(|u|)(x).$$

再根据引理 8.2.2，可得

$$\||Tdu|\|_{L^{p(x)}(\Omega)}\leqslant C(n,p)\mu(\Omega)(\mathrm{diam}\ \Omega)\||u|\|_{L^{p(x)}(\Omega)},$$

即估计 (8.6)成立.

其次，根据平均微分形式u_Ω的定义和分解等式(8.5)，可得

$$\|u_\Omega\|_{L^{p(x)}(\Omega,\Lambda^l)}\leqslant C(p)\|u\|_{L^{p(x)}(\Omega,\Lambda^l)}+C(n,p)\|Tdu\|_{L^{p(x)}(\Omega,\Lambda^l)}. \tag{8.8}$$

另一方面，在估计(8.6)中用du代替u，则有

$$\||Tdu|\|_{L^{p(x)}(\Omega)}\leqslant C(n,p)\mu(\Omega)(\mathrm{diam}\ \Omega)\||du|\|_{L^{p(x)}(\Omega)}. \tag{8.9}$$

结合(8.8)式和(8.9)式，可以得到估计(8.7). 证毕.

注　(1)对于任意的微分形式$u\in\mathcal{K}^{1,p(x)}(\Omega,\Lambda^l)$，由平均微分形式$\vartheta_\Omega$的定义和分解等式(8.5)，可得

$$u_\Omega=dTu=dT(\vartheta-\vartheta_\Omega)=(\vartheta-\vartheta_\Omega)-Td(\vartheta-\vartheta_\Omega)=\vartheta-dT\vartheta-Td\vartheta=0,$$

从而可知，$u\in\mathcal{K}^{1,p(x)}(\Omega,\Lambda^l)$ 当且仅当$u_\Omega=0$.

(2) 对于任意的微分形式$u\in\mathcal{K}^{1,p(x)}(\Omega,\Lambda^l)$，定义泛函

$$\|u\|_{\mathcal{K}^{1,p(x)}(\Omega,\Lambda^l)}=\|u\|_{W^{1,p(x)}(\Omega,\Lambda^l)}.$$

显然，$\|\cdot\|_{\mathcal{K}^{1,p(x)}(\Omega,\Lambda^l)}$是空间$\mathcal{K}^{1,p(x)}(\Omega,\Lambda^l)$上的范数.

由变指数微分形式外Sobolev空间$W^{1,p(x)}(\Omega,\Lambda^l)$是自反Banach空间，可以得到下面的引理.

引理 8.2.6 设变指数 $p(x)\in\mathcal{P}(\Omega)$ 满足条件(8.1)，则$\mathcal{K}^{1,p(x)}(\Omega,\Lambda^l)$是自反Banach空间$W^{1,p(x)}(\Omega,\Lambda^l)$的闭子空间. 进而，$\mathcal{K}^{1,p(x)}(\Omega,\Lambda^l)$也是自反Banach空间.

证明 由引理 8.2.5，显然有 $\mathcal{K}^{1,p(x)}(\Omega,\Lambda^l)\subset W^{1,p(x)}(\Omega,\Lambda^l)$，并且算子$T$在空间 $\mathcal{K}^{1,p(x)}(\Omega,\Lambda^l)$ 上是连续的. 取微分形式序列 $\{u_k\}\subset\mathcal{K}^{1,p(x)}(\Omega,\Lambda^l)$ 以及 $u\in W^{1,p(x)}(\Omega,\Lambda^l)$满足

$$u_k\to u \text{ 在} W^{1,p(x)}\left(\Omega,\Lambda^l\right)\text{中},$$

则序列$\{u_k\}$中的所有元素都满足$(u_k)_\Omega=0$，再结合u_Ω的定义和算子T的连续性，可得$u_\Omega=0$，即$u\in\mathcal{K}^{1,p(x)}(\Omega,\Lambda^l)$. 所以，微分形式空间$\mathcal{K}^{1,p(x)}(\Omega,\Lambda^l)$是空间$W^{1,p(x)}(\Omega,\Lambda^l)$的闭子空间. 证毕.

为了进一步讨论变指数微分形式空间$\mathcal{K}^{1,p(x)}(\Omega,\Lambda^l)$的性质，需要回忆Iwaniec 和 Lutoborski 在文献[172]中的另外部分重要工作：设微分形式$u\in L^1_{loc}(\Omega,\Lambda^l)$，则有

$$\frac{\partial}{\partial x_i}(Tu)=A_iu+S_iu, \tag{8.10}$$

其中

$$\left|A_iu(x)\right|\leqslant\frac{2^n\mu(\Omega)}{\operatorname{diam}(\Omega)}\int_\Omega\frac{|u(z)|}{|x-z|^{n-1}}\mathrm{d}z, \tag{8.11}$$

$$S_iu(x)(\xi)=\int_\Omega u(z)(K_i(z,x-z),\xi)\mathrm{d}z, \tag{8.12}$$

在这里 $\xi=(\xi_1,\xi_2,\cdots,\xi_{l-1})$是$\mathbb{R}^n$中切向量组，映射

$$K_i(z,x-z)=\frac{e_i}{|x-z|^n}\int_0^\infty s^{n-1}\varphi\left(z-s\frac{x-z}{|x-z|}\right)\mathrm{d}s$$
$$-\frac{x-z}{|x-z|^{n+1}}\int_0^\infty s^n\varphi_i\left(z-s\frac{x-z}{|x-z|}\right)\mathrm{d}s.$$

另外，对于$z\in\Omega$以及$h\in\mathbb{R}^n\backslash\{0\}$，映射$K_i(z,h)$满足以下三个条件:

(i) $K_i(z,h) \leqslant \mu(\Omega)|h|^{-n}$;

(ii) 对于任意的 $s>0$, 都有 $K_i(z,sh)=s^{-n}K_i(z,h)$;

(iii) 对于任意取定的 $z\in\Omega$, 都有 $\int_{|h|=1} K_i(z,s)\mathrm{d}s=0$.

设 $K_i(z,h)=(K_{i1},K_{i2},\cdots,K_{in})$, 由上述三个条件, 可得每个指标 $\alpha=1,2,\cdots,n$ 所对应的映射 $K_{i\alpha}$ 都是 $\mathbb{R}^n\times\mathbb{R}^n$ 上 Calderón-Zygmund 核.

引理 8.2.7　设微分形式 $u\in L^{p(x)}(\Omega,\Lambda^l)$, 则有

$$\|\nabla Tu\|_{L^{p(x)}(\Omega)} \leqslant C(n,p,\Omega)\|u\|_{L^{p(x)}(\Omega,\Lambda^l)}, \tag{8.13}$$

其中 $C(n,p,\Omega)$ 是仅依赖于 $n,p(x)$ 及 Ω 的常数.

证明　结合引理 8.2.2 和引理 8.2.3 以及不等式(8.11), 有

$$\|A_iu\|_{L^{p(x)}(\Omega,\Lambda^l)} \leqslant C(n,p)\mu(\Omega)\|u\|_{L^{p(x)}(\Omega,\Lambda^l)}. \tag{8.14}$$

记微分形式 S_iu 的具体形式为

$$S_iu=\sum_{1\leqslant j_1<j_2<\cdots<j_{l-1}\leqslant n}\omega_{j_1,j_2,\cdots,j_{l-1}}\mathrm{d}x_{j_1}\wedge\mathrm{d}x_{j_2}\wedge\cdots\wedge\mathrm{d}x_{j_{l-1}},$$

以及微分形式 u 的具体形式为

$$u=\sum_{1\leqslant\alpha\leqslant n,\alpha\neq j_1,j_2,\cdots,j_{l-1}}\sum_{1\leqslant j_1<j_2<\cdots<j_{l-1}\leqslant n}u_{\alpha,j_1,j_2,\cdots,j_{l-1}}\mathrm{d}x_\alpha\wedge\mathrm{d}x_{j_1}\wedge\cdots\wedge\mathrm{d}x_{j_{l-1}},$$

则有

$$\omega_{j_1,j_2,\cdots,j_{l-1}}=S_iu(e_{j_1},e_{j_2},\cdots,e_{j_{l-1}}).$$

特别地, 在等式(8.12)中取切向量组 $\xi=(e_{j_1},e_{j_2},\cdots,e_{j_{l-1}})$, 可得

$$\omega_{j_1,j_2,\cdots,j_{l-1}}(x)=\int_\Omega\sum_{1\leqslant\alpha\leqslant n,\alpha\neq j_1,\cdots,j_{l-1}}K_{i\alpha}(z,x-z)u_{\alpha,j_1,j_2,\cdots,j_{l-1}}(z)\mathrm{d}z. \tag{8.15}$$

现在零延拓微分形式 $u(x)$ 到整个 $\mathbb{R}^n$ 上, 也就是定义

$$u(x)=0,\quad x\in\mathbb{R}^n\backslash\Omega.$$

因为每个 α 所对应的算子 $K_{i\alpha}$ 都是 $\mathbb{R}^n\times\mathbb{R}^n$ 上的 Calderón-Zygmund 核, 根据引理 8.2.4, 可得

$$\|\omega_{j_1,j_2,\cdots,j_{l-1}}\|_{L^{p(x)}(\Omega)} \leqslant C(n,p)\sum_{1\leqslant\alpha\leqslant n,\alpha\neq j_1,\cdots,j_{l-1}}\|u_{\alpha,j_1,j_2,\cdots,j_{l-1}}\|_{L^{p(x)}(\Omega)},$$

从而有

$$\|S_iu\|_{L^{p(x)}(\Omega,\Lambda^l)} \leqslant C(n,p)\|u\|_{L^{p(x)}(\Omega,\Lambda^l)}. \tag{8.16}$$

结合 (8.10)式, (8.14)式以及(8.16)式, 可得

$$\|\nabla Tu\|_{L^{p(x)}(\Omega)} \leqslant C(n,p,\Omega)\|u\|_{L^{p(x)}(\Omega,\Lambda^l)}.$$

证毕.

为了得到微分形式空间的嵌入定理, 对于任意的 $\omega\in\mathcal{K}^{1,p(x)}(\Omega,\Lambda^l)$, 定义泛函

$$|||\,\omega\,|||_{\mathcal{K}^{1,p(x)}(\Omega,\Lambda^l)}=\|\,\omega\,\|_{L^{p(x)}(\Omega,\Lambda^l)}+\big\|\nabla\omega\big\|_{L^{p(x)}(\Omega)}.$$

显然, $|||\cdot|||_{\mathcal{K}^{1,p(x)}(\Omega,\Lambda^l)}$ 是微分形式空间 $\mathcal{K}^{1,p(x)}(\Omega,\Lambda^l)$ 上的范数.

注　在不等式(8.13)中用 du 替换 u, 则由微分形式 u_Ω 的定义, 可得

$$\begin{aligned}&\big\|\nabla(u-u_\Omega)\big\|_{L^{p(x)}(\Omega)}\\&=\big\|\nabla|Tdu\big\|_{L^{p(x)}(\Omega)}\\&\leqslant C(n,p)\mu(\Omega)\|\,du\,\|_{L^{p(x)}(\Omega,\Lambda^l)}\\&=C(n,p)\mu(\Omega)\|\,d(u-u_\Omega)\,\|_{L^{p(x)}(\Omega,\Lambda^l)},\end{aligned}$$

即范数 $|||\cdot|||_{\mathcal{K}^{1,p(x)}(\Omega,\Lambda^l)}$ 和 $\|\cdot\|_{\mathcal{K}^{1,p(x)}(\Omega,\Lambda^l)}$ 是等价范数.

回忆变指数函数空间的两个重要引理.

引理 8.2.8[179]　设变指数函数 $p\in\mathcal{P}(\Omega)$ 满足条件(8.1), 则函数空间的嵌入 $W_0^{1,p(x)}(\Omega)\hookrightarrow L^{p(x)}(\Omega)$ 是紧致的.

引理 8.2.9[179]　设变指数 $p\in L^\infty(\Omega)$. 如果函数序列 $\{u_k\}_{k=1}^\infty$ 是空间 $L^{p(x)}(\Omega)$ 中的有界序列, 并且 $u_k\to u$ 几乎处处于 Ω, 则有 $u_k\rightharpoonup u$ 在 $L^{p(x)}(\Omega)$ 中.

记 $\mathcal{K}_0^{1,p(x)}(\Omega,\Lambda^l)$ 是 $C_0^\infty(\Omega,\Lambda^l)$ 在空间 $\mathcal{K}^{1,p(x)}(\Omega,\Lambda^l)$ 中的闭包, 则由引理 8.2.8 和 8.2.9 可得如下引理.

引理 8.2.10　设变指数函数 $p\in\mathcal{P}(\Omega)$ 满足条件(8.1), 则微分形式空间的嵌入 $\mathcal{K}_0^{1,p(x)}(\Omega,\Lambda^l)\hookrightarrow L^{p(x)}(\Omega,\Lambda^l)$ 是紧致的.

引理 8.2.11　设变指数函数 $p\in L^\infty(\Omega)$. 如果微分形式序列 $\{u_k\}_{k=1}^\infty$ 是空间 $L^{p(x)}(\Omega,\Lambda^l)$ 中的有界序列, 且 $u_k\to u$ 几乎处处于 Ω, 则 $u_k\rightharpoonup u$ 在 $L^{p(x)}(\Omega,\Lambda^l)$ 中.

定理 8.2.1　设变指数 $p(x)\in\mathcal{P}(\Omega)$ 满足条件(8.1), 则在条件(K1)—(K5)之下, Dirichlet 问题(8.2)在空间 $\mathcal{K}_0^{1,p(x)}(\Omega,\Lambda^l)$ 中至少存在一个弱解. 也就是说, 至少存在一个微分形式 $u=\vartheta-\vartheta_\Omega\in\mathcal{K}_0^{1,p(x)}(\Omega,\Lambda^l)$, 使得

$$\int_\Omega\big(\langle A(x,du),d\varphi\rangle+\langle B(x,u),\varphi\rangle\big)\mathrm{d}x=0 \tag{8.17}$$

对于所有的微分形式 $\varphi\in W_0^{1,p(x)}(\Omega,\Lambda^{l-1})$ 都成立, 这里 $\vartheta\in W_0^{1,p(x)}(\Omega,\Lambda^l)$.

为方便起见, 在以下的讨论中记 $V=W_0^{1,p(x)}(\Omega,\Lambda^{l-1})$, $\mathcal{K}_0=\mathcal{K}_0^{1,p(x)}(\Omega,\Lambda^l)$. 为了证明定理 8.2.1, 定义 V 上的映射 $\mathcal{A}:V\to V^*$ 为

$$(\mathcal{A}u,\varphi)=\int_\Omega\big(\langle A(x,du),d\varphi\rangle+\langle B(x,u),\varphi\rangle\big)\mathrm{d}x. \tag{8.18}$$

对于任意的微分形式 $\varphi \in V$. 那么要完成定理 8.2.1 的证明, 只需证明存在一个微分形式 $u \in \mathcal{K}_0$, 使得

$$(\mathcal{A}u, \varphi) = 0$$

对于所有的微分形式 $\varphi = \sum \varphi_I \mathrm{d}x_I \in V$ 都成立.

先讨论映射 $\mathcal{A}$ 的性质.

引理 8.2.12　映射 $\mathcal{A}$ 在空间 V 上强—弱连续, 即对于任意的 $u \in V$ 以及 $\{u_j\} \subset V$, 若 $\|u_j - u\|_X \to 0$, 都有

$$(\mathcal{A}u_j, v) \to (\mathcal{A}u, v)$$

对于所有的微分形式 $v \in X$ 都成立.

证明　设微分形式序列 $\left\{u_k : u_k = \sum u_{kI} \mathrm{d}x_I\right\} \subset V$ 以及 $u = \sum u_I \mathrm{d}x_I \in V$ 满足

$$u_k \to u \text{ 在 } V \text{ 中}.$$

记 $du_k = \sum_J \omega_{kJ} \mathrm{d}x_J$ 及 $du = \sum_J \omega_J \mathrm{d}x_J$, 则有

(h_1) 存在一个常数 C, 使得 $\|u_k\|_V \leqslant C$.

(h_2) 对于每个有序数组 J, 对应的函数序列 $\{\omega_{kJ}\}_{k=1}^{\infty}$ 都强收敛到 ω_J 于空间 $L^{p(x)}(\Omega)$ 中.

下面记

$$A(x, du_k) = \sum A_{kJ}(x) \mathrm{d}x_J \text{ 及 } B(x, u_k) = \sum B_{kI}(x) \mathrm{d}x_I.$$

由条件(K2)和性质 (h_1), 可得微分形式序列 $\{A(x, du_k)\}$ 和 $\{B(x, u_k)\}$ 分别在空间 $L^{p'(x)}(\Omega, \Lambda^l)$ 和 $L^{p'(x)}(\Omega, \Lambda^{l-1})$ 中一致有界, 从而可知, 函数序列 $\{A_{kJ}(x)\}$ 和 $\left\{B_{kI}(x)\right\}$ 在函数空间 $L^{p'(x)}(\Omega)$ 中一致有界. 另一方面, 由性质 (h_2) 可得, 任意的数组 J 对应的函数序列 $\{\omega_{kJ}(x)\}$ 都存在子列, 仍然记作 $\{\omega_{kJ}(x)\}$, 使得对于几乎处处的 $x \in \Omega$, 都有

$$\lim_{k\to\infty} \omega_{kJ}(x) = \omega_J(x).$$

又因为序列 $\{u_k(x)\}$ 存在一个子列, 仍然记作 $\{u_k(x)\}$, 使得对于几乎处处的 $x \in \Omega$, 都有

$$\lim_{k\to\infty} u_k(x) = u(x) \text{ 及 } \lim_{k\to\infty} du_k(x) = du(x).$$

再由条件(K1)可知, 对于几乎处处的 $x \in \Omega$, 都有

$$\lim_{k\to\infty} A(x, du_k) = A(x, du)$$

以及

$$\lim_{k\to\infty} B\left(x, u_k\right) = B\left(x, u\right).$$

记 $d\varphi=\sum\psi_J\mathrm{d}x_J$，$A(x,du)=\sum A_J(x)\mathrm{d}x_J$ 以及 $B(x,u)=\sum B_I(x)\mathrm{d}x_I$，则对于所有数组 J 和 I 都有如下的事实:

(f$_1$) 函数 $\psi_J(x)\in L^{p(x)}(\Omega)$；

(f$_2$) $\lim\limits_{k\to\infty}A_{kJ}(x)=A_J(x)$ 对于几乎处处的 $x\in\Omega$；

(f$_3$) $\lim\limits_{k\to\infty}B_{kI}(x)=B_I(x)$ 对于几乎处处的 $x\in\Omega$.

则由引理 8.2.9, 可得当 $k\to\infty$ 时, 有

$$\int_\Omega A_{kJ}\psi_J\mathrm{d}x\to\int_\Omega A_J\psi_J\mathrm{d}x$$

以及

$$\int_\Omega B_{kI}\varphi_I\mathrm{d}x\to\int_\Omega B_I\varphi_I\mathrm{d}x,$$

从而

$$\begin{aligned}&(\mathcal{A}u_k,\varphi)\\&=\int_\Omega\left(\left\langle A(x,du_k),d\varphi\right\rangle+\left\langle B(x,u_k),\varphi\right\rangle\right)\mathrm{d}x\\&\to\int_\Omega\left(\left\langle A(x,du),d\varphi\right\rangle+\left\langle B(x,u),\varphi\right\rangle\right)\mathrm{d}x\\&=(\mathcal{A}u,\varphi),\end{aligned}$$

即映射 $\mathcal{A}$ 在空间 V 上强—弱连续. 证毕.

引理 8.2.13　映射 $\mathcal{A}$ 在空间 $\mathcal{K}_0$ 上是强制的, 即对于任意的 $u\in\mathcal{K}$, 都有

$$\lim_{\|u\|_{\mathcal{K}}\to\infty}\frac{(\mathcal{A}u,u)}{\|u\|_{\mathcal{K}}}=+\infty.$$

证明　由假设条件(K3)和(K4), 可得

$$\begin{aligned}(\mathcal{A}u,u)&=\int_\Omega\left(\left\langle A(x,du),du\right\rangle+\left\langle B(x,u),u\right\rangle\right)\mathrm{d}x\\&\geqslant\int_\Omega(a|du|^{p(x)}-|h(x)|+b|u|^{p(x)}-|g(x)|)\mathrm{d}x\\&\geqslant\int_\Omega a|du|^{p(x)}\mathrm{d}x-C(h,g).\end{aligned}\tag{8.19}$$

由 $d\vartheta_\Omega=0$ 及引理 8.2.5, 对于微分形式 $u=\vartheta-\vartheta_\Omega\in\mathcal{K}_0$，有

$$\begin{aligned}\|u\|_{L^{p(x)}(\Omega,\Lambda^l)}&=\|Td\vartheta\|_{L^{p(x)}(\Omega,\Lambda^l)}\\&\leqslant 2^nC(n,p)\mu(\Omega)(\mathrm{diam}\Omega)\|du\|_{L^{p(x)}(\Omega,\Lambda^l)},\end{aligned}\tag{8.20}$$

则当 $\|u\|_{\mathcal{K}}\to\infty$ 时, 一定有 $\|du\|_{L^{p(x)}(\Omega,\Lambda^l)}\to\infty$. 取

$$\delta = \frac{1}{2} \| du \|_{L^{p(x)}(\Omega,\Lambda^l)} > 1,$$

则有

$$\begin{aligned} &\frac{\int_\Omega |du|^{p(x)} \, \mathrm{d}x}{\| du \|_{L^{p(x)}(\Omega,\Lambda^l)}} \\ &= \int_\Omega \left(\frac{|du|}{\| du \|_{L^{p(x)}(\Omega,\Lambda^l)} - \delta} \right)^{p(x)} \frac{(\| du \|_{L^{p(x)}(\Omega,\Lambda^l)} - \delta)^{p(x)}}{\| du \|_{L^{p(x)}(\Omega,\Lambda^l)}} \mathrm{d}x \\ &\geqslant \frac{(\| du \|_{L^{p(x)}(\Omega,\Lambda^l)} - \delta)^{p_-}}{\| du \|_{L^{p(x)}(\Omega,\Lambda^l)}} \\ &= \frac{1}{2^{p_-}} \| du \|_{L^{p(x)}(\Omega,\Lambda^l)}^{p_- - 1}, \end{aligned}$$

从而当$\| du \|_{L^{p(x)}(\Omega,\Lambda^l)} \to \infty$时，有

$$\frac{\int_\Omega |du|^{p(x)} \, \mathrm{d}x}{\| du \|_{L^{p(x)}(\Omega,\Lambda^l)}} \to \infty. \tag{8.21}$$

可得当$\| u \|_{\mathcal{K}} \to \infty$时，有

$$\frac{(\mathcal{A}u, u)}{\| u \|_{\mathcal{K}}} \to \infty,$$

即映射$\mathcal{A}$在空间$\mathcal{K}_0$上是强制的. 证毕.

引理 8.2.14[119]　设G是$\mathbb{R}^m$到自身的映射，并且满足

$$\lim_{|x| \to \infty} \frac{G(x) \cdot x}{|x|} = \infty,$$

则映射 G 的像集是整个$\mathbb{R}^m$.

引理 8.2.15　微分形式空间 $\mathcal{K}_0$ 中存在序列$\{u_k\}$以及一个相对应的微分形式u_0，使得$u_k \to u_0$在$\mathcal{K}_0$中，并且当 $k \to \infty$ 时，有

$$(\mathcal{A}u_k, u_k - u_0) \to 0.$$

证明　根据引理 8.2.1 和引理 8.2.6，空间 $\mathcal{K}_0$ 存在一族 Schauder 基$\{\omega_s\}$，使得其生成空间$\mathrm{span}\{\omega_s : s = 1, 2, \cdots\}$稠密于空间$\mathcal{K}_0$. 设 $\mathcal{K}_0^k$ 是由 Schauder 基中前面 k 个元素 $\omega_1, \omega_2, \cdots, \omega_k$ 生成的子空间. 因为空间 $\mathcal{K}_0^k$ 与 k 维欧氏空间 $\mathbb{R}^k$ 拓扑同胚，那么结合引理 8.2.13 和引理 8.2.14，存在一个微分形式$u_k \in \mathcal{K}_0^k$，使得

$$(\mathcal{A}u_k, \omega) = 0.$$

对于任意的$\omega \in \mathcal{K}_0^k$都成立.

再次应用强制性引理 8.2.13, 可得$\| u_k \|_{\mathcal{K}} \leqslant C$, 其中$C$是仅依赖于$k$的常数, 从而微分形式序列$\{u_k\}$存在子列, 仍然记作$\{u_k\}$, 满足

$$u_k \rightharpoonup u_0 \text{ 在 } \mathcal{K}_0 \text{ 中}.$$

由条件(K2)和(K3)可知, 映射$\mathcal{A}$有界. 又因为空间$\mathcal{K}_0$是可分自反Banach空间, 不妨设

$$\mathcal{A}u_k \rightharpoonup^* \xi \text{ 在 } \mathcal{K}_0^* \text{ 中, 且 } (\xi,\omega)=0,$$

其中ω是空间$\mathcal{K}_0$的某个稠密子集中元素. 对于任意取定的ξ, 由映射$\omega \to (\xi,\omega)$的连续性, 可得$(\xi,\omega)=0$对于任意的$\omega \in \mathcal{K}_0$都成立. 进一步, 当$k\to\infty$时, 有

$$(\mathcal{A}u_k, u_k - u_0) = (\mathcal{A}u_k, u_k) - (\mathcal{A}u_k, u_0) = -(\mathcal{A}u_k, u_0) \to 0,$$

至此, 完成了引理 8.2.15 的证明.

设$v_k = u_k - u_0 = \sum v_{kI}\mathrm{d}x_I$, 则由引理 8.2.15, 当$k\to\infty$时, 有

$$v_k \rightharpoonup 0 \text{ 在 } \mathcal{K}_0 \text{ 中},$$

从而当$k\to\infty$时, 有

$$(\mathcal{A}u_k, u_k - u_0) = \int_\Omega \left(\left\langle A(x, du_0 + dv_k), dv_k \right\rangle + \left\langle B(x, u_0 + v_k), v_k \right\rangle \right) \mathrm{d}x \to 0.$$

另一方面, 由引理 8.2.10, 可得

$$v_k \to 0 \text{ 在 } L^{p(x)}(\Omega, \Lambda^{l-1}) \text{ 中}. \tag{8.22}$$

根据(8.22)式和条件(K2), 可得当$k\to\infty$时, 有

$$\int_\Omega \left\langle B(x, u_0 + v_k), v_k \right\rangle \mathrm{d}x \to 0,$$

进一步, 当$k\to\infty$时, 有

$$\int_\Omega \left\langle A(x, du_0 + dv_k), dv_k \right\rangle \mathrm{d}x \to 0. \tag{8.23}$$

证毕.

注 现在如果能够证明微分形式序列$\{v_k\}$存在子列在空间$\mathcal{K}_0$中强收敛于零, 再结合算子$\mathcal{A}$的强—弱连续性引理 8.2.12, 可以得到当$k\to\infty$时, 有

$$\mathcal{A}u_k \rightharpoonup \mathcal{A}u_0 = \xi \text{ 在 } \mathcal{K}_0 \text{ 中},$$

从而u_0将是 Dirichlet 问题(8.2)的一个弱解.

下面要完成定理 8.2.1 的证明, 只需要证明下面的引理.

引理 8.2.16 引理 8.2.15 中所得到的微分形式序列$\{v_k : v_k = u_k - u_0\}$在空间$\mathcal{K}_0$中强收敛到零.

证明 对于可测子集$S \subset \Omega$, 定义

$$F(v,S) = \int_S \left\langle A\left(x, du_0 + dv\right), dv \right\rangle \mathrm{d}x,$$

其中 $v\in\mathcal{K}_0$. 类似于引理 8.2.12 的证明, 可以得到 $F(\cdot,S)$ 是空间 $\mathcal{K}_0$ 上的连续泛函. 由引理 8.2.1 可知, $C_0^\infty(\Omega,\Lambda^{l-1})$ 在空间 $\mathcal{K}_0$ 中是稠密的, 则存在微分形式 $h_k\in C_0^\infty(\Omega,\Lambda^{l-1})$, 使得

$$\|h_k-v_k\|_{\mathcal{K}}<\frac{1}{k}$$

以及

$$\left|F\left(h_k,\Omega\right)-F\left(v_k,\Omega\right)\right|<\frac{1}{k},$$

所以, 可以假设微分形式序列 $\{v_k\}\subset C_0^\infty(\Omega,\Lambda^{l-1})$, 并且在空间 $\mathcal{K}_0$ 中有界.

定义连续递增函数 $\beta:\mathbb{R}^+\to\mathbb{R}^+$ 满足 $\beta(0)=0$, 并且对于任意可测子集 $D\subset\Omega$, 都有

$$\int_D(|G(x)|^{p'(x)}+|h(x)|+(C_1+1)|du_0|^{p(x)})\mathrm{d}x\leqslant\beta(\mathrm{meas}(D)),$$

其中 C_1 是条件(K2)中的常数. 延拓微分形式 v_k 的定义域到整个 $\mathbb{R}^n$, 并且满足 $\mathrm{supp}\,v_k\subset\Omega$, 即定义

$$v_k(x)=0,\quad x\in\mathbb{R}^n\backslash\Omega.$$

设 $\{\varepsilon_j\}$ 是正递减序列, 并且满足 $\varepsilon_j\to0,\ j\to\infty$. 对 ε_1 及每个序列 $\{(M^*v_{kI})^{p(x)}\}_k$, 应用引理 4.2.3 可知, 存在 $\{k\}$ 的子列 $\{k_1\}$, 满足条件 $\mathrm{meas}(A_{\varepsilon_1})<\varepsilon_1$ 的子集 $A_{\varepsilon_1}\subset\mathbb{R}^n$ 以及实数 $\delta_1>0$, 使得对于任意的 k_1, I 和满足 $\mathrm{meas}(B)<\delta_1$ 的子集 $B\subset\Omega\backslash A_{\varepsilon_1}$, 都有

$$\int_B(M^*v_{k_1I})^{p(x)}\mathrm{d}x<\varepsilon_1.$$

根据引理 4.2.4, 存在足够大的常数 $\lambda>1$, 使得对于任意的 I 及 k_1, 都有

$$\mathrm{meas}(\{x\in\mathbb{R}^n:(M^*v_{k_1I})(x)\geqslant\lambda\})\leqslant\min\{\varepsilon_1,\delta_1\}.$$

对于每个固定的 I 和 k_1, 定义集合

$$H_{k_1I}^\lambda=\{x\in\mathbb{R}^n:(M^*v_{k_1I})(x)<\lambda\}$$

以及集合

$$H_{k_1}^\lambda=\bigcap_I H_{k_1I}^\lambda.$$

由引理 4.2.5, 对于任意的数组 I 以及 $x,y\in H_{k_1}^\lambda$, 都有

$$\frac{|v_{k_1I}(y)-v_{k_1I}(x)|}{|y-x|}\leqslant C(n)\lambda.$$

根据引理 4.2.6, 可以将 $H_{k_1}^\lambda$ 上的函数 v_{k_1I} 延拓到 $H_{k_1}^\lambda$ 以外, 并记为 g_{k_1I}, 且其

Lipschitz 常数不超过$C(n)\lambda$. 由集合$H_{k_1}^{\lambda}$是开集, 则对于任意的点$x\in H_{k_1}^{\lambda}$, 都有

$$g_{k_1 I}=v_{k_1 I},\quad \nabla g_{k_1 I}(x)=\nabla v_{k_1 I}(x)$$

以及

$$\|\nabla g_{k_1 I}\|_{L^\infty(\mathbb{R}^n)}\leqslant C(n)\lambda,$$

从而由引理 4.2.4, 可以进一步假设

$$\|g_{k_1 I}\|_{L^\infty(\mathbb{R}^n)}\leqslant\|v_{k_1 I}\|_{L^\infty(H_{k_1}^{\lambda})}\leqslant\lambda$$

和

$$\|g_{k_1 I}\|_{W^{1,\infty}(\Omega)}\leqslant C(n)\lambda,$$

则对于任意的数组I, 由函数序列$\{g_{k_1 I}\}$的一致有界性可知, 序列$\{g_{k_1 I}\}$存在子列, 仍然记作$\{g_{k_1 I}\}$, 使得当$k_1\to\infty$时, 有

$$g_{k_1 I}\to^{*}\omega_I \text{ 在 } W^{1,\infty}(\Omega)\text{中}. \tag{8.24}$$

记微分形式$\omega=\sum_I\omega_I\mathrm{d}x_I$ 以及$g_{k_1}=\sum_I g_{k_1 I}\mathrm{d}x_I$, 可得

$$\begin{aligned}
&F(v_{k_1},\Omega)\\
&=F(g_{k_1},(\Omega\backslash A_{\varepsilon_1})\cap H_{k_1}^{\lambda})+F(v_{k_1},A_{\varepsilon_1}\cup(\Omega\backslash H_{k_1}^{\lambda}))\\
&=F\left(g_{k_1},\Omega\backslash A_{\varepsilon_1}\right)-F\left(g_{k_1},\left(\Omega\backslash A_{\varepsilon_1}\right)\backslash H_{k_1}^{\lambda}\right)+F\left(v_{k_1},A_{\varepsilon_1}\cup\left(\Omega\backslash H_{k_1}^{\lambda}\right)\right).
\end{aligned}\tag{8.25}$$

以下证明序列$\{v_{k_1}\}$存在子列, 仍然记作$\{v_{k_1}\}$, 满足$\{dv_{k_1}\}$在模泛函作用下可以被$F(v_{k_1},\Omega)$控制. 注意到

$$\begin{aligned}
&\operatorname{meas}\left(\left(\Omega\backslash A_{\varepsilon_1}\right)\backslash H_{k_1}^{\lambda}\right)\\
&\leqslant\sum_I\operatorname{meas}\left(\left(\Omega\backslash A_{\varepsilon_1}\right)\backslash H_{k_1 I}^{\lambda}\right)\\
&\leqslant \mathrm{C}_n^{l-1}\min\{\varepsilon_1,\delta_1\},
\end{aligned}\tag{8.26}$$

其中$\mathrm{C}_n^{l-1}=(n(n-1)\cdots(n-l+1))/(l(l-1)(l-2)\cdots1)$, 则结合条件(K2)、不等式(8.26)以及集合A_{ε_1}的选择, 可以得到

$$\begin{aligned}
&F(g_{k_1},(\Omega\backslash A_{\varepsilon_1})\backslash H_{k_1}^{\lambda})\\
&\leqslant\int_{(\Omega\backslash A_{\varepsilon_1})\backslash H_{k_1}^{\lambda}}(C_1|du_0+dg_{k_1}|^{p(x)-1}|dg_{k_1}|+|G(x)||dg_{k_1}|)\mathrm{d}x\\
&\leqslant\int_{(\Omega\backslash A_{\varepsilon_1})\backslash H_{k_1}^{\lambda}}(C_1 2^{p_+-1}(|du_0|^{p(x)}+|dg_{k_1}|^{p(x)})+C_1|dg_{k_1}|^{p(x)}+|G(x)|^{p'(x)}\\
&\quad+|dg_{k_1}|^{p(x)})\mathrm{d}x
\end{aligned}$$

$$
\begin{aligned}
&\leqslant 2^{p_+-1}\beta(\mathrm{meas}((\Omega\backslash A_{\varepsilon_1})\backslash H_{k_1}^{\lambda}))+2^{p_+}(C_1+1)\int_{(\Omega\backslash A_{\varepsilon_1})\backslash H_{k_1}^{\lambda}}|dg_{k_1}|^{p(x)}\mathrm{d}x \\
&\leqslant 2^{p_+-1}\beta(\mathrm{meas}((\Omega\backslash A_{\varepsilon_1})\backslash H_{k_1}^{\lambda}))+2^{p_+}(C_1+1)\int_{(\Omega\backslash A_{\varepsilon_1})\backslash H_{k_1}^{\lambda}}\left(\sum_I|\nabla g_{k_1I}|\right)^{p(x)}\mathrm{d}x \\
&\leqslant 2^{p_+-1}\beta(\mathrm{C}_n^{l-1}\varepsilon_1)+2^{p_+}C(C_1,n,l)\int_{(\Omega\backslash A_{\varepsilon_1})\backslash H_{k_1}^{\lambda}}\lambda^{p(x)}\mathrm{d}x \\
&\leqslant 2^{p_+-1}\beta(\mathrm{C}_n^{l-1}\varepsilon_1)+2^{p_+}C(C_1,n,l)\sum_I\int_{(\Omega\backslash A_{\varepsilon_1})\backslash H_{k_1I}^{\lambda}}(M^*v_{k_1I})^{p(x)}\mathrm{d}x \\
&\leqslant 2^{p_+-1}\beta\left(\mathrm{C}_n^{l-1}\varepsilon_1\right)+2^{p_+}C\left(C_1,n,l\right)\varepsilon_1\leqslant O\left(\varepsilon_1\right).
\end{aligned}\tag{8.27}
$$

结合条件(K3)、Young 不等式以及集合 A_{ε_1} 和 $H_{k_1}^{\lambda}$ 的选择，可以得到

$$
\begin{aligned}
&F(v_{k_1},(A_{\varepsilon_1}\cup(\Omega\backslash H_{k_1}^{\lambda})) \\
&=\int_{A_{\varepsilon_1}\cup(\Omega\backslash H_{k_1}^{\lambda})}\left\langle A(x,du_0+dv_{k_1}),du_0+dv_{k_1}\right\rangle-\left\langle A(x,du_0+dv_{k_1}),du_0\right\rangle\mathrm{d}x \\
&\geqslant\int_{A_{\varepsilon_1}\cup(\Omega\backslash H_{k_1}^{\lambda})}\Big((a|du_0+dv_{k_1}|^{p(x)}+h(x))-(C_1|du_0+dv_{k_1}|^{p(x)-1}|du_0| \\
&\quad+|G(x)||du_0|)\mathrm{d}x\Big) \\
&\geqslant\int_{A_{\varepsilon_1}\cup(\Omega\backslash H_{k_1}^{\lambda})}((a2^{-(p_+-1)}-C_1\mu2^{p_+-1})|dv_{k_1}|^{p(x)}+|h(x)|+|G(x)|^{p'(x)})\mathrm{d}x \\
&\quad-\int_{A_{\varepsilon_1}\cup(\Omega\backslash H_{k_1}^{\lambda})}(-a2^{-(p_+-1)}+C_1\mu2^{p_+-1}+C_1C(\mu)+1)|du_0|^{p(x)}\mathrm{d}x \\
&\geqslant\left(a2^{-(p_+-1)}-C_1\mu2^{p_+-1}\right)\int_{A_{\varepsilon_1}\cup\left(\Omega\backslash H_{k_1}^{\lambda}\right)}|dv_{k_1}|^{p(x)}\mathrm{d}x \\
&\quad-C\left(a,p,C_1,\mu\right)\beta\left(\mathrm{meas}\left(A_{\varepsilon_1}\cup\left(\Omega\backslash H_{k_1}^{\lambda}\right)\right)\right).
\end{aligned}
$$

取定 $\mu=(a2^{1-2p_+})/C_1$，可得

$$
\begin{aligned}
&F\left(v_{k_1},\left(A_{\varepsilon_1}\cup\left(\Omega\backslash H_{k_1}^{\lambda}\right)\right)\right) \\
&\geqslant a2^{-p_+}\int_{A_{\varepsilon_1}\cup\left(\Omega\backslash H_{k_1}^{\lambda}\right)}|dv_{k_1}|^{p(x)}\mathrm{d}x-O\left(\varepsilon_1\right).
\end{aligned}\tag{8.28}
$$

于是，由(8.25)、(8.27)以及(8.28)式，可得

$$
F\left(v_{k_1},\Omega\right)\geqslant F\left(g_{k_1},\Omega\backslash A_{\varepsilon_1}\right)+a2^{-p_+}\int_{A_{\varepsilon_1}\cup\left(\Omega\backslash H_{k_1}^{\lambda}\right)}|dv_{k_1}|^{p(x)}\mathrm{d}x-O\left(\varepsilon_1\right).\tag{8.29}
$$

以下需要讨论泛函 $F(g_{k_1},\Omega\backslash A_{\varepsilon_1})$，这个讨论过程是通过适当的切割集合 Ω 来完成的. 设函数 $f_{k_1I}=g_{k_1I}-\omega_I=\sum\limits_I f_{k_1I}\mathrm{d}x_I$，其中 ω_I 是(8.24)式中所定义的，则对于任意的数组 I，当 $k_1\to\infty$ 时，有

$$f_{k_1 I} \to^* 0 \text{ 在 } W^{1,\infty}(\Omega) \text{ 中}$$

以及

$$\| f_{k_1 I} \|_{L^\infty(\Omega, \Lambda^{l-1})} \leqslant 2\lambda$$

和

$$\| df_{k_1 I} \|_{L^\infty(\Omega, \Lambda^{l})} \leqslant 2C(n)\lambda .$$

令 $G_I = \{x \in \Omega : \omega_I(x) \neq 0\}$，并且记 $G = \bigcup_I G_I$. 根据 Acerbi 和 Fusco 的定理[117]，可得 $\text{meas}(G) \leqslant (\mathrm{C}_n^{l-1} + 1)\varepsilon_1$ ，其中 $\mathrm{C}_n^{l-1} = (n(n-1)\cdots(n-l+1)) / (l(l-1)(l-2)\cdots 1)$ ，进而有

$$\begin{aligned} & F(g_{k_1}, \Omega \backslash A_{\varepsilon_1}) \\ = & F(f_{k_1}, (\Omega \backslash A_{\varepsilon_1}) \backslash G) + F(g_{k_1}, (\Omega \backslash A_{\varepsilon_1}) \cap H_{k_1}^\lambda \cap G) + F(g_{k_1}, (\Omega \backslash A_{\varepsilon_1}) \cap (G \backslash H_{k_1}^\lambda)) \\ = & F\left(f_{k_1}, \left(\Omega \backslash A_{\varepsilon_1}\right) \backslash G\right) + F\left(v_{k_1}, \left(\Omega \backslash A_{\varepsilon_1}\right) \cap H_{k_1}^\lambda \cap G\right) + F\left(g_{k_1}, \left(\Omega \backslash A_{\varepsilon_1}\right) \cap \left(G \backslash H_{k_1}^\lambda\right)\right). \end{aligned} \tag{8.30}$$

定义集合

$$\begin{aligned} \Omega_1^{\varepsilon_1, k_1} &= A_{\varepsilon_1} \cup \left(\Omega \backslash H_{k_1}^\lambda\right), \\ \Omega_2^{\varepsilon_1, k_1} &= (\Omega \backslash A_{\varepsilon_1}) \backslash G, \\ \Omega_3^{\varepsilon_1, k_1} &= (\Omega \backslash A_{\varepsilon_1}) \cap H_{k_1}^\lambda \cap G, \\ \Omega_4^{\varepsilon_1, k_1} &= \left(\Omega \backslash A_{\varepsilon_1}\right) \cap \left(G \backslash H_{k_1}^\lambda\right). \end{aligned} \tag{8.31}$$

类似于不等式(8.28)的证明，可以得到

$$F(v_{k_1}, \Omega_3^{\varepsilon_1, k_1}) \geqslant a 2^{-p_+} \int_{\Omega_3^{\varepsilon_1, k_1}} | dv_{k_1} |^{p(x)} \, \mathrm{d}x - O(\varepsilon_1) . \tag{8.32}$$

同样，因为在集合 $\Omega_4^{\varepsilon_1, k_1}$ 上有

$$\int_{\Omega_4^{\varepsilon_1, k_1}} | dg_{k_1} |^{p(x)} \, \mathrm{d}x \leqslant C(n, p)\left(\mathrm{C}_n^{l-1} + 1\right)\varepsilon_1,$$

那么类似于不等式(8.27)的证明，可以得到

$$| F(g_{k_1}, \Omega_4^{\varepsilon_1, k_1}) | \leqslant O(\varepsilon_1) . \tag{8.33}$$

结合不等式(8.30)、(8.32)及(8.33)，有

$$F(g_{k_1}, \Omega \backslash A_{\varepsilon_1}) \geqslant F(f_{k_1}, \Omega_2^{\varepsilon_1}) + a 2^{-p_+} \int_{\Omega_3^{\varepsilon_1, k_1}} | dv_{k_1} |^{p(x)} \, \mathrm{d}x - O(\varepsilon_1), \tag{8.34}$$

则由(8.25)、(8.29)及(8.34)式，可得

$$F\left(v_{k_1},\Omega\right)\geqslant F\left(f_{k_1},\Omega_2^{\varepsilon_1}\right)+a2^{-p_+}\int_{\Omega_5^{\varepsilon_1,k_1}}|dv_{k_1}|^{p(x)}\,\mathrm{d}x-O\left(\varepsilon_1\right),\tag{8.35}$$

其中 $\Omega_5^{\varepsilon_1,k_1}=\Omega_1^{\varepsilon_1,k_1}\cup\Omega_3^{\varepsilon_1,k_1}$.

取开集 Ω' 满足 $\Omega_2^{\varepsilon_1}\subset\Omega'\subset\Omega$, 使得

$$|F(f_{k_1},\Omega')-F(f_{k_1},\Omega_2^{\varepsilon_1})|<\varepsilon_1.$$

结合(8.35)式, 可得

$$F(v_{k_1},\Omega)\geqslant F(f_{k_1},\Omega')+a2^{-p_+}\int_{\Omega_5^{\varepsilon_1,k_1}}|dv_{k_1}|^{p(x)}\,\mathrm{d}x-O(\varepsilon_1).\tag{8.36}$$

以下的讨论需要构造一列表面平行于坐标平面的超立方体 $\{H_j\}$ 来逼近开集 Ω', 即定义

$$\begin{aligned}&H_j\subset\Omega',\\&\mathrm{meas}\left(\Omega'\backslash H_j\right)\to 0,\quad j\to\infty,\\&H_j=\bigcap_{s=1}^{h_j}D_{j,s},\\&\mathrm{meas}(D_{j,s})=2^{-nj},\quad 1\leqslant s\leqslant h_j.\end{aligned}$$

取足够大的 $j>0$, 使得对于任意的指标 $k_1>0$, 都有

$$\begin{aligned}&\left|F\left(f_{k_1},\Omega'\right)-F\left(f_{k_1},H_j\right)\right|<\varepsilon_1,\\&\int_{\Omega'\backslash H_j}|df_{k_1}|^{p(x)}\,\mathrm{d}x<\varepsilon_1,\\&\mathrm{meas}(\Omega'\backslash H_j)<\min\{\varepsilon_1,\delta_1\}.\end{aligned}\tag{8.37}$$

再结合(8.36)式, 可得

$$F(v_{k_1},\Omega)\geqslant F(f_{k_1},H_j)+a2^{-p_+}\int_{\Omega_5^{\varepsilon_1,k_1}}|dv_{k_1}|^{p(x)}\,\mathrm{d}x-O(\varepsilon_1)-2\varepsilon_1.\tag{8.38}$$

记集合 $E=\{x\in\Omega':\eta(x)\leqslant\alpha\}$. 取 $\alpha>0$ 足够大, 使得

$$\mathrm{meas}(\Omega'\backslash E)<\frac{\varepsilon_1}{N}\quad 及\quad \int_{\Omega'\backslash E}\eta(x)\mathrm{d}x<\varepsilon_1$$

成立, 其中常数

$$N=2\mathrm{C}_n^{l-1}C(n)\lambda\geqslant\|df_{k_1}\|_{L^\infty(\Omega,\Lambda^l)}$$

以及函数

$$\eta\left(x\right)=\left|G\left(x\right)\right|^{p'(x)}+2^{p_+-1}\left(C_1+1\right)\left|du_0\right|^{p(x)}.$$

对于 $x \in \Omega$ 及 $\xi \in \Lambda^l(\Omega)$，定义

$$\psi(x,\xi) = \left\langle A\left(x, du_0(x) + \xi\right), \xi\right\rangle.$$

由引理 4.2.1 和条件(K1)可知，存在一个紧子集 $K \subset H_j$，使得映射 $\psi(x,\xi)$ 在乘积空间 $K \times \Lambda^l(\Omega)$ 上连续，并且满足

$$\operatorname{meas}\left(H_j \backslash K\right) < \frac{\varepsilon_1}{\alpha + N},$$

所以，映射 $\psi(x,\xi)$ 在集合 $K \times \Lambda^l(\Omega)$ 的任意有界子集上一致有界.

将集合 $D_{j,s}$ 分割成 2^{nm} 个边长为 2^{-jm} 的超方体 $Q^m_{t,j,s}$，其中 $1 \leqslant t \leqslant 2^{nm}$. 对于任意的角标 j,s,m,t，设 $Q^m_{t,j,s} \cap K \cap E \neq \varnothing$，并且取点 $x^m_{t,j,s} \in Q^m_{t,j,s} \cap K \cap E$，使得

$$\eta(x^m_{t,j,s})\operatorname{meas}(Q^m_{t,j,s}) \leqslant \int_{Q^m_{t,j,s}} \eta(x)\mathrm{d}x,$$

则由条件(K2)，可得

$$\begin{aligned}
F(f_{k_1}, H_j) &= F(f_{k_1}, H_j \cap K \cap E) + F(f_{k_1}, H_j \backslash E) + F(f_{k_1}, (H_j \cap E)\backslash K) \\
&\geqslant F(f_{k_1}, H_j \cap K \cap E) - \int_{H_j \backslash E} \eta(x)\mathrm{d}x - \int_{(H_j \cap E)\backslash K} \eta(x)\mathrm{d}x \\
&\quad - 2^{p_+}(C_1 + 1)\left(\int_{H_j \backslash E} |df_{k_1}|^{p(x)}\,\mathrm{d}x + \iint_{(H_j \cap E)\backslash K} |df_{k_1}|^{p(x)}\,\mathrm{d}x\right) \\
&= F(f_{k_1}, H_j \cap K \cap E) - O(\varepsilon_1) \\
&= b^{m,j}_{k_1} + c^{m,j}_{k_1} + d^{m,j}_{k_1} - O(\varepsilon_1),
\end{aligned} \tag{8.39}$$

其中

$$\begin{aligned}
b^{m,j}_{k_1} &= \sum_{t,s} \int_{Q^m_{t,j,s} \cap K \cap E} (\psi(x, df_{k_1}(x)) - \psi(x^m_{t,j,s}, df_{k_1}(x)))\mathrm{d}x, \\
c^{m,j}_{k_1} &= \sum_{t,s} \int_{Q^m_{t,j,s}} \psi\left(x^m_{t,j,s}, df_{k_1}(x)\right)\mathrm{d}x, \\
d^{m,j}_{k_1} &= -\sum_{t,s} \int_{Q^m_{t,j,s} \backslash (K \cap E)} \psi\left(x^m_{t,j,s}, df_{k_1}(x)\right)\mathrm{d}x.
\end{aligned}$$

注意到，如果集合 $Q^m_{t,j,s} \cap K \cap E$ 是空集，则

$$F\left(f_{k_1}, H_j\right) = F\left(f_{k_1}, H_j \cap K \cap E\right) - O(\varepsilon_1) = -O(\varepsilon_1).$$

于是，以下的讨论只需考虑满足条件 $Q^m_{t,j,s} \cap K \cap E \neq \varnothing$ 的那些超方体 $Q^m_{t,j,s}$. 对于

任意的 $x \in Q^m_{t,j,s}$，都有 $|x - x^m_{t,j,s}| \leqslant \sqrt{n}2^{-sm}$，则当 $m \to \infty$ 时，有 $|x - x^m_{t,j,s}| \to 0$. 又因为微分形式 $du_0(x)$ 集合 H_j 上有界，则由算子 ψ 在有界子集 $K \times \Lambda^l(\Omega)$ 上的一致有界性可知，存在一个常数 $m_0 > 0$，使得当 $m > m_0$ 时，对于任意的 k_1，都有

$$\begin{aligned}
&|\psi(x, df_{k_1}(x)) - \psi(x^m_{t,j,s}, df_{k_1}(x))| \\
&= \left|\left\langle A(x, du_0(x) + df_{k_1}(x)) - A(x^m_{t,j,s}, du_0(x^m_{t,j,s}) + df_{k_1}(x)), df_{k_1}(x)\right\rangle\right| \\
&< \frac{1}{\text{meas}(H_j)}\varepsilon_1,
\end{aligned} \tag{8.40}$$

即对于任意的 k_1，都有 $|b^{m,j}_{k_1}| < \varepsilon_1$ 成立. 此外，由增长性条件(K2)，可得

$$\begin{aligned}
|d^{m,j}_{k_1}| &\leqslant \sum_{t,s}\int_{Q^m_{t,j,s}\setminus(K\cap E)} |\psi(x^m_{t,j,s}, df_{k_1}(x))|\,\mathrm{d}x \\
&= \sum_{t,s}\int_{Q^m_{t,j,s}\setminus(K\cap E)} \left\langle A(x^m_{t,j,s}, du_0(x^m_{t,j,s}) + df_{k_1}(x)), df_{k_1}(x)\right\rangle \mathrm{d}x \\
&\leqslant \sum_{t,s}\int_{Q^m_{t,j,s}\setminus(K\cap E)} C_1 |du_0(x^m_{t,j,s}) + df_{k_1}(x)|^{p(x)-1} |df_k(x)| + |G(x^m_{t,j,s})||df_{k_1}(x)|\,\mathrm{d}x \\
&\leqslant \sum_{t,s}\int_{Q^m_{t,j,s}\setminus(K\cap E)} (\eta(x^m_{t,j,s}) + 2^{p_+}(C_1+1)N)\mathrm{d}x \\
&\leqslant \int_{(H_j\cap E)\setminus K} (\eta(x^m_{t,j,s}) + 2^{p_+}(C_1+1)N)\mathrm{d}x + C(C_1,p)\sum_{t,s}\int_{Q^m_{t,j,s}\setminus E}(\eta(x^m_{t,j,s}) + N)\mathrm{d}x \\
&\leqslant C(\alpha, N, C_1, p)\text{meas}((H_j \cap E)\setminus K) + C(C_1,p)\int_{H_j\setminus E}(\eta(x) + N)\mathrm{d}x \\
&\leqslant C(\alpha, N, C_1, p)\varepsilon_1 \leqslant O(\varepsilon_1).
\end{aligned} \tag{8.41}$$

另一方面，由收敛性结果(8.23)，可得

$$\lim_{k_1\to\infty} F(v_{k_1}, \Omega) = \lim_{k_1\to\infty}\int_\Omega \left\langle A(x, du_0 + dv_{k_1}), dv_{k_1}\right\rangle \mathrm{d}x = 0, \tag{8.42}$$

即存在 $\overline{k}_1 > 0$ 使得，当 $k_1 > \overline{k}_1$ 时，有 $F(v_{k_1}, \Omega) < \varepsilon_1$.

于是，由(8.42)、(8.36)、(8.39)、(8.40)及(8.41)可知，当 $m > m_0$ 及 $k_1 > \overline{k}_1$ 时，有

$$\begin{aligned}
\varepsilon_1 &\geqslant F(v_{k_1}, \Omega) \\
&\geqslant c^{m,j}_{k_1} + a2^{-p_+}\int_{\Omega_5^{\varepsilon_1,k_1}} |dv_{k_1}|^{p(x)}\,\mathrm{d}x - O(\varepsilon_1) - 3\varepsilon_1 - C(C_1,p)\varepsilon_1 \\
&= c^{m,j}_{k_1} + a2^{-p_+}\int_{\Omega_5^{\varepsilon_1,k_1}} |dv_{k_1}|^{p(x)}\,\mathrm{d}x - O(\varepsilon_1).
\end{aligned} \tag{8.43}$$

下面讨论 $c_{k_1}^{m,j}$，由(8.24)可知，对于任意的 I，当 $k_1\to\infty$ 时，有

$$f_{k_1 I}\to^{*} 0 \text{ 在 } W^{1,\infty}(\Omega)\text{中},$$

从而当 $k_1\to\infty$ 时，有

$$\| f_{k_1 I}\|_{L^\infty(\Omega)}\to 0,$$

则对于固定的 m，当 $k_1\to\infty$ 时，有

$$R_{t,s,j}^{k_1,m}=\left\|f_{k_1}\right\|_{L^\infty\left(Q_{t,s,j}^m\right)}\to 0.$$

在超方体 $Q_{t,s,j}^m$ 中取另外一个超方体 $E_{t,s,j}^{k_1,m}$，其边长为 $\frac{1}{2^{jm}}-2R_{t,s,j}^{k_1,m}$，并且满足

$$\operatorname{dist}(\partial Q_{t,s,j}^m,E_{t,s,j}^{k_1,m})=R_{t,s,j}^{k_1,m}.$$

定义微分形式序列

$$\varphi_{k_1}(x)=\begin{cases}0, & x\in\partial Q_{t,s,j}^m,\\ f_{k_1}(x), & x\in E_{t,s,j}^m.\end{cases}$$

记 $\varphi_{k_1}=\varphi_{k_1 I}\mathrm{d}x_I$，则 $\varphi_{k_1 I}$ 是集合 $E_{t,s,j}^m\cup\partial Q_{t,s,j}^m$ 上的 Lipschitz 映射，并且其 Lipschitz 常数不超过 $2C(n)\lambda$．由引理4.2.7可知，任意的分量函数 $\varphi_{k_1 I}$ 都能够延拓到整个集合 $Q_{t,s,j}^m$ 上，并且延拓后仍然满足 Lipschitz 连续性以及 Lipschitz 常数不变. 仍然用 $\varphi_{k_1 I}$ 记延拓后的函数，同时假设它们定义在集合 H_j 上，则由文献[120]，可得

$$\nabla\varphi_{k_1 I}-\nabla f_{k_1 I}\to 0 \text{ 几乎处处于 } H_j,$$

所以存在足够大的常数 $\bar{\bar{k}}_1>\bar{k}_1$，使得当 $k_1>\bar{\bar{k}}_1$ 时，有

$$\int_{H_j}|d\varphi_{k_1}-df_{k_1}|^{p(x)}\,\mathrm{d}x\leqslant\frac{\varepsilon_1}{2}$$

以及

$$\sum_{t,s}\left|\int_{Q_{t,j,s}^m}\left(\psi(x_{t,j,s}^m,df_{k_1}(x))-\psi(x_{t,j,s}^m,d\varphi_{k_1}(x))\right)\mathrm{d}x\right|\leqslant\frac{\varepsilon_1}{2},$$

则由条件(K5)，可得

$$\begin{aligned}c_{k_1}^{m,j}&=\sum_{t,s}\int_{Q_{t,j,s}^m}\psi(x_{t,j,s}^m,df_{k_1}(x))\mathrm{d}x\\&\geqslant\sum_{t,s}\int_{Q_{t,j,s}^m}\psi(x_{t,j,s}^m,d\varphi_{k_1}(x))\mathrm{d}x-\frac{\varepsilon_1}{2}\end{aligned}$$

$$
\begin{aligned}
&=\sum_{t,s}\int_{Q^m_{t,j,s}}\left\langle A(x^m_{t,j,s},du_0(x^m_{t,j,s})+d\varphi_{k_1}(x)),d\varphi_{k_1}(x)\right\rangle \mathrm{d}x-\frac{\varepsilon_1}{2}\\
&\geqslant \gamma\sum_{t,s}\int_{Q^m_{t,j,s}}|d\varphi_{k_1}|^{p(x)}\,\mathrm{d}x-\frac{\varepsilon_1}{2}\\
&\geqslant \frac{\gamma}{2^{p_+-1}}\int_{H_j}|df_{k_1}|^{p(x)}\,\mathrm{d}x-\frac{(\gamma+1)\varepsilon_1}{2}.
\end{aligned}
\tag{8.44}
$$

于是，由上面的(8.43)式和 $c^{m,j}_{k_1}$ 的估计(8.44)，可得当 $k_1>\overset{=}{k}_1$ 时，有

$$
\begin{aligned}
&\varepsilon_1\geqslant F(v_{k_1},\Omega)\\
&\geqslant a2^{-p_+}\int_{\Omega_5^{\varepsilon_1,k_1}}|dv_{k_1}|^{p(x)}\,\mathrm{d}x+\frac{\gamma}{2^{p_+-1}}\int_{H_j}|df_{k_1}|^{p(x)}\,\mathrm{d}x-\frac{(\gamma+1)\varepsilon_1}{2}-O(\varepsilon_1).
\end{aligned}
\tag{8.45}
$$

记

$$
K(\varepsilon_1)=\frac{(\gamma+1)\varepsilon_1/2+O(\varepsilon_1)}{\min\{a2^{-p_+},\gamma/2^{p_+-1}\}},
$$

则将 $K(\varepsilon_1)$ 代入(8.45)式可知，对于所有的 $k_1>\overset{=}{k}_1$，都有

$$
\int_{\Omega_5^{\varepsilon_1,k_1}}|dv_{k_1}|^{p(x)}\,\mathrm{d}x+\int_{H_j}|df_{k_1}|^{p(x)}\,\mathrm{d}x\leqslant K(\varepsilon_1).
\tag{8.46}
$$

结合(8.37)式和(8.46)式，可得

$$
\int_{\Omega_5^{\varepsilon_1,k_1}}|dv_{k_1}|^{p(x)}\,\mathrm{d}x\leqslant K(\varepsilon_1)
$$

以及

$$
\int_{\Omega'}|df_{k_1}|^{p(x)}\,\mathrm{d}x\leqslant K(\varepsilon_1)+\varepsilon_1 .
$$

根据集合 $\Omega_2^{\varepsilon_1}$ 的定义，可以进一步得到

$$
\int_{\Omega_2^{\varepsilon_1}}|dg_{k_1}|^{p(x)}\,\mathrm{d}x\leqslant K(\varepsilon_1)+\varepsilon_1 .
$$

对于任意的点 $x\in H^{\lambda}_{k_1}$，都有 $dg_{k_1}(x)=dv_{k_1}(x)$ 成立，从而有

$$
\int_{\Omega_2^{\varepsilon_1}\cap H^{\lambda}_{k_1}}|dv_{k_1}|^{p(x)}\,\mathrm{d}x\leqslant K(\varepsilon_1)+\varepsilon_1 .
$$

由集合 $\Omega_2^{\varepsilon_1}$ 和 $\Omega_5^{\varepsilon_1,k_1}$ 的定义，有

$$
(\Omega_2^{\varepsilon_1}\cap H^{\lambda}_{k_1})\cup\Omega_5^{\varepsilon_1,k_1}=\Omega,
$$

这个事实蕴含

$$\int_{\Omega} |dv_{k_1}|^{p(x)}\,\mathrm{d}x \leqslant 2K(\varepsilon_1)+\varepsilon_1 \leqslant O(\varepsilon_1).$$

类似地, 对于$\varepsilon_2>0$及前面讨论已经得到的微分形式序列$\{v_{k_1}\}$, 继续重复上面的整个讨论过程可知, 存在$\bar{\bar{k}}_2>0$及序列$\{v_{k_1}\}$的子列$\{v_{k_2}\}$, 使得当$k_2>\bar{\bar{k}}_2$时, 有

$$\int_{\Omega} |dv_{k_2}|^{p(x)}\,\mathrm{d}x \leqslant O(\varepsilon_2).$$

从而, 对于任意的$n\in\mathbb{N}$及相应的$\varepsilon_n>0$和经前一步讨论得到的微分形式序列$\{v_{k_{n-1}}\}$, 重复上面的讨论可知, 存在$\bar{\bar{k}}_n>0$及序列$\{v_{k_{n-1}}\}$的子列$\{v_{k_n}\}$, 使得当$k_n>\bar{\bar{k}}_n$时, 有

$$\int_{\Omega} |dv_{k_n}|^{p(x)}\,\mathrm{d}x \leqslant O(\varepsilon_n).$$

于是, 由对角线法则可知, 存在$\{v_k\}_{k=1}^{\infty}$的子列$\{v_{k_i}\}_{i=1}^{\infty}$, 当$i\to\infty$时, 有

$$\int_{\Omega} |dv_{k_i}|^{p(x)}\,\mathrm{d}x \to 0,$$

则当$i\to\infty$时, 有

$$\| dv_{k_i} \|_{L^{p(x)}(\Omega,\Lambda^l)} \to 0,$$

则

$$dv_k \to 0 \text{ 在 } L^{p(x)}\left(\Omega,\Lambda^l\right)\text{中}, \tag{8.47}$$

所以, 结合收敛性结论(8.22)、(8.47)及$W^{1,p(x)}(\Omega,\Lambda^l)$空间上范数的定义, 可得

$$v_k \to 0 \text{ 在 } \mathcal{K}_0 \text{ 中},$$

即完成了引理 8.2.16 的证明. 进而得到 Dirichlet 问题(8.2)弱解的存在性. 证毕.

8.3 $\mathbb{R}^n$上加权变指数微分形式空间及其应用

设$\Omega\subset\mathbb{R}^n$为有界区域, 在本章中除特殊说明外, 总是假设变指数$p(x)\in\mathcal{P}(\Omega)$, 并且满足(8.1).

首先, 回忆加权变指数函数空间$L^{p(x)}(\Omega,\omega)$和$W^{k,p(x)}(\Omega,\omega)$的相关概念及性质. 加权变指数函数空间是 2004 年付永强在文献[93]中引入的.

定义 8.3.1 假设$\omega(x)$是$\mathbb{R}^n$中局部可积的非负函数, 进而$\omega(x)$可以作为权函数, 定义与之相关的 Radon 测度μ为

$$\mu(E)=\int_E \omega(x)\mathrm{d}x=\int_E \mathrm{d}\mu,$$

则有 $\mathrm{d}\mu=\omega(x)\mathrm{d}x$，其中 $\mathrm{d}x$ 表示 Lebesgue 测度.

定义 8.3.2[93]　加权变指数函数 Lebesgue 空间 $L^{p(x)}(\Omega,\omega)$ 是由所有满足以下条件的函数组成的集合：存在某个常数 $\lambda=\lambda(u)>0$，使得

$$\int_\Omega |\lambda u|^{p(x)}\,\mathrm{d}\mu<\infty.$$

$L^{p(x)}(\Omega,\omega)$ 上的范数定义为

$$\|u\|_{L^{p(x)}(\Omega,\omega)}=\inf\left\{\lambda>0:\int_\Omega\left|\frac{u}{\lambda}\right|^{p(x)}\mathrm{d}\mu\leqslant 1\right\}.$$

定义 8.3.3[93]　加权变指数函数 Sobolev 空间 $W^{k,p(x)}(\Omega,\omega)$ 是由所有满足

$$\{D^\alpha u:|\alpha|\leqslant k\}\subset L^{p(x)}(\Omega,\omega)$$

的可测函数 u 组成的集合. $W^{k,p(x)}(\Omega,\omega)$ 上的范数定义为

$$\|u\|_{W^{k,p(x)}(\Omega,\omega)}=\sum_{|\alpha|\leqslant k}\|D^\alpha u\|_{L^{p(x)}(\Omega,\omega)}.$$

在文献[93]中，作者证明了如下的结论.

定理 8.3.1[93]　设 $p\in\mathcal{P}(\Omega)$ 且满足条件(8.1)，则加权函数空间 $L^{p(x)}(\Omega,\omega)$ 和 $W^{1,p(x)}(\Omega,\omega)$ 都是自反 Banach 空间.

下面给出加权变指数微分形式 Lebesgue 空间 $L^{p(x)}(\Omega,\Lambda^k,\omega)$ 和外 Sobolev 空间 $W^{1,p(x)}(\Omega,\Lambda^k,\omega)$ 的定义. 对于 Ω 上任意的微分 k-形式 u，定义模泛函 $\rho_{p(x),\Lambda^k,\omega}$ 为

$$\rho_{p(x),\Lambda^k,\omega}(u)=\int_\Omega |u|^{p(x)}\,\mathrm{d}\mu.$$

定义 8.3.4　加权变指数微分形式 Lebesgue 空间 $L^{p(x)}(\Omega,\Lambda^k,\omega)$，$k=0,1,\cdots,n$ 是由所有满足如下条件的微分形式 u 组成的集合：存在某个常数 $\lambda=\lambda(u)>0$，使得

$$\rho_{p(x),\Lambda^k,\omega}(\lambda u)<\infty.$$

空间 $L^{p(x)}(\Omega,\Lambda^k,\omega)$ 上的范数定义为

$$\|u\|_{L^{p(x)}(\Omega,\Lambda^k,\omega)}=\inf\left\{\lambda>0:\rho_{p(x),\Lambda^k,\omega}\left(\frac{u}{\lambda}\right)\leqslant 1\right\}.$$

定义 8.3.5　加权变指数微分形式外 Sobolev 空间 $W^{1,p(x)}(\Omega,\Lambda^k,\omega)$，$k=0,1,\cdots,n-1$ 是由所有 $L^{p(x)}(\Omega,\Lambda^k,\omega)$ 中满足条件 $du\in L^{p(x)}(\Omega,\Lambda^{k+1},\omega)$ 的微分形式 u 组成的集合. 空间 $W^{1,p(x)}(\Omega,\Lambda^k,\omega)$ 上的范数定义为

$$\|u\|_{W^{1,p(x)}(\Omega,\Lambda^k,\omega)}=\|u\|_{L^{p(x)}(\Omega,\Lambda^k,\omega)}+\|du\|_{L^{p(x)}(\Omega,\Lambda^{k+1},\omega)}.$$

记$W_0^{1,p(x)}(\Omega,\Lambda^k,\omega)$为$C_0^\infty(\Omega,\Lambda^k,\omega)$在空间$W^{1,p(x)}(\Omega,\Lambda^k,\omega)$中的闭包.

本节中, 将讨论变指数函数空间$L^{p(x)}(\Omega,\Lambda^k,\omega)$和$W^{1,p(x)}(\Omega,\Lambda^k,\omega)$的完备性和自反性, 然后在此基础上考虑如下具有变指数增长性条件的障碍问题解的存在唯一性:

$$\int_\Omega \langle A(x,du),d(v-u)\rangle+\langle B(x,u),v-u\rangle \mathrm{d}x\geqslant 0, \tag{8.48}$$

其中微分形式$v=\sum v_I(x)\mathrm{d}x_I$，定义集合

$$\mathcal{K}_{\psi,\theta}=\left\{v\in W^{1,p(x)}\left(\Omega,\Lambda^{k-1},\omega\right):v\geqslant\psi\text{几乎处处于}\Omega,v-\theta\in W_0^{1,p(x)}\left(\Omega,\Lambda^{k-1},\omega\right)\right\}. \tag{8.49}$$

这里, 微分形式$\theta\in W^{1,p(x)}(\Omega,\Lambda^{k-1},\omega)$，并且

$$\psi(x)=\sum\psi_I(x)\mathrm{d}x_I\in\Lambda^{k-1}\left(\mathbb{R}^n\right),$$

其分量函数$\psi_I:\Omega\to[-\infty,+\infty]$，而且$v\geqslant\psi$几乎处处于$\Omega$是指: 对于任意的有序数组$I$, 都几乎处处有$v_I\geqslant\psi_I$成立. 微分形式$u\in\mathcal{K}_{\psi,\theta}$是障碍问题(8.48)—(8.49)的解, 是指对于任意的$v\in\mathcal{K}_{\psi,\theta}$，都有不等式(8.48)成立.

在不等式(8.48)中，映射$A(x,\xi):\Omega\times\Lambda^k(\mathbb{R}^n)\to\Lambda^k(\mathbb{R}^n)$和$B(x,\zeta):\Omega\times\Lambda^{k-1}(\mathbb{R}^n)\to\Lambda^{k-1}(\mathbb{R}^n)$需要满足以下的条件:

(R1) (Carathéodory)　$A(x,\xi)$对于任意取定的ξ，映射$x\to A(x,\xi)$可测; 对于几乎处处的$x\in\Omega$, 映射$\xi\to A(x,\xi)$连续.

(R2) (增长性)　$|A(x,\xi)|\leqslant\omega(x)(|g_1(x)|+C_1|\xi|^{p(x)-1})$.

(R3) (强制性)　$\langle A(x,\xi),\xi\rangle\geqslant\omega(x)(C_2|\xi|^{p(x)}-|h_1(x)|)$.

(R4) (单调性)　如果$\xi_1\neq\xi_2$, 则有$\langle A(x,\xi_1)-A(x,\xi_2),\xi_1-\xi_2\rangle>0$.

(R5) (Carathéodory)　$B(x,\zeta)$对于任意取定的ζ，映射$x\to B(x,\zeta)$可测; 对于几乎处处的$x\in\Omega$, 映射$\xi\to B$连续.

(R6) (增长性)　$|B(x,\zeta)|\leqslant\omega(x)(|g_2(x)|+C_3|\zeta|^{p(x)-1})$.

(R7) (强制性)　$\langle B(x,\zeta),\zeta\rangle\geqslant\omega(x)(C_4|\zeta|^{p(x)}-|h_2(x)|)$.

(R8) (单调性)　如果$\zeta_1\neq\zeta_2$, 则有$\langle B(x,\zeta_1)-B(x,\zeta_2),\zeta_1-\zeta_2\rangle>0$,

其中$g_1(x),g_2(x)\in L^{p'(x)}(\Omega,\omega)$，$h_1(x),h_2(x)\in L^1(\Omega,\omega)$，$C_i\,(i=1,2,3,4)$是非负常数, 变指数$p'(x)$是$p(x)$的共轭函数, 权函数$\omega(x)\in L^1(\Omega)$满足$\omega(x)^{1/(1-p(x))}\in L^1(\Omega)$.

本节将具体证明加权变指数微分形式空间 $L^{p(x)}(\Omega,\Lambda^k,\omega)$ 以及 $W^{1,p(x)}(\Omega,\Lambda^k,\omega)$ 都是自反 Banach 空间.

定理 8.3.2　设变指数 $p\in\mathcal{P}(\Omega)$ 满足条件(8.1), 则有 Hölder 不等式成立, 即对于任意的 $u\in L^{p(x)}(\Omega,\Lambda^k,\omega)$ 以及 $v\in L^{p'(x)}(\Omega,\Lambda^k,\omega)$, 都有

$$\int_\Omega \langle u,v\rangle \mathrm{d}\mu \leqslant C\|u\|_{L^{p(x)}(\Omega,\Lambda^k,\omega)}\|v\|_{L^{p'(x)}(\Omega,\Lambda^k,\omega)}$$

成立, 其中常数 C 仅依赖于变指数 $p(x)$.

证明　首先注意到, 如果 $\|u\|_{L^{p(x)}(\Omega,\Lambda^k,\omega)}=0$ 或者 $\|v\|_{L^{p'(x)}(\Omega,\Lambda^k,\omega)}=0$, 则结论显然成立. 所以可以假设 $\|u\|_{L^{p(x)}(\Omega,\Lambda^k,\omega)}\neq 0$ 并且 $\|v\|_{L^{p'(x)}(\Omega,\Lambda^k,\omega)}\neq 0$, 则由 Young 不等式, 可得

$$\begin{aligned}
&\frac{\langle u,v\rangle\omega}{\|u\|_{L^{p(x)}(\Omega,\Lambda^k,\omega)}\|v\|_{L^{p'(x)}(\Omega,\Lambda^k,\omega)}}\\
&=\frac{\langle u,v\rangle\omega^{1/p(x)}\omega^{1/p'(x)}}{\|u\|_{L^{p(x)}(\Omega,\Lambda^k,\omega)}\|v\|_{L^{p'(x)}(\Omega,\Lambda^k,\omega)}}\\
&\leqslant\frac{|u|\,\omega^{1/p(x)}}{\|u\|_{L^{p(x)}(\Omega,\Lambda^k,\omega)}}\cdot\frac{|v|\,\omega^{1/p'(x)}}{\|v\|_{L^{p'(x)}(\Omega,\Lambda^k,\omega)}}\\
&\leqslant\omega\left\{\frac{1}{p(x)}\left(\frac{|u|}{\|u\|_{L^{p(x)}(\Omega,\Lambda^k,\omega)}}\right)^{p(x)}\right.\\
&\quad\left.+\frac{1}{p'(x)}\left(\frac{|v|}{\|v\|_{L^{p'(x)}(\Omega,\Lambda^k,\omega)}}\right)^{p'(x)}\right\}.
\end{aligned}\tag{8.50}$$

不等式(8.50)两边在 Ω 上积分, 可以得到

$$\begin{aligned}
&\int_\Omega\frac{\langle u,v\rangle}{\|u\|_{L^{p(x)}(\Omega,\Lambda^k,\omega)}\|v\|_{L^{p'(x)}(\Omega,\Lambda^k,\omega)}}\mathrm{d}\mu\\
&\leqslant\frac{1}{p_-}\int_\Omega\left(\frac{|u|}{\|u\|_{L^{p(x)}(\Omega,\Lambda^k,\omega)}}\right)^{p(x)}\mathrm{d}\mu+\left(1-\frac{1}{p_+}\right)\int_\Omega\left(\frac{|v|}{\|v\|_{L^{p'(x)}(\Omega,\Lambda^k,\omega)}}\right)^{p'(x)}\mathrm{d}\mu\\
&\leqslant 1+\frac{1}{p_-}-\frac{1}{p_+},
\end{aligned}$$

则有

$$\int_\Omega \langle u,v\rangle \mathrm{d}\mu \leqslant \left(1+\frac{1}{p_-}-\frac{1}{p_+}\right)\| u\|_{L^{p(x)}(\Omega,\Lambda^k,\omega)}\| v\|_{L^{p'(x)}(\Omega,\Lambda^k,\omega)},$$

即完成了定理 8.3.2 的证明. 证毕.

定理 8.3.3 设变指数 $p\in\mathcal{P}(\Omega)$ 满足条件(8.1), 则加权变指数微分形式空间 $L^{p(x)}(\Omega,\Lambda^k,\omega)$ 是完备空间.

证明 设微分形式序列

$$\{u_t : u_t=\sum u_{tI}\mathrm{d}x_I\}\subset L^{p(x)}(\Omega,\Lambda^k,\omega)$$

是 Cauchy 序列, 那么每个数组 I 对应的分量函数序列 $\{u_{nI}\}$ 是空间 $L^{p(x)}(\Omega,\omega)$ 中的 Cauchy 序列. 由加权变指数函数空间 $L^{p(x)}(\Omega,\omega)$ 的完备性可知, 对于每个分量函数序列 $\{u_{tI}\}$, 都存在相应的函数 $u_I\in L^{p(x)}(\Omega,\omega)$, 使得

$$u_{tI}\to u_I \text{ 在 } L^{p(x)}(\Omega,\omega)\text{中}.$$

记微分形式 $u=\sum u_I\mathrm{d}x_I$, 可以得到 $u\in L^{p(x)}(\Omega,\Lambda^k,\omega)$, 并且有

$$u_t\to u \text{ 在 } L^{p(x)}(\Omega,\Lambda^k,\omega)\text{ 中},$$

即完成了定理 8.3.3 的证明. 证毕.

定理 8.3.4 设变指数 $p\in\mathcal{P}(\Omega)$ 满足条件(8.1), 则加权变指数微分形式空间 $L^{p(x)}(\Omega,\Lambda^k,\omega)$ 是自反空间.

证明 只需要证明加权变指数微分形式空间 $L^{p(x)}(\Omega,\Lambda^k,\omega)$ 的对偶空间是 $L^{p'(x)}(\Omega,\Lambda^{n-k},\omega)$.

首先, 对于任意取定的微分形式 $v(x)=\sum v_{I^*}(x)\mathrm{d}x_{I^*}\in L^{p'(x)}(\Omega,\Lambda^{n-k},\omega)$, 定义线性泛函

$$L_v(u)=\int_\Omega \omega(x)\cdot(u\wedge v)=\int_\Omega \sum u_I v_I \mathrm{d}\mu, \tag{8.51}$$

其中 $u(x)=\sum u_I(x)\mathrm{d}x_I\in L^{p(x)}(\Omega,\Lambda^k,\omega)$. 由定理 8.3.2, 有

$$|L_v(u)|\leqslant C\| u\|_{L^{p(x)}(\Omega,\Lambda^k,\omega)}\| v\|_{L^{p'(x)}(\Omega,\Lambda^{n-k},\omega)}.$$

从而可得泛函 $L_v(\cdot)$ 是空间 $L^{p(x)}(\Omega,\Lambda^k,\omega)$ 上的有界线性泛函, 即 $L_v(\cdot)$ 属于 $\left[L^{p(x)}\left(\Omega,\Lambda^k,\omega\right)\right]^*$.

其次, 对于每个有序 k-数组 I, 定义映射

$$h_I(\varphi\mathrm{d}x_I)=\varphi,\quad \varphi\in L^{p(x)}(\Omega,\omega).$$

由文献[93]中的定理 2.3 可知, 对于每个连续线性泛函 $F\in\left[L^{p(x)}\left(\Omega,\Lambda^k,\omega\right)\right]^*$, 都存在唯一的函数 $\psi_F\in L^{p'(x)}(\Omega,\omega)$, 使得泛函 F 可以表示为

$$F(\varphi)=\int_{\Omega}\varphi\psi_{F}\mathrm{d}\mu,$$

则对于任意的连续泛函 $L\in[L^{p(x)}(\Omega,\Lambda^{k},\omega)]^{*}$，都有

$$\begin{aligned}L(u)&=\sum_{I}L(u_{I}\mathrm{d}x_{I})\\&=\sum_{I}L\circ h_{I}^{-1}(u_{I})\\&=\sum_{I}\int_{\Omega}u_{I}\psi_{L\circ h_{I}^{-1}}\mathrm{d}\mu\\&=\int_{\Omega}\omega\cdot\left(u\wedge\left(\sum_{I}\psi_{L\circ h_{I}^{-1}}\mathrm{d}x_{I^{*}}\right)\right),\end{aligned}$$

从而泛函 L 可以表示为

$$L(u)=\int_{\Omega}\omega(x)\cdot(u\wedge v_{L}),$$

其中

$$v_{L}=\sum_{I}\psi_{L\circ h_{I}^{-1}}\mathrm{d}x_{I^{*}}\in L^{p'(x)}(\Omega,\Lambda^{n-k},\omega).$$

下面证明微分形式 v_L 的唯一性，为此假设存在 $v_{1}=\sum_{I}v_{1I^{*}}\mathrm{d}x_{I^{*}}$ 及 $v_{2}=\sum_{I}v_{2I^{*}}\mathrm{d}x_{I^{*}}$，对于任意的 $u\in L^{p(x)}(\Omega,\Lambda^{k},\omega)$，都有

$$L(u)=\int_{\Omega}\omega(x)\cdot(u\wedge v_{1})=\int_{\Omega}\omega(x)\cdot(u\wedge v_{2}).$$

取 $u=\varphi\mathrm{d}x_{I}$，则有

$$L\circ h_{I}^{-1}(\varphi)=L(u)=\int_{\Omega}\varphi v_{1I^{*}}\mathrm{d}\mu=\int_{\Omega}\varphi v_{2I^{*}}\mathrm{d}\mu,$$

于是对于任意 I，都有 $v_{1I}=v_{2I}$，从而 $v_{1}=v_{2}$，即微分形式 v_L 被连续线性泛函 $L\in\left[L^{p(x)}\left(\Omega,\Lambda^{k},\omega\right)\right]^{*}$ 所唯一确定.

所以，存在唯一的微分形式 v_L，使得任意的连续线性泛函 $L\in\left[L^{p(x)}\left(\Omega,\Lambda^{k},\omega\right)\right]^{*}$ 都可以唯一地表示成(8.51)式的形式.

最后，证明 $\|v\|_{L^{p'(x)}(\Omega,\Lambda^{n-k},\omega)}\leqslant C\|L_{v}\|$，其中常数 C 仅依赖于变指数 $p(x)$. 取微分形式

$$u(x)=\frac{|v|^{p'(x)-2}}{\|v\|_{L^{p'(x)}(\Omega,\Lambda^{n-k},\omega)}^{1/(p(x)-1)}}(\star v(x)),\quad x\in\Omega,$$

则有

$$\|u\|_{L^{p(x)}(\Omega,\Lambda^k,\omega)}=\inf\left\{\lambda>0:\int_\Omega\left(\frac{|v|}{\lambda^{p(x)-1}\|v\|_{L^{p'(x)}(\Omega,\Lambda^{n-k},\omega)}}\right)^{p'(x)}\mathrm{d}\mu\leqslant 1\right\}=1,$$

从而可得

$$\begin{aligned}|L_v(u)|&=\left|\int_\Omega\omega(x)\cdot(u\wedge v)\right|\\&=\int_\Omega\left(\frac{|v|}{\|v\|_{L^{p'(x)}(\Omega,\Lambda^{n-k},\omega)}}\right)^{p'(x)}\|v\|_{L^{p'(x)}(\Omega,\Lambda^{n-k},\omega)}\,\mathrm{d}\mu\\&\geqslant\frac{\|v\|_{L^{p'(x)}(\Omega,\Lambda^{n-k},\omega)}}{2^{p_-/(p_--1)}}\int_\Omega\left(\frac{|v|}{\frac{1}{2}\|v\|_{L^{p'(x)}(\Omega,\Lambda^{n-k},\omega)}}\right)^{p'(x)}\mathrm{d}\mu\\&\geqslant\frac{\|v\|_{L^{p'(x)}(\Omega,\Lambda^{n-k},\omega)}}{2^{p_-/(p_--1)}},\end{aligned}$$

即

$$\|v\|_{L^{p'(x)}(\Omega,\Lambda^k,\omega)}\leqslant 2^{p_-/(p_--1)}\|L_v\|.$$

综上可知，$[L^{p(x)}(\Omega,\Lambda^k,\omega)]^*=L^{p'(x)}(\Omega,\Lambda^{n-k},\omega)$，即 $L^{p(x)}(\Omega,\Lambda^k,\omega)$ 是自反空间. 证毕.

定理 8.3.5 设变指数 $p\in\mathcal{P}(\Omega)$ 满足条件(8.1), 则加权变指数微分形式空间 $W^{1,p(x)}(\Omega,\Lambda^k,\omega)$ 是自反 Banach 空间.

证明 因为加权变指数微分形式 Lebesgue 空间 $L^{p(x)}(\Omega,\Lambda^k,\omega)$ 是自反 Banach 空间, 只需验证空间 $W^{1,p(x)}(\Omega,\Lambda^k,\omega)$ 是乘积空间 $L^{p(x)}(\Omega,\Lambda^k,\omega)\times L^{p(x)}(\Omega,\Lambda^{k+1},\omega)$ 的闭子空间.

设微分形式序列

$$\left\{u_t:u_t=\sum u_{tI}\mathrm{d}x_I\right\}\subset W^{1,p(x)}(\Omega,\Lambda^k,\omega)$$

是收敛序列, 则对于所有的 I，函数序列 $\{u_{tI}\}$ 是空间 $L^{p(x)}(\Omega,\omega)$ 中收敛序列, 从而由文献[93]中的定理 2.2 可知, 存在对应的函数 $u_I\in L^{p(x)}(\Omega,\omega)$，使得

$$u_{tI}\to u_I\ 在\ L^{p(x)}(\Omega,\omega)中.$$

记微分形式 $u=\sum u_I\mathrm{d}x_I$，则有

$$u_t\to u\ 在\ L^{p(x)}(\Omega,\Lambda^k,\omega)中.$$

同样, 存在微分形式 $\tilde{u}\in L^{p(x)}(\Omega,\Lambda^{k+1},\omega)$，使得

$$du_t \to \tilde{u} \text{ 在} L^{p(x)}\left(\Omega, \Lambda^{k+1}, \omega\right)\text{中}.$$

下面验证 $du = \tilde{u}$，任取微分形式

$$\varphi \in C_0^\infty(\Omega, \Lambda^{k+1}) \subset L^\infty(\Omega, \Lambda^{k+1}),$$

则有

$$\int_\Omega \langle du_t, \varphi \rangle \mathrm{d}x = \int_\Omega \langle u_t, d^\star \varphi \rangle \mathrm{d}x,$$

从而令 $t \to \infty$，可以得到

$$\int_\Omega \langle \tilde{u}, \varphi \rangle \mathrm{d}x = \int_\Omega \langle u, d^\star \varphi \rangle \mathrm{d}x.$$

由于函数空间 $C_0^\infty(\Omega)$ 在 $L^{p(x)}(\Omega)$ 中稠密，可得 $du = \tilde{u}$，即加权变指数微分形式空间 $W^{1,p(x)}(\Omega, \Lambda^k, \omega)$ 是乘积空间 $L^{p(x)}(\Omega, \Lambda^k, \omega) \times L^{p(x)}(\Omega, \Lambda^{k+1}, \omega)$ 的闭子空间. 证毕.

下面考虑障碍问题(8.48)—(8.49)解的存在性和唯一性. 类似于第 6 章可得

引理 8.3.1　集合 $\mathcal{K} = \mathcal{K}_{\psi,\theta}$ 是空间 X 中的闭凸子集.

定义映射 $\mathcal{A}: \mathcal{K} \to X^*$ 为

$$(\mathcal{A}v, u) = \int_\Omega \langle A(x, dv), du \rangle + \langle B(x, v), u \rangle \mathrm{d}x,$$

其中 $u \in X$.

引理 8.3.2　对于任意的微分形式 $v \in \mathcal{K}$，都有 $\mathcal{A}v \in X^*$ 成立.

引理 8.3.3　映射 $\mathcal{A}$ 在 $\mathcal{K}$ 上单调且强制.

引理 8.3.4　映射 $\mathcal{A}$ 是 $\mathcal{K}$ 上的强-弱连续映射.

定理 8.3.6　设集合 $\mathcal{K}_{\psi,\theta} \neq \varnothing$，那么在条件(R1)—(R8)之下，障碍问题(8.48)—(8.49)存在唯一的解. 也就是说，存在唯一的微分形式 $u \in \mathcal{K}_{\psi,\theta}$，使得

$$\int_\Omega \langle A(x, du), d(v-u) \rangle + \langle B(x, u), v-u \rangle \mathrm{d}x \geqslant 0$$

对于任意的 $v \in \mathcal{K}_{\psi,\theta}$ 都成立.

推论 8.3.1　设 $\Omega \subset \mathbb{R}^n$ 是有界开集，变指数 $p \in \mathcal{P}(\Omega)$ 满足条件(8.1)，并且微分形式 $\theta \in W^{1,p(x)}(\Omega, \Lambda^{k-1}, \omega)$，则在条件(R1)—(R8)之下，下面的Dirichlet问题存在唯一的弱解:

$$\begin{cases} d^\star A(x, du) + B(x, u) = 0, & x \in \Omega, \\ u = \theta, & x \in \partial\Omega, \end{cases} \tag{8.52}$$

即存在唯一的微分形式 $u \in W^{1,p(x)}(\Omega, \Lambda^{k-1}, \omega)$，使得 $u - \theta \in W_0^{1,p(x)}(\Omega, \Lambda^{k-1}, \omega)$，并且等式

$$\int_{\Omega}\left(\left\langle A(x,du),d\varphi\right\rangle+\left\langle B(x,u),\varphi\right\rangle\right)\mathrm{d}x=0$$

对于任意的$\varphi\in W_0^{1,p(x)}(\Omega,\Lambda^{k-1},\omega)$都成立.

若在推论8.3.1中, 令权函数$\omega(x)\equiv 1$, 取映射$A(x,\xi)=\xi|\xi|^{p(x)-2}$以及$B(x,\zeta)=\zeta|\zeta|^{p(x)-2}-f(x)$, 并且非齐次项$f(x)\in L^{p'(x)}(\Omega,\Lambda^{k-1})$, 则 Dirichlet 问题(8.52)退化为如下的形式:

$$\begin{cases}d^{\star}(du|du|^{p(x)-2})+u|u|^{p(x)-2}=f(x), & x\in\Omega,\\ u=\theta, & x\in\partial\Omega.\end{cases}\tag{8.53}$$

例 8.3.1 设$\Omega\subset\mathbb{R}^n$是有界开集, 变指数$p\in\mathcal{P}(\Omega)$ 且满足条件(8.1), 并且$\theta\in W^{1,p(x)}(\Omega,\Lambda^{k-1})$, 则 Dirichlet 问题(8.53)存在唯一的弱解.

若在方程(8.53)中, 令$k=1$, ∇记作函数的梯度算子, 则可以得到非齐次函数$p(x)$-调和方程弱解的存在唯一性结论.

例 8.3.2 设 $\Omega\subset\mathbb{R}^n$是有界开集, 变指数$p\in\mathcal{P}(\Omega)$且满足条件 (8.1), 并且$\theta\in W^{1,p(x)}(\Omega)$以及$f(x)\in L^{p'(x)}(\Omega)$, 则 Dirichlet 问题

$$\begin{cases}-\mathrm{div}(\nabla u|\nabla u|^{p(x)-2})+u|u|^{p(x)-2}=f(x), & x\in\Omega,\\ u=\theta, & x\in\partial\Omega\end{cases}$$

存在唯一的弱解.

8.4 Riemann 流形上变指数微分形式空间及其应用

众所周知, 微分形式是微分流形上由微分结构决定的重要概念, 作为重要的工具, 被广泛地应用于微分几何、代数拓扑以及偏微分方程等理论中. 1982 年 Gol'dshtein 等在文献[180]中引入了 Riemann 流形上微分形式的 Lebesgue 空间, 证明了该空间是自反 Banach 空间; 文献[181]中, 作者讨论了 De Rham 正则算子的性质; 文献[182]中, 作者引入了 Riemann 流形上微分形式的外 Sobolev 空间, 并且证明了该空间也是自反 Banach 空间. 继这些工作之后, Riemann 流形上微分形式空间的性质被众多数学工作者所关注. 例如, 文献[183-185]中, 作者讨论了 Riemann 流形上的上同调理论; 文献[186]中, 作者讨论了紧致 Riemann 流形上微分形式 Lebesgue 空间的 Hodge 分解理论, 并将其应用于微分形式A-调和方程弱解的存在性; 文献[187,188]中, 作者讨论了完备 Riemann 流形上 Riesz 变换的性质; 文献[189]中, 作者讨论了完备 Riemann 流形上微分形式 Lebesgue 空间的 Hodge 分解理论.

本节中, 将引入完备 Riemann 流形上变指数微分形式 Lebesgue 空间和外

Sobolev 空间, 在详细地讨论了它们的性质之后, 将其应用于如下 Dirichlet 问题弱解存在唯一性的证明:

$$\begin{cases} d^{\star}(du\,|\,du\,|^{p(m)-2})+u\,|\,u\,|^{p(m)-2}=f(m), & m\in\Omega, \\ u(m)=0, & m\in\partial\Omega, \end{cases} \tag{8.54}$$

其中变指数 $p(m)\in\mathcal{P}_2(\Omega)$, $\Omega\subset M$ 是具有光滑边界的有界区域, 并且非齐次项 $f(m)\in[W_0^{1,p(m)}(\Lambda^{k-1}\Omega)^*$.

设 M 是任意的光滑 Riemann 流形, 令 $T^*M=\bigcup\limits_{m\in M}T_m^*M$ 是 M 上的余切丛, 并且 Λ^kT^*M (或者 Λ^kM)是外 k -形式丛. 称外形式丛 Λ^kM 上的每一个纤维 u 为流形 M 上阶数为 k 的外形式. 注意到, 零形式集合 $\Lambda^0M=\mathbb{R}$, 并且当 $k>n$ 或 $k<0$ 时, $\Lambda^kM=\{0\}$. 给定一个外 k -形式 $u(m)$ 及一个局部坐标卡 $f_\alpha:U_\alpha(\subset M)\to\mathbb{R}^n$, $m\in U_\alpha$, 则微分形式 $u(m)$ 在这个局部坐标下的表示是 $f_\alpha(U_\alpha)\subset\mathbb{R}^n$ 上的外 k -形式 $u_\alpha(f_\alpha(m))$, 对于任意向量组 $X_1,X_2,\cdots,X_k\in\mathbb{R}^n$, $u_\alpha(f_\alpha(m))$ 定义如下:

$$\begin{aligned} & u_\alpha(f_\alpha(m))(X_1,X_2,\cdots,X_k) \\ =& ((f_\alpha^{-1})^*u)(f_\alpha(m))(X_1,X_2,\cdots,X_k) \\ =& u(m)(df_\alpha^{-1}(X_1),df_\alpha^{-1}(X_2),\cdots,df_\alpha^{-1}(X_k)), \end{aligned}$$

其中, 映射 df_α^{-1} 是由 f_α^{-1} 诱导的从切空间 $T_{f_\alpha(m)}\mathbb{R}^n$ 到 T_mM 上的切映射, 映射 $(f_\alpha^{-1})^*$ 是由 f_α^{-1} 诱导的从余切空间 T_m^*M 到 $T_{f_\alpha(m)}^*\mathbb{R}^n$ 上的拉回映射[190].

本节中, 除特殊说明外, 总是假设 (M,g) 是 n $(n>3)$ 维光滑可定向的完备 Riemann 流形. 设 $\mathrm{d}\mu=\sqrt{\det(g_{ij})}\mathrm{d}x$ 是 (M,g) 上的 Riemann 体积元, 其中 g_{ij} 是 Riemann 度量 g 的分量, μ 是关于度量 g 的 Radon 测度, 并且 $\mathrm{d}x$ 是 $\mathbb{R}^n$ 上的 Lebesgue 体积元. 给定 Riemann 流形 M 上 Riemann 度量 g , 可以度量丛 Λ^kM 上纤维的内积, 即对于任意两个阶数相同的外形式 u 和 v , 内积是按点定义的, 简记为 $\langle u,v\rangle=\langle u(m),v(m)\rangle$. 进一步, 任意外形式 u 的模长定义为 $|u|=\sqrt{\langle u,u\rangle}$. 设 $\gamma:[a,b]\to M$ 是 Riemann 流形 M 上 C^1 类曲线, γ 的长度为

$$L(\gamma)=\int_a^b\sqrt{g(\gamma(t))\left(\left(\frac{\mathrm{d}\gamma}{\mathrm{d}t}\right)(t),\left(\frac{\mathrm{d}\gamma}{\mathrm{d}t}\right)(t)\right)}\mathrm{d}\mu .$$

任意给定两个点 $m_1,m_2\in M$, 设 C_{m_1,m_2}^1 为所有满足 $\gamma(a)=m_1$ 和 $\gamma(b)=m_2$ 的分段 C^1 类曲线 $\gamma:[a,b]\to M$ 构成的空间. 于是可以定义 M 上两点 $m_1,m_2\in M$ 的距离为 $d_g(m_1,m_2)=\inf\limits_{C_{m_1,m_2}^1}L(\gamma)$.

Grassmann 代数$\Lambda^* M = \oplus_k \Lambda^k M$关于外积构成群代数. $L^1_{loc}(\Lambda^k M)$记为由所有定义在 Riemann 流形M上的局部可积的k阶外形式u构成的集合. 所谓局部可积的k阶外形式是指: 外形式u在 Riemann 流形的某坐标卡下表示的所有分量函数都是局可积的. 本章中, 称空间$L^1_{loc}(\Lambda^k M)$中的元素为微分形式, 并记$C_c^\infty(\Lambda^k M)$为所有在 Riemann 流形M上具有紧致支撑集的k阶光滑微分形式所构成的集合.

设(M,g)是n维 Riemann 流形, 下面给出具有紧致支撑集的n阶微分形式u的积分定义[191]. 令(U_α, f_α)是 Riemann 流形(M,g)上的一个坐标卡, 可以找到一个依赖于这个覆盖的单位分解$\{\pi_\alpha\}$. 注意到, $\mathrm{supp}(\pi_\alpha) \subseteq U_\alpha$并且$\sum_\alpha \pi_\alpha = 1$, 于是, 每个微分形式$\pi_\alpha u$都是支撑集在$U_\alpha$内的$n$阶微分形式, 并且可以把微分形式$u$分解为$u = \sum_\alpha \pi_\alpha u$, 则$u$在$M$上的积分定义为

$$\int_M u = \sum_\alpha \int_{U_\alpha} \pi_\alpha u = \sum_\alpha \int_{f_\alpha(U_\alpha)} (f_\alpha^{-1})^* (\pi_\alpha u) = \sum_\alpha \int_{f_\alpha(U_\alpha)} (\sqrt{\det(g_{ij})} \pi_\alpha u) \circ f_\alpha^{-1} \mathrm{d}x .$$

另外, 把n维 Riemann 流形M上的k阶微分形式和$(n-k)$阶微分形式看作一样的[156], 应用这个思想, 对于所有的微分形式u, 都可以定义其弱外微分的定义.

定义 8.4.1[185]　称微分形式$v \in L^1_{loc}(\Lambda^k M)$是微分形式$u \in L^1_{loc}(\Lambda^{k-1} M)$的弱外微分, 如果对于任意的微分形式$\varphi \in C_c^\infty(\Lambda^k M)$, 都有

$$\int_M v \wedge \varphi = (-1)^k \int_M u \wedge d\varphi,$$

并且记$du = v$.

算子$\star : \Lambda^k M \to \Lambda^{n-k} M$是 Hodge 星算子[156], 则有以下的性质: 设φ, ψ是 Riemann 流形M上的函数, 微分形式$u, v \in \Lambda^k M$, 则

(a_1) $\star(\varphi u + \psi v) = \varphi \star u + \psi \star v$;

(a_2) $\star \star u = (-1)^{k(n-k)} u$;

(a_3) $\star \varphi = \varphi d\mu$;

(a_4) $\langle u, v \rangle = \star(u \wedge \star v) = \langle \star u, \star v \rangle$;

(a_5) $u \wedge \star v = \langle u, v \rangle du$.

通过星算子$\star$和外微分算子d, 可以定义共轭微分算子$d^\star$:

$$d^\star u = (-1)^{n(k+1)+1} \star d \star u \in L^1_{loc}(\Lambda^{k-1} M),$$

其中微分形式$u \in L^1_{loc}(\Lambda^k M)$.

方便起见, 以下给出本章用到的几个记号: 定义有序 k -数组集合 $\Lambda(k,n)$ 为

$$\Lambda(k,n)=\{I=(i_1,i_2,\cdots,i_k):1\leqslant i_1<i_2<\cdots<i_k\leqslant n, i_j\in\mathbb{N}, j=1,2,\cdots,k\}.$$

对于 $\Lambda(k,n)$ 中的任意的元素 $I=(i_1,i_2,\cdots,i_k)$, 用 I^* 表示 I 的共轭数组, 则 $I^*=(i_{k+1},i_{k+2},\cdots,i_n)$ 是 $\Lambda(n-k,n)$ 中的有序 $(n-k)$ -数组, 其中每个 $i_l\in\mathbb{N}$ $(l=k+1,\cdots,n)$ 都是 $\{1,\cdots,n\}\backslash\{i_1,i_2,\cdots,i_k\}$ 中的元素, 并且满足 $i_{k+1}<i_{k+2}<\cdots<i_n$.

设 $x^1,\cdots,x^n$ 是 Riemann 流形 M 上的可定向坐标系, 则 M 上所有的微分 k -形式 u 都可以记作线性组合

$$u=\sum_{1\leqslant i_1<\cdots<i_k\leqslant n}u_{i_1,\cdots,i_k}\mathrm{d}x^{i_1}\wedge\cdots\wedge\mathrm{d}x^{i_k}=\sum_{I\in\Lambda(k,n)}u_I\mathrm{d}x^I,$$

这里每个函数 u_I 是微分形式 u 关于下面自然基底的分量函数:

$$\mathrm{d}x^I=\mathrm{d}x^{i_1}\wedge\cdots\wedge\mathrm{d}x^{i_k},\quad I=(i_1,i_2,\cdots,i_k)\in\Lambda(k,n).$$

类似地, Riemann 流形 M 上任意微分 $(n-k)$ -形式 v 都可以记作

$$v=\sum_{L\in\Lambda(k,n)}v_{L^*}\mathrm{d}x^{L^*}.$$

$\mu(A)$ 和 χ_A 分别表示 Riemann 流形 M 的子集 A 的 Radon 测度和特征函数.

设 $\mathcal{P}(M)$ 是由 Riemann 流形 M 上所有可测函数 $p:M\to[1,\infty]$ 的集合. 对于 $p\in\mathcal{P}(M)$, 按照函数 $p(m)$ 的取值范围定义 M 的三个子集, 即 $M_1=M_1^p=\{m\in M:p(m)=1\}$, $M_\infty=M_\infty^p=\{m\in M:p(m)=\infty\}$, $M_0=M\setminus(M_1\cup M_\infty)$, 并且当 $\mu(M_0)>0$ 时, 记 $p_-=\inf_{M_0}p(m)$, $p_+=\sup_{M_0}p(m)$; 当 $\mu(M_0)=0$ 时, 记 $p_-=p_+=1$. 另外令 $c_p=\|\chi_{M_0}\|_{L^\infty(M)}+\|\chi_{M_1}\|_{L^\infty(M)}+\|\chi_{M_\infty}\|_{L^\infty(M)}$ 及 $r_p=c_p+1/p_-+1/p_+$. 同时设 $\mathcal{P}_1(M)=\mathcal{P}(M)\cap L^\infty(M)$ 及 $\mathcal{P}_2(M)=\{p\in\mathcal{P}_1(M):\inf_M p(m)>1\}$, 本章中, 总是认为 $1/\infty=0$.

对于 Riemann 流形 M 任意的微分 k-形式 $u\in L^1_{loc}(\Lambda^k M)$, 定义模泛函 $\rho_{p(m),\Lambda^k M}$ 为

$$\rho_{p(m),\Lambda^k M}(u)=\int_{M\setminus M_\infty}|u|^{p(m)}\,\mathrm{d}\mu+\operatorname*{esssup}_{M_\infty}|u|.$$

定义 8.4.2 Riemann 流形 M 上的变指数微分形式 Lebesgue 空间 $L^{p(m)}(\Lambda^k M)$ 是 $L^1_{loc}(\Lambda^k M)$ 中所有满足如下条件的微分形式 u 构成的集合: 存在一个 $\lambda=\lambda(u)>0$, 使得

$$\rho_{p(m),\Lambda^k M}(\lambda u)<\infty.$$

空间 $L^{p(m)}(\Lambda^k M)$ 上的范数定义为

$$\|u\|_{L^{p(m)}(\Lambda^k M)} = \inf\left\{\lambda > 0 : \rho_{p(m),\Lambda^k M}\left(\frac{u}{\lambda}\right) \leqslant 1\right\}.$$

定义 8.4.3　Riemann 流形 M 上的变指数微分形式外 Sobolev 空间 $W^{1,p(m)}(\Lambda^k M)$ 是 Lebesgue 空间 $L^{p(m)}(\Lambda^k M)$ 中所有满足 $du \in L^{p(m)}(\Lambda^{k+1} M)$ 的微分形式 u 构成的集合. 空间 $W^{1,p(m)}(\Lambda^k M)$ 上的范数定义为

$$\| u \|_{W^{1,p(m)}(\Lambda^k M)} = \| u \|_{L^{p(m)}(\Lambda^k M)} + \| du \|_{L^{p(m)}(\Lambda^{k+1} M)}.$$

把 $W_0^{1,p(m)}(\Lambda^k M)$ 记作 $C_c^\infty(\Lambda^k M)$ 在空间 $W^{1,p(m)}(\Lambda^k M)$ 中的闭包.

注　当微分形式 u 的阶数 $k=0$ 时, 空间 $L^{p(m)}(\Lambda^0 M)$, $W^{1,p(m)}(\Lambda^0 M)$ 及 $W_0^{1,p(m)}(\Lambda^0 M)$ 等都是 Riemann 流形 M 上的变指数函数空间, 本节中, 分别相应地记作 $L^{p(m)}(M)$, $W^{1,p(m)}(M)$ 和 $W_0^{1,p(m)}(M)$ 等.

对于 Riemann 流形 M 上可测函数 $p \in \mathcal{P}(M)$, 其共轭函数 $p'(m) \in \mathcal{P}(M)$ 的定义为

$$p'(m) = \begin{cases} \infty, & m \in M_1, \\ 1, & m \in M_\infty, \\ p(m)/(p(m)-1), & m \in M_0. \end{cases}$$

类似于欧氏空间 $\mathbb{R}^n$ 函数模泛函 $\rho_{p(x)}$ 和函数空间 $L^{p(x)}(\Omega)$ 的范数性质的证明[10,46,179], 容易得到模泛函 $\rho_{p(m),\Lambda^k M}$ 和微分形式空间 $L^{p(m)}(\Lambda^k M)$ 的范数有以下的性质:

(b_1) 模泛函 $\rho_{p(m),\Lambda^k M}$ 是凸的;

(b_2) 设 $A \subset M$, 则对于任意的微分形式 u, 都有

$$\rho_{p(m),\Lambda^k M}(u\chi_A) \leqslant \rho_{p(m),\Lambda^k M}(u);$$

(b_3) 如果 $\rho_{p(m),\Lambda^k M}(u) < \infty$, 并且 $|u(m)| \geqslant |v(m)|$ 对于几乎处处的 $m \in M$ 都成立, 则有

$$\rho_{p(m),\Lambda^k M}(u) \geqslant \rho_{p(m),\Lambda^k M}(v),$$

进一步, 如果 $|u| \neq v|$, 则不等式是严格的;

(b_4) 如果 $0 < \rho_{p(m),\Lambda^k M}(u) < \infty$, 则映射

$$\lambda \to \rho_{p(m),\Lambda^k M}(u/\lambda)$$

在区间 $[1,\infty)$ 上是连续且递减函数;

(b_5) 如果 $0 < \| u \|_{L^{p(m)}(\Lambda^k M)} < \infty$, 则有

$$\rho_{p(m),\Lambda^k M}(u/\|u\|_{L^{p(m)}(\Lambda^k M)})\leqslant 1;$$

(b_6) 如果 $p^*<\infty$，则对于任意满足 $0<\|u\|_{L^{p(m)}(\Lambda^k M)}<\infty$ 的微分形式 u，都有

$$\rho_{p(m),\Lambda^k M}(u/\|u\|_{L^{p(m)}(\Lambda^k M)})=1;$$

(b_7) 如果 $\|u\|_{L^{p(m)}(\Lambda^k M)}\leqslant 1$，则有

$$\rho_{p(m),\Lambda^k M}(u)\leqslant\|u\|_{L^{p(m)}(\Lambda^k M)};$$

(b_8) 如果 $p\in\mathcal{P}_1(M)$ 且 $\|u\|_{L^{p(m)}(\Lambda^k M)}>1$，则有

$$\|u\|^{p_-}_{L^{p(m)}(\Lambda^k M)}\leqslant\rho_{p(m),\Lambda^k M}(u)\leqslant\|u\|^{p_+}_{L^{p(m)}(\Lambda^k M)};$$

(b_9) 如果 $p\in\mathcal{P}_1(M)$ 且 $\|u\|_{L^{p(m)}(\Lambda^k M)}<1$，则有

$$\|u\|^{p_-}_{L^{p(m)}(\Lambda^k M)}\geqslant\rho_{p(m),\Lambda^k M}(u)\geqslant\|u\|^{p_+}_{L^{p(m)}(\Lambda^k M)}.$$

以下将系统地讨论模泛函 $\rho_{p(m),\Lambda^k M}$ 和微分形式空间 $L^{p(m)}(\Lambda^k M)$ 的其他重要性质.

引理 8.4.1　设 $p\in\mathcal{P}(M)$，则对于任意的微分形式 $u\in L^{p(m)}(\Lambda^k M)$ 和 $v\in L^{p'(m)}(\Lambda^k M)$，都有如下的 Hölder 不等式成立:

$$\int_M|\langle u,v\rangle|\mathrm{d}\mu\leqslant r_p\|u\|_{L^{p(m)}(\Lambda^k M)}\|v\|_{L^{p'(m)}(\Lambda^k M)}.$$

证明　显然，可以假设 $\|u\|_{L^{p(m)}(\Lambda^k M)}\neq 0$，$\|v\|_{L^{p'(m)}(\Lambda^k M)}\neq 0$ 并且 $\mu(M_0)>0$. 对于几乎处处的 $m\in M_0$，都有

$$1<p(m)<\infty,\quad |u(m)|<\infty\text{以及}|v(m)|<\infty.$$

应用 Young 不等式, 可以得到

$$\frac{|\langle u,v\rangle|}{\|u\|_{L^{p(m)}(\Lambda^k M)}\|v\|_{L^{p'(m)}(\Lambda^k M)}}$$
$$\leqslant\frac{1}{p(m)}\left(\frac{|u|}{\|u\|_{L^{p(m)}(\Lambda^k M)}}\right)^{p(m)}+\frac{1}{p'(m)}\left(\frac{|v|}{\|v\|_{L^{p'(m)}(\Lambda^k M)}}\right)^{p'(m)},$$

不等式两边同时在 M_0 上积分, 结合 Lebesgue 空间范数定义, 可得

$$\int_{M_0}\frac{|\langle u,v\rangle|}{\|v\|_{L^{p(m)}(\Lambda^k M)}\|v\|_{L^{p'(m)}(\Lambda^k M)}}\mathrm{d}\mu$$

$$\leqslant \frac{1}{p_-}\int_{M_0}\left(\frac{|u|}{\|u\|_{L^{p(m)}(\Lambda^k M)}}\right)^{p(x)} d\mu+\left(1-\frac{1}{p_+}\right)\int_{M_0}\left(\frac{|v|}{\|v\|_{L^{p'(m)}(\Lambda^k M)}}\right)^{p'(m)} d\mu$$

$$\leqslant 1+\frac{1}{p_-}-\frac{1}{p_+},$$

从而由性质(b_2)，可得

$$\begin{aligned}
&\int_M |\langle u,v\rangle| d\mu \\
&\leqslant \left(1+\frac{1}{p_-}-\frac{1}{p_+}\right)\|u\|_{L^{p(m)}(\Lambda^k M)}\|v\|_{L^{p'(m)}(\Lambda^k M)}\|\chi_{M_0}\|_{L^\infty(M)} \\
&\quad +\|u\chi_{M_1}\|_{L^1(\Lambda^k M)}\|v\chi_{M_1}\|_{L^\infty(\Lambda^k M)}+\|u\chi_{M_\infty}\|_{L^\infty(\Lambda^k M)}\|v\chi_{M_\infty}\|_{L^1(\Lambda^k M)} \\
&\leqslant r_p\|u\|_{L^{p(m)}(\Lambda^k M)}\|v\|_{L^{p'(m)}(\Lambda^k M)}.
\end{aligned}$$

证毕.

为了讨论变指数微分形式 Lebesgue 空间的性质，需要定义空间 $L^{p(m)}(\Lambda^k M)$ 的另一个等价范数. 对于 Riemann 流形 M 上任意的微分 k-形式 u，定义泛函

$$|||u|||_{L^{p(m)}(\Lambda^k M)}=\sup_{\rho_{p'(m),\Lambda^{n-k}M}(v)\leqslant 1}\int_M u\wedge v. \tag{8.55}$$

显然，(8.55)是空间 $L^{p(m)}(\Lambda^k M)$ 上的范数. 由 Hodge 星算子的性质(a_2)及(a_5)可知，任意的微分 k-形式 u 与微分 $(n-k)$-形式 v 的外积为

$$u\wedge v=(-1)^{k(n-k)}u\wedge(\star\star v)=(-1)^{k(n-k)}\langle u,\star v\rangle d\mu=\langle\star u,v\rangle d\mu.$$

先讨论 Riemann 流形上变指数微分形式 Lebesgue 空间 $L^{p(m)}(\Lambda^k M)$ 上的等价范数(8.55)的性质，需要注意到

$$\star dx^I=\sqrt{\det(g_{ij})}\sum_{J\in\Lambda(k,n)}\prod_{\gamma=1}^{k}g^{i_\gamma j_\gamma}\sigma(J)dx^{J^*},$$

于是有

$$\langle\star u,v\rangle=\sqrt{\det(g_{ij})}\sum_{I,J,L\in\Lambda(k,n)}\prod_{\gamma=1}^{k}g^{i_\gamma j_\gamma}\prod_{\beta=k+1}^{n}g^{j_\beta l_\beta}\sigma(J)u_I v_{L^*}, \tag{8.56}$$

其中 g^{ij} 是 Riemann 流形 M 上度量矩阵 (g_{ij}) 的逆矩阵的元素，$\sigma(J)$ 是标准排列 $\{1,2,\cdots,n\}$ 的置换 $(i_1\cdots i_k j_1\cdots j_{n-k})$ 的符号.

考虑 Riemann 流形 M 上任意的局部坐标卡 $f:V(\subset M)\to\mathbb{R}^n$. 任取开子集 $U\subset M$，其闭包是紧致的并且包含于某个坐标邻域 V 中. 那么 M 上度量 g 的分

量 g_{ij} 作为双线性形式限制在 (U,f) 上满足

$$\frac{1}{2\delta_{ij}} \leqslant g_{ij} \leqslant 2\delta_{ij},$$

从而由等式(8.56), 可得

$$\langle \star u, v\rangle = \sqrt{\prod_{l=1}^{n} g^{ll}} \sum_{I\in\Lambda(k,n)} \sigma(I) u_I v_{I^*}. \tag{8.57}$$

如果在等式(8.57)中取微分 $(n-k)$ -形式 v 满足 $\mathrm{sgn} v_{I^*} = \sigma(I)\mathrm{sgn} u_I$, 则 $\langle \star u, v\rangle \geqslant 0$, 事实上,

$$2^{-\frac{n}{2}} \sum_I |u_I||v_{I^*}| \leqslant \langle \star u, v\rangle \leqslant 2^{\frac{n}{2}} \sum_I |u_I||v_{I^*}|, \tag{8.58}$$

所以, 对于任意的微分 $(n-k)$ -形式 $\omega = \sum_{I\in\Lambda(k,n)} \omega_{I^*} \mathrm{d}x^{I^*}$, 都存在另一个微分 $(n-k)$ -形式 $v = \sum_{L\in\Lambda(k,n)} v_{I^*} \mathrm{d}x^{I^*}$ 满足

$$\langle \star u, \omega\rangle \leqslant \langle \star u, v\rangle. \tag{8.59}$$

事实上, 只需要让 v 的每个分量函数 v_{I^*} 都满足 $|\omega_{I^*}| = |v_{I^*}|$ 及 $\mathrm{sgn} v_{I^*} = \sigma(I)\mathrm{sgn} u_I$ 即可. 从而结合点态估计(8.58)、(8.59)以及范数定义 8.4.5, 有

$$|||u\chi_K|||_{L^{p(m)}(\Lambda^k M)} \leqslant |||u|||_{L^{p(m)}(\Lambda^k M)},$$

对于任意的可测子集 $K \subset M$ 都成立. 证毕.

引理 8.4.2　设 $p\in\mathcal{P}(M)$, $|||u|||_{L^{p(m)}(\Lambda^k M)} < \infty$ 并且 $\rho_{p'(m),\Lambda^{n-k}M}(v) \leqslant \infty$, 则有

$$\left|\int_M u\wedge v\right| \leqslant \begin{cases} |||u|||_{L^{p(m)}(\Lambda^k M)}, & \rho_{p'(m),\Lambda^{n-k}M}(v) \leqslant 1, \\ \rho_{p'(m),\Lambda^{n-k}M}(v)\,|||u|||_{L^{p(m)}(\Lambda^k M)}, & \rho_{p'(m),\Lambda^{n-k}M}(v) > 1. \end{cases}$$

证明　由范数定义 8.4.5 可知, 当 $\rho_{p'(m),\Lambda^{n-k}M}(v) \leqslant 1$ 时结论显然成立, 于是不妨假设 $\rho_{p'(m),\Lambda^{n-k}M}(v) > 1$, 则有

$$\rho_{p'(m),\Lambda^{n-k}M}\left(\frac{v}{\rho_{p'(m),\Lambda^{n-k}M}(v)}\right) \leqslant \frac{\rho_{p'(m),\Lambda^{n-k}M}(v)}{\rho_{p'(m),\Lambda^{n-k}M}(v)} = 1,$$

从而

$$\left|\int_M u\wedge v\right| = \rho_{p'(m),\Lambda^{n-k}M}(v)\left|\int_M u\wedge \frac{v}{\rho_{p'(m),\Lambda^{n-k}M}(v)}\right| \leqslant \rho_{p'(m),\Lambda^{n-k}M}(v)\,|||u|||_{L^{p(m)}(\Lambda^k M)},$$

即完成了引理 8.4.2 的证明.

引理 8.4.3　设 $p\in\mathcal{P}(M)$, $\mu(M)=\mu(M_0)$, 若微分形式 u 满足 $\rho_{p(m),\Lambda^k M}(u)<\infty$ 及 $|||u|||_{L^{p(m)}(\Lambda^k M)}\leqslant 1$, 则有 $\rho_{p(m),\Lambda^k M}(u)\leqslant 1$.

证明　(反证法)　假设结论不成立, 即假设 $\rho_{p(m),\Lambda^k M}(u)>1$, 则由性质($b_4$)可知, 存在一个常数 $\lambda>1$, 使得 $\rho_{p(m),\Lambda^k M}(u/\lambda)=1$. 取微分形式

$$v(m)=\frac{|u|^{p(m)-2}}{\lambda^{p(m)-1}}\left(\star u(m)\right),\quad m\in M,$$

则有

$$\rho_{p'(m),\Lambda^{n-k}M}(v)=\rho_{p(m),\Lambda^k M}(u/\lambda)=1.$$

再应用范数定义 8.4.5, 可得

$$|||u|||_{L^{p(m)}\left(\Lambda^k M\right)}\geqslant\int_M u\wedge v=\lambda\rho_{p(m),\Lambda^k M}(u/\lambda)=\lambda>1,$$

这与引理 8.4.3 中的假设矛盾, 所以 $\rho_{p(m),\Lambda^k M}(u)\leqslant 1$. 证毕.

引理 8.4.4　设 $p\in\mathcal{P}(M)$, $|||u|||_{L^{p(m)}(\Lambda^k M)}\leqslant 1$, 则有

$$\rho_{p(m),\Lambda^k M}(u)\leqslant c_p\,|||u|||_{L^{p(m)}(\Lambda^k M)}.$$

证明　首先, 假设 $\rho_{p(m),\Lambda^k M}(u)<\infty$, 则

$$\rho_{p(m),\Lambda^k M}(u)=\sum_{j=0,1,\infty}\rho_{p(m),\Lambda^k M}\left(u_j\right),$$

其中 $u_j=u\chi_{M_j}, j=0,1,\infty$. 取微分 $(n-k)$-形式

$$v_1=\begin{cases}|u|^{-1}(\star u_1), & |u|\neq 0,\\ 0, & |u|=0,\end{cases}$$

则有 $\rho_{p'(m),\Lambda^{n-k}M}(v_1)=\sup\limits_{M_1}|v_1|=1$. 取微分 $(n-k)$-形式

$$v_0=\begin{cases}|u|^{p(m)-2}(\star u_0), & |u|\neq 0,\\ 0, & |u|=0,\end{cases}$$

则由引理 8.4.3, 可得

$$\rho_{p'(m),\Lambda^{n-k}M}(v_0)=\int_{M_0}|u_0|^{p(m)}\,\mathrm{d}\mu\leqslant 1.$$

于是, 对 $u\wedge v_0$ 和 $u\wedge v_1$ 应用引理 8.4.2, 可得

$$\rho_{p(m),\Lambda^k M}(u_j)=\int_{M\setminus M_\infty}u\wedge v_j\leqslant|||u|||_{L^{p(m)}\left(\Lambda^k M\right)},\quad j=0,1.$$

如果 $\mu(M_\infty)>0$, 则对于任意的 $\varepsilon\in(0,1)$, 都存在相应的子集 $D\subset M_\infty$ 满足 $0<\mu(D)<\infty$, 并且

$$\left|u(m)\right| \geqslant \sup_{M_\infty}|u|\varepsilon, \quad m\in D.$$

取微分 $(n-k)$-形式

$$v_\infty=\begin{cases}(\mu(D))^{-1}\chi_D\,|u|^{-1}\,(\star u), & |u|\neq 0,\\ 0, & |u|=0,\end{cases}$$

则有

$$\rho_{p'(m),\Lambda^{n-k}M}(v_\infty)=\int_D(\mu(D))^{-1}|u|^{-1}|\star u|\,\mathrm{d}\mu\leqslant 1.$$

由引理 8.4.2, 可得

$$|||u|||_{L^{p(m)}(\Lambda^k M)}\geqslant\int_M u\wedge v_\infty=(\mu(D))^{-1}\int_D|u|\,\mathrm{d}\mu\geqslant\varepsilon\sup_{M_\infty}|u|=\varepsilon\rho_{p(m),\Lambda^k M}(u_\infty).$$

令 $\varepsilon\to 1$, 则有

$$\rho_{p(m),\Lambda^k M}(u_\infty)\leqslant|||u|||_{L^{p(m)}(\Lambda^k M)},$$

所以, 当 $\rho_{p(m),\Lambda^k M}(u)<\infty$ 时结论成立.

其次, 如果上面的假设 $\rho_{p(m),\Lambda^k M}(u)<\infty$ 不成立, 构造一组微分 k-形式序列

$$u_t=\begin{cases}u\chi_{G_t}, & |u|\leqslant t,\\ tu\chi_{G_t}/|u|, & |u|>t,\end{cases}$$

其中 $\{G_t\}$ 是一个紧致集合序列, 满足 $M=\bigcup_{t=1}^{\infty}G_t$ 以及 $G_t\subset G_{t+1}\subset M\,(t\in\mathbb{N})$, 则对于任意取定的 u_t, 都有 $\rho_{p(m),\Lambda^k M}(u_t)<\infty$ 成立, 并且

$$|||u_t|||_{L^{p(m)}(\Lambda^k M)}\leqslant|||u|||_{L^{p(m)}(\Lambda^k M)}\leqslant 1,$$

那么重复 $\rho_{p(m),\Lambda^k M}(u)<\infty$ 情况的证明, 可得

$$\rho_{p(m),\Lambda^k M}(u_t)\leqslant c_p\,|||u|||_{L^{p(m)}(\Lambda^k M)}.$$

于是, 令 $t\to\infty$ 可以得到结论. 证毕.

引理 8.4.5 设 $p\in\mathcal{P}(M)$, $u\in L^{p(m)}(\Lambda^k M)$, 则有

$$c_p^{-1}\|u\|_{L^{p(m)}(\Lambda^k M)}\leqslant|||u|||_{L^{p(m)}(\Lambda^k M)}\leqslant r_p\|u\|_{L^{p(m)}(\Lambda^k M)},$$

进而, 可得

$$L^{p(m)}(\Lambda^k M)=\{u\in L^1_{loc}(\Lambda^k M):|||u|||_{L^{p(m)}(\Lambda^k M)}<\infty\}.$$

证明 设 v 满足 $\rho_{p'(m),\Lambda^{n-k}M}(v)\leqslant 1$, 则有 $\|v\|_{L^{p'(m)}(\Lambda^{n-k}M)}\leqslant 1$. 于是对于任意的 $u\in L^{p(m)}(\Lambda^k M)$, 由引理 8.4.1 中的 Hölder 不等式, 可得

$$\int_M u \wedge v \leqslant r_p \| u \|_{L^{p(m)}(\Lambda^k M)} \| v \|_{L^{p'(m)}(\Lambda^{n-k} M)} \leqslant r_p \| u \|_{L^{p(m)}(\Lambda^k M)},$$

则有

$$||| u |||_{L^{p(m)}(\Lambda^k M)} \leqslant r_p \| u \|_{L^{p(m)}(\Lambda^k M)},$$

即完成了第二个不等号的证明, 并且得到$||| u |||_{L^{p(m)}(\Lambda^k M)} < \infty$. 不妨假设

$$0 < ||| u |||_{L^{p(m)}(\Lambda^k M)} < \infty,$$

因为

$$||| u / (c_p ||| u |||_{L^{p(m)}(\Lambda^k M)} |||_{L^{p(m)}(\Lambda^k M)} = c_p^{-1} \leqslant 1,$$

所以将引理 8.4.4 应用于$u / (c_p ||| u |||_{L^{p(m)}(\Lambda^k M)})$, 可得

$$\rho_{p(m),\Lambda^k M}(u / (c_p ||| u |||_{L^{p(m)}(\Lambda^k M)}))c_p c_p^{-1} = 1,$$

则有

$$||| u |||_{L^{p(m)}(\Lambda^k M)} \leqslant c_p ||| u |||_{L^{p(m)}(\Lambda^k M)},$$

即完成了第一个不等号的证明. 证毕.

定义 8.4.4 称微分形式序列$\{u_t : u_t \in L^{p(m)}(\Lambda^k M)\}$依模泛函收敛到微分形式$u \in L^{p(m)}(\Lambda^k M)$, 如果

$$\lim_{t \to \infty} \rho_{p(m),\Lambda^k M}(u_t - u) = 0.$$

以下讨论微分形式序列依范数收敛、依模泛函收敛和依测度收敛的关系.

引理 8.4.6 设$p \in \mathcal{P}_1(M)$, 则当$t \to \infty$时, $\rho_{p(m),\Lambda^k M}(u_t) \to 0$等价于$\| u_t \|_{L^{p(m)}(\Lambda^k M)} \to 0$.

证明 由引理 8.4.4 和引理 8.4.5 可知, 依范数收敛强于依模泛函收敛, 于是假设

$$\lim_{t \to \infty} \rho_{p(m),\Lambda^k M}(u_t) \to 0,$$

则对任意的$\varepsilon \in (0,1]$, 都存在一个足够大的$t_0 > 0$, 使得当$t > t_0$时, 有

$$\rho_{p(m),\Lambda^k M}(u_t) < \varepsilon \leqslant 1,$$

从而

$$\rho_{p(m),\Lambda^k M}\left(\frac{u_t}{(\rho_{p(m),\Lambda^k M}(u_t))^{\frac{1}{p_+}}}\right) \leqslant \frac{\rho_{p(m),\Lambda^k M}(u_t)}{\rho_{p(m),\Lambda^k M}(u_t)} = 1,$$

则有

$$\|u_t\|_{L^{p(m)}(\Lambda^k M)} \leqslant (\rho_{p(m),\Lambda^k M}(u_t))^{\frac{1}{p_+}} \leqslant \varepsilon^{\frac{1}{p_+}},$$

即当 $t\to\infty$ 时，有 $\|u_t\|_{L^{p(m)}(\Lambda^k M)}\to 0$. 证毕.

引理 8.4.7　设 $p\in\mathcal{P}_1(M)$ 且 $\mu(M)<\infty$，则

$$\lim_{t\to\infty}\|u_t-u\|_{L^{p(m)}(\Lambda^k M)}=0$$

当且仅当 u_t 依测度收敛到 u，并且满足

$$\lim_{t\to\infty}\rho_{p(m),\Lambda^k M}(u_t)=\rho_{p(m),\Lambda^k M}(u).$$

证明　如果 $\lim\limits_{t\to\infty}\|u_t-u\|_{L^{p(m)}(\Lambda^k M)}=0$，由引理 8.4.6, 可得

$$\lim_{t\to\infty}\int_M |u_t-u|^{p(m)}\,\mathrm{d}\mu=0,$$

从而, 可得 u_t 在 M 上依测度收敛到 u，又因为 $\mu(M)<\infty$，可得 $|u_t|^{p(m)}$ 在 M 上依测度收敛到 $|u|^{p(m)}$，并且函数 $|u_t-u|^{p(m)}$ 在 M 上的积分绝对等度连续. 则由基本不等式

$$|u_t|^{p(m)}\leqslant 2^{p_+-1}(|u_t-u|^{p(m)}+|u|^{p(m)}),$$

可以得到函数 $|u_t|^{p(m)}$ 在 Riemann 流形 M 上的积分也绝对等度连续, 则由 Vitali 收敛定理[94], 可得

$$\lim_{t\to\infty}\rho_{p(m),\Lambda^k M}(u_t)=\rho_{p(m),\Lambda^k M}(u).$$

相反地, 如果 u_t 在 M 上依测度收敛到 u，则有 $|u_t-u|^{p(m)}$ 在 M 上依测度收敛到零. 类似于上面的证明, 由

$$\lim_{t\to\infty}\rho_{p(m),\Lambda^k M}(u_t)=\rho_{p(m),\Lambda^k M}(u)$$

以及不等式

$$|u_t-u|^{p(m)}\leqslant 2^{p_+-1}(|u_t|^{p(m)}+|u|^{p(m)}),$$

可以得到

$$\lim_{t\to\infty}\rho_{p(m),\Lambda^k M}(u_t-u)=0.$$

从而由引理 8.4.6, 可得当 $t\to\infty$ 时, 有

$$\|u_t-u\|_{L^{p(m)}(\Lambda^k M)}\to 0,$$

即完成了引理 8.4.7 的证明. 证毕.

引理 8.4.8　设 $p\in\mathcal{P}_1(M)$，则 $L^\infty(\Lambda^k M)\cap L^{p(m)}(\Lambda^k M)$ 在空间 $L^{p(m)}(\Lambda^k M)$ 中

稠密.

证明　首先取定 M 上一个点 m_0，令 d_g 是关于度量 g 的距离函数，构造集合序列

$$G_t = \{m \in M : d_g(m_0, m) < t, t \in \mathbb{N}\}.$$

取定 $u \in L^{p(m)}(\Lambda^k M)$，再构造微分形式序列

$$u_t = \begin{cases} u\chi_{G_t}, & |u| \leqslant t, \\ tu\chi_{G_t}/|u|, & |u| > t, \end{cases}$$

则有 $u_t \in L^\infty(\Lambda^k M)$，由 Lebesgue 控制收敛定理，可得当 $t \to \infty$ 时，有

$$\rho_{p(m),\Lambda^k M}(u - u_t) \to 0,$$

则由引理 8.4.6，可得当 $t \to \infty$ 时，有

$$\| u - u_t \|_{L^{p(m)}(\Lambda^k M)} \to 0,$$

即 $L^\infty(\Lambda^k M) \cap L^{p(m)}(\Lambda^k M)$ 在空间 $L^{p(m)}(\Lambda^k M)$ 中稠密. 证毕.

引理 8.4.9　设 $p \in \mathcal{P}_1(M)$，则 $C_c^\infty(\Lambda^k M)$ 在空间 $L^{p(m)}(\Lambda^k M)$ 中稠密.

证明　由 $p \in \mathcal{P}_1(M)$，可得 $C_c^\infty(\Lambda^k M) \subset L^{p(m)}(\Lambda^k M)$，则由引理 8.4.8 可知，存在微分形式 $u_{t_0} \in L^\infty(\Lambda^k M) \cap L^{p(m)}(\Lambda^k M)$，使得

$$\| u - u_{t_0} \|_{L^{p(m)}(\Lambda^k M)} \leqslant \varepsilon.$$

应用 Luzin 定理可知，存在一个开集 $D \subset M$ 满足

$$\mu(D) < \min\left\{1, \left(\frac{\varepsilon}{2\| u_{t_0} \|_{L^\infty(\Lambda^k M)}}\right)^{p_+}\right\}$$

以及一个相应连续微分形式 $\varphi \in C(\Lambda^k M)$，使得

$$\varphi = u_{t_0} \text{ 在 } M \setminus D \text{中},$$

并且满足

$$\sup_M |\varphi| = \sup_{M\setminus D} |u_{t_0}| \leqslant \| u_{t_0} \|_{L^\infty(\Lambda^k M)},$$

则有

$$\rho_{p(m),\Lambda^k M}\left(\frac{u_{t_0} - \varphi}{\varepsilon}\right) \leqslant \max\left\{1, \left(\frac{2\| u_{t_0} \|_{L^\infty(\Lambda^k M)}}{\varepsilon}\right)^{p_+}\right\} \mu(D) \leqslant 1,$$

从而

$$\| u_{t_0} - \varphi \|_{L^{p(m)}(\Lambda^k M)} \leqslant \varepsilon.$$

因为 $\varphi \in L^{p(m)}(\Lambda^k M)$，有 $\rho_{p(m),\Lambda^k M}(\varphi) < \infty$，进而存在一个有界开集 $G \subset M$，使得

$$\rho_{p(m),\Lambda^k M}(\varphi\chi_{M\setminus G} / \varepsilon) \leqslant 1,$$

从而

$$\| \varphi - \varphi\chi_G \|_{L^{p(m)}(\Lambda^k M)} \leqslant \varepsilon.$$

令微分形式 h 是多项式微分形式, 并且满足

$$\sup_G | \varphi - h | < \varepsilon \min\{1, \mu(G)^{-1}\},$$

所谓多项式微分形式是指: 其在 Riemann 流形 M 上的某个坐标卡下的分量函数都是多项式函数, 则有

$$\rho_{p(m),\Lambda^k M}((\varphi\chi_G - h\chi_G) / \varepsilon) \leqslant \min\{1, \mu(G)^{-1}\}\mu(G) \leqslant 1,$$

从而

$$\| \varphi\chi_G - h\chi_G \|_{L^{p(m)}(\Lambda^k M)} \leqslant \varepsilon.$$

注意到, 存在一个紧子集 $K \subset G$，使得

$$\| h\chi_G - h\chi_K \|_{L^{p(m)}(\Lambda^k M)} \leqslant \varepsilon.$$

取截断函数 $\pi \in C_c^\infty(G)$，使得 $0 \leqslant \pi \leqslant 1$ 于 G，并且 $\pi = 1$ 于 K，则有

$$\| h\chi_G - \pi h \|_{L^{p(m)}(\Lambda^k M)} \leqslant \| h\chi_G - h\chi_K \|_{L^{p(m)}(\Lambda^k M)} \leqslant \varepsilon.$$

所以可得

$$\| u - \pi h \|_{L^{p(m)}(\Lambda^k M)} \leqslant 5\varepsilon .$$

显然 $\pi h \in C_c^\infty(\Lambda^k M)$, 即完成了引理 8.4.9 的证明. 证毕.

以下详细讨论 Riemann 流形上变指数微分形式 Lebesgue 空间 $L^{p(m)}(\Lambda^k M)$ 的重要性质.

定理 8.4.1　设 $p \in \mathcal{P}_1(M)$, 则 $L^{p(m)}(\Lambda^k M)$ 是可分空间.

证明　对于任意取定的 $u \in L^{p(m)}(\Lambda^k M)$ 以及 $\varepsilon > 0$．由引理 8.4.9 的证明过程可知, 存在一个连续的微分形式 $\varphi \in C(\Lambda^k M)$ 和子集

$$G_{t_0} = \{m \in M : d_g(m_0, m) < t_0\},$$

使得

$$\| u - \varphi \|_{L^{p(m)}(\Lambda^k M)} \leqslant \varepsilon, \quad \| \varphi\chi_{M\setminus G_{t_0}} \|_{L^{p(m)}(\Lambda^k M)} \leqslant \varepsilon.$$

设 h 是多项式微分形式, 并且满足

$$\sup_{G_{t_0}} |\varphi - h| < \varepsilon \min\{1, \mu(G_{t_0})^{-1}\}.$$

取微分形式 v 为有理系数多项式微分形式, 并且满足

$$\sup_{G_{t_0}} |h - v| < \varepsilon \min\{1, \mu(G_{t_0})^{-1}\},$$

则有

$$\|\varphi\chi_{G_{t_0}} - h\chi_{G_{t_0}}\|_{L^{p(m)}(\Lambda^k M)} \leqslant \varepsilon, \quad \|v\chi_{G_{t_0}} - h\chi_{G_{t_0}}\|_{L^{p(m)}(\Lambda^k M)} \leqslant \varepsilon.$$

于是可得

$$\|v\chi_{G_{t_0}} - u\|_{L^{p(m)}(\Lambda^k M)} \leqslant 4\varepsilon.$$

从而可知, 所有微分形式 $v\chi_{G_{t_0}}$ 构成的集合

$$\{\omega = v\chi_{G_{t_0}} : t_0 \in \mathbb{N}, v\text{是有理系数多项式微分形式}\}$$

是可数集并且稠密于 $L^{p(m)}(\Lambda^k M)$. 证毕.

定理 8.4.2　设 $p \in \mathcal{P}(M)$, 则 $L^{p(m)}(\Lambda^k M)$ 是完备的空间.

证明　任取微分形式序列

$$\left\{u_t : u_t = \sum_I u_{tI} \mathrm{d}x^I\right\} \subset L^{p(m)}(\Lambda^k M)$$

是 Cauchy 列, 设 $\{G_l\}$ 是一个紧致集合序列, 满足 $G_l \subset G_{l+1} \subset M\,(l \in \mathbb{N})$ 以及 $M = \bigcup_{l=1}^{\infty} G_l$. 则对于任意的 $\varepsilon > 0$, 存在一个足够大的常数 $t_0 \in \mathbb{N}$, 使得当 $t, \tau \geqslant t_0$ 时, 对于任意的 $l \in \mathbb{N}$ 都有

$$\sup_{\rho_{p'(m),\Lambda^{n-k}M}(v) \leqslant 1} \int_{G_l} (u_t - u_\tau) \wedge v \leqslant \varepsilon.$$

由不等式(8.58)可知, 对于任意满足 $\rho_{p'(m),\Lambda^{n-k}M}(v) \leqslant 1$ 及 $\mathrm{sgn} v_{I^*} = \sigma(I)\mathrm{sgn}\,(u_t - u_\tau)_I$ 的微分 $(n-k)$-形式 $v = \sum_I v_{I^*} \mathrm{d}x^{I^*}$, 都有

$$\int_{G_l} \sum_I |(u_t - u_\tau)_I| \, |v_{I^*}| \, \mathrm{d}\mu \leqslant 2^{\frac{n}{2}} \varepsilon. \tag{8.60}$$

对于任意取定的 $l \in \mathbb{N}$, 定义微分形式序列 $\{v_l : v_l = \varphi_l \chi_{G_l}\}$, 其中 $\varphi_l = \varphi_{lI} \mathrm{d}x^I$ 满足 $|\varphi_l| = (1 + \mu(G_l))^{-1}$ 及 $\mathrm{sgn}\varphi_{I^*} = \sigma(I)\mathrm{sgn}(u_t - u_\tau)_I$, 则有

$$\rho_{p'(m),\Lambda^{n-k}M}(v_l) \leqslant \int_{G_l} (1+\mu(G_l))^{-p'(m)} \mathrm{d}\mu + (1+\mu(G_l))^{-1} \leqslant 1,$$

从而在不等式(8.60)中，取 $v = v_l$，则对于任意的 $t, \tau \geqslant t_0$ 以及 $l \in \mathbb{N}$，都有

$$\int_{G_l} |u_t - u_\tau| \,\mathrm{d}\mu \leqslant 2^{\frac{k}{2}} \int_{G_l} \sum_I |(u_t - u_\tau)_I| \,\mathrm{d}\mu \leqslant \varepsilon 2^n \big(1+\mu(G_l)\big). \tag{8.61}$$

不等式(8.61)蕴含微分形式序列 $\{u_t\}$ 是空间 $L^1(\Lambda^k G_l)$ 上的 Cauchy 列. 则通过对 $l \in \mathbb{N}$ 归纳可知，存在微分形式序列 $\{u_t\}$ 的子列 $\{u_t^{(l)}\}_t$ 和微分 k -形式 $u^{(l)} \in L^1(\Lambda^k G_l)$，满足

$$u_t^{(l)} \to u^{(l)} \text{ 几乎处处于} G_l,$$

并且 $u^{(l+1)}\chi_{G_l} = u^{(l)}$. 进一步，由对角线法则可知，存在子列 $\{u_\tau^{(\tau)}\}$ 满足

$$\lim_{\tau\to\infty} u_\tau^{(\tau)} = \lim_{\tau\to\infty} u^{(\tau)}\chi_{G_\tau} = u$$

几乎处处于 M.

那么在不等式(8.60)中用 $u_\tau^{(\tau)}$ 来代替 u_τ，再应用度量空间上的 Fatou 引理，可以得到

$$\int_{G_l} \sum_I |(u_t - u)_I| \, |v_{I^*}| \,\mathrm{d}\mu \leqslant \sup_{\tau > t_0} \int_{G_l} \sum_I |(u_t - u_\tau^{(\tau)})_I| \, |v_{I^*}| \,\mathrm{d}\mu \leqslant 2^{\frac{n}{2}} \varepsilon.$$

结合不等式(8.58)和(8.59)，令 $l \to \infty$，有

$$\int_M (u_t - u) \wedge v \leqslant 2^n \varepsilon,$$

从而可得

$$|||u_t - u|||_{L^{p(m)}(\Lambda^k M)} \leqslant 2^n \varepsilon,$$

即空间 $L^{p(m)}(\Lambda^k M)$ 是完备的. 证毕.

定理 8.4.3　设 $p \in \mathcal{P}_2(M)$，则 $L^{p(m)}(\Lambda^k M)$ 是自反空间.

证明　用 $[L^{p(m)}(\Lambda^k M)]^*$ 记作 $L^{p(m)}(\Lambda^k M)$ 的对偶空间，则只需要证明

$$[L^{p(m)}(\Lambda^k M)]^* = L^{p'(m)}(\Lambda^{n-k} M).$$

(i) 任意取定的 $v \in L^{p'(m)}(\Lambda^{n-k} M)$，定义 $L^{p(m)}(\Lambda^k M)$ 上线性泛函

$$F_v(u) = \int_M u \wedge v = \int_M \langle \star u, v \rangle d\mu,$$

则由引理 8.4.1，有

$$|F_v(u)| \leqslant r_p \|u\|_{L^{p(m)}(\Lambda^k M)} \|v\|_{L^{p'(m)}(\Lambda^{n-k} M)},$$

从而

$$\|F_v\| \leqslant r_p \|v\|_{L^{p'(m)}(\Lambda^{n-k}M)},$$

于是, F_v 是 $L^{p(m)}(\Lambda^k M)$ 上的有界线性泛函, 即 F_v 包含于 $[L^{p(m)}(\Lambda^k M)]^*$ 中.

(ii) 考虑 M 上任意的局部坐标卡 $f: V(\subset M) \to \mathbb{R}^n$, 任取开子集 $U \subset M$, 其闭包是紧致的并且包含于某个坐标邻域 V 中. 对于每个数组 $I \in \Lambda(k,n)$ 定义映射

$$h_I(\varphi \mathrm{d}x_I) = \varphi, \quad \varphi \in L^{p(f^{-1}(x))}(f(U)).$$

注意到, 任意的连续线性泛函 $\tilde{f} \in [L^{p(f^{-1}(x))}(f(U))]^*$, 都存在唯一的函数 $\psi_{\tilde{f}} \in L^{p'(f^{-1}(x))}(f(U))$, 使得该泛函可以表示为 $\tilde{f}(\varphi) = \int_{f(U)} \varphi \psi_{\tilde{f}} \mathrm{d}x$, 则对于任意的连续泛函 $\bar{f} \in [L^{p(f^{-1}(x))}(\Lambda^k f(U))]^*$, 都有

$$\begin{aligned}\bar{f}(\omega) &= \sum_{I \in \Lambda(k,n)} \bar{f}(\omega_I \mathrm{d}x_I) = \sum_{I \in \Lambda(k,n)} \bar{f} \circ h_I^{-1}(\omega_I) = \sum_{I \in \Lambda(k,n)} \int_{f(U)} \omega_I \psi_{\bar{f} \circ h_I^{-1}} \mathrm{d}x \\ &= \int_{f(U)} \omega \wedge \left(\sum_{I \in \Lambda(k,n)} \sigma(I) \psi_{\bar{f} \circ h_I^{-1}} \mathrm{d}x_{I^*} \right),\end{aligned}$$

即 $\bar{f}$ 可以表示为

$$\bar{f}(\omega) = \int_{f(U)} \omega \wedge \varpi_{\bar{f}},$$

其中

$$\varpi_{\bar{f}} = \sum_{I \in \Lambda(k,n)} \sigma(I) \psi_{\bar{f} \circ h_I^{-1}} \mathrm{d}x_{I^*} \in L^{p'(f^{-1}(x))}(f(U)).$$

下面证明微分形式 $\varpi_{\bar{f}}$ 的唯一性, 假设存在 $\varpi_1 = \sum_I \varpi_{1I} \mathrm{d}x_{I^*}$ 和 $\varpi_2 = \sum_I \varpi_{2I} \mathrm{d}x_{I^*}$, 使得对于任意的 $\omega \in L^{p(f^{-1}(x))}(\Lambda^k f(U))$, 都有

$$\bar{f}(\omega) = \int_{f(U)} \omega \wedge \varpi_1 = \int_{f(U)} \omega \wedge \varpi_2.$$

对于固定的 $I \in \Lambda(k,n)$, 取 $\omega = \varphi \mathrm{d}x_I$, 则有

$$\bar{f} \circ h_I^{-1}(\varphi) = \bar{f}(\omega) = \int_{f(U)} \varphi \varpi_{1I} \mathrm{d}x = \int_{f(U)} \varphi \varpi_{2I} \mathrm{d}x,$$

从而可得 $\varpi_{1I} = \varpi_{2I}$, 即 $\varpi_1 = \varpi_2$. 故 $\varpi_{\bar{f}}$ 是被泛函 $\bar{f} \in [L^{p(f^{-1}(x))}(\Lambda^k f(U))]^*$ 唯一确定的. 所以, 对于任意取定的 $F \in [L^{p(m)}(\Lambda^k M)]^*$ 以及任意具有紧致支撑集合的微分形式 $u \in L^{p(m)}(\Lambda^{n-k} M)$, 都有

$$F(\chi_U u)=F\circ f^*\left(\left(f^{-1}\right)^*\left(\chi_U u\right)\right)=\int_{f(U)}(f^{-1})^*(\chi_U u)\wedge v_{F\circ f^*}=\int_U\left(\chi_U u\right)\wedge f^*\left(v_{F\circ f^*}\right),$$

其中

$$v_U=f^*(v_{F\circ f^*})\in L^{p'(m)}(\Lambda^{n-k}U)$$

是被唯一确定的. 对于任意的两个子集 U_1 和 U_2，对应的微分形式 v_{U_1} 和 v_{U_2} 在 $U_1\cap U_2$ 上是相容的, 因为 $v_{U_1\cap U_2}$ 具有唯一性. 进一步, 所有定义在不同邻域 U 上的微分形式 v_U 是相容的, 所以可以定义整个 Riemann 流形 M 上的微分形式 v_F，并且 v_F 限制在任意邻域 U 上时都属于 $L^{p'(m)}(\Lambda^{n-k}U)$，从而可知, 对于任意具有紧支集的微分形式 $u\in L^{p(m)}(\Lambda^k M)$，都有

$$F(u)=\int_M u\wedge v_F, \tag{8.62}$$

而且微分形式 v_F 是被唯一确定的.

设 $\{G_t\}$ 是紧致集合序列, 并且满足 $G_t\subset G_{t+1}\subset M$，$t\in\mathbb{N}$，以及 $M=\bigcup_{t=1}^{\infty}G_t$，则对于任意的微分形式 $u\in L(\Lambda^k M)$，都有

$$F(u)=F(\lim_{t\to\infty}\chi_{G_t}u)=\lim_{t\to\infty}F(\chi_{G_t}u)=\lim_{t\to\infty}\int_M\left(\chi_{G_t}u\right)\wedge v_F=\int_M u\wedge v_F .$$

以下证明微分形式 v_F 的唯一性. 如果存在 $v_1,v_2\in L'(\Lambda^{n-k}M)$，使得对于任意的 $u\in L^{p(m)}(\Lambda^k M)$，都有

$$F\left(u\right)=\int_M u\wedge v_1=\int_M u\wedge v_2,$$

则对于任意的子集 U，都有

$$F\left(\chi_U u\right)=\int_M\left(\chi_U u\right)\wedge v_1=\int_M\left(\chi_U u\right)\wedge v_2,$$

于是 $\chi_U v_1=\chi_U v_2$，从而可得 $v_1=v_2$.

综上可知, 任意的连续线性泛函 $F\in[L^{p(x)}(\Lambda^k M)]^*$ 都可以唯一地被表示成(8.62)的形式.

(iii) 定义 M 上的微分形式

$$u(m)=\begin{cases}\|v_F(m)\|_{L^{p'(m)}(\Lambda^{n-k}M)}^{\frac{1}{1-p(m)}}|v_F(m)|^{p'(m)-2}(\star v_F(m)), & |v_F(m)|\neq 0,\\ 0, & |v_F(m)|=0,\end{cases}$$

则由性质(b_4)和(b_6), 可得

$$\|u\|_{L^{p(m)}\left(\Lambda^k M\right)}=\inf\left\{\lambda>0:\int_M\left(\frac{|v_F|}{\lambda^{p(m)-1}\|v_F\|_{L^{p(m)}\left(\Lambda^{n-k}M\right)}}\right)^{p'(m)}\mathrm{d}\mu\leqslant 1\right\}=1,$$

从而

$$|F(u)|=\left|\int_M u\wedge v_F\right|=\int_M\left(\frac{|v_F|}{\|v_F\|_{L^{p'(m)}(\Lambda^{n-k}M)}}\right)^{p'(m)}\|v_F\|_{L^{p'(m)}(\Lambda^{n-k}M)}\,\mathrm{d}\mu$$

$$\geqslant\frac{\|v_F\|_{L^{p'(m)}(\Lambda^{n-k}M)}}{2^{\frac{p_-}{p_--1}}}\int_M\left(\frac{|v_F|}{\frac{1}{2}\|v_F\|_{L^{p'(m)}(\Lambda^{n-k}M)}}\right)^{p'(m)}\mathrm{d}\mu$$

$$\geqslant\frac{\|v_F\|_{L^{p'(m)}(\Lambda^{n-k}M)}}{2^{\frac{p_-}{p_--1}}},$$

因此, 可以得到$\|v_F\|_{L^{p'(m)}(\Lambda^{n-k}M)}\leqslant 2^{\frac{p_-}{p_--1}}\|F\|$.

结合(i)、(ii)、(iii), 得$[L^{p(m)}(\Lambda^k M)]^*=L^{p'(m)}(\Lambda^{n-k}M)$, 即$L^{p(m)}(\Lambda^k M)$是自反空间. 证毕.

定理 8.4.4 设$p\in\mathcal{P}_2(M)$, 则外 Sobolev 空间$W^{1,p(m)}(\Lambda^k M)$是一个可分自反的 Banach 空间.

证明 自然地把空间$W^{1,p(m)}(\Lambda^k M)$看作 Cartesian 乘积空间$L^{p(m)}(\Lambda^k M)\times L^{p(m)}(\Lambda^{k+1}M)$的子空间, 则仅需证明$W^{1,p(m)}(\Lambda^k M)$是$L^{p(m)}(\Lambda^k M)\times L^{p(m)}(\Lambda^{k+1}M)$的闭子空间. 为此, 任取$\{u_t\}\subset W^{1,p(m)}(\Lambda^k M)$为收敛序列, 则$\{u_t\}$是$L^{p(m)}(\Lambda^k M)$中的收敛序列, 由定理 8.4.2 知, 存在一个微分形式$u\in L^{p(m)}(\Lambda^k M)$, 使得

$$u_t\to u \text{ 在 } L^{p(m)}\left(\Lambda^k M\right)\text{中},$$

类似地, 存在微分形式$\tilde{u}\in L^{p(m)}(\Lambda^{k+1}M)$, 使得

$$du_t\to\tilde{u}\text{在 } L^{p(m)}\left(\Lambda^{k+1}M\right)\text{中}.$$

容易得到, 微分形式u_t和du_t分别依测度收敛到u和$\tilde{u}$于M, 而且对于任意的

$$\varphi\in C_c^\infty\left(\Lambda^{n-k-1}M\right)\subset L^{p'(m)}\left(\Lambda^{n-k-1}M\right),$$

都有

$$\int_M u_t\wedge d\varphi=(-1)^{k+1}\int_M du_t\wedge\varphi.$$

另一方面, 显然有

$$|u_t\wedge d\varphi|\leqslant|(u_t-u)\wedge d\varphi|+|u\wedge d\varphi|$$

以及

$$\left|du_t \wedge \varphi\right| \leqslant \left|\left(du_t - \tilde{u}\right) \wedge \varphi\right| + \left|\tilde{u} \wedge \varphi\right|,$$

则函数 $\left|u_t \wedge d\varphi\right|$ 和 $|du_t \wedge \varphi|$ 在 M 上的积分是一致等度连续的. 于是, 应用 Vitali 收敛定理[94], 可以得到

$$\int_M u \wedge d\varphi = (-1)^{k+1} \int_M \tilde{u} \wedge \varphi,$$

所以 $du = u$, 即 $W^{1,p(m)}(\Lambda^k M)$ 是 $L^{p(m)}(\Lambda^k M) \times L^{p(m)}(\Lambda^{k+1} M)$ 的闭子空间. 证毕.

定理 8.4.5　设 $0 < \mu(M) < \infty$, 变指数 $p, q \in \mathcal{P}(M)$. 如果对于几乎处处的 $m \in M$, 都有 $p(m) \leqslant q(m)$, 则有连续嵌入

$$L^{q(m)}(\Lambda^k M) \to L^{p(m)}(\Lambda^k M),$$

并且嵌入常数不会超过 $\mu(M)+1$.

证明　因为对于几乎处处的 $m \in M$, 都有 $p(m) \leqslant q(m)$, 可得 $M_\infty^p \subset M_\infty^q$. 假设 $u \in L^{q(m)}(\Lambda^k m)$ 且满足 $\| u \|_{L^{q(m)}(\Lambda^k M)} \leqslant 1$, 否则以下的讨论可以考虑 $u / \| u \|_{L^{q(m)}(\Lambda^k M)}$. 由性质(b_7), 可得 $\rho_{q(m),\Lambda^k M}(u) \leqslant 1$, 注意到, 对于几乎处处的 $m \in M_\infty^q$, 都有 $|u(m)| \leqslant 1$, 则通过计算可以得到

$$\begin{aligned}\rho_{p(m),\Lambda^k M}(u) &\leqslant \mu(\{m \in M \backslash M_\infty^q : |u| \leqslant 1\}) + \int_{M \backslash M_\infty^q} |u|^{q(m)} \, \mathrm{d}\mu \\ &\quad + \mu(M_\infty^q \backslash M_\infty^p) + \sup_{M_\infty^p} |u| \leqslant \mu(M) + 1,\end{aligned}$$

于是

$$\rho_{p(m),\Lambda^k M}(u / (\mu(M)+1)) \leqslant (\mu(M)+1)^{-1} \rho_{p(m),\Lambda^k M}(u) \leqslant 1,$$

从而可得

$$\| u \|_{L^{p(m)}(\Lambda^k M)} \leqslant \left(\mu(M)+1\right) \| u \|_{L^{q(m)}(\Lambda^k M)}.$$

证毕.

定理 8.4.6　设 M 是具有光滑边界或者无边界的紧致 Riemann 流形, 并且 $p, q \in C(\bar{M}) \cap \mathcal{P}_1(M)$. 如果

$$p(m) < n, \quad q(m) < \frac{np(m)}{n - p(m)}, \quad m \in \bar{M},$$

则连续嵌入

$$W^{1,p(m)}(M) \hookrightarrow L^{q(m)}(M)$$

是紧致的.

证明　考虑 M 上任意的局部坐标卡 $f: V(\subset M) \to \mathbb{R}^n$. 设 U 是 M 上的任意

开子集, 其闭包是紧致的并且包含于某个坐标邻域 V 中. 设 $\{U_\alpha\}_{\alpha=1,2,\cdots,s}$ 是紧致 Riemann 流形 M 的一个有限覆盖, 并且每个 U_α 都微分同胚于 $\mathbb{R}^n$ 中的开球 $B_0(1)$, 则对于任意的 α, 关于局部坐标卡 (U_α, f_α) 的度量 g 的分量 g_{ij}^α 作为双线性形式都满足 $1/C\delta_{ij} \leqslant g_{ij}^\alpha \leqslant C\delta_{ij}$, 其中常数 $C>1$ 是给定的. 设 $\{\pi_\alpha\}$ 是附属于有限覆盖 $\{U_\alpha\}$ 的单位分解, 显然, 对于任意的微分形式 $u \in W^{1,p(m)}(M)$, 都有 $\pi_\alpha u \in W^{1,p(m)}(U_\alpha)$ 并且 $(f_\alpha^{-1})^*(\pi_\alpha u) \in W^{1,p(f_\alpha^{-1}(x))}(B_0(1))$. 由 M 上 n 阶微分形式的积分定义以及文献[46]中的 Sobolev 嵌入定理可知, 对于每个指标 $\alpha = 1,2,\cdots,s$, 都有紧致嵌入

$$W^{1,p(m)}\left(U_\alpha\right) \to L^{q(m)}\left(U_\alpha\right).$$

因为 $u = \sum_{\alpha=1}^{s} \pi_\alpha u$, 可以推断 $W^{1,p(m)}(M) \to L^{q(m)}(M)$ 是紧致的. 证毕.

定义 8.4.5 称微分形式 u 关于范数 $\|\cdot\|_{L^{p(m)}(\Lambda^k M)}$ 是绝对连续的, 如果对于任意的可测子集 $G \subset M$, 都有

$$\lim_{\mu(G)\to 0} \| u\chi_G \|_{L^{p(m)}(\Lambda^k M)} = 0 .$$

定理 8.4.7 设 $p \in \mathcal{P}_1(M)$, 则任意的微分形式 $u \in L^{p(m)}(\Lambda^k M)$ 关于范数 $\|\cdot\|_{L^{p(m)}(\Lambda^k M)}$ 都是绝对连续的.

证明 应用引理 8.4.8 可知, 存在一个微分形式 $u_{t_0} \in L^\infty(\Lambda^k M) \cap L^{p(m)}(\Lambda^k M)$, 使得

$$\| u - u_{t_0} \|_{L^{p(m)}(\Lambda^k M)} < \frac{\varepsilon}{2}.$$

因为 u_{t_0} 是有界的, 则存在一个常数 $\varepsilon_0 > 0$, 使得当 $\mu(G) < \varepsilon_0$ 时, 有

$$\| u_{t_0}\chi_G \|_{L^{p(m)}(\Lambda^k M)} < \frac{\varepsilon}{2}.$$

因此, 可以得到

$$\begin{aligned} \| u\chi_G \|_{L^{p(m)}(\Lambda^k M)} &\leqslant \| (u - u_{t_0})\chi_G \|_{L^{p(m)}(\Lambda^k M)} + \| u_{t_0}\chi_G \|_{L^{p(m)}(\Lambda^k M)} \\ &\leqslant \| u - u_{t_0} \|_{L^{p(m)}(\Lambda^k M)} + \left\| u_{t_0}\chi_G \right\|_{L^{p(m)}(\Lambda^k M)} < \varepsilon. \end{aligned}$$

证毕.

引理 8.4.10 设 $u \in W^{1,p(m)}(\Lambda^k M)$ 以及 $v \in W^{1,p'(m)}(\Lambda^{n-k-1} M)$, 则有

$$\int_M du \wedge v = (-1)^{k+1} \int_M u \wedge dv. \tag{8.63}$$

证明 由引理 8.4.1 中的 Hölder 不等式, 可得微分形式 $du \wedge v$ 和 $u \wedge dv$ 都属

于空间 $L^1(\Lambda^n M)$.

如果 $v\in C_c^\infty$，则等式(8.63)可以由 u 的弱外微分定义得到. 所以，由引理 8.4.9，可得等式(8.63)对于任意的 $W^{1,p'(m)}(\Lambda^{n-k-1}M)$ 中具有紧致支撑集合的微分形式 v 都成立.

如果微分形式 v 的支撑集合不是紧集，记 $v_i=\pi_i v$，其中函数序列 $\{\pi_i\}$ 是具有紧致支撑集合的光滑函数，并且在任意的紧子集上都满足 π_i 一致收敛到 1，此外对于任意的 $m\in M$，都有

$$0\leqslant \pi_i(m)\leqslant 1 \quad 及 \quad |d\pi_i(m)|\leqslant 1, \tag{8.64}$$

则由具有紧致支撑集合情况的讨论，可得等式(8.63)对于每个微分形式 v_i 都成立.

另外，由光滑函数 π_i 的性质 (8.64)，有

$$|du\wedge v_i+(-1)^k u\wedge dv_i|\leqslant |du\wedge v|+|u\wedge dv|+|u\wedge v|\in L^1(M),$$

从而由 Lebesgue 控制收敛定理，可得

$$\int_M du\wedge v+(-1)^k u\wedge dv=\lim_{i\to\infty}\int_M du\wedge v_i+(-1)^k u\wedge dv_i=0,$$

即完成了引理的证明. 证毕.

把引理 8.4.10 中的外微分 $du\wedge v$ 和 $u\wedge dv$ 改写成相应的内积形式，可以得到下面的引理.

引理 8.4.11　设 $u\in W^{1,p(m)}(\Lambda^{k-1}M)$ 并且 $v\in W^{1,p'(m)}(\Lambda^k M)$，则有

$$\int_M \langle du,v\rangle \mathrm{d}\mu=\int_M \langle u,d^\star v\rangle \mathrm{d}\mu.$$

证明　因为 v 是微分 k-形式，所以微分形式 $d\star v$ 的阶数是为 $l-n-k+1$，并且

$$\star\star d\star v=(-1)^{l(n-l)}d\star v=(-1)^{nk+n+1+k}d\star v,$$

所以

$$(-1)^k d\star v=(-1)^{nk+n+1}\star\star d\star v=\star d^\star v,$$

于是有

$$\int_M \langle du,v\rangle \mathrm{d}\mu=\int_M du\wedge\star v=(-1)^k\int_M u\wedge d\star v=\int_M u\wedge\star d^\star v=\int_M \langle u,d^\star v\rangle \mathrm{d}\mu.$$

证毕.

在本章最后给出外 Sobolev 空间在 Riemann 流形上非齐次微分形式 $p(m)$-调和方程 Dirichlet 问题弱解的存在唯一性证明中的应用. 假设 $\Omega\subset M$ 是具有光滑边界的有界区域，并且变指数 $p\in\mathcal{P}_2(\Omega)$.

所谓 Riemann 流形上非齐次微分形式 $p(m)$-调和方程是指如下形式的非线性椭圆方程:

$$d^\star(du|du|^{p(m)-2})+u|u|^{p(m)-2}=f(m),\quad m\in\Omega.$$

由引理 8.4.11 可以合理地给出方程 Dirichlet 问题弱解的定义.

定义 8.4.6 微分形式ω被称为如下 Dirichlet 问题的弱解:

$$\begin{cases} d^{\star}(\mathrm{d}u|\mathrm{d}u|^{p(m)-2})+u|u|^{p(m)-2}=f(m), & m\in\Omega, \\ u(m)=0, & m\in\partial\Omega, \end{cases} \tag{8.65}$$

其中非齐次项 $f(m)\in[W_0^{1,p(m)}(\Lambda^{k-1}\Omega)]'$, 如果 $\omega\in W_0^{1,p(m)}(\Lambda^{k-1}\Omega)$, 并且对于任意微分形式 $v\in W_0^{1,p(m)}(\Lambda^{k-1}\Omega)$, 都有

$$\int_\Omega\left\langle d\omega|d\omega|^{p(m)-2},dv\right\rangle+\left\langle\omega|\omega|^{p(m)-2},v\right\rangle\mathrm{d}\mu=\int_\Omega\left\langle f(m),v\right\rangle\mathrm{d}\mu.$$

方便起见, 记 $X=W_0^{1,p(m)}(\Lambda^{k-1}\Omega)$. 对于 X 上的能量泛函

$$I(u)=\int_\Omega\frac{1}{p(m)}(|du|^{p(m)}+|u|^{p(m)})\mathrm{d}\mu,\quad u\in X,$$

用 $J=I':X\to X^*$ 表示算子 I 的 Frechét 导数, 则对于任意的 $v\in X$, 都有

$$\left(J(u),v\right)=\int_\Omega\left\langle du|du|^{p(m)-2},dv\right\rangle\mathrm{d}\mu+\int_\Omega\left\langle u|u|^{p(m)-2},v\right\rangle\mathrm{d}\mu.$$

记

$$\left(J_1(u),v\right)=\int_\Omega\left\langle du|du|^{p(m)-2},dv\right\rangle\mathrm{d}\mu\text{ 及 }\left(J_2(u),v\right)=\int_\Omega\left\langle u|u|^{p(m)-2},v\right\rangle\mathrm{d}\mu.$$

以下讨论 Frechét 导算子 J 的性质.

引理 8.4.12 映射 $J=I':X\to X^*$ 是连续、有界并且严格单调的算子.

由映射 J 的定义, 容易得到连续性、有界性和严格单调性.

引理 8.4.13 $J=I':X\to X^*$ 是(S_+)型映射, 即如果$u_t\rightharpoonup u$ 在 X 中, 并且满足:

$$\limsup_{t\to\infty}(J(u_t)-J(u),u_t-u)\leqslant 0,$$

则$u_t\to u$ 在 X 中.

证明 由引理 8.4.12 可知, 如果$u_t\rightharpoonup u$ 在 X 中, 并且

$$\limsup_{t\to\infty}(J(u_t)-J(u),u_t-u)\leqslant 0,$$

则由 J 的单调性, 有

$$\lim_{t\to\infty}(J(u_t)-J(u),u_t-u)=0.$$

类似于引理 2.1.1 可以得到

$$\lim_{t\to\infty}(J_i(u_t)-J_i(u),u_t-u)=0,\quad i=1,2.$$

令

$$\Omega_1=\{m\in\Omega:p(m)<2\},\quad \Omega_2=\{m\in\Omega:p(m)\geqslant 2\}$$

以及

$$v_t=\left\langle |u_t|^{p(m)-2}u_t-|u|^{p(m)-2}u,u_t-u\right\rangle,$$

则存在一个常数 $C>0$，使得当 $t\to\infty$ 时，有

$$\int_{\Omega_2}|u_t-u|^{p(m)}\,\mathrm{d}\mu\leqslant C\int_{\Omega_2}v_t\mathrm{d}\mu\to 0,$$

并且

$$\begin{aligned}&\int_{\Omega_1}|u_t-u|^{p(m)}\,\mathrm{d}\mu\\&\leqslant C\int_{\Omega_1}v_t^{p(m)/2}(|u_t|^{p(m)}+|u|^{p(m)})^{(2-p(m))/2}\mathrm{d}\mu\\&\leqslant C\|v_t^{p(m)/2}\chi_{\Omega_1}\|_{L^{\frac{2}{p(m)}}(\Omega)}\|(|u_t|^{p(m)}+|u|^{p(m)})^{(2-p(m))/2}\chi_{\Omega_1}\|_{L^{\frac{2}{2-p(m)}}(\Omega)}\\&\to 0,\end{aligned}$$

于是可得

$$\lim_{t\to\infty}\int_{\Omega}|u_t-u|^{p(m)}\,\mathrm{d}\mu=0.$$

类似于上面的证明过程同样可以得到

$$\lim_{t\to\infty}\int_{\Omega}|du_t-du|^{p(m)}\,\mathrm{d}\mu=0,$$

则由引理 8.4.6，有 $u_t\to u$ 在 X 中，即 J 是 (S_+) 型映射．证毕．

引理 8.4.14　映射 J 是强制的，也就是说，当 $\|u\|_X\to\infty$ 时，有

$$\frac{(J(u),u)}{\|u\|_X}\to\infty.$$

证明　令

$$\varepsilon_0=\frac{1}{2}\|u\|_{L^{p(m)}(\Lambda^{k-1}\Omega)},$$

则当 $\|u\|_{L^{p(m)}(\Lambda^{k-1},\Omega)}\to\infty$ 时，有

$$\begin{aligned}&\frac{\int_{\Omega}|u|^{p(m)}\,\mathrm{d}\mu}{\|u\|_{L^{p(m)}(\Lambda^{k-1}\Omega)}}\\&=\int_{\Omega}\left(\frac{|u|}{\|u\|_{L^{p(m)}(\Lambda^{k-1}\Omega)}-\varepsilon_0}\right)^{p(m)}\frac{(\|u\|_{L^{p(m)}(\Lambda^{k-1}\Omega)}-\varepsilon_0)^{p(m)}}{\|u\|_{L^{p(m)}(\Lambda^{k-1}\Omega)}}\mathrm{d}\mu\\&\geqslant\frac{(\|u\|_{L^{p(m)}(\Lambda^{k-1}\Omega)}-\varepsilon_0)^{p_-}}{\|u\|_{L^{p(m)}(\Lambda^{k-1}\Omega)}}\\&\geqslant\frac{\|u\|^{p_-}_{L^{p(m)}(\Lambda^{k-1}\Omega)}}{2^{p_+}\|u\|_{L^{p(m)}(\Lambda^{k-1}\Omega)}}\to\infty.\end{aligned}$$

类似地, 当$\| du \|_{L^{p(m)}(\Lambda^k,\Omega)} \to \infty$时, 有

$$\frac{\int_\Omega |du|^{p(m)}\,\mathrm{d}\mu}{\| du \|_{L^{p(m)}(\Lambda^k\Omega)}} \to \infty.$$

从而, 对于任意取定的常数$K>0$, 都存在$N=N(K)$, 使得当$\| u \|_{L^{p(m)}(\Lambda^{k-1},\Omega)} > N$时, 有

$$\frac{\int_\Omega |u|^{p(m)}\,\mathrm{d}\mu}{\| u \|_{L^{p(m)}(\Lambda^{k-1}\Omega)}} > 2K$$

以及当$\| du \|_{L^{p(m)}(\Lambda^k,\Omega)} > N$时, 有

$$\frac{\int_\Omega |du|^{p(m)}\,\mathrm{d}\mu}{\| du \|_{L^{p(m)}(\Lambda^k\Omega)}} > 2K.$$

取$N_0=2N$, 设$\| u \|_X > N_0$, 那么

(i) 如果$\| du \|_{L^{p(m)}(\Lambda^k,\Omega)} \geqslant \| u \|_{L^{p(m)}(\Lambda^{k-1},\Omega)}$, 则有

$$\frac{(J(u),u)}{\| u \|_X} = \frac{\int_\Omega |du|^{p(m)}\,\mathrm{d}\mu + \int_\Omega |u|^{p(m)}\,\mathrm{d}\mu}{\| du \|_{L^{p(m)}(\Lambda^k,\Omega)} + \| u \|_{L^{p(m)}(\Lambda^{k-1},\Omega)}} \geqslant \frac{\int_\Omega |du|^{p(m)}\,\mathrm{d}\mu}{2\| du \|_{L^{p(m)}(\Lambda^k,\Omega)}} > K;$$

(ii) 如果$\| u \|_{L^{p(m)}(\Lambda^{k-1},\Omega)} > \| du \|_{L^{p(m)}(\Lambda^k,\Omega)}$, 则有

$$\frac{(J(u),u)}{\| u \|_X} = \frac{\int_\Omega |du|^{p(m)}\,\mathrm{d}\mu + \int_\Omega |u|^{p(m)}\,\mathrm{d}\mu}{\| du \|_{L^{p(m)}(\Lambda^k,\Omega)} + \| u \|_{L^{p(m)}(\Lambda^{k-1},\Omega)}} \geqslant \frac{\int_\Omega |u|^{p(m)}\,\mathrm{d}\mu}{2\| u \|_{L^{p(m)}(\Lambda^{k-1},\Omega)}} > K.$$

于是, 当$\| u \|_X \to \infty$时, 可得

$$\frac{(J(u),u)}{\| u \|_X} \to \infty,$$

即映射J是强制的. 证毕.

引理 8.4.15 映射$J: X \to X^*$是同胚.

证明 根据引理 8.4.12 和引理 8.4.14 以及 Minty-Browder 定理[192], J 显然是双射. 因此J存在逆映射$J^{-1}: X^* \to X$, 并且J^{-1}的连续性可以保证映射J是同胚, 从而只需要验证映射J^{-1}的连续性.

设$\{v_t\} \subset X^*, v \in X^*$并且满足$v_t \to v$在$X^*$中, 令$u_t = J^{-1}(v_t), u = J^{-1}(v)$, 则有$J(u_t) = v_t$, $J(u) = v$. 再结合映射J的强制性可知, 序列$\{u_t\}$在X中有界. 不失一般性, 假设$u_t \to \bar{u}$在X中, 又因为$v_t \to v$在X^*中, 可得

$$\lim_{t\to\infty}(J(u_t)-J(\overline{u}),u_t-\overline{u})=\lim_{t\to\infty}(J(u_t),u_t-\overline{u})=\lim_{t\to\infty}(J(u_t)-J(u),u_t-\overline{u})=0.$$

结合 J 是 (S_+) 型映射的结论, 可得 $u_t\to\overline{u}$ 在 X 中. 由引理 8.4.12 可得, $u_t\to u$ 在 X 中, 即映射 J^{-1} 是连续的. 证毕.

根据上面的讨论, 可以得到下面的存在唯一性定理.

定理 8.4.8　如果 $f(m)\in[W_0^{1,p(m)}(\Lambda^{k-1}\Omega)]^*$, 则 Dirichlet 问题(8.65)存在唯一的弱解.

作为特例, 如果 $k=1$, 即 u 是 Ω 上的函数, 设 ∇ 为 Riemann 流形 M 上的梯度算子, 则有下面的推论.

推论 8.4.1　如果 $f(m)\in[W_0^{1,p(m)}(\Omega)]^*$, 则 Dirichlet 问题

$$\begin{cases}-\operatorname{div}(\nabla u\,|\,\nabla u\,|^{p(m)-2})+u\,|\,u\,|^{p(m)-2}=f(m), & m\in\Omega,\\ u(m)=0, & m\in\partial\Omega\end{cases}$$

存在唯一的弱解.

第 9 章　变指数 Clifford 值函数空间及其应用

众所周知, 复变函数论对于解决平面上的椭圆边值问题是一个强有力的工具. 将复变函数推广到高维空间, 首先必须推广复数的代数和几何性质. 因此, Hamilton 于 1843 年引入了四元数. Clifford 于 1878 年做了进一步的推广, 引入了几何代数, 即 Clifford 代数[193]. 1928 年, 物理学家 Dirac 为了对 Klein-Gordon 方程进行线性化, 于 1928 年引入 γ 矩阵, 而这个 γ 矩阵实际上可由 Clifford 代数 $R_{1,3}$ 生成[194]. 1930—1940 年, Fueter, Moisil, Theodresco 在考察 n 维欧氏空间中 Laplacian 方程的线性化时, 发表了一系列关于 Clifford 分析方面的基础性文章, 所谓 Clifford 分析是指取值在 Clifford 代数上的函数论, 具体介绍见文献[195]. 自从 20 世纪 70 年代以来, Clifford 分析有了长足的发展, 关于这方面的开山之作可参考文献[196]. 到目前为止, 按照 Delanghe 的观点, Clifford 分析的研究范围大致可分为三类: 几何中的 Clifford 代数(几何代数)、分析中的 Clifford 代数(Clifford 分析)、调和分析中的 Clifford 代数, 有关这方面的介绍可见文献[195].

Clifford 分析通常在经典 Sobolev 空间中研究 Dirac 算子方程或广义 Cauchy-Riemann 系统的解, 其中的解是定义在欧氏空间中取值在 Clifford 代数上的函数. 自从 20 世纪 70 年代以来, Clifford 分析作为数学的一个活跃分支, 吸引了许多国内外研究者的目光. 目前 Clifford 分析的研究方向大致有: 四元数分析及其在偏微分方程中的应用、Clifford 分析中的边值问题、Clifford 分析中的 Fourier 变换以及奇异积分理论、泛 Clifford 分析、超复分析的研究等. 在国内, 闻国椿、黄沙、乔玉英、杜金元等较早开始研究 Clifford 分析, 并取得了一系列较好的研究成果, 具体内容可参见文献[197, 198].

9.1　变指数 Clifford 值函数空间理论

本节简单介绍 Clifford 代数的相关知识, 建立加权的变指数 Clifford 值函数空间理论, 研究 Clifford 值变指数函数空间中的有关算子理论, 并给出变指数 Clifford 值 Lebesgue 空间的一个 Hodge 型分解.

下面简要介绍 Clifford 代数的一些相关基础知识. 关于 Clifford 代数的进一步理论及其应用可参考文献[197, 199-214].

记 $C\ell_n$ 为 $\mathbb{R}^n$ 上实 Clifford 泛代数, 定义如下:

$$C\ell_n = \mathrm{span}\{e_0, e_1, e_2, \cdots, e_n, e_1e_2, \cdots, e_{n-1}e_n, \cdots, e_1e_2\cdots e_n\},$$

其中 $e_0 = 1$ ($\mathbb{R}^n$ 中单位元), $\{e_1, e_2, \cdots, e_n\}$ 是 $\mathbb{R}^n$ 中的正交规范基且满足 $e_ie_j + e_je_i = -2\delta_{ij}$. 由定义可得如下空间包含:

$$\mathbb{R} \subset \mathbb{C} \subset \mathbb{H} \subset C\ell_3 \subset \cdots,$$

其中 $\mathbb{H}$ 为四元数. 由此可知 $C\ell_n$ 是一个 2^n 维的向量空间. 对 $I = \{i_1, \cdots, i_r\} \subset \{1, 2, \cdots, n\}, 1 \leqslant i_1 < i_2 < \cdots \leqslant i_n \leqslant n$, 记 $e_1 = e_{i_1}e_{i_2}\cdots e_{i_r}$. 若 $I = \varnothing$, 记 $e_\varnothing = e_0$. 给定 $0 \leqslant r \leqslant n$, 定义

$$C\ell_n = \mathrm{span}\{e_I : |I| := \mathrm{card}(I) = r\}.$$

习惯上记 $\mathbb{R} \cong C\ell_n^0$, $\mathbb{R}^n \cong C\ell_n^1$. 这意味着, 对于任意的 $x \in \mathbb{R}^n$, 可以有如下的表示:

$$x = \sum_{i=1}^n x_ie_i.$$

显然, Clifford 代数可以表示成分次代数 $C\ell_n = \underset{r}{\oplus} C\ell_n^r$. 对于 $a \in C\ell_n$, 则 a 可以唯一地表示为

$$a = [a]_0 + [a]_1 + \cdots + [a]_n,$$

其中 $[\ ]_r : C\ell_n \to C\ell_n^r$ 定义为 $C\ell_n$ 到 $C\ell_n^r$ 上的投影. 对于 $u \in C\ell_n$, $[u]_0$ 表示 u 的数量部分, 即 e_0 的系数. 定义 Clifford 共轭如下:

$$\overline{(e_{i_1}e_{i_2}\cdots e_{i_r})} = (-1)^{\frac{r(r+1)}{2}} e_{i_1}e_{i_2}\cdots e_{i_r}.$$

对于 $A \in C\ell_n, B \in C\ell_n^r$, 则有

$$\overline{AB} = \overline{B}\,\overline{A}, \quad \overline{\overline{A}} = A.$$

定义 $C\ell_n$ 上内积为 $(A, B) = \left[\overline{A}B\right]_0$, 从而诱导出 $C\ell_n$ 上范数为

$$|A|^2 = \left[\overline{A}A\right]_0.$$

在文献[204]中指出范数具有次乘积:

$$|AB| \leqslant C_n |A||B|,$$

其中 $C_n \in [1, 2^n]$ 是一个与 n 有关的常数.

Clifford 值函数 $u : \Omega \to C\ell_n$ 可以表示为 $u = \sum_I u_Ie_I$, 其中 $u_I : \Omega \to \mathbb{R}$ 是实值函数.

欧氏空间 $\mathbb{R}^n$ 上的 Dirac 算子定义如下:

$$D = \sum_{j=1}^n e_j \frac{\partial}{\partial x_j} = \sum_{j=1}^n e_j\partial_j.$$

若u是$\mathbb{R}^n$上实连续可微函数时，则有$Du=\nabla u=\left(\frac{\partial u}{\partial x_1},\frac{\partial u}{\partial x_2},\cdots,\frac{\partial u}{\partial x_n}\right)$. 另外，还有$D\bar{D}=\bar{D}D=\Delta$，其中$\Delta$是作用在系数为 Clifford 值实函数的 Laplacian 算子.

称u是左单演函数，是指$Du(x)=0$. 右单演函数可类似定义. 单演函数具有非常好的性质，例如，有 Cauchy 公式、最大模原理成立等. 左单演函数的一个重要例子是下列广义 Cauchy 核函数:

$$G(x)=-\frac{1}{\omega_n}\frac{x}{|x|^n},$$

其中ω_n表示$\mathbb{R}^n$中单位球面积. 该函数正是 Dirac 算子方程的基本解. 关于单演函数基本性质的进一步介绍可参考文献[202, 204, 215].

设Ω为$\mathbb{R}^n$中的区域且$p(x)\in P(\Omega)$满足$1<p_-\leqslant p(x)\leqslant p_+<\infty$. 首先给出加权的变指数 Clifford 值函数空间的定义，然后再讨论它们的一些性质.

定义 9.1.1 加权变指数 Clifford 值 Lebesgue 空间$L^{p(x)}(\Omega,C\ell_n,\omega)$定义如下:

$$L^{p(x)}(\Omega,C\ell_n,\omega)=\left\{u\in C\ell_n: u=\sum_I u_Ie_I, u_I\in L^{p(x)}(\Omega,\omega)\right\},$$

空间$L^{p(x)}(\Omega,C\ell_n,\omega)$上的范数为

$$\|u\|_{L^{p(x)}(\Omega,C\ell_n,\omega)}=\left\|\sum_I u_Ie_I\right\|_{L^{p(x)}(\Omega,C\ell_n,\omega)}=\sum_I\|u_I\|_{L^{p(x)}(\Omega,\omega)}.$$

定义 9.1.2 加权变指数 Clifford 值 Sobolev 空间$W^{D,p(x)}(\Omega,C\ell_n,\omega)$定义如下:

$$W^{D,p(x)}(\Omega,C\ell_n,\omega)=\left\{u\in L^{p(x)}(\Omega,C\ell_n,\omega): Du\in L^{p(x)}(\Omega,C\ell_n,\omega)\right\},$$

空间$W^{D,p(x)}(\Omega,C\ell_n,\omega)$上的范数为

$$\|u\|_{W^{D,p(x)}(\Omega,C\ell_n,\omega)}=\|u\|_{L^{p(x)}(\Omega,C\ell_n,\omega)}+\|Du\|_{L^{p(x)}(\Omega,C\ell_n,\omega)}.$$

定义 9.1.3 加权变指数 Clifford 值 Sobolev 空间$W^{1,p(x)}(\Omega,C\ell_n,\omega)$定义如下:

$$W^{1,p(x)}(\Omega,C\ell_n,\omega)=\left\{u\in L^{p(x)}(\Omega,C\ell_n):\partial u\in (L^{p(x)}(\Omega,C\ell_n,\omega))^n\right\},$$

空间$W^{1,p(x)}(\Omega,C\ell_n,\omega)$上的范数为

$$\|u\|_{W^{1,p(x)}(\Omega,C\ell_n,\omega)}=\|u\|_{L^{p(x)}(\Omega,C\ell_n,\omega)}+\|\partial u\|_{(L^{p(x)}(\Omega,C\ell_n,\omega))^n}.$$

注 按照上述方式，可以依次定义几个常见的函数空间，例如，$C_0^\infty(\Omega,C\ell_n,\omega)$，$C^k(\Omega,C\ell_n,\omega)(k\in\mathbb{N})$等. 记$W_0^{D,p(x)}(\Omega,C\ell_n,\omega)$为$C_0^\infty(\Omega,C\ell_n)$关于范数在空间$W^{D,p(x)}(\Omega,C\ell_n,\omega)$中的闭包. 记$W_0^{1,p(x)}(\Omega,C\ell_n,\omega)$为$C_0^\infty(\Omega,C\ell_n)$关于范数在空间$W^{1,p(x)}(\Omega,C\ell_n,\omega)$中的闭包.

为了简单起见，在下面的讨论中，记$\|\partial u\|_{L^{p(x)}(\Omega,C\ell_n,\omega)}$为$\|\partial u\|_{(L^{p(x)}(\Omega,C\ell_n,\omega))^n}$.

引理 9.1.1　设(1.9)成立，若$u\in L^{p(x)}(\Omega,C\ell_n,\omega)$，则有下列不等式成立:

$$2^{-\frac{n(1+p_+)}{p_-}}\||u|\|_{L^{p(x)}(\Omega,\omega)}\leqslant\|u\|_{L^{p(x)}(\Omega,C\ell_n,\omega)}\leqslant 2^n\||u|\|_{L^{p(x)}(\Omega,\omega)},$$

即范数$\|u\|_{L^{p(x)}(\Omega,C\ell_n,\omega)}$和范数$\|u\|_{L^{p(x)}(\Omega,\omega)}$等价.

证明　设$u=\sum_I u_I e_I\in L^{p(x)}(\Omega,C\ell_n,\omega)$，则$\{u_I\}\subset L^{p(x)}(\Omega,\omega)$记

$$\|u\|_{L^{p(x)}(\Omega,C\ell_n,\omega)}=\sum_I\|u_I\|_{L^{p(x)}(\Omega,\omega)}=\sum_I t_1,\quad \||u|\|_{L^{p(x)}(\Omega,\omega)}=t.$$

下面要证明$\sum_I t_I$和t等价. 由于

$$\int_\Omega\frac{|u_I|^{p(x)}}{t^{p(x)}}\mathrm{d}\mu\leqslant\int_\Omega\frac{|u|^{p(x)}}{t^{p(x)}}\mathrm{d}\mu\leqslant 1,$$

所以有$t_I\leqslant t$，从而有$\sum_I t_I\leqslant 2^n t$. 另一方面，由于

$$\int_\Omega\left(\frac{|u|}{\sum_I t_I}\right)^{p(x)}\mathrm{d}\mu=\int_\Omega\left(\frac{\left(\sum_I|u_I|^2\right)^{\frac{1}{2}}}{t^{p(x)}}\right)^{p(x)}\mathrm{d}\mu\leqslant\int_\Omega\left(\frac{\sum_I|u_I|}{\sum_I t_I}\right)^{p(x)}\mathrm{d}\mu$$

且有

$$\int_\Omega\left(\sum_I\frac{|u_I|}{t_I}\right)^{p(x)}\mathrm{d}\mu\leqslant\int_\Omega 2^{np_+}\sum_I\left(\frac{|u_I|}{t_I}\right)^{p(x)}\mathrm{d}\mu\leqslant 2^{n(1+p_+)},$$

所以有

$$\int_\Omega\left(|u|2^{-\frac{n(1+p_+)}{p_-}}\right)^{p(x)}\mathrm{d}\mu\leqslant 1,$$

从而有

$$\sum_I t_I\geqslant 2^{-\frac{n(1+p_+)}{p_-}t}.$$

证毕.

定理 9.1.1　设(1.9)成立，对任意的$u\in L^{p(x)}(\Omega,C\ell_n,\omega)$及$v\in L^{p'(x)}(\Omega,C\ell_n,\omega)$，有

$$\int_\Omega|uv|\mathrm{d}\mu\leqslant C\|u\|_{L^{p(x)}(\Omega,C\ell_n,\omega)}\|v\|_{L^{p'(x)}(\Omega,C\ell_n,\omega)},$$

其中C是一个依赖n和p的正常数.

证明　若$\|u\|_{L^{p(x)}(\Omega,C\ell_n,\omega)}$，$\|v\|_{L^{p'(x)}(\Omega,C\ell_n,\omega)}\neq 0$. 由 Young 不等式可得

$$
\begin{aligned}
&\omega(x)\frac{|uv|}{\|u\|_{L^{p(x)}(\Omega,\omega)}\|v\|_{L^{p'(x)}(\Omega,\omega)}}\\
&\leqslant C_n\omega(x)\frac{|u||v|}{\|u\|_{L^{p(x)}(\Omega,\omega)}\|v\|_{L^{p'(x)}(\Omega,\omega)}}\\
&=C_n\left(\omega(x)^{\frac{1}{p(x)}}\frac{|u|}{\|u\|_{L^{p(x)}(\Omega,\omega)}}\right)\left(\omega(x)^{\frac{1}{p'(x)}}\frac{|v|}{\|v\|_{L^{p'(x)}(\Omega,\omega)}}\right)\\
&\leqslant C_n\frac{\omega(x)}{p(x)}\left(\frac{|u|}{\|u\|_{L^{p(x)}(\Omega,\omega)}}\right)^{p(x)}+C_n\frac{\omega(x)}{p'(x)}\left(\frac{|v|}{\|v\|_{L^{p'(x)}(\Omega,\omega)}}\right)^{p'(x)},
\end{aligned}
$$

进而有

$$\int_\Omega\frac{|uv|}{\|u\|_{L^{p(x)}(\Omega,\omega)}\|v\|_{L^{p'(x)}(\Omega,\omega)}}\mathrm{d}\mu\leqslant C_n\left(1+\frac{1}{p_-}-\frac{1}{p_+}\right),$$

所以有

$$\int_\Omega|uv|\mathrm{d}\mu\leqslant C_n\left(1+\frac{1}{p_-}-\frac{1}{p_+}\right)\|u\|_{L^{p(x)}(\Omega,\omega)}\|v\|_{L^{p'(x)}(\Omega,\omega)},$$

从而由引理 9.1.1 可知结论成立. 证毕.

定理 9.1.2　空间$L^{p(x)}(\Omega,C\ell_n,\omega)$是完备的.

证明　设$\left\{u_k:u_k=\sum_I u_{kI}e_I\right\}$是$L^{p(x)}(\Omega,C\ell_n,\omega)$中的Cauchy列, 则$\{u_{kI}(x)\}$是空间$L^{p(x)}(\Omega,\omega)$中的Cauchy列. 根据定理6.2.2可知, $\{u_{kI}(x)\}$在$L^{p(x)}(\Omega,\omega)$中收敛到u_I. 现在令$u(x)=\sum_I u_Ie_I\in L^{p(x)}(\Omega,C\ell_n,\omega)$，故有$u_k(x)\to u(x)$于$L^{p(x)}(\Omega,C\ell_n,\omega)$中. 证毕.

定理 9.1.3　空间$L^{p(x)}(\Omega,C\ell_n,\omega)$是自反的.

证明　以下验证$L^{p(x)}(\Omega,C\ell_n,\omega)$的对偶空间是$L^{p'(x)}(\Omega,C\ell_n,\omega)$.

(i) 任取$v=\sum_I v_Ie_I\in L^{p'(x)}(\Omega,C\ell_n,\omega)$，定义空间$L^{p(x)}(\Omega,C\ell_n,\omega)$上的线性泛函:

$$L_v(u)=\int_\Omega[\overline{u}v]_0\mathrm{d}\mu=\int_\Omega\sum_I u_Iv_I\mathrm{d}\mu.$$

根据定理 9.1.2 可知, 对任意$u=\sum_I u_Ie_I\in L^{p(x)}(\Omega,C\ell_n,\omega)$，有

$$|L_v(u)|=\left|\int_\Omega[\overline{u}v]_0\mathrm{d}\mu\right|\leqslant\int_\Omega|\overline{u}v|\mathrm{d}\mu\leqslant C_n\|u\|_{L^{p(x)}(\Omega,C\ell_n,\omega)}\|v\|_{L^{p'(x)}(\Omega,C\ell_n,\omega)}.$$

显然, $L_v(u)$ 为 $L^{p(x)}(\Omega,C\ell_n,\omega)$ 上的连续线性泛函.

(ii) 任取 $L\in(L^{p(x)}(\Omega,C\ell_n,\omega))^*$, 对任意给定 I 以及 $w\in L^{p(x)}(\Omega,\omega)$, 定义泛函 L_I 如下:

$$L_I: L^{p(x)}(\Omega,\omega)\to R,\quad L_I(w)=L(we_I),$$

则 L_I 是 $L^{p(x)}(\Omega,\omega)$ 上的连续线性泛函. 事实上, 对 $\alpha,\beta\in R, w_1,w_2\in L^{p(x)}(\Omega,\omega)$, 有

$$L_I(\alpha w_1+\beta w_2)=L((\alpha w_1+\beta w_2)e_I)=\alpha L(w_1e_I)+\beta L(w_2e_I),$$

$$|L_I(w)|=|L(we_I)|\leqslant\|L\|\|we_I\|_{L^{p(x)}(\Omega,Cl_n)}=\|L\|\cdot\|w\|_{L^{p(x)}(\Omega,\omega)}.$$

设 $u_k=\sum\limits_I u_{kI}e_I\in L^{p(x)}(\Omega,C\ell_n,\omega)$, 那么根据定理 6.2.2, 存在 $v_I\in L^{p'(x)}(\Omega,\omega)$), 使得 L_I 可以唯一地表示为

$$L_I(u_I)=\int_\Omega u_Iv_I\mathrm{d}\mu.$$

令 $v=\sum\limits_I v_Ie_I$, 则 $v\in L^{p'(x)}(\Omega,C\ell_n,\omega)$, 且

$$L(u)=\sum_I L(u_Ie_I)=\sum_I L_I(u_I)=\int_\Omega\sum_I u_Iv_I\mathrm{d}\mu=\int_\Omega[\bar{u}v]_0\,\mathrm{d}\mu.$$

(iii) 以下验证 $\|v\|_{L^{p'(x)}(\Omega,C\ell_n,\omega)}\leqslant C\|L_v\|$. 若 $\|v_I\|_{L^{p'(x)}(\Omega,C\ell_n,\omega)}\neq 0$, 取

$$u=\sum_I\left(\left(\frac{|v_I|}{\|v_I\|_{L^{p'(x)}(\Omega,\omega)}}\right)^{\frac{1}{p(x)-1}}\operatorname{sgn}v_I\right)e_I,$$

则有

$$\|u\|_{L^{p(x)}(\Omega,C\ell_n,\omega)}=\sum_I\inf\left\{t>0:\int_\Omega\left(\frac{|v|}{t^{p(x)-1}\|v_I\|_{L^{p'(x)}(\Omega,\omega)}}\right)^{p'(x)}\mathrm{d}\mu\leqslant 1\right\}=2^n$$

且有

$$\begin{aligned}L_v(u)&=\sum_I\int_\Omega\left(\frac{|v_I|}{\|v_I\|_{L^{p'(x)}(\Omega,\omega)}}\right)^{\frac{p(x)}{p(x)-1}}\|v_I\|_{L^{p'(x)}(\Omega,\omega)}\mathrm{d}\mu\\&\geqslant 2^{\frac{p_-}{1-p_-}}\sum_I\|v_I\|_{L^{p'(x)}(\Omega,\omega)}\int_\Omega\left(\frac{|v_I|}{2^{-1}\|v_I\|_{L^{p'(x)}(\Omega,\omega)}}\right)^{p'(x)}\mathrm{d}\mu\\&>2^{\frac{p_-}{1-p_-}}\sum_I\|v_I\|_{L^{p'(x)}(\Omega,\omega)}=2^{\frac{p_-}{1-p_-}}\|v\|_{L^{p'(x)}(\Omega,C\ell_n,\omega)},\end{aligned}$$

从而有

$$\|v\|_{L^{p'(x)}(\Omega,C\ell_n,\omega)} \leqslant 2^{\frac{p_-}{p_--1}+n}\|L_v\|,$$

进而可知

$$(L^{p(x)}(\Omega,C\ell_n,\omega))^* = L^{p'(x)}(\Omega,C\ell_n,\omega).$$

由此可知$L^{p(x)}(\Omega,C\ell_n,\omega)$是自反的. 证毕.

定理 9.1.4　空间$C_0^\infty(\Omega,C\ell_n)$在$L^{p(x)}(\Omega,C\ell_n)$中稠密.

证明　设$u=\sum_I u_I e_I \in L^{p(x)}(\Omega,C\ell_n)$，则对任意指标$I$，有$u_I\in L^{p(x)}(\Omega)$. 由于$C_0^\infty(\Omega)$在$L^{p(x)}(\Omega)$中稠密，故可以找到序列$\{u_{Ik}\}_{k=1}^\infty \subset C_0^\infty(\Omega)$使得$\{u_{Ik}\}_{k=1}^\infty$在$L^{p(x)}(\Omega)$中收敛到$u_I$. 令$u_k=\sum_I u_{Ik}e_I$，由于

$$\int_\Omega |u-u_k|^{p(x)}\mathrm{d}x \leqslant \int_\Omega \left(\sum_I |u_I-u_{Ik}|\right)^{p(x)}\mathrm{d}x \leqslant 2^{np+}\sum_I\int_\Omega |u_I-u_{Ik}|^{p(x)}\mathrm{d}x,$$

故$\{u_k\}\subset C_0^\infty(\Omega,C\ell_n)$在$L^{p(x)}(\Omega,C\ell_n)$中收敛到$u$. 证毕.

定理 9.1.5　空间$L^{p(x)}(\Omega,C\ell_n)$是可分自反的Banach空间.

证明　由定理9.1.2和定理9.1.3可知，$L^{p(x)}(\Omega,C\ell_n)$是自反的Banach空间. 接下去，我们证明$L^{p(x)}(\Omega,C\ell_n)$是可分的.

设$u=\sum_I u_I e_I\in L^{p(x)}(\Omega,C\ell_n)$. 由于$L^{p(x)}(\Omega)$是可分的，故存在可数稠密子集$\mathcal{F}$使得$\{u_{kI}:u_{kI}\in\mathcal{F}\}$在$L^{p(x)}(\Omega)$中收敛到$u_I$. 类似于定理9.1.4的证明，可知$\left\{u_{kI}:u_k=\sum_I u_{kI}e_I\in\mathcal{F}\right\}$在$L^{p(x)}(\Omega,C\ell_n)$中收敛到$u$. 证毕.

定理 9.1.6　空间$W^{D,p(x)}(\Omega,C\ell_n,\omega)$为自反的Banach空间.

证明　结合定理9.1.2和定理9.1.3可知，只需验证空间$W^{D,p(x)}(\Omega,C\ell_n,\omega)$为积空间$\prod_{m=1}^n L^{p(x)}(\Omega,C\ell_n,\omega)$的闭子空间. 取$\left\{u_k:u_k=\sum_I u_{kI}e_I\right\}$为$W^{D,p(x)}(\Omega,C\ell_n,\omega)$中的强收敛序列，则$\{u_{kI}\}$在$L^{p(x)}(\Omega,C\ell_n,\omega)$中收敛，从而根据定理6.2.2可知，存在$u_I\in L^{p(x)}(\Omega,C\ell_n,\omega)$，使得$u_{kI}\to u_I$于$L^{p(x)}(\Omega,C\ell_n,\omega)$中. 进而可知，$u_k\to u$于$L^{p(x)}(\Omega,C\ell_n,\omega)$中. 类似定理6.2.4的证明，存在$u_0\in L^{p(x)}(\Omega,C\ell_n,\omega)$，使得$Du_k\to u_0$于$L^{p(x)}(\Omega,C\ell_n,\omega)$中. 任取$\varphi\in C_0^\infty(\Omega,C\ell_n)\subset L^\infty(\Omega,C\ell_n)$，可知

$$\int_\Omega \left[\overline{Du_n}\varphi\right]_0 \mathrm{d}\mu = \int_\Omega \left[\overline{u_n}D\varphi\right]_0 \mathrm{d}\mu,$$

则有

$$\int_{\Omega}\left[\overline{u_0}\varphi\right]_0 \mathrm{d}\mu=\int_{\Omega}\left[\bar{u}D\varphi\right]_0 \mathrm{d}\mu,$$

故有 $Du=u_0$. 从而可知 $W^{D,p(x)}(\Omega,C\ell_n,\omega)$ 为 $\prod_{m=1}^{n}L^{p(x)}(\Omega,C\ell_n,\omega)$ 的闭子空间. 证毕.

类似定理 9.1.6 的证明, 有

定理 9.1.7　$W^{1,p(x)}(\Omega,C\ell_n)$ 是可分自反的 Banach 空间.

定理 9.1.8　若 Ω 为有界区域, 则嵌入 $W_0^{1,p(x)}(\Omega,C\ell_n)\to L^{p(x)}(\Omega,C\ell_n)$ 是紧的.

证明　(i) 嵌入是连续的. 只需证明 $W_0^{1,p(x)}(\Omega,C\ell_n)\subset L^{p(x)}(\Omega,C\ell_n)$. 设 $u=\sum_I u_I e_I\in W_0^{1,p(x)}(\Omega,C\ell_n)$. 由于嵌入 $W_0^{1,p(x)}(\Omega)\to L^{p(x)}(\Omega)$ 是紧的, 故存在常数 $C>0$ 使得 $\|u_I\|_{L^{p(x)}(\Omega)}\leqslant C\|\partial u_I\|_{L^{p(x)}(\Omega)}$. 从而有 $\|u_I\|_{L^{p(x)}(\Omega,\ell_n)}\leqslant C\|\partial u\|_{L^{p(x)}(\Omega,C\ell_n)}$.

(ii) 嵌入是紧的. 若 $\left\{u_k:u_k=\sum_I u_{kI}e_I\right\}$ 在 $W_0^{1,p(x)}(\Omega,C\ell_n)$ 中有界, 则存在 $\{u_{kI}\}$ 的子列, 仍记作 $\{u_{kI}\}$, 使得 $u_{kI}\to u_I$ 于 $L^{p(x)}(\Omega)$ 中. 令 $u=\sum_I u_I e_I$, 则 $u(x)\in L^{p(x)}(\Omega,C\ell_n)$ 且 $u_k\to u$ 于 $L^{p(x)}(\Omega,C\ell_n)$ 中. 证毕.

定理 9.1.9　若 Ω 为有界区域, 任取 $u\in W_0^{1,p(x)}(\Omega,C\ell_n)$, 则有

$$\|u\|_{L^{p(x)}(\Omega,C\ell_n)}\leqslant C(n,\Omega)\|\partial u\|_{L^{p(x)}(\Omega,C\ell_n)}.$$

证明　若 $u=\sum_I u_I e_I\in W_0^{1,p(x)}(\Omega,C\ell_n)$, 由定理 1.2.10 可知, 存在常数 $C(\Omega)>0$, 使得 $\|u_I\|_{L^{p(x)}(\Omega)}\leqslant C(\Omega)\|\partial u_I\|_{L^{p(x)}(\Omega)}$, 从而有

$$\|u\|_{L^{p(x)}(\Omega,C\ell_n)}\leqslant 2^n C(\Omega)\ \|\partial u\|_{L^{p(x)}(\Omega,C\ell_n)}.$$

证毕.

下面将证明在空间 $W_0^{1,p(x)}(\Omega,C\ell_n)$ 中, $\|Du\|_{L^{p(x)}(\Omega,C\ell_n)}$ 和 $\|\partial u\|_{L^{p(x)}(\Omega,C\ell_n)}$ 是等价的. 为此, 首先讨论变指数 Clifford 值函数空间中的一些即将用到的算子理论, 有关 Clifford 分析的算子理论的详细讨论可见参考文献[215, 216].

在下面的讨论中, 如无特别说明, 总假定 Ω 为 $\mathbb{R}^n$ 中具有光滑边界 $\partial\Omega$ 的有界区域.

定义 9.1.4[215]　(i) 若 $u\in C(\Omega,C\ell_n)$. 定义 Teodorescu 算子如下:

$$Tu(x)=\int_{\Omega}G(x-y)u(y)\mathrm{d}y,$$

其中 $G(x)$ 为广义 Cauchy 核函数.

(ii) 若 $u\in C^1(\Omega,C\ell_n)\cap C(\overline{\Omega},C\ell_n)$. 定义边缘算子 F 如下:

$$Fu(x)=\int_{\partial\Omega}G(y-x)\alpha(y)u(y)\mathrm{d}y,$$

其中 $\alpha(y)$ 为 y 点处的单位外法向量.

定义 9.1.5[179] 若 $u\in L^1_{\mathrm{loc}}(\mathbb{R}^n)$，极大算子定义如下:

$$Mu(x)=\sup_{r>0}\frac{1}{\operatorname{meas}(B(x,r))}\int_{B(x,r)}|u(y)|\,\mathrm{d}y.$$

引理 9.1.2[179] 若 $\Omega\subset\mathbb{R}^n$ 是有界区域，$x\in\Omega$ 且 $u\in L^1_{\mathrm{loc}}(\mathbb{R}^n)$，则

$$\int_\Omega\frac{1}{|x-y|^{n-1}}|u(y)|\mathrm{d}y\leqslant C(n)(\operatorname{diam}\Omega)Mu(x).$$

引理 9.1.3[179] 若 $p\in\mathcal{P}^{\log}(\Omega)$，则 Hardy-Littlewood 极大算子 M 在 $L^{p(x)}(\mathbb{R}^n)$ 上有界.

引理 9.1.4[216] 若 $u\in C^1(\Omega,C\ell_n)$，则

$$\partial_k Tu(x)=\frac{1}{\omega_n}\int_\Omega\frac{\partial}{\partial x_k}G(x-y)u(y)\mathrm{d}y+\frac{u(x)}{n}\overline{e}_k.$$

引理 9.1.5[216] 算子 $T:L^p(\Omega,C\ell_n)\to W^{1,p}(\Omega,C\ell_n)(1<p<\infty)$ 是连续的.

引理 9.1.6[179] 若 Φ 为具有 $\mathbb{R}^n\times\mathbb{R}^n$ 上 Calderón-Zygmund 核函数 $K(x,y)$ 的 Calderón-Zygmund 算子, 则 Φ 在 $L^{p(x)}(\mathbb{R}^n)$ 上有界.

定理 9.1.10 若 $p\in\mathcal{P}^{\log}(\Omega)$，则算子 $\partial_k T:L^{p(x)}(\Omega,C\ell_n)\to L^{p(x)}(\Omega,C\ell_n)$ 是连续的.

证明 由引理 9.1.4 可知，当 $u\in C_0^\infty(\Omega,C\ell_n)$ 时，我们有

$$\partial_k Tu(x)=\frac{1}{\omega_n}\int_\Omega\frac{\partial}{\partial x_k}G(x-y)u(y)\mathrm{d}y+\frac{u(x)}{n}\overline{e}_k.$$

令 $K(x,y)=\dfrac{1}{\omega_n}\dfrac{\partial}{\partial x_k}G(x-y)$. 由于

$$\frac{\partial}{\partial x_k}G(x-y)=\frac{1}{|x-y|^n}\left(\sum_{j=1}^n\frac{(x_j-y_j)^2}{|x-y|^2}\overline{e}_k-n\sum_{i=1}^n\frac{(x_k-y_k)(x_i-y_i)}{|x-y|^2}\overline{e}_i\right),$$

所以有

$$\left|\frac{\partial}{\partial x_k}G(x-y)\right|\leqslant\frac{n^2+1}{|x-y|^n}\quad(k=1,\cdots,n).$$

注意到

$$\int_{S_1}\left(\sum_{j=1}^n\frac{(x_j-y_j)^2}{|x-y|^2}\overline{e}_k-n\sum_{i=1}^n\frac{(x_k-y_k)(x_i-y_i)}{|x-y|^2}\overline{e}_i\right)\mathrm{d}S=0,$$

容易验证, $K(x,y)$ 满足如下性质:

(a) $|K(x,y)| \leqslant C|x-y|^{-n}$;

(b) $K(t(x,y)) = t^{-n}K(x,y), t>0$;

(c) $\int_{S_1} K(x,y)\mathrm{d}S = 0$, 其中 $S_1 = \{y\in\Omega : |x-y|=1\}$.

现在定义 $u(x)=0$, $x\in R^n\setminus\Omega$. 则 $K(x,y)$ 满足在 $\mathbb{R}^n\times\mathbb{R}^n$ 上 Calderón-Zygmund 核函数的条件. 由定理 9.1.4、引理 9.1.5 和引理 9.1.6, 有

$$\left\|\frac{1}{\omega_n}\int_\Omega \partial_{k,x}G(x-y)u(y)\mathrm{d}y\right\|_{L^{p(x)}(\Omega,C\ell_n)} \leqslant C(n,p,\Omega)\|u\|_{L^{p(x)}(\Omega,C\ell_n)},$$

另外, 还有

$$\left\|\frac{u(x)}{n}\overline{e}_k\right\|_{L^{p(x)}(\Omega,C\ell_n)} \leqslant \frac{1}{n}\|u\|_{L^{p(x)}(\Omega,C\ell_n)}.$$

这样有

$$\|\partial_k Tu\|_{L^{p(x)}(\Omega,C\ell_n)} \leqslant C(n,p,\Omega)\|u\|_{L^{p(x)}(\Omega,C\ell_n)}.$$

证毕.

定理 9.1.11　若 $p\in\mathcal{P}^{\log}(\Omega)$, 则算子 $T: L^{p(x)}(\Omega,C\ell_n)\to W^{1,p(x)}(\Omega,C\ell_n)$ 是连续的.

证明　首先, 证明算子 $T: L^{p(x)}(\Omega,C\ell_n)\to L^{p(x)}(\Omega,C\ell_n)$ 是连续的.

定义 $u(x)=0, x\in\mathbb{R}^n\setminus\Omega$. 因为

$$|G(x-y)| = \frac{1}{\omega_n}\frac{1}{|x-y|^{n-1}},$$

所以

$$|Tu(x)| = \left|\int_\Omega G(x-y)u(y)\mathrm{d}y\right|$$
$$\leqslant C_n\int_\Omega |G(x-y)||u(y)|\mathrm{d}y = \frac{C_n}{\omega_n}\int_\Omega \frac{1}{|x-y|^{n-1}}|u(y)|\mathrm{d}y.$$

由引理 9.1.2 可知

$$|Tu(x)| \leqslant C(n,\Omega)M(|u|)(x), \quad x\in\Omega,$$

再由引理 9.1.3 可知

$$\|Tu\|_{L^{p(x)}(\Omega,C\ell_n)} \leqslant C(n,p,\Omega)\|u\|_{L^{p(x)}(\Omega,C\ell_n)}.$$

其次, 证明算子 $T: L^{p(x)}(\Omega,C\ell_n)\to W^{1,p(x)}(\Omega,C\ell_n)$ 是连续的.

根据之前的论述和引理 9.1.5, 有

$$\|Tu\|_{W^{1,p(x)}(\Omega,C\ell_n)} = \|Tu\|_{L^{p(x)}(\Omega,C\ell_n)} + \sum_{k=1}^{n}\|\partial_k Tu\|_{L^{p(x)}(\Omega,C\ell_n)}$$
$$\leqslant C(n,p,\Omega)\|u\|_{L^{p(x)}(\Omega,C\ell_n)}.$$

证毕.

引理 9.1.7　算子 $D: W^{1,p(x)}(\Omega,C\ell_n)\to L^{p(x)}(\Omega,C\ell_n)$ 是连续的.

证明　若 $u\in\sum_I u_I e_I \in W^{1,p(x)}(\Omega,C\ell_n)$，则

$$\partial u = \sum_I \partial u_I e_I = \sum_I (\partial_i u_I,\cdots,\partial_n u_I)e_I,\quad Du = \sum_I\sum_{i=1}^{n}\partial_i u_I e_i e_I.$$

由于

$$\|Du\|_{L^{p(x)}(\Omega,C\ell_n)} = \sum_I \left\| -\sum_{i\in I}\partial_i u_I e_{I\setminus\{i\}} + \sum_{i\in\{1,\cdots,n\}\setminus I}\partial_i u_I e_{I\cup\{i\}}\right\|_{L^{p(x)}(\Omega,C\ell_n)}$$
$$\leqslant \sum_I\sum_{i=1}^{n}\|\partial_i u_I\|_{L^{p(x)}(\Omega,C\ell_n)} = \|\partial u\|_{L^{p(x)}(\Omega,C\ell_n)},$$

所以由定义可知结论成立. 证毕.

引理 9.1.8　下列命题成立[215, 216]:

(i) 若 $u\in W^{1,p}(\Omega,C\ell_n)(1<p<\infty)$，则有 Borel-Pompeiu 公式成立:

$$Fu(x)+TDu(x)=u(x),\quad x\in\Omega;$$

(ii) 若 $u\in L^p(\Omega,C\ell_n)$，则有

$$DTu(x)=u(x),\quad x\in\Omega.$$

注　若 $p\in\mathcal{P}(\Omega)$，则由 $W^{1,p(x)}(\Omega,C\ell_n)\to W^{1,p_-}(\Omega,C\ell_n)$ 可知，Borel-Pompeiu 公式对 $u\in W^{1,p(x)}(\Omega,C\ell_n)$ 依然成立. 类似地，由 $L^{p(x)}(\Omega,C\ell_n)\to L^{p_-}(\Omega,C\ell_n)$ 可知，对于 $u\in L^{p(x)}(\Omega,C\ell_n)$，依然有 $DTu(x)=u(x), x\in\Omega$.

现在定义空间 $W_0^{1,p(x)}(\Omega,C\ell_n)$ 上另一个范数如下:

$$\|\|u\|\|_{W_0^{1,p(x)}(\Omega,C\ell_n)} = \|u\|_{L^{p(x)}(\Omega,C\ell_n)} + \|Du\|_{L^{p(x)}(\Omega,C\ell_n)}.$$

注　若 $p\in\mathcal{P}^{\log}(\Omega)$ 且 $u\in W_0^{1,p(x)}(\Omega,C\ell_n)$，由引理 9.1.7、引理 9.1.8 及定理 9.1.10 可知

$$\|\partial u\|_{L^{p(x)}(\Omega,C\ell_n)} = \|\partial TDu\|_{L^{p(x)}(\Omega,C\ell_n)} \leqslant C(n,p,\Omega)\|Du\|_{L^{p(x)}(\Omega,C\ell_n)}$$
$$\leqslant C(n,p,\Omega)\|\partial u\|_{L^{p(x)}(\Omega,C\ell_n)},$$

由此可知，$\|\|u\|\|_{W_0^{1,p(x)}(\Omega,C\ell_n)}$ 和 $\|u\|_{W_0^{1,p(x)}}(\Omega,C\ell_n)$ 等价. 再由定理 2.19 及引理 2.1 可知，

$\|u\|_{W_0^{1,p(x)}(\Omega,C\ell_n)}$ 和 $\| Du \|_{L^{p(x)}(\Omega)}$ 为空间上等价范数. 进而可知, $\|u\|_{W_0^{1,p(x)}(\Omega,C\ell_n)}$ 和 $\| Du \|_{L^{p(x)}(\Omega)}$ 为空间 $W_0^{1,p(x)}(\Omega,C\ell_n)$ 上等价范数.

在文献[217]中, Diening, Lengeler 和 Ružička 研究如下 Poission 方程:

$$\begin{cases} -\Delta u = f, & x\in\Omega, \\ u=0, & x\in\partial\Omega. \end{cases} \tag{9.1}$$

他们证明了, 对任意的 $f\in W^{-1,p(x)}(\Omega)$, 问题(9.1)存在唯一弱解 $u\in W^{1,p(x)}(\Omega)$, 并且得到如下估计:

$$\|u\|_{W^{1,p(x)}(\Omega)} \leqslant C(n,p,\Omega)\|f\|_{W^{-1,p'(x)}(\Omega)}, \tag{9.2}$$

这里称 u 为问题(9.1)的弱解, 是指

$$\langle f,\varphi\rangle = \int_\Omega \nabla u\cdot\nabla\varphi \mathrm{d}x, \quad \forall \varphi\in W_0^{1,p(x)}(\Omega).$$

容易验证, 对任意的 $f\in W^{-1,p(x)}(\Omega,C\ell_n)$, 问题(9.1)仍存在唯一弱解 $u\in W^{1,p(x)}(\Omega,C\ell_n)$, 同样地, 也有类似(9.2)的估计. 在下面的讨论中, 记 Δ_0^{-1} 为解算子. 另一方面, 由逆算子定理可知, 算子 $\Delta: W^{1,p(x)}(\Omega,C\ell_n)\to W^{-1,p(x)}(\Omega,C\ell_n)$ 是连续的. 从而可以得到, 算子 $\tilde{D}=-\Delta T: L^{p(x)}(\Omega,C\ell_n)\to W^{-1,p(x)}(\Omega,C\ell_n)$ 是连续的, 这里 T 是 Teodorescu 算子. 由 $DD=-\Delta$ 及定理 9.1.11 可知, 算子 $\tilde{D}$ 是 Dirac 算子唯一地延拓到 $L^{p(x)}(\Omega,C\ell_n)$ 上的连续线性算子.

在下面的讨论中, 需要用到 Teodorescu 算子的进一步性质.

引理 9.1.9　设 $p\in\mathcal{P}^{\log}(\Omega)$, 则算子 $\tilde{T}: W^{-1,p(x)}(\Omega,C\ell_n)\to L^{p(x)}(\Omega,C\ell_n)$ 是算子 T 的唯一线性延拓, 其中 $W^{-1,p(x)}(\Omega,C\ell_n)$ 为空间 $W_0^{1,p(x)}(\Omega,C\ell_n)$ 的对偶空间.

证明　由定理 1.2.14 可知, 对任意的 $f\in W^{-1,p(x)}(\Omega)$, 存在 $f_k\in L^{p(x)}(\Omega)$, $k=0,1,\cdots,n$, 使得对任意的 $\varphi\in W_0^{1,p'(x)}(\Omega)$, 有

$$\langle f,\varphi\rangle = \sum_{k=0}^{n}\int_\Omega f_k \frac{\partial\varphi}{\partial x_k}\mathrm{d}x, \tag{9.3}$$

而且有

$$\|f\|_{W^{-1,p(x)}(\Omega)} \approx \sum_{k=0}^{n}\|f_k\|_{L^{p(x)}(\Omega)}.$$

显然, 对任意的 $f\in W^{-1,p(x)}(\Omega,C\ell_n)$, (9.3)式对 $f_k\in L^{p(x)}(\Omega,C\ell_n), k=0,1,\cdots,n$ 仍然成立, 而且有

$$\|f\|_{W^{-1,p(x)}(\Omega)} \approx \sum_{k=0}^{n}\|f_k\|_{L^{p(x)}(\Omega)}.$$

另一方面, 由空间 $C_0^\infty(\Omega,C\ell_n)$ 在空间 $W^{-1,p(x)}(\Omega,C\ell_n)$ 中稠密[179]. 因此, 取

$$u^j = u_0^j + \sum_{k=1}^{n} \frac{\partial u_k^j}{\partial x_k},$$

其中 $u_0^j, u_k^j \in C_0^\infty(\Omega, C\ell_n)$，使得 $\|u^j - f\|_{W^{-1,p(x)}(\Omega,C\ell_n)} \to 0$ 且当 $j \to \infty$ 时，有

$$\|u^j - f_k\|_{L^{p(x)}(\Omega,C\ell_n)} \to 0,$$

其中 $k = 0,1,\cdots,n$．显然，这里用到定理 9.1.4. 接下去，考察

$$Tu^j = \int_\Omega G(x-y)u^j(y)\mathrm{d}y,$$

有

$$\begin{aligned} Tu^j &= \int_\Omega G(x-y)\left(u_0^j(y) + \sum_{k=1}^{n} \frac{\partial}{\partial y_k} u_k^j(y)\right)\mathrm{d}y \\ &= \int_\Omega G(x-y)u_0^j(y)\mathrm{d}y + \sum_{k=1}^{n} \int_\Omega \frac{\partial}{\partial x_k} G(x-y)u_k^j(y)\mathrm{d}y. \end{aligned}$$

因为

$$\left|\int_\Omega G(x-y)u_0^j(y)\mathrm{d}y\right| \leqslant \int_\Omega \frac{1}{|x-y|^{n-1}} \left|u_0^j(y)\right|\mathrm{d}y,$$

所以由引理 9.1.1—引理 9.1.3 可知，存在常数 $C_0 > 0$ 使得

$$\left\|\int_\Omega G(x-y)u_0^j(y)\mathrm{d}y\right\|_{L^{p(x)}(\Omega,C\ell_n)} \leqslant C_0 \left\|u_0^j\right\|_{L^{p(x)}(\Omega,C\ell_n)}.$$

现在对 $u_k^j(x)$ 作零延拓到 $\mathbb{R}^n$ 上．类似于定理 9.1.10 的证明，我们容易验证 $\frac{\partial}{\partial x_k} G(x-y)$ 满足 $\mathbb{R}^n \times \mathbb{R}^n$ 上 Calderón-Zygmund 核函数的条件．由引理 9.1.6 可知，存在正常数 $C_k (k = 1,\cdots,n)$，使得

$$\left\|\int_\Omega \frac{\partial}{\partial x_k} G(x-y)u_k^j(y)\mathrm{d}y\right\|_{L^{p(x)}(\Omega,C\ell_n)} \leqslant C_k \left\|u_k^j\right\|_{L^{p(x)}(\Omega,C\ell_n)},$$

可知

$$\begin{aligned} &\left\|Tu^j\right\|_{L^{p(x)}(\Omega,C\ell_n)} \\ &\leqslant \left\|\int_\Omega G(x-y)u_0^j(y)\mathrm{d}y\right\|_{L^{p(x)}(\Omega,C\ell_n)} + \sum_{k=1}^{n} \left\|\int_\Omega \frac{\partial}{\partial x_k} G(x-y)u_k^j(y)\mathrm{d}y\right\|_{L^{p(x)}(\Omega,C\ell_n)} \\ &\leqslant C_0 \left\|u_0^j\right\|_{L^{p(x)}(\Omega,C\ell_n)} + \sum_{k=1}^{n} C_k \left\|u_k^j\right\|_{L^{p(x)}(\Omega,C\ell_n)}, \end{aligned}$$

令 $j \to \infty$，则由连续线性延拓定理可知，算子 T 可以唯一地延拓到 $W^{-1,p(x)}(\Omega, C\ell_n)$

上成为连续线性算子 $\tilde{T}$，使得对任意的 $f \in W^{-1,p(x)}(\Omega, C\ell_n)$，均存在常数 $\tilde{C}>0$，有

$$\|\tilde{T}f\|_{L^{p(x)}(\Omega,C\ell_n)} \leqslant C\left(\|f_0\|_{L^{p(x)}(\Omega,C\ell_n)} + \sum_{k=1}^{n}\|f_k\|_{L^{p(x)}(\Omega,C\ell_n)}\right) \leqslant \tilde{C}\|f\|_{W^{-1,p(x)}(\Omega,C\ell_n)}.$$

故结论成立.

接下来, 给出两个将要用到的结论. 为了方便起见, 引入如下表示:

$$(f,g)_{C\ell_n} = \int_\Omega \overline{f(x)}g(x)\mathrm{d}x.$$

引理 9.1.10　设 $p \in \mathcal{P}^{\log}(\Omega)$ 下列命题成立:

(i) 若 $u \in L^{p(x)}(\Omega, C\ell_n)$，则 $\tilde{T}\tilde{D}u(x) = u(x), x \in \Omega$.

(ii) 若 $u \in W^{-1,p(x)}(\Omega, C\ell_n)$，则 $\tilde{D}\tilde{T}u(x) = u(x), x \in \Omega$.

证明　由 $W_0^{1,p(x)}(\Omega, C\ell_n)$ 在 $L^{p(x)}(\Omega, C\ell_n)$ 中的稠密性及引理 9.1.8 可知结论(i)成立. 由 $C_0^\infty(\Omega, C\ell_n)$ 在 $W^{-1,p(x)}(\Omega, C\ell_n)$ 中的稠密性及引理 9.1.8 可知结论(ii)成立. 证毕.

引理 9.1.11　若 $f \in W_0^{1,p(x)}(\Omega, C\ell_n)$，$g \in L^{p'(x)}(\Omega, C\ell_n)$，则下列等式成立:

$$(Df,g)_{C\ell_n} = (f,\tilde{D}g)_{C\ell_n}.$$

证明　取 $g_k \in W_0^{1,p(x)}(\Omega, C\ell_n)$ 使得 $g_k \to g$ 于 $L^{p'(x)}(\Omega, C\ell_n)$ 中, 则有

$$(Df,g_k)_{C\ell_n} = (f,Dg_k)_{C\ell_n}.$$

由定理 9.1.1 可知, 当 $k\to\infty$ 时, 有

$$(Df,g_k)_{C\ell_n} \to (Df,g)_{C\ell_n}.$$

由算子 $\tilde{D}$ 的连续性可知, 当 $k\to\infty$ 时, 有

$$(f,Dg_k)_{C\ell_n} \to (f,\tilde{D}g)_{C\ell_n},$$

故结论成立.

在复变函数论和超复变函数论中, 出现一个非常有用的结论, 那就是空间 $L^2(\Omega)$ 的一个直和分解:

$$L^2(\Omega) = (\ker D \cap L^2(\Omega)) \oplus DW_0^{1,2}(\Omega),$$

其中 $\ker D$ 为在 Ω 上解析函数或单演函数的全体. 这个直和分解有许多重要的应用, 特别是在偏微分方程理论中的应用, 可参考文献[218]. 在文献[219]中, Kähler 将直和分解推广到空间 $L^p(\Omega, C\ell_n)$ 上, 并给出该直和分解在 Stokes 问题中的应用. 在文献[220]中, Dubinskii 和 Reissig 进一步将直和分解推广到 $W^{m,p}(\Omega, C\ell_n)(m\in\mathbb{Z})$，并给出该直和分解在非线性变分问题中的应用.

下面首先给出变指数 Clifford 值 Lebesgue 空间的一个直和分解, 然后根据直和分解得到两个投影算子 P 和 Q，最后给出算子 Q 的两个基本性质. 在下面的讨

论中, 进一步假设 $p(x)$ 满足如下条件: $p\in\mathcal{P}^{\log}(\Omega)$.

定理 9.1.12　空间 $L^{p(x)}(\Omega,C\ell_n)$ 有如下直和分解:

$$L^{p(x)}(\Omega,C\ell_n)=(\ker\tilde{D}\cap L^{p(x)}(\Omega,C\ell_n))\oplus DW_0^{1,p(x)}(\Omega,C\ell_n). \tag{9.4}$$

证明　首先, 要证明两个子空间的和是直和, 只需证明

$$(\ker\tilde{D}\cap L^{p(x)}(\Omega,C\ell_n))\cap DW_0^{1,p(x)}(\Omega,C\ell_n)=\{0\}.$$

因此设 $f\in(\ker\tilde{D}\cap L^{p(x)}(\Omega,C\ell_n))\cap DW_0^{1,p(x)}(\Omega,C\ell_n)$, 则 $\tilde{D}f=0$. 又因为 $f\in DW_0^{1,p(x)}(\Omega,C\ell_n)$, 故存在 $v\in W_0^{1,p(x)}(\Omega,C\ell_n)$, 使得 $Dv=f$. 从而有 $-\Delta v=0$ 及 $\partial\Omega$ 上有 $v=0$. 由算子 Δ_0^{-1} 解的唯一性可知, $v=0$. 进而可知, $f=0$.

其次, 对任意的 $u\in L^{p(x)}(\Omega,C\ell_n)$, 令 $u_2=D\Delta_0^{-1}\tilde{D}u$, 则 $u_2\in DW_0^{1,p(x)}(\Omega,C\ell_n)$. 设 $u_1=u-u_2$, 则 $u_1\in L^{p(x)}(\Omega,C\ell_n)$. 进一步, 取 $u_k\in W_0^{1,p(x)}(\Omega,C\ell_n)$ 使得 $u_k\to u$ 于 $L^{p(x)}(\Omega,C\ell_n)$ 中. 由 $W_0^{1,p(x)}(\Omega,C\ell_n)$ 在 $L^{p(x)}(\Omega,C\ell_n)$ 中的稠密性及定理 9.1.1 可知, 对任意的 $\varphi\in W_0^{1,p'(x)}(\Omega,C\ell_n)$, 有

$$\begin{aligned}(u_1,D\varphi)_{C\ell_n}&=(u-u_2,D\varphi)_{C\ell_n}=\lim_{k\to\infty}(Du_k-DD\Delta_0^{-1}Du_k,\varphi)_{C\ell_n}\\&=\lim_{k\to\infty}(Du_k-Du_k,\varphi)_{C\ell_n}=0,\end{aligned}$$

即 $u_1\in\ker\tilde{D}$. 因为 $u\in L^{p(x)}(\Omega,C\ell_n)$ 是任意的, 所以直和分解(9.4)成立. 证毕.

根据定理 9.1.12 的证明, 定义如下两个算子:

$$P:L^{p(x)}(\Omega,C\ell_n)\to\ker\tilde{D}\cap L^{p(x)}(\Omega,C\ell_n),$$

$$Q:L^{p(x)}(\Omega,C\ell_n)\to DW_0^{1,p(x)}(\Omega,C\ell_n).$$

显然, 当 $p(x)\equiv 2$ 时, 算子 P 和 Q 便是正交投影算子, 这些算子在偏微分方程中有许多重要的应用, 具体内容可参考文献[215, 216]. 从定理 9.1.12 的证明, 还可以知道如下结论:

$$Q=D\Delta_0^{-1}\tilde{D},\quad P=I-Q. \tag{9.5}$$

由(9.5)可知, $Q=D\Delta_0^{-1}\tilde{D}, P^2=P$, 这样就得到两个投影算子 P 和 Q.

接下来, 讨论算子 Q 的两个基本性质, 以备后面所需.

定理 9.1.13　$L^{p(x)}(\Omega,C\ell_n)\cap R(Q)$ 是 $L^{p(x)}(\Omega,C\ell_n)$ 的闭子空间, 即 $DW_0^{1,p(x)}(\Omega,C\ell_n)$ 在空间 $L^{p(x)}(\Omega,C\ell_n)$ 中是闭的.

证明　设 $u\in\overline{DW_0^{1,p(x)}(\Omega,C\ell_n)}$. 则存在序列 $\{u_k\}\subset W_0^{1,p(x)}(\Omega,C\ell_n)$, 使得当 $k\to\infty$ 有 $\|Du_k-u\|_{L^{p(x)}(\Omega,C\ell_n)}\to 0$. 因为 $W_0^{1,p(x)}(\Omega,C\ell_n)$ 是自反的 Banach 空间, 所

以序列 $\{u_k\}$ 有子列，仍记作 $\{u_k\}$，使得 $u_k \to v$ 弱收敛于 $W_0^{1,p(x)}(\Omega,C\ell_n)$ 中. 根据范数的序列弱下半连续以及算子 $D:W_0^{1,p(x)}(\Omega,C\ell_n)\to L^{p(x)}(\Omega,C\ell_n)$ 的连续性，有

$$\|Dv-u\|_{L^{p(x)}(\Omega,C\ell_n)} \leqslant \liminf_{n\to\infty}\|Du_n-u\|_{L^{p(x)}(\Omega,C\ell_n)}=0,$$

故 $u=Dv$. 证毕.

定理 9.1.14　$(L^{p(x)}(\Omega,C\ell_n)\cap R(Q))^* = L^{p'(x)}(\Omega,C\ell_n)\cap R(Q)$，即线性算子

$$\Phi: DW_0^{1,p'(x)}(\Omega,C\ell_n)\to (DW_0^{1,p(x)}(\Omega,C\ell_n))^*$$

赋予

$$\Phi(Du)(D\varphi)=(D\varphi,Du)_{Sc}:=\int_\Omega\left[\overline{D\varphi}Du\right]_0\mathrm{d}x$$

定义了从 $DW_0^{1,p'(x)}(\Omega,C\ell_n)$ 到 $(DW_0^{1,p(x)}(\Omega,C\ell_n))^*$ 的一个拓扑同构.

证明　首先，由定理 9.1.13 可知，$DW_0^{1,p(x)}(\Omega,C\ell_n)$ 和 $DW_0^{1,p'(x)}(\Omega,C\ell_n)$ 分别在空间 $L^{p(x)}(\Omega,C\ell_n)$ 和 $L^{p'(x)}(\Omega,C\ell_n)$ 中是闭的，故它们都是自反的 Banach 空间. 其次，算子 Φ 显然是线性的. 接下来，要证:

(1) 算子 Φ 是单射. 若对任意的 $\varphi\in W_0^{1,p(x)}(\Omega,C\ell_n)$，有 $u\in W_0^{1,p'(x)}(\Omega,C\ell_n)$ 使得

$$\Phi(Du)(D\varphi)=(D\varphi,Du)_{Sc}=0,$$

那么对任意的 $\omega\in L^{p(x)}(\Omega,C\ell_n)$，由定理 9.1.12 可知，存在直和分解 $\omega=\alpha+\beta$，其中 $\alpha\in\ker\tilde{D}\cap L^{p(x)}(\Omega,C\ell_n),\beta\in DW_0^{1,p(x)}(\Omega,C\ell_n)$. 结合引理 9.1.11 可知

$$(\omega,Du)_{Sc}=(\alpha+\beta,Du)_{Sc}=(\alpha,Du)_{Sc}+(\beta,Du)_{Sc},$$

进而，$(\omega,Du)_{Sc}=0$，即 $Du=0$.

(2) 算子 Φ 是满射. 设 $f\in(DW_0^{1,p(x)}(\Omega,C\ell_n))^*$. 由 Hahn-Banach 定理可知，存在 $F\in(L^{p(x)}(\Omega,C\ell_n))^*$. 使得 $\|F\|=\|f\|$ 和 $F\big|_{DW_0^{1,p(x)}(\Omega,C\ell_n)}=f$. 由定理 9.1.3 可知，存在 $\varphi\in L^{p'(x)}(\Omega,C\ell_n)$，使得对于任意的 $u\in L^{p(x)}(\Omega,C\ell_n)$，有 $F(u)=(u,\varphi)_{Sc}$，由定理 9.1.12 可知，存在直和分解 $\varphi=\eta+D\alpha$，其中 $\eta\in\ker\tilde{D}\cap L^{p'(x)}(\Omega,C\ell_n)$，$D\alpha\in DW_0^{1,p'(x)}(\Omega,C\ell_n)$ 对任意的 $Du\in DW_0^{1,p(x)}(\Omega,C\ell_n)$，由引理 9.1.11 可知

$$\begin{aligned}f(Du)&=(Du,\varphi)_{Sc}=(Du,\eta+D\alpha)_{Sc}=(Du,\eta)_{Sc}+(Du,D\alpha)_{Sc}\\&=(Du,D\alpha)_{Sc}=\Phi(D\alpha)(Du),\end{aligned}$$

这就有 $\Phi(D\alpha)=f$.

(3) 算子 Φ 是连续的. 由定理 9.1.1 可知

$$|\Phi(Du)(D\varphi)|=|(D\varphi,Du)_{Sc}|\leqslant C\|D\varphi\|_{L^{p(x)}(\Omega,C\ell_n)}\|Du\|_{L^{p'(x)}(\Omega,C\ell_n)}.$$

(4) 算子φ^{-1}是连续的. 由逆算子定理并结合(1), (2), (3)可知(4)成立. 证毕.

9.2 变指数 Clifford 值函数空间在椭圆方程组中的应用

在文献[221, 222]中, Nolder 引入了非线性 A-Dirac 方程组

$$DA(x,Du)=0, \tag{9.6}$$

并且研究了上述方程组数量部分在空间$W_0^{1,p}(\Omega,C\ell_n)$中弱解的一些性质, 例如, Caccioppoli 估计、奇点可去定理等, 可是并没有给出 A-Dirac 方程组弱解的存在性证明. 值得注意的是, 当$u\in C\ell_n^0(\Omega)$, 即u为实值函数, 且$A:\Omega\times C\ell_n^1(\Omega)\to C\ell_n^1(\Omega)$, 那么方程组(9.6)就变成了 A-调和方程$\operatorname{div}A(x,\nabla u)=0$. 有关 A-调和方程的研究现状及其应用可见参考文献[213].

在本节中, 为了研究 A-Dirac 方程组的弱解, 先研究如下方程组数量部分在变指数 Clifford 值 Sobolev 空间中的弱解:

(1) $DA(x,Du)=0$;

(2) $DA(x,Du)+B(x,u)=0$;

(3) $\overline{DA(x,u,Du)}=B(x,u)$.

应用直和分解理论, 结合变分法, 研究 A-Dirac 方程组$DA(Du)=0$弱解的存在唯一性. 若无特别说明, 总假定Ω为$\mathbb{R}^n$中具有光滑边界$\partial\Omega$的有界区域, 且$p(x)$满足如下条件: $p\in\mathcal{P}^{\log}(\Omega),1<p_-\leqslant p(x)\leqslant p_+<\infty$.

首先研究关于非齐次 A-Dirac 方程组数量部分的障碍问题:

$$\int_\Omega\left[\overline{A(x,Du)}D(v-u)+\overline{B(x,u)}(v-u)\right]_0\mathrm{d}x\geqslant 0, \tag{9.7}$$

其中v属于如下集合:

$$K_{\psi,\theta}=\left\{v\in W^{D,p(x)}(\Omega,C\ell_n,\omega):v\geqslant\psi\ \text{a.e.于}\Omega\text{且}v-\theta\in W_0^{D,p(x)}(\Omega,C\ell_n,\omega)\right\}, \tag{9.8}$$

其中$\psi(x)=\sum\psi_I e_I\in C\ell_n(\Omega)$, $\psi_I:\Omega\to[-\infty,+\infty]$, $\theta\in W^{D,p(x)}(\Omega,C\ell_n,\omega)$, $v\geqslant\psi$, 几乎处处于Ω中, 是指对任意指标I, 我们有$v_I\geqslant\psi_I$几乎处处于Ω.

假定映射$A(x,\xi):\Omega\times C\ell_n\to C\ell_n$满足以下增长性条件:

(M1) $A(x,\xi)$为 Carathéodry 函数, 即任取$\xi\in C\ell_n$, 映射$x\mapsto A(x,\xi)$可测;对 a.e.$x\in\Omega$, 映射$\xi\mapsto A(x,\xi)$连续;

(M2) $|A(x,\xi)|\leqslant\omega(x)\left(C_1|\xi|^{p(x)-1}+|g_1(x)|\right)$;

(M3) $\left[\overline{A(x,\xi)}\xi\right]_0\geqslant\omega(x)\left(C_2|\xi|^{p(x)}-|h_1(x)|\right)$;

(M4) $\left[\overline{(A(x,\xi_1)-A(x,\xi_2))}(\xi_1-\xi_2)\right]_0>0$,

其中 $g_1\in L^{p'(x)}(\Omega,\omega), h_1\in L^1(\Omega,\omega), C_i>0(i=1,2)$, 非负函数 $\omega(x)\in L^1(\Omega)$ 且 $\omega(x)^{\frac{1}{1-p(x)}}\in L^1(\Omega)$.

$B(x,\eta):\Omega\times C\ell_n\to C\ell_n$ 满足以下增长性条件:

(N1) $B(x,\eta)$ 为 Carathéodry 函数, 即任取 $\eta\in C\ell_n$, 映射 $x\mapsto B(x,\xi)$ 可测; 对于a.e. $x\in\Omega$, 映射 $\eta\mapsto B(x,\Omega)$ 连续;

(N2) $|B(x,\eta)|\leqslant\omega(x)\left(C_3|\eta|^{p(x)-1}+|g_2(x)|\right)$;

(N3) $\left[\overline{B(x,\eta)}\eta\right]_0\geqslant\omega(x)\left(C_4|\eta|^{p(x)}-|h_2(x)|\right)$;

(N4) $\left[\overline{(B(x,\eta_1)-B(x,\eta_2))}(\eta_1-\eta_2)\right]_0>0$, 这里 $\eta_1\neq\eta_2$, 其中 $g_2\in L^{p'(x)}(\Omega,\omega)$, $h_2\in L^1(\Omega,\omega)$, $C_i>0(i=3,4)$, 非负函数 $\omega(x)\in L^1(\Omega)$ 且 $\omega(x)^{\frac{1}{1-p(x)}}\in L^1(\Omega)$.

类似于定理 6.2.5 有

定理 9.2.1　假设 $K_{\psi,\theta}\neq\varnothing$. 在条件(M1)—条件(M4)和(N1)—条件(N4)之下, 障碍问题(9.7)—(9.8)有弱解, 即存在 Clifford 值函数 $u\in K_{\psi,\theta}$, 使得对任意的 $v\in K_{\psi,\theta}$, 有

$$\int_\Omega\left[\overline{A(x,Du)}D(v-u)+\overline{B(x,u)}(v-u)\right]_0\mathrm{d}x\geqslant0,$$

进一步, 若 $u_1,u_2\in K_{\psi,\theta}$ 是问题(9.7)—(9.8)的两个解, 则 $[u_1]_0=[u_2]_0$ 几乎处处于 Ω.

推论 9.2.1　在定理 9.2.1 的条件下, 若 $\theta\in X=W_0^{D,p(x)}(\Omega,C\ell_n,\omega)$, 则如下方程组

$$DA(x,Du)+B(x,u)=0,x\in\Omega$$

数量部分存在唯一的弱解 $u\in X$, 也就是说, 对任意的 $\varphi\in W_0^{D,p(x)}(\Omega,C\ell_n,\omega)$, 有

$$\int_\Omega\left[\overline{A(x,Du)}D\varphi+\overline{B(x,u)}\varphi\right]_0\mathrm{d}x=0.$$

接下去考虑如下 A-Dirac 方程组:

$$DA(Du)=0,\tag{9.9}$$

其中映射 $A:C\ell_n(\Omega)\to C\ell_n(\Omega)$ 满足如下条件:

($\underline{\text{A}}$1) $|A(\xi)-A(\eta)|\leqslant C_1(|\xi|+|\eta|)^{p(x)-2}|\xi-\eta|$;

($\underline{\text{A}}$2) $\left[\overline{(A(\xi)-A(\eta))}(\xi-\eta)\right]_0\geqslant C_2(|\xi|+|\eta|)^{p(x)-2}|\xi-\eta|^2$;

($\underline{\text{A}}$3) $A(0)\in L^{p'(x)}(\Omega,C\ell_n)$,

这里$\xi \in C\ell_n$和$\eta \in C\ell_n$都是任意的，$C_1>0$和$C_2>0$都是与ξ,η无关的常数. 显然，若$A(\xi)=|\xi-\alpha|^{p(x)-2}(\xi-\alpha)$，其中$\alpha \in L^{p(x)}(\Omega, C\ell_n)$给定，则(9.9)就成为$D\left(|Du-\alpha|^{p(x)-2}(Du-\alpha)\right)=0$. 若有$\alpha=0, p(x)\equiv p$，则(9.9)就成为$p$-Dirac方程组，而$p$-Dirac方程组在文献[223]中已有详细研究. 若再设u为实值函数，则(9.9)就变为p-Laplacian方程.

类似于定理8.4.8可得

定理 9.2.2 在条件(A1)—(A3)之下，A-Dirac方程组(9.9)存在唯一的弱解$u \in W_0^{1,p(x)}(\Omega, C\ell_n)$，即对任意的$v \in W_0^{1,p(x)}(\Omega, C\ell_n)$，有

$$\int_\Omega \overline{A(Du)} Dv \mathrm{d}x = 0 .$$

本节最后考察如下一般的椭圆方程组:

$$\begin{cases} \overline{DA(x,u(x),Du(x))} = B(x,u(x),Du(x)), & x \in \Omega, \quad (9.10) \\ u(x)=0, & x \in \partial\Omega, \quad (9.11) \end{cases}$$

假定$A:\Omega\times C\ell_n \times C\ell_n \to C\ell_n$, $B:\Omega\times C\ell_n \times C\ell_n \to C\ell_n$满足如下条件:

(O1) $A(x,s,\xi)$，$B(x,s,\xi)$为Carathéodry函数;

(O2) $|A(x,s,\xi)| \leqslant C_0|\xi|^{p(x)-1}+C_1|s|^{p(x)-1}+G(x)$，其中$G \in L^{p'(x)}(\Omega)$，$C_0, C_1 \geqslant 0$;

(O3) $|B(x,s,\xi)| \leqslant \tilde{C}_0|\xi|^{p(x)-1}+\tilde{C}_1|s|^{p(x)-1}+\tilde{G}(x)$，其中$\tilde{G} \in L^{p'(x)}(\Omega)$，$\tilde{C}_0, \tilde{C}_1 \geqslant 0$;

(O4) $\left[\overline{A(x,s,\xi)}\xi\right]_0 \geqslant C_2|\xi|^{p(x)}+C_3|s|^{p(x)}+h(x)$，其中$h \in L^1(\Omega)$，$C_2, C_3>0$;

(O5) 任取$x_0 \in \Omega$，$s_0 \in C\ell_n$，映射$\xi \mapsto A(x_0,s_0,\xi)$满足

$$\int_{\tilde{\Omega}}\left[\overline{A(x_0,s_0,\xi_0+Dz(x))}Dz(x)\right]_0 \mathrm{d}x \geqslant C_4\int_{\tilde{\Omega}}|Dz(x)|^{p(x)}\mathrm{d}x,$$

其中$\xi_0 \in C\ell_n$，$\tilde{\Omega}\subset\Omega$，$z \in C_0^1(\tilde{\Omega}, C\ell_n)$，其中$C_4>0$.

类似于定理4.2.1可得

定理 9.2.3 设Ω为$\mathbb{R}^n$中的有界Lipschitz区域. 若条件(O1)—(O5)成立，当$\tilde{C}_0<C_2C_n$且$C_n(\tilde{C}_0+\tilde{C}_1)<C_3$时，方程组(9.10)—(9.11)数量部分至少存在一个弱解$u \in W_0^{1,p(x)}(\Omega, C\ell_n)$，即对任意的$\varphi \in W_0^{1,p(x)}(\Omega, C\ell_n)$，有

$$\int_\Omega\left[\overline{A(x,u,Du)}D\varphi - B(x,u,Du)\varphi\right]_0 \mathrm{d}x = 0.$$

9.3 变指数Clifford值函数空间在流体动力学中的应用

本节在变指数Clifford值函数空间中考察如下流体动力学中的基本问题:

(1) Stokes 方程组解的存在唯一性;

(2) 稳态的 Navier-Stokes 方程组解的存在唯一性;

(3) 具有热传导的 Navier-Stokes 方程组解的存在唯一性.

在本节中, 若无特别说明, 总假定 Ω 为 $\mathbb{R}^n$ 中具有光滑边界 $\partial\Omega$ 的有界区域, $p(x)$ 满足如下条件: $p\in\mathcal{P}^{\log}(\Omega), 1<p_-\leqslant p(x)\leqslant p_+<\infty$.

Stokes 方程组作为稳态 Navier-Stokes 方程组的线性化, 在稳态 Navier-Stokes 方程组的研究中起了非常重要的作用. 可以说, 任何关于 Navier-Stokes 方程组的公开问题, 例如, 强解的全局存在性、弱解的唯一性和正则性、解的渐进性态等等, 都离不开 Stokes 方程组解的定性和定量讨论.

Stokes 方程组可以表述如下:

$$-\Delta u+\frac{1}{\mu}\nabla\pi=\frac{\rho}{\mu}f,\quad x\in\Omega, \tag{9.12}$$

$$\operatorname{div} u=f_0,\quad x\in\Omega, \tag{9.13}$$

$$u=v_0,\quad x\in\partial\Omega, \tag{9.14}$$

其中 u 指流体速度, π 指流体静压强, ρ 指密度, μ 指流体黏性系数, f 指外部压力, div 表示散度, 数值函数 f_0 用于测量流体的相容性. 边界条件(9.14)用于描述 $v_0=0$ 时边界上的黏附度. 问题(9.12)—(9.14)描述了当 Reynolds 数较小时齐次黏性不可压缩流体的静态流动. 具体的讨论可参考文献[215, 216, 224].

在文献[217]中, Diening, Lengeler 和 Ružička 证明了对任意给定的 $f\in(W^{-1,p(x)}(\Omega))^n$, $f_0\in L^{p(x)}(\Omega)$ 及 $v_0\in\operatorname{tr}((W^{1,p(x)}(\Omega))^n)$, Stokes 问题(9.12)—(9.14)在空间 $(W^{1,p(x)}(\Omega))^n\times L^{p(x)}(\Omega)$ 中存在唯一的弱解. 作者的结论是建立在对 Calderón-Zygmund 和 Agmon-Douglis-Nirenberg 经典理论在变指数空间中的推广的基础上. 在本节中, 借助变指数 Lebesgue 空间的直和分解, 在 Clifford 分析的背景下得到类似的结论, 并且还给出了解的表示.

设 $f=\sum_{i=1}^n f_ie_i$, $u=\sum_{i=1}^n u_ie_i$. Stokes 方程组可以表述如下:

$$-\Delta u+\frac{1}{\mu}D\pi=\frac{\rho}{\mu}f,\quad x\in\Omega,$$

$$[Du]_0=f_0,\quad x\in\Omega,$$

$$u=v_0,\quad x\in\partial\Omega.$$

为了简单起见, 仅考查如下的 Stokes 方程组:

$$\tilde{D}Du+\tilde{D}\pi=f,\quad x\in\Omega, \tag{9.15}$$

$$[Du]_0=0,\quad x\in\Omega, \tag{9.16}$$

$$u=0,\quad x\in\partial\Omega, \tag{9.17}$$

为了研究问题(9.15)—(9.17)解的存在唯一性, 需要两个相关的结论. 第一个是泛函分析中的结论, 被称为 Peetre-Tartar 引理.

命题 9.3.1[225] 设 E_1 为 Banach 空间, E_2, E_3 为赋范线性空间, 算子 A 为 E_1 到 E_2 的有界线性算子, 算子 B 为 E_1 到 E_3 的紧线性算子. 若对 $u\in E_1$, $\|u\|_{E_1}$ 和 $\|Au\|_{E_2}+\|Bu\|_{E_3}$ 等价, 则算子 A 的值域 $R(A)$ 是 E_2 的闭子空间.

第二个结论是 Nečas 定理在变指数空间中的推广. 为此, 先给出如下定义.

定义 9.3.1 定义算子 $\tilde{\nabla}:L^{p(x)}(\Omega)\to(W^{-1,p(x)}(\Omega))^n$ 如下:

$$\left\langle\tilde{\nabla}f,\varphi\right\rangle=-\left\langle f,\operatorname{div}\varphi\right\rangle:=-\int_\Omega f\ \operatorname{div}\varphi\mathrm{d}x,$$

其中 $f\in L^{p(x)}(\Omega)$, $\varphi\in(C_0^\infty(\Omega))^n$.

命题 9.3.2[179] 设 Ω 为 $\mathbb{R}^n$ 中有界的 Lipschitz 区域. 对任意的 $f\in L^{p(x)}(\Omega)$, $\varphi\in(C_0^\infty(\Omega))^n$, 存在常数 $C=C(n,p,\Omega)>0$, 使得

$$\|f\|_{L^{p(x)}(\Omega)}\leqslant C\left(\left\|\tilde{\nabla}f\right\|_{W^{-1,p(x)}(\Omega)}+\|f\|_{W^{-1,p(x)}(\Omega)}\right).\tag{9.18}$$

作为上述两个命题的一个应用, 先考察算子 $\tilde{\nabla}$ 的一个重要性质.

推论 9.3.1 若 Ω 为 $\mathbb{R}^n$ 中有界的 Lipschitz 区域, 则有界线性算子 $\tilde{\nabla}$ 的值域是 $(W^{-1,p(x)}(\Omega))^n$ 的闭子空间.

证明 令 $E_1=L^{p(x)}(\Omega)$, $E_2=(W^{-1,p(x)}(\Omega))^n$, $E_3=W^{-1,p(x)}(\Omega)$, $A=\tilde{\nabla}$, $B=\mathrm{I}$ (恒等算子). 因为区域 Ω 是有界的, 所以嵌入 $B:E_1\to E_3$ 是紧的. 另一方面, 由 Hölder 不等式可知, 对任意的 $f\in L^{p(x)}(\Omega)$, 有

$$\begin{aligned}\left\|\tilde{\nabla}f\right\|_{W^{-1,p(x)}(\Omega)}&=\sup_{\|g\|_{W_0^{1,p'(x)}(\Omega)}\leqslant1}\left|\left\langle\tilde{\nabla}f,g\right\rangle\right|\\&=\sup_{\|g\|_{W_0^{1,p'(x)}(\Omega)}\leqslant1}\left|\int_\Omega f\ \operatorname{div}g\ \mathrm{d}x\right|\leqslant C\|f\|_{L^{p(x)}(\Omega)},\end{aligned}$$

因此容易验证, 对所有的 $f\in L^{p(x)}(\Omega)$, 有

$$\left\|\tilde{\nabla}f\right\|_{W^{-1,p(x)}(\Omega)}+\|f\|_{W^{-1,p(x)}(\Omega)}\leqslant C\|f\|_{L^{p(x)}(\Omega)}.\tag{9.19}$$

由(9.18)式和(9.19)式可知, $\|f\|_{L^{p(x)}(\Omega)}$ 和 $\left\|\tilde{\nabla}f\right\|_{W^{-1,p(x)}(\Omega)}+\|f\|_{W^{-1,p(x)}(\Omega)}$ 等价. 最后由命题 9.3.2 可知结论成立.

现在可以给出 De Rham 定理在变指数函数空间中的推广.

引理 9.3.1 设 Ω 为 $\mathbb{R}^n$ 中有界的 Lipschitz 区域. 若 $f\in(W^{-1,p(x)}(\Omega))^n$ 满足

$$\left\langle f,\varphi\right\rangle=\int_\Omega f\cdot\varphi\mathrm{d}x=0,$$

其中 $\varphi \in \Lambda(\Omega) := \{v \in (W_0^{1,p'(x)}(\Omega))^n : \mathrm{div}\, v = 0\}$，则存在 $q \in L^{p(x)}(\Omega)$ 使得 $f = \tilde{\nabla} q$.

证明 容易验证, 线性算子 $\mathrm{div} : (W_0^{1,p'(x)}(\Omega))^n \to L^{p'(x)}(\Omega)$ 是有界的. 由(9.19)式可知, 线性算子 $-\tilde{\nabla} : L^{p(x)}(\Omega) \to (W^{-1,p(x)}(\Omega))^n$ 是有界的. 因为对任意的 $u \in L^{p(x)}(\Omega)$ 和 $g \in (W_0^{1,p'(x)}(\Omega))^n$，均有 $\langle -\tilde{\nabla} u, g \rangle = \langle u, \mathrm{div} g \rangle$，所以算子 $-\tilde{\nabla}$ 是算子 div 的共轭算子. 根据推论 9.3.1, 算子 $\tilde{\nabla}$ 的值域是 $(W^{-1,p(x)}(\Omega))^n$ 的闭子空间. 因此, 由 Banach 闭值域定理[226]可知

$$R(\tilde{\nabla}) = (\ker(\mathrm{div}))^{\perp} := \{y \in (W^{-1,p(x)}(\Omega))^n : \langle y, v \rangle = 0, \forall v \in \Lambda(\Omega)\}.$$

证毕.

注 若将条件中 $\Lambda(\Omega)$ 减弱为 $\tilde{\Lambda}(\Omega) = \{v \in (C_0^{\infty}(\Omega))^n : \mathrm{div}\, v = 0\}$，则引理 9.3.1 的结论依然成立. 这个结论的证明类似文献[227]中定理 2.8 的证明.

定义 9.3.2 称 $(u, \pi) \in W_0^{1,p(x)}(\Omega, C\ell_n) \times L^{p(x)}(\Omega)$ 是问题(9.15)—(9.17)的解, 是指对任意的 $f \in W^{-1,p(x)}(\Omega, C\ell_n)$，方程组(9.15)—(9.17)均成立.

引理 9.3.2 若 $f \in W^{-1,p(x)}(\Omega, C\ell_n)$，则对问题(9.15)—(9.17)的任何解

$$(u, \pi) \in W_0^{1,p(x)}(\Omega, C\ell_n) \times L^{p(x)}(\Omega)$$

均有如下表示: $TQ\tilde{T}f = u + TQ\pi$.

证明 设 $\varphi_j \in W_0^{1,p(x)}(\Omega, C\ell_n)$ 且 $\varphi_j \to \varphi$ 于 $L^{p(x)}(\Omega, C\ell_n)$ 中, 可知

$$TQT(D\varphi_j) = TQ\varphi_j.$$

因为 $W_0^{1,p(x)}(\Omega, C\ell_n)$ 在 $L^{p(x)}(\Omega, C\ell_n)$ 中稠密, 所以 $TQ\tilde{T}\tilde{D}\varphi = TQ\varphi$. 从而对 $u \in W_0^{1,p(x)}(\Omega, C\ell_n)$ 和 $\pi \in L^{p(x)}(\Omega)$，有

$$TQ\tilde{T}f = TQ\tilde{T}(\tilde{D}Du + \tilde{D}\pi) = u + TQ\pi,$$

故结论成立. 证毕.

定理 9.3.1 若 $f \in W^{-1,p(x)}(\Omega, C\ell_n)$，则 Stokes 方程组(9.15)—(9.17)存在唯一解 $(u, \pi) \in W_0^{1,p(x)}(\Omega, C\ell_n) \times L^{p(x)}(\Omega)$ 且该解可以表示如下:

$$u + TQ\pi = TQ\tilde{T}f.$$

这里, 除去相差一个常数, π 是唯一的. 另外, 还有解的先验估计:

$$\|u\|_{W_0^{1,p(x)}(\Omega, C\ell_n)} + \|Q\pi\|_{L^{p(x)}(\Omega)} \leqslant C\|f\|_{W^{-1,p(x)}(\Omega, C\ell_n)},$$

其中 $C > 1$ 是一个常数.

证明 由引理 9.3.1 可知, 问题(9.15)—(9.17)等价于

$$u + TQ\pi = TQ\tilde{T}f,$$

$$[Q\omega]_0 = [Q\tilde{T}f]_0.$$

注意到,(9.19)式等价于下列等式:

$$Du + Q\pi = Q\tilde{T}f. \tag{9.20}$$

事实上，当算子 D 作用在(9.19)式上，可由(9.19)式推出(9.20)式. 当算子 T 作用在(9.20)式上，可由(9.20)推出(9.19).

接下来，需要证明：对任意的 $f \in W^{-1,p(x)}(\Omega, C\ell_n^1)$，函数 QTf 可以表示为 Du 和 $Q\pi$ 的直和. 因此，分两步证明:

(i) 验证 Du 和 $Q\omega$ 的和为直和. 由于不是分解整个空间 $L^{p(x)}(\Omega, C\ell_n)$，而是分解子空间 $L^{p(x)}(\Omega, C\ell_n^1)\bigcap R(Q)$. 因此，设 $Du + Q\pi = 0$，其中 $u \in W_0^{1,p(x)}(\Omega, C\ell_n^1)$ $\bigcap \ker \operatorname{div}$, $\pi \in L^{p(x)}(\Omega)$，则由(9.16)式可知 $[Q\omega]_0 = 0$. 又注意到，算子 Q 将空间 $L^{p(x)}(\Omega)$ 映入自身，所以有 $Q\pi = 0$，从而有 $Du = Q\pi = 0$. 这意味着 Du 和 $Q\pi$ 的和为直和，而且是 $R(Q)$ 的子集;

(ii) 证明对 $f \in W^{-1,p(x)}(\Omega, C\ell_n^1)$，(9.20)式成立. 这等价于如下问题：是否存在连续线性泛函 $\mathcal{F} \in (L^{p(x)}(\Omega, C\ell_n^1)\bigcap R(Q))^*$，使得 $\mathcal{F}(Du) = 0$ 且 $\mathcal{F}(Q\omega) = 0$，但 $\mathcal{F}(Q\tilde{T}f) \neq 0$? 这又等价于如下问题：是否存在函数 $g \in W^{-1,p'(x)}(\Omega, C\ell_n^1)$，使得对任意的 $u \in W_0^{1,p(x)}(\Omega, C\ell_n^1)\bigcap \ker \operatorname{div}$ 及 $\omega \in L^{p(x)}(\Omega)$，有

$$(Du, Q\tilde{T}g)_{Sc} = 0, \tag{9.21}$$

$$(Q\pi, Q\tilde{T}g)_{Sc} = 0, \tag{9.22}$$

但 $(Q\tilde{T}f, Q\tilde{T}g)_{Sc} \neq 0$? 显然，这里用到定理 9.1.14 及引理 9.1.9.

先来研究(9.21)式及(9.22)式. 由引理 9.1.10，引理 9.1.11 及(9.22)式可知，(9.21)式可推出

$$(Du, Q\tilde{T}g)_{Sc} = (u, \tilde{D}Q\tilde{T}g)_{Sc} = (u, \tilde{D}\tilde{T}g - \tilde{D}P\tilde{T}g)_{Sc} = (u, g)_{Sc} = 0.$$

由引理 9.3.1 可知 $g = \tilde{\nabla}h = \tilde{D}h$，其中 $h \in L^{p'(x)}(\Omega)$. 因此，由引理 9.1.10 及(9.22)式可知，对任意的 $\pi \in L^{p(x)}(\Omega)$，有

$$(Q\pi, Q\tilde{T}g)_{Sc} = (Q\pi, Q\tilde{T}\tilde{D}h)_{Sc} = (Q\pi, Qh)_{Sc} = 0.$$

取 $Q\pi = |Qh|^{p'(x)-2}Qh$ 可得 $Qh = 0$. 从而有

$$g = \tilde{D}h = \tilde{D}Qh + \tilde{D}Ph = 0,$$

进而有

$$(Q\tilde{T}f, Q\tilde{T}g)_{Sc} = 0, \quad \forall f \in W^{-1,p(x)}(\Omega, C\ell_n^1).$$

最后，由(9.20)可知,

$$\|Du\|_{L^{p(x)}(\Omega, C\ell_n)} + \|Q\pi\|_{L^{p(x)}(\Omega)} \geqslant \|Q\tilde{T}f\|_{L^{p(x)}(\Omega, C\ell_n)},$$

再由等价范数定理可知

$$\|Du\|_{L^{p(x)}(\Omega,C\ell_n)}+\|Q\pi\|_{L^{p(x)}(\Omega)}\leqslant C\|Q\tilde{T}f\|_{L^{p(x)}(\Omega,C\ell_n)}.$$

由引理 9.1.9 及算子 Q 的有界性可知

$$\|u\|_{W_0^{1,p(x)}(\Omega,C\ell_n)}+\|Q\omega\|_{L^{p(x)}(\Omega)}\leqslant C\|f\|_{W^{-1,p(x)}(\Omega,C\ell_n)},$$

由此立得解的唯一性. 注意到, $Q\pi=0$ 蕴含着 $\pi\in\ker\tilde{D}$, 故除了相差一个常数之外, π 是唯一的. 证毕.

下面考察如下稳态的 Navier-Stokes 方程组:

$$\begin{cases}-\Delta u+\dfrac{\rho}{\mu}(u\cdot\nabla)u+\dfrac{1}{\mu}\nabla\pi=\dfrac{\rho}{\mu}f, & x\in\Omega,\\ \operatorname{div} u=f_0, & x\in\Omega,\\ u=v_0, & x\in\partial\Omega.\end{cases}$$

与 Stokes 方程组相比, 稳态的 Navier-Stokes 方程组多了一项非线性部分 $(u\cdot\nabla)u$, 这反而使得问题的研究变得更加复杂. 在 1928 年, Oseen 提出用 $(v\cdot\nabla)u$ 代替对流项 $(u\cdot\nabla)u$, 其中 v 是相应的 Stokes 方程组的解, 得到相对较好的结果. 1965 年, 在文献[228]中, Finn 在三维空间中得到一个著名的结论: 当外部压力相对较小且其按空间减少到阶 $|x|^{-1}$ 的无穷大时, 由压缩映射原理可以得到解的存在性. 近些年来, 关于 Navier-Stokes 问题的研究进展可参考文献[229-237].

在文献[215, 216, 238]中, Gürlebeck 和 Sprößig 在四元数的背景下将 Navier-Stokes 方程组转化到 Stokes 方程组来求解, 并且构造了一种收敛的迭代格式, 使问题的研究大为简化. 他们假定外部压力 $f\in L^{p(x)}(\Omega,\mathbb{H})$ 相对较小, 其中区域 Ω 是有界的且 $\dfrac{6}{5}<p<\dfrac{3}{2}$. 在 2001 年, 在文献[239]中, Cerejeiras 和 Kähler 进一步推广 Gürlebeck 和 Sprößig 的结果, 在 $f\in W^{-1,p}(\Omega,C\ell_n)$ 及区域 Ω 是无界的条件之下, 得到类似的结论. 关于这个方向的 Navier-Stokes 问题的进展可参考文献[240-242]. 在这一节中, 在 Clifford 值变指数函数空间的框架下, 将上述的结果做进一步推广, 以使该方程组适合更多的函数类.

为了简化, 考察如下的 Navier-Stokes 方程组:

$$\tilde{D}Du+\frac{1}{\mu}D\pi=\frac{\rho}{\mu}F(u),\quad x\in\Omega,\tag{9.23}$$

$$[Du]_0=0,\quad x\in\Omega,\tag{9.24}$$

$$u=0,\quad x\in\partial\Omega,\tag{9.25}$$

其中非线性部分为 $F(u)=f-[uD]_0u$.

首先给出一个引理, 这将对以后构造的迭代法的收敛性起到重要的作用.

引理 9.3.3　若 p 满足 $\frac{n}{2}\leqslant p_-\leqslant p(x)\leqslant p_+<\infty$，则算子 $F:W_0^{1,p(x)}(\Omega,C\ell_n^1)\to W^{-1,p(x)}(\Omega,C\ell_n^1)$ 是连续的, 而且有如下估计:

$$\|[uD]_0u\|_{W^{-1,p(x)}(\Omega,C\ell_n)}\leqslant C_1\|u\|^2_{W_0^{1,p(x)}(\Omega,C\ell_n)},$$

其中 $C_1=C_1(n,p,\Omega)>0$ 是一个常数.

证明　设 $u=\sum_{i=1}^n u_ie_i\in W_0^{1,p(x)}(\Omega,C\ell_n^1)$，则

$$\|[uD]_0u\|_{W^{-1,p(x)}(\Omega,C\ell_n)}=\left\|\sum_{j=1}^n\left(\sum_{i=1}^n u_i\partial_iu_j\right)e_j\right\|_{W^{-1,p(x)}(\Omega,C\ell_n)}\leqslant\sum_{i,j=1}^n\|u_i\partial_iu_j\|_{W^{-1,p(x)}(\Omega)}.$$

由嵌入 $L^{s(x)}(\Omega)\to W^{-1,p(x)}(\Omega)$ 是连续的[179], 其中 $s(x)=\frac{np(x)}{n+p(x)}$，所以有

$$\|u_i\partial_iu_j\|_{W^{-1,p(x)}(\Omega)}\leqslant C(n,p,\Omega)\|u_i\partial_iu_j\|_{L^{s(x)}(\Omega)}.$$

由 Hölder 不等式可知

$$\begin{aligned}\|u_i\partial_iu_j\|_{L^{s(x)}(\Omega)}&\leqslant C\sup_{\|\varphi_j\|_{L^{s'(x)}(\Omega)}\leqslant1}\int_\Omega|u_i\partial_iu_j||\varphi_j|\mathrm{d}x\\&\leqslant C\|u_i\|_{L^n(\Omega)}\|\partial_iu_j\|_{L^{p(x)}(\Omega)}\|\varphi_j\|_{L^{s'(x)}(\Omega)}\\&\leqslant C\|u_i\|_{L^n(\Omega)}\|u_j\|_{W_0^{1,p(x)}(\Omega)}.\end{aligned}$$

由于嵌入 $W_0^{1,p(x)}(\Omega)\to L^n(\Omega)$ 是连续的, 其中 $\frac{n}{2}\leqslant p_-\leqslant p(x)\leqslant p_+<\infty$，故有

$$\|u_i\partial_iu_j\|_{L^{s(x)}(\Omega)}\leqslant C(n,p,\Omega)\|u_i\|_{W_0^{1,p(x)}(\Omega)}\|u_j\|_{W_0^{1,p(x)}(\Omega)},$$

由此容易看出结论成立. 由 $F(u)=f-[uD]_0u$，容易验证算子 F 是连续的. 证毕.

注　这里 $\frac{n}{2}\leqslant p_-$，是指当 $n=2$ 时，$p_-\in(1,+\infty)$；当 $n>2$ 时，$p_-\in\left[\frac{n}{2},+\infty\right)$.

定理 9.3.2　设 $p(x)$ 满足 $\frac{n}{2}\leqslant p_-\leqslant p(x)\leqslant p_+<\infty$，若 $f\in W^{-1,p(x)}(\Omega,C\ell_n)$ 满足如下条件:

$$\|f\|_{W^{-1,p(x)}(\Omega,C\ell_n)}<\frac{v^2}{4C_1C_2^2(1+C_3)^2},\tag{9.26}$$

其中 $v=\frac{\mu}{\rho}$，$C_3\geqslant1$ 是(9.29)式中的常数,

$$C_2 = \|T\|_{[L^{p(x)}(\Omega,C\ell_n)\cap R(Q),W_0^{1,p(x)}(\Omega,C\ell_n)]}\|Q\|_{[L^{p(x)}(\Omega,C\ell_n),L^{p(x)}(\Omega,C\ell_n)\cap R(Q)]}$$
$$\cdot\|\tilde{T}\|_{[W^{-1,p(x)}(\Omega,C\ell_n),L^{p(x)}(\Omega,C\ell_n)\cap R(Q)]},$$

则方程组(9.23)—(9.25)存在唯一解 $(u,\pi)\in W_0^{1,p(x)}(\Omega,C\ell_n)\times L^{p(x)}(\Omega)$. 这里, 除了相差一个常数, π 是唯一的.

任取一个初始函数 $u_0\in W_0^{1,p(x)}(\Omega,C\ell_n)$ 满足

$$\|u_0\|_{W_0^{1,p(x)}(\Omega,C\ell_n)}\leqslant\frac{v}{2C_1C_2}+W,$$

其中 $W=\sqrt{\dfrac{v^2}{4C_1^2C_4^2}-\dfrac{1}{C_1}\|f\|_{W^{-1,p(x)}(\Omega,C\ell_n)}}$, 这里 $C_4=C_2(1+C_3)$, 则如下迭代:

$$u_k+\frac{1}{\mu}TQ\pi_k=\frac{\rho}{\mu}TQ\tilde{T}F(u_{k-1}),\quad k=1,2,\cdots,\tag{9.27}$$

$$\frac{1}{\mu}[Q\pi_k]_0=\frac{\rho}{\mu}[Q\tilde{T}F(u_{k-1})]_0\tag{9.28}$$

在空间 $W_0^{1,p(x)}(\Omega,C\ell_n)\times L^{p(x)}(\Omega)$ 中收敛.

证明　在定理 9.3.1 的证明中, 用 $F(u_{k-1})$ 代替 f, 可知方程组(9.27)和(9.28)存在唯一解, 而且还有如下估计:

$$\|Du_k\|_{L^{p(x)}(\Omega,C\ell_n)}+\frac{1}{\mu}\|Q\pi_k\|_{L^{p(x)}(\Omega)}\leqslant C_3\frac{\rho}{\mu}\|Q\tilde{T}F(u_{k-1})\|_{L^{p(x)}(\Omega,C\ell_n)},\tag{9.29}$$

其中 $C_3\geqslant 1$ 是一个常数. 剩下的问题是如何证明迭代的收敛性. 为此, 由(9.29)式可知

$$\begin{aligned}&\|u_k-u_{k-1}\|_{W_0^{1,p(x)}(\Omega,C\ell_n)}\\ \leqslant&\frac{1}{\mu}\|TQ(\pi_k-\pi_{k-1})\|_{W_0^{1,p(x)}(\Omega,C\ell_n)}+\frac{\rho}{\mu}\|TQ\tilde{T}(F(u_{k-1})-F(u_{k-2}))\|_{W_0^{1,p(x)}(\Omega,C\ell_n)}\\ \leqslant&\frac{C_2(1+C_3)}{v}\|F(u_{k-1})-F(u_{k-2})\|_{W^{-1,p(x)}(\Omega,C\ell_n)}.\end{aligned}$$

由引理 9.3.3 可知

$$\begin{aligned}&\|F(u_{k-1})-F(u_{k-2})\|_{W^{-1,p(x)}(\Omega,C\ell_n)}\\ =&\|[u_{k-1}D]_0u_{k-1}-[u_{k-2}D]_0u_{k-2}\|_{W^{-1,p(x)}(\Omega,C\ell_n)}\\ =&\|((u_{k-1}-u_{k-2})\cdot\nabla)u_{k-1}\|_{W^{-1,p(x)}(\Omega,C\ell_n)}+\|(u_{k-2}\cdot\nabla)(u_{k-1}-u_{k-2})\|_{W^{-1,p(x)}(\Omega,C\ell_n)}\\ \leqslant&C_1\|u_{k-1}-u_{k-2}\|_{W_0^{1,p(x)}(\Omega,C\ell_n)}\left(\|u_{k-1}\|_{W_0^{1,p(x)}(\Omega,C\ell_n)}+\|u_{k-2}\|_{W_0^{1,p(x)}(\Omega,C\ell_n)}\right).\end{aligned}$$

令 $L_k=\dfrac{C_1C_4}{v}\left(\|u_{k-1}\|_{W_0^{1,p(x)}(\Omega,C\ell_n)}+\|u_{k-2}\|_{W_0^{1,p(x)}(\Omega,C\ell_n)}\right)$, 其中 $C_4=C_2(1+C_3)$, 则有

$$\|u_k - u_{k-1}\|_{W_0^{1,p(x)}(\Omega,C\ell_n)} \leqslant L_k \|u_{k-1} - u_{k-2}\|_{W_0^{1,p(x)}(\Omega,C\ell_n)}. \tag{9.30}$$

另一方面，根据(9.29)式及引理 9.3.3，有

$$\begin{aligned}\|u_k\|_{W_0^{1,p(x)}(\Omega,C\ell_n)} &\leqslant \frac{1}{\mu}\|TQ\pi_k\|_{W_0^{1,p(x)}(\Omega,C\ell_n)} + \frac{\rho}{\mu}\|TQ\tilde{T}F(u_{k-1})\|_{W_0^{1,p(x)}(\Omega,C\ell_n)} \\ &\leqslant \frac{C_1C_4}{v}\|u_{k-1}\|^2_{W_0^{1,p(x)}(\Omega,C\ell_n)} + \frac{C_4}{v}\|f\|_{W^{-1,p(x)}(\Omega,C\ell_n)}.\end{aligned}$$

现在要保证$\|u_k\|_{W_0^{1,p(x)}(\Omega,C\ell_n)} \leqslant \|u_{k-1}\|_{W_0^{1,p(x)}(\Omega,C\ell_n)}$. 为此，注意到

$$\frac{C_1C_4}{v}\|u_{k-1}\|^2_{W_0^{1,p(x)}(\Omega,C\ell_n)} + \frac{C_4}{v}\|f\|_{W^{-1,p(x)}(\Omega,C\ell_n)} \leqslant \|u_{k-1}\|_{W_0^{1,p(x)}(\Omega,C\ell_n)}$$

当且仅当

$$\|u_{k-1}\|^2_{W_0^{1,p(x)}(\Omega,C\ell_n)} - \frac{v}{C_1C_4}\|u_{k-1}\|_{W_0^{1,p(x)}(\Omega,C\ell_n)} + \frac{1}{C_1}\|f\|_{W^{-1,p(x)}(\Omega,C\ell_n)} \leqslant 0$$

当且仅当

$$\left(\|u_{k-1}\|_{W_0^{1,p(x)}(\Omega,C\ell_n)} - \frac{v}{2C_1C_4}\right)^2 \leqslant \frac{v^2}{(2C_1C_4)^2} - \frac{1}{C_1}\|f\|_{W^{-1,p(x)}(\Omega,C\ell_n)}.$$

由条件(9.26)可知

$$\left|\|u_{k-1}\|_{W_0^{1,p(x)}(\Omega,C\ell_n)} - \frac{v}{2C_1C_4}\right| \leqslant W,$$

其中$W = \sqrt{\dfrac{v^2}{4C_1^2C_4^2} - \dfrac{1}{C_1}\|f\|_{W^{-1,p(x)}(\Omega,C\ell_n)}}$. 从而得到关于$\|u_{k-1}\|_{W_0^{1,p(x)}(\Omega,C\ell_n)}$的条件:

$$\frac{v}{2C_1C_4} - W \leqslant \|u_{k-1}\|_{W_0^{1,p(x)}(\Omega,C\ell_n)} \leqslant \frac{v}{2C_1C_4} + W.$$

假定$\|u_{k-1}\|_{W_0^{1,p(x)}(\Omega,C\ell_n)} \leqslant \dfrac{v}{2C_1C_4} - W$，则有

$$\begin{aligned}\|u_k\|_{W_0^{1,p(x)}(\Omega,C\ell_n)} &\leqslant \frac{1}{\mu}\|TQ\pi_k\|_{W_0^{1,p(x)}(\Omega,C\ell_n)} + \frac{\rho}{\mu}\|TQ\tilde{T}F(u_{k-1})\|_{W_0^{1,p(x)}(\Omega,C\ell_n)} \\ &\leqslant \frac{C_1C_4}{v}\|u_{k-1}\|^2_{W_0^{1,p(x)}(\Omega,C\ell_n)} + \frac{C_4}{v}\|f\|_{W^{-1,p(x)}(\Omega,C\ell_n)} \\ &\leqslant \frac{C_1C_4}{v}\left(\frac{v}{2C_1C_4} - W\right)^2 + \frac{C_4}{v}\|f\|_{W^{-1,p(x)}(\Omega,C\ell_n)} \\ &\leqslant \frac{v}{2C_1C_4} - W,\end{aligned}$$

所以，由不等式$\|u_{k-2}\|_{W_0^{1,p(x)}(\Omega,C\ell_n)} \leqslant \frac{v}{2C_1C_4}-W$及(9.30)式可知

$$\begin{aligned}\|u_k-u_{k-1}\|_{W_0^{1,p(x)}(\Omega,C\ell_n)} &\leqslant \frac{2C_1C_4}{v}\left(\frac{v}{2C_1C_4}-W\right)\|u_{k-1}-u_{k-2}\|_{W_0^{1,p(x)}(\Omega,C\ell_n)}\\ &\leqslant\left(1-\frac{2C_1C_4}{v}W\right)\|u_k-u_{k-1}\|_{W_0^{1,p(x)}(\Omega,C\ell_n)}\end{aligned}$$

以及

$$L_k \leqslant 1-\frac{2C_1C_4}{v}W := L<1,$$

由此可知

$$\|u_k-u_{k-1}\|_{W_0^{1,p(x)}(\Omega,C\ell_n)} \leqslant L\|u_{k-1}-u_{k-2}\|_{W_0^{1,p(x)}(\Omega,C\ell_n)},$$

其中$0<L<1$给定. 接下去，由压缩映射原理可得序列$\{u_k\}$的收敛性，从而由(9.27)式可得序列$\{\pi_k\}$的收敛性. 证毕.

推论 9.3.2　在定理 9.3.2 的条件之下，有如下的先验估计:

$$\|u\|_{W_0^{1,p(x)}(\Omega,C\ell_n)} \leqslant \frac{v}{2C_1C_4}-W. \tag{9.31}$$

证明　由$\|u_{k-1}\|_{W_0^{1,p(x)}(\Omega,C\ell_n)} \leqslant \frac{v}{2C_1C_4}-W$可得估计(9.31). 至于$\|Q\pi\|_{L^{p(x)}(\Omega)}$的先验估计，可由(9.29)式，(9.31)式及引理 9.3.3 得到. 证毕.

注　显然，可得如下的误差估计:

$$\|u_k-u\|_{W_0^{1,p(x)}(\Omega,C\ell_n)} \leqslant \frac{L^k}{1-L}\|u_1-u_0\|_{W_0^{1,p(x)}(\Omega,C\ell_n)}.$$

特别地，若取$u_0=0$，则有$\|u_k-u\|_{W_0^{1,p(x)}(\Omega,C\ell_n)} \leqslant \frac{L^k}{1-L}\left(\frac{v}{2C_1C_4}-W\right)$.

最后考察在温度影响下黏性流体的流动问题. 这个问题可用如下方程组刻画:

$$\begin{cases}-\Delta u+\dfrac{\rho}{\mu}(u\cdot\nabla)u+\dfrac{1}{\mu}\nabla\pi+\dfrac{\gamma}{\mu}gw=-f, & x\in\Omega,\\ -\Delta w+\dfrac{m}{\kappa}(u\cdot\nabla)w=\dfrac{1}{\kappa}h, & x\in\Omega,\\ \mathrm{div}u=0, & x\in\Omega,\\ u,w=0, & x\in\partial\Omega.\end{cases}$$

其中，除了上述已介绍的记号之外，w指温度，γ指 Grasshof 数，m指 Prandtl 数，κ指温度传导率，g指向量$(0,0,\cdots,-1)^{\mathrm{T}}$，其中仅有第$n$分量不是零.

注 有关 Grasshof 数、Prandtl 数及 Reynolds 数的定义、计算及意义, 可以参考文献[243]. 另外, 当区域 Ω 有界及在空间 $W_0^{k,2}(\Omega,\mathbb{H})$ 中, Gürlebeck 和 Sprößig 在文献[216]中有详细论述. 当区域 Ω 有界及在空间 $W_0^{1,p(x)}(\Omega,C\ell_n)$ 中, Cerejeiras 和 Kähler 在文献[239]中有论证. 至于具有热传导的 Navier-Stokes 问题的非线性研究可参考文献[244].

类似上节 Navier-Stokes 问题的研究, 上述问题可以等价地写成

$$u+\frac{1}{\mu}TQ\pi=-TQ\tilde{T}\left(F(u)-\frac{\gamma}{\mu}e_n w\right),\quad x\in\Omega, \tag{9.32}$$

$$\frac{1}{\mu}[Q\pi]_0=\left[Q\tilde{T}\left(F(u)-\frac{\gamma}{\mu}e_n w\right)\right]_0,\quad x\in\Omega, \tag{9.33}$$

$$w=-\frac{m}{\kappa}TQ\tilde{T}[uD]_0 w+\frac{1}{\kappa}TQ\tilde{T}h,\quad x\in\Omega, \tag{9.34}$$

其中 $F(u):=f+\frac{\rho}{\mu}[uD]_0 u$, 那么问题可通过如下迭代来求解:

$$u_k+\frac{1}{\mu}TQ\pi_k=-TQ\tilde{T}\left(F(u_{k-1})-\frac{\gamma}{\mu}e_n w_{k-1}\right),\quad x\in\Omega, \tag{9.35}$$

$$\frac{1}{\mu}[Q\pi_k]_0=\left[Q\tilde{T}\left(F(u_{k-1})-\frac{\gamma}{\mu}e_n w_{k-1}\right)\right]_0,\quad x\in\Omega, \tag{9.36}$$

$$w_k=-\frac{m}{\kappa}TQ\tilde{T}[u_k D]_0 w_k+\frac{1}{\kappa}TQ\tilde{T}h,\quad x\in\Omega. \tag{9.37}$$

方程组(9.35)和(9.36)类似上节 Navier-Stokes 方程组(9.27)和(9.28)的迭代, 因此可以先求解方程(9.37). 为此, 类似文献[216]的论述, 构造如下迭代:

$$w_k^i=-\frac{m}{\kappa}TQ\tilde{T}(u_k\cdot\nabla)w_k^{i-1}+\frac{1}{\kappa}TQ\tilde{T}h. \tag{9.38}$$

定理 9.3.3 设 $p(x)$ 满足 $\frac{n}{2}\leqslant p_-\leqslant p(x)\leqslant p_+<\infty$. 若 $u_k\in W_0^{1,p(x)}(\Omega,C\ell_n)$ 且下列条件成立:

(i) $\|u_k\|_{W_0^{1,p(x)}(\Omega,C\ell_n)}<\frac{\kappa}{mC_1C_2}$;

(ii) $mv<2\kappa(1+C_3)$,

则迭代程序(9.38)在空间 $W_0^{1,p(x)}(\Omega,C\ell_n)$ 中收敛到(9.37)中的解. 而且, 还有如下先验估计:

$$\|w_k\|_{W_0^{1,p(x)}(\Omega,C\ell_n)}\leqslant\frac{2(1+C_3)C_2}{2\kappa(1+C_3)-mv}\|h\|_{W^{-1,p(x)}(\Omega,C\ell_n)}.$$

证明　条件(i), (9.38)及引理 9.3.3 可知

$$\left\|w_k^i\right\|_{W_0^{1,p(x)}(\Omega,C\ell_n)} \leqslant \frac{C_2\|h\|_{W^{-1,p(x)}(\Omega,C\ell_n)}}{\kappa - mC_1C_2\|u_k\|_{W_0^{1,p(x)}(\Omega,C\ell_n)}},$$

其中 $i\in\mathbb{N}$. 因此, 序列 $\{w_k^i\}_{i\in\mathbb{N}}$ 在空间 $W_0^{1,p(x)}(\Omega,C\ell_n)$ 中有界. 由引理 9.3.3 可知

$$\begin{aligned}\left\|w_k^i - w_k^{i-1}\right\|_{W_0^{1,p(x)}(\Omega,C\ell_n)} &= \left\|\frac{m}{\kappa}TQ\tilde{T}(u_k\cdot\nabla)(w_k^{i-1}-w_k^{i-2})\right\|_{W_0^{1,p(x)}(\Omega,C\ell_n)}\\ &\leqslant \frac{m}{\kappa}C_1C_2\|u_k\|_{W_0^{1,p(x)}(\Omega,C\ell_n)}\left\|w_k^i - w_k^{i-1}\right\|_{W_0^{1,p(x)}(\Omega,C\ell_n)},\end{aligned}$$

所以, 若 $\frac{m}{\kappa}C_1C_2\|u_k\|_{W_0^{1,p(x)}(\Omega,C\ell_n)}<1$, 则由压缩映射原理可知序列 $\{w_k^i\}_{i\in\mathbb{N}}$ 在空间 $W_0^{1,p(x)}(\Omega,C\ell_n)$ 中收敛. 类似于定理 9.3.2 的证明, 由(9.35)式可得

$$\begin{aligned}&\|u_k\|_{W_0^{1,p(x)}(\Omega,C\ell_n)}\\ &\leqslant \frac{\nu}{2C_1C_4} - \sqrt{\frac{\nu^2}{4C_1^2C_4^2} - \frac{\nu}{C_1}\|f\|_{W^{-1,p(x)}(\Omega,C\ell_n)} - \frac{\gamma}{\mu C_1}\|w_{k-1}\|_{W_0^{1,p(x)}(\Omega,C\ell_n)}}\\ &\leqslant \frac{\nu}{2C_1C_4},\end{aligned}$$

这说明了条件(ii)是迭代收敛的必要条件. 证毕.

定理 9.3.4　设 $p(x)$ 满足 $\frac{n}{2}\leqslant p_-\leqslant p(x)\leqslant p_+<\infty$. 若 $f\in W^{-1,p(x)}(\Omega,C\ell_n)$, $h\in W^{-1,p(x)}(\Omega,C\ell_n)$, 而且下列条件成立:

(a) $\nu\|f\|_{W^{-1,p(x)}(\Omega,C\ell_n)} + C_5\|h\|_{W^{-1,p(x)}(\Omega,C\ell_n)} < C_6$;

(b) $\|h\|_{W^{-1,p(x)}(\Omega,C\ell_n)} < C_7$;

(c) $m\nu < 2\kappa(1+C_3)$,

其中 $C_5=\frac{2\gamma(1+C_3)C_2}{\mu(2\kappa(1+C_3)-m\nu)}$, $C_6=\frac{3\nu^2}{16C_1C_4^2}$, $C_7=\frac{\mu(2\kappa(1+C_3)-m\nu)^2}{8\gamma mC_1C_2^3(1+C_3)^3}$, 则问题(9.32)—(9.34)在空间 $W_0^{1,p(x)}(\Omega,C\ell_n)\times W_0^{1,p(x)}(\Omega,C\ell_n)\times L^{p(x)}(\Omega)$ 中存在唯一解 (u,w,π), 其中 u 和 w 是唯一确定的, 除了相差一个常数, π 也是唯一的. 而且, 迭代(9.35)—(9.37)收敛到(9.32)—(9.34)中的解.

证明　从条件(a)可得如下估计:

$$\frac{\nu}{C_1}\|f\|_{W^{-1,p(x)}(\Omega,C\ell_n)} + \frac{C_5}{C_1}\|h\|_{W^{-1,p(x)}(\Omega,C\ell_n)} < \frac{\nu^2}{4C_1^2C_4^2}.$$

类似定理 9.3.2 的证明, 由(9.38)式可得如下先验估计:

$$\|u_k\|_{W_0^{1,p(x)}(\Omega,C\ell_n)} \leqslant \frac{\nu}{2C_1C_4} - M,$$

其中

$$M = \sqrt{\frac{\nu^2}{4C_1^2C_4^2} - \frac{\nu}{C_1}\|f\|_{W^{-1,p(x)}(\Omega,C\ell_n)} - \frac{C_5}{C_1}\|h\|_{W^{-1,p(x)}(\Omega,C\ell_n)}}.$$

由此可知序列 $\{u_k\}_{k\in\mathbb{N}}$ 和 $\{w_k\}_{k\in\mathbb{N}}$ 在空间 $W_0^{1,p(x)}(\Omega,C\ell_n)$ 中有界. 由(9.37)式可知

$$\begin{aligned}&\|w_k - w_{k-1}\|_{W_0^{1,p(x)}(\Omega,C\ell_n)}\\ &\leqslant \frac{m}{\kappa}C_2\|(u_k\cdot\nabla)(w_k - w_{k-1}) + ((u_k - u_{k-1})\cdot\nabla)w_{k-1}\|_{W^{-1,p(x)}(\Omega,C\ell_n)},\end{aligned}$$

所以由引理 9.3.3 可知

$$\begin{aligned}&\|w_k - w_{k-1}\|_{W_0^{1,p(x)}(\Omega,C\ell_n)}\\ &\leqslant \frac{\mu}{2\gamma C_4C_7}\|h\|_{W^{-1,p(x)}(\Omega,C\ell_n)}\|u_k - u_{k-1}\|_{W_0^{1,p(x)}(\Omega,C\ell_n)},\end{aligned}$$

从而由(9.35)可知

$$\|u_k - u_{k-1}\|_{W_0^{1,p(x)}(\Omega,C\ell_n)} \leqslant L_k\|u_{k-1} - u_{k-2}\|_{W_0^{1,p(x)}(\Omega,C\ell_n)},$$

其中

$$L_k = \frac{C_1C_4}{\nu}\left(\|u_{k-1}\|_{W_0^{1,p(x)}(\Omega,C\ell_n)} + \|u_{k-2}\|_{W_0^{1,p(x)}(\Omega,C\ell_n)}\right) + \frac{1}{2C_7}\|h\|_{W^{-1,p(x)}(\Omega,C\ell_n)}.$$

显然, 由条件(a), (b)可得

$$L_k \leqslant L < 1,$$

其中 $0 < L < 1$ 是与 k 无关的常数. 最后, 由压缩映射原理可知结论成立. 证毕.

第 10 章　随机变指数空间及其应用

10.1　随机分析的研究背景

直到 1933 年 Kolmogorov 建立了概率论公理体系，概率论是否是数学的一部分这一疑问才被打消，概率论从此成为了数学的一个分支. 后来有人认为概率论中的任何命题都可以翻译成分析的语言，因而概率论是分析的一部分. 然而，后来的事实证明这种观点是错误的. 20 世纪 40 年代到 50 年代间，人们更感兴趣的是如何利用概率方法解决分析问题. 其中一个著名的例子是构造一个处处不可微的连续函数，众所周知，处处不可微的连续函数在 1872 年由 Weierstrass 最先构造出，这让当时的人们对于有这样的函数存在大为震惊. 而在概率论中，可以证明 Brown 运动正好就是几乎所有轨道是处处不可微的连续函数. Brown 运动是在 1827 年英国植物学家 Brown 用显微镜观察花粉粒子发现的，在净水中花粉粒子做奇怪的不规则运动. 只是当时人们不知道 Brown 运动对未来的随机分析有着重要意义. 1905 年，爱因斯坦对这种现象给出了物理解释. 1923 年，Wiener[245]第一次构造了它的数学模型，因此 Brown 运动也被称作 Wiener 过程. 按照 Wiener 的定义，Brown 运动 $B(t)$ 具有性质:

(1) $B(0)=0$;

(2) 若 $0\leqslant t_1<\cdots<t_n, n\in\mathbb{N}, B(t_2)-B(t_1), B(t_3)-B(t_2),\cdots, B(t_n)-B(t_{n-1})$ 是独立随机变量族;

(3) 若 $0\leqslant s<t, B(t)-B(s)$ 服从正态 $N(0,t-s)$ 分布.

并且，Wiener 在连续函数空间上构造了概率测度，即 Wiener 测度. 在此之后，在文献[246-248]中，Cameron 和 Martin 得到了 Wiener 积分的许多重要性质，其中 Gauss 测度的拟不变性成为后来随机分析的基础定理，即 Cameron-Martin 定理.

定理 10.1.1 (Cameron-Martin 定理[249])　设 $(\Omega,\mathcal{F},\mu;H)$ 为不可约 Gauss 测度概率空间，ρ 为 H 中加群的典则表现，$E(h)=\exp\left\{W_h-\frac{1}{2}\|h\|^2\right\}(h\in H)$ 为指数泛函，则 $E(h)\in L^{\infty-}$ 且

$$\|E(h)\|_p\leqslant\exp\left\{\frac{p-1}{2}\|h\|^2\right\},\quad 1<p<\infty.$$

对 $f\in L^{1+}$ 有

$$E(\rho(h)f)=E(E(h)f),\quad h\in H,$$

此外

$$\lim_{t\to 0}t^{-1}(E(th)f-1)=W_h,$$

其中 $L^{\infty-}=\bigcap_{1<p<\infty}L^p(\Omega,\mathcal{F},\mu),\ L^{1+}=\bigcup_{1<p<\infty}L^p(\Omega,\mathcal{F},\mu)$.

1931 年, Kolmogorov[250]导出了扩散过程的转移概率满足二阶抛物方程, 建立了随机过程和微分方程之间的联系. 而对于一般的二阶椭圆微分算子:

$$L=\frac{1}{2}\sum_{i,j=1}^{m}a^{ij}(x)D_{ij}+\sum_{i=1}^{m}b^{i}(x)D_{i}$$

是否也能利用转换半群的方法构造出其边值问题的显式解. 这个问题引导日本数学家 Itô 在 20 世纪 40 年代开创了随机过程轨道的无穷小分析, 即随机分析, 以及随机微分方程理论. 通过随机微分方程, 人们可以直接构造扩散过程的轨道, 将扩散过程看作 Wiener 泛函. 这为利用概率方法求解微分方程等一系列分析问题提供了可能. 在 20 世纪 40 年代, Feynman 和 Kac 给出了利用泛函积分方法解数学物理方程著名公式, 即 Feynman-Kac 公式.

定理 10.1.2 (Feynman-Kac 公式[251]) 对于任意 $\varphi\in C_d^2(\mathbb{R}^d)$, 方程

$$\begin{cases}v_s(s,x)+(L(s)v(s,\cdot))(x)+V(s,x)v(s,x)=0, & 0\leqslant s<T,\\ v(T,x)=\varphi(x), & x\in\mathbb{R}^d\end{cases}$$

的唯一解为

$$v(s,x)=E\left(\varphi(T,s,x)e^{\int_x^T V(u,X(u,s,x))\mathrm{d}u}\right),$$

其中 L 为 Kolmogorov 算子, 即对于任意 $\varphi\in C_d^2(\mathbb{R}^d)$,

$$(L(s)\psi)(x)=\frac{1}{2}\mathrm{Tr}[\psi_{xx}\sigma(s,x)\sigma^*(s,x)]+\langle b(s,x),\psi_x(x)\rangle,$$

$X(\cdot,s,x)$ 是随机微分方程

$$\begin{cases}\mathrm{d}X(t)=b(t,X(t))\mathrm{d}t+\sigma(t,X(t))\mathrm{d}B(t), & s\leqslant t<T,\\ X(s)=x, & x\in\mathbb{R}^d\end{cases}$$

的解.

在经典分析中, 由于经典函数和微分的概念不能满足数学物理发展的需要, 所以 Sobolev 在 1936 年推广了函数和微分的概念, 引入了广义函数和广义导数的概念, 建立了 Sobolev 空间理论, Sobolev 空间详细理论见文献[86]. 20 世纪 40 年代, Schwartz 系统地完善了广义函数理论, 使之成为解决偏微分方程问题的有效工具.

在随机分析中，也遇到了同样的问题，由于随机分析中常见泛函(如 Wiener 泛函)并不都是 Frechét 可微的，因此需要推广泛函和微分的概念. 自从 Wiener 在 1923 年构造了 Brown 运动的数学模型，许多人都试图对 Wiener 泛函建立一套分析理论，直到 1976 年，法国数学家 Malliavin 在文献[252]中建立了一套对 Brown 运动轨道泛函的微分运算，创立了随机变分学，即 Malliavin 随机分析. 这使得 Wiener 泛函无限次可微，并将梯度、散度成功地推广，取得了重大突破. 应用这种随机变分运算，Malliavin 第一次用概率方法证明了偏微分方程理论关于亚椭圆算子的著名 Hörmander 定理[253]，即

定理 10.1.3 若向量场 $A_0,A_1,\cdots,A_d$ 产生的 Lie 代数 $\mathrm{Lie}\{A_k(x),0\leqslant k\leqslant d\}$ 在每点 $x\in\mathbb{R}^m$ 具有维数 m，则 L 为亚椭圆算子，其中

$$L=\frac{1}{2}\sum_{k=1}^{d}A_k^2+A_0.$$

这开辟了用概率方法解决分析问题的一个崭新领域，成为随机分析领域中最受瞩目的成果之一. Krylov[254, 255]关于 Bellman 型非线性抛物与椭圆方程的理论，也是应用概率方法研究方程问题. 为了对 Malliavin 随机分析建立严格的数学理论，学者们分别从不同的途径进行研究. 在 1981 年，Stroock[256]建立了无穷维 Sobolev 空间理论，并且在文献[257-259]中，Stroock 和 Kusuoka 系统地发展了 Wiener 空间上的 Ornstein-Uhlenbeck 半群理论. 超压缩性为 Ornstein-Uhlenbeck 半群中最重要的性质之一，由于无法定义适当的变指数空间使得 Ornstein-Uhlenbeck 半群在变指数空间上具有超压缩性，所以 Ornstein-Uhlenbeck 半群目前在变指数函数空间上还无法推广.

定理 10.1.4 (Ornstein-Uhlenbeck 半群的超压缩性，见文献[249]) 设 $\{T_t,t>0\}$ 是 Ornstein-Uhlenbeck 半群. 对 $p>1,t>0$，令

$$q(t)=e^{2t}(p-1)+1>p,$$

则对一切的 $F\in L^p$ 有

$$\|T_tF\|_{q(t)}\leqslant\|F\|_p.$$

Bismut[260]应用 Girsanov 变换的方法，得到了 Wiener 空间上的分部积分公式. Shigekawa[261]提出了另一种 Wiener 泛函的 Sobolev 空间概念. Meyer[262]证明了不同类型 Sobolev 范数的等价性并给出了 Meyer 不等式，这成为无穷维 Sobolev 空间理论基础.

定理 10.1.5 (Meyer 不等式[262]) 对 $p\in(1,\infty)$ 及 $k\in\mathbb{N}$，存在 $C_{k,p}>0$ 以及 $\tilde{C}_{k,p}>0$，使得对任 $F\in\mathcal{P}$ 有

$$\tilde{C}_{k,p}\|F\|_p\leqslant\|Q^kF\|_{k,p}\leqslant C_{k,p}\|F\|_p,$$

其中 $Q=(1-\mathcal{L})^{-\frac{1}{2}}$，$\mathcal{L}$ 为 Ornstein-Uhlenbeck 算子，$\mathcal{P}$ 为多项式泛函的总体.

在 1984 年和 1987 年, Watanabe[263, 264]研究了 Schwartz 广义函数和 Wiener 泛函的复合, 引进了广义 Wiener 泛函及其渐进展开公式. 在 1985 年, Sugita[265]讨论了抽象Wiener空间上的Sobolev空间的一些性质, 并在文献[266]中讨论了Sobolev空间中的Wiener泛函和Malliavin积分, 证明了一些Sobolev型范数的等价性, 建立Wiener泛函的Sobolev空间并讨论它的一些性质. 在 1994 年, Shigekawa[267]又讨论了在 Banach 空间中取值的 Sobolev 空间. 至此统一的 Sobolev 空间理论形成. 关于 Malliavin 分析还可以参考文献[268, 269]. Malliavin 分析在偏微分算子、渐进估计、热核的正则性、随机振荡积分以及随机系统的滤波与控制等方面有着重要的应用.

另一方面, 与 Malliavin 同时代, Hida[270]创立了白噪声分析. 白噪声是 Brown 运动的广义导数, 它的样本空间是 Schwartz 的广义函数空间. 白噪声分析有着深刻的物理背景, 它被广泛应用于 Feynman 积分和量子场论.

在经济理论中, 常用期望效用法来度量不确定环境下人们的偏好, 然而, 期望效用法无法度量人们的不确定厌恶, Allais 悖论和 Ellsberg 悖论也使得期望效用方法面临了有力的挑战. 研究者们尝试使用非线性数学期望来处理这些问题. 近些年来, 随着经济理论的不断发展, 非线性期望成为学者们研究的热点. 非线性期望是定义在线性随机变量空间的单调泛函. 应用较为广泛的是次线性期望.

定义 10.1.1 Ω 是给定的集合, $\mathcal{H}$ 是由定义在 Ω 上随机变量构成的线性空间, E 是泛函 $E:\mathcal{H}\to\mathbb{R}$, 满足以下条件:

(1) 单调性: 若 $X\geqslant Y$, 则有 $E[X]\geqslant E[Y]$;

(2) 若 $c\in\mathbb{R}$, 则 $E[c]=c$;

(3) 次线性性: 若 $X,Y\in\mathcal{H}$, 有 $E[X+Y]\leqslant E[x]+E[Y]$;

(4) 若 $\lambda\geqslant 0$, 则有 $E[\lambda X]=\lambda E[X]$,

则 E 被称作次线性期望.

在 1997 年, 我国数学家彭实戈[271]基于倒向随机微分方程引入了动态相容性的非线性期望, 即 G 期望, 它是由非线性热方程生成的. 受到统计、风险度量等不确定性的启发, 在 2006 年, 彭实戈在文献[272]中又首次引入了 G 正态分布以及相应的 G-Brown 运动, 在文献[273]中, 讨论了次线性期望下的中心极限定理, 给出了次线性期望下的 Brown 运动以及相应 Itô 型的随机变分. 在文献[274]中, 讨论了多维 G-Brown 运动, 推导出 G-Brown 运动相应的Itô 公式. 在 2011 年, Soner 等[275]讨论了 G 期望下鞅的表示定理. 现在 G 期望的理论研究已经比较完善, 而在实际应用的研究方兴未艾.

随机分析在许多领域中都有被应用. 金融经济学是随机分析应用的最成功的领域之一, 其中最知名的工作为 Black 和 Scholes[276]在 1973 年发表著名期权定价论文, 他们从证券价格的随机过程出发, 导出了 Black-Scholes 期权定价公式, 这项工作于 1997 年获得诺贝尔经济学奖. 在随机系统控制和滤波理论中, Kalman 和 Bucy[277]滤波公式是不可或缺的工具. 利用随机过程的观点研究微观粒子系统的动态发展, Nelson[278]开创了随机力学.

本章研究的方向主要为变指数函数空间理论和随机过程分析的结合.

关于随机过程的研究主要有三种不同的观点[279], 本章就是按照这三种不同的观点来推广变指数函数空间的.

第一种观点, 对于实数 $\mathbb{R}$ 的子集 A, 随机过程 $X=\{X_t(\omega),t\in A\}$ 是概率空间 $(\Omega,\mathcal{F},P)$ 上的一族随机变量. 若过程 $X=\{X_t,t\in A\}$ 和 $Y=\{Y_t,t\in A\}$ 满足对任意 $t\in A$, 有 $P\{X_t=Y_t\}=1$, 则认为 X 和 Y 是随机等价的. 随机过程的微积分运算被看作取值于线性拓扑空间的抽象函数的微积分运算, 本质上来看, 它是属于泛函分析的一部分. 10.2 节中, 关于随机场变指数函数空间就是基于这种观点发展出来的.

第二种观点, 随机过程 $X=\{X(t,\omega),t\in A,\omega\in\Omega\}$ 被看作是乘积空间 $A\times\Omega$ 上的函数. 如果把 Itô 积分 $\int_0^t X(t,\omega)\mathrm{d}B(t,\omega)$ 按照轨道积分来理解, 由于 Brown 运动的轨道在任一有限区间的变差是无界的, 所以对给定的 ω, Lebesgue-Stieltjes 积分没有意义. 因此, Itô 利用了被积函数的适应性以及 Brown 运动的鞅性来定义这种随机积分, 这种积分被称作 Itô 积分. 10.3 节讨论 Itô 积分在变指数随机过程空间 $C_B([0,T];L^{p(\cdot)}(\Omega))$ 上的表现, 对应的就是这种观点.

第三种观点, 对于随机过程 $X=\{X_t,t\in A\}$, 给定 $\omega\in\Omega$, 就可以得到普通的实函数 $X(\cdot,\omega)$, 称之为样本轨道. 用 R^A 表示定义在 A 上的全体实值函数构成的空间, $\mathcal{B}^A$ 为其乘积的σ-代数, 则过程 X 可以看作是取值于可测空间 $(R^A,\mathcal{B}^A)$ 的随机变量. 在这种观点下, 随机过程也出现了两种不同的等价性. ①若对任意 $t\in A$, 有 $P\{X_t=Y_t\}=1$, 则认为 X 和 Y 为相同的元素. ②若随机过程 X 和 Y 有相同分布, 即 $\mu_X=\mu_Y$, 则称 X 和 Y 是弱等价的. 其中

$$\mu_X(B)=P\circ X^{-1}(B)=P\{\omega:X(\cdot,\omega)\in B\},\quad B\in\mathcal{B}^A$$

为在 $(R^A,\mathcal{B}^A)$ 上产生的概率测度, 称之为 X 的分布. 若 X 和 Y 无区别, 则能推出随机等价, 因而弱等价. 反之则一般不成立. 在最弱等价意义下, 随机过程可以看作函数空间上的概率测度. 为了将有限维空间推广到无穷维空间, 引入了 Wiener 空间, 用 Wiener 空间代替基本概率空间 $(\Omega,\mathcal{F},P)$, 赋予了概率空间拓扑结构, 其上的随机变量被称作 Wiener 泛函. 由于 Wiener 空间有线性拓扑结构, 故可讨

论它中泛函的微分运算, Malliavin 从这个观点出发引入了 Malliavin 随机变分学, 详见文献[280, 281]. 10.4 节讨论的变指数空间的 Malliavin 导数对应的就是这种观点.

我们将具有确定变指数的函数空间理论推广到具有随机指数的函数空间、具有随机场指数的函数空间、具有随机指数的随机过程函数空间以及 Gauss 测度下 Hilbert 空间上的变指数 Lebesgue 空间和 Sobolev 空间, 并且以此为背景, 讨论了空间理论, 研究了具有随机变指数增长的方程弱解的存在唯一性和一类半线性随机微分方程的解存在唯一性, 将 Malliavin 导数扩展到了变指数函数空间.

将变指数函数空间理论推广应用到随机分析过程中, 好多时候并非只是将变指数函数空间理论简单平移. 最明显的就是对随机指数空间 $L^{p(\omega)}\left([0,T]\times\Omega,\mathcal{P},\mu\times P\right)$ 上的 Itô 积分的应用. 由于 Itô 积分并非 Lebesgue-Stieltjes 积分, 而是一种轨道积分, 并且变指数模没有等式

$$\mathrm{E}\left(\left(\int_0^T F(s)\mathrm{d}B(s)\right)^2\right)=\int_0^T \mathrm{E}(|F(s)|^2)\mathrm{d}s,$$

所以对 Itô 积分的变指数模估计需要用 Lebesgue 积分来控制. 在 10.3 节中讨论了这个问题.

另外, 在将 Malliavin 导数从 $D^{1,2}(H,\mu)$ 扩展到变指数空间 $D^{1,p(x)}(H,\mu)$, $1\leqslant p(x)\leqslant p_+$ 中时, 原来的逼近结论在 $L^{p(x)}(H,\mu)$ 上是否依然成立, 以及白噪声函数 W_z 变指数范数的估计都需要考虑. 当然, 也有一些是无法推广到随机分析中的. 例如, Ornstein-Uhlenbeck 算子半群理论, 这是因为 Ornstein-Uhlenbeck 算子需要空间的拟平移不变性(定理 10.1.1 的 Cameron-Martin 定理)以及 Ornstein-Uhlenbeck 半群的超压缩性(定理 10.1.4), 而这个在变指数 $p(x)$ 上是不能实现的.

10.2　具有随机场指数的函数空间及应用

这一节首先引入带有随机场变指数的 Lebesgue 函数空间 $L^{p(x,\omega)}(D\times\Omega)$, 以及带有随机场变指数的 Sobolev 函数空间 $W^{k,p(x,\omega)}(D\times\Omega)$, 然后, 讨论 $L^{p(x,\omega)}(D\times\Omega)$ 和 $W^{k,p(x,\omega)}(D\times\Omega)$ 的空间性质. 由于随机微分方程在金融中有许多应用, 最经典的应用方面是在期权定价, 所以, 研究带有随机变指数增长的随机微分方程的应用, 需要讨论如下方程弱解的存在唯一性:

$$\begin{cases}-\mathrm{div}A(x,\omega,u,\nabla u)+B(x,\omega,u,\nabla u)=f(x,u), & (x,\omega)\in D\times\Omega,\\ u=0, & (x,\omega)\in\partial D\times\Omega,\end{cases}\tag{10.1}$$

其中，$A(x,\omega,s,\xi)$ 和 $B(x,\omega,s,\xi)$ 是在随机场 $D\times\Omega$ 上可测且关于 s 和 ξ 连续的 Carathéodory 函数，f 是 $D\times\Omega$ 上可积的随机场. (Ω,F,P) 是完备的概率空间. D 是 $\mathbb{R}^N$ $(N>1)$ 中的有界开集. 可测随机场 $p:D\times\Omega\to[1,\infty)$ 满足 $1<p_-\leqslant p(x,\omega)\leqslant p_+<\infty$.

$A:\mathbb{R}^N\times\Omega\times\mathbb{R}\times\mathbb{R}^N\to\mathbb{R}^N, B:\mathbb{R}^N\times\Omega\times\mathbb{R}\times\mathbb{R}^N\to\mathbb{R}, f:\mathbb{R}^N\times\Omega\to\mathbb{R}$ 满足如下增长条件:

(R1) $|A(x,\omega,s,\xi)|\leqslant\beta_1(x,\omega)|\xi|^{p(x,\omega)-1}+\beta_2(x,\omega)|s|^{(x,\omega)-1}+K_1(x,\omega)$,

$$|B(x,\omega,s,\xi)|\leqslant\beta_3(x,\omega)|\xi|^{p(x,\omega)-1}+\beta_4(x,\omega)|s|^{(x,\omega)-1}+K_2(x,\omega).$$

(R2) $E((A(x,\omega,s_1,\xi)-A(x,\omega,s_2,\eta))(\xi-\eta)+(B(x,\omega,s_1,\xi)-B(x,\omega,s_2,\eta))(s_1-s_2))>0,\xi\neq\eta$ 或 $\xi=\eta$.

(R3) $E(A(x,\omega,s_1,\xi)\xi+B(x,\omega,s_1,\xi)s)\geqslant\beta E(|\xi|^{p(x,\omega)}+|s|^{p(x,\omega)})$ a.e. $x\in D$,

其中 $K_1(x,\omega),K_2(x,\omega)\in L^{p'(x,\omega)}(D\times\Omega),\beta_i(x,\omega)\ (i=1,2,3,4)$ 是非负有界可测随机场, $f\in L^{p'(x,\omega)}(D\times\Omega)$，并且 $\dfrac{1}{p(x,\omega)}+\dfrac{1}{p'(x,\omega)}=1$.

记 λ 是 $D\times\Omega$ 上的乘积测度，$u(x,\omega)$ 是 $D\times\Omega$ 上的可测随机场.

定义 10.2.1　空间 $L^{p(x,\omega)}(D\times\Omega)$ 是 $D\times\Omega$ 上可测随机场 u 满足

$$\int_{D\times\Omega}|u(x,\omega)|^{p(x,\omega)}\mathrm{d}\lambda<\infty$$

的集合, 其 Luxemburg 范数定义为

$$\|u\|_p=\inf\left\{\mu>0:\rho_p\left(\frac{u}{\mu}\right)\leqslant 1\right\},$$

其中, 泛函 ρ_p 定义为

$$\rho_p(u)=E\left(\int_D|u(x,\omega)|^{p(x,\omega)}\mathrm{d}x\right).$$

定义 10.2.2　空间是满足 $D^\alpha u\in L^{p(x,\omega)}(D\times\Omega),|\alpha|\leqslant k$ 的随机场的集合, 其范数定义为

$$\|u\|_{k,p}=\sum_{|\alpha|\leqslant k}\|D^\alpha u\|_p.$$

定义 10.2.3　空间 $W_0^{k,p(x,\omega)}(D\times\Omega)$ 是集合

$$C(D\times\Omega)=\{u:u(\cdot,\omega)\in C_0^\infty(D),\omega\in D\}$$

在 $W^{k,p(x,\omega)}(D\times\Omega)$ 中的闭包.

定理 10.2.1　对于 $f\in L^{p(x,\omega)}(D\times\Omega)$ 和 $g\in L^{p'(x,\omega)}(D\times\Omega)$，存在只依赖 p 的常数 C 使得如下不等式成立:

$$E\left(\int_D |f(x,\omega)g(x,\omega)|\,\mathrm{d}x\right)\leqslant C\|f\|_p\|g\|_{p'}.$$

证明　由 Young 不等式, 我们有

$$\frac{|f(x,\omega)g(x,\omega)|}{\|f\|_p\|g\|_{p'}}\leqslant\frac{1}{p(x,\omega)}\left(\frac{|f(x,\omega)|}{\|f\|_p}\right)^{p(x,\omega)}+\frac{1}{p'(x,\omega)}\left(\frac{|g(x,\omega)|}{\|g\|_{p'}}\right)^{p'(x,\omega)},$$

在 $D\times\Omega$ 上积分, 得到

$$E\left(\int_D\frac{|f(x,\omega)g(x,\omega)|}{\|f\|_p\|g\|_{p'}}\mathrm{d}x\right)\leqslant 1+\frac{1}{p_-}+\frac{1}{p_+},$$

所以

$$E\left(\int_D |f(x,\omega)g(x,\omega)|\,\mathrm{d}x\right)\leqslant\left(1+\frac{1}{p_-}+\frac{1}{p_+}\right)\|f\|_p\|g\|_{p'}.$$

证毕.

定理 10.2.2　若 $u_k,u\in L^{p(x,\omega)}(D\times\Omega)$, 那么

(1) 若 $\|u\|_p\geqslant 1$, 那么 $\|u\|_p^{p_-}\leqslant\rho_p(u)\leqslant\|u\|_p^{p_+}$.

(2) 若 $\|u\|_p\leqslant 1$, 那么 $\|u\|_p^{p_+}\leqslant\rho_p(u)\leqslant\|u\|_p^{p_-}$.

(3) $\lim\limits_{k\to\infty}\|u_k\|_p=0$ 当且仅当 $\lim\limits_{k\to\infty}\rho_p(u_k)=0$.

(4) $\lim\limits_{k\to\infty}\|u_k\|_p=\infty$ 当且仅当 $\lim\limits_{k\to\infty}\rho_p(u_k)=\infty$.

证明　(1) 由 $\|u\|_p\geqslant 1$ 以及范数的定义, 有

$$E\left(\int_D\frac{|u|^{p(x,\omega)}}{\|u\|_p^{p_+}}\mathrm{d}x\right)\leqslant E\left(\int_D\left(\frac{|u|}{\|u\|_p}\right)^{p(x,\omega)}\mathrm{d}x\right)\leqslant 1,$$

所以 $\rho_p(u)\leqslant\|u\|_p^{p_+}$. 因为 $\|u\|_p^{\frac{p_-}{p(x,\omega)}}\leqslant\|u\|_p$, 有

$$E\left(\int_D\left(\frac{|u|}{\|u\|_p^{\frac{p_-}{p(x,\omega)}}}\right)^{p(x,\omega)}\mathrm{d}x\right)\geqslant 1,$$

也就是说$\|u\|_p^{p_-}\leqslant \rho_{p(u)}$.

(2) 由$\|u\|_p\leqslant 1$，类似(1)中方法,

$$E\left(\int_D \frac{|u|^{p(x,\omega)}}{\|u\|_p^{p_-}}\mathrm{d}x\right)\leqslant E\left(\int_D\left(\frac{|u|}{\|u\|_p}\right)^{p(x,\omega)}\mathrm{d}x\right)\leqslant 1,$$

所以$\rho_p(u)\leqslant\|u\|_p^{p_-}$. 因为$\|u\|_p^{\frac{p_+}{p(x,\omega)}}\leqslant\|u\|_p$，所以

$$E\left(\int_D\left(\frac{|u|}{\|u\|_p^{\frac{p_+}{p(x,\omega)}}}\right)^{p(x,\omega)}\mathrm{d}x\right)\geqslant 1,$$

也就是说$\|u\|_p^{p_+}\leqslant\rho_{p(u)}$.

(3) 由(2)中不等式以及夹逼定理，可得$\lim\limits_{k\to\infty}\|u_k\|_p=0$当且仅当$\lim\limits_{k\to\infty}\rho_p(u_k)=0$.

(4) 由(1)中不等式与(3)同理可得. 证毕.

定理 10.2.3　空间$L^{p(x,\omega)}(D\times\Omega)$是完备的.

证明　取$L^{p(x,\omega)}(D\times\Omega)$中的 Cauchy 列$\{u_n\}$. 那么由定理 10.2.1,

$$E\left(\int_D|u_m(x,\omega)-u_n(x,\omega)|\,\mathrm{d}x\right)\leqslant C\|u_m-u_n\|_p\|\chi_D\|_{p'},$$

其中C是常数，也就是说，$\{u_n\}$也是$L^1(D\times\Omega)$的 Cauchy 列. 由于$L^1(D\times\Omega)$是完备的，$\{u_n\}$在$L^1(D\times\Omega)$中收敛. 设$u_n\to u, u\in L^1(D\times\Omega)$，进一步有

$$u_n(x,\omega)\to u(x,\omega)\ \text{a.e.}$$

(必要的话抽取子列)对于每个$0<\varepsilon<1$，存在n_0，对$m,n\geqslant n_0$有

$$\|u_m-u_n\|_p<\varepsilon.$$

固定n，由 Fatou 引理,

$$\begin{aligned}E\left(\int_D\left(\frac{|u_n(x,\omega)-u(x,\omega)|}{\varepsilon}\right)^{p(x,\omega)}\mathrm{d}x\right)&\leqslant E\left(\lim_{m\to\infty}\int_D\left(\frac{|u_n(x,\omega)-u_m(x,\omega)|}{\varepsilon}\right)^{p(x,\omega)}\mathrm{d}x\right)\\&\leqslant\lim_{m\to\infty}E\left(\int_D\left(\frac{|u_n(x,\omega)-u_m(x,\omega)|}{\varepsilon}\right)^{p(x,\omega)}\mathrm{d}x\right)\\&\leqslant 1,\end{aligned}$$

所以$\|u_n-u\|_p\leqslant\varepsilon$, 进一步有

$$\rho_p(u_n-u)\leqslant\|u_n-u\|_p^{p_-}\leqslant\varepsilon^{p_-},$$

即 $u_n-u\in L^{p(x,\omega)}(D\times\Omega)$. 又因为 $u_n\in L^{p(x,\omega)}(D\times\Omega)$, 所以有 $u\in L^{p(x,\omega)}(D\times\Omega)$. 证毕.

定理 10.2.4　空间 $L^{p(x,\omega)}(D\times\Omega)$ 是自反的.

证明　首先, 取 $v\in L^{p'(x,\omega)}(D\times\Omega)$ 固定. 对每个 $u\in L^{p(x,\omega)}(D\times\Omega)$, 定义

$$L_v(u)=E\left(\int_D uv\mathrm{d}x\right).$$

注意到

$$|L_v(u)|\leqslant C\|u\|_p\|v\|_{p'},$$

所以有 $L_v(u)\in\left[L^{p(x,\omega)}(D\times\Omega)\right]^*$.

然后, 我们将证明 $L^{p(x,\omega)}(D\times\Omega)$ 上的每一个有界线性泛函有

$$L_v(u)=E\left(\int_D uv\mathrm{d}x\right)$$

的形式, 其中 $v\in L^{p'(x,\omega)}(D\times\Omega)$.

设 $L\in\left[L^{p(x,\omega)}(D\times\Omega)\right]^*$ 给定. 记 S 为 $D\times\Omega$ 的子集. 定义

$$\mu(S)=L(\chi_S),$$

其中 χ_S 是 S 上的特征函数, 那么

$$\begin{aligned}|\mu(S)|&\leqslant\|L\|\cdot\|\chi_s\|_p\\&\leqslant\|L\|\max\left\{\rho_p(\chi_S)^{\frac{1}{p_-}},\rho_p(\chi_S)^{\frac{1}{p_+}}\right\}\\&\leqslant\|L\|\max\left\{\operatorname{meas}(S)^{\frac{1}{p_-}},\operatorname{meas}(S)^{\frac{1}{p_+}}\right\},\end{aligned}$$

所以 μ 关于测度 λ 是绝对连续的. 可知 μ 是 σ 有限测度. 由 Radon-Nikodym 定理, 存在 $D\times\Omega$ 上的可积函数 $\tilde{v}$ 使得

$$\mu(S)=\int_s\tilde{v}\mathrm{d}\lambda=E\left(\int_D\tilde{v}\chi_S\mathrm{d}x\right).$$

现在对简单函数 u 有

$$L(u)=E\left(\int_D u\tilde{v}\mathrm{d}x\right).$$

当 $u\in L^{p(x,\omega)}(D\times\Omega)$ 时，存在一列简单函数 $\{u_j\}$ 几乎处处收敛到 u 并且在 $D\times\Omega$ 上有

$$|u_j(x,\omega)|\leqslant|u(x,\omega)|.$$

由 Fatou 引理，

$$\begin{aligned}\left|E\left(\int_D u\tilde{v}\mathrm{d}x\right)\right|&\leqslant\limsup_{j\to\infty}E\left(\int_D|u_j\tilde{v}|\mathrm{d}x\right)\\&=\limsup_{j\to\infty}L\left(|u_j|\operatorname{sgn}\tilde{v}\right)\\&\leqslant\|L\|\limsup_{j\to\infty}\|u_j\|_p\\&\leqslant\|L\|\cdot\|u\|_p,\end{aligned}$$

那么

$$L_{\tilde{v}}(u)=E\left(\int_D u\tilde{v}\mathrm{d}x\right)$$

是 $L^{p(x,\omega)}(D\times\Omega)$ 上的有界线性泛函. 由 Lebesgue 控制收敛定理

$$\lim_{j\to\infty}\left|E\left(\int_D|u_j-u|^{p(x,\omega)}\mathrm{d}x\right)\right|\leqslant E\left(\int_D\lim_{j\to\infty}|u_j-u|^{p(x,\omega)}\mathrm{d}x\right)=0.$$

由定理 10.2.2, 有

$$\lim_{j\to\infty}\|u_j-u\|_p=0,$$

即 $u_j\to u$. 由于 $L(u_j)=L_{\tilde{v}}(u_j)$, 令 $j\to\infty$, 我们有 $L(u)=L_{\tilde{v}}(u)$.

最后，将证明 $\tilde{v}\in L^{p'(x,\omega)}(D\times\Omega)$. 令

$$E_l=\{(x,\omega)\in(D\times\Omega):|\tilde{v}(x,\omega)|\leqslant l\}.$$

因为

$$\int_{D\times\Omega}|\tilde{v}\chi_{E_l}|^{p'(x,\omega)}\mathrm{d}\lambda<\infty,$$

则有 $\tilde{v}\chi_{E_l}\in L^{p'(x,\omega)}(D\times\Omega)$. 假设 $\|\tilde{v}\chi_{E_l}\|_{p'}>0$ 并且取

$$u=\chi_{E_l}\left(\frac{|\tilde{v}|}{\|\tilde{v}\chi_{E_l}\|_{p'}}\right)^{\frac{1}{p(x,\omega)-1}}\operatorname{sgn}\tilde{v},$$

那么

$$\left|E\left(\int_D u\tilde{v}\mathrm{d}x\right)\right| = \left|E\left(\int_D \chi_{E_l}\left(\frac{|\tilde{v}|}{\left\|\tilde{v}\chi_{E_l}\right\|_{p'}}\right)^{p'(x,\omega)} \left\|\tilde{v}\chi_{E_l}\right\|_{p'}\mathrm{d}x\right)\right|$$

$$\geqslant \frac{\left\|\tilde{v}\chi_{E_l}\right\|_{p'}}{2^{p_+}} E\left(\int_D \chi_{E_l}\left(\frac{|\tilde{v}|}{\frac{1}{2}\left\|\tilde{v}\chi_{E_l}\right\|_{p'}}\right)^{p'(x,\omega)} \mathrm{d}x\right)$$

$$> \frac{\left\|\tilde{v}\chi_{E_l}\right\|_{p'}}{2^{p_+}}.$$

由于

$$\|u\|_p = \inf\left\{\lambda > 0 : E\left(\int_D \chi_{E_l}\left(\frac{|\tilde{v}|}{\lambda\left\|\tilde{v}\chi_{E_l}\right\|_{p'}}\right)^{p'(x,\omega)} \mathrm{d}x\right) \leqslant 1\right\} = 1,$$

所以有

$$\left\|\tilde{v}\chi_{E_l}\right\|_{p'} \leqslant 2^{p_+}\|L\|$$

以及

$$E\left(\int_D \left(\frac{\left|\tilde{v}\chi_{E_l}\right|}{2^{p_+}\|L\|}\right)^{p'(x,\omega)} \mathrm{d}x\right) \leqslant 1.$$

由 Fatou 引理,

$$E\left(\int_D \left(\frac{|\tilde{v}|}{2^{p_+}\|L\|}\right)^{p'(x,\omega)} \mathrm{d}x\right) \leqslant \limsup_{l\to\infty} E\left(\int_D \left(\frac{\left|\tilde{v}\chi_{E_l}\right|}{2^{p_+}\|L\|}\right)^{p'(x,\omega)} \mathrm{d}x\right) \leqslant 1$$

所以 $\tilde{v} \in L^{p'(x,\omega)}(D\times\Omega)$. 也就是 $L^{p'(x,\omega)}(D\times\Omega) = \left[L^{p(x,\omega)}(D\times\Omega)\right]^*$, 即 $L^{p(x,\omega)}(D\times\Omega)$ 是自反的. 证毕.

定理 10.2.5　空间 $W^{k,p(x,\omega)}(D\times\Omega)$ 是自反的 Banach 空间.

证明　$W^{k,p(x,\omega)}(D\times\Omega)$ 可以看作乘积空间 $\prod_m L^{p(x,\omega)}(D\times\Omega)$ 的子空间, 其中 m 是多重指标 α 的数目, $|\alpha| \leqslant k$. 那么只需证明 $W^{k,p(x,\omega)}(D\times\Omega)$ 是 $\prod_m L^{p(x,\omega)}(D\times\Omega)$ 的闭子空间. 取 $\{u_n\} \subset W^{k,p(x,\omega)}(D\times\Omega)$ 是一个收敛子列. 那么 $\{u_n\}$ 是 $L^{p(x,\omega)}(D\times\Omega)$ 中的收敛序列, 所以由定理 10.2.3, 存在 $u \in L^{p(x,\omega)}(D\times\Omega)$ 使得在 $L^{p(x,\omega)}(D\times\Omega)$ 上

有 $u_n \to u$ 成立.

类似地, 存在 $u_\alpha \in L^{p(x,\omega)}(D\times\Omega)$ 满足对 $|\alpha|\leqslant k$ 使得在 $L^{p(x,\omega)}(D\times\Omega)$ 上, 有

$$D^\alpha u_n \to u_\alpha.$$

由于对于 $\varphi\in C(D\times\Omega)$,

$$(-1)^{|\alpha|}E\left(\int_D D^\alpha u_n\varphi\mathrm{d}x\right)=E\left(\int_D u_n D^\alpha\varphi\mathrm{d}x\right),$$

当 $n\to\infty$ 时, 有

$$(-1)^{|\alpha|}E\left(\int_D u_\alpha\varphi\mathrm{d}x\right)=E\left(\int_D uD^\alpha\varphi\mathrm{d}x\right),$$

由弱导的定义, 对每个 $|\alpha|\leqslant k$, 有 $D^\alpha u=u_\alpha$, 所以 $D^\alpha u\in L^{p(x,\omega)}(D\times\Omega)$. 那么 $W^{k,p(x,\omega)}(D\times\Omega)$ 是 $\prod_m L^{p(x,\omega)}(D\times\Omega)$ 的闭子空间. 证毕.

定理 10.2.6　设序列在 $u_n\in L^{p(x,\omega)}(D\times\Omega)$ 在 $L^{p(x,\omega)}(D\times\Omega)$ 中有界. 如果在 $D\times\Omega$ 上有 $u_n\to u$ a.e., 那么在 $L^{p(x,\omega)}(D\times\Omega)$ 上有 $u_n\to u$.

证明　由定理 10.2.4, 只需证明对任意 $g\in L^{p'(x,\omega)}(D\times\Omega)$ 有

$$E\left(\int_D u_n g\mathrm{d}x\right)\to E\left(\int_D ug\mathrm{d}x\right).$$

设 $\|u_n\|_p\leqslant C, n\in\mathrm{N}$. 由 Fatou 引理,

$$E\left(\int_D\left|\frac{u}{C}\right|^{p(x,\omega)}\mathrm{d}x\right)\leqslant\limsup_{n\to\infty}E\left(\int_D\left|\frac{u_n}{C}\right|^{p(x,\omega)}\mathrm{d}x\right)\leqslant 1,$$

所以 $\|u\|_p\leqslant C$. 由 Lebesgue 积分的绝对连续性,

$$\lim_{\mathrm{meas}(E)\to 0}\int_{D\times\Omega}|g\chi_E|^{p'(x,\omega)}\mathrm{d}\lambda=0,$$

其中 $g\in L^{p'(x,\omega)}(D\times\Omega)$ 并且 $E\subset D\times\Omega$. 由定理 10.2.2, 有

$$\lim_{\mathrm{meas}(E)\to 0}\|g\chi_E\|_{p'}=0,$$

所以存在 $\delta>0$, 对于 $\mathrm{meas}(E)<\delta$ 使得

$$\|g\chi_E\|_{p'}<\frac{\varepsilon}{4C}\left(1+\frac{1}{p_-}-\frac{1}{p_+}\right)^{-1},$$

由 Egorov 定理, 存在集合 $B\subset D\times\Omega$ 满足 $\mathrm{meas}(D\times\Omega\setminus B)<\delta$ 使得在 B 上 u_n 一致收敛到 u. 取 n_0 使得当 $n>n_0$ 有

$$\max_{(x,\omega)\in B}|u-u_n|\cdot\|g\|_{p'}\|\chi_B\|_p\left(1+\frac{1}{p_-}-\frac{1}{p_+}\right)<\frac{\varepsilon}{2}.$$

取 $E=D\times\Omega\setminus B$，那么

$$\begin{aligned}
&\left|E\left(\int_D ug\mathrm{d}x\right)-E\left(\int_D u_n g\mathrm{d}x\right)\right|\\
&\leqslant\int_B|u_n-u||g|\mathrm{d}\lambda+\int_E|u_n-u||g|\mathrm{d}\lambda\\
&\leqslant\max_{(x,\omega)\in B}|u-u_n|E\left(\int_D|g\chi_B|\mathrm{d}x\right)+E\left(\int_D|u_n-u||g\chi_B|\mathrm{d}x\right)\\
&\leqslant\max_{(x,\omega)\in B}|u-u_n|\cdot\|g\|_{p'}\|\chi_B\|_p\left(1+\frac{1}{p_-}-\frac{1}{p_+}\right)+\|u_n-u\|_p\|g\chi_E\|_{p'}\left(1+\frac{1}{p_-}-\frac{1}{p_+}\right)\\
&<\varepsilon,
\end{aligned}$$

也就是说在 $L^{p(x,\omega)}(D\times\Omega)$ 上有 $u_n\to u$. 证毕.

定理 10.2.7　空间 $W_0^{1,1}(D,\Omega)$ 连续嵌入到 $L^{\frac{N}{N-1}}(D,\Omega)$.

证明　若 $u\in W_0^{1,1}(D,\Omega)$，对几乎处处 $w\in\Omega$，有 $u(x,\omega)\in W_0^{1,1}(D)$ 并且

$$\|u\|_{\frac{N}{N-1},D}\leqslant C\|u\|_{1,1,D},$$

其中 C 不依赖于 u. 那么

$$E\left(\|u\|_{\frac{N}{N-1},D}^{\frac{N}{N-1}}\right)\leqslant CE\left(\|u\|_{1,1,D}^{\frac{N}{N-1}}\right)\leqslant C\left(E\|u\|_{1,1,D}\right)^{\frac{N}{N-1}},$$

即

$$\int_{D\times\Omega}|u|^{\frac{N}{N-1}}\mathrm{d}\lambda\leqslant C\left(\int_{D\times\Omega}(|u|+|\nabla u|)\mathrm{d}\lambda\right)^{\frac{N}{N-1}},$$

所以由于

$$\begin{aligned}
&\int_{D\times\Omega}\left|\frac{u}{(2C)^{\frac{N}{N-1}}\|u\|_{1,1,D\times\Omega}}\right|^{\frac{N}{N-1}}\mathrm{d}\lambda\\
&\leqslant\frac{1}{2}\left(\int_{D\times\Omega}\left(\left|\frac{u}{\|u\|_{1,1,D\times\Omega}}\right|+\left|\frac{\nabla u}{\|u\|_{1,1,D\times\Omega}}\right|\right)\mathrm{d}\lambda\right)^{\frac{N}{N-1}}\\
&\leqslant 1,
\end{aligned}$$

有

$$\|u\|_{1,1,D\times\Omega}\leqslant\tilde{C}\|u\|_{1,1,D\times\Omega},$$

其中 $\tilde{C}=(2C)^{\frac{N}{N-1}}$. 证毕.

定理 10.2.8　设 p 和 q 是 $D\times\Omega$ 上的可测函数并且 $1<p_-\leqslant p(x,\omega)\leqslant p_+<N$, 如果

(1) $p(x,\omega)\leqslant q(x,\omega)\leqslant p^*(x,\omega)=\dfrac{Np(x,\omega)}{N-p(x,\omega)},\forall(x,\omega)\in D\times\Omega;$

(2) 存在常数 L 对于任意 $x_1,x_2\in D$ 和 $w\in\Omega$ 使得 $|q(x_1,\omega)-q(x_2,\omega)|\leqslant L|x_1-x_2|$;

(3) $\inf\limits_{(x,\omega)\in D\times\Omega}\left(\dfrac{N-1}{N}q(x,\omega)-p(x,\omega)\right)>0.$

那么存在从 $W^{1,p(x,\omega)}(D\times\Omega)$ 到 $L^{q(x,\omega)}(D\times\Omega)$ 的连续嵌入.

证明　由 Banach 空间的闭图像定理, 只需证明对任意 $u\in W^{1,p(x,\omega)}(D\times\Omega)\setminus\{0\}$, 有 $u\in L^{q(x,\omega)}(D\times\Omega)$. 记

$$W_{loc}^{1,p(x,\omega)}(D\times\Omega)=\left\{u\in W^{1,p(x,\omega)}(D\times\Omega):\operatorname{supp}u\subset K\times\Omega\right\},$$

其中 K 是紧的.

下面通过三步证明这个定理.

第一步: 任取 $u\in W_{loc}^{1,p(x,\omega)}(D\times\Omega)\cap L^\infty(D\times\Omega)$ 并且设 $\|u\|_{q(x,\omega)}=\mu$, 那么

$$E\left(\int_D\left|\frac{u}{\mu}\right|^{q(x,\omega)}\mathrm{d}x\right)=1.$$

令

$$f(x,\omega)=\left|\frac{u(x,\omega)}{\mu}\right|^{\frac{(N-1)q(x,\omega)}{N}}.$$

由于

$$E\left(\int_D\left|\frac{u}{\mu}\right|^{q(x,\omega)}\mathrm{d}x\right)=1,$$

我们有 $\|f\|_{\frac{N}{N-1}}=1$. 下面证明 $f\in W^{1,1}(D\times\Omega)$. 因为

$$\begin{aligned}|\nabla f|&\leqslant\frac{(N-1)q(x,\omega)}{N}\left|\frac{u}{\mu}\right|^{\frac{(N-1)q(x,\omega)}{N}}|\nabla u|+\frac{N-1}{N}|\nabla q|\left|\frac{u}{\mu}\right|^{\frac{(N-1)q(x,\omega)}{N}}\left|\ln\left|\frac{u}{\mu}\right|\right|\\&\leqslant\frac{C_0}{\mu}\left|\frac{u}{\mu}\right|^{\frac{(N-1)q(x,\omega)}{N}-1}|\nabla u|+C_0\left|\frac{u}{\mu}\right|^{\frac{(N-1)q(x,\omega)}{N}}\left|\ln\left|\frac{u}{\mu}\right|\right|,\end{aligned}$$

所以有

$$E\left(\int_D(|f|+|\nabla f|)\mathrm{d}x\right)\leqslant\frac{C_0}{\mu}E\left(\int_D\left|\frac{u}{\mu}\right|^{\frac{(N-1)q(x,\omega)-1}{N}}|\nabla u|\mathrm{d}x\right)$$

$$+C_0E\left(\int_D\left|\frac{u}{\mu}\right|^{\frac{(N-1)q(x,\omega)}{N}}\left|\ln\left|\frac{u}{\mu}\right|\right|\mathrm{d}x\right)+C_0E\left(\int_D\left|\frac{u}{\mu}\right|^{\frac{(N-1)q(x,\omega)}{N}}\mathrm{d}x\right)$$

$$=I_1+I_2+I_3.$$

对于I_1，存在常数C，使

$$I_1\leqslant\left|\frac{C}{\mu}\right|\left(E\left(\left|\frac{u}{\mu}\right|^{\left(\frac{(N-1)q(x,\omega)}{N}-1\right)p'(x,\omega)}\mathrm{d}x\right)+E\left(\int_D|\nabla u|^{p(x,\omega)}\mathrm{d}x\right)\right).$$

由条件(1)和(3),

$$p(x,\omega)\leqslant\left(\frac{(N-1)q(x,\omega)}{N}-1\right)p'(x,\omega)\leqslant q(x,\omega),$$

所以

$$I_1\leqslant\frac{C}{\mu}E\left(\int_D\left|\frac{u}{\mu}\right|^{p(x,\omega)}+\left|\frac{u}{\mu}\right|^{q(x,\omega)}+|\nabla u|^{p(x,\omega)}\mathrm{d}x\right)$$

$$\leqslant\frac{C}{\mu}E\left(\int_D\left|\frac{u}{\mu}\right|^{p(x,\omega)}+|\nabla u|^{p(x,\omega)}\mathrm{d}x\right)+\frac{C}{\mu}.$$

对于I_2，有

$$I_2=E\left(\int_D\left|\frac{u}{\mu}\right|^{\frac{(N-1)q(x,\omega)}{N}-\varepsilon}\left|\frac{u}{\mu}\right|^{\varepsilon}\left|\ln\left|\frac{u}{\mu}\right|\right|\mathrm{d}x\right),$$

其中ε是足够小的正整数满足

$$p(x,\omega)+2\varepsilon\leqslant\frac{(N-1)q(x,\omega)}{N}\leqslant q(x,\omega)-2\varepsilon,$$

那么可以得到$t_0>1$使得对任意$t\geqslant t_0$以及$(x,\omega)\in\bar{D}\times\Omega$，有

$$t^{\frac{(N-1)q(x,\omega)}{N}+\varepsilon}\leqslant\frac{1}{3C_0\tilde{C}}t^{q(x,\omega)},$$

更进一步有

$$0<\sup_{0<t<t_0,(x,\omega)\in\bar{D}\times\Omega}t^{\frac{(N-1)q(x,\omega)}{N}-\varepsilon-p(x,\omega)}<+\infty,$$

并且由

$$\lim_{t\to 0} t^{\varepsilon}\left|\ln t^{\varepsilon}\right| = 0,$$

有

$$0 < \sup_{0<t<t_0} t^{\varepsilon}\left|\ln t\right| < +\infty,$$

设

$$D_1 = \left\{(x,\omega)\in D\times\Omega : \left|\frac{u(x,\omega)}{\mu}\right| \leqslant t_0\right\},$$

$$D_2 = \left\{(x,\omega)\in D\times\Omega : \left|\frac{u(x,\omega)}{\mu}\right| > t_0\right\},$$

那么

$$\begin{aligned}
I_2 &= E\left(\int_{D_1}\left|\frac{u}{\mu}\right|^{\frac{(N-1)q(x,\omega)}{N}-\varepsilon}\left|\frac{u}{\mu}\right|^{\varepsilon}\left|\ln\left|\frac{u}{\mu}\right|\right|\mathrm{d}x\right) + E\left(\int_{D_2}\left|\frac{u}{\mu}\right|^{\frac{(N-1)q(x,\omega)}{N}-\varepsilon}\left|\frac{u}{\mu}\right|^{\varepsilon}\left|\ln\left|\frac{u}{\mu}\right|\right|\mathrm{d}x\right)\\
&\leqslant CE\left(\int_{D_1}\left|\frac{u}{\mu}\right|^{p(x,\omega)}\mathrm{d}x\right) + E\left(\int_{D_2}\left|\frac{u}{\mu}\right|^{q(x,\omega)}\mathrm{d}x\right)\\
&\leqslant CE\left(\int_{D}\left|\frac{u}{\mu}\right|^{p(x,\omega)}\mathrm{d}x\right) + \frac{1}{3C_0\tilde{C}}.
\end{aligned}$$

对于 I_3，有

$$\begin{aligned}
I_3 &= E\left(\int_{D_1}\left|\frac{u}{\mu}\right|^{\frac{(N-1)q(x,\omega)}{N}}\mathrm{d}x\right) + E\left(\int_{D_2}\left|\frac{u}{\mu}\right|^{\frac{(N-1)q(x,\omega)}{N}}\mathrm{d}x\right)\\
&\leqslant E\left(\int_{D_1}\left|\frac{u}{\mu}\right|^{\frac{(N-1)q(x,\omega)}{N}-\varepsilon}\mathrm{d}x\right) + E\left(\int_{D_2}\left|\frac{u}{\mu}\right|^{q(x,\omega)}\mathrm{d}x\right)\\
&\leqslant CE\left(\int_{D}\left|\frac{u}{\mu}\right|^{p(x,\omega)}\mathrm{d}x\right) + \frac{1}{3C_0\tilde{C}}.
\end{aligned}$$

由对 $I_i, i=1,2,3$ 的估计，有

$$\begin{aligned}
&E\left(\int_D |f| + |\nabla f|\mathrm{d}x\right)\\
&\leqslant C\left(E\left(\int_D\left|\frac{u}{\mu}\right|^{p(x,\omega)}\mathrm{d}x\right) + \frac{1}{\mu}E\left(\int_D\left|\frac{u}{\mu}\right|^{p(x,\omega)}\mathrm{d}x\right) + \frac{1}{\mu}E\left(\int_D|\nabla u|^{p(x,\omega)}\mathrm{d}x\right) + \frac{1}{\mu}\right) + \frac{2}{3\tilde{C}},
\end{aligned}$$

更进一步 $f\in W^{1,1}(D,\omega)$. 由定理 10.2.7,

$$\|f\|_{\frac{N}{N-1}}\leqslant \tilde{C}\|f\|_{1,1},$$

所以

$$\begin{aligned}1&<\tilde{C}E\left(\int_D|f|+|\nabla f|\mathrm{d}x\right)\\&\leqslant C\left(E\left(\int_D\left|\frac{u}{\mu}\right|^{p(x,\omega)}\mathrm{d}x\right)+\frac{1}{\mu}E\left(\int_D\left|\frac{u}{\mu}\right|^{p(x,\omega)}\mathrm{d}x\right)+\frac{1}{\mu}E\left(\int_D|\nabla u|^{p(x,\omega)}\mathrm{d}x\right)+\frac{1}{\mu}\right)+\frac{2}{3},\end{aligned}$$

有

$$1\leqslant C\left(E\left(\int_D\left|\frac{u}{\mu}\right|^{p(x,\omega)}\mathrm{d}x\right)+\frac{1}{\mu}E\left(\int_D\left|\frac{u}{\mu}\right|^{p(x,\omega)}\mathrm{d}x\right)+\frac{1}{\mu}E\left(\int_D|\nabla u|^{p(x,\omega)}\mathrm{d}x\right)+\frac{1}{\mu}\right).$$

如果 $\mu\geqslant1$, 那么

$$\begin{aligned}\mu&\leqslant C\left(\frac{1}{\mu^{p_-}}E\left(\int_D\left|\frac{u}{\mu}\right|^{p(x,\omega)}\mathrm{d}x\right)+\frac{\mu}{\mu^{p_-}}E\left(\int_D\left|\frac{u}{\mu}\right|^{p(x,\omega)}\mathrm{d}x\right)+E\left(\int_D|\nabla u|^{p(x,\omega)}\mathrm{d}x\right)+1\right)\\&\leqslant C_1\left(E\left(\int_D\left(|u|^{p(x,\omega)}+|\nabla u|^{p(x,\omega)}\right)\mathrm{d}x\right)+1\right).\end{aligned}\tag{10.2}$$

不失一般性, 不妨设 $C_1>1$. 如果 $\mu<1$, (10.2)式也被满足, 所以存在不依赖于 u 的常数 $C_1>1$ 使得对任意 $u\in W_{loc}^{1,p(x,\omega)}(D\times\Omega)\cap L^\infty(D\times\Omega)$, 有

$$\|u\|_q\leqslant C_1\left(E\left(\int_D\left(|u|^{p(x,\omega)}+|\nabla u|^{p(x,\omega)}\right)\mathrm{d}x\right)+1\right).\tag{10.3}$$

第二步: 对任意 $u\in W^{1,p(x,\omega)}(D\times\Omega)\cap L^\infty(D\times\Omega)$, 证明 (10.3) 成立.

取 $\{\psi_n\}\subset C^\infty(\mathbb{R}^N)(n=1,2,\cdots)$ 满足当 $|x|\leqslant n$ 时, $\psi_n(x)=1$; 当 $|x|\geqslant n+2$ 时, $\psi_n(x)=0$. 对 $\forall x\in\mathbb{R}^n$ 有 $\psi_n(x)\in[0,1]$ 时, $|\nabla\psi_n(x)|\leqslant1$.

设 $u_n(x,\omega)=\psi_n(x)u(x,\omega)$, 那么有

$$u_n\in W_{loc}^{1,p(x,\omega)}(D\times\Omega)\cap L^\infty(D\times\Omega)$$

以及

$$|u_n(x,\omega)|\leqslant|u(x,\omega)|,$$

或

$$E\left(\int_D|u_n|^{p(x,\omega)}\mathrm{d}x\right)\leqslant E\left(\int_D|u|^{p(x,\omega)}\mathrm{d}x\right).$$

显然，我们有

$$
\begin{aligned}
E\left(\int_D |\nabla u_n|^{p(x,\omega)}\,\mathrm{d}x\right) &\leqslant E\left(\int_D \left(|\psi_n \nabla u| + |u\nabla \psi_n|\right)^{p(x,\omega)}\,\mathrm{d}x\right) \\
&\leqslant E\left(\int_D \left(|\nabla u| + |u|\right)^{p(x,\omega)}\,\mathrm{d}x\right) \\
&\leqslant 2^{p_+} E\left(\int_D |\nabla u|^{p(x,\omega)} + |u|^{p(x,\omega)}\,\mathrm{d}x\right).
\end{aligned}
$$

记 $q_+ = \sup\limits_{(x,\omega)\in D\times\Omega} q(x,\omega)$. 由(10.3)式有

$$
\begin{aligned}
E\left(\int_D |u_n|^{q(x,\omega)}\,\mathrm{d}x\right) &\leqslant C\left(E\left(\int_D \left(|u_n|^{p(x,\omega)} + |\nabla u_n|^{p(x,\omega)}\right)\mathrm{d}x\right) + 1\right)^{q_+} \\
&\leqslant C\left(E\left(\int_D \left(|u|^{p(x,\omega)} + |\nabla u|^{p(x,\omega)}\right)\mathrm{d}x\right) + 1\right)^{q_+}.
\end{aligned}
$$

由于当 $n\to\infty$ 时，在 $D\times\Omega$ 上几乎处处有 $u_n(x,\omega)\to u(x,\omega)$，所以由 Fatou 引理有对任意 $u\in W^{1,p(x,\omega)}(D\times\Omega)\cap L^\infty(D\times\Omega)$ 有

$$
E\left(\int_D |u|^{q(x,\omega)}\,\mathrm{d}x\right) \leqslant C\left(E\left(\int_D \left(|u|^{p(x,\omega)} + |\nabla u|^{p(x,\omega)}\right)\mathrm{d}x\right) + 1\right)^{q_+},
$$

其中 $C>1$ 是不依赖于 u 的常数.

第三步：对任意 $u\in W^{1,p(x,\omega)}(D\times\Omega)$，证明(10.3)也成立.

对于 $n\in\mathbb{N}$，设

$$
u_n(x,\omega) = \begin{cases} u(x,\omega), & |u(x,\omega)| \leqslant n, \\ n\operatorname{sgn} u(x,\omega), & |u(x,\omega)| > n, \end{cases}
$$

那么 $u_n\in W^{1,p(x,\omega)}(D\times\Omega)\cap L^\infty(D\times\Omega)$. 由于

$$
E\left(\int_D |u_n|^{p(x,\omega)}\,\mathrm{d}x\right) \leqslant E\left(\int_D |u|^{p(x,\omega)}\,\mathrm{d}x\right)
$$

以及

$$
E\left(\int_D |\nabla u_n|^{p(x,\omega)}\,\mathrm{d}x\right) \leqslant E\left(\int_D |\nabla u|^{p(x,\omega)}\,\mathrm{d}x\right),
$$

所以有

$$
\begin{aligned}
E\left(\int_D |u_n|^{q(x,\omega)}\,\mathrm{d}x\right) &\leqslant C\left(E\left(\int_D \left(|u_n|^{p(x,\omega)} + |\nabla u_n|^{p(x,\omega)}\right)\mathrm{d}x\right) + 1\right)^{q_+} \\
&\leqslant C\left(E\left(\int_D \left(|u|^{p(x,\omega)} + |\nabla u|^{p(x,\omega)}\right)\mathrm{d}x\right) + 1\right)^{q_+}.
\end{aligned}
$$

由于对几乎处处的 $(x,\omega)\in\bar{D}\times\Omega$，当 $n\to\infty$ 时有 $u_n(x,\omega)\to u(x,\omega)$，由 Fatou 引理有

$$E\left(\int_D |u|^{q(x,\omega)}\,\mathrm{d}x\right) \leqslant C\left(E\left(\int_D \left(|u|^{p(x,\omega)} + |\nabla u|^{p(x,\omega)}\right)\mathrm{d}x\right) + 1\right)^{q_+} < +\infty,$$

因此 $u \in L^{q(x,\omega)}(D\times\Omega)$. 证毕.

定理 10.2.9　如果 $p:\bar{D}\times\Omega \to \mathbb{R}$ 对于某个常数 L 和任意 $x_1, x_2 \in \bar{D}$，$\omega \in \Omega$，满足

$$|p(x_1,\omega) - p(x_2,\omega)| \leqslant L(x_1 - x_2),$$

$q:\bar{D}\times\Omega \to \mathbb{R}$ 是可测的并且满足在 $\bar{D}\times\Omega$ 上几乎处处有

$$p(x,\omega) \leqslant q(x,\omega) \leqslant p^*(x,\omega) = \frac{Np(x,\omega)}{N - kp(x,\omega)}, \tag{10.4}$$

那么存在从 $W^{k,p(x,\omega)}(D\times\Omega)$ 到 $L^{q(x,\omega)}(D\times\Omega)$ 的连续嵌入.

证明　若 $k=1$，记 $q(x,\omega) = p^*(x,\omega)$，那么 q 满足定理 10.2.8 的条件，所以有连续嵌入 $W^{1,p(x,\omega)}(D\times\Omega) \to L^{q(x,\omega)}(D\times\Omega)$. 对于满足(10.4)可测的 q，取 $u \in W^{1,p(x,\omega)}(D\times\Omega)$，那么有

$$E\left(\int_D |u|^{q(x,\omega)}\,\mathrm{d}x\right) \leqslant E\left(\int_D \left(|u|^{p(x,\omega)} + |u|^{p^*(x,\omega)}\right)\mathrm{d}x\right) < +\infty,$$

更进一步有 $u \in L^{q(x,\omega)}(D\times\Omega)$，所以得到连续嵌入.

若 $k>1$，类似文献[8]中的归纳法，我们得到连续嵌入. 证毕.

定义 10.2.4　若对于所有 $\varphi \in W^{1,p(x,\omega)}(D\times\Omega)$ 有

$$E\left(\int_D \left(A(x,\omega,u,\nabla u)\nabla\varphi + B(x,\omega,u,\nabla u)\varphi\right)\mathrm{d}x\right) = E\left(\int_D f(x,\omega)\varphi\,\mathrm{d}x\right)$$

成立，则称 $u \in W_0^{1,p(x,\omega)}(D\times\Omega)$ 是方程(10.1)的弱解.

下面记 $K = W_0^{1,p(x,\omega)}(D\times\Omega)$，那么很明显 K 是 $X = W^{1,p(x,\omega)}(D\times\Omega)$ 的闭凸子集. 定义算子 $\mathcal{L}: K \to X^*$：

$$\langle \mathcal{L}u, v\rangle = E\left(\int_D \left(A(x,\omega,u,\nabla u)\nabla v + B(x,\omega,u,\nabla u)v\right)\mathrm{d}x - \int_D f(x,\omega)v\,\mathrm{d}x\right),$$

其中 $v \in X$.

类似于定理 6.2.5 有

引理 10.2.1　算子 $\mathcal{L}$ 在 K 上是单调的和强制的.

引理 10.2.2　算子 $\mathcal{L}$ 强弱连续的.

定理 10.2.10　在条件(R1)—(R3)下，对任意 $f \in L^{p'(x,\omega)}(D\times\Omega)$ 方程(10.1)存在唯一弱解 $u \in W_0^{1,p(x,\omega)}(D\times\Omega)$.

10.3　几类变指数随机过程函数空间

随机微分方程在期权定价等金融问题上有很重要的应用. 而 Itô 积分是随机微分方程的重要组成部分, 我们很好奇变指数空间中随机过程的 Itô 积会不会有类似常指数空间中随机过程 Itô 积分的估计, 以及会有怎样的表现. 受到文献[63, 251]的启发, 这里引进变指数随机过程空间 $\mathcal{C}_B([0,T];L^{p(\cdot)}(\Omega))$ 和 $\mathcal{L}_B^{p(\cdot)}(\Omega;C([0,T]))$. 首先讨论引进的变指数空间的性质, 然后给出 $\mathcal{C}_B([0,T];L^{p(\cdot)}(\Omega))$ 中随机过程 Itô 积分模的估计. 最后, 探讨在半线性随机微分方程上的一个应用, 讨论方程在 $\mathcal{C}_{BF}([0,T];L^{p(\omega)}(D\times\Omega))$ 中解的存在唯一性. 而关于半线性随机微分方程的讨论, Krylov [282]在 2000 年发展了 SPDEs 的 L^p 理论; 在 2006 年, 武汉大学的张希承[283]讨论了广义测度空间上半线性 SPDEs 的 L^p- 理论. 关于随机微分方程更多的内容可以参考文献[284-286].

记 $(\Omega,\mathcal{F},P)$ 是概率空间. B 是概率空间 $(\Omega,\mathcal{F},P)$ 上的标准 Brown 运动, $(\mathcal{F}_t)_{t\geqslant 0}$ 是自然流. 变指数函数 $p:\Omega\to[1,\infty)$ 是 Ω 上的随机变量. 设 X 是一实可测随机过程.

定义 10.3.1　空间 $L^{p(\omega)}([0,T]\times\Omega,\mathcal{P},\mu\times P)$ 是由满足 $\rho(X)<\infty$ 的可料过程 X 组成的, 其中 $\mathcal{P}$ 是由 $[0,T]\times\Omega$ 上所有可料矩形生成的 σ- 代数, 其范数定义为

$$\|X\|_{L^{p(\omega)}([0,T]\times\Omega)}=\inf\left\{\lambda>0:\rho\left(\frac{X}{\lambda}\right)\leqslant 1\right\},$$

其中

$$\rho(X)=E\left(\int_0^T|X(t,\omega)|^{p(\omega)}\,\mathrm{d}t\right).$$

同时我们定义空间

$$L^{p(\cdot)}(\Omega,\mathcal{F}_t,P)=\{X(t)\text{ 是 }\mathcal{F}_t\text{ 可测}:\rho_{p(\cdot)}(X(t))<\infty\},$$

其范数定义为

$$\|X(t)\|_{p(\cdot)}:=\inf\left\{\lambda>0:\rho_{p(\cdot)}\left(\frac{X(t)}{\lambda}\right)\leqslant 1\right\},$$

其中

$$\rho_{p(\cdot)}(X(t))=E(|X(t,\omega)|^{p(\omega)}).$$

定义 10.3.2　空间 $\mathcal{C}_B([0,T];L^{p(\cdot)}(\Omega))$ 是由所有满足如下性质的可料过程

X 组成的线性空间：对所有 $t\in[0,T]$，有 $t\in[0,T]$，有 $X(t,\cdot)\in L^{p(\cdot)}(\Omega,\mathcal{F}_t,P)$；$\sup\limits_{t\in[0,T]}\rho_{p(\cdot)}\big(X(t)\big)<\infty$ 并且对任意 $t_0\in[0,T]$，有

$$\lim_{t\to t_0}\rho_{p(\cdot)}\big(X(t)-X(t_0)\big)=0.$$

其范数定义为

$$\|X\|_{C_B}=\sup_{t\in[0,T]}\|X(t)\|_{p(\cdot)}.$$

定义等价关系 $r_1: X\sim Y$ 当且仅当 $\|X-Y\|_{C_B}=0$. 记 $C_B\big([0,T];L^{p(\cdot)}(\Omega)\big)$ 为在等价关系 r_1 下 $\mathcal{C}_B([0,T];L^{p(\cdot)}(\Omega))$ 的商空间.

定义 10.3.3　空间 $\mathcal{L}_B^{p(\cdot)}(\Omega;C([0,T]))$ 是由所有满足如下性质的 $([0,T]\times\Omega,\mathcal{B}([0,T])\times\mathcal{F})$ 上可测映射 X 组成的线性空间：对几乎必然 $\omega\in\Omega$, $X(\cdot,\omega)$ 是连续的；对于所有 $t\in[0,T]$, $X(t,\cdot)$ 是 $\mathcal{F}_t$- 可测的，并且

$$\rho_{p(\cdot)}\left(\sup_{t\in[0,T]}|X(t)|\right)<\infty.$$

其范数定义为

$$\|X\|_{L_B}:=\inf\left\{\lambda>0:\rho_{p(\cdot)}\left(\frac{\sup_{t\in[0,T]}|X(t)|}{\lambda}\right)\leqslant 1\right\}.$$

其中 $\mathcal{B}([0,T])$ 是由所有 $[0,T]$ 的 Borel 子集生成的 σ- 代数.

容易知道

$$\|X\|_{L_B}=\left\|\sup_{t\in[0,T]}|X(t)|\right\|_{p(\cdot)}.$$

定义等价关系 $r_2: X\sim Y$ 当且仅当 $\|X-Y\|_{L_B}=0$. 记 $L_B^{p(\cdot)}(\Omega;C([0,T]))$ 为在等价关系 r_2 下 $\mathcal{L}_B^{p(\cdot)}(\Omega;C([0,T]))$ 的商空间.

记 D 为 $\mathbb{R}^d, d\geqslant 1$ 的有界子集. 类似地，可以定义泛函:

$$\rho(u)=E\left(\int_D|u(x,\omega)|^{p(\omega)}\mathrm{d}x\right).$$

空间 $L^{p(\omega)}(D\times\Omega,\mathcal{B}(D)\times\mathcal{F},\mu\times P)$ 是由满足 $\rho(u)<\infty$ 的 $D\times\Omega$ 上所有可测函数组成的空间，其范数定义为

$$\|u\|_{L^{p(\omega)}(D\times\Omega)}=\inf\left\{\lambda>0:\rho\left(\frac{u}{\lambda}\right)\leqslant 1\right\},$$

其中 μ 是 D 上的 Lebesgue 测度.

定义 10.3.4 空间 $\mathcal{C}_{BF}([0,T];L^{p(\omega)}(D\times\Omega))$ 是由满足如下条件的 $([0,T]\times D\times\Omega, \mathcal{B}([0,T])\times\mathcal{B}(D)\times\mathcal{F})$ 上的可测映射组成的线性空间：对任意 $t\in[0,T]$,

$$u(t)\in L^{p(\omega)}\ (D\times\Omega,\mathcal{B}(D)\times\mathcal{F}_t,\mu\times P),$$

并且

$$\sup_{t\in[0,T]}\rho(u(t))<\infty,$$

对任意 $t_0\in[0,T]$ 有

$$\lim_{t\to t_0}\rho(u(t)-u(t_0))=0.$$

其范数定义为

$$\|u\|_{C_{BF}}=\sup_{t\in[0,T]}\|u(t)\|_{L^{p(\omega)}(D\times\Omega)}.$$

定义等价关系 $r_3:u\sim v$ 当且仅当 $\|u-v\|_{C_{BF}}=0$. 记 $C_{BF}([0,T];L^{p(\omega)}(D\times\Omega))$ 为在等价关系 r_3 下 $\mathcal{C}_{BF}([0,T];L^{p(\omega)}(D\times\Omega))$ 的商空间.

定理 10.3.1 (文献[179]引理 3.2.20) 若变指数 $p(\omega)$, $q(\omega)$, $s(\omega)\in[1,\infty]$ 满足

$$\frac{1}{s(\omega)}=\frac{1}{p(\omega)}+\frac{1}{q(\omega)},\ \text{a.s.},$$

那么任取 $X\in L^{p(\omega)}([0,T]\times\Omega,\mathcal{P},\mu\times P)$ 和 $Y\in L^{q(\omega)}([0,T]\times\Omega,\mathcal{P},\mu\times P)$ 有

$$\|XY\|_{L^{s(\omega)}([0,T]\times\Omega)}\leqslant 2\|X\|_{L^{p(\omega)}([0,T]\times\Omega}\|Y\|_{L^{q(\omega)}([0,T]\times\Omega)}$$

成立, 特别地, 当 $s=p=q=\infty$ 时我们设 $\dfrac{s}{p}=\dfrac{s}{q}=1$.

定理 10.3.2 (文献[179]定理 3.3.1) 令 p 和 q 是变指数函数, 对于所有 $\omega\in\Omega$ 定义变指数函数 $\dfrac{1}{r(\omega)}=\max\left\{\dfrac{1}{p(\omega)}-\dfrac{1}{q(\omega)},0\right\}$. 若 $1\leqslant p\leqslant q$, a.s. 并且 $1\in L^{r(\omega)}([0,T]\times\Omega,\mathcal{P},\mu\times P)$, 那么有连续嵌入

$$L^{q(\omega)}([0,T]\times\Omega,\mathcal{P},\mu\times P)\to L^{p(\omega)}([0,T]\times\Omega,\mathcal{P},\mu\times P).$$

定理 10.3.3 若 p 是满足 $1\leqslant p(\omega)<\infty$ a.s. 的变指数函数, 那么有

$$C_B([0,T];L^{p(\cdot)}(\Omega))\subset L^{p(\omega)}([0,T]\times\Omega,\mathcal{P},\mu\times P).$$

证明 任取 $X\in C_B([0,T];L^{p(\cdot)}(\Omega))$, 由于

$$\rho(X)\leqslant\int_0^T\sup_{t\in[0,T]}E(|X(t,\omega)|^{p(\omega)})\mathrm{d}t=T\sup_{t\in[0,T]}\rho_{p(\cdot)}(X(t))<\infty,$$

有 $X\in L^{p(\omega)}([0,T]\times\Omega,\mathcal{P},\mu\times P)$. 证毕.

定理 10.3.4　设 $B(t),t\geqslant 0$ 是 $(\Omega,\mathcal{F},P)$ 上的一个独立增量随机过程，满足 $B(0)=0$ 并且当 $0\leqslant s<t$ 时，$B(t)-B(s)$ 是具有分布律 N_{t-s} 的实 Gauss 随机过程. 若变指数函数 p 满足 $2\leqslant p(\omega)\leqslant p_+<\infty$ a.s.，那么有 $B\in C_B([0,T];L^{p(\cdot)}(\Omega))$.

证明　对任意 $0\leqslant s<t$，$B(t)-B(s)$ 是实 Gauss 随机变量，有

$$E(|B(t)-B(s)|^{p(\omega)})\leqslant E(|B(t)-B(s)|^2)+E(|B(t)-B(s)|^{2m})=|t-s|+\frac{(2m)!}{2^m m!}(t-s)^m,$$

其中 $p_+\leqslant 2m<p_++2, m\in\mathbb{N}$. 因此,

$$\lim_{t\to s}E(|B(t)-B(s)|^{p(\omega)})=0.$$

类似地, 因为

$$E(|B(t)|^{p(\omega)})\leqslant E(|B(t)|^2)+E(|B(t)|^{2m})=|t|+\frac{(2m)!}{2^m m!}t^m,$$

所以对于 $t\in[0,T]$，有 $B(t)\in L^{p(\cdot)}(\Omega,\mathcal{F}_t,P)$ 并且

$$\sup_{t\in[0,T]}\rho_{p(\cdot)}(B(t))\leqslant|T|+\frac{(2m)!}{2^m m!}|T|^m<\infty,$$

因此，$B\in C_B([0,T];L^{p(\cdot)}(\Omega))$. 证毕.

定理 10.3.5　若 p 满足 $1\leqslant p(\omega)\leqslant p_+<\infty$ a.s.，那么 $C_B([0,T];L^{p(\cdot)}(\Omega))$ 是 Banach 空间.

证明　任取 $C_B([0,T];L^{p(\cdot)}(\Omega))$ 中 Cauchy 列 $\{X_n\}$，那么由定理 10.3.3, 有 $\{X_n\}\subset L^{p(\omega)}([0,T]\times\Omega,\mathcal{P},\mu\times P)$ 并且

$$\begin{aligned}
&E\left(\int_0^T|X_m(t)-X_n(t)|^{p(\omega)}\mathrm{d}t\right)\\
&\leqslant\int_0^T\sup_{t\in[0,T]}E(|X_m(t)-X_n(t)|^{p(\omega)})\mathrm{d}t\\
&\leqslant T\sup_{t\in[0,T]}\max\{\|X_m(t)-X_n(t)\|_{p(\cdot)},\|X_m(t)-X_n(t)\|_{p(\cdot)}^{p_+}\}\\
&\leqslant T\max\{\|X_m-X_n\|_{C_B},\|X_m-X_n\|_{C_B}^{p_+}\},
\end{aligned}$$

所以

$$\lim_{m,n\to\infty}\|X_m-X_n\|_{L^{p(\omega)}([0,T]\times\Omega)}=0,$$

即 $\{X_n\}$ 也是 $L^{p(\omega)}([0,T]\times\Omega,\mathcal{P},\mu\times P)$ 中的 Cauchy 列. 由于 $L^{p(\omega)}([0,T]\times\Omega,\mathcal{P},\mu\times P)$

是完备的, 所以 $\{X_n\}$ 在 $L^{p(\omega)}([0,T]\times\Omega,\mathcal{P},\mu\times P)$ 中收敛. 设 $X_n\to X\in L^{p(\omega)}([0,T]\times\Omega,\mathcal{P},\mu\times P)$, 进一步不妨设在 $[0,T]\times\Omega$ 上几乎处处有 $X_n(t)\to X(t)$ (若必要抽取子列). 对于每一个 $0<\varepsilon<1$, 存在 n_0, 当 $m,n\geqslant n_0$ 时有

$$\|X_m-X_n\|_{C_B}<\varepsilon.$$

固定 n, 对任意的 $t\in[0,T]$, 由 Fatou 引理有

$$E\left(\left(\frac{|X_n(t)-X(t)|}{\varepsilon}\right)^{p(\omega)}\right)\leqslant\liminf_{m\to\infty}E\left(\left(\frac{|X_n(t)-X_m(t)|}{\varepsilon}\right)^{p(\omega)}\right)\leqslant 1,$$

所以

$$\|X_n(t)-X(t)\|_{p(\cdot)}\leqslant\varepsilon$$

并且 $X_n(t)-X(t)\in L^{p(\cdot)}(\Omega,\ \mathcal{F}_t,P)$. 更进一步有

$$\sup_{t\in[0,T]}\|X_n(t)-X(t)\|_{p(\cdot)}\leqslant\varepsilon$$

和

$$\sup_{t\in[0,T]}\|X(t)\|_{p(\cdot)}<\infty.$$

另一方面, 对于 n 存在 $\delta_n>0$, 当 $|t-t_0|<\delta_n$ 时有

$$\|X_n(t)-X(t_0)\|_{p(\cdot)}\leqslant\varepsilon,$$

那么,

$$\begin{aligned}&\|X(t)-X(t_0)\|_{p(\cdot)}\\ \leqslant&\|X(t)-X_n(t)\|_{p(\cdot)}+\|X_n(t)-X_n(t_0)\|_{p(\cdot)}+\|X_n(t_0)-X(t_0)\|_{p(\cdot)}\\ \leqslant&3\varepsilon,\end{aligned}$$

即

$$\lim_{t\to t_0}E(|X(t)-X(t_0)|^{p(\omega)})=0,$$

因此, $X\in C_B([0,T];L^{p(\cdot)}(\Omega))$ 以及在 $C_B([0,T];L^{p(\cdot)}(\Omega))$ 中 $\lim\limits_{n\to\infty}X_n=X$. 证毕.

与定理 10.3.5 证明类似, 有定理 10.3.6.

定理 10.3.6　若 p 满足 $1\leqslant p(\omega)\leqslant p_+<\infty$ a.s., 那么 $C_{BF}([0,T];L^{p(\omega)}(D\times\Omega))$ 是 Banach 空间.

证明　任取 $C_{BF}([0,T];L^{p(\omega)}(D\times\Omega))$ 中的 Cauchy 列 $\{X_n\}$. 类似地, 有

$$\{X_n\}\subset L^{p(\omega)}([0,T]\times D\times\Omega)$$

并且

$$E\left(\int_0^T\int_D\left|X_m(t,x)-X_n(t,x)\right|^{p(\omega)}\mathrm{d}x\mathrm{d}t\right)$$
$$\leqslant\int_0^T\sup_{t\in[0,T]}E\left(\int_D\left|X_m(t,x)-X_n(t,x)\right|^{p(\omega)}\mathrm{d}x\right)\mathrm{d}t$$
$$\leqslant T\max\{\|X_m-X_n\|_{C_{BF}},\|X_m-X_n\|_{C_{BF}}^{p_+}\},$$

所以

$$\lim_{n\to\infty}\|X_m-X_n\|_{L^{p(\omega)}([0,T]\times D\times\Omega)}=0.$$

由 $L^{p(\omega)}([0,T]\times D\times\Omega)$ 也是完备的, $\{X_n\}$ 在 $L^{p(\omega)}([0,T]\times D\times\Omega)$ 中收敛. 设 $X_n\to X$ 于 $L^{p(\omega)}([0,T]\times D\times\Omega)$，进一步不妨设在 $[0,T]\times D\times\Omega$ 上几乎处处有 $X_n(t,x)\to X(t,x)$.

对于每一个 $0<\varepsilon<1$，存在 n_0，当 $m,n\geqslant n_0$ 时有

$$\|X_m-X_n\|_{C_{BF}}<\varepsilon.$$

固定 n, 对任意的 $t\in[0,T]$，由 Fatou 引理有

$$E\left(\int_D\left(\frac{|X_n(t,x)-X(t,x)|}{\varepsilon}\right)^{p(\omega)}\mathrm{d}x\right)\leqslant\liminf_{m\to\infty}E\left(\int_D\left(\frac{|X_n(t,x)-X_m(t,x)|}{\varepsilon}\right)^{p(\omega)}\mathrm{d}x\right)\leqslant 1,$$

所以

$$\|X_n(t)-X(t)\|_{p(\cdot)}\leqslant\varepsilon.$$

另一方面, 对于 n, 存在 $\delta_n>0$，当 $|t-t_0|<\delta_n$ 时有

$$\|X_n(t)-X_n(t_0)\|_{p(\cdot)}\leqslant\varepsilon,$$

类似定理 10.3.5, 可得到

$$\lim_{t\to t_0}\mathrm{E}\left(\int_D\left|X(t,x)-X(t_0,x)\right|^{p(\omega)}\mathrm{d}x\right)=0,$$

因此，$X\in C_{BF}([0,T];L^{p(\omega)}(D\times\Omega))$ 以及在 $C_{BF}([0,T];L^{p(\omega)}(D\times\Omega))$ 中 $\lim\limits_{n\to\infty}X_n=X$. 证毕.

为了证明定理 10.3.7, 需要证明下面引理.

引理 10.3.1　设 p 满足 $1\leqslant p(\omega)\leqslant p_+<\infty$ a.s.. 对于任意

$$X\in L^{p(\omega)}([0,T]\times D\times\Omega,\mathcal{P},\mu\times P),$$

若 $\rho_{p(\cdot)}(X(t))\to\rho_{p(\cdot)}(X(t_0))$ 并且当 $t\to t_0$ 时，$X(t)\to X(t_0)$ a.s., 那么 $t\to t_0$ 时，有 $X(t)$ 依 $L^{p(\cdot)}(\Omega)$ 范数收敛于 $X(t_0)$.

证明　这里只需要证明

$$\lim_{t\to\infty} E(|X(t)\to X(t_0)|^{p(\omega)})=0.$$

固定 $t_0\in[0,T]$. 对于任意 $0<\varepsilon<1$, 由积分的绝对连续性, 存在 $\delta_0>0$, 对于 $B\in\mathcal{F}$ 满足 $P(B)<\delta_0$, 有

$$\int_B |X(t_0)|^{p(\omega)}\mathrm{d}P<\frac{\varepsilon}{2}.$$

根据 Egorov 定理, 对 $\delta_0>0$ 存在 $A\subset\Omega$ 并且 $P(\Omega\setminus A)<\delta_0$, 满足 $X(t)$ 在 A 上一致收敛于 $X(t_0)$, 即存在 $\delta_1(\varepsilon)>0$ 当 $|t-t_0|<\delta_1(\varepsilon)$ 时, 对任意 $\omega\in A$ 有

$$|X(t)-X(t_0)|<\varepsilon.$$

所以

$$\int_A |X(t)-X(t_0)|^{p(\omega)}\,\mathrm{d}P<\varepsilon P(A)\leqslant\varepsilon,$$

并且, 对任意 $\omega\in A$ 有

$$|X(t)|^{p(\omega)}\leqslant 2^{p_+-1}(1+|X(t)|^{p(\omega)}).$$

由 Lebesgue 控制收敛定理, 有

$$\lim_{t\to t_0}\int_A |X(t)|^{p(\omega)}\mathrm{d}P=\int_A |X(t_0)|^{p(\omega)}\,\mathrm{d}P.$$

另一方面, 因为

$$\lim_{t\to t_0}\rho_{p(\cdot)}(X(t))=\rho_{p(\cdot)}(X(t_0)),$$

所以有

$$\lim_{t\to t_0}\int_{\Omega\setminus A}|X(t)|^{p(\omega)}\mathrm{d}P=\int_{\Omega\setminus A}|X(t_0)|^{p(\omega)}\,\mathrm{d}P.$$

因此, 存在 $\delta_2(\varepsilon)>0$, 当 $|t-t_0|<\delta_2(\varepsilon)$ 时, 有

$$\int_{\Omega\setminus A}|X(t)|^{p(\omega)}\mathrm{d}P\leqslant\int_{\Omega\setminus A}|X(t_0)|^{p(\omega)}\,\mathrm{d}P+\varepsilon,$$

那么,

$$\begin{aligned}
&\int_{\Omega\setminus A}|X(t)-X(t_0)|^{p(\omega)}\,\mathrm{d}P\\
&\leqslant 2^{p_+-1}\int_{\Omega\setminus A}\left(|X(t)|^{p(\omega)}+|X(t_0)|^{p(\omega)}\right)\mathrm{d}P\\
&\leqslant 2^{p_+-1}\left(2\int_{\Omega\setminus A}|X(t_0)|^{p(\omega)}\mathrm{d}P+\varepsilon\right)\\
&\leqslant 2^{p_+}\varepsilon.
\end{aligned}$$

因此, 对于 $|t-t_0|<\min\{\delta_1(\varepsilon),\delta_2(\varepsilon)\}$, 有

$$E\left(|X(t)-X(t_0)|^{p(\omega)}\right)\leqslant\left(2^{p_+}+1\right)\varepsilon,$$

则

$$\lim_{t\to t_0} E\left(|X(t)-X(t_0)|^{p(\omega)}\right)=0.$$

证毕.

定理 10.3.7 若 $p(\omega)$ 满足 $1\leqslant p(\omega)\leqslant p_+<\infty$ a.s.. 那么有

$$L_B^{p(\cdot)}(\Omega;C[0,T])\subset C_B([0,T];L^{p(\cdot)}(\Omega)).$$

证明 任取 $X\in L_B^{p(\cdot)}(\Omega;C[0,T])$, 对于任意 $t\in[0,T], X(t,\cdot)$ 是 F_t-可测的且

$$\rho_{p(\cdot)}(X(t))\leqslant\rho_{p(\cdot)}\left(\sup_{t\in[0,T]}|X(t)|\right)<\infty.$$

进一步有

$$\sup_{t\in[0,T]}\rho_{p(\cdot)}(X(t))\to\rho_{p(\cdot)}\left(\sup_{t\in[0,T]}|X(t)|\right)<\infty,$$

所以 $X(t)\in L^{p(\cdot)}(\Omega,F_t,P)$. 对任意的 $t_0\in[0,T]$ 有

$$\lim_{t\to t_0}X(t)=X(t_0) \text{ a.s.},$$

并且

$$|X(t)|^{p(\omega)}\leqslant\left(\sup_{t\in[0,T]}|X(t)|\right)^{p(\omega)} \quad \text{a.s..}$$

由 Lebesgue 控制收敛定理, 有

$$\lim_{t\to t_0}E(|X(t)|^{p(\omega)})=E((|X(t_0)|)^{p(\omega)}).$$

由引理 10.3.1,

$$\lim_{t\to t_0}E(|X(t)-X(t_0)|^{p(\omega)})=0,$$

因此 $X\in C_B([0,T];L^{p(\cdot)}(\Omega))$. 证毕.

定理 10.3.8 若 $p(\omega)$ 满足 $1\leqslant p(\omega)\leqslant p_+<\infty$ a.s., 那么 $L_B^{p(\cdot)}(\Omega;C[0,T])$ 是 Banach 空间.

证明 任取 $L_B^{p(\cdot)}(\Omega;C[0,T])$ 中的 Cauchy 列 $\{X_n\}$. 由定理 10.3.1,

$$\begin{aligned}E\left(\sup_{t\in[0,T]}|X_m(t)-X_n(t)|\right)&\leqslant C\left\|\sup_{t\in[0,T]}|X_m(t)-X_n(t)|\right\|_{p(\cdot)}\\&=C\|X_m-X_n\|_{L_B}\\&<\infty,\end{aligned}$$

即 $\{X_n\}$ 也是 $L_B^1(\Omega;C[0,T])$ 中的 Cauchy 列. 由 $L_B^1(\Omega;C[0,T])$ 的完备性有, $\{X_n\}$ 在 $L_B^1(\Omega;C[0,T])$ 中收敛, 即存在 $X\in L_B^1(\Omega;C[0,T])$ 使得

$$X_n\to X.$$

有

$$\lim_{n\to\infty}E\left(\sup_{t\in[0,T]}|X_m(t)-X_n(t)|\right)=0,$$

并且有(若必要可抽取子列)

$$\lim_{n\to\infty}\sup_{t\in[0,T]}|X_n(t)-X(t)|=0\text{ a.s.}.$$

对于每一个 $0<\varepsilon<1$, 存在 n_0 满足当 $m,n\geqslant n_0$ 时, 有

$$\|X_m-X_n\|_{L_B}<\varepsilon.$$

固定 n, 由 Fatou 引理,

$$\begin{aligned}&E\left(\left(\frac{\sup\limits_{t\in[0,T]}|X_n(t)-X_m(t)|}{\varepsilon}\right)^{p(\omega)}\right)\\&\leqslant\liminf_{m\to\infty}E\left(\left(\frac{\sup\limits_{t\in[0,T]}|X_n(t)-X(t)|}{\varepsilon}\right)^{p(\omega)}\right)\\&\leqslant 1.\end{aligned}$$

因此, 有 $X_n-X\in L_B^{p(\cdot)}(\Omega;C[0,T])$ 和 $\|X_n-X\|_{L_B}<\varepsilon$. 又因为 $X_n\in L_B^{p(\cdot)}(\Omega;C[0,T])$, 所以有 $X\in L_B^{p(\cdot)}(\Omega;C[0,T])$. 证毕.

下面考虑随机过程 $F\in L^{p(\omega)}([0,T]\times\Omega,\mathcal{P},\mu\times P)$ 的 Itô 积分 $\int_0^t F(s)\mathrm{d}B(s)$ 的估计及性质.

定理 10.3.9　若 $p(\omega)$ 满足 $2\leqslant p(\omega)\leqslant p_+<\infty$ a.s., 对于任意 $F\in L^{p(\omega)}([0,T]\times\Omega,\mathcal{P},\mu\times P)$, 对 $t\in[0,T]$, 记

$$X(t)=\int_0^t F(s)\mathrm{d}B(s).$$

有

$$E\left(|X(t)|^{p(\omega)}\right)\leqslant C_{p_+,T}E\left(\int_0^t|F(s)|^{p(\omega)}\,\mathrm{d}s\right).$$

证明　当 X 在 $[0,T]\times\Omega$ 上有界时, 应用 Itô 公式,

$$|X(t)|^{p(\omega)}=\int_0^t p(\omega)|X(s)|^{p(\omega)-1}\operatorname{sgn}(X(s))F(s)\mathrm{d}B(s)$$
$$+\frac{1}{2}\int_0^t p(\omega)(p(\omega)-1)|X(s)|^{p(\omega)-2}F^2(s)\mathrm{d}s.$$

两边同时取期望并且由 Young 不等式, 有

$$\begin{aligned}E\left(|X(t)|^{p(\omega)}\right)&=\frac{1}{2}E\left(\int_0^t p(\omega)(p(\omega)-1)|X(s)|^{p(\omega)-2}F^2(s)\mathrm{d}s\right)\\&\leqslant\frac{1}{2}(p_+-1)p_+E\left(\int_0^t|X(s)|^{p(\omega)-2}F^2(s)\mathrm{d}s\right)\\&\leqslant\frac{1}{2}(p_+-1)p_+E\left(\int_0^t\left(\frac{|X(s)|^{p(\omega)}}{\frac{p(\omega)}{p(\omega)-2}}+\frac{|F(s)|^{p(\omega)}}{\frac{p(\omega)}{2}}\right)\mathrm{d}s\right)\\&\leqslant\frac{1}{2}(p_+-1)p_+E\left(\int_0^t\left(\frac{|X(s)|^{p(\omega)}}{\frac{p_+}{p_+-2}}+|F(s)|^{p(\omega)}\right)\mathrm{d}s\right).\end{aligned}$$

再由 Gronwall 定理,

$$\begin{aligned}&E\left(|X(t)|^{p(\omega)}\right)\\\leqslant&\frac{1}{2}(p_+-1)p_+E\left(\int_0^t|F(s)|^{p(\omega)}\mathrm{d}s\exp\left(\int_0^t\frac{1}{2}(p_+-1)(p_+-2)\mathrm{d}s\right)\right)\\\leqslant&C_{p_+,T}E\left(\int_0^t|F(s)|^{p(\omega)}\mathrm{d}s\right),\end{aligned}$$

其中

$$C_{p_+,T}=\frac{1}{2}(p_+-1)p_+\exp\left(\frac{1}{2}(p_+-1)(p_+-2)T\right),$$

也即

$$\sup_{t\in[0,T]}E\left(|X(t)|^{p(\omega)}\right)\leqslant C_{p_+,T}E\left(\int_0^t|F(s)|^{p(\omega)}\mathrm{d}s\right).$$

当 X 在 $[0,T]\times\Omega$ 是无界时, 令 τ_R 是一个停时, 定义为

$$\tau_R=\begin{cases}\inf\{t\in[0,T]:|X(t)\geqslant R|\}, & \sup\limits_{t\in[0,T]}|X(t)|\geqslant R,\\ T, & \sup\limits_{t\in[0,T]}|X(t)|<R.\end{cases}$$

因为 $X(s)$ 在 $[0,t\Lambda\tau_R]$ 上有界，所以

$$E\left(|X(t\Lambda\tau_R)|^{p(\omega)}\right)\leqslant C_{p_+,T}E\left(\int_0^{t\Lambda\tau_R}|F(s)|^{p(\omega)}\,\mathrm{d}s\right).$$

另一方面，

$$\begin{aligned}P\left(\sup_{t\in[0,T]}|X(t)|<R\right)&=1-P\left(\sup_{t\in[0,T]}|X(t)|\geqslant R\right)\\&\geqslant 1-\frac{1}{R^2}E\left(\sup_{t\in[0,T]}|X(t)|\right)^2\\&\geqslant 1-\frac{1}{R^2}E\left(\sup_{t\in[0,T]}|X(t)|^2\right).\end{aligned}$$

因为 $F\in L^{p(\omega)}([0,T]\times\Omega,\mathcal{P},\mu\times P)$，由定理 10.3.2，$F\in L^2([0,T]\times\Omega,\mathcal{P},\mu\times P)$. 因此，由文献[281]中定理 5.15，有

$$E\left(\sup_{t\in[0,T]}|X(t)|^2\right)\leqslant 4\int_0^t E\left(|F(s)|^2\right)\mathrm{d}s<\infty.$$

因此，

$$\lim_{R\to\infty}P\left(\sup_{t\in[0,T]}|X(t)|<R\right)=1,$$

也即

$$\lim_{R\to\infty}\tau_R=T\ \text{a.s.}.$$

因为

$$\lim_{R\to\infty}\int_0^{t\Lambda\tau_R}|F(s)|^{p(\omega)}\,\mathrm{d}s=\int_0^t|F(s)|^{p(\omega)}\,\mathrm{d}s\quad\text{a.s.}$$

和

$$\int_0^{t\Lambda\tau_R}|F(s)|^{p(\omega)}\,\mathrm{d}s\leqslant\int_0^T|F(s)|^{p(\omega)}\,\mathrm{d}s,$$

根据 Lebesgue 控制收敛定理，所以有

$$\lim_{R\to\infty}E\left(\int_0^{t\Lambda\tau_R}|F(s)|^{p(\omega)}\,\mathrm{d}s\right)=E\left(\int_0^t|F(s)|^{p(\omega)}\,\mathrm{d}s\right).$$

因为，

$$\lim_{R\to\infty}X(t\Lambda\tau_R)=X(t)\ \text{a.s.},$$

所以根据 Fatou 引理和 X 有界情形时的不等式，有

$$
\begin{aligned}
E\left(|X(t)|^{p(\omega)}\right) &\leqslant \liminf_{R\to\infty} E\left(X(t\Lambda\tau_R)^{p(\omega)}\right) \\
&\leqslant \liminf_{R\to\infty} C_{p_+,T} E\left(\int_0^{t\Lambda\tau_R} |F(s)|^{p(\omega)}\,\mathrm{d}s\right) \\
&= C_{p_+,T} E\left(\int_0^t |F(s)|^{p(\omega)}\,\mathrm{d}s\right).
\end{aligned}
$$

证毕.

定理 10.3.10 若 $p(\omega)$ 满足 $2 \leqslant p(\omega) \leqslant p_+ < \infty$ a.s.，对于任意 $F \in L^{p(\omega)}([0,T] \times\Omega, \mathcal{P}, \mu\times P)$，记 $X(t)=\int_0^t F(s)\mathrm{d}B(s), t\in[0,T]$．那么有 $X(t)\in C_B([0,T];L^{p(\cdot)}(\Omega))$.

证明 由 Itô 积分的性质, 对所有 $t\in[0,T], X(t)$ 是 $\mathcal{F}_t$- 可测的. 由定理 10.3.9, 有

$$
E\left(|X(t)|^{p(\omega)}\right) \leqslant C_{p_+,T} E\left(\int_0^t |F(s)|^{p(\omega)}\,\mathrm{d}s\right) < \infty,
$$

所以 $X(t)\in L^{p(\cdot)}(\Omega, F_t, P)$ 并且

$$
\sup_{t\in[0,T]} E\left(|X(t)|^{p(\omega)}\right) \leqslant C_{p_+,T} E\left(\int_0^t |F(s)|^{p(\omega)}\,\mathrm{d}s\right) < \infty.
$$

对于任意 $t_0\in[0,T], t\geqslant t_0$，我们有

$$
E\left(|X(t)-X(t_0)|^{p(\omega)}\right) \leqslant C_{p_+,T} E\left(\int_0^T |F(s)|^{p(\omega)}\,\mathrm{d}s\right),
$$

因此,

$$
\lim_{t\to t_0} E\left(|X(t)-X(t_0)|^{p(\omega)}\right) = 0,
$$

故 $X(t)\in C_B([0,T];L^{p(\cdot)}(\Omega))$．证毕.

接下来, 考虑如下形式的半线性随机微分方程:

$$
\begin{aligned}
\mathrm{d}u(t,x) = &\left(\frac{\partial}{\partial x_i}\left(a_{ij}(x)\frac{\partial}{\partial x_i}u(t,x) + g_i(t,x,u(t,x))\right) + f(t,x,u(t,x))\right)\mathrm{d}t \\
&+ \sigma_i(t,x,u(t,x))\mathrm{d}B^i(t), \quad t>0, \quad x\in D,
\end{aligned} \tag{10.5}
$$

其 Dirichlet 边界条件为

$$
u(t,x)=0, \quad t\geqslant 0, \quad x\in\partial D,
$$

其初值条件为

$$
u(0,x)=u_0(x), \quad x\in D,
$$

其中 $B(t)=(B^1(t),\cdots,B^k(t))$ 是 k-维 Brown 运动，$D\subset \mathrm{R}^d$ 是具有光滑边界 ∂D 的有界凸区域，$u_0\in L^{p(\omega)}(D\times\Omega, \mathcal{B}(D)\times\mathcal{F}, \mu\times P). a_{ij}, f, g=(g_1,\cdots,g_d)$ 和 $\sigma=(\sigma_1,\cdots,\sigma_k)$ 满足下列条件:

(R4) 对任意 $x \in D$，矩阵 $a_{ij}(x)$ 是对称的并且满足一致椭圆性条件：对于 $a_{ij} \in C^2(\bar{D})$ 以及任意 $\xi \in \mathbb{R}^d, x \in D$ 和常数 $0 < \lambda \leqslant 1$，有

$$\lambda |\xi|^2 \leqslant a_{ij}(x)\xi_i\xi_j \leqslant \frac{1}{\lambda}|\xi|^2 .$$

(R5) 函数 $f:[0,\infty)\times D\times\mathbb{R}\to\mathbb{R}, g_i:[0,\infty)\times D\times\mathbb{R}\to\mathbb{R},\sigma_i:[0,\infty)\times D\times\mathbb{R}\to\mathbb{R}$ 是满足线性增长条件的 Lebesgue 可测函数：对每一个 $T>0$ 存在常数 L_T 对 $t\in[0,T), x\in D,\ r\in\mathbb{R}$，有

$$\begin{aligned}|f(t,x,r)| &\leqslant L_T\left(|r|+1\right),\\ |g_i(t,x,r)| &\leqslant L_T\left(|r|+1\right),\\ |\sigma_i(t,x,r)| &\leqslant L_T\left(|r|+1\right)\end{aligned}$$

成立.

(R6) 对于 $T \geqslant 0$ 存在常数 L_T 满足对 $t\in[0,T], x\in D, r,s\in \mathrm{R}$ 有

$$\begin{aligned}|f(t,x,r)-f(t,x,s)| &\leqslant \tilde{L}_T(r-s),\\ |g_i(t,x,r)-g_i(t,x,s)| &\leqslant \tilde{L}_T(r-s),\\ |\sigma_i(t,x,r)-\sigma_i(t,x,s)| &\leqslant \tilde{L}_T(r-s)\end{aligned}$$

成立.

定义 10.3.5 若每一个测试函数 $\varphi\in C^2(D), x\in\partial D$ 时 $\varphi(x)=0$，对任意 $t\in[0,T]$，有

$$\begin{aligned}\int_D u(t,x)\varphi(x)\mathrm{d}x =& \int_D u_0(x)\varphi(x)\mathrm{d}x + \int_0^t\int_D u(s,x)\frac{\partial}{\partial x_i}\left(a_{ij}(x)\frac{\partial}{\partial x_i}\varphi(x)\right)\mathrm{d}x\mathrm{d}s\\ &+\int_0^t\int_D f(s,x,u(s,x))\varphi(x)\mathrm{d}x\mathrm{d}s\\ &-\int_0^t\int_D g_i(s,x,u(s,x))\frac{\partial}{\partial x_i}\varphi(x)\mathrm{d}x\mathrm{d}s\\ &+\int_0^t\int_D \sigma_i(s,x,u(s,x))\varphi(x)\mathrm{d}x\mathrm{d}B^i(s)\quad \text{a.s.}\end{aligned} \tag{10.6}$$

成立，则 $\mathcal{F}_t$-适应的随机过程 $u\in C_{BF}([0,T];L^{p(\cdot)}(\Omega\times D))$ 称为方程(10.5)的解，其中 $2\leqslant p_- \leqslant p(\omega)\leqslant p_+ <\infty$ a.s..

对 $s<t, x,y\in D$，记

$$G=G(t-s;x,y)$$

为如下方程的 Green 函数：

$$\frac{\partial}{\partial t}u(t,x)=\frac{\partial}{\partial x_i}\left(a_{ij}(x)\frac{\partial}{\partial x_i}u(t,x)\right),$$

Dirichlet 边界条件:

$$u(t,x)=0,\quad t\geqslant 0,\quad x\in\partial D.$$

由文献[287], G关于x,y对称, 并且存在常数$K,C>0$对所有的$0\leqslant s<t\leqslant T$, $x,y\in D$有不等式:

$$|\mathrm{D}_t^n\mathrm{D}_x^\alpha G(t-s;x,y)|\leqslant K(t-s)^{-\frac{1}{2}(d+2n+|\alpha|)}\exp\left(-C\frac{|x-y|^2}{t-s}\right),\tag{10.7}$$

其中$2n+|\alpha|\leqslant 3,\mathrm{D}_t^n:=\dfrac{\partial^n}{\partial t^n},\mathrm{D}_x^\alpha:=\dfrac{\partial^{\alpha_1}}{\partial {x_1}^{\alpha_1}}\cdots\dfrac{\partial^{\alpha_d}}{\partial {x_d}^{\alpha_d}},\alpha:=(\alpha_1,\cdots,\alpha_d)$是多重指标,

$$|\alpha|=\alpha_1+\cdots+\alpha_d.$$

引理 10.3.2 (文献[288])　对任意$t\in[0,T]$和几乎处处$x\in D$有

$$\begin{aligned}u(t,x)=&\int_D G(t;x,y)u_0\mathrm{d}y+\int_0^t\int_D G(t-s;x,y)f(s,x,u(s,x))\mathrm{d}y\mathrm{d}s\\&-\int_0^t\int_D G_y(t-s;x,y)g_i(s,x,u(s,x))\mathrm{d}y\mathrm{d}s\\&+\int_0^t\int_D G(t-s;x,y)\sigma_i(s,x,u(s,x))\mathrm{d}y\mathrm{d}B^i(s)\end{aligned}\tag{10.8}$$

成立当且仅当对每个测试函数$\varphi\in C^2(D),x\in\partial D$时$\varphi(x)=0$, 随机过程$u$满足方程(10.6).

对于$v\in L^{p(\omega)}([0,T]\times D\times\Omega)$, 若积分存在, 定义线性算子$A_\alpha$:

$$A_\alpha(v)(t,x)=\int_0^t\int_D\mathrm{D}_x^\alpha G(t-s;x,y)v(s,y)\mathrm{d}y\mathrm{d}s,\quad t\in[0,T],\quad x\in D,$$

$$A_\alpha(v)(t,x)=0,\quad x\notin D.$$

有下面引理.

引理 10.3.3　若$2\leqslant p_-\leqslant p(\omega)\leqslant p_+<\infty$ a.s. 并且$0\leqslant|\alpha|\leqslant 1$, 那么对所有$\delta\in\left(0,\dfrac{p_--2}{2p_-}\right)$, 存在常数$C_{p_+,p_-,T}$使不等式

$$\begin{aligned}&\int_D|A_\alpha(v)(t,x)-A_\alpha(v)(s,x)|^{p(\omega)}\mathrm{d}x\\&\leqslant C_{p_+,p_-,T}\max\left\{(t-s)^{\delta p_+},(t-s)^{\delta p_-},(t-s)^{p_+-\frac{1}{2}|\alpha|p_+-1},(t-s)^{p_--\frac{1}{2}|\alpha|p_--1}\right\}\\&\quad\cdot\int_0^t\int_D|v(r,y)|^{p(\omega)}\mathrm{d}y\mathrm{d}r\end{aligned}$$

成立, 其中$0\leqslant s<t\leqslant T$.

证明　固定ω. 对$0\leqslant s<t\leqslant T$,

$$\int_D |A_\alpha(v)(t,x)-A_\alpha(v)(s,x)|^{p(\omega)}\mathrm{d}x \leqslant 2^{p(\omega)-1}(Q_1+Q_2).$$

其中

$$Q_1 := \int_D \left|\int_s^t \int_D \mathrm{D}_x^\alpha G(t-r;x,y)v(r,y)\mathrm{d}y\mathrm{d}r\right|^{p(\omega)}\mathrm{d}x$$

$$Q_2 := \int_D \left(\int_0^s \int_D |\mathrm{D}_x^\alpha G(t-r;x,y)-\mathrm{D}_x^\alpha G(s-r;x,y)||v(r,y)|\mathrm{d}y\mathrm{d}r\right)^{p(\omega)}\mathrm{d}x.$$

对于Q_1，由 Minkowski 不等式、Young 不等式以及 Hölder 不等式，有

$$\begin{aligned}
Q_1 &\leqslant \left(\int_s^t\left(\int_D\left|\int_D \mathrm{D}_x^\alpha G(t-r;x,y)v(r,y)\mathrm{d}y\right|^{p(\omega)}\mathrm{d}x\right)^{\frac{1}{p(\omega)}}\mathrm{d}r\right)^{p(\omega)}\\
&\leqslant \left(\int_s^t\left(\int_D\left|\int_D K(t-r)^{-\frac{1}{2}(d+|\alpha|)}\exp\left(-C\frac{|x-y|^2}{t-r}\right)v(r,y)\mathrm{d}y\right|^{p(\omega)}\mathrm{d}x\right)^{\frac{1}{p(\omega)}}\mathrm{d}r\right)^{p(\omega)}\\
&\leqslant \left(\int_s^t\left(\int_D K(t-r)^{-\frac{1}{2}(d+|\alpha|)}\exp\left(-C\frac{|x-y|^2}{t-r}\right)\mathrm{d}y\right)\left(\int_D|v(r,y)|^{p(\omega)}\mathrm{d}y\right)^{\frac{1}{p(\omega)}}\mathrm{d}r\right)^{p(\omega)}\\
&\leqslant \left(\int_s^t\left(\int_{\mathrm{R}^d} K(t-r)^{-\frac{1}{2}|\alpha|}\exp(-C|y|^2)\mathrm{d}y\right)\left(\int_D|v(r,y)|^{p(\omega)}\mathrm{d}y\right)^{\frac{1}{p(\omega)}}\mathrm{d}r\right)^{p(\omega)}\\
&\leqslant C_{p_+,p_-}(t-s)^{p(\omega)-\frac{1}{2}|\alpha|p(\omega)-1}\int_s^t\int_D|v(r,y)|^{p(\omega)}\mathrm{d}y\mathrm{d}r\\
&\leqslant C_{p_+,p_-}\max\left\{(t-s)^{p_+-\frac{1}{2}|\alpha|p_+-1},(t-s)^{p_--\frac{1}{2}|\alpha|p_--1}\right\}\int_s^t\int_D|v(r,y)|^{p(\omega)}\mathrm{d}y\mathrm{d}r.
\end{aligned}$$

为了估计Q_2，首先考虑不等式

$$|H_1-H_2|\leqslant|H_1-H_2|^\delta(|H_1|^{1-\delta}+|H_2|^{1-\delta}),$$

其中$\delta\in\left(0,\dfrac{p_--2}{2p_-}\right)$. 设

$$H_1 := \mathrm{D}_x^\alpha G(t-r;x,y),$$

$$H_2 := \mathrm{D}_x^\alpha G(s-r;x,y).$$

那么

$$|H_1 - H_2| \leqslant \int_0^t |\mathrm{D}_t \mathrm{D}_x^\alpha G(s+\lambda(t-s)-r;x,y)|(t-s)\mathrm{d}\lambda$$

$$\leqslant \int_0^t (K(s+\lambda(t-s)-r))^{-\frac{1}{2}(d+2+|\alpha|)} \exp\left(-C\frac{|x-y|^2}{s+\lambda(t-s)-r}\right)(t-s)\mathrm{d}\lambda$$

因此有

$$Q_2 \leqslant (t-s)^{\delta p(\omega)}\left(\int_0^s\left(\int_D\left(\int_D |h(r,s,t-s,x-y)|^\delta\left(\left|K(t-r)^{-\frac{1}{2}(d+|\alpha|)}\exp\left(-C\frac{|x-y|^2}{t-r}\right)\right|^{1-\delta}\right.\right.\right.\right.$$

$$\left.\left.\left.\left.+\left|K(t-r)^{-\frac{1}{2}(d+|\alpha|)}\exp\left(-C\frac{|x-y|^2}{s-r}\right)\right|^{1-\delta}\right)|v(r,y)|\mathrm{d}y\right)^{p(\omega)}\mathrm{d}x\right)^{\frac{1}{p(\omega)}}\mathrm{d}r\right)^{p(\omega)}$$

$$\leqslant (t-s)^{\delta p(\omega)}\left(\int_0^s\left(\int_D h(r,s,t-s,x-y)\mathrm{d}y\right)^\delta\left(\left(\int_D K(t-r)^{-\frac{1}{2}(d+|\alpha|)}\exp\left(-C\frac{|y|^2}{t-r}\right)\mathrm{d}y\right)^{1-\delta}\right.\right.$$

$$\left.\left.+\left(\int_D K(s-r)^{-\frac{1}{2}(d+|\alpha|)}\exp\left(-C\frac{|y|^2}{s-r}\right)\mathrm{d}y\right)^{1-\delta}\right)\int_D|v(r,y)|^{p(\omega)}\mathrm{d}y)^{\frac{1}{p(\omega)}}\mathrm{d}r\right)^{p(\omega)}$$

$$\leqslant C_{p_+,p_-,T}(t-s)^{\delta p(\omega)}\left(\int_0^s (s-r)^{-\frac{1}{2}|\alpha|-\delta}\left(\int_D |v(r,y)|^{p(\omega)}\mathrm{d}y\right)^{\frac{1}{p(\omega)}}\mathrm{d}r\right)^{p(\omega)}$$

$$\leqslant C_{p_+,p_-,T}(t-s)^{\delta p(\omega)}\int_0^s\int_D |v(r,y)|^{p(\omega)}\mathrm{d}y\mathrm{d}r$$

$$\leqslant C_{p_+,p_-,T}\max\{(t-s)^{\delta p_+},(t-s)^{\delta p_-}\}\int_0^s\int_D |v(r,y)|^{p(\omega)}\mathrm{d}y\mathrm{d}r.$$

其中

$$h(r,s,t-s,x-y) := \int_0^1 K(s+\lambda(t-s)-r)^{-\frac{1}{2}(d+2+|\alpha|)}\exp\left(-C\frac{|x-y|^2}{s+\lambda(t-s)-r}\right)\mathrm{d}\lambda.$$

证毕.

对 $v \in L^{p(\omega)}([0,T]\times D\times\Omega)$，假设 Itô 积分存在，定义线性算子 J：

$$J(v)(t,x) := \int_0^t\int_D G(t-s;x,y)v(s,y)\mathrm{d}y\mathrm{d}B(s), \quad t\in[0,T], \quad x\in D$$

$$J(v)(t,x) := 0, \quad x \notin D$$

应用类似引理 10.3.3 的证明方法，有下面引理.

引理 10.3.4　若 $2 \leqslant p_- \leqslant p(\omega) \leqslant p_+ < \infty$　a.s.以及

$$\sup_{r\in[0,T]} E\left(\int_D |v(r,y)|^{p(\omega)}\mathrm{d}y\right) < \infty.$$

那么对每一个 $\delta \in \left(0, \dfrac{1}{p_+}\right)$，存在常数 $C_{p_+,p_-,T}$ 使下面不等式成立:

$$\begin{aligned} & E\left(\int_D |J(v)(t,x)-J(v)(s,x)|^{p(\omega)}\mathrm{d}x\right) \\ & \leqslant C_{p_+,p_-,T}\max\{(t-s)^{\delta p_-},(t-s)\}\sup_{r\in[0,T]} E\left(\int_D |v(r,y)|^{p(\omega)}\mathrm{d}y\right), \end{aligned}$$

其中 $0 \leqslant s < t \leqslant T$.

证明　固定 ω . 由定理 10.3.9, 用引理 10.3.3 证明的类似方法, 对于 $0 \leqslant s < t \leqslant T$,

$$E\left(\int_D |J(v)(t,x)-J(v)(s,x)|^{p(\omega)}\mathrm{d}x\right) \leqslant C_{p_+,T}(Q_1+Q_2),$$

其中

$$Q_1 := E\left(\int_D\int_s^t\left|\int_D G(t-r;x,y)v(r,y)\mathrm{d}y\right|^{p(\omega)}\mathrm{d}r\mathrm{d}x\right),$$

$$Q_2 := E\left(\int_D\int_0^s\left(\int_D |G(t-r;x,y)-G(s-r;x,y)||v(r,y)|\mathrm{d}y\right)^{p(\omega)}\mathrm{d}r\mathrm{d}x\right).$$

对于 Q_1，有

$$\begin{aligned} Q_1 & \leqslant E\left(\int_s^t\int_D\left|\int_D K(t-r)^{-\frac{d}{2}}\exp\left(-C\frac{|x-y|^2}{t-r}\right)|v(r,y)|\mathrm{d}y\right|^{p(\omega)}\mathrm{d}x\mathrm{d}r\right) \\ & \leqslant E\left(\int_s^t\left(\int_D K(t-r)^{-\frac{d}{2}}\exp\left(-C\frac{|x-y|^2}{t-r}\right)\mathrm{d}y\right)^{p(\omega)}\left(\int_D |v(r,y)|^{p(\omega)}\mathrm{d}y\right)\mathrm{d}r\right) \\ & \leqslant E\left(\int_s^t\left(\int_{R^d} K\exp(-C|y|^2)\mathrm{d}y\right)^{p(\omega)}\left(\int_D |v(r,y)|^{p(\omega)}\mathrm{d}y\right)\mathrm{d}r\right) \\ & \leqslant C_{p_+,p_-}E\left(\int_s^t\int_D |v(r,y)|^{p(\omega)}\mathrm{d}y\mathrm{d}r\right) \\ & \leqslant C_{p_+,p_-}(t-s)\sup_{r\in[0,T]} E\left(\int_D |v(r,y)|^{p(\omega)}\mathrm{d}y\right). \end{aligned}$$

设

$$H_1 := G(t-r;x,y),$$

$$H_2 := G(s-r;x,y),$$

因此有

$$|H_1 - H_2| \leqslant \int_0^t |\mathrm{D}_t G(s+\lambda(t-s)-r;x,y)|(t-s)\mathrm{d}\lambda$$
$$\leqslant \int_0^t K(s+\lambda(t-s)-r)^{-\frac{1}{2}(d+2)} \exp\left(-C\frac{|x-y|^2}{s+\lambda(t-s)-r}\right)(t-s)\mathrm{d}\lambda.$$

对 $\delta \in \left(0,\dfrac{1}{p_+}\right)$，应用不等式(10.5)，有

$$Q_2 \leqslant E((t-s)^{\delta p(\omega)}\left(\int_0^s\left(\int_D\left(\int_D |h(r,s,t-s,x-y)|^{\delta}\left(\left|K(t-r)^{-\frac{d}{2}}\exp\left(-C\frac{|x-y|^2}{t-r}\right)\right|^{1-\delta}\right.\right.\right.\right.$$
$$\left.\left.\left.\left.+\left|K(t-r)^{-\frac{d}{2}}\exp\left(-C\frac{|x-y|^2}{s-r}\right)\right|^{1-\delta}\right)|v(r,y)|\mathrm{d}y\right)^{p(\omega)}\mathrm{d}x\right)\mathrm{d}r\right)$$
$$\leqslant E(t-s)^{\delta p(\omega)}\left(\int_0^s\left(\int_D h(r,s,t-s,x-y)\mathrm{d}y\right)^{\delta p(\omega)}\left(\left(\int_D K(t-r)^{-\frac{d}{2}}\exp\left(-C\frac{|y|^2}{t-r}\right)\mathrm{d}y\right)^{1-\delta}\right.\right.$$
$$\left.\left.+\left(\int_D K(s-r)^{-\frac{d}{2}}\exp\left(-C\frac{|y|^2}{s-r}\right)\mathrm{d}y\right)^{1-\delta}\right)^{p(\omega)}\left(\int_D |v(r,y)|^{p(\omega)}\mathrm{d}y\right)\mathrm{d}r\right)$$
$$\leqslant C_{p_+,p_-,T}E((t-s)^{\delta p(\omega)}\int_0^s (s-r)^{\delta p(\omega)}(\int_D |v(r,y)|^{p(\omega)}\mathrm{d}y)\mathrm{d}r)$$
$$\leqslant C_{p_+,p_-,T}\max\{(t-s)^{\delta p_+},(t-s)^{\delta p_-}\}\sup_{r\in[0,T]}E(\int_D |v(r,y)|^{p(\omega)}\mathrm{d}y),$$

其中

$$h(r,s,t-s,x-y) := \int_0^1 K(s+\lambda(t-s)-r)^{-\frac{1}{2}(d+2)}\exp\left(-C\frac{|y|^2}{s+\lambda(t-s)-r}\right)\mathrm{d}\lambda.$$

证毕.

定理 10.3.11 设 $2 \leqslant p_- \leqslant p(\omega) \leqslant p_+ < \infty$ a.s.. 若 f,g 和 σ 满足条件(R4)—(R6)并且 $u_0 \in L^{p(\omega)}(D\times\Omega)$，那么对于任意 $T>0$，存在 $u \in C_{BF}([0,T];L^{p(\omega)}(\Omega\times D))$ 为方程(10.5)的唯一解.

证明 由引理 10.3.2, 只需证明方程(10.8)存在唯一解. 对于

$$v \in C_{BF}([0,T];L^{p(\omega)}(\Omega\times D)).$$

定义算子 A_T：

$$A_T(v)(t,x) := \sum_{i=0}^{3} A_i(v)(t,x), \quad t\in[0,T], \quad x\in D,$$

其中

$$A_0(v)(t,x) := \int_D G(t;x,y)u_0(y)\mathrm{d}y,$$

$$A_1(v)(t,x) := \int_0^t\int_D G(t-s;x,y)f(s,x,u(s,x))\mathrm{d}y\mathrm{d}s,$$

$$A_2(v)(t,x) := -\int_0^t\int_D G_y(t-s;x,y)g_i(s,x,u(s,x))\mathrm{d}y\mathrm{d}s,$$

$$A_3(v)(t,x) := \int_0^t\int_D G(t-s;x,y)\sigma_i(s,x,u(s,x))\mathrm{d}y\mathrm{d}B^i(s).$$

由(10.7)和 Young 不等式,

$$\int_D |A_0(v)(t,x)|^{p(\omega)}\mathrm{d}x \leqslant C_{p_+}\int_D |u_0(y)|^{p(\omega)}\mathrm{d}y,$$

那么

$$\sup_{t\in[0,T]} E\left(\int_D |A_0(v)(t,x)|^{p(\omega)}\mathrm{d}x\right) \leqslant C_{p_+}E\left(\int_D |u_0(y)|^{p(\omega)}\mathrm{d}y\right) < \infty.$$

又由于

$$\begin{aligned}
&E\left(\int_D |A_0(v)(t,x)-A_0(v)(s,x)|^{p(\omega)}\mathrm{d}x\right)\\
&\leqslant E\left((t-s)^{\delta p(\omega)}\left(\int_D\left(\int_D |h(s,t-s,x-y)|^{\delta}\left(\left|Kt^{-\frac{d}{2}}\exp\left(-C\frac{|x-y|^2}{t}\right)\right|^{1-\delta}\right.\right.\right.\right.\\
&\quad\left.\left.\left.\left.+\left|Ks^{-\frac{d}{2}}\exp\left(-C\frac{|x-y|^2}{s}\right)\right|^{1-\delta}\right)|y_0(y)|\mathrm{d}y\right)^{p(\omega)}\mathrm{d}x\right)\right)\\
&\leqslant E\left((t-s)^{\delta p(\omega)}\left(\int_D h(s,t-s,y)\mathrm{d}y\right)^{\delta}\left(\left(\int_D Kt^{-\frac{d}{2}}\exp\left(-C\frac{|y|^2}{t}\right)\mathrm{d}y\right)^{1-\delta}\right.\right.\\
&\quad\left.\left.+\left(\int_D Ks^{-\frac{d}{2}}\exp\left(-C\frac{|y|^2}{s}\right)\mathrm{d}y\right)^{1-\delta}\left(\int_D |u_0(y)|^{p(\omega)}\mathrm{d}y\right)\right)\right)\\
&\leqslant C_{p_+,p_-,T}E\left((t-s)^{\delta p(\omega)}\left(\int_D |u_0(y)|^{p(\omega)}\mathrm{d}y\right)\right)\\
&\leqslant C_{p_+,p_-,T}\max\{(t-s)^{\delta p_+},(t-s)^{\delta p_-}\}\sup_{r\in[0,T]}E\left(\int_D |u_0(y)|^{p(\omega)}\mathrm{d}y\right),
\end{aligned}$$

其中

$$h(s,t-s,y):=\int_0^1 K(s+\lambda(t-s))^{-\frac{1}{2}(d+2)}\exp\left(-C\frac{|y|^2}{s+\lambda(t-s)}\right)\mathrm{d}\lambda.$$

所以

$$\lim_{s\to t}E\left(\int_D |A_0(v)(t,x)-A_0(v)(s,x)|^{p(\omega)}\,\mathrm{d}x\right)=0.$$

因此，$A_0(v)\in C_{BF}([0,T];L^{p(\cdot)}(\Omega\times D))$.

由引理 10.3.3 和(R5)，对任意 $\delta\in\left(0,\min\left\{\frac{p_--2}{2p_-},\frac{1}{p_+}\right\}\right)$

$$\begin{aligned}&\int_D |A_1(v)(t,x)|^{p(\omega)}\mathrm{d}x\\ &\leqslant C_{p_+,p_-,T}\max\left\{t^{\delta p_-},t^{p_+-1}\right\}\int_0^t\int_D |f(s,x,u(s,x))|^{p(\omega)}\,\mathrm{d}x\mathrm{d}s\\ &\leqslant C_{p_+,p_-,T}\max\left\{t^{\delta p_-},t^{p_+-1}\right\}\int_0^t\int_D (1+|v(s,x)|^{p(\omega)})\mathrm{d}x\mathrm{d}s,\end{aligned}$$

那么

$$\begin{aligned}&E\left(\int_D |A_1(v)(t,x)|^{p(\omega)}\,\mathrm{d}x\right)\\ &\leqslant C_{p_+,p_-,T}\max\left\{t^{\delta p_-+1},t^{p_+}\right\}\sup_{t\in[0,T]}\int_D (1+E(|v(s,x)|^{p(\omega)}))\mathrm{d}x.\end{aligned}$$

对 $0\leqslant s<t\leqslant T$，有

$$\begin{aligned}&E\left(\int_D |A_1(v)(t,x)-A_1(v)(s,x)|^{p(\omega)}\,\mathrm{d}x\right)\\ &\leqslant C_{p_+,p_-,T}\max\left\{(t-s)^{\delta p_+-1},(t-s)^{\delta p_-}\right\}\int_0^t\int_D (1+E(|v(s,x)|^{p(\omega)}))\mathrm{d}x\mathrm{d}r.\end{aligned}$$

因此,

$$\lim_{s\to t}E\left(\int_D |A_1(v)(t,x)-A_1(v)(s,x)|^{p(\omega)}\,\mathrm{d}x\right)=0,$$

所以 $A_1(v)\in C_{BF}([0,T];L^{p(\omega)}(\Omega\times D))$.

类似地,

$$\begin{aligned}&E\left(\int_D |A_2(v)(t,x)|^{p(\omega)}\,\mathrm{d}x\right)\\ &\leqslant C_{p_+,p_-,T}\max\left\{t^{\delta p_-},t^{\delta p_+},t^{\frac{p_+}{2}-1},t^{\frac{p_-}{2}-1}\right\}\int_0^t\int_D (1+|v(s,x)|^{p(\omega)})\mathrm{d}x\mathrm{d}s,\end{aligned}$$

所以,

$$\sup_{t\in[0,T]} E\left(\int_D |A_2(v)(t,x)|^{p(\omega)}\,\mathrm{d}x\right)<\infty,$$

由引理 10.3.3, 对所有 $\delta\in\left(0,\dfrac{p_--2}{2p_-}\right)$, 存在常数 $C_{p_+,p_-,T}$ 有不等式:

$$E\left(\int_D |A_2(v)(t,x)-A_2(v)(s,x)|^{p(\omega)}\,\mathrm{d}x\right)$$

$$\leqslant C_{p_+,p_-,T}\max\left\{(t-s)^{\delta p_+},(t-s)^{\delta p_-},(t-s)^{p_+-1},(t-s)^{p_--1}\right\}\int_0^1\int_D |v(r,y)|^{p(\omega)}\,\mathrm{d}y\mathrm{d}r,$$

所以,

$$\lim_{s\to t} E\left(\int_D |A_2(v)(t,x)-A_2(v)(s,x)|^{p(\omega)}\,\mathrm{d}x\right)=0.$$

因此, $A_2(v)\in C_{BF}([0,T];L^{p(\omega)}(\Omega\times D))$. 由引理 10.3.4 和(R5),

$$\begin{aligned}&E\left(\int_D |A_3(v)(t,x)|^{p(\omega)}\mathrm{d}x\right)\\&\leqslant C_{p_+,p_-,T}\max\left\{t^{\delta p_-},t\right\}\sup_{r\in[0,T]}E\left(\int_D(1+|v(r,y)|^{p(\omega)})\mathrm{d}y\right)\\&<\infty.\end{aligned}$$

所以有

$$\sup_{t\in[0,T]} E\left(\int_D |A_3(v)(t,x)|^{p(\omega)}\mathrm{d}x\right)<\infty,$$

同时, 对于 $0\leqslant s<t\leqslant T$, 由引理 10.3.4, 我们有

$$\begin{aligned}&E\left(\int_D |A_3(v)(t,x)-A_3(v)(s,x)|^{p(\omega)}\,\mathrm{d}x\right)\\&\leqslant C_{p_+,p_-,T}\max\{(t-s)^{\delta p_-},(t-s)\}\sup_{t\in[0,T]}E\left(\int_D(1+|v(r,y)|^{p(\omega)})\mathrm{d}y\right),\end{aligned}$$

其中 $\delta\in\left(0,\dfrac{1}{p_+}\right)$. 所以

$$\lim_{s\to t} E\left(\int_D |A_3(v)(t,x)-A_3(v)(s,x)|^{p(\omega)}\,\mathrm{d}x\right)=0,$$

因此, $A_3(v)\in C_{BF}([0,T];L^{p(\cdot)}(\Omega\times D))$.

综上所述, 对 $v\in C_{BF}([0,T];L^{p(\omega)}(\Omega\times D))$, 有 $A_T(v)\in C_{BF}([0,T];L^{p(\omega)}(\Omega\times D))$. 证毕.

下面讨论对任意 $T_1\in[0,T]$, 算子 $A_{T_1}(v)$ 在 $C_{BF}([0,T_1];L^{p(\cdot)}(\Omega\times D))$ 上的压缩性质. 令 $v,u\in C_{BF}([0,T];L^{p(\cdot)}(\Omega\times D))$. 很明显,

$$\|A_{T_1}(v)-A_{T_1}(u)\|_{C_{BF}}\leqslant\sum_{i=1}^{3}\|A_i(v)-A_i(u)\|_{C_{BF}}.$$

那么通过类似地计算，可以得到常数 $C_{p_+,p_-,T}$ 满足

$$\begin{aligned}&E\left(\int_D |A_{T_1}(v)(t,x)-A_{T_1}(u)(t,x)|^{p(\omega)}\,\mathrm{d}x\right)\\&\leqslant 3^{p_+}\sum_{i=1}^{3}E\left(\int_D |A_i(v)(t,x)-A_i(u)(t,x)|^{p(\omega)}\,\mathrm{d}x\right)\\&\leqslant C_{p_+,p_-,T}\max\left\{T_1^{p_+},T_1^{\delta p_-}\right\}\sup_{t\in[0,T]}E\left(\int_D |v(t,x)-u(t,x)|^{p(\omega)}\,\mathrm{d}x\right).\end{aligned}$$

因此，若

$$T_1=\min\left\{\frac{1}{2}\left(\frac{1}{C_{p_+,p_-,T}}\right)^{\frac{1}{p_+}},\frac{1}{2}\left(\frac{1}{C_{p_+,p_-,T}}\right)^{\frac{1}{\delta p_-}}\right\},$$

那么 A_{T_1} 在 $C_{BF}([0,T];L^{p(\cdot)}(\Omega\times D))$ 上是压缩的. 因此在 $C_{BF}([0,T];L^{p(\omega)}(\Omega\times D))$ 中存在唯一解. 注意到常数 $C_{p_+,p_-,T}$ 不依赖于初值条件，所以考虑用下一个时刻 T_1 的初值条件 $u(T_1,x)$ 代替在 0 时刻的初值条件 u_0，我们可以用类似的方法得到方程(10.8)在区间 $[T_1,2T_1]$ 中存在唯一解.

重复上述步骤有限步，对每个 $T>0$，即可以构造出在全区间 $[0,T]$ 上的方程解. 证毕.

10.4　一类变指数空间上的 Malliavin 导数

Malliavin 导数在金融数学上有许多的应用, Malliavin 和 Thalmaier 在文献[289]中以及 Nunno 等在文献[290]中做了详尽的阐述. 关于其更多应用可以参见文献[291-295]. 我们很感兴趣 Malliavin 导数在变指数函数空间中的情形，在本节中，我们将 Prato 在文献[281]中的 Malliavin 导数扩展到了变指数函数空间. 为了建立变指数空间上的 Malliavin 导数，我们先给出了对于变指数 Lebesgue 函数空间 $L^{p(x)}(H,\mu)$ 的逼近结果，讨论了梯度算子 D 的可闭化等性质，最后，我们定义了 Hilbert 空间 H 上的变指数 Sobolev 空间，建立了变指数函数空间上的 Malliavin 导数，讨论了 Malliavin 导数算子 M 的一些性质.

10.4.1　$L^{p(x)}(H,\mu)$ 上的一些逼近结果

设 H 是可分的 Hilbert 空间. P^2 是由所有满足

$$\int_H |x|_H^2\,\mu(\mathrm{d}x)<\infty$$

的 Borel 概率测度构成的集合. $L(H)$ 是 H 上有界线性算子的集合.

定义 10.4.1　设 $\mu\in P^2$, 对任意 $h\in H$ 存在 $m\in H$ 满足

$$\langle m,h\rangle=\int_H\langle x,h\rangle\mu(\mathrm{d}x),$$

则称 m 是 μ 的均值. 若对任意 $h,k\in H$, 存在 $Q\in L(H)$ 满足

$$\langle Qh,k\rangle=\int_H\langle x-m,h\rangle\langle x-m,k\rangle\mu(\mathrm{d}x),$$

则称 Q是 μ 的协方差算子.

定义 10.4.2　若紧算子 Q 为均值 m 的协方差算子, 其在 H 上 Borel 概率测度 $N_{m,Q}$ 的 Fourier 变换满足:

$$\int_H e^{i\langle h,x\rangle}N_{m,Q}\mu(\mathrm{d}x)=e^{i\langle m,h\rangle}e^{-\frac{1}{2}\langle Qh,h\rangle},\quad x\in H,$$

则称 $N_{m,Q}$ 是 Gauss 测度. 若 $\mathrm{Ker}Q=\{0\}$, 则称 $N_{m,Q}$ 是非退化的. 这里, 我们给定可分 Hilbert 空间 H 上的非退化 Gauss 测度 $\mu=N_{0,Q}$. 由于算子 Q 是紧算子, 所以存在 H 上的完备标准正交系 $\{e_k\}$ 和一列正数 $\{\lambda_k\}$ 满足

$$Qe_k=\lambda_k e_k,\quad k\in\mathbb{N}$$

我们记 $C_b(H)$ 为所有连续有界映射 $\varphi: H\to\mathrm{R}$ 构成的空间. 定义范数

$$\|\varphi\|_0=\sup_{x\in H}|\varphi(x)|,$$

则 $C_b(H)$ 是 Banach 空间. 记 $C_b^k(H)$ 为所有连续有界 k 阶可导映射构成的空间, 其中 $k\in\mathbb{N}$.

给定变指数 $p:H\to[1,\infty)$, 假设 p 是 Borel 可测函数. 在 Borel 可测函数集上, 分别定义泛函 ρ 和 $\tilde{\rho}$:

$$\rho(\varphi)=\int_H|\varphi(x)|^{p(x)}\mu(\mathrm{d}x),$$

$$\tilde{\rho}(F)=\int_H\|F(x)\|_H^{p(x)}\mu(\mathrm{d}x),$$

其中 $\varphi: H\to\mathbb{R}, F:H\to H$.

定义 10.4.3　空间 $\mathcal{L}^{p(x)}(H,\mu)$ 是由所有满足 $\rho(\varphi)<\infty$ 的 Borel 可测函数 φ: $H\to\mathbb{R}$ 构成的集合, 定义范数:

$$\|\varphi\|_{L^{p(x)}(H,\mu)}=\inf\left\{\lambda>0:\rho\left(\frac{\varphi}{\lambda}\right)\leqslant 1\right\}.$$

定义等价关系 $r_4:\phi\sim\psi$ 当且仅当

$$\|\phi-\psi\|_{L^{p(x)}(H,\mu)}=0.$$

记 $L^{p(x)}(H,\mu)$ 为 $\mathcal{L}^{p(x)}(H,\mu)$ 在等价关系 r_4 下的商空间.

定义 10.4.4　空间 $L^{p(x)}(H,\mu;H)$ 是由所有满足 $\tilde{\rho}(F)<\infty$ 的 Borel 可测函数 $F:H\to H$ 构成的集合, 定义范数:

$$\|F\|_{L^{p(x)}(H,\mu;H)}=\inf\left\{\lambda>0:\tilde{\rho}\left(\frac{F}{\lambda}\right)\leqslant 1\right\}.$$

定义等价关系 $r_5:F\sim G$ 当且仅当

$$\|F-G\|_{L^{p(x)}(H,\mu;H)}=0.$$

记 $L^{p(x)}(H,\mu;H)$ 为 $\mathcal{L}^{p(x)}(H,\mu;H)$ 在等价关系 r_5 下的商空间.

定理 10.4.1 (文献[179]中引理 3.2.20)　若变指数 $p(\omega),q(\omega),s(\omega)\in[1,\infty)$ 满足

$$\frac{1}{p(\omega)}+\frac{1}{q(\omega)}=\frac{1}{s(\omega)}\ \text{a.s.},$$

那么对任取 $X\in L^{p(\omega)}([0,T]\times\Omega,\mathcal{P},\mu\times P)$ 和 $Y\in L^{q(\omega)}([0,T]\times\Omega,\mathcal{P},\mu\times P)$ 有不等式

$$\|XY\|_{L^{s(\omega)}([0,T]\times\Omega)}\leqslant 2\|X\|_{L^{p(\omega)}([0,T]\times\Omega)}\|Y\|_{L^{q(\omega)}([0,T]\times\Omega)}$$

成立, 特别地, 当 $p=q=s=\infty$ 时, 我们设 $\frac{1}{p}+\frac{1}{q}=\frac{1}{s}$.

定理 10.4.2　若变指数 p 满足 $1\leqslant p_-\leqslant p(x)\leqslant p_+<\infty$, μ-a.e., 任取 $F\in L^{p(x)}(H,\mu;H)$ 并且对 $k\in\mathbb{N}$, 记

$$F_k(x)=\langle F(x),e_k\rangle,$$

那么对于所有 $k\in\mathbb{N}$, 有 $F_k\in L^{p(x)}(H,\mu)$ 并且有

$$F(x)=\sum_{k=1}^{\infty}F_k(x)e_k,\quad \mu\text{-a.e.},$$

其中级数在 $L^{p(x)}(H,\mu;H)$ 中收敛.

证明　因为对于 $F_k,k\in\mathbb{N}$, 有

$$\int_H|F_k(x)|^{p(x)}\,\mu(\mathrm{d}x)\leqslant\int_H|F_k(x)|_H^{p(x)}\,\mu(\mathrm{d}x)<\infty.$$

所以有 $F_k\in L^{p(x)}(H,\mu)$. 因为 $\{e_k\}$ 是 H 中的标准正交系并且对于 $x\in H$ 有 $F(x)\in H$, 所以有

$$F(x)=\sum_{k=1}^{\infty}F_k(x)e_k,\quad \mu\text{-a.e.}.$$

设

$$P_nF(x)=\sum_{k=1}^{\infty}F_k(x)e_k.$$

我们有

$$\lim_{n\to\infty}P_nF(x)=F(x),\quad \mu\text{-a.e.},$$

并且有

$$|F(x)|_H^{p(x)}=\left(\sum_{k=1}^{\infty}|F_k(x)|^2\right)^{\frac{p(x)}{2}}\geqslant\left(\sum_{k=n+1}^{\infty}|F_k(x)|^2\right)^{\frac{p(x)}{2}}=|P_nF(x)-F(x)|_H^{p(x)}.$$

所以由 Lebesgue 控制收敛定理, 有

$$\lim_{n\to\infty}\int_H|P_nF(x)-F(x)|_H^{p(x)}\ \mu(\mathrm{d}x)=0.$$

因此, 级数 $P_nF(x)$ 在 $L^{p(x)}(H,\mu;H)$ 中收敛.

记 $E(H)$ 为由所有指数函数

$$\varphi_h(x)=e^{i\langle h,x\rangle},\quad x\in H,\quad h\in H$$

张成的线性包.

定理 10.4.3 (文献[251]中的引理 2.2) 对于所有的 $\varphi\in C_b(H)$, 存在一列双指标函数 $\{\varphi_{n,k}\}\subset E(H)$, 满足对 $n,k\in\mathbb{N}$,

$$\|\varphi_{n,k}\|_0\leqslant\|\varphi\|_0,$$

并且

$$\lim_{n\to\infty}\lim_{k\to\infty}\varphi_{n,k}(x)=\varphi(x),\quad x\in H.$$

记 $C_c(H)$ 是由 H 上所有连续并具有紧支集映射 $\varphi:H\to\mathbb{R}$ 构成的空间. 关于 $C_c(H)$ 我们有如下的定理.

定理 10.4.4 若变指数 p 满足 $1\leqslant p_-\leqslant p(x)\leqslant p_+<\infty$, μ-a.e., 那么 $C_c(H)$ 在 $L^{p(x)}(H,\mu)$ 中稠密.

证明 记 $S:=S(H,\mu)$ 是 H 上所有简单函数构成的集合. 容易验证 $S\subset L^{p(x)}(H,\mu)$. 令 $f\in L^{p(x)}(H,\mu)$ 满足 $f\geqslant 0$. 因为 f 是 Borel 可测函数, 所以存在单调非减的函数列 $\{f_n\}\subset S$, 即 $0\leqslant f_n\to f$, μ-a.e., 由于

$$|f_n(x)-f(x)|^{p(x)}\leqslant|f(x)|^{p(x)},$$

所以根据 Lebesgue 控制收敛定理, 在 $L^{p(x)}(H,\mu)$ 中有

$$f_n\to f.$$

因此, f 属于 S 的闭包. 如果我们去掉 $f\geqslant 0$ 的假设, 那么把 f 划分为分别属于 S 闭包的正负两部分. 所以 S 在 $L^{p(x)}(H,\mu)$ 中稠密. 对任意 $\varepsilon>0$ 和任取的

$g\in L^{p(x)}(H,\mu)$，存在 $s\in S$ 满足

$$\|g-s\|_{L^{p(x)}(H,\mu)}<\frac{\varepsilon}{2}.$$

另一方面，因为 $p_+<\infty$，所以 $C_c(H)$ 在 $g\in L^{p_++1}(H,\mu)$ 中稠密．所以存在 $\tilde{g}\in C_c(H)$ 满足

$$\|\tilde{g}-s\|_{L^{p_++1}(H,\mu)}<\frac{\varepsilon}{4}.$$

根据定理 10.4.1，有

$$\|\tilde{g}-s\|_{L^{p(x)}(H,\mu)}\leqslant 2\|\tilde{g}-s\|_{L^{p_++1}(H,\mu)}<\frac{\varepsilon}{2}.$$

因此，

$$\|\tilde{g}-g\|_{L^{p(x)}(H,\mu)}<\varepsilon,$$

并且 $C_c(H)$ 在 $L^{p(x)}(H,\mu)$ 中稠密．证毕．

定理 10.4.5 如果变指数 p 满足 $1\leqslant p_-\leqslant p(x)\leqslant p_+<\infty$，$\mu$-a.e.，那么 $E(H)$ 在 $L^{p(x)}(H,\mu)$ 中稠密．

证明 因为 $C_c(H)\subset C_b(H)$，根据定理 10.4.4，$C_b(H)$ 在 $L^{p(x)}(H,\mu)$ 中稠密．所以对任意的 $\varepsilon>0$ 和 $f\in L^{p(x)}(H,\mu)$，存在 $\varphi\in C_b(H)$ 满足

$$\|f-\varphi\|_{L^{p(x)}(H,\mu)}<\frac{\varepsilon}{2}.$$

由定理 10.4.3 以及对角线法则，存在一列函数 $\{\varphi_n\}\subset E(H)$，对 $n\in\mathbb{N}$ 满足

$$|\varphi_n(x)|\leqslant\|\varphi\|_0,$$

并且

$$\lim_{n\to\infty}\varphi_n(x)=\varphi(x),\quad x\in H.$$

根据 Lebesgue 控制收敛定理，有

$$\lim_{n\to\infty}\int_H|\varphi_n(x)-\varphi(x)|\,\mu(\mathrm{d}x)=0,$$

并且因为

$$\int_H|\varphi_n(x)-\varphi(x)|^{p(x)}\,\mu(\mathrm{d}x)\leqslant(2\|\varphi\|_0)^{p_+}\int_H|\varphi_n(x)-\varphi(x)|\,\mu(\mathrm{d}x)$$

在 $L^{p(x)}(H,\mu)$ 中 $\varphi_n(x)\to\varphi$．假设 $N\in\mathbb{N}$，对 $n>N$ 有

$$\|\varphi_n-\varphi\|_{L^{p(x)}(H,\mu)}<\frac{\varepsilon}{2}.$$

因此，对 $n>N$ 有

$$\|\varphi_n - f\|_{L^{p(x)}(H,\mu)} < \varepsilon,$$

以及 $E(H)$ 在 $L^{p(x)}(H,\mu)$ 中稠密. 证毕.

定理 10.4.6　设 W_z 是 H 上的白噪声函数, 其中 $z \in H$, 若变指数 p 满足 $1 \leqslant p_- \leqslant p(x) \leqslant p_+ < \infty$, μ-a.e., 那么

$$\|W_z\|_{L^{p(x)}(H,\mu)} \leqslant 2\left(\frac{(2m)!}{2^m m!}|z|_H^m\right)^{\frac{1}{2m}},$$

其中 $p_+ < 2m, m \in \mathbb{N}$.

证明　因为 W_z 是均值为 0, 协方差为 $|z|_H$ 的 Gauss 随机变量, 根据定理 10.4.1, 有

$$\|W_z\|_{L^{p(x)}(H,\mu)} \leqslant 2\|1\|_{L^{\frac{2mp(x)}{2m-p(x)}}(H,\mu)} \|W_z\|_{L^{2m}(H,\mu)} \leqslant 2\left(\frac{(2m)!}{2^m m!}|z|_H^m\right)^{\frac{1}{2m}}.$$

证毕.

10.4.2　可分 Hilbert 空间上的 $W^{1,p(x)}(H,\mu)$ 空间

对任意 $\varphi \in E(H)$, 定义 φ 在 e_k 方向的导数为

$$\mathrm{D}_k\phi(x) = \lim_{\varepsilon\to 0}\frac{1}{\varepsilon}(\phi(x+\varepsilon e_k) - \phi(x)), \quad x \in H,$$

用 $\mathrm{D}\varphi$ 表示 φ 的梯度.

我们将考虑下面的映射:

$$\mathrm{D}: E(H) \subset L^{p(x)}(H,\mu) \to L^{p(x)}(H,\mu;H), \quad \varphi \mapsto \mathrm{D}\varphi,$$

其中 $1 \leqslant p_- \leqslant p(x) \leqslant p_+ < \infty$, 　μ-a.e..

引理 10.4.1 (文献[281]中引理 2.6)　假设 $\varphi, \psi \in E(H)$, 那么

$$\int_H \mathrm{D}_k\varphi\psi\mathrm{d}\mu = -\int_H \varphi\mathrm{D}_k\psi\mathrm{d}\mu + \frac{1}{\lambda_k}\int_H x_k\varphi\psi\mathrm{d}\mu,$$

其中 $x \in H$, 并且

$$x_k = \langle x, e_k\rangle.$$

引理 10.4.2 (文献[281]中推论 2.7)　假设 $\varphi, \psi \in E(H)$, 并且 $z \in Q^{\frac{1}{2}}(H)$, 那么

$$\int_H \langle \mathrm{D}\phi, z\rangle\psi\mathrm{d}\mu = -\int_H \langle \mathrm{D}\psi, z\rangle\varphi\mathrm{d}\mu + \int_H W_{Q^{-\frac{1}{2}}z}\varphi\psi\mathrm{d}\mu.$$

若线性算子 A 的图的闭包是某个线性算子的图, 这个线性算子被称作 A 的闭包, 那么我们称线性算子 A 是可闭化的. 用 $\overline{A}$ 表示 A 的闭包. 对于可闭化算子 A 有如下结论成立:

A 是可闭化的当且仅当对任意序列 $\{x_n\}\subset D(A)$，其中

$$\lim_{n\to\infty} x_n = 0, \quad \lim_{n\to\infty} Ax_n = y.$$

可以得到 $y=0$.

这是由于若 A 是可闭化，则存在闭算子 B 满足 B 的图正好是 A 的图的闭包. 任取序列 $\{x_n\}\subset D(A)$ 使得

$$x_n \to 0$$

以及

$$Ax_n \to y,$$

所以 $(0,y)$ 在闭算子 B 的图中，即 $B0=y$. 因此 $y=0$.

反之，任取序列 $\{x_n\}\subset D(A)$ 使得

$$x_n \to 0,$$

有

$$Ax_n \to 0,$$

可知 A 在 $x=0$ 处连续，故 A 在 $D(A)$ 内处处连续. 所以 A 能唯一延拓到 $D(A)$ 的闭包上成为连续线性算子. 故 A 是可闭化的.

定理 10.4.7 映射 D 是可闭化线性算子.

证明 设 $\varphi_n\in E(H)$ 满足在 $L^{p(x)}(H,\mu)$ 中

$$\varphi_n \to 0$$

以及在 $L^{p(x)}(H,\mu;H)$ 中

$$\mathrm{D}\varphi_n \to F.$$

由可闭化算子的结论，我们只需证明 $F=0$.

对于任意的 $\psi\in E(H)$ 和 $z\in Q^{\frac{1}{2}}(H)$，根据引理 10.4.2，有

$$\int_H \langle \mathrm{D}\varphi_n, z\rangle \psi \mathrm{d}\mu = -\int_H \langle \mathrm{D}\psi, z\rangle \varphi_n \mathrm{d}\mu + \int_H W_{Q^{-\frac{1}{2}}z}\varphi_n\psi \mathrm{d}\mu.$$

根据定理 10.4.1，有

$$\begin{aligned}\left|\int_H \langle \mathrm{D}\varphi_n - F, z\rangle \psi \mathrm{d}\mu\right| &\leqslant -\int_H |\mathrm{D}\varphi_n - F|_H |z|_H |\psi| \mathrm{d}\mu \\ &\leqslant C\|\mathrm{D}\varphi_n - F\|_{L^{p(x)}(H,\mu;H)}\|\psi\|_{L^{q(x)}(H,\mu)},\end{aligned}$$

并且

$$\left|\int_H \langle \mathrm{D}\psi, z\rangle \varphi_n \mathrm{d}\mu\right| \leqslant 2|z|_H \|\varphi_n\|_{L^{q(x)}(H,\mu)}\|\mathrm{D}\psi\|_{L^{q(x)}(H,\mu;H)},$$

其中 $\frac{1}{p(x)}+\frac{1}{q(x)}=1, x\in H$. 因为 ψ 是有界的, 根据定理 10.4.1 和定理 10.4.6, 有

$$\left|\int_H W_{Q^{-\frac{1}{2}}z}\phi_n\psi\mathrm{d}\mu\right|\leqslant C\|\phi_n\|_{L^{p(x)}(H,\mu)}\|W_{Q^{-\frac{1}{2}}z}\|_{L^{q(x)}(H,\mu)}\leqslant C_{p_+}|Q^{-\frac{1}{2}}z|_H^{\frac{1}{2}}\|\varphi_n\|_{L^{p(x)}(H,\mu)}.$$

因此, 当 $n\to\infty$ 时, 有

$$\int_H\langle F,z\rangle\psi\mathrm{d}\mu=0.$$

由于 $F_k\in L^{p(x)}(H,\mu)$, 对固定的 $k\in\mathbb{N}$, 假设 $\{\psi_{kn}\}\in E(H)$ 满足在 $L^{q(x)}(H,\mu)$ 中

$$\psi_{kn}\to|F_k|^{p(x)-1}\operatorname{sgn}(F_k),$$

有

$$\lim_{n\to\infty}\int_H F_k\psi_{kn}\mathrm{d}\mu=0,$$

即

$$\int_H|F_k|^{p(x)}\mathrm{d}\mu=0.$$

因此, 有

$$F_k(x)=0,\quad \mu\text{-a.e.},$$

进一步有

$$F(x)=0,\quad \mu\text{-a.e.}.$$

证毕.

下面, 用 $\bar{\mathrm{D}}$ 表示算子 D 的闭包, 并且用 $W^{1,p(x)}(H,\mu)$ 表示 $\bar{\mathrm{D}}$ 的定义域.

定理 10.4.8　对任意 $k\in\mathbb{N}$, 线性算子 D_k 是可闭化的并且它的闭包 $\bar{\mathrm{D}}_k$ 满足对任意 $\varphi\in W^{1,p(x)}(H,\mu)$ 有 $\bar{\mathrm{D}}_k\varphi=\langle\bar{\mathrm{D}}\varphi,e_k\rangle$ 成立.

证明　对任意的 $k\in\mathbb{N}$, 取 $\varphi_n\in E(H)$ 满足在 $L^{p(x)}(H,\mu)$ 中

$$\varphi_n\to 0$$

以及

$$\mathrm{D}_k\varphi_n\to F_k.$$

由可闭化算子的结论, 只需证明

$$F_k=0,$$

对任意 $\psi\in E(H)$ 和 $z\in H$, 根据引理 10.4.1, 有

$$\int_H\mathrm{D}_k\varphi_n\psi\mathrm{d}\mu=-\int_H\varphi_n\mathrm{D}_k\psi\mathrm{d}\mu+\frac{1}{\lambda_k}\int_H x_k\varphi_n\psi\mathrm{d}\mu.$$

类似定理 10.4.7 的证明, 有

$$\left|\int_H (\mathrm{D}_k\varphi_n - F_k)\psi \mathrm{d}\mu\right| \leqslant \int_H |\mathrm{D}_k\varphi_n - F_k||\psi|\mathrm{d}\mu \leqslant 2\|\mathrm{D}_k\varphi_n - F_k\|_{L^{p(x)}(H,\mu)}\|\psi\|_{L^{q(x)}(H,\mu)},$$

并且

$$\left|\int_H \varphi_n \mathrm{D}_k\psi \mathrm{d}\mu\right| \leqslant 2\|\varphi_n\|_{L^{p(x)}(H,\mu)}\|\mathrm{D}_k\psi\|_{L^{q(x)}(H,\mu;\ H)},$$

其中 $\frac{1}{p(x)}+\frac{1}{q(x)}=1, x\in H$. 因为 ψ 是有界的, 以及 μ 是 Gauss 测度, 有

$$\left|\frac{1}{\lambda_k}\int_H x_k\varphi_n\psi \mathrm{d}\mu\right| \leqslant C_{p_+,k}\|\varphi_n\|_{L^{p(x)}(H,\mu)}.$$

所以可以得到 $n\to\infty$ 时

$$\int_H F_k\psi \mathrm{d}\mu = 0.$$

由于 $F_k\in L^{p(x)}(H,\mu)$, 对固定的 $k\in\mathbb{N}$, 假设 $\{\psi_{kn}\}\in E(H)$ 满足在 $L^{q(x)}(H,\mu)$ 中

$$\psi_{kn}\to |F_k|^{p(x)-1}\operatorname{sgn}(F_k),$$

有

$$\lim_{n\to\infty}\int_H F_k\psi_{kn}\mathrm{d}\mu = 0,$$

即

$$\int_H |F_k|^{p(x)}\mathrm{d}\mu = 0.$$

因此, 有

$$F_k(x)=0,\quad \mu\text{-a.e.}.$$

因此 D_k 是可闭化的. 并且

$$\overline{\mathrm{D}}_k\varphi = \lim_{n\to\infty}\mathrm{D}_k\varphi_n = \lim_{n\to\infty}\langle \mathrm{D}\varphi_n, e_k\rangle = \langle \overline{\mathrm{D}}\varphi, e_k\rangle.$$

证毕.

10.4.3 $D^{1,p(x)}(H,\mu)$ 上的 Malliavin 导数

对于任意的 $\varphi\in E(H)$, 定义线性算子:

$$M_0: E(H)\subset L^{p(x)}(H,\mu)\to L^{p(x)}(H,\mu;H),$$

$$M_0\varphi(x) = Q^{\frac{1}{2}}\mathrm{D}\varphi(x),\quad \varphi\in E(H),\quad x\in H,$$

其中 $1\leqslant p_-\leqslant p(x)\leqslant p_+<\infty$, μ-a.e. 且

$$M_k\varphi(x) = \langle M_0\varphi(x), e_k\rangle = \lambda_k^{\frac{1}{2}}\mathrm{D}_k\varphi(x),$$

其中 $\varphi\in E(H), x\in H$.

定理 10.4.9 (文献[281]中推论 2.10)　假设 $\varphi,\psi\in E(H)$，以及 $z\in H$，那么等式

$$\int_H \langle M_0\varphi, z\rangle\psi \mathrm{d}\mu = -\int_H \langle M_0\psi, z\rangle\varphi \mathrm{d}\mu + \int_H W_z\varphi\psi \mathrm{d}\mu$$

成立.

用和定理 10.4.7 类似的方式, 我们可得到定理 10.4.10.

定理 10.4.10　映射 M_0 是可闭化的线性算子.

证明　假设 $\varphi_n\in E(H)$ 满足在 $L^{p(x)}(H,\mu)$ 中,

$$\varphi_n\to 0$$

以及在 $L^{p(x)}(H,\mu;H)$ 中

$$M_0\varphi_n\to F.$$

由可闭化算子的结论, 只需证明

$$F=0.$$

对于任意的 $\psi\in E(H)$ 和 $z\in H$，根据定理 10.4.9, 有

$$\int_H \langle M_0\varphi_n, z\rangle\psi \mathrm{d}\mu = -\int_H \langle M_0\psi, z\rangle\varphi_n \mathrm{d}\mu + \int_H W_z\varphi_n\psi \mathrm{d}\mu.$$

由于

$$\begin{aligned}\left|\int_H \langle M_0\varphi_n - F, z\rangle\psi \mathrm{d}\mu\right| &\leqslant \int_H |M_0\varphi_n - F|_H |z|_H |\psi| \mathrm{d}\mu \\ &\leqslant C\|M_0\varphi_n - F\|_{L^{p(x)}(H,\mu;H)}\|\psi\|_{L^{q(x)}(H,\mu)},\end{aligned}$$

并且

$$\left|\int_H \langle M_0\psi, z\rangle\varphi_n \mathrm{d}\mu\right| \leqslant 2C|z|_H\|\varphi_n\|_{L^{p(x)}(H,\mu)}\|M_0\psi\|_{L^{q(x)}(H,\mu;H)},$$

其中 $\dfrac{1}{p(x)}+\dfrac{1}{q(x)}=1$, $x\in H$ 以及

$$\left|\int_H W_{Q^{-\frac{1}{2}}z}\varphi_n\psi \mathrm{d}\mu\right| \leqslant C\|\varphi_n\|_{L^{p(x)}(H,\mu)}\|W_{Q^{-\frac{1}{2}}z}\|_{L^{q(x)}(H,\mu)} \leqslant C_{p_+}|Q^{-\frac{1}{2}}z|_H^{\frac{1}{2}}\|\varphi_n\|_{L^{p(x)}(H,\mu)}.$$

因此, 当 $n\to\infty$ 时, 有

$$\int_H \langle F, z\rangle\psi \mathrm{d}\mu = 0.$$

由于 $F_k\in L^{p(x)}(H,\mu)$，对固定的 $k\in\mathbb{N}$，假设 $\{\psi_{kn}\}\in E(H)$ 满足在 $L^{p(x)}(H,\mu)$ 中

$$\psi_{kn}\to |F_k|^{p(x)-1}\operatorname{sgn}(F_k),$$

有

$$\lim_{n\to\infty}\int_H F_k\psi_{kn}\mathrm{d}\mu=0,$$

即

$$\int_H |F_k|^{p(x)}\mathrm{d}\mu=0.$$

因此, 有

$$F_k(x)=0 \quad \mu\text{-a.e.},$$

进一步有

$$F(x)=0 \quad \mu\text{-a.e.}.$$

证毕.

下面, 用 M 表示 M_0 的闭包算子并且用 $D^{1,p(x)}(H,\mu)$ 表示 M 的定义域. 对 $\varphi\in D^{1,p(x)}(H,\mu)$, 称 $M\varphi$ 为 φ 的 Malliavin 导数.

定理 10.4.11 若 p 满足 $1\leqslant p_-\leqslant p(x)\leqslant p_+<\infty$, μ-a.e., 那么 $W^{1,p(x)}(H,\mu)\subset D^{1,p(x)}(H,\mu)$ 并且对任意 $\varphi\in W^{1,p(x)}(H,\mu)$ 有

$$M\varphi=Q^{\frac{1}{2}}\overline{\mathrm{D}}\varphi.$$

证明 对任意 $\varphi\in W^{1,p(x)}(H,\mu)$ 存在 $\varphi_n\in E(H)$ 满足在 $L^{p(x)}(H,\mu)$ 中

$$\varphi_n\to\varphi.$$

由于

$$\begin{aligned}\int_H\left|Q^{\frac{1}{2}}\mathrm{D}\varphi_n-Q^{\frac{1}{2}}\overline{\mathrm{D}}\varphi\right|_H^{p(x)}\mu(\mathrm{d}x)&\leqslant\int_H\left\|Q^{\frac{1}{2}}\right\|^{p(x)}|\mathrm{D}\varphi_n-\overline{\mathrm{D}}\varphi|_H^{p(x)}\,\mu(\mathrm{d}x)\\&\leqslant\max\left\{\left\|Q^{\frac{1}{2}}\right\|,\left\|Q^{\frac{1}{2}}\right\|^{p_+}\right\}\int_H|\mathrm{D}\varphi_n-\overline{\mathrm{D}}\varphi|_H^{p(x)}\,\mu(\mathrm{d}x),\end{aligned}$$

所以有

$$M\varphi=Q^{\frac{1}{2}}\overline{\mathrm{D}}\varphi.$$

并且 $\varphi\in D^{1,p(x)}(H,\mu)$. 证毕.

为了证明定理 10.4.12, 我们需要如下引理.

引理 10.4.3 (文献[281]中引理 2.3) 对所有的 $\varphi\in C_b^1(H)$ 存在一列双指标函数列 $\{\varphi_{n,k}\}\in E(H)$ 满足对 $n,k\in\mathbb{N}$ 有

$$\|\varphi_{n,k}\|_0+\|D\varphi_{n,k}\|_0 \leqslant \|\varphi\|_0+\|D\varphi\|_0,$$

并且

$$\lim_{n\to\infty}\lim_{k\to\infty}\varphi_{n,k}(x)=\varphi(x), \quad x\in H,$$

$$\lim_{n\to\infty}\lim_{k\to\infty}D\varphi_{n,k}(x)=D\varphi(x), \quad x\in H.$$

定理 10.4.12　若变指数 p 满足 $1\leqslant p_-\leqslant p(x)\leqslant p_+<\infty$, μ-a.e.，那么有 $g(\varphi)\in D^{1,p(x)}(H,\mu)$ 并且对任意 $\varphi\in D^{1,p(x)}(H,\mu)$ 和 $g\in C_b^1(H)$，有

$$Mg(\varphi)=g'(\varphi)M\varphi$$

成立.

证明　首先，证明对任意 $\psi\in E(H)$ 有 $g(\psi)\in D^{1,p(x)}(H,\mu)$. 根据引理 10.4.3, 对于 $g(\psi)$，存在一列双指标函数列 $\{\phi_{n,k}\}\in E(H)$ 满足对 $n,k\in\mathbb{N}$ 有

$$\|\phi_{n,k}\|_0+\|D\phi_{n,k}\|_0 \leqslant \|g(\psi)\|_0+\|Dg(\psi)\|_0,$$

并且

$$\lim_{n\to\infty}\lim_{k\to\infty}\phi_{n,k}(x)=g(\psi)(x), \quad x\in H,$$

$$\lim_{n\to\infty}\lim_{k\to\infty}D\phi_{n,k}(x)=Dg(\psi)(x), \quad x\in H.$$

由对角线法则以及 Lebesgue 控制收敛定理, 在 $L^{p(x)}(H,\mu)$ 中,

$$\phi_n\to g(\psi),$$

因为 M 是闭算子, 所以有

$$Mg(\psi)=\lim_{n\to\infty}M_0\phi_n,$$

以及 $g(\psi)\in D^{1,p(x)}(H,\mu)$.

接下来证明这个定理. 对于 $\varphi\in D^{1,p(x)}(H,\mu)$，存在 $\{\varphi_n\}\subset E(H)$, 满足在 $L^{p(x)}(H,\mu)$ 中

$$\lim_{n\to\infty}\varphi_n=\varphi.$$

根据第一部分的证明，$g(\varphi_n)\in D^{1,p(x)}(H,\mu)$，并且

$$Mg(\varphi_n)=Q^{\frac{1}{2}}Dg(\varphi_n)=g'(\varphi_n)Q^{\frac{1}{2}}D\varphi_n=g'(\varphi_n)M\varphi_n.$$

因为 $M\varphi_n\in L^{p(x)}(H,\mu;H)$ 以及 $g'(\varphi_n)\in C_b^1(H)$，所以有

$$\lim_{n\to\infty}Mg(\varphi_n)=\lim_{n\to\infty}g'(\varphi_n)M\varphi_n=g'(\varphi)M\varphi.$$

因为 M 是闭算子, 所以有

$$Mg(\varphi) = g'(\varphi)M\varphi .$$

证毕.

定理 10.4.13　若变指数 p 满足 $1 \leqslant p_- \leqslant p(x) \leqslant p_+ < \infty$, μ-a.e.. 对于 $\varphi, \psi \in D^{1,p(x)}(H,\mu)$, 并且假设 ψ 和 $M\psi$ 是有界的, 那么有 $\varphi\psi \in D^{1,p(x)}(H,\mu)$ 并且有

$$M(\varphi\psi) = \varphi M\psi + \psi M\varphi.$$

证明　首先, 对于 $\varphi \in E(H)$, 由于 $\psi \in D^{1,p(x)}(H,\mu)$, 所以存在一列函数序列 $\{\psi_n\} \in E(H)$ 满足在 $L^{p(x)}(H,\mu)$ 中

$$\psi_n \to \psi,$$

并且因为

$$M_0(\varphi\psi_n) = \psi_n M_0\varphi + \varphi M_0\psi_n,$$

所以有

$$\lim_{n\to\infty} M_0(\phi\psi_n) = \lim_{n\to\infty}(\psi_n M_0\varphi + \varphi M_0\psi_n) = \psi M_0\varphi + \varphi M\psi.$$

因为 $\varphi\psi_n \in E(H)$, 在 $L^{p(x)}(H,\mu)$ 中

$$\varphi\psi_n \to \varphi\psi$$

以及在 $L^{p(x)}(H,\mu;H)$ 中

$$\lim_{n\to\infty} M_0(\varphi\psi_n) = M(\varphi\psi).$$

所以有 $\varphi\psi \in D^{1,p(x)}(H,\mu)$.

然后, 因为 $\varphi \in D^{1,p(x)}(H,\mu)$, 所以存在 $\{\varphi_n\} \in E(H)$ 满足在 $L^{p(x)}(H,\mu)$ 中 $\varphi_n \to \varphi$. 根据第一部分的证明, 所以有

$$M(\varphi_n\psi) = \varphi_n M\psi + \psi M_0\varphi_n.$$

因为 ψ 和 $M\psi$ 是有界的, 所以有

$$M(\varphi\psi) = \lim_{n\to\infty} M_0(\varphi_n\psi) = \varphi M\psi + \psi M\varphi$$

以及 $\varphi\psi \in D^{1,p(x)}(H,\mu)$. 证毕.

参考文献

[1] Sobolev S L. On a theorem of functional analysis. Mat. Sb., 1938, 46: 471-496.

[2] Sobolev S L. Applications of functional analysis in mathematical physics. Leningrad, 1950.

[3] Bartsch T, Liu Z. On a superlinear elliptic p-Laplacian equation. J. Differential Equations, 2004, 198: 149-175.

[4] Nápoli P D, Mariani M. Mountain pass solutions to equations of p-Laplacian type. Nonlinear Anal., 2003, 54: 1205-1219.

[5] Egnell H. Existence and nonexistence results for m-Laplace equations involving critical Sobolev exponents. Arch. Ration. Mech. Anal., 1988, 104: 57-77.

[6] Leone C, Porretta A. Entropy solutions for nonlinear elliptic equations in L^1. Nonlinear Anal., 1998, 32(3): 325-334.

[7] Kichenassamy S, Veron L. Singular solutions of the p-Laplace equation. Math Ann., 1985, 275: 599-615.

[8] Wu A. Existence of multiple nontrivial solutions for nonlinear p-Laplacian problems on $\mathbb{R}^N$. Proc. R. Soc. Edinburgh Sec. A, 1999, 129: 855-883.

[9] Orlicz W. Über konjugierte exponentenfolgen. Studia Math., 1931, 3: 200-212.

[10] Tsenov I V. Generalization of the problem of best approximation of a function in the space L^s. Uch. Zap. Dagestan Gos. Univ., 1961, 7: 25-37(Russian).

[11] Sharapudinov I I. On the topology of the space $L^{p(t)}([0,1])$. Math. Notes, 1979, 26: 796-806.

[12] Kováčik O, Rákosník J. On spaces $L^{p(x)}$ and $W^{k,p(x)}$. Czechoslovak Math. J., 1991, 41: 592-618.

[13] Růžička M. Electrorheological Fluids: Modeling and Mathematical Theory. Berlin: Springer-Verlag, 2000.

[14] Acerbi E, Mingione G. Regularity results for a class of functionals with nonstandard growth. Arch. Ration. Mech. Anal., 2001, 156: 121-140.

[15] Acerbi E, Mingione G. Regularity results for stationary electrorheological fluids. Arch. Ration. Mech. Anal., 2002, 164: 213-259.

[16] Chen Y , Levine S, Rao M. Variable exponent, linear growth functionals in image restoration. SIAM J. Appl. Math., 2006, 66(4): 1383-1406.

[17] Alves C O, Souto M S. Existence of solutions for a class of problems in $\mathbb{R}^N$ involving $p(x)$ -Laplacian. Progr. Nonlinear Differential Equations Appl., 2005, 66: 17-32.

[18] Alves C O. Existence of solution for a degenerate $p(x)$ -Laplacian equation in $\mathbb{R}^N$. J. Math. Anal. Appl., 2008, 345(2): 731-742.

[19] Ji C. Perturbation for a $p(x)$ -Laplacian equation involving oscillating nonlinearities in $\mathbb{R}^N$. Nonlinear Anal. , 2008, 69: 2393-2402.

[20] Mihăilescu M. Existence and multiplicity of solutions for an elliptic equation with $p(x)$ -growth

conditions. Glasgow Math. J., 2006, 48: 411-418.

[21] Mihăilescu M. Existence and multiplicity of solutions for a Neumann problem involving the $p(x)$-Laplace operator. Nonlinear Anal., 2007, 67: 1419-1425.

[22] Mihăilescu M. Elliptic problems in variable exponent spaces. Bull. Austral. Math. Soc., 2006, 74(2): 197-206.

[23] Mihăilescu M, Rădulescu V. A multiplicity result for a nonlinear degenerate problem arising in the theory of electrorheological fluids. Proc. R. Soc. A, 2006, 462: 2625-2641.

[24] Mihăilescu M, Rădulescu V. On a nonhomogeneous quasilinear eigenvalue problem in Sobolev spaces with variable exponent. Proc. Amer. Math. Soc., 2007, 135(9): 2929-2937.

[25] Zhikov V V. Averaging of functionals of the calculus of variations and elasticity theory. Math. USRR. Izv., 1987, 29(1): 33-36.

[26] Fan X L. The regularity of Lagrangians $f(x,\xi)=|\xi|^{\alpha(x)}$ with Höder exponents $\alpha(x)$. Acta Math. Sinica(E.S.), 1996, 12(3): 254-261.

[27] Fan X L. Regularity of nonstandard Lagrangians $f(x,\xi)$. Nonlinear Anal., 1996, 27: 669-678.

[28] 范先令. 具$\alpha(x)$增长条件的 Lagrange 函数的正则性. 兰州大学学报(自然科学版), 1997, 33(1): 1-6.

[29] Alkhutov Y A. The Harnack inequality and the Hölder property of solutions of nonlinear elliptic equations with a nonstandard growth condition. Differential Equations, 1997, 33(12): 1653-1663.

[30] Harjulehto P, Kinnunen J, Lukkari T. Unbounded supersolutions of nonlinear equations with nonstandard growth. Boundary Value problem, 2007, 48348: 20.

[31] Harjulehto P, Hästö P, Latvala V. Minimizers of the Variable Exponent, Nonuniformly Convex Dirichlet Energy. J. Math. Pure Appl., 2008, 89: 174-197.

[32] 范先令, 赵敦. 具连续 $p(x)$ -增长条件的变分积分的正则性. 数学年刊 A 辑, 1996, 17(5): 557-564.

[33] Fan X L, Zhao D. A class of De Giorgi type and Hölder continuity. Nonlinear Anal., 1999, 36: 295-318.

[34] Fan X L, Zhao D. The quasi-minimizer of integral functional with $m(x)$ -growth conditions. Nonlinear Anal., 2000, 39: 807-816.

[35] Fan X L. Global $C^{1,\alpha}$ regularity for variable exponent elliptic equations in divergence form. J. Differential Equations, 2007, 235(2): 397-417.

[36] Acerbi E, Mingione G. Gradient estimates for the $p(x)$ -Laplacian system. J. Reine Angew. Math., 2005, 584: 117-148.

[37] Chen Y Z, Xu M. Hölder continuity of weak solutions for parabolic with nonstandard growth conditions. Acta Math. Sinica(E.S.), 2006, 22(3): 793-806.

[38] Chiadò Piat V, Coscia A. Hölder continuity of minimizers of functionals with variable growth exponent. Manuscripta Math., 1997, 93(3): 283-299.

[39] Zhang X X, Liu X P. The local boundedness and Harnack inequality of $p(x)$ -Laplace equation. J. Math. Anal. Appl., 2007, 332: 209-218.

[40] Fan X L, Zhang Q H, Zhao D. Eigenvalues of $p(x)$ -Laplacian Dirichlet problem. J. Math. Anal.

Appl., 2005, 302: 306-317.
[41] Garcia Azorero J P, Peral Alonso I. Existence and nonuniqueness for the p-Laplacian nonlinear eigenvalues. Comm. Partial Differential Equations, 1987, 12: 1389-1403.
[42] Fan X L. Eigenvalues of the $p(x)$ -Laplacian Neumann problem. Nonlinear Anal., 2007, 67: 2982-2992.
[43] 范先令, 赵元章, 张启虎. $p(x)$ -Laplace 方程的强极大值原理. 数学年刊 A 辑, 2003, 24(4): 495-500.
[44] Zhang Q H. A strong maximum principle for differential equations with nonstandard $p(x)$ -growth conditions. J. Math. Anal. Appl., 2005, 312: 24-32.
[45] Fan X L, Shen J S, Zhao D. Sobolev embedding theorems for spaces $W^{k,p(x)}(\Omega)$. J. Math. Anal. Appl., 2001, 262: 749-760.
[46] Fan X L, Zhao D. On the spaces $L^{p(x)}(\Omega)$ and $W^{k,p(x)}(\Omega)$. J. Math. Anal. Appl., 2001, 263: 424-446.
[47] Fan X L, Zhao Y Z, Zhao D. Compact imbedding theorems with symmetry of Strauss-Lions type for the space $W^{1,p(x)}(\Omega)$. J. Math. Anal. Appl., 2001, 255: 333-348.
[48] Fan X L. Boundary trace embedding theorems for variable exponent Sobolev spaces. J. Math. Anal. Appl., 2008, 339: 1395-1412.
[49] Fan X L. On the sub-supersolution method for $p(x)$ -Laplacian equations. J. Math. Anal. Appl., 2007, 330: 665-682.
[50] Fan X L. A constrained minimization problem involving the $p(x)$ -Laplacian in $\mathbb{R}^N$. Nonlinear Anal., 2008, 69: 3661-3670.
[51] Fan X L, Han X Y. Existence and multiplicity of solutions for $p(x)$ -Laplacian equations in $\mathbb{R}^N$. Nonlinear Anal., 2004, 59: 173-188.
[52] Fan X L, Zhang Q H. Existence of solutions for $p(x)$ -Laplacian Dirichlet problem. Nonlinear Anal., 2003, 52: 1843-1852.
[53] Qian C Y, Shen Z F, Yang M B. Existence of solutions for $p(x)$ -Laplacian nonhomogeneous Neumann problems with indefinite weight. Nonlinear Anal: Real World Applications, 2010, 11(1): 446-458.
[54] Yao J H. Solutions for Neumann boundary values problems involving $p(x)$ -Laplace operators. Nonlinear Anal., 2008, 68: 1271-1283.
[55] Xu X, An Y. Existence and multiplicity of solutions for elliptic systems with nonstandard growth conditian in $\mathbb{R}^N$. Nonlinear Anal., 2008, 68: 956-968.
[56] Dai G W. Infinitely many solutions for a $p(x)$ -Laplacian equation in $\mathbb{R}^N$. Nonlinear Anal., 2009, 71: 1133-1139.
[57] Zhang Q H. Existence of radial solutions for $p(x)$ -Laplacian equations in $\mathbb{R}^N$. J. Math. Anal. Appl., 2006, 315: 506-516.
[58] Zhang Q H. Existence of positive solutions for elliptic systems with nonstandard $p(x)$ -growth conditions via sub-supersolution method. Nonlinear Anal., 2007, 67: 1055-1067.
[59] Zhang Q H, Qiu Z, Liu X. Existence of multiple solutions for weighted $p(r)$ - Laplacian equation

Dirichlet problems. Nonlinear Anal., 2009, 70: 3721-3729.

[60] Chabrowski J, Fu Y Q. Existence of Solutions for $p(x)$ -Laplacian problems on a bounded domain. J. Math. Anal. Appl., 2005, 306: 604-618.

[61] Fu Y Q. Existence of solutions for $p(x)$ -Laplacian problem on an unbounded domain. Topol. Methods Nonlinear Anal., 2007, 30: 235-249.

[62] Fu Y Q. The Existence of solutions for elliptic systems with nonuniform growth. Studia Math., 2002, 151(3): 227-246.

[63] Fu Y Q. Weak solution for obstacle problem with variable growth. Nonlinear Anal., 2004, 59: 371-383.

[64] Fu Y Q. The principle of concentration compactness in $L^{p(x)}$ spaces and its application. Nonlinear Anal., 2009, 71: 1876-1892.

[65] Fu Y Q, Zhang X. Multiple solutions for a class of $p(x)$ -Laplacian equations in $\mathbb{R}^N$ involving the critical exponent. Proc. R. Soc. A, 2010, 466: 1667-1686.

[66] Zhang X, Fu Y Q. Multiple solutions for a class of $p(x)$ -Laplacian equations involving the critical exponent. Ann. Polon. Math., 2010, 98(1): 91-102.

[67] Fu Y Q, Pan N. Existence of solutions for nonlinear parabolic problem with $p(x)$ - Growth. J. Math. Anal. Appl., 2010, 362: 313-326.

[68] Fu Y Q, Pan N. Local boundedness of weak solutions for nonlinear parabolic problem with $p(x)$ -Growth. J. Inequal. Appl., 2010(1), 163269: 16.

[69] Fu Y Q, Yu M. The Dirichlet problem of high order quasilinear elliptic equation. J. Math. Anal. Appl., 2010, 363: 679-689.

[70] Fu Y Q, Yu M. The Neumann boundary value problem of higher order quasilinear elliptic equation. Nonlinear Anal., 2010.

[71] Fu Y Q, Yu M. Existence of solutions for the $p(x)$ -Laplacian problem with singular term. Boundary Value Problems, 2010, 584843: 20.

[72] Fu Y Q, Zhang X. A multiplicity result for $p(x)$ -Laplacian problem in $\mathbb{R}^N$. Nonlinear Anal., 2009, 70: 2261-2269.

[73] Fu Y Q, Zhang X. Multiple solutions for a class of $p(x)$ -Laplacian systems. J. Inequal. Appl., 2009, 191649: 12.

[74] Zhang X, Fu Y Q. Solutions for a class of hemivariational inequalities with $p(x)$ -Laplacian. Ann. Polon. Math., 2009, 95(3): 273-288.

[75] 付永强, 张夏. $\mathbb{R}^N$ 上一类 $p(x)$ -Laplacian 方程的无穷多解问题. 数学物理学报 A 辑, 2010, 30(2): 465-471.

[76] Mihăilescu M, Pucci P, Rădulescu V. Nonhomogeneous boundary value problems in anisotropic Sobolev spaces. C. R. Acad. Sci. Paris Ser. I , 2007, 345: 561-566.

[77] Mihăilescu M, Pucci P, Rădulescu V. Eigenvalue problems for anisotropic quasilinear elliptic equations with variable exponent. J. Math. Anal. Appl., 2008, 340: 687-698.

[78] Mihăilescu M. On a class of nonlinear problems involving a $p(x)$ -Laplace type operator. Czechoslovak Math. J., 2008, 58(133): 155-172.

[79] Edmunds D E, Lang J, Nekvinda A. On $L^{p(x)}$ norms. Proc. R. Soc. A, 1999, 455: 219-225.

[80] Edmunds D E, Rákosnik J. Density of smooth functions in $W^{k,p(x)}(\Omega)$. Proc. R. Soc. A, 1992, 437: 229-236.

[81] Edmunds D E, Rákosnik J. Sobolev embedding with variable exponent. Studia Math., 2000, 143: 267-293.

[82] Edmunds D E, Rákosnik J. Sobolev embedding with variable exponent II. Math. Nachr., 2002, 246/247: 53-67.

[83] Harjulehto P. Variable exponent Sobolev spaces with zero boundary values. Mathematica Bohemica, 2007, 132(2): 125-136.

[84] Hästö P. On the density of continuous functions in variable exponent Sobolev space. Rev. Mat. Iberoamericana, 2007, 23(1): 213-234.

[85] Brezis H, Lieb E. A relation between pointwise convergence of functions and convergence of functional. Proc. Amer. Math. Soc., 1993, 88: 486-490.

[86] Adams R A. Sobolev Spaces. New York: Academic Press, 1975.

[87] Bartsch T, Liu Z L, Weth T. Nodal solutions of a p -Laplacian equation. Proc. London Math. Soc., 2005, 91(1): 129-152.

[88] Dinca G, Jebelean P, Mawhin J. Variational and topological methods for Dirichlet problems with p-Laplacian. Portugal. Math., 2001, 58: 339-378.

[89] Fernández B J, Rossi J D. Existence results for the p-Laplacian with nonlinear boundary conditions. J. Math. Anal. Appl., 2001, 263: 195-223.

[90] Li G B, Zhang G. Multiple solutions for the p & q-Laplacian problem with critical exponent. Acta Math. Sci., 2009, 29B(4): 903-918.

[91] Perera K, Silva E. A. B. Existence and multiplicity of positive solutions for singular quasilinear problems. J. Math. Anal. Appl., 2006, 323: 1238-1252.

[92] Perera K, Zhang Z. Multiple positive solutions of singular p-Laplacian problems by variational methods. Boundary Value Problems, 2005, 3(2005): 377-382.

[93] Yu L S. Nonlinear p-Laplacian problems on unbounded domains. Proc. Amer. Math. Soc., 1992, 115: 1037-1045.

[94] Rudin W. Real and Complex Analysis. New York: McGraw-Hill Science, 1986.

[95] Willem M. Minimax Theorems. Boston: Birkhäuser, 1996.

[96] Struwe M. Variational Methods: Applications to Nonlinear Partial Differential Equations and Hamiltonian Systems. Heidelberg: Springer, 1996.

[97] Lions P L. The concentration-compactness principle in the calculus of variations, the limit case. part 1. Rev. Mat. Iberoamericana, 1985, 1: 145-201.

[98] Drabek P, Huang Y. Multiplicity of positive solutions for some quasilinear elliptic equation in $\mathbb{R}^N$ with critical Sobolev exponent. J. Differential Equations, 1997, 140: 106-132.

[99] Goncalves J V, Alves C O. Existence of positive solutions for m-Laplacian equations in $\mathbb{R}^N$ involving critical Sobolev exponents. Nonlinear Anal., 1998, 32: 53-70.

[100] Zhu X P. Nontrivial solution of quasilinear elliptic equations involving critical Sobolev exponent. Sci. Sinica Ser. A, 1988, 31: 1166-1181.

[101] Liskevich V, Skrypnik I I. Harnack inequality and continuity of solutions to elliptic equations

with nonstandard growth conditions and lower order terms. Annali di Mathematica Pura ed Applicata, 2010, 189: 335-356.

[102] Skrypnik I I. Removability of an isolated singularity of solutions of nonlinear elliptic equations with absorption. Ukrainian Mathematical Journal, 2005, 57: 972-988.

[103] Wu Z Q, Yin J X, Wang C P. Elliptic and Parabolic Equations. Singapore: World Scientific, 2006.

[104] Moser J. A new proof of De Giorgi's theorem concerning the regularity problem for elliptic differential equation. Communications on Pure and Applied Mathematics, 1960, 13: 457-468.

[105] Lukkari T. Singular solutions of elliptic equations with nonstandard growth. Mathematische Nachrichten, 2009, 282: 1770-1787.

[106] Kilpelainen T, Zhong X. Removable sets for continuous solutions of quasilinear elliptic equations. Proceedings of the American Society, 2002, 130(6): 1681-1688.

[107] Trudinger N, Wang X J. On the weak continuity of elliptic operators and applications to potential theory. American Journal of Mathematics, 2002, 124(2): 369-410.

[108] Ono T. Removable sets for Holder continuous solutions of quasilinear elliptic equations with lower order terms. Mathematische Annalen, 2013, 356: 355-372.

[109] Lyaghfouri A. Removable sets for Hölder continuous $p(x)$-harmonic functions. Analysis and Applications, 2012, 10(2): 1-8.

[110] Kinderlerhrer D, Stampacchi G. An Introduction to Variational Inequalities and Their Applications. New York: Academic Press, 1980.

[111] Heinonen J, Kilpelainen T, Martio O. Nonlinear Potential Theory of Degenerate Elliptic Equations. New York: Dover Publications, 1993.

[112] Harjulehto P, Hasto P, Lukkari T. An obstacle problem and superharmonic functions with nonstandard growth. Nonlinear Analysis, 2007, 67: 3424-3440.

[113] Felmer P L. Periodic solutions of "superquadratic" Hamiltonian system. J. Differential Equations, 1993, 102: 188-207.

[114] De Figueiredo D G, Ding Y H. Strongly indefinite functionals and multiple solutions of elliptic systems. Trans. Amer. Math. Soc., 2003, 355(7): 2973-2989.

[115] Ekeland I, Temam R. Convex analysis and variational problems. Amsterdam: North-Holland, 1976.

[116] Eisen G. A selection lemma for sequences of measurable sets and lower semicontinuity of multiple integrals. Manuscripta Math., 1979, 27: 73-79.

[117] Acerbi E, Fusco N. Semicontinuity problems in the calculus of variations. Arch. Ration. Mech. Anal., 1984, 86: 125-135.

[118] Liu F C. A Luzin type property of Sobolev functions. Indiana Univ. Math. J., 1977, 26: 645-651.

[119] Morrey Jr C B. Multiple Integrals In the Calculus of Variations. New York: Springer, 1966.

[120] Dacorogna B. Weak Continuity and weak lower semicontinuity of nonlinear functionals. Berlin: Springer, 1982.

[121] 侍述军, 陈述涛, 王玉文. 在空间 $W_0^{1,x}L^{p(x)}(Q)$ 及其共轭空间中的若干收敛定理. 数学学报, 2007, 50(5): 1081-1086.

[122] Simon J. Compact sets in the space $L^p(0,T;B)$. Ann. Mat. Pura Appl., 1987, 146(1): 65-96.

[123] Elmahi A, Meskine D. Strongly nonlinear parabolic equations with natural growth terms in Orlicz spaces. Nonlinear Anal., 2005, 60: 1-35.

[124] Hartman P. Ordinary Differential Equations. Boston: Birkhäuser, 1982.

[125] Krawcewicz W, Marzantowicz W. Some remarks on the Lusternik-Schnirelman method for non-differentiable functionals invariant with respect to a finite group action. Rocky Mountain J. Math., 1990, 20: 1041-1049.

[126] Chang K C. On the multiple solutions of the elliptic differential equations with discontinuous nonlinear terms. Sci. Sinica, 1978, 21: 139-158.

[127] Chang K C. The obstacle problem and partial differential equations with discontinuous nonlinearities. Communs. Pure Appl. Math., 1980, 33: 117-146.

[128] Chang K C, Jiang L S. The free boundary problems of the stationary water cone. Acta Sci. Natur. Univ. Peking, 1978, (1): 1-25.

[129] Fleishman B A, Mahar T J. Analytic methods for approximate solution of elliptic free boundary problems. Nonlinear Anal., 1978, 1: 561-569.

[130] Kristály A. Infinitely many radial and non-radial solutions for a class of hemivariational inequalities. Rocky Mountain J. Math., 2005, 35(4): 1173-1190.

[131] Motreanu D, Panagiotopoulos P D. Minimax Theorems and Qualitive Properties of the Solutions of Hemivariational Inequalities. Dordrecht: Kluwer Academic Publishs, 1999.

[132] Motreanu D, Rădulescu V. Variational and Nonvariational Methods in Nonlinear Analysis and Boundary Value Problems. Boston: Kluwer Acad. Publ., 2003.

[133] Naniewicz Z, Panagiotopoulos P D. Mathematical Theory of Hemivariational Inequalities and Applications. New York: Marcel Dkker, 1995.

[134] Panagiotopoulos P D. Hemivariational Inequalities: Applications to Mechanics and Engineering. New-York: Springer-Verlag, 1993.

[135] Chang K C. Variational methods for non-differential functionals and their applications to partial differential equations. J. Math. Anal. Appl., 1981, 80: 102-129.

[136] Clarke F H. A new approach to Lagrange multipliers. Math. Oper. Research, 1976, 1: 165-174.

[137] Clarke F H. Nonsmooth Analysis and Optimization. New York: Wiley, 1993.

[138] Buhrii O M, Mashiyev R A. Uniqueness of solutions of parabolic variational inequality with variable exponent of nonlinearity. Nonlinear Analysis TMA, 2009, 70(6): 2326-2331.

[139] Ball J M. A version of the fundamental theorem for Young measures. PDEs and Continuum Models of Phase Transitions: Proceedings of an NSF-CNRS Joint Seminar, France, 1989: 207-215.

[140] Pedregal P. Nonlocal variational principles. Nonlinear Analysis TMA, 1997, 29(12): 1379-1392.

[141] Brandon D, Rogers R C. The coercivity paradox and nonlocal ferromagnetism. Continuum Mechanics and Thermodynamics, 1992, 4(1): 1-21.

[142] Brandon D, Rogers R C. Nonlocal regularization of L. C. Young's tacking problem. Applied Mathematics and Optimization, 1992, 25(3): 287-301.

[143] Bazant Z P, Jirasek M. Nonlocal integral formulations of plasticity and danmage: Survey of

progress. Journal of Engineering Mechanics, 2002, 128(11): 1119-1149.

[144] Pisano A A, Fuschi P. Closed form solution for a nonlocal elastic bar in tension. International Journal of Solids and Structures, 2003, 40(1): 13-23.

[145] Edelen D, Laws N. On the themodynamics of systems with nonlocality. Archive for Rational Mechanics and Analysis, 1971, 43(1): 24-35.

[146] Alberti G, Bellettini G. A nonlocal anisotropic model for phase transitions. Mathematische Annalen, 1998, 310(3): 527-560.

[147] Chipot M, Gangbo W, Kawohl B. On some nonlocal variational problems. Analysis and Applications, 2006, 4(04): 345-356.

[148] Hungerbühler N. Quasilinear elliptic systems in divergence form with weak monotonicity. New York Journal of Mathematics, 1999, 5: 83-90.

[149] Vishik M I. Quasilinear strongly elliptic systems of differential equations of divergence form. Trudy Moskovskogo Matematicheskogo Obshchestva, 1963, 12: 125-184.

[150] Minty G J. Monotone operators in Hilbert space. Duke Mathematical Journal, 1962, 29(3): 341-346.

[151] Brezis H. Operateurs Maximaux Monotones Et Semigroups De Contractions Dans Les Spaces De Hilbert. Amsterdam: Elsevier, 1973.

[152] Lions J L. Quelques methodes de resolution des problemes aux limites non lineaires. Paris, Dunod, 1969.

[153] Nirenberg L. Topics in Nonlinear Functional Analysis. Providence: Amercian Mathematical Society, 2001.

[154] Yang M M, Fu Y Q. Existence of weak solutions for quasilinear parabolic systems in divergence form with variable growth. Electronic Journal of Differential Equations, 2018, 113: 1-19.

[155] Cartan H. Differential Forms. Boston: Houghton Mifflin, 1970.

[156] Rham D. Differential Manifolds. New York: Springer-Verlag, 1985.

[157] Debney G C, Kerr R P, Schild A. Solutions of the einstein and einstein-maxwell equations. Journal of Mathematical Physics, 1969, 10: 18-42.

[158] Faddeev L, Jackiw R. Hamiltonian reduction of unconstrained and constrained systems. Physical Review Letters, 1988, 60(17): 1692-1694.

[159] Arpaci V S. Conduction Heat Transfer. Menlo: Addison-Wesley, 1966.

[160] Chern S S, ChenWh, Lam K S. Lectures on Differential Geometry. Singapore: World Scientific, 1999.

[161] Tu L, Bott R. Differential Forms in Algebraic Topology. New York: Springer-Verlag, 1982.

[162] Chernoff P R. Essential self-adjointness of powers of generators of hyperbolic equations. Journal of Functional Analysis, 1973, 12(4): 401-414.

[163] Flanders H. Differential Forms with Applications to the Physical Sciences. New York: Academic Press, 1963.

[164] Gehring F W, Palka B P. Quasiconformally homogeneous domains. Journal d'Analyse Mathematique, 1976, 30(1): 172-199.

[165] Heinonen J, Yang S. Strongly uniform domains and periodic quasiconformal Maps. Annales

Academiae Scientiarum Fennicae. Series A I. Mathematica, 1995, 20(1): 123-148.
[166] Plebanski J F, Moreno G R, Turrubiates F J. Differential forms, hopf algebra and general relativity I. Acta Physica Polonica B, 1997, 8: 1515-1552.
[167] Deschamps G A. Electromagnetics and differential forms. Proceedings of the IEEE, 1981, 69(6): 676-696.
[168] Teixeira F L, Chew W C. Differential forms, metrics, and the reflectionless absorption of electromagnetic waves. Journal of Electromagnetic Waves and Applications, 1999, 13(5): 665-686.
[169] Teixeira F L. Differential form approach to the analysis of electromagnetic cloaking and masking. Microwave and Optical Technology Letters, 2007, 49(8): 2051-2053.
[170] Antman S S. Nonlinear Problems of Elasticity. New York: Springer-Verlag, 2005.
[171] Yavari A. On Geometric discretization of elasticity. Journal of Mathematical Physics, 2008, 49: 1-36.
[172] Iwaniec T, Lutoborski A. Integral estimates for null Lagrangians. Archive for Rational Mechanics and Analysis, 1993, 125(1): 25-79.
[173] Agarwal R P, Ding S, Nolder C A. Inequalities for Differential Forms. New York: Springer-Verlag, 2009.
[174] Ding S, Shi P. Weighted Poincaré-type inequalities for differential forms in $L^s(\mu)$-averaging domains. Journal of Mathematical Analysis and Applications, 1998, 227(1): 200-215.
[175] Heinonen J, Koskela P. Weighted Sobolev and Poincaré inequalities and quasiregular mappings of polynomial type. Mathematica Scandinavica, 1995, 77(2): 251-271.
[176] Hurri-Syrjanen R. A weighted Poincaré inequality with a doubling weight. Proceedings of the American Mathematical Society, 1998, 126(2): 545-552.
[177] Nolder C A. Hardy-Littlewood theorems for A-harmonic tensors. Illinois Journal of Mathematics, 1999, 43(4): 613-632.
[178] Ding S. Weighted imbedding theorems in the space of differential forms. Journal of Mathematical Analysis and Applications, 2001, 262(1): 435-445.
[179] Diening L, Harjulehto P, Hasto P, et al. Lebesgue and Sobolev Spaces with Variable Exponents. New York: Springer-Verlag, 2011.
[180] Gol'dshtein V M, Kuz'minov V I, Shvedov I A. Differential forms on Lipschitz manifolds. Siberian Mathematical Journal, 1982, 23(2): 151-161.
[181] Gol'dshtein V M, Kuz'minov V I, Shvedov I A. A property of De Rham regularization operators. Siberian Mathematical Journal, 1984, 25(2): 251-257.
[182] Gol'dshtein V M, Kuz'minov V I, Shvedov I A. Dual spaces of spaces of differential forms. Siberian Mathematical Journal, 1986, 27(1): 35-44.
[183] Gol'dshtein V M, Kuz'minov V I, Shvedov I A. L_p-cohomology of warped cylinders. Siberian Mathematical Journal, 1990, 31(6): 919-925.
[184] Gol'dshtein V M, Kuz'minov V I, Shvedov I A. Reduced L_p-cohomology of warped cylinders. Siberian Mathe Matical Journal, 1990, 31(5): 716-727.
[185] Gol'dshtein V M, Troyanov M. Sobolev inequalities for differential forms and $L_{q,p}$-cohomology.

Journal of Geometric Analysis, 2006, 16(4): 597-631.
[186] Scott C. L^p theory of differential forms on manifolds. Transactions of the American Mathematical Society, 1995, 347(6): 2075-2096.
[187] Li X. Riesz Transforms for symmetric diffusion operators on complete Riemannian manifolds. Revista Matemática Iberoamericana, 2006, 22(2): 591-648.
[188] Li X. Martingale Transforms and L^p-norm estimates of Riesz transforms on complete Riemannian manifolds. Probability Theory and Related Fields, 2008, 141(1): 247-281.
[189] Li X. On the strong L^p-Hodge decomposition over complete Riemannian manifolds. Journal of Functional Analysis, 2009, 257(11): 3617-3646.
[190] Carmo D. Differential Forms and Applications. New York: Springer-Verlag, 1994.
[191] Aubin T. Nonlinear Analysis on Manifolds, Monge-Ampere Equations. New York: Springer-Verlag, 1982.
[192] Zeidler E. Nonlinear Functional Analysis and Its Applications. New York: Springer-Verlag, 1990.
[193] Clifford W K. Applications of Grassmann's extensive algebra. The American Journal of Mathematics, 1878, 1: 350-358.
[194] Dirac P A M. The quantum theory of the electron. Proceedings of the Royal Society A, 1928, 117: 610-624.
[195] Delanghe R. Clifford analysis: History and perspective. Computational Methods and Function Theory, 2001, 1: 107-153.
[196] Brackx F, Delanghe R, Sommen F. Clifford Analysis. London: Pitman Advanced Publishing Program, 1982.
[197] Huang S, Qiao Y, Wen G. Real and Complex Clifford Analysis. New Work: Springer, 2006.
[198] Du J, Zhang Z. A Cauchy's integral formula for functions with values in a universal Clifford algebra and its applications. Complex Variables and Elliptic Equations, 2002, 47: 915-928.
[199] Nolder C A. Conjungate harmonic functions and Clifford algebras. Journal of Mathematical Analysis and Applications, 2005, 302: 137-142.
[200] Abreu-Blaya R, Bory-Reyes J, Delanghe R, et al. Duality for harmonic differential forms via Clifford analysis. Advances in Applied Clifford Algebras, 2007, 17: 589-610.
[201] Brackx F, Delanghe R, Sommen F. Differential forms and/or multi-vector functions in Hermitean Clifford analysis. Cubo, 2011, 13: 85-117.
[202] Gilbert J, Murray M A M. Clifford Algebra and Dirac Operators in Harmonic Analysis. Oxford: Oxford University Press, 1993.
[203] Delanghe R, Sommen F, Soucek V. Clifford Algebra and Spinor-Valued Function. Dordrecht: Kluwer Academic Publishers, 1992.
[204] Gürlebeck K, Sprößig W. Holomorphic Functions in the Plane and n-Dimensional Space. Boston: Birkhäuser, 2008.
[205] Doran C, Lasenby A. Geometric Algebra for Physicists. Cambridge: Cambridge University Press, 2003.
[206] Dubinskii J, Reissig M. Variational problems in Clifford analysis. Mathematical Methods in the

Applied Sciences, 2002, 25: 1161-1176.

[207] Kravchenko V, Oviedo H. On a quaternionic reformulation of Maxwell's equation. Zeitschrift f'ur Analysis and ihre Anwendungen, 2003, 22: 569-589.

[208] Ablamowicz R. Clifford Algebras and their Applications in Mathematical Physics, Volume 1: Algebra and Physics. Boston: Birkhäuser, 2000.

[209] Ryan J, Sprößig W. Clifford Algebras and their Applications in Mathematical Physics, Volume 2: Clifford Analysis. Boston: Birkhäuser, 2000.

[210] Bahmann M, Gürlebeck K, Shapiro M. On a modified Teodorescu transform. Integral Transforms and Special Functions, 2001, 12(3): 213-226.

[211] Zhang Z. Some properties of operators in Clifford analysis. Complex Variables and Elliptic Equations, 2007, 52(6): 455-473.

[212] Begehr H, Zhang Z, Ha V. Generalized integral representations in Clifford analysis. Complex Variables and Elliptic Equations, 2006, 51: 745-762.

[213] Spröβig W. On decompositions of Sobolev spaces in Clifford analysis. Advances in Applied Clifford Algebras, 1995, 5(2): 167-185.

[214] Begehr H, Dubinskii J. Orthogonal decompositions of Sobolev spaces in Clifford analysis. Annali di Matematica Pura ed Applicata, 2002, 181(1): 55-71.

[215] Gürlebeck K, Sprößig W. Quaternionic and Clifford Calculus for Physicists and Engineers. Chichester: John Wiley & Sons, 1998.

[216] Gürlebeck K, Sprößig W. Quaternionic Analysis and Elliptic Boundary Value Problems. Berlin: Birkhäuser, 1990.

[217] Diening L, Lengeler D, Ružička M. The Stokes and Poission problem in variable exponent spaces. Complex Variables and Elliptic Equations, 2011, 56(7-9): 789-811.

[218] Dubinskil J A. On a nonlinear analytic problem. Doklady Mathematics, 1998, 48: 370-375.

[219] Kähler U. On a direct decomposition of the space $L_p(\Omega)$. Zeitschrift für Analysis und ihre Anwendungen, 1999, 4(18): 839-848.

[220] Dubinskii J A, Reissig M. Variational problems in Clifford analysis. Mathematical Methods in the Applied Sciences, 2002, 25: 1161-1176.

[221] Nolder C A. A-harmonic equations and the Dirac operator. Journal of Inequalities and Applications, 2010, 2010: 1-9.

[222] Nolder C A. Nonlinear A-Dirac equations. Advances in Applied Clifford Algebras, 2011, 21: 429-440.

[223] Nolder C A, Ryan J. p-Dirac operators. Advances in Applied Clifford Algebras, 2009, 19: 91-402.

[224] Gürlebeck K, Sprößig W. An Introduction to the Mathematical Theory of the Navier-Stokes Equations. 2nd ed. New York: Springer, 2011.

[225] Tartar L. An Introduction to Sobolev Spaces and Interpolation Spaces. Berlin: Springer-Verlag, 2007.

[226] Yosida K. Functional Analysis. Berlin: Springer-Verlag, 1980.

[227] Amrouche C, Girault V. Decomposition of vector space and application to the Stokes problem

in arbitrary dimensional. Czechoslovak Mathematical Journal, 1994, 44: 109-140.
[228] Finn R. On the exterior stationary problem for the Navier-Stokes Equations, and associated perturbation problems. Archive for Rational Mechanics and Analysis, 1965, 19: 363-406.
[229] Kim H. Existence and regularity of very weak solutions of the stationary Navier-Stokes equations. Archive for Rational Mechanics and Analysis, 2009, 193: 117-152.
[230] Galdi G P, Silvestre A L. The steady motion of a Navier-Stokes liquid around a rigid body. Archive for Rational Mechanics and Analysis, 2007, 184: 371-400.
[231] Galdi G P, Kyed M. Steady-state Navier-Stokes flows past a rotation body: Leray solutions are physically reasonable. Archive for Rational Mechanics and Analysis, 2011, 200: 21-58.
[232] Wang G, Yang D. Decomposition of vector-valued divergence free Sobolev functions and shape optimization for stationary Navier-Stokes equations. Communications in Partial Differential Equations, 2008, 33: 429-449.
[233] Ružička M. A note on steady flow of fluids with shear dependent viscosity. Nonlinear Analysis, 1997, 30(5): 3029-3039.
[234] Huber H. The divergence equation in weighted- and $L^{p(\cdot)}$ -Spaces. Mathematische Zeitschrift, 2011, 267: 341-366.
[235] Arada N. A note on the regularity of flows with shear-dependent viscosity. Nonlinear Analysis, 2012, 75(14): 5401-5415.
[236] Diening L, Ružička M. Strong solutions for generalized Newtonian fluids. Journal of Mathematical Fluid Mechanics, 2005, 7: 413-450.
[237] Berselli L C, Diening L, Ružička M. Existence of strong solutions for incompressible fluid with shear dependent viscosities. Journal of Mathematical Fluid Mechanics, 2010, 12: 101-132.
[238] Gürlebeck K. Approximate solution of the stationary Navier-Stokes equations. Mathematische Nachrichten, 1990, 145: 297-308.
[239] Cerejeiras P, Kähler U. Elliptic boundary value problems of fluid dynamics over unbounded domains. Mathematical Methods in the Applied Sciences, 2000, 23: 81-101.
[240] Cerejeiras P, Kähler U, Sommen F. Parabolic Dirac operators and Navier-Stokes equations over time-varying domains. Mathematical Methods in the Applied Sciences, 2005, 28: 1715-1724.
[241] Gürlebeck K, Sprößig W. Representation theory for classes of initial value problems with quaternionic analysis. Mathematical Methods in the Applied Sciences, 2002, 25: 1371-1382.
[242] Sprößig W. Quaternionic operator methods in fluid dynamics. Advances in Applied Clifford Algebras, 2008, 18: 963-978.
[243] Gürlebeck K, Sprößig W. Fluid flow problems with quaternionic analysis–An alternative conception. Geometric Algebra Computing, 2010, 2010: 345-380.
[244] Sprößig W, Gürlebeck K. On the treatment of fluid problems by methods of Clifford analysis. Advances in Applied Clifford Algebras, 1997, 44: 401-413.
[245] Wiener N. Differential space. Journal of Mathematical Physics, 1923, 2: 131-174.
[246] Cameron R H, Martin W T. Transformation of Wiener integrals under translations. Annals of Mathematics, 1944, 45: 386-396.
[247] Cameron R H, Martin W T. Transformation of Wiener integrals under a class of linear

translations. Transactions of the American Mathematical Society, 1945, 58: 148-219.

[248] Cameron R H, Martin W T. Transformation of Wiener Iintegrals by nonlinear translations. Transactions of the American Mathematical Society, 1949, 66: 253-283.

[249] 黄志远, 严加安. 无穷维随机分析引论. 北京: 科学出版社, 1997.

[250] Kolmogorov A N. Über die analytishen methoden in der wahrscheinlichkeitsrechnung. Mathematische Annalen, 1931, 104: 415-458.

[251] Prato G D. Introduction to Stochastic Analysis and Malliavin Calculus. Pisa Italy: Scuola Normale Superiore, 2007.

[252] Malliavin P. Stochastic calculus of variations and hypoelliptic operators. Kyoto: Proceedings of the International Symposium on Stochastic Differential Equations, 1976: 193-263.

[253] Hörmander L. Hypoelliptic second order differential equations. Acta Mathematica, 1967, 119: 147-171.

[254] Krylov N V. Controlled Diffusion Processes. New York: Springer, 1980.

[255] Krylov N V. Nonlinear Elliptic and Parabolicequations of Second Order. Moskow: Nauka, 1985.

[256] Stroock DW. The Malliavin calculus, a functional analytic approach. Journal of Functional Analysis, 1981, 44: 212-257.

[257] Kusuoka S, Stroock D W. Applications of the Malliavin calculus, Part 1. Stochastic Analysis. Proceedings Taniguchi International Symposium Katata and Kyoto, 1982, 32: 271-306.

[258] Kusuoka S, Stroock DW. Applications of the Malliavin calculus, Part 2. Journal of The Faculty of Science, The University of Tokyo, Section 1A, Mathematics, 1985, 32: 1-76.

[259] Kusuoka S, Stroock DW. Applications of the Malliavin calculus, Part 3. Journal of The Faculty of Science, The University of Tokyo, Section 1A, Mathematics, 1987, 34: 391-442.

[260] Bismut J. Martingales, the Malliavin calculus and hypoellipticity under general Hormander's conditions. Zeitschrift f¨ur Wahrscheinlichkeitstheorie und Verwandte Gebiete, 1981, 56: 469-505.

[261] Shigekawa I. Derivatives of Wiener functionals and absolute continuity of induced measures. Kyoto Journal of Mathematics, 1980, 20: 263-289.

[262] Meyer P A. Quelques resultats analytique sur semigroupe d'Ornstein-Uhlenbecken dimension infinie. Indian Statistical Institute Bangalore, India: Theory and Application of Random Fields, Lecture Notes in Control and Information Sciences, 1983(49): 201-214.

[263] Watanabe S. Lectures on Stochastic Differential Equations and Malliavin Calculus. Berlin: Tata Institute of Fundamental Research, Springer, 1984.

[264] Watanabe S. Analysis of Wiener functional(Malliavin calculus)and its applications to heat kernels. Annals of Probability, 1987, 15:1:1-39.

[265] Sugita H. On a characterization of the Sobolev spaces over an abstract Wiener space. Journal of Mathematics of Kyoto University, 1985, 25-4: 717-725.

[266] Sugita H. Sobolev spaces of Wiener functionals and Malliavin's calculus. Journal of Mathematics of Kyoto University, 1985, 25-1: 31-48.

[267] Shigekawa I. Sobolev spaces on Banach-valued functions associated with a Markov process. Probability Theory and Related Fields, 1994, 99: 425-441.

[268] Stroock D W. The Malliavin calculus and its applications. Stochastic Integrals Lecture Notes in Mathematics, 1981, 851: 394-342.
[269] Nualart D. Malliavin Calculus and Related Topics. Berlin: Springer, 2006.
[270] Hida T. Analysis of Brownian functionals. Department of Mathematics, Carleton University: Carleton Mathematical Lecture Notes, 1975(13).
[271] Peng S. Backward SDE and related G-expectation. Longman: pitman research notes in mathematics series, Backward Stochastic Differential Equations, 1997(364): 141-159.
[272] Peng`S. G-Expectation, G-Browian motion and related stochastic calculus of Itô 's type. Springer: The Abel Symposium 2005, Abel Symposia 2, 2006: 541-567.
[273] Peng S. Survey on normal distributions, central limit theorem, Brownian motion and the related stochastic calculus under sublinear expectations. Science Press: 1st IMS China International Conference on Statistics and Probability, 2008, 2009(52): 1391-1411.
[274] Peng S. Multi-dimensional G-Brownian motion and related stochastic calculus under G-expectation. Stochastic Processes and Their Applications, 2008, 118(12): 2223-2253.
[275] Soner H M, Touzi N, Zhang J. Martingale representation theorem for the G-expectation. Stochastic Processes and Their Applications, 2011, 121(2): 265-287.
[276] Black F, Scholes M. The pricing of options and corporate liabilities. Journal of Political Economy, 1973, 81(3): 637-654.
[277] Kalman R, Bucy R. New results in linear filtering and prediction theory. Transactions of the ASME. Series D, Journal of Basic Engineering, 1961, 83: 95-108.
[278] Nelson E. Dynamical Theories of Brownian Motion. New Jersey: Princeton University Press, 1967.
[279] 黄志远. 随机分析学基础. 北京: 科学出版社, 2001.
[280] Fang S. Introduction to Malliavin Calculus. Beijing: Tsinghua University Press, 2005.
[281] Prato G D. An Introduction to Infinite Dimensional Analysis. Berlin, Heidelberg: Springer-Verlag, 2006.
[282] Krylov N V. SPDEs in $L^q([0,\tau],L^p)$ spaces. Electronic Journal of Probability, 2000, 5: 1-29.
[283] Zhang X. L^p-theory of semi-linear SPDEs on general measure spaces and application. Journal of Functional Analysis, 2006, 239: 44-75.
[284] Krylov N V. On divergence form SPDEs with VMO coefficients. SIAM Journal on Applied Mathematics, 2009, 40: 2262-2285.
[285] Krylov N V. Itô's formula for the L^p-norm of stochastic $W^{1,p}$-valued processes. Probability Theory Related Fields, 2010, 147: 583-605.
[286] Wiesinger S. Uniqueness for solutions of Fokker-Planck equations related to singular SPDE driven by Levy and cylindrical Wiener noise. Journal of Evolution Equations, 2013, 13(2): 369-394.
[287] Friedman A. Partial Differential Equations of Parabolic Type. New Jersey: Prentice-Hall, Engle- wood Cliffs, 1964.
[288] Gyongy I, Rovira C. On L^p-solutions of semilinear stochastic partial differential equations. Stochastic Processes and Their Applications, 2000, 90: 83-108.

[289] Malliavin P, Thalmaier A. Stochastic Calculus of Variations in Mathematical Finance. Springer: World Publishing Company, 2007.

[290] Di Nunno G, Øksendal B, Proske F, et al. Malliavin Calculus for Lévy Processes with Applications to Finance. Berlin: Universitext, Springer, 2009.

[291] Bermin H. A general approach to hedging options: applications to barrier and partial barrier options. Mathematical Finance, 2002, 12(3): 199-218.

[292] Bermin H. The Malliavin calculus approach versus the Δ-hedging approach. Mathematical Finance, 2003, 13(1): 73-84.

[293] Biagini F, Øksendal B. A general stochastic calculus approach to insider trading. Applied Mathematics and Optimization, 2005, 52(2): 167-181.

[294] Imkeller P. Malliavin's calculus in insider models: additional utility and free lunches. Applied Mathematics and Optimization, 2003, 13(1): 153-169.

[295] León J, Navarro R, Nualart D. An anticipating calculus approach to the utility maximization of an insider. Mathematical Finance, 2003, 13(1): 171-185.